瓦斯爆炸与燃烧

（原著第三版）

[美] 伯纳德·刘易斯　Bernard Lewis

[美] 京特·冯·埃尔贝　Guenther von Elbe

著

王　方　译

中国矿业大学出版社

·徐州·

纪念国际燃烧学会之父

伯纳德·刘易斯（1899–1993年）诞辰120周年

纪念伯纳德·刘易斯（1899—1993 年）

伯纳德·刘易斯(Bernard Lewis)博士，因长期患病，于 1993 年 5 月 23 日上午 7 时 15 分在美国宾夕法尼亚州匹兹堡市(Pittsburgh, Pennsylvania)逝世，享年 94 岁。他在患病期间得到了他的妻子尤妮斯·诺顿(Eunice Norton)和他的儿子诺顿(Norton)的精心照料。伯纳德·刘易斯博士是国际燃烧学会的创立者，是从理论和实验方面对燃烧进行研究的先驱，同时他还是音乐家、美术家、年轻人的良师和我们许多人的益友。

伯纳德·刘易斯博士于 1899 年 11 月 1 日出生于英国伦敦，早年随其父母移居美国，最初的职业是音乐厅的钢琴演奏家。早在上大学以前，他曾把全部精力投入练琴中，但当他认识到做音乐教师将面对一些不情愿于枯燥练琴的学生时，他放弃了音乐这一行。他通过自学，于 1919 年考入麻省理工学院，4 年后获得化学工程学士学位，并于 1924 年获哈佛大学物理化学硕士学位。而后他返回英国，于 1926 年在剑桥大学获物理化学博士学位。在剑桥大学的最后一年里，他曾担任示范演讲员。剑桥大学在 1953 年授予他荣誉科学博士称号。1926—1928 年，他被美国国家科学院派到明尼苏达大学进行研究工作。1928—1929 年，他作为客座研究人员在柏林大学进行研究工作，在此期间，他与京特·冯·埃尔贝(Guenther von Elbe)一起成为科学史上较多产的科研搭档，成果与著述俱丰。1929 年，刘易斯博士以一位物理化学家的身份，加盟设置在美国宾夕法尼亚州匹兹堡市的美国资源局(U. S. Bureau of Mines)。1946 年，刘易斯博士成为炸药研究领域的首席研究员。1950 年，由于学科划分的调整，他成为化学工程师，后成为炸药和物理学科领域的首席研究员，在这一岗位上，他指导有关燃烧、火焰、爆炸和炸药的研究。这一研究涉及在布鲁斯顿的美国资源局实验矿井进行的许多试验，这些试验包括对火灾、瓦斯与粉尘爆炸以及静电火花点燃的实验和理论研究。

最初开展火花点燃研究的主要目的是更好地理解燃烧现象，但是火花点燃研究很快就被用于消除操作室的爆炸，导致最低点燃能、熄灭距离和过余焰概念的产生。刘易斯博士选择这一主题，作为他在 1952 年 9 月于麻省理工学院召开的第四届国际燃烧会议的开幕词。下面这段就摘自该开幕词：

"……我们很早以前就了解到，根据热模型即使对气体的火花点燃作一粗略的处理，也能得到跟实验数据吻合得相当合理的对比关系。现在已有可能通过引入一个更简单的概念即过余焰，再作进一步的处理。当由导热传递的热量支配着由反应物和生成物的相互扩散而产生的焓的逆向流动时，过余焓 h 就伴随产生燃烧波。这一概念的成功让世人震惊。首先，它能使人们写出一个计算最低点燃能的公式：

$$H = \pi d^2 h$$

式中，d 是测出的熄灭距离；h 是单位面积上的过余焓，它可以容易地由混合物的热传导率 μ、燃烧速度 S_u 以及燃烧温度 T_b 求得，即

$$h = \frac{\mu}{S_u}(T_b - T_u)$$

式中，T_u 是新鲜燃气的温度。

这些公式都得到了实验验证，和实验数据吻合得很好。同样值得注意的是，我们可以预见到的一种工况，其最低点燃能的实测值不被这些公式表达，因为实测值实际上小得多。该工况涉及焓的扩散传输十分激烈的混合物，这时按其热模型计算出的 h 值过大。像空气中含有大量烃的浓混合物以及空气中含有甲烷的稀混合物那样，其组分都具有较大扩散率，因此通过扩散过程进行的焓的传输就十分剧烈。自然，这些相同的混合物将在蜂窝状火焰结构中显示出扩散特性。此外，与化学计量成分不同而燃烧速度相同的混合物相比，它们具有很小的波宽，这些混合物的最低计算点燃能与实验吻合得相当好。由于燃烧波中的温度梯度很陡，且波宽很窄，因此 h 值较小，这种现象在此混合物中 h 值含量极低的情况下得到证实。这样，就有可能用一个简单的前提来理解许多实验数据。正如贝拉·卡洛维兹 (Béla Karlovitz) 及其同事报告的那样，h 的概念最近还成功地应用到由剪切流引起的燃烧波间断问题中……"

卡洛维兹是刘易斯博士在美国资源局的同事。在上面提到的报告中，他描述了"火焰拉伸"问题，并引入了如下关系式：

$$\frac{1}{U_0} = \frac{dU}{dy}$$

这一关系式乘燃烧区厚度后就成为后来的卡洛维兹数 K。

实际上，早在 1932 年，当冯·埃尔贝来到位于匹兹堡市的卡内基理工学院工作时，刘易斯与冯·埃尔贝的合作就已经开始，并对燃烧学科作出了贡献。他们合作的第一篇论文是有关 $OH + H_2 \rightarrow H_2O + H$ 反应问题的，刊登在 JACS 54：552(1932)。冯·埃尔贝于 1942 年加盟美国资源局，此后他与刘易斯的合作更加密切，这种关系持续了整整 55 年。在这期间，他们建立了许多支持燃烧学科的基本概念。他们发表了 200 多篇论文并出版了专著 *Combustion，Flame and Explosion of Gases*。刘易斯和冯·埃尔贝首次出版该书的时间为 1938 年。1951 年，该书经大幅度修订后重新出版，他们在前言中特别指出这是一本全新的书，只是借用了原版的书名。此后，该书于 1961 年再版面世，1987 年又出了第三版。这部书对刘易斯和冯·埃尔贝来说是非常重要的。1984 年于中国南京，冯·埃尔贝心脏病突发，在去医院的路上，他说："我必须好起来，如果我不能回去完成我们的书，伯纳德将

会死不瞑目。"他要活到完成这本书，他和刘易斯一起在资料铺满地面、位于佛蒙特州的车库里艰苦地工作着。冯·埃尔贝博士于1988年4月4日在加利福尼亚州圣塔安娜市他女儿的家中病逝。刘易斯和冯·埃尔贝所著的这本书是该领域的权威著作。除了这部最重要的燃烧学巨著外，刘易斯还编著了另外五本书。

当刘易斯博士1953年从美国资源局退休时，他组建了燃烧和炸药研究公司，该公司是位于匹兹堡市的一家研究和咨询机构。1986年以前，他一直担任该公司的总裁，直到他去世前还作为顾问为公司操劳。他在该公司的同事有：贝拉·卡洛维兹、京特·冯·埃尔贝和斯图尔德·R.布林克利(Steward R. Brinkley)。一位布达佩斯弦乐四重奏成员，在匹兹堡新式音乐联谊会的邀请下访问匹兹堡市时，曾把这个研究小组评价为"四炸药"。这个小组研究的基本问题现在已集中在从煤的燃烧到喷气式发动机、火箭推进剂以及炸药这样广泛的燃烧和爆炸领域。他们着眼于工业安全，分析了许多大的爆炸事故。他们集中主要精力于燃烧现象研究，同时也承担一些有关燃烧问题的诉讼，刘易斯喜欢这项工作是因为他擅长文字辩论。刘易斯曾描述他是如何打赢一个有关粉尘爆炸案子的，他向陪审员要了一片阿司匹林，然后用手将其磨碎，把碎末抛向空中，并用火柴点燃，结果发生了规模很小的粉尘爆炸。

刘易斯博士在燃烧和炸药领域所进行的应用工作是他科学生涯最光辉的一页。他一直强调运用基础理论解决应用问题。在1951年版 *Combustion, Flame and Explosion of Gases* 一书的前言中，他自己曾作出如下评论："现代发动机的发展已取得显著的成就，然而这种成就只有靠积累大量的经验知识和不断维持庞大而价昂的实验才能获得。可以提出这样的疑问：及时的基础理论研究是否能省去已在世界上广泛进行的并仍继续着的这种实验的一大部分？科学知识是否能大大促进实际应用的发展？"他最近评论说："我想知道现在进行的燃烧研究是否太多？"

当伯纳德·刘易斯放弃钢琴演奏家这一职业时，他并没有抛弃他对音乐的爱，音乐使他对尤妮斯·诺顿的爱终身不渝。他与她相识在明尼苏达大学的校园，当时，他作为美国国家科学院的研究员在那里进行研究工作，而她作为音乐厅钢琴师正在做首场演出。他们于1934年结婚，对音乐共同的欣赏使得他们建立了匹兹堡新式音乐联谊会。在匹兹堡地区，刘易斯鼓励并培养了许多年轻的艺术家。匹兹堡新式音乐联谊会把世界上最优秀的艺术家吸引到这里。尤妮斯终生为音乐会演奏并教授音乐，几年前，她录制的贝多芬奏鸣曲深受听众的喜爱。我听说，刘易斯博士非常愿意为尤妮斯翻乐谱及为她录制音乐会。

刘易斯博士热情地为他的国家服务并成为荣誉顾问，他是每一个需要燃烧专家的部委的委员。第二次世界大战期间刘易斯博士曾在美国陆军兵工署服役，1951—1952年他担任美国陆军火箭推进剂及炸药研究室的主任。他多次被授予勋章，包括：1964年的美国陆军荣誉军团勋章和1962年的意大利热力协会(Associazione Termotecnica Italiana)金质勋章。1958年国际燃烧学会开始实施金质勋章奖计划，共设立两枚金质勋章，其中一枚是以伯纳德·刘易斯博士的名义命名的，另一枚是以阿尔弗雷德·埃杰顿爵士(Sir Alfred Egerton)的名义命名的。刘易斯金质勋章授予燃烧领域的杰出贡献者，而第一位获此殊荣的正是伯纳德·刘易斯博士。

我相信刘易斯博士会把他的主要成就归纳如下：他对研究燃烧现象有所贡献并把其研究成果应用于实际，热情帮助艺术界和学术界的年轻人，以及建立国际燃烧学会。他在1952年9月于麻省理工学院召开的第四届国际燃烧会议的开幕词中说："人们已经受到我们整个学科的复杂性和专业多样化的挑战，这必将带来许多问题的解决，这已打破了物理学、化学、数学和工程学的极限，使我们融入了由工程师和科学家组成的有特色的课题组。在我看来，对这种迅速发展的课题组的要求，迟早将由致力于燃烧学科的分支机构或学会来完成。"

1954年创立的国际燃烧学会，是在由刘易斯任主席、麻省理工学院的霍伊特·C.霍特尔(Hoyt C. Hottel)任秘书以及与通用电气公司(GE)的A. J. 内拉德(A. J. Nerad)一起组成的燃烧会议常务委员会的基础上建立起来的，学会创立时对其机构做了进一步的扩展。原委员会曾组织了第三、第四、第五届燃烧会议，其排序继美国化学学会在1928年举办的第一届、1937年举办的第二届燃烧会议之后。国际燃烧学会设在美国特拉华州，是以慈善、科学和教育为目的的非营利公司。董事会由在华盛顿召开的筹备会议选举产生，特拉华州占有15席，其中8席来自工业实体，4席来自科研院所，3席来自政府。第一届董事会会议于1954年9月1日在匹兹堡大学举行，会议选举了董事会的官员，董事长为伯纳德博士；副董事长为霍伊特·C.霍特尔教授；秘书长为格伦·C.威廉姆斯(Glenn C. Williams)教授；财务部长为斯图尔特·韦(Stewart Way)博士；财务副部长为伯纳德·M.斯特吉斯(Bernard M. Sturgis)博士。董事会还设立了两个委员会：行政管理委员会和国际燃烧学会委员会。国际燃烧学会委员会具有国际代表性，它负责组织和管理公司的国际会议活动，负责出版会议的论文集。原燃烧会议常务委员会14个会员全部成为该委员会的成员。该委员会在宾夕法尼亚州匹兹堡市租用一间办公室，由海伦·巴恩斯(Helen Barnes)任执行秘书。

国际燃烧学会仍然只有两名全职管理人员。当我担任董事长的时候，时常为组建这样一个没有政府干预或者说没有政治色彩并能很好地完成预定目标的国际机构的组织者们的才华所感动。国际燃烧学会的规模现在已发展到超过4 000人，设有26个部门。大多数部门都能独立地组织地区性的学术会议，或组织某一专题的学术研讨会。由选举产生的董事会的26名董事来自9个不同国家。

刘易斯博士是国际燃烧学会的主要创建者，并使之进入国际高档次学会的行列。刘易斯博士是国际燃烧学会之父。

H. F. Calcote

[译自 Combustion and Flame, 98：1～4 (1994)]

纪念京特·冯·埃尔贝（1903—1988 年）

京特·冯·埃尔贝(Guenther von Elbe)博士于 1988 年 4 月 4 日在美国加利福尼亚州圣塔安娜市他女儿珍妮弗·卡萨博姆(Jeniffer Cassaboom)的家中病逝。在 1986 年秋季，他因癌症做过外科手术，他的身体也因此得到明显的恢复。但是，在 1987 年末，他的病情再度恶化。京特是一位著名的燃烧科学家，深受同行们的爱戴和尊敬，同时他的家人也深爱着他，他也是我的同事和亲密朋友。他的逝世对整个燃烧学科来说是一个巨大的损失。

京特于 1903 年 11 月 27 日出生在德国柏林郊区的波茨坦，1928 年在柏林大学获物理化学博士学位，1930 年移居美国，在弗吉尼亚大学担任研究员。此后不久，在伯纳德·刘易斯博士的劝说下，他迁居到美国宾夕法尼亚州匹兹堡市。此后，他与伯纳德·刘易斯博士开始了燃烧科学史上最著名的合作关系。1932—1942 年，京特在美国卡内基工学院煤研究室工作，1942 年他成为美国资源局火焰研究学科的首席研究员。伯纳德·刘易斯当时也在美国资源局工作。他们在 1953 年离开美国资源局，与贝拉·卡洛维兹和后来的鲍勃·布林克利(Bob Brinkley)一起，创建了燃烧和炸药研究公司。1961 年京特加盟大西洋研究公司，在那里他担任首席科学家达 20 年之久，直到退休。

当回顾冯·埃尔贝博士在燃烧领域的技术成就时，人们认识到在他与刘易斯博士不寻常的合作期间，正是他学术生涯中最具创造性的多产时期，这就使得人们常常难以孤立地评价这对杰出人物的个人贡献。

京特最喜欢的科学领域似乎总是化学动力学及其机理。他研究分析了无数复杂的化学反应，在 20 世纪 30 年代，他集中研究了氢、一氧化碳和烃的氧化问题。他从不自夸，但通过认识化学反应 H + O$_2$ + M → H$_2$O + M 的作用而说明了 H$_2$-O$_2$ 系统的第二极限时，他显得特别兴奋。反应动力学一直处在非常原始的状态，但由于对反应机理定量研究的进展，使这 10 年成为取得巨大成就和令人振奋的 10 年。刘易斯和冯·埃尔贝小组处在这一研究领域的前沿。在冯·埃尔贝的整个职业生涯中，他一直分析研究反应动力学，而且他善于把研究成果应用到实际中去。

总的说来，在 20 世纪 30 年代这一时期，刘易斯和冯·埃尔贝对燃烧过程做了深入的研究，这项工作以 1938 年他们出版第一版 *Combustion, Flame and Explosion of Gases* 而终结。后来随着人们对燃烧现象理解的进一步发展，他们在 1951 年对该书做了全面修订。他们把修订后的书定为该书第一版(此后有 1961 年的局部修订版和 1987 年的修订版)，至今它仍然是燃烧学科的主要专著。

京特的研究覆盖了燃烧学科的各个领域，从点燃到火焰稳定直至熄灭无所不包。他开创了火焰传播理论，他对爆震的化学机理具有非凡的洞察力，并极富想象力地把流体力学应用到燃烧过程中来。

从 1953 年起，他有时在燃烧和炸药研究公司工作，有时在大西洋研究公司工作，他更注重研究实际问题，涉及工业过程、爆炸、发动机燃烧以及诉讼事务。他非常喜欢理论联系实际的挑战和工作节奏，正是在这一时期，他相继单独或合作发表了大量论文。

冯·埃尔贝博士加入大西洋研究公司后，他的研究就转向了与航空和推进剂有关的燃烧问题，其中有几项研究可以展示他的创新思想，这些研究甚至在他退休时仍然处于领先地位。他在大西洋研究公司进行的第一项工作就是分析固体推进剂对压力变化的响应，其结果是建立了压力急速下降造成推进剂熄灭条件的预测数学模型。他有意识地力求简化这些理论处理方法，使之为设计工程师所理解并获得实际应用。至今，设计工程师们还在使用冯·埃尔贝的处理方法。他还对分析新固体推进剂成分感兴趣，他根据链支化机理对几种情况提出了有力而令人信服的解释，其中包括使支链退化造成二氧化氯蒸气的爆炸裂解现象。

京特也对氟的氧化物感兴趣，开始研究这类化合物的应用问题。正是由于他富于创造性，从而开发了许多应用领域。他尝试以少量的氟化合物引发非限制的燃料-空气爆炸。他分析研究了在高马赫数下超声速燃烧对燃料的要求，并证明使烃非常迅速地燃烧足以达到超音速冲压式喷气发动机(SCRAMJETS)工作的唯一方法就是使用少量的氟化合物，氟化合物能起到用链支化代替正常的链氧化作用。在进行这些研究的过程中，他获得了一项用氟反应合成有机化学产品的方法专利。在他退休以后，他和刘易斯博士一起为出版第三版 *Combustion, Flames and Explosions of Gases* 做准备。

京特发表了大量的论文，获得了多项专利，在无数有关火灾和燃烧问题上担任政府机构的顾问。从国际燃烧学会建立那天起，他就是国际燃烧学会的成员，他参加了 1937 年召开的第二届燃烧会议，直到最近几年他还参加两年一度的燃烧会议。他在 1976 年召开的第十六届国际燃烧会议上，因在燃烧领域、特别是在有关化学动力学和燃烧波的研究方面成绩卓著，被授予金质勋章(伯纳德·刘易斯勋章)。京特在科学问题上擅长于个人思考，这是我们所熟知的，也许并不为人们熟知的是他非常推崇社会主义，且善于言谈。除了职业兴趣以外，他用业余时间研究历史，特别是美国内战时期的历史。在他的一生中，他利用不少机会去旅行，而且喜欢研究他所去地方的风土人情。他特别不爱出风头，而且非常友善，尽管他是一个科学家，但在任何技术问题上，他都是非常容易接近的人。最后，我代表国际燃烧学会的全体同仁、特别是他终生的朋友——伯纳德·刘易斯及其夫人尤妮斯，向在美国及世界各地的京特所热爱的家人表示深切的问候。

Edward T. McHale

[译自 Combustion and Flame，76：1～3 (1989)]

第 三 版 序

本书第三版严格遵循第一版序言中所述本专著的基本目的，即为向化学家、物理学家和工程技术人员提供理解燃烧现象的科学基础。

本版主要修订了一氧化碳的氧化动力学及分支更多、更为复杂的烃类氧化动力学。曾发现，一氧化碳-氧物系与已充分了解的氢-氧物系密切相关，以至在没有含氢化合物存在的情况下，无法识别该物系在迅速反应中释放潜在焓的反应路径。有了这一认识，便可解释彼得·格雷(Peter Gray)及其同事们所描述的诸如稳定而振荡的辉光之类的现象了。本版主要是在重新考察早期文献所载的极佳数据的基础上，对烃氧化动力学的论述进行全面修订。近期的研究结果证实并拓宽了早期研究所得出的推论。这证实过去所做的谨慎而系统的研究成果依然是正确的，它经得起时间的考验，尽管那时可用的实验方法和数据简化法与当今的计算技术和众多的现代传感设备及记录设备相差甚远。

在过去 20 年中，计算机程序已被用来处理反应动力学中的复杂问题。这特别适合于诸如在实验流动物系中和在燃烧波中发生的烃燃烧的高温反应。在这些物系中，整体反应趋于完成，而且，在这一过程中，凡能想象得到的、在反应物质和众多中间产物之间的反应，实际上都可能发生。尽管我们完全赞同这类问题只有使用计算机技术方能处理，但是我们保留关于诸如在反射冲击波的静止气体中爆炸反应引发等其他问题。在这里，自由基的起始浓度实际上等于零，因而，起始反应速率很小或者是难以觉察到，但在诱导期内却以自加速速率增大到产生爆炸的程度。在本书第一篇有关烃的一章中，论述了这类问题。这种论述是以下面的概念为基础的：反应速率从初始为零发展到爆炸速率，只由不多几个链支化反应和链断裂反应所控制；不必考虑只在整体反应的后期才出现的那些组分的反应。相应地，也就不要求提供很广泛的反应一览表，且诱导期的问题也只需用反应动力学分析法来解决，而无须采用计算机程序。

读者将会注意到，在解释烃的低温氧化(以出现已研究得很多的冷焰为标志)方面发展了一个新概念。现在我们看到两种分支反应：一种称为由双过氧化作用决定的链分支反应，另一种称为由烷氧基过氧化物离解决定的链分支反应。结合本生(Benson)对以往在烃氧化中称之为"负温度"系数的解释，如今已经有可能描述在这种复杂反应工况中出现的一切现象。

在燃烧学术文献中已经刊载了大量的研究成果。自 1962 年起，国际燃烧学会的《燃烧和火焰杂志》(Journal of Combustion and Flame)有 66 卷，该学会出版的《国际燃烧会议论文集》(International Combustion Symposia)有 13 卷，以及卷数众多的其他学术刊物，其中值得注意的有《燃烧科学与技术》(Combustion Science and Technology)和《能源与燃烧科学的进展》(Progress in Energy and Combustion Science)等，从这些资料可得到大量有关燃烧学科各方面详尽的、公认优异的研究报道。但是，当本书前一个版本问世时，似乎已充分奠定了这门学科的概念基础，除某些具体细节值得进一步关注外，没有必要对第二篇火焰传播这一课题进行修订。例如，对电火花最低点燃能和熄灭距离这两者实验测定值之间的关系，已提供一种崭新的见解。另一个例子是对下面两种情况有了理论上的理解：在压力不断增加的情况下，每当燃烧速度超过 50～100 cm/s 时，便可观察到燃烧速度随之增加；当燃烧速度低于此范围时，这种效果就相反。对这种效果的解释，表明人们已认识到在火焰传播中化学反应所起的作用。

第三篇关于已燃气体的状态的叙述，早在第一版中便做了适当的处理。第四篇中内燃机课题也是如此。

作者非常感激阿伯丁(Aberdeen)试验场弹道研究实验室的利兰·A.沃特迈耶(Leland A. Watermeier)和国家标准局的罗伯特·S.莱文(Robert S. Levine)，他们承担了一氧化碳氧化动力学的研究，第 3 章就是根据他们的研究写成的。在准备编写第 6 章时，作者感谢贝拉·卡洛维兹(Béla Karlovitz)给予的忠告和作出的贡献。大西洋研究公司——通过爱德华·T.麦克黑尔(Edward T. McHale)办公室的出色工作，随时提供绘图和计算机设备，帮了大忙。还要感谢航空化学研究实验室的哈特韦尔·F.卡尔科特(Hatwell F. Calcote)，他对火焰中离子课题做了卓有成效的讨论。

Bernard Lewis
美国宾夕法尼亚州匹兹堡市
Guenther von Elbe
美国弗吉尼亚州亚历山大市
1986 年 5 月

第 二 版 序

在过去 10 年中，燃烧学科研究的进展速度一直未减慢，人们在对燃烧现象的共同理解方面已取得显著的进步。但是，至今对这门学科进行科学探索的统一过程尚未完成，还需要做许多工作来深入了解火焰中各种过程的现象。这样，一些理论关系和预示就可建立在可靠而逼真的模型的基础上。

在这次新版书中，特别强调燃烧波在传播过程中的变化，这种变化是由于传向未燃介质热损失和混合物成分因扩散过程而发生的局部变化所致。这两种效应都是由于在速度梯度很陡的流场中或是在用一个点源点燃的条件下发生的扩张传播的结果。热损失效应对于流场中火焰稳定极限、点火时的最小火焰直径及最低点燃能的数值均有影响。运用火焰拉伸（即扩张传播过程中火焰面增大）的新概念，采用类似方法可获得燃烧速度和波宽度这些基本可测的火焰参量与火焰稳定极限和火花点燃数据之间的良好关系。例如，用这种方法已推导出高速气流中火焰稳定器上的火焰稳定极限。此外，研究结果表明，在扩张传播的一切情况下，混合物组分产生扩散分层的程度，取决于混合物中燃料和氧化剂组分的相对扩散系数。这种分层作用所产生的影响，至少可以作出定性的预计。因此，在过浓的重烃-氧混合物中的最小火焰直径和最低点燃能，要比按原始混合物的火焰拉伸方程式的预计结果为小，因为氧向火焰区的扩散比燃料快。同样的道理也适用于火焰稳定。火焰拉伸和扩散分层的概念可用来了解可燃极限的机理。

本版中的其他几篇，对燃烧波这一课题不需做重大修订。但是，在讨论中，特别对爆震过程做了一些修订，并且增加了有助于对这一课题更深入理解的许多新资料。

Bernard Lewis
Guenther von Elbe
美国宾夕法尼亚州匹兹堡市
1961 年 2 月

第 一 版 序

在过去 10 年内，燃烧学科研究领域的发展速度如此之快，以致出现许多新的论据和概念，使以前的有关论文显得完全不能满足当今学生和研究工作者对燃烧学科作现代阐述的需要。本书作者虽然借用了他们在 1938 年出版的旧著的书名，但是把本书当作该书的第二版来看是不恰当的，因为除少数简短的几节叙述当时业已弄清楚了的有关课题以外，本书其他内容完全是新的。然而，这本新著的目的仍保持不变，即为化学家、物理学家和工程技术人员提供了解燃烧现象的科学基础。

燃烧、火焰和爆炸这三个术语，远在人们具有明确的科学概念以前，就已成为常用语言的一部分，因此使用这些术语仍然多少带点任意性和灵活性。在本书中论述的课题有：链反应理论和气体燃料与氧之间的化学反应动力学，燃烧波、爆震波和射流火焰的流体动力学，及已燃气体的热力学。在这方面，我们沿用旧著所用的方式，认为用它来叙述上述领域已证明确属有价值。将 13 年前的知识水平与今天的比较一下，可以发现，在化学动力学的领域中有颇大的进展，在点燃和燃烧波传播的领域里出现了许多新事实和概念，以及在对扩散火焰和爆震波的理解方面有显著的进步。此外，燃烧热力学早在许多年以前就已成熟，所以，虽然可靠数据的数量显著增多，但看不到重大概念性的进展。

读者将会看到从最新的可利用的证据导出的一些新的化学反应机理，并把它看成是本书作者在目前情况下最完善的见解。建议将这些反应机理作为进一步实验和讨论的基础。在研究工作人员中，早已在许多地方取得了一致的意见，希望这些新的分析能使这个范围扩大。已论述过的物系有氢-氧、一氧化碳-氧和烃-氧。其中，了解得最透彻的是氢-氧物系。对一氧化碳-氧物系来说，虽然目前关于这方面的定量数据仍感缺乏，但是这种反应机理在某种程度上看来已接近澄清。对烃-氧物系的认识已取得显著的进展，而尽早澄清烃的氧化机理，至少对于低级烃来说，显然是可能的。关于在高级烃的氧化反应方面，也可以看出理论与实际相吻合的趋势。这些物系反应机理之间的内在联系和相互依赖的关系已引起注意，当对选定的混合物作进一步的研究时，必须使各反应机理之间互不矛盾，这种要求对最终阐明各种基元化学反应来说将是一个有力的因素。

在本书的第二篇中论述火焰传播，讨论的重点由反应动力学转向流体动力学。后者是用于燃烧波、爆震波及燃料射流燃烧的科学分支。近年来，在点燃和燃烧波传播的课题方面取得了极显著的进展。第一次了解到烧嘴火焰中燃烧波的稳定性和临界直径管道中熄灭作用之间的关系。对管内火焰传播的各种现象也有所理解。特别重大的进展是用最低点燃能的概念综合整理有关火花点燃数据的工作，这种最低点燃能的概念是从一个点燃源发展成燃烧波的研究推导出来的。已经证明能够将流体动力学方程式加以简化，以便得出熄灭距离与燃烧速度及其他可测量之间的相互关系。

在爆炸气体混合物中燃烧波和湍流运动之间相互作用方面，由于卡洛维兹(Karlovitz)最近进行的理论和实验的研究而取得了重大进展。在层流和湍流的燃料射流燃烧的领域内，自从伯克(Burke)和舒曼(Schumann)关于层流扩散火焰的早期工作以来，已取得颇大的进展。

将关于燃气射流引射空气的理论与火焰稳定理论结合起来，可以得到烧嘴工作性能的理论。预料该进展将有助于解决燃气工业中燃料互换性的问题，本书中包括了这个课题的讨论。

尽管查普曼(Chapman)、焦耳(Jouguet)和贝克尔(Becker)的工作已使爆震波理论达到很高水平，但是通过冯·纽曼(von Neumann)、布林克利(Brinkley)及柯克伍德(Kirkwood)的工作，又使它得到进一步的发展。对于经常观察到的爆震波的间断型和螺旋型的传播现象，提出了一些新的解释。对于爆震波结构，以及激波峰面与反应区之间的相互作用，得到深入理解。

基础理论研究最终应有助于深入理解和控制工程燃烧过程，特别是发动机内燃烧过程。为了达到这个目的，必须依据启动和运转的各个不同阶段中出现的基本物理和化学过程，去分析发动机的整个过程。目前，在这方面仅做了很少的工作。而且对发动机的研究，往往也仅限于考察燃料和工程参数对总体性能的影响，这样就不可能对起控制作用的物理和化学过程有所认识。现代发动机的发展已取得显著的成就，然而这种成就只有靠积累大量的经验知识和不断维持庞大而且价昂的实验设备才能获得。可以提出这样的疑问：及时的基础理论研究是否能省去已在世界上广泛进行的并仍继续着的这种实验的一大部分？科学知识是否能大大促进实际应用的发展？本书中收集了有关基本特性方面所缺乏的数据，其目的是：首先，证明用一个比较简便的方法来估计 Otto 发动机的爆震限制行为就原理而论是完全可能的；其次，说明仔细考察喷气发动机内的火焰结构，可取得对发动机性能极限有用的资料。

作者对美国资源局炸药和物理学科研究室的同事致以谢意，他们关心并致力于他们的种种研究，为燃烧波传播的新概念提供实验基础有很大的帮助。

Bernard Lewis

Guenther von Elbe

美国宾夕法尼亚州匹兹堡市

1951 年 5 月

基 本 符 号

c_p，c_v ……………………………… 定压比热和定容比热

D ………………………………………… 扩散系数；

激波速度；

爆震速度

d …………………………………… 燃料射流混合和燃烧过程中的内管直径

d' ………………………………… 燃料射流混合和燃烧过程中的外管直径

d_o ……………………………………… 管子的熄灭直径

d_p ……………………………………… 熄灭作用贯穿深度

$d_\parallel$ ……………………………………… 平行板间的熄灭距离

g …………………………………………… 边界速度梯度

g_B ………………………………………… 脱火时的边界速度梯度

g_F ………………………………………… 回火时的边界速度梯度

H …………………………………………… 绝对最小点燃能

H_i ………………………………………… 每 mol 组分 i 的焓

h …………………………………………… 每单位面积燃烧波的过余焓

K …………………………………………… 密闭容器内已燃和未燃气体之间能量关系式中的
常数

K …………………………………………… 卡洛维兹(Karlovitz)数

K_i ………………………………………… 组分 i 因化学反应而发生的浓度变化率

k …………………………………………… 导热系数

L …………………………………………… 燃料射流火焰的长度

l_1 …………………………………………… 湍流尺度(在一点观测)

l_2 …………………………………………… 湍流尺度(沿 y 轴同时观测)

M …………………………………………… 燃烧波中的质量流

m_i ………………………………………… 组分 i 的分子量

n …………………………………………… 密闭容器中内容物的已燃分数；

Poiseuille 方程式中的常数

n_i ………………………………………… 每单位体积组分 i 中物质的量

P，p …………………………………… 压力

P_e ………………………………………… 密闭容器中燃烧终了时的压力

P_i ………………………………………… 点燃前密闭容器中的压力

q …………………………………………… 每单位体积的释热率

R …………………………………………… 气体常数；

圆柱气流中的气流半径；

在平行板之间气流内从气流中心到边界的距离

Re ………………………………………… 雷诺数

a ⋯⋯⋯⋯⋯⋯⋯⋯⋯⋯⋯⋯	吸收系数
a_λ ⋯⋯⋯⋯⋯⋯⋯⋯⋯⋯⋯	光谱吸收系数
B ⋯⋯⋯⋯⋯⋯⋯⋯⋯⋯⋯⋯	亮度
B_λ ⋯⋯⋯⋯⋯⋯⋯⋯⋯⋯⋯	光谱亮度
c_p，c_v ⋯⋯⋯⋯⋯⋯⋯⋯⋯	定压和定容摩尔热容量
c_2 ⋯⋯⋯⋯⋯⋯⋯⋯⋯⋯⋯	第二辐射常数
E ⋯⋯⋯⋯⋯⋯⋯⋯⋯⋯⋯⋯	内能
E^T ⋯⋯⋯⋯⋯⋯⋯⋯⋯⋯⋯	$E_T - E_0$
e ⋯⋯⋯⋯⋯⋯⋯⋯⋯⋯⋯⋯	发射系数
e_λ ⋯⋯⋯⋯⋯⋯⋯⋯⋯⋯⋯	光谱发射系数
F ⋯⋯⋯⋯⋯⋯⋯⋯⋯⋯⋯⋯	自由能
H ⋯⋯⋯⋯⋯⋯⋯⋯⋯⋯⋯⋯	焓
H^T ⋯⋯⋯⋯⋯⋯⋯⋯⋯⋯	$H_T - E_0$
K ⋯⋯⋯⋯⋯⋯⋯⋯⋯⋯⋯⋯	平衡常数
K_P（以附加下标指明离解的分子组分）	
⋯⋯⋯⋯⋯⋯⋯⋯⋯⋯⋯⋯	分压平衡常数
K_P^{I} ⋯⋯⋯⋯⋯⋯⋯⋯⋯⋯	$H_2 + 2O_2 \rightleftharpoons H_2O$ 的平衡常数
K_P^{II} ⋯⋯⋯⋯⋯⋯⋯⋯⋯⋯	$OH + H_2 \rightleftharpoons H_2O$ 的平衡常数
K ⋯⋯⋯⋯⋯⋯⋯⋯⋯⋯⋯⋯	烟炱发射系数经验方程式中的常数；玻尔兹曼(Boltzmann)常数
L ⋯⋯⋯⋯⋯⋯⋯⋯⋯⋯⋯⋯	光吸收层的度
M ⋯⋯⋯⋯⋯⋯⋯⋯⋯⋯⋯	分子量
m_i、m_e（分子组分用附加下标标明）	
⋯⋯⋯⋯⋯⋯⋯⋯⋯⋯⋯⋯	燃烧前后物质的量
N ⋯⋯⋯⋯⋯⋯⋯⋯⋯⋯⋯⋯	阿伏伽德罗(Avogadro)常数
n ⋯⋯⋯⋯⋯⋯⋯⋯⋯⋯⋯⋯	密闭容器中内容物的分数
P ⋯⋯⋯⋯⋯⋯⋯⋯⋯⋯⋯⋯	压力
P'_e ⋯⋯⋯⋯⋯⋯⋯⋯⋯⋯⋯	密闭容器中爆炸终了时的压力
P_i ⋯⋯⋯⋯⋯⋯⋯⋯⋯⋯⋯	密闭容器中的初始压力
p（以下标指明分子组分的分压）⋯⋯	分压
p_0、p_1 等 ⋯⋯⋯⋯⋯⋯⋯⋯	分子状态的统计权重
Q ⋯⋯⋯⋯⋯⋯⋯⋯⋯⋯⋯⋯	统计状态总和
R ⋯⋯⋯⋯⋯⋯⋯⋯⋯⋯⋯⋯	气体常数
S ⋯⋯⋯⋯⋯⋯⋯⋯⋯⋯⋯⋯	熵
T_b ⋯⋯⋯⋯⋯⋯⋯⋯⋯⋯⋯	定压燃烧下已燃气体的温度
T_e ⋯⋯⋯⋯⋯⋯⋯⋯⋯⋯⋯	爆炸终了时密闭容器中任一点的温度

T'_e ………………………………… 爆炸终了时密闭容器中的均一温度
T_i ………………………………… 物系的初始温度
T_u ………………………………… 未燃气体的温度
T_λ ………………………………… 亮度温度
V ………………………………… 气体的摩尔体积；
容器的总体积
v_i、v_e ………………………………… 定压燃烧前后的体积
α ………………………………… 烟炱发射系数经验方程式的常数
γ_u、γ_b ………………………………… 分别为未燃和已燃气体中定压与定容比热之比
ΔE ………………………………… 定量反应(离解)热
ΔH ………………………………… 定压反应(离解)热
ε ………………………………… 分子能级
λ ………………………………… 波长
λ_G ………………………………… 绿色部分光谱的波长
λ_R ………………………………… 红色部分光谱的波长
σ ………………………………… 黑体辐射的斯蒂芬-玻尔兹曼(Stefan-Boltzmann)常数

第四篇

c_p、c_v ………………………………… 定压和定容比热
m ………………………………… 气体量(不规定单位)
m. e. p ………………………………… 平均有效压力
P_i ………………………………… 大气压力
R ………………………………… 气体常数
r ………………………………… 压缩比
r_p ………………………………… 燃气轮机循环
T(以下注表示循环相) ………………… 发动机循环温度
U ………………………………… 飞行速度
V(以下注表示循环相) ………………… 工作流体的体积
ω ………………………………… 涡轮喷气发动机或火箭发动机的排气速度
γ ………………………………… 定压和定容比热之比
ΔE ………………………………… 单位量混合物中的化学能
ε ………………………………… 热效率
ε_p ………………………………… 喷气发动机的推进效率

目　　录

第一篇　气体燃料和氧化剂之间的化学反应动力学

第二篇　火焰传播

第三篇 已燃气体的状态

第四篇 燃烧工程学

附　　录

第一篇

气体燃料和氧化剂之间的
化学反应动力学

第 1 章

理 论 基 础

1.1 自由基链反应

本书讨论释放出大量能量、能使化学反应自加速的气体物系。在这种气体或气体混合物的体积中，反应可能随着燃烧波从一个局部的着火源向外传播而继续进行下去，或者可能在整个体积中差不多同时发生反应。在本章和随后就要讨论的几章中，我们主要来研究后一种方式的反应。

气体分子处于迅速运动之中，彼此频繁地碰撞。根据 **Arrhenius（阿伦尼乌斯）**函数 $e^{-E/(RT)}$［其中，$R = 8.314$ J/(mol·K)，称为气体常数；T 为绝对温度；E 为活化能］，两个碰撞分子之间发生化学反应的概率主要取决于温度。活化能是碰撞分子发生化学变化所必须具有的最低能量。由于原子间的键能很高，分子（如 H_2 与 O_2 或 H_2 与 Cl_2）碰撞所需的活化能就很大，以致这种气体的混合物在常温下长期存放也不会让人觉察到有反应进行，即使在大气压力下每个分子会遭到约每秒 10 亿次的碰撞。然而，**自由基**是具有自由键的分子，加入自由基就会使任一种气体燃料和氧化剂的混合物变得不稳定，这种自由基包括自由原子（如每个原子都具有一个自由键的 H 或 Cl）和氧原子（它具有两个自由键）。

例如：

$$H + Cl_2 = HCl + Cl$$

这一反应的活化能一般不大于 16.74 kJ/mol[1]，相应地，在常温（300 K）下 H 和 Cl_2 之间约发生千次碰撞中只有一次出现反应。同样地：

$$Cl + H_2 = HCl + H$$

这一反应的活化能一般不大于 25.10 kJ/mol，由此得出，在 Cl 和 H_2 约发生一两万次碰撞中只有一次出现反应。在每秒约发生 10 亿次碰撞时，这两个反应将彼此迅速进行，在常温和常压下每秒产生约 10^6 个 HCl 分子。

这是一个**自由基链反应**的实例，在这类反应中，由一个燃料分子产生一个自由基（如由 H_2 产生 H），它与氧化剂分子（如 Cl_2）起反应，生成一个产物分子（如 HCl）和一个"氧化剂"自由基（如 Cl），这一自由基又与燃料分子起反应，生成一个产物分子，并再产生一个"燃料"自由基，依次类推。

在本实例中，氯是混合物组分之一，它在很宽的光谱限度内都会吸收光线，并由于光

离解作用，按照

$$Cl_2 + h\nu = 2Cl$$

产生氯原子。因此，装有 H_2 和 Cl_2 的透明反应容器在接受光照时，对每一个所吸收的光量子 $h\nu$ 来说，会产生两个反应链。由此可见，在普通的气体温度和压力下，中等发光的光源，比方说，每 $1~cm^3$ 吸收 10^{12} 个光量子，以约 10^{18} 个分子$/(cm^3 \cdot s)$ 的速率来引发 HCl 形成过程。热量是按如下反应式产生的：

$$H_2 + Cl_2 = 2HCl - 184~kJ/mol$$

它与各种不同物系的参数(包括反应容器尺寸在内)有关，由于所产生的热量大于散失于环境的热量，从而可能产生不平衡现象。就由于这一原因，温度上升，反应速率加快，结果产生**热爆炸**。在许多实验室和教室中，都曾有意或无意地试验过用曝光来使氢-氯混合物产生这种爆炸。

若燃料-氧化剂物系中各种不同的自由基组分，其每一种都像本实例中情况那样仅带一个自由键，反应链只由一连串自由键所组成，这种自由键从燃料自由基传递给氧化剂自由基，如果不产生任何附加的自由键，就会返回到燃料自由基。但是，若只是用 O_2 代替 Cl_2，则可相类似地写出：

$$H + O_2 = HO + O$$

从而得到两个氧化剂自由基，它们总共带有三个自由键，或者除氢原子最初具有的自由键外还带有两个键。这一过程被称为**链支化**，这也是 $H_2\text{-}Cl_2$ 和 $H_2\text{-}O_2$ 两物系之间存在的主要差别。在 $H_2\text{-}Cl_2$ 物系中，由于混合物分子(如 Cl_2)的光化离解或热离解，而使反应速率与自由基的产生有关，只有离解所产生的自由基数目达到足以触发按照热爆炸机理反应时，反应速率才达到爆炸程度。在 $H_2\text{-}O_2$ 物系中，由于自由键经如下反应：

$$HO + H_2 = H_2O + H$$

$$O + H_2 = OH + H$$

$$HO + H_2 = H_2O + H$$

从氧化剂自由基迁移到燃料自由基，所以所供给的自由基量呈指数增长。除非物系所失去的自由基比链分支所产生的更为迅速，否则总包反应将加速，发生**支链爆炸**。因此，与引发热爆炸的条件不同，个别分子的离解足以触发支链爆炸。事实上，在真实的体系中，由于环境因素(如地球放射现象或宇宙辐射现象)总是存在自由基，但在一般条件下，由于扩散作用使自由基**销毁**，不会发生爆炸。

可见，链支化效应对二价的氧原子是很重要的。用与一个氢原子的反应来将一个氧分子分开，产生一价的羟基和一个二价的氧原子。正如以后可以看到，与烃燃料反应也会出现链分支，但该反应路径会导致中间形成含两个单键氧原子—O—O—的过氧化物。

自由基会彼此结合形成中性分子，例如 $2H = H_2$。在自由基浓度达到与遗留下来引起反应的燃料和氧化剂的分子相比相差不大时，气相中发生的这种自由复合作用在支链爆炸的后期就变得很重要，因而，两自由基之间的"成功"碰撞（即导致复合的碰撞），以与自由基同留下来的未起反应的组分发生成功碰撞相近的频率进行。这样，总反应减缓下来，物系趋于达到热力学平衡。此时，自由基的浓度是由各种正、逆反应的速率来确定的，例如：

$$H + H + M \rightleftharpoons H_2 + M$$

就属于这种反应。在此，M 是指一种未加限定的**第三种分子**，在正反应中，它接受自由基结合形成稳定分子时释放出来的能量；在逆反应中，它提供分子离解为原子所需的碰撞能。由于自由基复合是强放热的，而自由基与燃料或氧分子的反应是处于吸热到中等放热的范围内，所以有支链爆炸的初始阶段和终了阶段存在。在初始阶段中，自由基浓度迅速增大而温度只适度增大；在终了阶段中，自由基浓度稳定或减小而温度迅速增加至火焰的热力学温度。正如在第 2 章所示的，这一较后的阶段，在化学上很复杂的支链爆炸（所谓冷焰）中将被抑制，而在氧与高级烃的混合物中又特别显著。

气相碰撞中自由基的复合在自由基浓度很低的支链爆炸的早期并不起作用，因此，它们与能使速率超过链支化速率的链断裂过程无关，从而防止了支链爆炸的发生。这些过程全都使自由基通过扩散或对流迁移到物系的界面，不再从该处返回。物系的界面可有许多种，例如自由射流与周围大气的界面，但在下面各章中通常是指含爆炸气体反应容器的内表面。这种内表面包括附着在容器中的固体表面，甚至还包括悬浮的尘粒表面在内，但由化学动力学和数据分析得出，以简单的球形容器且尽可能消除对流为最佳，理论上这有利于比较容易处理自由基的分子扩散或迁移。

各种自由基通常可与金属起反应，它们会因撞击在金属表面上而销毁。在玻璃质及其他非金属的表面上，它们或多或少被牢固地吸收，且要么因与其他起碰撞的自由基复合而销毁，要么吸附自由基，或者返回气相。对于化学动力学理论来说，表面**链断裂能力 ε** 的概念是有用的。ε 定义为撞击到表面导致自由基销毁的分数，ε 值在 0～1 的范围内，这与自由基种类和表面性质有关。不同的表面具有完全不同的能力 ε，因此，一个表面会因其"中毒"而变得无效（ε=0）。例如，对于 H 原子在玻璃表面上的销毁来说，水是一种强毒物。Steiner[2]测得，若将 2%～4%水蒸气加入流经玻璃管的 H 原子和 H_2 分子的混合物中，则在 H 原子与器壁每做 10^6 次碰撞中约只有 1 次使 H 原子销毁，即销毁能力约为 10^{-6}。Poole[3]曾报道过，在相同的条件下测得销毁能力为 1.6×10^{-4}，而在磷酸覆盖的玻璃表面上销毁能力为 3.9×10^{-5}。Steiner[2]还测得，在干燥混合物中的销毁能力还要高几个数量级。据报道，Cl 原子的销毁能力约为 10^{-3}[4]，对 Br 原子约为 1[5]，对 CH_3 和 C_2H_5 约为 10^{-3}[6]。Smith[7]曾研究过从室温至高于 500 ℃ 的温度范围内 H 和 OH 在洁净的硼硅酸耐热（pyrex）玻璃和以各种盐覆盖的硼硅酸耐热玻璃上的复合作用，此时销毁能力随着表面的性质不同而变化。研究得知，在除 KCl 以外的一切盐类覆盖表面上，H 都发生强有力的复合，而 OH 能在 KCl 覆盖表面上发生强有力的复合。因为有关自由基反应的主要信息是从实验中得出的，所以实验者的任务是去寻找起控制反应的数目最少的那些客观实验条件。在这种限制下就可能确定这些反应的性质并去获得关于反应概率的定量信息。

　　这种近似方法在本书中以氢和氧之间、一氧化碳和氧之间、烃和氧之间以及某些其他稀有燃料-氧化剂物系的反应为例来说明。选定这些物系是因为它们已得到广泛的研究，因此，它们可提供这方面研究成果的具体例子，并使化学动力学的研究限于燃烧领域之内。

1.2　爆炸极限

　　核爆炸中的临界质量是一个众所周知的支链爆炸极限的实例。当可裂变物质质量和体积变得如此之大，以至于中子和原子核之间碰撞产生的中子数超过穿过物系边界扩散的中子数时，爆炸即发生。相同的原理适用于气体燃料-氧化剂物系的支链爆炸，但爆炸极限不适于用临界质量表示，必须代之以化学动力学参数和扩散参数表示，这些参数确定了链支化和链断裂的速率，特别是确定了温度、压力、混合物组成和环境条件（如反应容器的尺寸和容器内表面的性质）。

　　对 H_2-O_2 物系来说，这种情况如图 1-1 所示。混合物成分为 $2H_2+O_2$，反应器为内径 7.4 cm 且内表面涂有很薄的 KCl 的球形玻璃容器。已证明，爆炸极限是温度和压力的函数，这两个参数是可调节的。在爆炸区内，链支化的速率大于链断裂的速率。在不爆炸区内，上述速率的关系相反，而在爆炸极限处两速率相等。

　　从图 1-1 可见，该爆炸极限呈反 S 形，其各段分别标以第一极限、第二极限和第三极限。沿着第一极限和第三极限，任何地方在压力增大时从不爆炸转为爆炸，而沿着第二极限则从爆炸转为不爆炸。而且，随着温度增加，第一极限和第三极限移向较低的压力，而第二极限移向较高的压力。

　　对这些事实可解释如下：链支化发生在 H 与 O_2 的有效碰撞中，这种碰撞频率以及由此发生的链支化速率，将随着 O_2 浓度增大（用增大压力来达到）而增大。相应地，第二极限本身的存在，使链支化速率随压力的增大以更高次方增大。由这一见解，连同物系化学所施加的约束，得到这样的结论，即第二极限起因于如下反应：

$$H+O_2+M = HO_2+M$$

　　因为该反应使自由 H 原子销毁，所以它是链断裂反应。该反应发生在 H 与 O_2 及作为受能体的第三种分子进行三元碰撞中，而链支化反应：

$$H+O_2 = OH+O$$

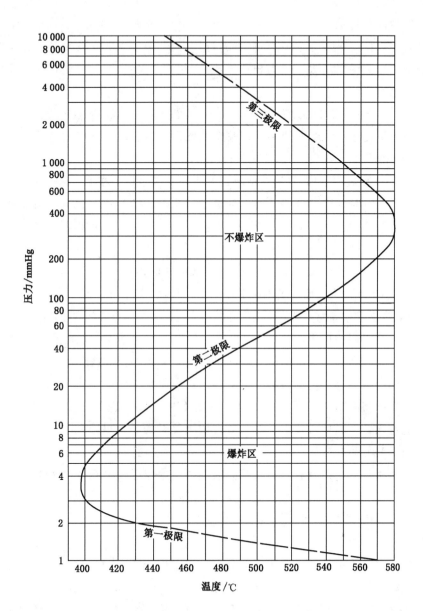

图 1-1 在直径为 7.4 cm 且涂有 KCl 覆盖物的球形容器中化学计量氢-氧混合物的爆炸极限

第一和第三极限有部分外延；第一极限常有不规则变化。

mmHg 与 Pa 的换算关系见附录五。

发生在 H 与 O_2 进行的二元碰撞中。H 原子进入三元碰撞的发生频率与压力的平方成正比，而对于二元碰撞来说，这一关系为线性，且链支化速率随压力的增大以更高次方增大。虽然二元碰撞远比三元碰撞常见，但导致链支化的有效碰撞并不常见，因为该反应的活化能相当高。可是，H 和 O_2 结合而形成 HO_2 不需要活化能。因此，有一个温度-压力范围存在，此时两反应以相等速率进行，得到第二爆炸极限的曲线。在温度增高时，这一极限压力随之增大，因为根据链支化反应的 Arrhenius 函数，在温度增高时链支化速率随之增大。

H 和 O_2 结合而形成 HO_2 的三元反应，仅仅在自由基 HO_2 通过扩散到器壁被吸附而销毁时才是链断裂反应，此时 HO_2 在扩散途中与 H_2 发生的许多碰撞中不发生反应，如：

$$HO_2 + H_2 = H_2O_2 + H$$

达到该反应活化能这一条件，在第二极限之下能得到满足；但在第三极限之下压力更高和碰撞相应地更频繁时，这一条件就得不到满足。这时，HO_2 基与氢分子由于碰撞而起反应，在其扩散路径上经常被截住，产生 H 原子。这些 H 原子迅速地与 O_2 起反应，经链支化反应 $H + O_2 = OH + O$，不是再生出 HO_2，就是产生更多的 H，由此又产生更多的 HO_2。由此得出，沿着第三极限，链断裂速率相当于 HO_2 向器壁扩散引起 HO_2 销毁的速率。在压力减小时，扩散速率增大，而链支化速率却减小，因此，随着压力减小，从爆炸区进入不爆炸区。而且，在温度增高时，链支化速率随之增大，极限压力也相应地随之减小。

在高于第二极限的压力时，H 和 O_2 之间的反应如此迅速，以致扩散到器壁的 H 原子变得并不重要。在第一极限的压力很低时，这一关系相反。这时，由于 H 原子向器壁扩散，发生链断裂，有关情况与第三极限应用相类似。

在第 2 章中将给出 H_2-O_2 物系的定量论述及进一步的数据。但是，根据本章定性描述可以明显看出，在大反应器中，对扩散有依赖关系的第一极限和第三极限更进一步地移入位于图 1-1 所示极限左方的不爆炸区。但是，若容器的 KCl 覆盖层被链断裂能力很低的玻璃表面所替代，则所有的极限都会向左侧不爆炸区发生不同程度的位移。

1.3　燃料-氧化剂混合物中的反应波

爆炸气体混合物中的电火花放电，会立即在燃烧产物(焰气)中产生很小体积的高温和高自由基浓度的火焰中心。这种火焰中心能引发化学反应波，借助热和自由基扩散向邻近的未燃气体传播。这类波将在第 5 章中广泛讨论。它们与气流及湍流的相互影响将在第 6 章中讨论。

反应波也可由激波尾流中温度升高所引发。若激波面后的温度足够高，则化学反应速率及相应的温度升高足以大到使气体的热膨胀连续不断地增强激波。这样，高速激波就与反应波连在一起，并以受化学反应释热所支配的不变速度超声传播。这类波被称为

爆震波，将在第 8 章中讨论。

当燃料和氧化剂并不预混而是容许边混合边反应（例如，在气流交界处起反应）时，火焰被限定于混合区内，混合区的大小由分子组分的互扩散和反应来确定。这种物系将在第 7 章中讨论。

1.4 反应动力学的某些基本原理[❶]

1. 双分子反应

单位时间单位体积气体内，两种分子之间发生碰撞的次数，与每一种分子的浓度成正比。分子间彼此能起反应的碰撞是有效碰撞。假定混合气体是由氢分子和自由羟基 OH 所组成的，因为反应

$$OH+H_2=H_2O+H \tag{I}$$

是有可能的，所以生成水的速率：

$$d[H_2O]/dt = k_1[H_2][OH] \tag{1-1}$$

式中，方括号表示浓度，通常以每 1 cm³ 内的分子数表示。关于单位时间单位体积内具有浓度 N_1 与 N_2 的两种分子 1 和 2 之间碰撞的总次数，由气体动力学理论得方程：

$$Z_{1,2} = 2N_1 N_2 \sigma_{1,2}^2 \sqrt{2\pi RT \frac{m_1+m_2}{m_1 m_2}} \tag{1-2}$$

式中 m_1, m_2——分子量；

$\sigma_{1,2}$——碰撞分子的平均直径；

R——气体常数，$R=8.314$ J/(mol·K)；

T——绝对温度，K。

在气体反应的经典理论中，式(1-1)中速率系数 k_1 值用下式表示：

$$k_1 = \frac{Z_{1,2}}{N_1 N_2} e^{-E/(RT)} \times 位阻因数 \tag{1-3}$$

按照确定该式所根据的物理概念得出，如果两种碰撞分子在某特定的自由度上的能量等于或超过活化能 E[指 **Arrhenius 函数 $e^{-E/(RT)}$**]，按碰撞几何条件，若两个起反应的组分做近于直线的碰撞，则有利于反应物间相互作用，这就是有效碰撞。碰撞的几何条件可以用位阻因数表示，其数值不能根据理论确定，只是按物理模型推测，一般是小于 1 的数。

这种经典理论已被基于活化碰撞配合物及其统计学概念、比较成熟的速率理论所代替[9]。但是，简化式(1-3)对原子反应来说仍是相当正确的，并且也同样适用于简单分子

---

❶ 有关对反应动力学的更深入的讨论，请参看有关文献，如参考文献[8]。

的反应。只有对于较大的分子，正像易变的活化能一样位阻因数高或低不能确定，简单碰撞统计学基本方程式(1-3)才显得很不适当。这种情况在本书中不讨论，一般来说，式(1-3)对于用来实验测定速率系数已足够了。

2. 三体碰撞反应

两种碰撞原子在特殊情况下并不出现形成双原子分子的反应。若一个分子是在碰撞瞬时形成的，则其寿命比两次碰撞之间的时间间隔(在常压常温下约 $10^{-5} \sim 10^{-3}$ s)还要短得多。这是因为由反应能与碰撞原子对相对动能所组成的总能量足以使形成的分子离解。因此，如果没有第三分子参与碰撞——三体碰撞——来最后除去过余能，那么这些原子又会分离。在过余能被三体碰撞除去的情况下，结果生成稳定的双原子分子。在能形成一个化学键的两种多原子的分子碰撞时，或在一种多原子分子与一种原子碰撞时，如果没有一种第三体介入，也可以完成缔合作用，因为能量应在许多自由度之中分配，而不集中于任何一个化合键上。

含有不同类型键的相当大物系照例应有可能实现直接缔合[10]。例如，不可能研究两个 CH_3 自由基之间的直接缔合，但是没有理由排斥发生像 $C_2H_5 + O_2$ 形成过氧自由基 C_2H_5OO 的这类缔合的可能。

Tolman 曾导出[11]如下形式求单位时间单位体积中三体碰撞数的方程式：

$$Z_{1,2,3} = N_1 N_2 N_3 (4\pi\sigma_{1,2}^2)(4\pi\sigma_{2,3}^2)\delta\left(\sqrt{RT\frac{m_1+m_2}{2\pi m_1 m_2}} + \sqrt{RT\frac{m_2+m_3}{2\pi m_2 m_3}}\right) \quad (1\text{-}4)$$

式中，N_1、N_2 和 N_3 是碰撞组分的浓度。这一方程式是根据这样的假定导出的，即认为分子是刚性的弹性球，且在分子处于彼此相距某一很小距离 δ 范围内时碰撞终止。因为 δ 是未知数，所以该方程式不能用来确定三体碰撞的真实次数。但是，可合理地假定，δ 比分子直径要小得多。因此，要求实验测得的反应速率应满足以下条件：

$$\delta \ll \sigma \quad (1\text{-}5)$$

已详细地研究过两个氢原子复合形成氢分子的反应。各种不同的研究者的观测结果[12]确实证明，这种反应若在不大的活化能的条件下应按三体碰撞的方式进行。因此反应速率用下式表示：

$$-2\frac{d[H]}{dt} = \frac{d[H_2]}{dt} = k_{复合}[H]^2[M] \quad (1\text{-}6)$$

式中，[M]是第三体分子的浓度，而系数 $k_{复合}$ 可按如下关系式由式(1-4)确定：

$$k_{复合} = \frac{Z_{H,H,M}}{[H]^2[M]} \quad (1\text{-}7)$$

根据对实验资料的分析，Smallwood[12]得到这样的结论：当 H 原子作为第三体时 $k_{复合}$ 约为 10^{16} cm^6/(mol^{-2} · s)，它还不到 H$_2$ 分子作为第三体时 $k_{复合}$ 值的 1/50。若将 $k_{复合} =$

10^{16} cm^6/(mol^{-2}·s) 除以阿伏伽德罗常数 6.02×10^{23} 的平方值，则得到与式(1-4)相应的关于简单碰撞的速率系数。根据 $\sigma_H=2.14\times10^{-8}$ cm 和 $\sigma_{H_2}=2.40\times10^{-8}$ cm[13]计算得：当 H 作为第三体时 $\delta\approx5\times10^{-9}$ cm，而当 H_2 作为第三体时 $\delta<10^{-10}$ cm。前者约为气体动力学分子直径 σ 的 1/4，而后者还不到 2%，所以这两个数值与上述不等式(1-5)是相吻合的。

H_2 作为第三体的 δ 的上限，可根据处于热平衡下复合反应 $H+H+H_2=H_2+H_2$ 的速率等于离解反应 H_2+H_2 的速率，即：

$$k_{复合}[H]^2[H_2] \Longleftrightarrow k_{离解}[H_2]^2 \tag{1-8}$$

独立地求得，而 $k_{离解}$ 的上限由下式给出：

$$k_{离解} < \frac{Z_{H_2,H_2}}{[H_2]^2} \times e^{-E_{离解}/(RT)} \tag{1-9}$$

式中，Z_{H_2,H_2} 是 H_2 分子的碰撞频率，能按上述方程式(1-2)计算出来；$E_{离解}$ 是离解能，等于 431.956 kJ/mol(见附录一)。复合反应和离解反应的速率系数之比是热力学平衡常数 K_c，即：

$$\frac{k_{复合}}{k_{离解}} = \frac{[H_2]}{[H]^2} = K_c \tag{1-10}$$

根据式(1-7)～式(1-10)，且利用按附录一中平衡数据计算得的 K_c，就可求出当 H_2 作为第三体时 $\delta<0.6\times10^{-10}$ cm，这与前面根据动力学数据所得的数值是一致的。

有关分子直径的某些数值已在表 1-1 中给出。一些二元和三元反应的速率系数值已列在附录二中。

表 1-1 某些分子直径的数值①

分子	$\sigma/(cm\times10^8)$	分子	$\sigma/(cm\times10^8)$	分子	$\sigma/(cm\times10^8)$	分子	$\sigma/(cm\times10^8)$	分子	$\sigma/(cm\times10^8)$
H	2.14	N_2	3.15	Ne	2.36	Xe	3.54	NH_3	2.97
O	2.00	O_2	2.98	Ar	2.88	CO	3.19	HCl	2.85
H_2	2.40	He	1.90	K	3.23	CO_2	3.34	H_2O	5(估算值)

注：① 除非另作说明，数据都取自 *Treatise on Physical Chemistry*, by H. S. Taylor, 2nd Ed, 1937, pp. 249-250; Van Nostrand's *Handbook of Chemistry & Physics*, 48th Ed, p. F-142, 1968。σ 值取自黏度测定。

3. 单分子反应

反应也可以按具有必需能量的单分子分解的方式进行。这种活化分子是由于碰撞所产生的，而按碰撞去活化和分解这两种方式消耗。在高压下这两种过程中以碰撞去活化方式为主，且活化分子的浓度与其热力学平衡浓度相应。在这种条件下，从理论求得的反应速率与反应组分浓度和 $e^{-E/(RT)}$ 乘积成正比关系。在碰撞去活化可忽略的低压下，因为活化分子的寿命比两次碰撞之间的时间要短，所以反应速率由于其取决于活化速率而按双分子计。

4. 表面反应

除了气相反应以外，还要研究在表面上进行的反应。表面可作为催化剂，它促使发生气相中难以进行或根本不能进行的反应。按所公认的多相催化的观点来看，要求起反应气体中的一种或两种被吸附在表面上。因此反应速率应与已吸附气体的表面浓度成正比。当表面为玻璃时，对于许多气体来说，在气相和表面浓度之间具有如下的关系[14]：

$$s = s_0 \frac{bp}{1+bp} \tag{1-11}$$

式中 s——每单位面积上已被吸附分子的数目；

s_0——每单位面积上能容纳被吸附气体分子的元空间数；

p——压力；

b——常数。

理论上，这一方程式可以在采用与被吸附分子状态有关的某些假设下被推导出来。若压力很低或表面作用力很小（相应地，b 值很小），则 s 就等于 s_0bp，而在另一种极端情况下就变成 $s=s_0$。若表面反应的速率慢得不会使物系严重地偏离在表面浓度和气相浓度之间的平衡时，则可看到反应速率与反应物气相浓度的 0~1 次幂成正比。例如，在用小石英球充满的石英容器中，550 ℃左右时，曾发现氢和氧的多相化合的速率近似地与氢的压力成正比，而与氧的压力无关[15]。这表明在这种表面上对氧的吸附很强，而对氢的吸附很弱。早已指出，表面销毁链载体的特性在链反应动力学中起很重要的作用。这种销毁可能是由于与器壁材料反应所致，也可能是由于稳定吸附随之进行多相反应所致。已给出各种不同表面和自由基的链断裂能力 ε 值。

在器壁是链载体销毁的情况下，总体反应动力学将强烈地依赖于链载体向器壁的扩散。因为链载体的浓度很低，所以扩散系数 D 可写为[16]：

$$D = \lambda_e \bar{v}_1 / 3 \tag{1-12}$$

式中 λ_e——有效平均自由程；

$\bar{v}_1$——标以下标 1 的链载体的速率。

若链载体经由近似为等分子量的单纯的气体 2 扩散，则 λ_e 就等于通常的平均自由程 λ。

$$\lambda = \frac{1}{\pi N_2 \sigma_{1,2}^2 [1+(m_1/m_2)]^{\frac{1}{2}}} \tag{1-13}$$

式中，N_2 是每毫升气体 2 中的分子数。

如果链载体经分子量小得多的某种气体 3 扩散，那么由于链载体在与较轻气体碰撞时

速度不变而使 λ_e 大于 λ。两者的关系近似为 ❶：

$$\lambda_e = \frac{m_1}{m_2}\lambda \tag{1-14}$$

气体混合物的有效平均自由程可按下式估算：

$$\frac{1}{\lambda_e} = \frac{1}{\lambda_{e,2}} + \frac{1}{\lambda_{e,3}} + \cdots \tag{1-15}$$

分子的平均速度（以 cm/s 计）由下式给出：

$$\bar{v} = 14\ 500 \left(\frac{T}{m}\right)^{1/2} \tag{1-16}$$

1.5 推导反应速率和爆炸极限方程的方法

现在我们来研究和推导反应速率和爆炸极限方程式。我们选取应用于前述氢-氧反应第二爆炸极限，如下反应物系为例：

$$OH + H_2 = H_2O + H \tag{I}$$

$$H + O_2 = OH + O \tag{II}$$

$$O + H_2 = OH + H \tag{III}$$

$$H + O_2 + M = HO_2 + M \tag{VI}$$

正如我们以后将会看到的那样，这些反应仅表示有关氢-氧反应全部机理中的某一部分。这些反应的编号仍参照著者在较早版本中所确定的惯例。让我们假定，自由基 OH 是由中性分子 H_2 和 O_2 以速率 I（以 mL/s 计）自发形成的。为了说明这种图式，不必进一步指明这种引发反应的机理。自由基 HO_2 在化学上是足够惰性的，以致在它向器壁扩散期间一直生存着。在器壁上，它被吸附或因与其他 HO_2 自由基复合而最终销毁。因此，反应（VI）是一个链断裂反应。

复杂总包反应的速率可用水的形成速率来度量[按式(1-1)]。它与 OH 的浓度成正比，而动力学的问题在于确定 OH 的浓度。链载体浓度的时间变化率可由如下三个方程式确定：

$$d[OH]/dt = I + k_2[O_2][H] + k_3[H_2][O] - k_1[H_2][OH] \tag{1-17}$$

$$d[H]/dt = k_1[H_2][OH] + k_3[H_2][O] - k_2[O_2][H] - k_6[O_2][M][H] \tag{1-18}$$

$$d[O]/dt = k_2[O_2][H] - k_3[H_2][O] \tag{1-19}$$

再从式(1-17)～式(1-19)中消去浓度[H]和[O]得：

---

❶ Jeans[16] 曾给出比 m_1/m_3 稍小的系数。在实际计算中这种差别并不重要。

$$\mathrm{d}\left[[\mathrm{OH}]+\left(1+\frac{2k_2}{k_6[\mathrm{M}]}\right)[\mathrm{O}]+\frac{2k_2}{k_6[\mathrm{M}]}[\mathrm{H}]\right]/\mathrm{d}t$$

$$=I-k_1[\mathrm{H_2}]\left(1-\frac{2k_2}{k_6[\mathrm{M}]}\right)[\mathrm{OH}] \tag{1-20}$$

关于这个方程式的意义可说明如下：H 原子可在反应路径(Ⅱ)和(Ⅵ)之间选择，即：

$$\mathrm{H}' \begin{cases} \xrightarrow{(\text{Ⅱ})} \mathrm{OH}' + \mathrm{O}'' \\ \xrightarrow{(\text{Ⅵ})} 销毁 \end{cases}$$

而 O 原子总是按路径(Ⅲ)起反应，且由该反应产生的 H 原子也具有同样的选择性，即：

$$\mathrm{O}'' \xrightarrow{(\text{Ⅲ})} \mathrm{OH}'' + \mathrm{H}' \begin{cases} \xrightarrow{(\text{Ⅱ})} \mathrm{OH}' + \mathrm{O}'' \\ \xrightarrow{(\text{Ⅵ})} 销毁 \end{cases}$$

式中，右上角撇是指自由键。从自由键的形成速率来说，反应(Ⅱ)是反应(Ⅲ)的两倍。因此，由 H 原子生成自由键的速率正比于 H 原子的形成速率乘因子 $2k_2/(k_6[\mathrm{M}])$。而且，由 O 原子生成自由键的速率正比于 O 原子的形成速率乘因子 $1+2k_2/(k_6[\mathrm{M}])$。所以，式(1-20)左端表示物系中自由键的形成速率。随着每毫升内自由键数的增加，OH 的浓度也随之增大。现在，若 $2k_2/(k_6[\mathrm{M}])<1$，由于等式右端[OH]项符号为负，自由键的形成速率因之降低直至趋近于零。所以，在诱导期后链载体的浓度达到一个定值，且水的形成速率也为常数。对这种论述须作某些限制，因为随着反应的进行，氢和氧被消耗掉，所以[H_2]和 I 随时间推进而降低。但是，建立稳态链载体浓度仅需消耗少量反应物，所以，除了初始的通常是不可测的诱导期以外，可把链载体的浓度看作与反应物的浓度处于平衡状态。因此，OH 的浓度由下式给出：

$$[\mathrm{OH}] = \frac{I}{k_1[\mathrm{H_2}][1-2k_2/(k_6[\mathrm{M}])]} \tag{1-21}$$

式(1-20)的一般形式是：

$$\frac{\mathrm{d}n}{\mathrm{d}t} = n_0 - (\beta-\alpha)n \tag{1-22}$$

式中　n——链载体浓度；

n_0——链引发反应的速率；

α——链断裂反应的系数；

β——链支化反应的系数。

α 和 β 分别由取决于反应机理的各个速率常数所构成，n 可由不同的链载体所组成。式(1-22)中假定链是在气相中断裂的。若链在器壁断裂，则正如以后所要看到的那样，这种论述更为复杂。在 $\alpha \geqslant \beta$ 的条件下，链载体浓度，因而反应速率，将随时间呈指数增长。由于分子反应很迅速，这种情况与非常迅速的释热即爆炸是相对应的。在 $\alpha<\beta$ 的条件下，dn/dt 变为零，所以

$$n = \frac{n_0}{\beta - \alpha} \tag{1-23}$$

在此，$\alpha=\beta$ 的这个条件就确定了爆炸极限。

若链的断裂是因气相中两个链载体的复合而造成的，则稳态浓度应由如下形式的方程式来确定：

$$n_0 = \beta n^2 - \alpha n \tag{1-24}$$

从这个方程式不能求得爆炸极限，因为式中 n 总是有限值。前文已指出，在实际的爆炸气体混合物中，这种气相复合不受控制。在键载体的浓度很高且反应迅速趋于完成时，这种复合在支链爆炸的后期出现。

爆炸反应速率的自加速也能因释热而出现。若反应容器中的释热速率大于向周围的散热速率，则温度上升；因为反应速率常数是温度的指数，所以总反应在大部分反应物消耗以前都是自动加速的。热爆炸条件不能像支链爆炸那样简单地确定下来。不爆炸反应区可根据反应容器热积累速率为零的条件来确定，即：

$$\frac{dq}{dt} = QVr - aK(T - T_0) = 0 \tag{1-25}$$

式中　q——容器中反应物所释放的热能；

　　　Q——单位物质的量的气体分解所产生的反应热；

　　　V——容器的容积；

　　　r——单位时间单位体积内发生反应的物质的量；

　　　a——器壁面积；

　　　K——传热系数；

　　　T——容器中的平均温度；

　　　T_0——器壁温度。

该式第一个等号右端第一项是释热速率；第二项是向周围散热速率。速率 r 是取决于反应机理的一个复杂的函数，通常包含 $e^{-E/(RT)}$ 这样形式的因数。若在温度 T 时，式(1-25)有一实根，则在这一温度下体系趋于平衡，反应物消耗，以致反应在稳态下进行。但是，若 T_0 增至足够大，以致该式不具有 T 的实根，则 dq/dt 总为正值，温度将增加，促使反应加速，导致爆炸。临界温度或"着火"温度 T_0 与许多参数有关。例如，压力增大，在该情况下反应速率 r 增大，使着火温度降低；容器直径增大，即 V 的增大超过 a 的增加，也同样使着火温度降低。若 r 与压力成几次幂的指数关系，则通常可以认为着火温度与压力的关系能用如下方程式来表示：

$$\lg P = A/T_0 + B \tag{1-26}$$

式中，A 和 B 近似地为常数，A 表示总活化能除以气体常数，而 B 取决于容器因数和其他参数。曾发现式(1-26)与许多实验观测结果相吻合。但是，不能用它来作为区分热爆炸和支链爆炸这两种极限的唯一判据，因为支链爆炸极限的温度-压力关系通常不是用式(1-26)形式的方程式来表示的。

许多研究者曾给出在特定情况下式(1-25)的解。我们提出偶氮甲烷和乙基叠氮化物的爆炸[17]及硝酸甲酯的爆炸[18]，均是单分子分解反应。Frank-Kamenetsky 等人[19]曾对在一般和特殊情况下的诱导期、极限计算和反应容器中的温度分布做了许多广泛的理论研究工作。有关热爆炸课题的近期工作请参阅参考文献[20]。

1.6　球形反应容器中链载体扩散的数学分析与用于反应动力学的简化方程

本节概述在容器表面上链断裂的等温支链反应。链载体可以靠扩散或对流到达器壁。在此，只讨论这两种输运模型中的第一种，即处理时混合气体是没有流动的。因此，若假定爆炸极限不受这些极限下反应中放热效应的干扰，则本论述应适用于诸如像在位于和低于氢-氧物系第一或第三爆炸极限的温度-压力下不爆炸区中存在的情况。为了表示单元体积中链载体浓度的变化率，必须假设反应容器具有某一确定的几何形状。在此，已选定球形容器，所得到的结果与用其他容器如圆柱形或平板形容器所得到的没有很大差别。Semenov 曾研究过其他形状容器的情况❶。

本论述曾假定，链引发作用既可在容器表面上也可在气相中进行。这两种情况会得到不同的关系，所以将分别论述[21]。

1.　器壁上的链引发作用和链断裂作用

距半径为 r 的容器中心某一距离 ρ 处链载体浓度 n 的变化率由如下方程式给出：

$$\frac{\partial n}{\partial t} = D \frac{1}{\rho^2} \frac{\partial}{\partial \rho}\left(\rho^2 \frac{\partial n}{\partial \rho}\right) + \alpha n \tag{1-27}$$

式中　D——扩散系数；

α——链支化速率系数。

我们将仅考察稳态，即：

$$\frac{\partial n}{\partial t} = 0 \tag{1-28}$$

在这种条件下，式(1-27)的解为：

---

❶　N. N. Semenov, *Acta Physicochim URSS* **18**, 93(1943).

$$n = \frac{A}{\rho} \sin \sqrt{\alpha/D} \rho \tag{1-29}$$

为了确定积分常数 A，必须引入边界条件。边界条件可根据整个体积中的支化速率等于链载体的表面销毁速率减去新链载体在表面产生的速率这一条件来确定。链的表面销毁速率为链载体与表面撞击速率的 ε 倍，其中 ε 是器壁的链断裂能力，其值处于 0 和 1 之间。从气体动力学的研究得出，链载体与表面碰撞的速率等于：

$$4\pi r(r-\lambda)\frac{\bar{v}}{4}n_\lambda$$

式中　n_λ——距器壁为单位平均自由程处的链载体浓度；

　　　$\bar{v}$——分子的平均速度。

ε、$\bar{v}$ 和 λ 都取决于扩散组分的特性。若存在几种组分，则这些常数值就变为所存在的各种不同链载体浓度比值的函数。在下面要讨论的反应中，可以认为以一种链载体为主来使问题简化。

链载体的平均浓度 $\bar{n}$ 由下式给出：

$$\bar{n} = \frac{3}{r^3}\int_0^r n\,\rho^2\,\mathrm{d}\rho \tag{1-30}$$

将式(1-29)代入并解出积分得：

$$\bar{n} = \frac{3AD}{\alpha r^3}(\sin \sqrt{\alpha/D}r - \sqrt{\alpha/D}r \cos \sqrt{\alpha/D}r) \tag{1-31}$$

既然在整个体积中链支化速率等于 $4\pi r^3\alpha\,\bar{n}/3$，在表面上新链载体的生成速率等于 $4\pi r^2 m_0$（其中 m_0 是单位面积上的链引发速率），那么从边界条件得出如下方程式：

$$A = \frac{r^2 m_0}{\dfrac{1}{4}\varepsilon\,\bar{v}r \sin \sqrt{\alpha/D}(r-\lambda) - D\sin \sqrt{\alpha/D}r + \sqrt{\alpha/D}r\cos \sqrt{\alpha/D}r} \tag{1-32}$$

式中，分母中的第一项可用三角关系式展开：

$$\sin \sqrt{\alpha/D}(r-\lambda) = \sin \sqrt{\alpha/D}r\cos \sqrt{\alpha/D}\lambda - \cos \sqrt{\alpha/D}r\sin \sqrt{\alpha/D}\lambda$$

$\sqrt{\alpha/D}\lambda$ 是一个很小的数，因为在一切有物理意义的情况下 $\lambda \ll r$，且若 n 为正，则 $\sqrt{\alpha/D}r$ 不能大于 π [对照式(1-23)]。由此可见，$\cos \sqrt{\alpha/D}\lambda \approx 1$，$\sin \sqrt{\alpha/D}\lambda \approx \sqrt{\alpha/D}r$。

从器壁扩散入气相中的链载体，有些是在与器壁碰撞后弹回的，有些是因在器壁上进行化学反应所产生的。若假定化学反应所产生的链载体具有平均随机速度值 $\bar{v}$，则根据气体动力学理论链载体离开器壁的速率就等于器壁上链载体浓度乘 $\bar{v}/4$。现在，器壁本身是链载体源，器壁上链载体的浓度就不会等于零。若 $\varepsilon=1$，则允许离开器壁的仅有的一些链载体是由化学反应所产生的，其速率在单位面积上达到 m_0，所以 $m_0 = n_{器壁}\bar{v}/4$。联立式 (1-29) 和式(1-32)并取 $\rho=r$，求 $n_{器壁}$ 的方程式很容易，在 $\varepsilon=1$ 的情况下以及 $m_0 = n_{器壁}\bar{v}/4$ 的条件下，仅当：

$$D = \bar{v}\lambda/4 \tag{1-33}$$

时才能满足。用一般方法导出的扩散系数 D 等于 $\bar{v}\lambda/3$。在本论述中，不矛盾的理论只有依据式(1-33)才能得到。式中各数字系数的差别是由于在列出边界条件方程式时取近似的缘故，但是要重新考虑这种论述的理由似乎并不充足。

将式(1-32)和式(1-33)代入式(1-31)，则得：

$$
\begin{aligned}
\bar{n} &= \frac{3m_0/r}{\left[\dfrac{\varepsilon r}{\lambda}\dfrac{1-\sqrt{\alpha/D}\lambda\,\cot\sqrt{\alpha/D}r}{1-\sqrt{\alpha/D}r\,\cot\sqrt{\alpha/D}r}-(1-\varepsilon)\right]\alpha} \\
&= \frac{3m_0/r}{\left[\dfrac{\varepsilon r}{\lambda}\dfrac{1-\lambda/r}{1-\sqrt{\alpha/D}r\,\cot\sqrt{\alpha/D}r}-(1-\varepsilon)\right]\alpha}
\end{aligned} \tag{1-34}
$$

该式可用分母各项交叉相乘和相加的方法加以验证。

对于球形容器中链载体扩散和反应的假想模型来说，从式(1-34)求得的链载体的平均浓度是 D、α、r 和 ε 的函数。但是该式对于实际使用来说是非常复杂的，因为，实际情况是：精确的数值计算通常并不重要；通常对这种模型是否适用有所疑问；测定系数 α 和 ε 的数值尚无直接的方法可用。这种情况要求导出以式(1-21)为例这种形式的理论关系式，其中各种不同浓度和速率系数的影响很容易分别考虑。为了获得这种形式的方程式，必须用适当的近似方法将式(1-34)中的分母分离为两项，分别表示链断裂系数和链支化系数。这可按如下方式来进行。

在式(1-34)的取值范围(即从自变数 $\sqrt{\alpha/D}r$ 为 0 至自变数等于 π 时范围从 0 到无穷大)内想要确定 $1-\sqrt{\alpha/D}r\cot\sqrt{\alpha/D}r$ 这一项是很困难的。所以，物理意义限定了 $\sqrt{\alpha/D}r$ 值应位于 $0\sim\pi$ 之间，因为 $\bar{n}$ 的正解仅在这个范围内才存在。当 $\sqrt{\alpha/D}r$ 接近 π 时，$1-\sqrt{\alpha/D}r\cot\sqrt{\alpha/D}r$ 这一项减小，正如一组级数展开式所示，它趋近于极限值 $2/\{[\pi^2 D/(ar^2)]-1\}$。von Elbe 和 Lewis 指出 ❶，若这个极限值能代替 $1-\sqrt{\alpha/D}r\cot\sqrt{\alpha/D}r$，则可获得与精确方程式(1-34)严密相同的方程式，该式取值位于有物理意义的自变数 $\sqrt{\alpha/D}r$ 的一切值和位于 $0\sim1$ 之间的一切 ε 值之下。经过简单变换以后，这一新的方程式可写成如下形式：

$$\bar{n} = \frac{3m_0/r}{\dfrac{\pi^2 D}{r^2}\dfrac{\varepsilon r/(2\lambda)+1-\varepsilon}{1+2\lambda/(\varepsilon r)(1-\varepsilon)}-\alpha} \tag{1-35}$$

在 $\sqrt{\alpha/D}r\to\pi$ 和 $\varepsilon\to1$ 的极限情况下，这一方程式与式(1-34)具有相同的形式。在其他情况下，由该式求得的 $\bar{n}$ 值比按式(1-34)计算出的数值略小，但是数值计算表明 ❶，即

---

❶　请参看 von Elbe & Lewis[21] 及本书第一版第一章表 1 和表 2。

使在极限情况下，这种偏差也小于 40%，而这对于动力学研究来说是微不足道的。

式(1-35)中分子表示与某些新生的链载体在器壁处销毁（当 $\varepsilon > 2\lambda/r$ 时，分子就变得非常小，这表明有少数链载体实际上从表面逃脱）相匹配的表面处链引发速率；而分母上的两项分别为链断裂速率系数和链支化速率系数。在 $2\lambda/(\varepsilon r) \ll 1$ 时，链断裂系数[①]减小至 $\pi^2 D/r^2$；而在 $2\lambda/(\varepsilon r) \gg 1$ 时，因 $D = \bar{v}\lambda/4$，其减小至 $(\pi^2/8)(\varepsilon\bar{v}/r)$。

$2\lambda/(\varepsilon r) \ll 1$ 这种条件的物理解释是链载体扩散到容器表面要有足够的时间，所以它们很有可能因反复与器壁碰撞而被销毁掉。一般说来，这并不意味着 ε 本身接近于 1，在一般的容器直径和平均自由程即压力的数值范围内，ε 值极小，足以使器壁成为有效的链载体扩散处。这种情况就是指链断裂的速率仅取决于单位时间内到达器壁表面的链载体的数目。它与扩散系数 D 有关，而与链断裂能力 ε 无关；它与稳定温度梯度的斜率成正比，此外还与表面积与体积比成正比，而这两者都是 r 的反函数，因此可将因数 $1/r^2$ 引入链断裂系数中。反之，当 $2\lambda/(\varepsilon r) \gg 1$ 这种条件起主导作用时，绝大部分的链载体都从表面弹回来，并在容器内部旋转。在这种情况下，浓度梯度消失了，所以链载体的浓度变得在整个体积中大体上是均一的。此刻，链断裂速率与 $\bar{n}\bar{v}/4$（它表示单位时间内与单位器壁表面相撞击的链载体的数目）、链断裂能力 ε（它确定起撞击的链载体被销毁的分数）以及表面积与体积比（在球形容积下它等于 $3/r$）成正比。因此，链断裂系数变为 $(\bar{v}/4)\varepsilon(3/r) = 0.75\varepsilon\bar{v}/r$，这个结果也可以根据原始方程式(1-34)用一组级数展开式来求得。用近似方程式(1-35)求得 $\pi^2/8 \approx 1.23$，可代替数字因数 0.75，但是这种精确度不够并不影响式(1-35)的实际使用，因为考虑到 ε 值充其量也只能知道其数量级而已。

2. 体积中的链引发作用

若链的引发作用是在体积中进行的，则达到稳态的条件由下式给出：

$$\frac{\partial n}{\partial t} = D \frac{1}{\rho^2} \frac{\partial}{\partial \rho}\left(\rho^2 \frac{\partial n}{\partial \rho}\right) + \alpha n + n_0 = 0 \tag{1-36}$$

式中，n_0 是单位体积中链引发作用的速率。式(1-36)的解是：

$$n = \frac{A}{\rho} \sin \sqrt{\alpha/D}\rho - \frac{n_0}{\alpha} \tag{1-37}$$

若引入边界条件：在整个体积中链支化速率和链引发速率之和等于链载体与表面碰撞速率的 ε 倍，则积分常数 A 为：

$$A = \frac{n_0}{\alpha} \frac{r^2(1-\lambda/r)\varepsilon\bar{v}}{\varepsilon\bar{v}r \sin \sqrt{\alpha/D}(r-\lambda) + 4\sqrt{\alpha/D}r \cos \sqrt{\alpha/D}r - 4D\sin \sqrt{\alpha/D}r} \tag{1-38}$$

[①] 这一方程式最初是由 V. Bursian 和 V. Sorokin [*Z. Physik. Chem.* (Leipzig) **B12**, 247(1931)] 求得的，他们用它来讨论 $\varepsilon = 1$ 的情况。他们对无限长圆柱曾求得方程式 $\alpha = 0.277\pi^2 D_0/r_0^2$；而对相距 $2r$ 的两块无限大平行平板求得 $\alpha_0 = 0.25\pi^2 D_0/r_0^2$。

采用前面相同的方法，得如下求 $\bar{n}$ 的表达式：

$$\bar{n} = \frac{n_0}{\alpha} \left[\frac{\dfrac{3D}{\alpha r^2}(1-\lambda/r)\dfrac{\varepsilon r}{\lambda}}{\dfrac{\varepsilon r}{\lambda}\dfrac{1-\lambda/r}{1-\sqrt{\alpha/Dr}\,\cot\sqrt{\alpha/Dr}} - (1-\varepsilon)} - 1 \right] \tag{1-39}$$

如前所述，在 $\sqrt{\alpha/Dr} \to \pi$ 和 $\varepsilon \to 1$ 的极限情况下，由这一方程式得到：

$$\bar{n} = \frac{6n_0/\pi^2}{\dfrac{\pi^2 D}{r}\dfrac{1}{1+2\lambda/(\varepsilon r)(1-\varepsilon)} - \alpha} \tag{1-40}$$

另外，按近似式(1-40)求得的 $\bar{n}$ 值比按式(1-39)计算出的数值要小一些，但即使在极限条件下两者之差也小于 40%。如前所述，式(1-40)中的分子表示气相中的链引发作用的速率，而分母上两项分别表示链断裂速率系数和链支化速率系数。链断裂系数与式(1-35)中所示的系数是一致的。

参考文献 ❶

1. S. W. Benson,"The Foundations of Chemical Kinetics"，p. 340，McGraw-Hill，New York，1960.

2. W. Steiner, *Trans. Faraday Soc.* **31**,962(1935).

3. H. G. Poole. *Proc. Roy. Soc.* **A163**,424(1937).

4. G. M. Schwab and H. Friess, *Z. Elektrochem.* **39**,586(1933).

5. G. M. Schwab, *Z. Physik*, *Chem.* **B27**,452(1935).

6. F. Paneth and K. F. Herzfeld, *Z. Elektrochem.* **37**,577(1931).

7. W. V. Smith. *J. Chem. Phys.* **11**.110(1943).

8. S. W. Benson,"The Foundations of Chemical Kinetics". Mcgraw-Hill,New York,1960.

9. H. Eyring, *J. Chem. Phys.* **3**,107(1935);See also ref. 8.

10. G. E. Kimball. *J. Chem. Phys.* **5**,310(1937);cf. L. S. Kassel, *ibid.* **5**,922(1937).

11. R. C. Tolman,"Statistical Mechanics", *Am. Chem. Soc.* Monograph,(1927).

12. W. Steiner and Z. Bay, *Z. Physik*, *Chem.* **B3**,149(1929); W. Steiner, *Trans, Faraday Soc.* **31**,623(1935); I. Amdur and A. L. Robinson, *J. Am. Chem. Soc*,**55**,1395(1933); H. M. Smallwood, *ibid.* **56**,1542(1934).

13. P. Harteck. *Z. physik. Chem.* **A139**,98(1928).

14. I. Langmuir. *J. Am. Chem. Soc.* **40**,1361(1918).

15. W. L. Garstang and C. N. Hinshelwood, *Proc. Roy. Soc.* **A134**,1(1931).

16. J. Jeans,"Dynamical Theory of Gases",3rd Ed. p. 314,Cambridge Univ. Press,New York,1921.

17. A O. Allen and O. K. Rice, *J. Am. Chem. Soc.* **57**,310(1935); H. C. Campbell and O. K. Rice, *ibid.* **57**,1044

---

❶　译者注：作者对原著参考文献著录内容作了简写，其格式不符合我国国家标准《信息与文献　参考文献著录规则》(GB/T 7714—2015)的要求，且部分信息不全。但由于作者著录的参考文献大部分年代较久远，译者无法查证，因此为保证本书的完整性和一致性，参考文献依据原版图书著录。

(1935); see also O. K. Rice, A O. Allen, and H. C. Campbell, *ibid*. **57**, 2212(1935).

18. A. Appin, J. Chariton, and O. M. Todes, *Acta Physicochim*. (U. R. S. S.) **5**, 654(1936).

19. D. A. Frank-Kamenetsky, *J. Phys. Chem*. (U. R. S. S.) **13**, 738(1939); *Acta Physicochim* (U. R. S. S.) **10**, 365(1939); **13**, 730(1940); **20**, 729(1945); O. M. Todes, *ibid*. **5**, 785(1936); O. M. Todes and B. N. Karandin, *ibid*. **14**, 53(1941); O. M. Todes and P. V. Melentev, *ibid*. **11**, 153(1939); **14**. 27(1941); Y. B. Zeldovich and B. I. Yakovlev, *Compt. rend. acad. sci*. (U. R. S. S.) **19**, 699(1938).

20. B. J. Tyler and T. A. B. Wesley, "Eleventh Symposium on Combustion", p. 1115. The Combustion Institute (1967); P. Gray and P. R. Lee, *ibid*. p. 1123; B. F. Gray, *Combustion & Flame*, **13**, 50 and 97(1969); P. Gray, P. R. Lee, and J. A. MacDonald, *ibid*. **461**, (1969); G. Merzhanov and H. E. Averson, *Combustion & Flame*, **16**, 89(1971); T. Baddington, P. Gray, and D. I. Harvey, *ibid*. **17**, 263(1971); M. B. Zaturska, *ibid*. **32**, 277(1978); W. Kordylewska and J. Weak, *ibid*. **45**, 219(1982); M. B. Zaturska and W. H. H. Banks, *ibid*. **47**, 315(1982); T. Boddington, C. G. Feng, and P. Gray, *ibid*. **51**, 365.

21. L. S. Kassel and H. H. Storch, *J. Am. Chem. Soc*. **57**, 672(1935); G. von Elbe and B. Lewis, *ibid*. **59**, 970 (1937).

第 2 章

氢和氧之间的反应

2.1 反应机理

在第 1 章中已简述氢和氧爆炸反应机理的主要特点。

在氢-氧物系中有若干可能存在的基元反应，但在不同的实验变数范围内，它们的相对重要性会发生根本性的变化。随着实验条件的改变，某些反应显得无足轻重，而其他一些反应则值得重视。因此，反应机理受所使用条件的控制。若某些似乎是合理的基元反应与反应机理并不紧密结合，则不能认为这些反应不存在，而仅是它们在这种特定条件下无足轻重罢了。

这里所描述的反应机理是著者[1]在很广泛的参数范围内提出的。从其主要特征看，它与苏联著者[2]和 Hinshelwood 及其同事[3]在牛津大学(对这一反应首先是在牛津大学做广泛系统的研究)的卓越著作是一致的。关于这一反应的详细图式和动力学数据的数值仍有不够确切之处，且与其他著作有矛盾。但是，由于这一机理对氢-氧物系在宽广的观测范围内所观测到的现象作出一致的描述，所以在此没有做重大修改而重复引用于本书中。

在此列出前面已讨论过、标有以下罗马数字的一些反应：

$$OH + H_2 = H_2O + H \qquad\qquad (Ⅰ)$$

$$H + O_2 = OH + O \qquad\qquad (Ⅱ)$$

$$O + H_2 = OH + H \qquad\qquad (Ⅲ)$$

此时，压力、温度、混合物成分和容器因素等一系列条件决定了爆炸边界所具备的 $\alpha = \beta$ 这一条件。若压力是唯一的变数，则在低于临界压力的条件下，自由基向器壁扩散，且以超过其形成速率在器壁销毁，以获得稳定反应。但是，在每种情况下反应速率都极低，以致实际上不能将它测量出来。用实验观测到：当压力增至临界值时出现从实际上未起反应到爆炸反应的突变。为了描述反应(Ⅰ)～反应(Ⅲ)这种现象，需补充描述 H 与 O 及 OH 的扩散、吸附和表面复合诸过程的适当方程式。苏联著作指出[2,4]，一般说来，O 和 OH 的扩散可略而不计，因为它们的气相反应速率很高。这些著者曾广泛地研究过第一爆炸极限，并得到了实验和理论之间的令人满意的关系。在本书中我们只限于讨论远离第一爆炸极限的实验情况，此时，H、O 和 OH 的销毁过程在动力学上是无足轻重的。

在压力增大到超过第一爆炸极限直至第二临界压力为止，反应属爆炸反应，而在超过第二临界压力以后，曾观测到稳态反应。刚超过第二爆炸极限时，反应速率极小，它随着压力的增大而增加，直至达到第三爆炸极限为止。在直径为 7.4 cm 用 KCl 涂覆的球形硼硅酸耐热玻璃容器中化学计量混合物的三级爆炸极限，用图 1-1 所示的温度-压力图线来加以说明。随着温度的增加，压力将沿着第一和第三爆炸极限下降，而沿着第二爆炸极限升高。第一和第二爆炸极限之间的区域通常称为爆炸半岛。若将三体反应：

$$H+O_2+M = HO_2+M \qquad (Ⅵ)$$

引入反应图式中，则很容易解释第二爆炸极限的存在。在这一反应中，符号 M 是指使 H 和 O_2 化合得以稳定的任何一种第三种分子。若考虑到自由基 HO_2 是比较惰性的，以致它能扩散到器壁，则它就成为销毁自由键的媒介物，所以反应（Ⅵ）是链断裂反应。由于随着压力的增加，三元碰撞 $H+O_2+M$ 的频率较二元碰撞 $H+O_2$ 的频率增高，必然有这样一种压力存在，在超过它时，因反应（Ⅵ）消除自由键的速率，超过因链支化反应（Ⅱ）形成自由键的速率，从而建立 $\alpha<\beta$ 这一条件。这种极限本身是由 $\alpha=\beta$ 这一条件所确定的，即：

$$2k_2 = k_6[M]_e \qquad (2\text{-}1)$$

或者

$$[M]_e = 2k_2/k_6 \qquad (2\text{-}2)$$

式中，下脚注 e 表示爆炸极限，浓度 [M] 与总压力成正比，所以式（2-2）确定了第二爆炸极限时的压力。因为反应（Ⅱ）的活化能比反应（Ⅵ）大，温度的下降促使比值 $2k_2/k_6$ 下降，因而也使爆炸压力下降。对于第一爆炸极限来说，$\alpha=\beta$ 这一条件以如下形式的方程式来表示：

$$2k_2[O_2] = f(D_H,D_O,D_{OH},\varepsilon_H,\varepsilon_O,\varepsilon_{OH},d) \qquad (2\text{-}3)$$

式中，右端函数包含有扩散和链断裂能力项及容器直径 d。式（2-3）中左端链支化项随着压力的增加而增大，但是，链断裂项或是随着压力的增加而减小（ε 很大时），或是与压力无关（ε 极小时）。压力减小到 $\varepsilon>\lambda/d$ 时，此时与平均自由程成正比的扩散系数起着控制作用；正如第 1 章所讨论那样，与压力无关在 $\varepsilon<\lambda/d$ 时出现。第一爆炸极限可写成如下形式：

$$[M]_e \sim f(D,\varepsilon,d)/k_2 \qquad (2\text{-}4)$$

　　由于系数 k_2 比（D,ε,d）在更大程度上依赖于温度的变化，所以温度降低使爆炸压力升高。这样，第一和第二爆炸极限交接闭合成半岛。该半岛区的边界以综合表示这两种断链机理的方程式来描述。该式是 [M] 的二次或更高次的方程式，在远高于半岛顶点的温度下，它可简化为式（2-2）或式（2-4）。在半岛顶点处，各系数的数值应使该方程式仅有一个实根。

　　有关第一和第二爆炸极限交接点的实验论证可用图 2-1 来说明。各实验点是用降压法或加热法确定的。前法，混合物是在超过第二爆炸极限的压力下配制的，然后再将压力逐渐降低至出现爆炸为止。后法，混合物是在低于爆炸极限的温度下配制的，然后将容器加

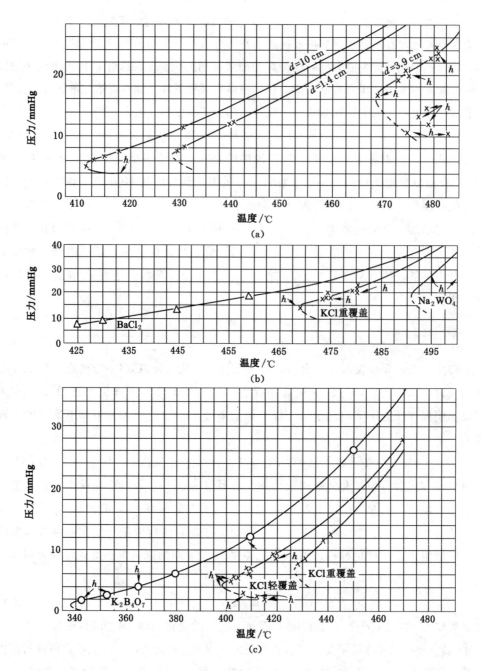

图 2-1 第一和第二爆炸极限的交接点

(a) 重度 KCl 覆盖时，变更容器直径 d；

(b) 容器直径为 3.9 cm 时，变更覆盖材料；

(c) 容器直径为 7.4 cm 时，仅用钾盐覆盖，变更覆盖状况。

标以 h 的实验点用加热法测得；其他点用降压法测得，半岛顶点的位置用降压法测得。

热至出现爆炸为止。图 2-1(a)表明用 KCl 涂覆的球形容器中容器直径的影响。从该图可见，半岛顶点随着容器尺寸的缩小而急剧地移向高温，这证实链断裂速率在增大。在容器直径从 10 cm 变至 7.4 cm 时第二爆炸极限变化不大，而在趋向更高温度时这两条曲线敛缩靠近，这一点被未标入该图中的数据所证实。在直径为 3.9 cm 的容器中，第二爆炸极限大幅度降低，且正如其他数据所证实那样，它不与较高温度下较大容器中所得到的爆炸极限相交。正如以后将要看到的，这种效应使得必须考虑 HO_2 在表面上销毁的机理，因此要修改第二极限方程式。在其他各方面，图 2-1(a)所示的结果与所预料的情况是相符的，因此半岛顶点向更高的温度退缩，这反映了在较小的容器中扩散行程较短。图 2-1(b)和图 2-1(c)两者均表示表面性质的影响。在图 2-1(b)中，第二爆炸极限的收敛是很明显的，而第一爆炸极限的压力按覆盖物 $BaCl_2$、KCl 和 Na_2WO_4 这种次序升高。在图 2-1(c)中，仅在轻度和重度 KCl 覆盖下才能观察到第二爆炸极限收敛。$K_2B_4O_7$ 覆盖物不仅使第一爆炸极限急剧降低，而且对第二爆炸极限的上升有持续的影响。再从理论得出，仅在表面不能充分反射 HO_2 自由基以致它们不能大量地折回气相与氢起反应

$$HO_2 + H_2 = H_2O_2 + H \qquad (XI)$$

时，第二爆炸极限才与容器因素无关。$K_2B_4O_7$ 覆盖物显然有足够的反射能力。在这方面，$K_2B_4O_7$ 覆盖物介于许多其他盐类(如 KCl、$BaCl_2$ 和 Na_2WO_4)和某些表面(如洁净石英、硼硅酸耐热玻璃和硼酸覆盖物)之间。后三种表面促使第二爆炸极限大幅度增高，半岛顶点移向极低的温度，而第一爆炸极限的压力降低到不便于将它观测到。

气相中 HO_2 的反应按反应(XI)的方式进行，且按反应(VI)使链断裂速率降低，因此在第二爆炸极限动力学方程式的列式过程中不能将它忽略。在所有条件不变的情况下，若压力升高，则发生反应(XI)的概率比表面处 HO_2 扩散和销毁的概率更大。后一种过程可表示为：

$$HO_2 \longrightarrow 销毁 \qquad (XII)$$

反应(XII)的速率与容器中 HO_2 的平均浓度成正比，以 $K_{12}[HO_2]$ 表示。其中，比例系数 K_{12} 是容器尺寸、扩散系数和链断裂能力的函数。原子 H 按反应(VI)恒定销毁的分数显然是：

$$\frac{K_{12}}{k_{11}[H_2] + K_{12}}$$

因此，有关爆炸条件[式(2-1)]的较完整的公式是：

$$2k_2 = \frac{k_6 K_{12}}{k_{11}[H_2] + K_{12}}[M]_e \qquad (2-5)$$

系数 K_{12} 或随着压力的升高而减小，或在链断裂能力极小的情况下，与压力无关。所以，随着压力的升高，$k_{11}[H_2]$ 将比 K_{12} 大。因此，式(2-5)是压力的二次或更高次的方程式，其解有两个实根。一个实根表示第二爆炸极限，而另一个实根表示第三爆炸极限。在超过第三爆炸极限压力下，反应始终保持爆炸性。第二和第三爆炸极限的交点，与使式(2-5)

仅具有一个实根的这种系数值相对应。

在第二和第三爆炸极限之间的不爆炸区域中，出现由反应（Ⅵ）和（Ⅺ）组成的链反应，还有通过反应（Ⅱ）、（Ⅰ）及（Ⅲ）所构成的链的支化反应。当趋向于低温和低压时，因反应（Ⅻ）占主要地位，而使链缩短；当增大压力或增高温度或两者俱增而接近第三爆炸极限时，因反应（Ⅺ）占主要地位，而使链变长。

由一些基元反应所组成的上述物系说明了氢-氧反应的主要特征：出现爆炸半岛及第二爆炸极限和第三爆炸极限之间的稳态反应区。反应（Ⅰ）～反应（Ⅲ）似乎原来已存在，而反应（Ⅵ）和（Ⅺ）正如后面所述是由实验事实所导出的。

在 530 ℃ 与直径为 7.4 cm 的以 KCl 覆盖的球形容器条件下，半岛顶点和第三爆炸极限交接点之间的中间区域中第二爆炸极限的数据，曾确定了爆炸压力实际上不取决于用各种器壁覆盖物构成的容器因素。用洁净石英、硼硅酸耐热玻璃和硼酸等表面导致爆炸极限压力升高，则属例外，这可用这些表面具有极低的链断裂能力来解释，也可在超过第二爆炸极限时曾观测到这些容器中反应速率很大这一事实上得到反映。用实验确定了爆炸压力和混合物组成的依赖关系，该关系可用下式高度准确地表示：

$$(f_{H_2} + 0.35 f_{O_2} + 14.3 f_{H_2O})[M]_e = 常数 \tag{2-6}$$

式中，f 是摩尔分数。若有其他惰性气体存在，则将它们的摩尔分数乘以特征系数列入括弧中。这种特征系数对 N_2 是 0.43；He 是 0.36；Ar 是 0.20；CO_2 是 1.47。在理论上，反应（Ⅵ）中第三体的特性应引入结合反应的概率内。因此，应将反应（Ⅵ）对气体混合物中每一种成分分别列式，而反应（Ⅵ）的总速率等于各个组分速率之和，得

$$k_6[M] = k_{6,H_2}[H_2] + k_{6,O_2}[O_2] + \cdots \tag{2-7}$$

既然

$$[H_2] = f_{H_2}[M]，等 \tag{2-8}$$

那么式（2-2）可写成：

$$\left(f_{H_2} + \frac{k_{6,O_2}}{k_{6,H_2}} f_{O_2} + \cdots \right)[M]_e = \frac{2k_2}{k_{6,H_2}} \tag{2-9}$$

该式与经验方程式（2-6）是一致的，而且很容易用它来解释各种不同的特征系数。这种吻合本身并不能证明有反应（Ⅵ）存在。这尚需进一步考虑。

若预先确定有反应（Ⅰ）～（Ⅲ）存在，势必仅能选择反应（Ⅵ）作为链断裂反应。第一，第二爆炸极限的主要事实，即压力降低时产生爆炸并与容器因素无关，显然指出，支化型的链爆炸与所有反应一起都是在气相中进行的。第二，无论是能够起支化反应的链载体（在这种情况下是指 H），还是由支化反应生成的一切链载体（在这种情况下是指 OH 和 O），必定由链断裂反应销毁。第三，对链载体来说，链断裂反应与链支化反应必须同属一个反应级数。第四，链断裂反应必定涉及碰撞且参与碰撞的组分多于参与支化反应的组分，这种组分可以是物系的任何一种分子。这些要求，反应（Ⅵ）得以满足，而不是任何其他可以想象

到的个别反应所能满足的。因此，仅仅靠反应 $O+H_2+M=H_2O+M$ 来除去 O 就不能达到爆炸极限。将这一反应计入反应式（Ⅰ）、（Ⅱ）、（Ⅲ）和（Ⅵ）中，应得到：

$$2k_2/k_6 = [M]_e + k_6[M]_e^2 k'/k_3$$

式中，k' 是这一假定的链断裂反应的速率系数。该式指出，没有反应（Ⅵ）存在就不能达到爆炸极限。而且，该式现在包含有一个二次项，这未被实验事实所证实。因此，这种情况表明，O 原子因与 H_2 相结合而被除去的作用是微乎其微的。原因似乎是反应（Ⅲ）中二元碰撞的频率比三元碰撞 $O+H_2+M$ 要频繁得多。倘若预先不采用反应（Ⅰ）、（Ⅱ）和（Ⅲ），则可用另外一些反应图式来解释经验方程式（2-6）。但是，它们本来都是难以置信的，所以不可能做严格的探讨[5]。由于动力学上已证实，因此，可以采用反应式（Ⅰ）、（Ⅱ）、（Ⅲ）和（Ⅵ）。

对 HO_2 和 H_2 之间气相反应本身可提出两种可能性：一是反应（Ⅺ），另一是 $HO_2+H_2=H_2O+OH$。前者是吸热反应，后者是强放热反应。但这不能作为估计两种反应相对概率的基础，因为各速率系数取决于活化能和位阻因数的大小。在第二爆炸极限和第三爆炸极限之间温度和压力下，氢和氧的混合物中有相当量的过氧化氢形成这一事实，提供了有利于反应（Ⅺ）的证据。这原先是由 Pease[6] 对混合物通过炽热石英管或硼硅酸耐热玻璃管以后的成分进行充分考察研究后发表的，并由 Holt 和 Oldenberg[7] 用吸收光谱证实了处于活性化学反应状态的混合物中有相当大浓度的过氧化氢存在。后有研究者断定，H_2O_2 是氢和氧之间链反应的主要产物，因为在实验条件下 H_2O_2 的分解速率很快，仅在 H_2O_2 的形成速率也很快时，过氧化物才能积累到光谱可测量的程度。以后，我们认为，依靠 H_2 和 O_2 之间表面催化反应有可能形成 H_2O_2，但这是一种极其缓慢的反应，以致不能用它来解释已引用的观测结果。我们同样也可以说，在此，反应 $2OH=H_2O_2$ 也是微不足道的。不能将该反应看作是气相反应，因为均相的二级链断裂过程要由气相反应所构成，正如以后从容器因素的数据和惰性气体影响中可以看出的那样，在反应机理中不含该反应；也不能将该反应看作是表面反应，因为 OH 向表面的扩散仅在与第一爆炸极限相近的压力下才显得重要。这使反应（Ⅺ）作为唯一可能选择的反应。根据 Pease 的数据[6]，H_2O_2 的浓度能达到一种稳定状态；倘若认为 HO_2 不仅通过反应（Ⅺ）形成 H_2O_2，而且按如下反应将 H_2O_2 销毁：

$$HO_2+H_2O_2 = H_2O+O_2+OH \tag{Ⅶ}$$

则这种情况就变得可以理解了。在稳态下 H_2O_2 的形成速率和销毁速率是相等的，所以不存在与反应（Ⅶ）和（Ⅺ）相竞争的反应，即

$$k_7[H_2O_2][HO_2] = k_{11}[H_2][HO_2]$$

因此，H_2O_2 的浓度与 H_2 的稳态浓度成正比。这与 Pease 的发现相吻合。反之，Baldwin 和 Mayor[8] 相信他们在动力学上已获得的证明：反应（Ⅶ）不会出现。在本书第 52 页末已给出反驳这种观点的论证，并认为反应（Ⅶ）是该反应式中一个很重要的阶段而加以保留。

根据观测，将 H 原子导入氢和氧的混合物中会产生初级稳定产物过氧化氢，这使反应

（Ⅺ）得到进一步的证实。无疑地，这包括 H 和 O_2 结合为 HO_2，而 HO_2 进一步与 H_2 起反应，但形成的不是 H_2O 而是 H_2O_2[9]。此时不发生形成水的放热反应的原因，或是位阻异常高，或是活化能极高。

当爆炸极限的方程式不取决于链引发速率时，链的引发就是稳态反应的控制过程。在确定链引发机理的特性时，必须首先决定过程主要是在气相中还是在表面上发生的。在第二和第三爆炸极限之间区域内的一些实验所获得的几组论据都表明，除在反应速率很低（每分钟约形成 0.01 mmHg 的水）的范围以外，器壁反应的作用可略而不计，所以链引发作用是在气相中发生的。

观测所得的第一组论据是：在洁净石英、硼硅酸耐热玻璃或硼酸所覆盖的容器中，反应速率不仅很高，而且随着容器表面状况的微小变化而呈现毫无规律的变化；可是在用各种不同盐类所覆盖的容器中，反应速率不仅低得多，而且能很好地重复。有充分理由确信，盐类覆盖物不同，链断裂系数就不同。图 2-1 中的数据还表明，至少对于 HO 和 OH 的销毁来说，这种情况是确实的。有充分理由认为 HO_2 也是如此。所以，如果表面特性对反应速率的影响消失，那么在此所考虑的实验条件下，盐类所覆盖表面的 ε_{HO_2} 值的范围必须满足 $\varepsilon \gg \lambda/d$，而且进一步得知，链引发过程是在气相中进行的。正如将第 1 章中式（1-35）和式（1-40）进行比较后可看出那样，这两个条件必须同时满足。

第二组论据与链引发速率对压力的依赖关系有关。这可根据水形成速率的实验测定值，及有关第二和第三爆炸极限的数据，并结合反应机理来预测。该反应机理包括以前讨论过的反应（Ⅰ）～（Ⅲ）、（Ⅵ）、（Ⅶ）、（Ⅺ）和（Ⅻ）与尚未阐明的引发反应（它产生 OH 自由基的速率为 I cm^3/s）。水形成速率的总体方程式是：

$$\frac{d[H_2O]}{dt} = \frac{2I\left(1 + \dfrac{k_{11}[H_2]}{K_{12}}\right)}{1 - \dfrac{2k_2}{k_6[M]}\left(1 + \dfrac{2k_{11}[H_2]}{K_{12}}\right)} \tag{2-10}$$

该式不是求反应速率的最终表达式，因为以后还要引入一些附加反应，但它可供目前讨论之用。我们来考察 500 ℃ 下直径为 7.4 cm 的 KCl 覆盖球形反应容器中化学计量混合物的爆炸极限和反应速率的数据。第二爆炸极限在达到 125 mmHg 的压力下出现，而第三爆炸极限约在达到 940 mmHg 的压力下呈现❶。因此，在 125 mmHg 的压力下，因数 $2k_2/(k_6[M])$ 实际上等于 1；在第三爆炸极限的压力下，这一因数就等于 $1 \times 125/940 = 0.133$，且因为在第三爆炸极限下式（2-10）中的分母等于零，所以 $2k_{11}[H_2]/K_{12}$ 就等于 6.5。既然 $[H_2]$ 与 $[M]$ 成正比，而在很高的链断裂系数的情况下 K_{12} 与 $[M]$ 成反比❷。比值 $2k_{11}[H_2]/K_{12}$ 与压

---

❶　由于释热的附加影响，而使实验测得的第三爆炸极限低于这一估计的等温支链极限。

❷　见式（2-28）。

力的平方成正比，而在第二爆炸极限的压力下其值是 $6.5 \times (0.133)^2 = 0.116$。所以，在 2 倍于第二爆炸极限的压力下，反应速率 $d[H_2O]/dt$ 就变成 $(2I \times 1.232)/0.268 = 9.2I$；在 5 倍于第二爆炸极限的压力下，反应速率等于 22.3I。在 2 倍和 5 倍于第二爆炸极限下实验测得的反应速率分别为 0.49 mmHg/min 和 9.0 mmHg/min。这两个速率值之比是 20.4，而理论反应速率的比值为 $22.3I_{625}/9.2I_{250}$ 或 $2.44I_{625}/I_{250}$，故 $I_{625}/I_{250} = 8.35$，已超过了压力比的平方值。若链反应是在器壁引发的，则链载体浓度的动力学表达式具有第 1 章中式 (1-35) 这种形式，在速率很大时就简化为：

$$\bar{n} = \frac{(3m_0/r)[2\lambda/(\varepsilon r)]}{9.86D/r - \alpha} \tag{2-11}$$

式中，m_0 是单位面积上链载体的形成速率。单位容积内链载体的形成速率 I 可用式 (2-11) 的分子表达。在这个表达式中，因数 λ 随着压力的增高而减小，而且很难推测到 m_0 能随着反应物之一（如氢）的分压成大于一次幂的关系增大。因此，链是在器壁上引发的假说，使 I 对压力的依赖性大大降低。实际上，发现的这种高度依赖性只有根据气相引发作用才能解释。

　　第三组论据是根据在用盐类覆盖的容器中所观测到的反应速率随容器直径而变化的情况得出的。例如，对于化学计量混合物来说，在 550 ℃ 下直径为 7.4 cm 和 3.9 cm 的 KCl 覆盖球形容器中的反应速率，在 250 mmHg 压力下分别为生成相当于 0.44 mmHg/min 和 0.07 mmHg/min 的水，而在 650 mmHg 压力下分别为生成相当于 9.0 mmHg/min 和 1.06 mmHg/min 的水。也就是说，反应速率随着容器直径的减小而大幅度降低。由气相引发理论得出的结论与这种趋向是一致的，从式 (2-10) 可以看出，在上述压力下：

$$K_{12} \sim 1/d^2$$

和

$$2k_{11}[H_2]/K_{12} \approx 1 \text{ 或} > 1$$

　　相反地，表面引发理论将陷入不可解决的矛盾之中，这可由下述讨论中看出。正如上述，式 (2-10) 仅表明气相链反应能提高 H_2O 浓度。既然在表面上每形成一个链载体至少也形成一个 H_2O 分子，所以表面引发理论要求在式 (2-10) 中增加一项，以体现气相链反应对形成 H_2O 的作用。这一项约为 $3m_0/r$，即 $6m_0/d$；亦即该项将随着容器直径的减小而增大，但这与所观测到的总包反应速率变化趋向相互矛盾，而链反应项则与所观测到的变化趋向是一致的。因此，表面反应项与链反应相比势必很小。此外，若将链反应项写成 $I \times \varphi$ 的形式，式中 $I = (3m_0/r)[2\lambda/(\varepsilon r)]$，并注意到 $2\lambda/(\varepsilon r)$ 值的可能范围为 $10^{-3} \sim 10^{-2}$，而根据前面的计算，φ 值在约 9～20 范围内，则我们得到矛盾的结果，即表面反应项与链反应项相比不会很小，而实际上它应比后者大得多。

　　因此，这三组论据独自确定了链引发作用具有气相特征。在此应该注意到，在低温和抑制气相链反应的其他条件下，发现有少量多相反应存在。

　　关于链引发作用，过去考虑的是在双分子碰撞过程中氢的离解作用。从表面上看，这个反应似乎是可能的，因为它解释了水形成速率显著地依赖于氢分压的关系，且它与所观测到的大于 418.4 kJ 的总体活化能是一致的，但是：

$$H_2 + M = 2H + M \qquad\qquad (a)$$

式(a)的反应速率太小，以致不能计算出水的形成速率。若在 550 ℃下直径为 7.4 cm 的 KCl 覆盖容器中，当压力为 625 mmHg 时化学计量混合物的理论反应速率为 22.3I，而实验测量值为生成相当于 9.0 mmHg/min 的水，则 I 应为：

$$I = 2k_a[H_2][M] = 0.403 \text{ mmHg/min} \qquad\qquad (2\text{-}12)$$

因为 $[H_2] = 417$ mmHg 和 $[M] = 625$ mmHg，则：

$$k_a = 0.775 \times 10^{-6} \text{ mmHg}^{-1} \cdot \text{min}^{-1} \qquad\qquad (2\text{-}13)$$

为了以 cm^3/s 为单位表示 k_a，故必须将上式除以因数 $60(2.7 \times 10^{19})(273/823)/760$ cm$^{-3} \cdot$ mmHg$^{-3} \cdot$ s $\cdot$ min^{-1}，得：

$$k_a = 1.1 \times 10^{-24} \text{ cm}^3/\text{s} \qquad\qquad (2\text{-}14)$$

从理论上来考虑，可以认为 k_a 值应不大于碰撞频率因数和 Arrhenius 概率因数之乘积，即：

$$k_a \leqslant Z e^{-E/(RT)} \qquad\qquad (2\text{-}15)$$

求 Z 的方程式已在式(1-2)上给出。对于化学计量氢和氧混合物来说，采用 σ 的平均值为 3×10^{-8} cm，平均质量因数为 0.8。E 不能小于氢的离解热 433 kJ。因此：

$$k_a \leqslant 4 \times 10^{-37} \text{ cm}^3/\text{s} \qquad\qquad (2\text{-}16)$$

此值的数量级较实验测定值的数量级小 10^{13}。基于这种理由，不能将气相中氢的离解，甚至是氧的离解，看作是链的引发反应。

其次，我们必须考虑 H$_2$ 和 O$_2$ 之间的反应是以何种型式在气相中链引发的问题。这种反应有三种可能性，即：

$$H_2 + O_2 = H_2O + O, \text{ 或 } 2OH, \text{ 或 } H + HO_2 \qquad\qquad (b)$$

根据列于附录一中的热化学数据，H$_2$O + O 的形成反应几乎是热中性的，仅吸热 6.28 kJ/mol。形成 2OH，需要 83.7 kJ/mol；形成 H + HO$_2$，依据 Foner 和 Hudson[10] 的数据需要 238.5 kJ/mol。但是，这类反应的活化能均较高，而且几乎足以与 H$_2$ 和 O$_2$ 的离解热相比较。我们所引用的实验论据指出，O$_2$ 不参与链的引发反应。

Gibson 和 Hinshelwood[11] 在容积为 200 cm^3 瓷容器❶中利用 300 mmHg 压力的氢和不同量氧与氮的混合物于 569 ℃下测量反应速率时发现，往氢-氧混合物中添加氧对水形成速率的影响，大体上与添加相等量氮的影响是相同的。因此，在动力学上氧的效用实质上是当作稀释剂。基于式(2-10)的定量计算同样表明，反应(b)与作者[1]关于水形成速率和氢及氧的摩尔分数之间关系的数据是相互矛盾的。在 530 ℃下直径为 7.4 cm 的 KCl 覆盖球形容器中所得到的数据表明，反应速率变化的百分数是氢氧比的函数，且在相当

---

❶　这种瓷容器的性质在许多方面类似于 KCl 覆盖容器(见 von Elbe & Lewis[1])。

大的压力范围(500~800 mmHg)内明显地保持不变。若取化学计量混合物的反应速率为 1，则其他组成混合物的相对反应速率如表 2-1 所示。曾采用如下方法来计算表 2-1 中的相对反应速率：为了将式(2-10)表示为混合物成分的函数，式中 $k_6[M]$ 项以 $k_{6,H_2}[H_2]+k_{6,O_2}[O_2]$ 来代替；K_{12} 改为 $4\pi^2 D/d^2$；D 等于 $\lambda \bar{v}_{HO_2}/3$；有效平均自由程 λ_e 与混合物成分的关系可用下式[见第 1 章中式(1-13)和式(1-15)]表示：

$$1/\lambda_e = (2/33)\pi[H_2]\sigma^2_{HO_2,H_2}(1+33/2)^{1/2} + \pi[O_2]\sigma^2_{HO_2,O_2}(1+33/32)^{1/2} \quad (2-17)$$

也可以写成：

$$\frac{1}{\lambda_e} = \frac{2}{33}\pi[M]\sigma^2_{HO_2,H_2}(1+\frac{33}{2})^{\frac{1}{2}}\left[f_{H_2} + \frac{33\sigma^2_{HO_2,O_2}(1+33/32)^{\frac{1}{2}}}{2\sigma^2_{HO_2,H_2}(1+33/2)^{\frac{1}{2}}}f_{O_2}\right] \quad (2-18)$$

式中，σ_{H_2} 和 σ_{O_2} 的值按第 1 章表 1-1 查取，并取 σ_{HO_2} 值等于 σ_{O_2} 值。式(2-18)内方括号这一项经计算后等于 $[f_{H_2}+6.88f_{O_2}]$。现在，K_{12} 可写成如下形式：

$$K_{12} = \frac{k_{12,H_2}}{(f_{H_2}+6.88f_{O_2})[M]d^2} \quad (2-19)$$

表 2-1 在恒定的总压下反应速率与氢-氧混合物中氢的摩尔分数 f_{H_2} 的关系①

f_{H_2}	0.20	0.40	0.667	0.80
实验测得的相对反应速率	0.15	0.60	1	1
按式(2-10)和反应(b)从理论上计算得的相对反应速度	0.39	0.96	1	0.66

① 530 ℃；压力为 500~800 mmHg；直径为 7.4 cm 的硼硅酸耐热玻璃容器。

表 2-1 所示数据的压力范围是相当高的，所以可认为式(2-10)中 $k_{11}[H_2]/K_{12}$ 大于 1。若引入反应(b)作为链引发反应，则式(2-10)可写成：

$$\frac{d[H_2O]}{dt} = \frac{\frac{2k_6k_{11}}{k_{12,H_2}}[M]^4 f^2(1-f)[f+6.88(1-f)]d^2}{1-\frac{4k_2k_{11}[M]}{k_{6,H_2}k_{12,H_2}}f\frac{f+6.88(1-f)}{f+0.35(1-f)}d^2} \quad (2-20)$$

式中，f 是混合物中氢的摩尔分数。关于相对反应速率的计算，算出分子的数值并对分母做微小的修正，即基本满足要求。若当 f 在 0.2~0.8 之间时，对该分母修正值 $4k_2k_{11}[M]/(k_{6,H_2}k_{12,H_2}d^2)$ 取为 0.2，则分母数值范围为 0.525~0.484，这相当于约为第三极限压力之半时的 $[M]$ 值。这种计算结果表明，基于反应(b)求得的理论反应速率高于实验测得的反应速率，位于实验数据的分布范围之外。

因为既不能将氢或氧的离解作用又不能将它们之间的气相反应看作是链引发反应，所以注意力应集中于实验所确定的在反应混合物中有 H_2O_2 存在这一事实。若 H_2O_2 都是在链反应中形成的和销毁的，则 H_2O_2 所达到的稳态浓度与链载体的浓度无关。因此可以假定，在混合物中加入的添加物的作用，在于依靠它的热离解来补充因反应(Ⅻ)而销毁的链载体。支持 H_2O_2 促使链引发的论证是 McLane[12] 和 Baldwin 及 Mayor[8] 提出的，前一位著者还曾观测到加入 H_2O_2 时反应速率加快。反应（XI）和（Ⅶ）曾被提出作为保持 H_2O_2 达到稳态浓度的两种链载体反应，并且 H_2O_2 的热离解反应为：

$$H_2O_2 + M = 2OH（或 H_2O+O）+M \qquad\qquad (i)$$

引用 H_2O_2 的浓度起控制作用这一概念使得可以理解 H_2+O_2 反应的其他特征，而用别的方法是很难加以阐明的。这些特征涉及：从压力、温度和容器直径方面来看，反应级数很高，而表面处理的效应很特殊，这要求一种以上、与表面有依赖关系的组分参与反应。这种反应无须做特别详细的介绍，就可以按如下形式列入该图式中：

$$H_2O_2 \xrightarrow{器壁} H_2O + \frac{1}{2}O_2 \qquad\qquad (XⅢ)$$

也可以认为，H_2O 是由 H_2 和 O_2 在表面上经催化作用形成的；可以想象得到，在气相反应已被抑制的低温和低压下，仍有这种很缓慢的反应在进行。我们把这种反应写作：

$$H_2 + O_2 \xrightarrow{器壁} H_2O_2 \qquad\qquad (XⅣ)$$

为了使该图式完整，我们将反应（Ⅻ）写得更明确一些：

$$2HO_2 \xrightarrow{器壁} H_2O_2 + O_2 \qquad\qquad (Ⅻ)$$

为了说明在远离第二爆炸极限与第一及第三爆炸极限交接点的区域中，第二爆炸极限随容器直径增加而有少量但确属增加的现象，应导入附加反应：

$$H + O_2 + H_2O_2 = H_2O + O_2 + OH \qquad\qquad (Ⅴ)$$

这种直径的影响不能用 H、O 或 OH 在器壁处销毁或用经反应（XI）发生链的持续来说明，因为这些反应在这种实验条件下并不重要，而且即使从定性方面看，它们与这种影响的特点也不符合。所指的对直径的依赖关系是：第二爆炸极限的压力在较小的容器中趋于最小值，而在较大的容器中趋于最大值；两者压力比约为 2∶3。根据已提出的机理对这种影响解释如下。根据反应（Ⅻ）在表面上每销毁掉 2 个 HO_2 就形成 1 个 H_2O_2，若 H_2O_2 仅是由于反应（Ⅶ）而销毁掉，则从器壁每释放出 1 个 H_2O_2 就有 1 个 HO_2 重新生成 H，因为 OH 常按反应（Ⅰ）起反应而形成 H。在这种情况下，爆炸条件不再是 $2k_2 = k_6[M]_e$，而是：

$$3k_2 = k_6[M]_e \qquad\qquad (2\text{-}21)$$

若 H_2O_2 仅是由于反应（Ⅴ）而销毁的，则没有 H 或 HO_2 浓度的变化也能完成 H_2O_2 的销毁，而爆炸条件又是 $2k_2 = k_6[M]_e$。在容器直径大时，HO_2 的浓度远超过 H 的浓度，以反应（Ⅶ）为主；而在容器直径小时，H 的浓度远超过 HO_2 的浓度，以反应（Ⅴ）为主。

反应（Ⅴ）不是只含 H 和 H_2O_2 的反应，而显然是包括 O_2 在内的三元碰撞，因为这与后面将要讨论的直径对第二爆炸极限的影响与氧量的依赖关系是一致的。

由此可见，在第二和第三爆炸极限之间的稳态反应可用三种组分 H、HO_2 和 H_2O_2 的反应来描述。每一种都有其选定的反应途径。用如下方式来表达导致这些组分进行转化的各种不同的反应途径，将有助于理解：

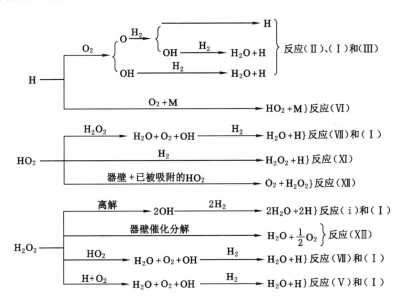

2.2　反应速率和爆炸极限的实测值与计算值的比较

根据上述反应途径的反应式，求得计算 H、HO_2 和 H_2O_2 稳态浓度的方程式分别为：

$$2k_i[M][H_2O_2] + 2k_2[O_2][H] + k_{11}[H_2][HO_2] + k_7[H_2O_2][HO_2] = k_6[O_2][M][H] \qquad (2\text{-}22)$$

$$k_6[O_2][M][H] = k_7[H_2O_2][HO_2] + k_{11}[H_2][HO_2] + K_{12}[HO_2] \qquad (2\text{-}23)$$

$$0.5\gamma K_{12}[HO_2] + k_{11}[H_2][HO_2] + K_{14}$$
$$= k_i[M][H_2O_2] + K_{13}[H_2O_2] + k_7[H_2O_2][HO_2] + k_5[O_2][H_2O_2][H] \qquad (2\text{-}24)$$

在式(2-24)中，γ 是指在表面上形成的 H_2O_2 未被分解而逸入气相中的分数。在计算时，取 γ 等于 1，这相当于 $\varepsilon_{H_2O_2} \ll 2\lambda/r$ 这一条件。反应(XIV)的级数未知，试定为零级。系数 k_6、K_{12} 和 k_i 都与混合物的成分有关，而系数 K_{12}、K_{13} 和 K_{14} 都与容器直径有关。求 k_6 的方程式曾由式(2-6)和式(2-7)求得：

$$k_6 = k_{6,H_2}(f_{H_2} + 0.35f_{O_3} + 0.43f_{N_2} + 14.3f_{H_2O}) \qquad (2\text{-}25)$$

重要的是要注意到，k_6 值与混合物中水蒸气的含量有很大的关系。H_2O 作为反应(VI)中第三体的效率比 H_2 大 14.3 倍，比 O_2 大 40 倍[1]。比较起来，CO_2 的效率仅比 H_2 大 1.47 倍[1]。按 Norrish 和 Ritchie[13]关于室温下氢-氯反应的数据，计算得 HCl 的效率比 H_2 大 4 倍。显然，水分子最适于与 H 或 O_2 保持不稳定结合，但其他极性分子也具有相同的倾向。系数 k_i 与分子 M 有关，因分子 M 与 H_2O_2 碰撞给出足以分解的能量。若假定分解总是在碰撞能量超过分解能量时出现的，则对于混合物各种组分系数 k_i

的相对大小将由 H_2O_2 与这些组分相对碰撞频率来确定。若取 H_2 的碰撞频率作为基准，并利用第 1 章表 1-1 中的 O_2 和 N_2 的 σ 值，再假定 $\sigma_{H_2O_2}$ 等于 σ_{O_2}，则 k_i 变为：

$$k_i = k_{i,H_2}(f_{H_2} + 0.414 f_{O_2} + 0.454 f_{N_2}) \tag{2-26}$$

上式不含有关 H_2O 这一项，因为没有理由认为 H_2O 具有特殊的效应。当 $\varepsilon_{HO_2} \gg 2\lambda/r$ 时，系数 K_{12} 由下式给出：

$$K_{12} = 4\pi^2 D/d^2 \tag{2-27}$$

若把上式写成：

$$K_{12} = k_{12}/([M]d^2) \tag{2-28}$$

则根据式(2-19)再添加相应的 N_2 项后得：

$$K_{12} = \frac{k_{12,H_2}}{(f_{H_2} + 6.88 f_{O_2} + 7.84 f_{N_2})[M]d^2} \tag{2-29}$$

式中，k_{12,H_2} 仅是温度的函数，它与 $\sqrt{T}$ 成正比。K_{13} 与 K_{12} 相类似，但在下面所考察的实验条件下，器壁销毁 H_2O_2 的能力远比销毁 HO_2 为小；采用 $\varepsilon_{H_2O_2} \ll 2\lambda/r$ 这一条件，且

$$K_{13} = 3\varepsilon_{H_2O_2}\bar{v}_{H_2O_2}/(2d) = k_{13}/d \tag{2-30}$$

式中，系数 k_{13} 与表面特性有关，它与 $\sqrt{T}$ 成正比。K_{14} 表示在单位时间单位体积内器壁上由 H_2 和 O_2 形成 H_2O 分子的数目。K_{14} 正比于容器的面积与体积比，即与容器的直径成反比，且与表面特性有关。它还与许多其他未知变数有关，但对气相链反应来说，这并不重要，因为它们在反应速率极低的区域中才起主导作用。因此，我们可写出：

$$K_{14} = k_{14}/d \tag{2-31}$$

式中，系数 k_{14} 主要取决于表面特性。

为了求解三个稳态方程式(2-22)、式(2-23)和式(2-24)，在 H_2O_2 浓度项中引入下列各数：

$$2k_2/(k_6[M]) = a \qquad\qquad K_{13}/(k_i[M]) = u$$
$$k_{11}[H_2]/K_{12} = b \qquad\qquad k_7K_{14}/(k_i[M]K_{12}) = s$$
$$k_5K_{12}/(k_7k_2) = c \qquad\qquad k_7[H_2O_2]/K_{12} = x$$
$$k_i[M]K_{12}/k_7 = I$$

这些数，除 I 具有速率量纲外，均为无量纲的数。若将式(2-22)和式(2-23)相加，并因 $k_i[M][H_2O_2] = Ix$，则得：

$$[H] = [K_{12}[HO_2] - 2Ix]/(2k_2[O_2]) \tag{2-32}$$

将[H]代入式(2-22)中，并除以 K_{12}，经转换后得：

$$[HO_2] = \frac{2Ix}{K_{12}[1 - a(1 + x + b)]} \tag{2-33}$$

水形成的速率是：

$$R = 2k_i[M][H_2O_2] + K_{13}[H_2O_2] + 2k_2[O_2][H] +$$
$$2k_5[O_2][H_2O_2][H] + 2k_7[H_2O_2][HO_2] \tag{2-34}$$

$$R = 2Ix\left[1 + 0.5u + \frac{a(1 + x + b)(1 + cx) + 2x}{1 - a(1 + x + b)}\right] \tag{2-35}$$

反应速率通常不以水形成的速率表示，而以氧消耗的速率表示。后者按观测压力降低的速率测得。在这种情况下，应将式(2-35)除以 2。可变数 x 是根据式(2-24)求得的，

将该式除以 $K_{12}[HO_2]$ 以后可写成：

$$0.5\gamma + b + s[1 - a(1 + x + b)]/(2x)$$
$$= x + 0.5cxa(1 + x + b) + 0.5[1 - a(1 + x + b)](1 + u) \quad (2\text{-}36)$$

若用大写字母表示爆炸极限下的变数，则爆炸条件由下式给出：

$$1 - A(1 + X + B) = 0 \quad (2\text{-}37)$$

根据式(2-36)和式(2-37)得：

$$X = (0.5\gamma + B)/(1 + 0.5C) \quad (2\text{-}38)$$

因此：

$$1/A = k_6[M]_e/(2k_2) = [1 + 0.5\gamma + 0.5C + (2 + 0.5C)B]/(1 + 0.5C) \quad (2\text{-}39)$$

在以大量数据进行实验和理论比较之前，现在提出将反应(V)导入反应式中的论证似乎是很适当的。若取 $\gamma = 1$[❶]，则在采用大直径的容器时 $C \rightarrow 0$，且在远低于第二和第三爆炸极限交点的温度下 B 极小，所以式(2-39)就简化为：

$$k_6[M]_e/k_2 = 3 \quad (2\text{-}40)$$

在采用小直径的容器时，$C \rightarrow \infty$，所以式(2-39)就简化为：

$$k_6[M]_e/k_2 = 2 \quad (2\text{-}41)$$

图 2-2 是在 $B = 0$ 时按式(2-39)计算得的 $1/A$ 与 $\sqrt{A/C}$ 的关系。$1/A$ 与第二爆炸极限压力成正比，而 $\sqrt{A/C}$ 与容器直径成正比。对于化学计量混合物来说，在 530 ℃下实验测得的第二爆炸极限，当 $d = 10$ cm 时为 88 mmHg，当 $d = 7.4$ cm 时为 85 mmHg，当 $d = 3.9$ cm 时为 74 mmHg[1]。曾利用下述数据，即分别为 86 mmHg、84 mmHg 和 75 mmHg，对 B 项的作用进行修正。若直径为 7.4 cm 容器时的数值对应于曲线近垂直部分起始位置(即 $1/A = 1.44$ 左右处)，则其余各点就对应于图中所示的位置。据此，直径为 1.8 cm 容器中的爆炸极限应在 64 mmHg 处。在这种容器中的实验得到了某些不规则的数值，这显然取决于覆盖材料，如 $BaCl_2$ 为 70～74 mmHg，KCl 为 67～68 mmHg，Na_2WO_4 为 57～62 mmHg。把反应(V)看作是 H、O_2 和 H_2O_2 之间的三元反应，而不是 H 和 H_2O_2 之间的二元反应，是基于如下事实。若选定 $H + H_2O_2 = H_2O + OH$，则 C 就是 $k_5K_{12}/(k_7k_2[O_2])$，它与 O_2 的浓度成反比。在这种情况下，氧的摩尔分数，应不仅通过系数 k_6 即 A 项，而且通过依赖于直径的 C 项，对第二极限产生影响。但是，关于 f_{O_2} 对大和小的容器中第二极限影响的观测表明，C 项与 f_{O_2} 无关[1]。看来，除了给反应(V)列式计算外没有其他方法能消去 $[O_2]$ 因数。作者未能发现一种替代的机理，用它可描述所观测到的直径对第二极限的影响[14]。

为了确定 a、b、c、I、u 和 s 各项的数值，必须找出最适于式(2-35)、式(2-36)和式(2-39)的实验数据。因为要涉及对温度、压力、容器直径和混合物成分的各种不同要求，所以力图找到令人满意的各项数值，可以用它们来验证这种机理大体上正确的程度。还

---

❶　在测定 KCl 所覆盖容器中第二爆炸极限的过程中，偶尔观测到极限压力约有 1% 变化反常。这可能是 γ 有很小变化所致。

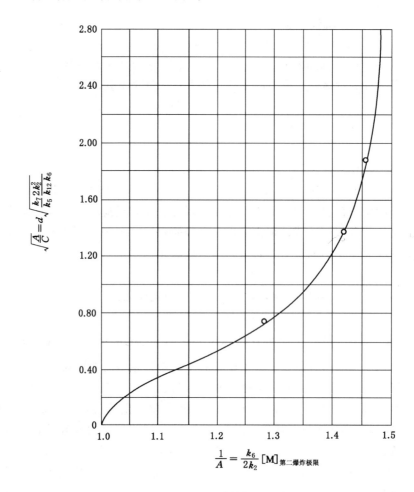

图 2-2　$1/A$ 与 $\sqrt{A/C}$ 的关系

必须对可用的数据做仔细的核算。若实验是在接近第二爆炸极限特别是接近第二和第三爆炸极限交点处以不很低的反应速率完成的，则在建立所希望的温度、压力和混合物成分的条件时所需的操作期间内，容器中有一些水形成是不可避免的。因为 k_{6,H_2O} 值很大，甚至少量水也使混合物的特性有重大的变化，使它不同于无水混合物的特性，也就是说，该反应被有力地阻化了，因而如果不知水量多少，就不能用这些实验数据来做定量估算。通常，不可能估算出在操作期间内所形成的水量，因此只需考察与爆炸前所形成的水量极少的情况下的温度相对应的、有关第二爆炸极限的这些数据。同样，在测定反应速率时也应做同样的考察。在介于第二和第三爆炸极限之间很大的温度-压力范围内，水蒸气的效应可忽略不计，所以能方便地观测到稳态下的反应速率。这一反应速率不是严格不变的，因为它随着时间流逝（因反应物消耗）而逐渐减小。通常，取反应物消耗量不大于 10％相应的速率作为初始速率。在接近第二爆炸极限以及第二和第三爆炸极限交点处的区域内，水蒸气的效应很强，反应速率被自阻化了。这种情况在图 2-3 上得到说明。采用

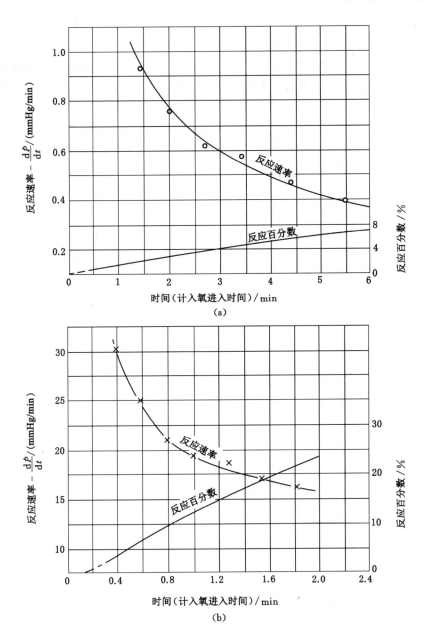

图 2-3　爆炸极限附近反应速率的自阻化作用

（a）容器直径为 7.4 cm　　　　（b）容器直径为 7.4 cm

　　　K$_2$B$_4$O$_7$ 覆盖物　　　　　　　　　KCl 覆盖物

　　　2H$_2$+O$_2$　　　　　　　　　　2H$_2$+O$_2$

　　　温度=550 ℃　　　　　　　　温度=570 ℃

　　　起始压力=141.5 mmHg　　　起始压力=485 mmHg

　　　第二极限压力=126 mmHg　　第三极限压力=540 mmHg

快速操作法在某种程度上有可能满意地求得外推到零时间下的初始速率值。在温度低于交点值和使式(2-10)中 $k_{11}[H_2]/K_{12} \gg 1$ 的压力下,反应速率将较多地取决于该方程式的分子而不是分母,若反应速率没有被水明显地阻化,则随着压力的增高它可达到很高的数值。在这种情况下,释热起很重要的作用,且容器中的温度将上升到超出实验所采用的室温。在低于建立起支化链爆炸条件的压力下,即在式(2-10)分母变为零以前,温度上升会导致按热爆炸机理产生爆炸。这样高的反应速率并不能体现等温条件,因此,不能用它来估算各项数值。基于同样的原因,第三爆炸极限的数据也不可使用。在这种爆炸压力很高的低温下,该极限是热爆炸机理和支链机理的综合产物。在高温下,即在极限交接区内,对极限的观测被水蒸气的效应所掩盖。水蒸气效应使极限上升,而热效应又使极限降低。因此,实验所观测到的压力-温度图上第三爆炸极限的斜率明显地要比理论计算的等温支链极限的斜率小。

基于这些背景知识,我们现在准备找出最适合于这些方程式的通用数据。对 a、b、c、I、u 和 s 各项概述如下。它们都是绝对温度 T、压力 p(mmHg)、混合物成分 f(摩尔分数)和容器直径 d(cm)的函数。温度函数关系的形式类似于第 1 章中所描述的速率系数的表达式。

$$a = \frac{0.055\,6}{f_{H_2} + 0.35 f_{O_2} + 0.43 f_{N_2} + 14.3 f_{H_2O}} \frac{T}{p} \exp\left\{-\left[\frac{17\,000}{803R}\left(\frac{803}{T} - 1\right)\right]\right\} \tag{2-42}$$

$$b = 0.023\,2 \left(\frac{pd}{T}\right)^2 f_{H_2} (f_{H_2} + 6.88 f_{O_2} + 7.84 f_{N_2}) \exp\left\{-\left[\frac{24\,000}{803R}\left(\frac{803}{T} - 1\right)\right]\right\} \tag{2-43}$$

$$c = \frac{6.03}{f_{H_2} + 6.88 f_{O_2} + 7.84 f_{N_2}} \frac{T}{pd^2} \exp\left\{+\left[\frac{31\,000}{803R}\left(\frac{803}{T} - 1\right)\right]\right\} \tag{2-44}$$

$$I = 6.36 \times 10^{-4} \frac{T^{3/2}}{d^2} \frac{f_{H_2} + 0.414 f_{O_2} + 0.454 f_{N_2}}{f_{H_2} + 6.88 f_{O_2} + 7.84 f_{N_2}} \exp\left\{-\left[\frac{31\,500}{803R}\left(\frac{803}{T} - 1\right)\right]\right\} \tag{2-45}$$

$$u = 3.12 \frac{T}{pd} \frac{1}{f_{H_2} + 0.414 f_{O_2} + 0.454 f_{N_2}} \exp\left\{+\left[\frac{33\,800}{803R}\left(\frac{803}{T} - 1\right)\right]\right\}^{●} \tag{2-46}$$

$$s = 4.26 \times 10^{-3} d \frac{f_{H_2} + 6.88 f_{O_2} + 7.84 f_{N_2}}{f_{H_2} + 0.414 f_{O_2} + 0.454 f_{N_2}} \exp\left\{+\left[\frac{27\,700}{803R}\left(\frac{803}{T} - 1\right)\right]\right\}^{●} \tag{2-47}$$

式中,R 是气体常数,等于 8.314 J/(mol·K)。这些函数关系式是对氢、氧和氮的混合物而言的。

如下的一些图表表明,这些实验数据能用上述方程式很好地描述。图上实线是计算曲线,而图上各点是实验数据。图 2-4 表示第二和第三爆炸极限与温度及容器直径的关系。沿着第三极限线已注明水阻化区和热效应区。图 2-5 表示第二爆炸极限压力和混合物成分的关系。图 2-6 表示反应速率与温度压力及容器直径的关系。在直径为 10 cm 和 7.4 cm 的容器中温度分别为 550 ℃ 和 570 ℃ 下实测的反应速率,正如作者在单独实验中确定的一样,由于水蒸气效应而降低了。图 2-7 表示反应速率与混合物成分及压力的关系。图 2-8 表示惰性气体 (在这种情况下是氮) 加入的效应。

---

❶ 有关 u 和 s 的这些表达式适用于 KCl 所覆盖的表面。

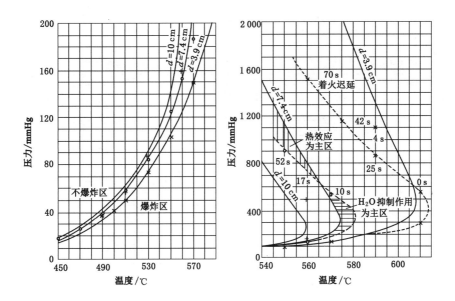

图 2-4　盐类覆盖容器中 2H₂＋O₂ 混合物的第二和第三爆炸极限

——直径为 d 容器的计算爆炸极限曲线；

实测的爆炸极限：＋d＝10 cm，○d＝7.4 cm，×d＝3.9 cm。

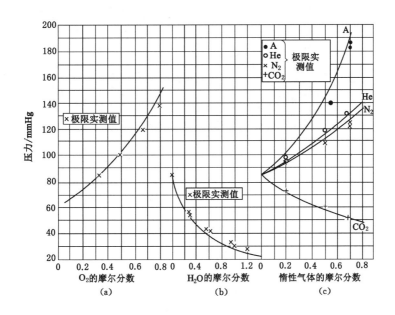

图 2-5　第二爆炸极限压力与混合物成分的关系

（a）H_2 和 O_2 的混合物；（b）H_2O 加入 $2H_2＋O_2$；（c）惰性气体加入 $2H_2＋O_2$ 中。

温度为 530 ℃；球形容器的直径为 7.4 cm；盐类覆盖的硼硅酸耐热玻璃表面；—— 计算曲线。

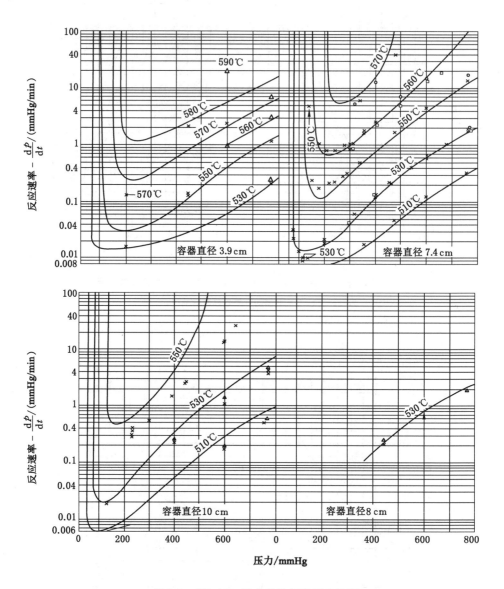

图 2-6 2H₂＋O₂ 混合物的初始反应速率

各曲线按式(2-35)、式(2-36)、式(2-42)～式(2-47)算得。

实测反应速率：× KCl 覆盖容器；△ BaCl₂ 覆盖容器；○ K₂B₂O₇ 覆盖容器；

□ K₂B₂O₇＋KOH 覆盖容器；● Na₂WO₄ 覆盖容器。直径为 8 cm 容器和被 BaCl₂ 或 Na₂WO₄ 所覆盖的直径 3.9 cm 的容器均为石英制，其他一切容器均用硼硅酸耐热玻璃制。

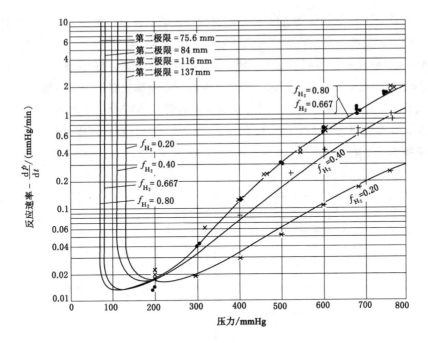

图 2-7　在各种不同的氢氧比例下的初始反应速率

—— 计算曲线；实测反应速率：● $f_{H_2}=0.80$，$+$ $f_{H_2}=0.40$，$\times$ $f_{H_2}=0.667$，$*$ $f_{H_2}=0.20$。

直径为 7.4 cm 的硼硅酸耐热玻璃制容器，以 KCl 覆盖，$T=530$ ℃。

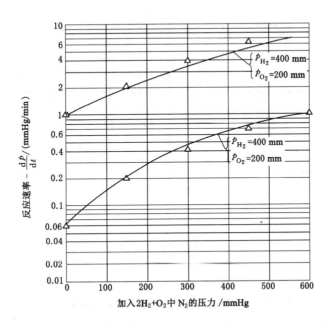

图 2-8　氮对反应速率的影响

—— 计算曲线；△ 实测的反应速率。

直径为 3.9 cm 的石英制容器，以 BaCl$_2$ 覆盖，$T=560$ ℃。

　　图 2-9 和图 2-10 对其他著作者[15]所做的实验观测的数据进行比较。在这些实验中，容器不是球形的，而是其表面、容积比与直径为 7.8 cm 的球形容器相对应。因此，这种计算中容许使用后一种直径。容器直径的影响可以从图 2-9 中看到，图中还绘出了直径为 7.4 cm 的容器的曲线。在水阻化区内，图 2-9 所示反应速率数据接近第三爆炸极限，而在反应速率较高时显然低于理论曲线。只要认为实验操作期内有少量水形成，便可解释这种现象。例如，仅形成相当于 1.4 mmHg 的水，相应地使混合物总压降低仅为 0.7 mmHg，这将使反应速率从无限大值下降为实测到的速率 26.9 mmHg/min。若在这个区域内进行实

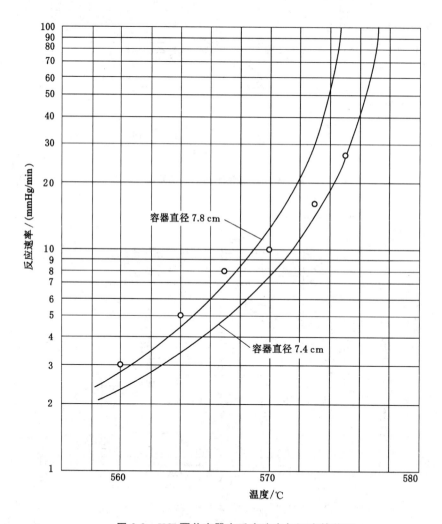

图 2-9　KCl 覆盖容器中反应速率与温度的关系

$p_{H_2} = 300$ mmHg；$p_{O_2} = 100$ mmHg；

——— 对球形容器的计算曲线；

○ Cullis 和 Hinshelwood 对直径为 6.9 cm 和长为 9 cm 的容器实测的数据。

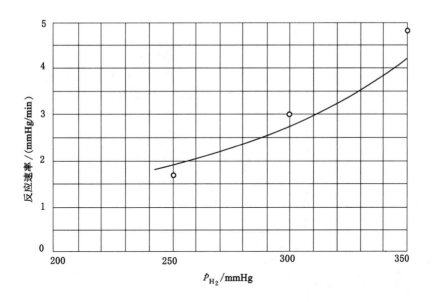

图 2-10　KCl 覆盖容器中反应速率与压力及混合物成分的关系

温度为 560 ℃；$p_{O_2} = 100$ mmHg；

—— 对直径为 7.8 cm 球形容器的计算曲线；

○ Cullis 和 Hinshelwood 对直径为 6.9 cm 和长为 9 cm 的容器实测的数据。

验，则在混合物充入容器期间内不可避免地有上述数量的水形成。图 2-10 表示压力和混合物成分同时变化对反应速率的影响。氧的分压保持在 100 mmHg 不变，而氢的分压则从 250 mmHg 增大到 350 mmHg。图 2-11 和图 2-12 所示是本书作者按其他一些作图法所得到的某些结果。图 2-11 以对数刻度表示反应速率和温度倒数的关系。若反应速率对温度的依赖关系仅由 Arrhenius 因数所确定，则应得到一根直线，其斜率表示活化能的大小。虽然在低反应速率下各曲线都呈直线，但按此求出的活化能是错误的。在这一特殊的例子中，水的阻化作用就变为一个在高速率下进行的问题。该图上 13 mmHg/min 和 17 mmHg/min 反应速率下的各点是采用外推到零时间的方法比较好地免除这种效应而获得的。图 2-12 表示在压力-温度图上理论计算的等反应速率曲线，也表明实测的爆炸极限。该图可用于热效应和水蒸气效应的半定量讨论。让我们假定，对于热爆炸中的某些次要产物来说，维持容器中的反应速率为 40 mmHg/min 是很合理的。进一步再假定，力图在与反应速率为 40 mmHg/min曲线上一点相应的某种温度-压力下制备 H₂ 和 O₂ 的混合物。在氢充入容器以后，多半应在7 s 之内将适量的氧充入，在此期间内形成了约 10 mmHg 的水蒸气。若假定在做任意尝试沿着 40 mmHg/min 曲线制备混合物时存在这种条件，则这种反应速率应在操作期末等温条件下观测到，且已由该图上点画线与实线相交处所给出。因此，对 $2H_2 + O_2$ 混合物在温度为 550 ℃ 和压力为 950 mmHg 下所观测到的初始反应速率为 22.5 mmHg/min，而不

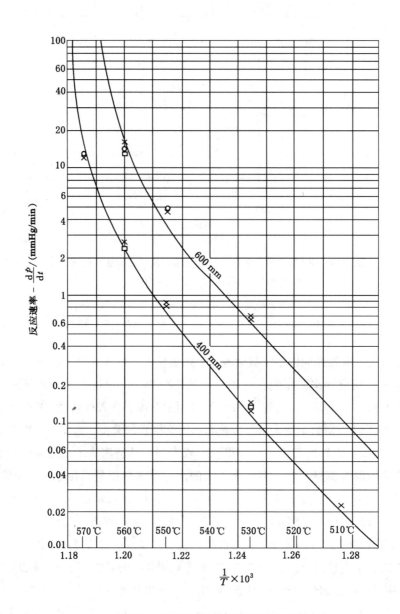

图 2-11　定压下反应速率与 1/T 的关系

$2H_2 + O_2$ 混合物，直径为 7.4 cm 的盐类覆盖容器。

—— 计算曲线；实测反应速率（按图 2-6 数据）；× 以 KCl 覆盖；

○ 以 $K_2B_4O_7$ 覆盖；□ 以 $K_2B_2O_4 + KOH$ 覆盖。

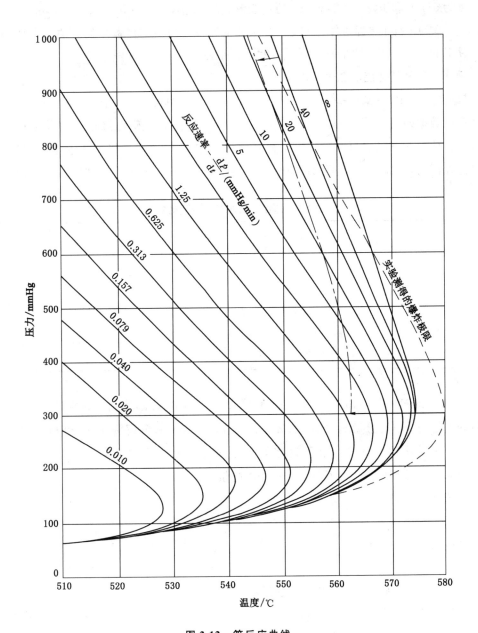

图 2-12　等反应曲线

直径为 7.4 cm 的 KCl 覆盖硼硅酸耐热玻璃容器中的 $2H_2+O_2$ 混合物。

—— 有关点画线的说明参见正文。

是温度仍为 550 ℃下的反应速率 40 mmHg/min。但是，在这种反应速率下，当然不能保持等温条件；只增加 4 ℃就又恢复到反应速率 40 mmHg/min；且在诱导期后就发生爆炸。此外，当温度为 574 ℃和压力为 300 mmHg 时所观测到的初始反应速率仅为 1.5 mmHg/min，此值太小，严重地干扰了等温条件的实现。在这种情况下，想要获得爆炸就必须大大地提高温度，使其超过无水混合物的理想爆炸温度，而此时诱导期就非常短。

速率系数和活化能的数值可以按式(2-42)～式(2-47)估算。此时，利用表 2-2 中的 k_{6,H_2} 值，借助于式(2-12)～式(2-16)，按式(2-27)和式(2-28)计算出 K_{12}，并按 Pease[6] 关于 H_2O_2 稳态浓度的数据即指 $k_{11}[H_2] \approx k_7[H_2O_2]$ 这一条件，可计算出比值 k_{11}/k_7。取三体反应的活化能为零。认为 k_7 和 k_{11} 之间的差是 E_7 和 E_{11} 之差的变量，而在反应概率(位阻因数)等其他方面都是相同的。因此，从速率系数的比值能计算出 $E_{11}-E_7$。这些计算结果如表 2-2 所示。

表 2-2　速率系数和活化能的估算值

$$k_2 = 5 \times 10^{-15} \sqrt{T/803} \, e^{-(803/T-1)17\,000/(803R)} \text{ cm}^3/\text{s}$$

$$k_{11} = 4.23 \times 10^{-19} \sqrt{T/803} \, e^{-(803/T-1)17\,000/(803R)} \text{ cm}^3/\text{s}$$

$$k_7 = 2.0 \times 10^{-16} \sqrt{T/803} \, e^{-(803/T-1)17\,000/(803R)} \text{ cm}^3/\text{s}$$

$$k_{i,H_2} = 3.39 \times 10^{-22} \sqrt{T/803} \, e^{-(803/T-1)17\,000/(803R)} \text{ cm}^3/\text{s}$$

$$k_{6,H_2} = 2 \times 10^{-32} \sqrt{T/803} \text{ cm}^6/\text{s}$$

$$k_5 = 6.8 \times 10^{-35} \sqrt{T/803} \text{ cm}^6/\text{s}$$

$$k_{12,H_2} = 17.2 \times 10^{-20} \sqrt{T/803} \text{ 1/(cm·s)}$$

E_i 值是按 $E_i-E_7=132$ J/mol[式(2-45)]和 $E_7=58.6$ J/mol 求得的，它等于 190 J/mol。求得的此值与 H_2O_2 分解为 2OH 的分解能为 213 J/mol 和分解为 H_2O 和 O 的分解能为 130 J/mol 相比不相上下[16]。利用这些知识还不足以将这两类分解形式区别开。$E_{11}=100$ J/mol，此值比吸热[10,16]反应(Ⅺ)所需的能量 54 J/mol 要大得多。

按式(2-46)和上述 k_i 值求得：

$$K_{13(530\,℃)} = 1.4 \times 10^{-3} \text{ s}^{-1} \tag{2-48}$$

根据式(2-30)求得：

$$\varepsilon_{H_2O_2} = 4 \times 10^{-8} \tag{2-49}$$

此值在整个实验条件的范围内确实远小于 $2\lambda/r$。

根据 s 的定义和式(2-47)求得在 530 ℃下直径为 7.4 cm 的 KCl 覆盖容器中按反应(ⅩⅣ)自发形成 H_2O_2 的速率为 1.7×10^{12} mol/(cm³·s)。

根据式(2-32)和式(2-33)及上述其他数据计算了绝对浓度[H]和[HO₂]，如表 2-3 所示。该表中还列出 x 值[式(2-36)]。但是，因为反应(Ⅰ)和(Ⅲ)非常迅速，所以浓度[OH]和[O]比[H]要小得多。这似乎排除了用分光光度分析法检出的可能性[17]。另一方面，表

2-3 中的数据表明用适当的方法可很容易地将 HO_2 检出,这正如许多研究者的工作所证实的那样[18]。

表 2-3　HO_2 和 H 的绝对浓度①

总压力 p /mmHg	x	p_{HO_2} /(mmHg×10^4)	p_H /(mmHg×10^4)	[HO_2] /(mol/cm³×10^{-12})	[H] /(mol/cm³×10^{-12})
			$T=530$ ℃		
100	0.044	0.31	0.21	0.37	0.25
200	0.086	0.73	0.071	0.88	0.086
400	0.482	7.5	0.122	9.0	0.147
600	1.39	36	0.397	43.5	0.48
772	2.37	120	1.28	145	1.55
			$T=560$ ℃		
170	0.540	37.7	9.7	44	11.4
200	0.518	22.9	4.2	27	4.9
300	0.790	38.2	2.5	45	2.9
500	1.88	208	5.4	242	6.3
700	3.43	1 540	24.5	1 800	28.5

① $d=7.4$ cm,$2H_2+O_2$ 混合物。

　　HO_2 分子的平均寿命等于 $1/K_{12}$,在上述条件和与大气压可比拟的压力下,它约为 1 s。若取极限条件:$p=700$ mmHg 和 $T=560$ ℃,则一个 HO_2 分子将遭受到与其他 HO_2 分子碰撞 $5×10^5$ 次左右和与 H 原子碰撞 $6×10^3$ 次。这似乎给二级链断裂反应,如 $HO_2+HO_2=H_2O_2+O_2$,或二级链支化反应,如 $HO_2+HO_2=2OH+O_2$ 和 $H+HO_2=2OH$ 的进行提供了可能性。若使这种链断裂反应和链支化反应占优势,则它们会极大地改变反应的动力学,前一种反应趋于消除容器因素对反应速率的影响,而后一种反应趋于使稳态反应区变窄。因为现代的研究进展使实验数据拓展到高及低链载体浓度的整个区域,所以它们的作用并不重要。这就意味着,在 HO_2 和 HO_2 之间进行 10^7 次左右的碰撞中发生反应的机会不多于一次,而在 H 和 HO_2 之间进行 10^4 次左右的碰撞中发生反应的机会也不多于一次。也许,二级支化反应对降低第三爆炸极限起一定作用,但是根据反应速率极大和伴随发生的热效应来看,该机理足以说明第三爆炸极限的降低。上述各反应,虽然包含有自由基,但均属复分解。此时要计及活化能和位阻因数。例如,反应 $HO_2+HO_2=H_2O_2+O_2$ 的位阻因数(可能为 10^{-6} 左右)应比反应(Ⅺ)小得多。

2.3 按链断裂作用对表面材料分类

上述计算是建立在 $\varepsilon_{HO_2} \gg 2\lambda/r$ 和 $\varepsilon_{H_2O} \ll 2\lambda/r$ 这些假定基础之上的。实验和理论之间相吻合表明，这些假定适用于实验中使用过的表面覆盖物：KCl[19]、$BaCl_2$、Na_2WO_4 以及与 KOH 相混合的 $K_2B_2O_4$。此外，Willbourn 和 Hinshelwood[20] 研究过 $LiCl$ 和 $RbCl$，而 Gibson 和 Hinshelwood[11] 使用过 Worcester 瓷❶。据说各表面的 ε 值彼此不同，所以 $\varepsilon_{H_2O_2}$，因此系数 k_{13}，必须对每种表面分别测定。在反应速率很小的情况下，未必总是会碰到 $\varepsilon_{HO_2} \gg 2\lambda/r$ 的条件，所以在各表面之间尚有更多的差别。反应（XIV）常引进表面效应，通常是不规律的，且仅在很低的反应速率下才有意义。

表面销毁能力取决于反应发生前表面能稳住吸附态组分的能力，在 HO_2 的情况下，这是由于与其他自由基起反应而使自由键饱和所致，而在 H_2O_2 的情况下，这是由于按普通机理发生分解作用所致。对于 HO_2 销毁来说，被吸附的链载体的表面浓度必定起很重要的作用：表面浓度愈高，则发生反应的可能性就愈大，而因此在 HO_2 自由基被销毁以前其必须保持吸附态的时间就愈短。表面浓度与气相浓度有关，有如 Langmuir 等温线［第 1 章中式(1-11)］这种函数关系。而且，既然气相链载体的浓度愈高，反应速率就愈大，那么表面浓度必须相应地增大或接近饱和。由此可见，在很大的反应速率下，$\varepsilon_{HO_2} \gg 2\lambda/r$ 这一条件是较容易建立的。曾发现在这个区域内上述各种表面中有一类其理论与实验最吻合且重演性最好，我们把这一类称为 KCl 类，同样还有一些其他表面覆盖物，其中值得我们提出的是 $K_2B_4O_7$[1] 和 $NaCl$[20]。在很低的反应速率下，后两种表面的反应速率显然比 KCl 类大，爆炸极限也较宽。因此，按所具有的链断裂特性来分类，它们应介于 KCl 类和由洁净石英、硼硅酸耐热玻璃、硼酸和 $MnCl_2$ 所组成的一类表面之间[20]。

洁净石英类与 KCl 类相比，反应速率高得多，而爆炸极限相应地更宽，甚至第二极限也有相当大的位移。反应过程也有明显的差别，因为反应速率随时间逐渐增大直到反应物消耗而反应中止为止。即使采用相同的容器，从一个实验变到另一个实验时，反应速率与时间的关系也难以重演。这种反应的反复无常的变化行为如表 2-4 和图 2-13 上各组观测结果所示。从其中可以看出，自加速反应在总反应中占很大的比例。水蒸气的加入有时使初始反应速率增大，且使到达最大反应速率的时间缩短(第 1 组；第 2 组中 1 和 2，7 和 8，10 和 11)。Hinshelwood、Thompson、Prettre 等[21] 曾报道过相类似的观测结果；有时没有观测到这种效应(第 2 组中 17 和 18，22 和 23，24 和 25，27 和 28)。在表面上相同的一些实验(第 2 组中 1，11，13，8～10，18)中，反应速率可有很大的差异，但其原因并不显而易见。在一组反应速率很高的实验以后，反应速率突然变得很低(13～20,25)，且完全可重演。

---

❶ Worcesfer 瓷含有硅酸铝钾和硅酸铝。

表 2-4　对洁净石英容器中反应速率和第二爆炸极限连续观测结果[①]

序号	初始分压/mmHg				最大反应速率 $-\mathrm{d}p/\mathrm{dt}$ /(mmHg/min)	达最大反应速 率所需时间 /min	初始反应速率 $-\mathrm{d}p/\mathrm{dt}$ /(mmHg/min)
	H_2O	H_2	N_2	O_2			
第 1 组							
1		150		150	0.8	78	0.15
2	3.5	150		150	1.5	14	0.64
3		150		150	1.7	47	0.11
4	3.7	150		150	1.7	18	0.47
5	14.3	150		150	2.7	7	1.6
第 2 组							
1		210		105	2.7	30	0.2
2	10	200		100	5.4	2.5	4.7
3	10	200	200	100	5.3	4.5	3.9
4	10	200		100	4.0	6	2.3
5		200		100	3.3	22	0.25
6		200		100	3.3	14	1.0
7		200		100	(1.9)	(21)	0.24
8	10	200		100	6.5	3	5.1
9	10	200		100	5.0	6	2.8
10	10	200		100	4.0	8	1.2
11		210		105	(1.3)	(20)	0.16
12		210	200	105	(2.1)	(20)	0.30
13		210		105	(0.31)	(37)	0.09
14		210		105			0.10
对 $2H_2+O_2$ 的第二爆炸极限:83 mm							
15		210		105			0.09
16		210		105			0.10
17	10	200		100	(0.27)	(121)	0.10
18	10	200	200	100			0.09
19	10	200		100			0.09
容器以 30%HF 浸蚀 0.5 min							
20	10	200		100	(0.19)	(14)	0.22
容器以 30%HF 浸蚀 8 min							
21	10	200		100	6.7	5	3.5
22		210		105	7.5	4.9	1.5
23		210		105	8.3	4.6	1.4
24	10	200		100	(0.9)	(13)	0.4
对 $2H_2+O_2$ 的第二爆炸炸极限:91 mm							
25	10	200		100	(1.3)	(5.5)	0.80
26		210		106	(1.0)	(6.5)	0.60

[①] 容器直径为 3.9 cm;温度为 520 ℃;初始的和最大的反应速率均以每分钟压力下降的 mmHg 数表示。往容器中充入气体除第二组 6 号先充入 O_2 以外都按 2 至 5 列的次序依次进行。取开始(包括充 O_2 约 0.5 min)至达到最大反应速率的间隔时间为达最大反应速率所需的时间(第 7 列)。未延续到最大反应速率的,就取最后的反应速率,且该序号实验的时间加括号表示。第二组 1~4 号实验在图 2-13 上比较完整地表示。在每一种实验后,容器用 Hyvac 真空泵抽空,并充入第一种气体冲洗。第二组 1、7 和 9 号实验后未冲洗,第二组 1、7、14 和 16 号以后,实验中断 12 h。在两组实验之间经过几周的时间。

Oldenberg 和 Sommers[22]同样也有这种经验。前述的活性由于 HF 对容器的侵蚀而得以恢复。容许反应在很长的期间(12 h)内进行而不受影响(第 2 组中 16 和 17,Oldenberg 和 Sommers 曾发现反应速率有所降低)。值得注意的是,惰性气体的影响并不强(第 2 组中 3、12 和 19)。

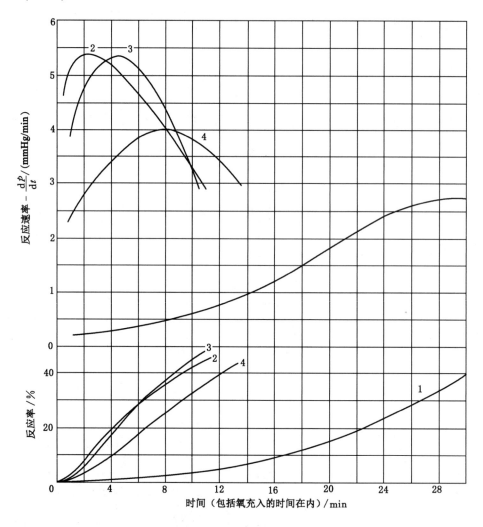

图 2-13   洁净石英容器中的反应速率

容器直径为 3.9 cm;温度为 520 ℃;初始压力以 mmHg 为单位。各气体按如下次序依次加入容器:

连续顺序号	H₂O	H₂	N₂	O₂
1		210		105
2	10	200		100
3	10	200	200	100
4	10	200		100

只要 $\varepsilon_{HO_2} \ll 2\lambda/r$ 就可以理解洁净石英类表面的特性。若认为对 H_2O_2 的吸附不如对 HO_2 的吸附容易这一点似乎是合理的，则 $\varepsilon_{H_2O_2}$ 甚至比 ε_{HO_2} 还小。如下观测结果证实了这种看法。曾观测到由于 H_2 和 O_2 混合物通过炽热石英玻璃管而还原的 H_2O_2 量要比其通过 KCl 覆盖管所还原的 H_2O_2 量多。所以，在这种 ε_{HO_2} 值下的反应速率将取决于前一章中所述的表面性质，反应速率的反常现象使得不易观测到表面结构的微小变化，而自加速作用就意味着由于表面被反应时所生成的 H_2O 中毒而使 ε_{HO_2} 递减。后一种效应压倒了两种对立的效应，即(1)反应物的消耗和(2)链支化被反应(Ⅵ)中所生成水的抑制作用。H_2O 的表面中毒效应已被 Prettre[21] 所做的实验和表 2-4 中所示的某些数据所证实，虽然这种效应有时被不明显的表面变化相互重叠而失效。正如 Prettre 和本书作者所建议的那样，只有易于被 H_2O 所占有的这些稀散分布的不稳定点才可能有吸附力。

Chirkov[23] 在用某种高软化点玻璃制容器的实验中测得了完全可重复的反应速率，在反应过程中其反应速率与 $p^3 y(1-y)^2$ 成正比，式中 y 是已起反应的混合物的分数。根据上述一些方程式和假定可从理论上求得具有相同特点的方程式：

$$\varepsilon_{y,HO_2} = (S_{活性} - S_{中毒})/S \tag{2-50}$$

式中　$S_{活性}$——所有活性中心占有的表面积；

　　　$S_{中毒}$——已中毒部分占有的表面积；

　　　S——总表面积。

利用 Langmuir 吸附等温线得：

$$S_{中毒}/S_{活性} = \varphi y/(1+\varphi y) \tag{2-51}$$

因为 y 与 H_2O 的分压成正比，而 φ 在恒温下为一常数，若导入反应开始(此时 $y=0$)的链断裂能力

$$\varepsilon_{0,HO_2} = S_{活性}/S \tag{2-52}$$

则得

$$\varepsilon_y/\varepsilon = 1/(1+\varphi y) \tag{2-53}$$

在 Chirkov 所做实验的条件下，反应(Ⅴ)、(ⅩⅢ)和(ⅩⅣ)并不重要，所以可使用式(2-10)。引发反应的反应速率 i 等于 $k_i[H_2O_2][M]$(式中，$[H_2O_2]=k_{11}[H_2]/k_7$)，因此 $i=Ib$。若假定 $b \gg 1$，则在给定的反应转化率下的反应速率就成为：

$$d[H_2O]/dt_y = 2I_y b_y^2/(1-2a_y b_y) \tag{2-54}$$

在 $\varepsilon_{HO_2} \ll 2\lambda/r$ 的条件下，

$$K_{12} = 3\varepsilon_{HO_2} \bar{v}_{HO_2}/(2d) \tag{2-55}$$

而在 Chirkov 所采用的化学计量成分混合物的条件下，

$$y = \frac{[H_2]_0 - [H_2]}{[H_2]_0} \tag{2-56}$$

式中　　$[H_2]_0$——氢的初始浓度；

　　　　$[H_2]$——氢的残留浓度。

且

$$b_y = b_0(\varepsilon_0/\varepsilon_y)(1-y) \tag{2-57}$$

因此

$$I_y = I_0(\varepsilon_y/\varepsilon_0)(k_{i,y}/k_{i,0})([M]_y/[M]_0) = (\varepsilon_y/\varepsilon_0)(k_{i,y}/k_{i,0})(1-y/3) \tag{2-58}$$

式中，$(1-y/3)$ 这一项表示由于氧分子在反应中消失而使总浓度降低的分数。

　　将求 k_i 方程式(2-26)扩大为包含有 H_2O 这一项得：

$$k_i = k_{i,H_2}(f_{H_2} + 0.414f_{O_2} + 0.92f_{H_2O}) \tag{2-26a}$$

式中，表示水的这项系数是以 $\sigma_{H_2O} = 5.0 \times 10^{-8}\,cm$ 求得的。既然 $f_{O_2} = 0.5f_{H_2}$ 和 $f_{H_2O} + f_{H_2} + f_{O_2} = 1$，而且 $y = 1 - 1.5f_{H_2}$，那么可计算出

$$k_{i,y} = k_{i,H_2}(0.81 + 0.11y) \tag{2-59}$$

和

$$k_{i,y}/k_{i,0} = 1 + 0.14y \tag{2-60}$$

　　类似地，根据式(2-25)和 a 的定义（第38页）：

$$a_y = a_0/(1 + 11.2y) \tag{2-61}$$

用式(2-53)代换后，式(2-54)就变为：

$$(d[H_2]/dt)_y = 2I_0b_0^2 \frac{(1+0.14y)(1-0.33y)(1-y)^2}{1/(1+\varphi y) - 2a_0b_0(1-y)/(1+11.2y)} \tag{2-62}$$

因为乘积 $I_0b_0^2 \sim p^3$，所以式(2-62)可写为：

$$(d[H_2]/dt)_y \sim p^3 y(1-y)^2 \frac{(1+0.14y)(1-0.33y)}{y(1+\varphi y) - 2a_0b_0(y-y^2)/(1+11.2y)} \tag{2-63}$$

　　在 Chirkov 所做的实验中，一些水大概是在操作期内形成的，所以在测定开始时 y 不等于零。若假定 φ 相当大，则可以认为分母这两项约略为 $1/\varphi$ 和 $2a_0b_0(1-y) \cdot 11.2$，且分母在反应的前三分之一时间内没有很大的变化。既然分数的分子仅是非常小的一项，所以 Chirkov 经验方程式与式(2-63)相当一致。但是，这一例子表明，即使实验条件得到高度严格控制，解释对洁净石英类容器中定量研究结果也是很困难的。

　　Baldwin 和 Mayor[8] 在 500 ℃ 和 500 mmHg 总压力下以硼酸覆盖容器得到了尚可重复的反应。他们测得的最大反应速率约是 KCl 覆盖容器中的反应速率的 100 倍，并发现其与容器直径无关，而在惰性气体加入时它稍有增大。结合其他一些实验可看出，在起反应的混合物中有 H_2O_2 存在，这一事实可作为因上述反应(i)而使链引发的论证。曾测得 H_2O_2 的浓度在 140 mmHg H_2 和 360 mmHg O_2 的混合物中达到最大值，其值约为0.5 mmHg。根据反应机理，在很高的反应速率下，H_2O_2 的浓度受反应(Ⅺ)和(Ⅶ)所控制，即 $[H_2O_2] =$

$(k_{11}/k_7)[\mathrm{H_2}]$。根据表 2-2 中所示的数据，由 $k_{11}/k_7 \approx 2 \times 10^{-3}$ 计算出 $\mathrm{H_2O_2}$ 的浓度为 0.5 mmHg，这与实验值令人满意地相吻合。Baldwin 和 Mayor 利用稳态动力学去分析他们测得的最大反应速率与混合物成分和总压力这些参数的关系，认为在反应机理中不会含有反应（Ⅶ）。但是，若除反应（Ⅰ）、（Ⅵ）、（Ⅶ）、（Ⅺ）和(i)[在此，反应（Ⅱ）与（Ⅵ）相比并不重要]以外，还假定链是因 H 和 $\mathrm{HO_2}$ 气相复合而终止的，则这种困难似乎能加以克服。当然，在此反应（Ⅻ）并不重要，这已为反应速率与容器无关所证实。这种反应机理得出如下动力学方程式：

$$\frac{\mathrm{d[H_2O]}}{\mathrm{d}t} = k_{11}[\mathrm{H_2}][\mathrm{H_2O}] \tag{2-64}$$

$$[\mathrm{HO_2}]^2 + 0.5\,\frac{k_i[\mathrm{M}]}{k_7}[\mathrm{HO_2}] = 0.5\,\frac{k_i[\mathrm{M}]k_6[\mathrm{M}][\mathrm{O_2}]}{k_bk_7} \tag{2-65}$$

式中，k_6 是链终止反应的系数。所观测的反应速率 $\mathrm{d[H_2O]}/\mathrm{d}t$ 应满足：$[\mathrm{HO_2}]$ 约为 10^{16} 分子/$\mathrm{cm^3}$，而根据表 2-2 中的数据，$0.5k_i[\mathrm{M}]/k_7$ 这一项只有 10^3 分子/$\mathrm{cm^3}$ 左右，因此，式(2-65)中的线性项与二次项相比可加以忽略，所以

$$\frac{\mathrm{d[H_2O]}}{\mathrm{d}t} = k_{11}\sqrt{\frac{k_ik_6}{2k_bk_7}}[\mathrm{M}]^{2.5}f_{\mathrm{H_2}}f_{\mathrm{O_2}}^{1/2} \tag{2-66}$$

　　这个方程式仅表示反应速率与压力及混合物成分关系的总体特征，因为在这一分析中不可能在 k 和 k_i 这些项内考虑到混合物成分(特别是水蒸气)的影响。Baldwin 和 Mayor 用实验测得的反应速率近似地遵守如下经验方程式：

$$\frac{\mathrm{d[H_2O]}}{\mathrm{d}t} = 常数 \cdot p^{1.9}f_{\mathrm{H_2}}f_{\mathrm{O_2}}^{0.5} \tag{2-67}$$

这与理论结果十分吻合，以致不必从图式中除去反应（Ⅶ）。

　　有某些表面覆盖物，它们确实与 KCl 类覆盖物（$\varepsilon_{\mathrm{H_2O_2}} \geqslant 2\lambda/r$）相反。我们提出 KF 和 CsCl 覆盖物，它们使反应速率有点异常，使其确实低于 KCl 类[19-20]，可以将这些覆盖物看作是介于 $\varepsilon_{\mathrm{HO_2}} \gg 2\lambda/r$ 与 $\varepsilon_{\mathrm{H_2O_2}} \ll 2\lambda/r$ 和 $\varepsilon_{\mathrm{HO_2}} \gg 2\lambda/r$ 与 $\varepsilon_{\mathrm{H_2O_2}} \gg 2\lambda/r$ 这两种情况之间。可以认为，$\mathrm{H_2O_2}$ 的销毁速率仍小得足以使其速率要取决于表面性质，但也会大得足以使稳态 $\mathrm{H_2O_2}$ 浓度有明显的降低。$\varepsilon_{\mathrm{H_2O_2}}$ 值可根据 Cullis 和 Hinshelwood[15] 的实验估算。他们所用的容器，虽然不完全呈球形，但相当于直径为 7.8 cm 的球。他们测得，在采用 CsCl 覆盖物时，578 ℃下由 300 mmHg $\mathrm{H_2}$ 和 100 mmHg $\mathrm{O_2}$ 所组成混合物的反应速率为 2.7 mmHg/min。在离爆炸极限足够远，认为水阻化作用可忽略的假定是正确的这种条件下计算得：$a=0.261$，$b=1.34$，$c=0.028$，$I=0.273$ mmHg/min 以及 s 可加以忽略。利用式(2-35)和式(2-36)计算得 x 和 u 分别为 0.6 和 0.4。为作比较起见，也曾测得 KCl 表面的 u 为 0.29。根据 KCl 覆盖容器中 $\varepsilon_{\mathrm{H_2O_2}}=4\times10^{-8}$[式(2-49)]得出，在采用 CsCl 覆盖物的情况下，

$\varepsilon_{H_2O_2} = (6.4/0.29)(4 \times 10^{-8})$ 或约为 10^{-6}。此值比 $2\lambda/r = 1.4 \times 10^{-5}$ 要小,虽然两者相差不大。

在上述条件下,$\varepsilon_{H_2O_2}$ 在其对系数 K_{13} 的影响消失以前可增大 100 倍左右,也就是说,在采用很高销毁能力的表面时,H_2O_2 浓度,因而 x,将下降为 CsCl 覆盖容器时 $\varepsilon_{H_2O_2}$ 值的 1/100 左右。曾发现银就是一种具有很高销毁能力的表面。在银制容器中,即使达到相当高的温度也未能获得可测的反应速率[24]。此时,$\varepsilon_{H_2O_2}$ 接近于 1,不能用它来满意地解释在这种容器中所得到的数据。曾发现链反应被表面催化反应所替代,后一种反应的速率与 O_2 浓度成正比,但与 H_2 浓度无关。在最高温度(700 ℃)以下的实验中没有观测到爆炸。若假定 H_2O_2 在表面上完全消失($x=0$),则我们计算得到,在 700 ℃ 下由 200 mmHg H_2 和 100 mmHg O_2 所组成的混合物中的爆炸,使其被 H_2O 所阻化的条件是要求在气体充入反应容器的过程中形成 80 mmHg 压力的 H_2O 或有 40 mmHg 的压力降。Hinshelwood 及其同事[24]曾测得起始反应速率为 30 mmHg/min,这对 H_2O 阻化爆炸来说似乎还太小。另一方面,大家都知道,在 600 ℃ 左右有 H_2 和 O_2 混合物存在的情况下,银会以金属或氧化物的形式大量飞溅或气化[25]。因此,爆炸极限的抑制是由于气相中链被某种形式的银存在而销毁所致的,这似乎是可能的。

按各种不同表面的链断裂能力将它们分类,其结果汇总于表 2-5 中。

表 2-5　各种不同表面的 ε_{HO_2} 和 $\varepsilon_{H_2O_2}$[①]

第一类		第二类		第三类	
ε_{HO_2} 和 $\varepsilon_{H_2O_2} \ll 2\lambda/r$		$\varepsilon_{HO_2} \gg 2\lambda/r$; $\varepsilon_{H_2O_2} \ll 2\lambda/r$		ε_{HO_2} 和 $\varepsilon_{H_2O_2} \gg 2\lambda/r$	
洁净的石英	NaCl	LiCl	KF	Ag	
洁净的硅酸盐耐热玻璃	$K_2B_4O_7$	KCl	CsCl		
B_2O_3		RbCl			
$MnCl_2$		$BaCl_2$			
		Na_2WO_4			
		具有 KOH 的 $K_2B_2O_4$			
		瓷			

① 容器大小为 cm 数量级;压力一般为 100~800 mmHg;温度一般为 500~650 ℃。

2.4　添加剂对氢-氧反应的敏化和阻化

在常压和大致低于 500 ℃ 的温度下,链支化反应 $H + O_2 = OH + O$ 的活化能高达 71 kJ/mol,且该反应与竞争反应 $H + O_2 + M = HO_2 + M$ 相比发生的机会更少,这就是前几节讨论要点的依据。后一反应为链断裂反应,因为靠 HO_2 与 H_2 反应来实现 H 的再生需要较高的活化能,以使 HO_2 主要向体系边界扩散,且只要温度、压力和体系的尺度低于临界值(它受混合物成分和边界处链断裂能力 ε 的影响),HO_2 就在边界处销毁。如果即使在温度很高的情况下也没有着火,那么这可能使 HO_2 与 H_2 和 O_2 相混合。

在此，回过来讨论上述链反应 H＋Cl₂＝HCl＋Cl，Cl＋H₂＝HCl＋H 是合适的。这种链反应是在氢和氯混合物中产生的，在通常尺度的容器中，对于混合物中所产生的每一个 H 或 Cl 原子来说，这种链反应可产生几百万 HCl 分子。加入微量 O₂，由于 H 转化为 HO₂ 和 Cl 转化为 HO₂，而使链长从几百万个反应环减少至仅几千个反应环。这样，混合物变得对闪光不敏感，否则，闪光会因 Cl₂ 光解而爆炸。确实，在各种不同实验室中都曾经历了氢和氯混合物因曝光而发生的无数次预料之外的爆炸，特别是在 20 世纪前几十年中，这全都涉及当时不能大批供应特别纯的无氧气体。因此发现了氧对氢-氯混合物的去敏化作用，并成为因添加剂而阻化爆炸的经典例子[26]。但是，鉴于在这种情况下反应链切短表明氧起了阻化剂作用，文献中还报道了另一种情况，即三氟化氯蒸气与烃类的爆炸反应，此处链支化被抑制，再次表明氧起阻化剂作用。

在氢-氧混合物中，因加入一氧化氮 NO，而可能使 H 向 HO₂ 的转变反向进行，即由于在 HO₂＋NO＝NO₂＋OH 反应之后，跟随着发生 OH＋H₂＝H₂O＋H，来实现由 HO₂ 转变为 H 的再生。这些反应的活化能如此低，而它们在 HO₂ 与 NO 和 OH 与 H₂ 之间又如此频繁地碰撞，以致除了在压力很低和容器尺度很小的情况以外，添加少量 NO 就会抑制 HO₂ 向器壁扩散而造成链断裂。因此链断裂大体上限于 H 原子向器壁的扩散过程，示意如图 1-1 所示的爆炸极限图上，除了第一爆炸极限下面的区域外，还画出不爆炸区，它是爆炸区向左方延伸进入大体上用第一爆炸极限向较低温度外推的方法所确定的区域。

更确切地说，此刻爆炸极限由前述反应模式确定：

$$OH + H_2 = H_2O + H \tag{I}$$

$$H + O_2 = OH + O \tag{II}$$

$$O + H_2 = OH + H \tag{III}$$

$$H + O_2 + M = HO_2 + M \tag{VI}$$

$$HO_2 \xrightarrow{\text{器壁}} \text{销毁} \tag{XII}$$

还增补如下反应：

$$H \xrightarrow{\text{表面}} \text{销毁} \tag{A}$$

$$HO_2 + NO = NO_2 + OH \tag{B}$$

按照前述，引入反应速率 $k_1[H_2][OH]$ 等并令每种自由基组分的产生速率等于其销毁速率，则得下式[27]：

$$\frac{2k_2}{k_6[M]} = \frac{K_{12}}{k_b[NO] + K_{12}} + \frac{K_a}{k_6[O_2][M]} \tag{2-68}$$

该式确定用速率系数和分子浓度来表示爆炸极限。若器壁的链断裂能力 ε 大于平均自由程与容器直径之比，则系数 K_{12} 和 K_a 可按式(2-19)和式(2-29)所示的形式写作：

$$K_{12} = k_{12}/([M]d^2)$$

$$K_a = k_a/([M]d^2)$$

式中，d 为容器直径。因数 k_{12}、k_a 都是容器几何形状（球形或圆柱形）、分子量及直径的函数，正如前述，它们决定了起扩散组分 HO_2 和 H 的有效平均自由程。当 $k_b[NO] \gg K_{12}$ 时，式(2-68)右端第一项消失，则得：

$$2k_2[O_2] = K_a$$

该式描述第一爆炸极限。当 $[NO] = 0$（例如，不往混合物添加一氧化氮）时，式(2-68)变为：

$$2k_2[O_2] = k_6[O_2][M] + K_a$$

该式描述以第一和第二爆炸极限为界的爆炸半岛，如图 1-1 所示，而对于各种不同容器直径和器壁覆盖材料来说，详细情况如图 2-1 所示。

Ashmore[27] 曾描述过在氢和氧的爆炸反应中 NO 的作用，并对此加以解释。先于 Ashmore 的论文，也曾有许多该方面的论文发表[28]，这些论文论述在受热的反应容器充气以前往氢-氧混合物添加少量气态化学药品（例如，二氧化氮 NO_2、亚硝酰氯 NOCl 和三氯硝基甲烷 CCl_3NO_2）的效应。曾发现在远低于正常爆炸极限的温度下，对 NO_2 来说，在约几秒到几分钟的诱导期后出现爆炸，而对其他化合物来说，诱导期的时间更短。同时还发现有一个临界浓度存在，这对所有这些化合物实际上都是相同的，高于此浓度就不会发生爆炸。当然，也存在一个较低的浓度，低于此浓度也不会发生爆炸。因此，爆炸区就以上限临界浓度和下限临界浓度为界。

特别应该注意 Norrish 及其同事所完成的工作。他们认为，在受热反应器中这些化合物会分解而形成 NO 和 NO_2 的混合物，它们在爆炸机理中都单独起作用。Chanmugan 和 Ashmore[29] 以 NO 及 NOCl 进行的实验与 Ashmore[27] 以 NO 及 NO_2 进行的实验都证实了这种看法。这些实验都是利用硼硅酸耐热玻璃制洁净的圆柱形容器完成的，该容器长约 10 cm、直径为 35 mm，具有直径 12 mm 的轴心多孔管，反应气体通过大口径旋塞从容器一端至另一端。因此，通过旋塞进入容器的气体与已在容器中的气体非常迅速地混合，并用玻璃棒插入轴心管中的方法使残留在轴心管中的未混合气体所占体积减至最小。曾采用处于 360 ℃下的容器，在容器外边将 NOCl、N_2 和 O_2 混合物配制好，然后再充入其中，或在限定的时间内，将 NOCl 置于容器中，然后再加 H_2 和 O_2 混合物。在这两种情况下，容器中 H_2 和 O_2 的分压通常分别调节到 120 mmHg 和 60 mmHg。在前一种情况下，在 NOCl 约为 0.6 mmHg 处有一上限临界浓度，约为 0.2 mmHg 处有一下限临界浓度及有很长的诱导期，这与 NOCl 压力有关。在后一种情况下，诱导期缩短且随着充入 NOCl 和充入 H_2-O_2 混合物之间时间的增大而最终消失；在诱导期消失点，即使在 NOCl 加入量与前一种情况相比大大增加时，也没有观测到上限临界浓度。NOCl 显然完全分解为 NO 和 Cl_2，所释放出来的少量氯在爆炸机理中并不起作用，这已得到如下事实所证实，即在预先加入 NO 代替加入 NOCl 时诱导期也同样为零（即瞬间着火），当然也没有观测到上限临界浓度。但是，在最初加入 NO，随之加入 NOCl-H_2-O_2 混合物时，又重新出现诱导期和上限临界浓度。同样，当 NO-H$_2$-O$_2$ 混合物加入容器时也有诱导期和上限临界浓度，因此，NO 在室温下被部分地氧化成 NO$_2$ 之前可与 O$_2$ 起反应。Ashmore[27] 也曾完成了一些实验，在这些实验中 NO 是作为第一种气体加入炽热反应容器的，而在容器外边已将 NO$_2$ 加入 H$_2$-O$_2$ 混合物中。各数量要调节到：反应容器中 NO 和 NO$_2$ 的分压之和总是 1 mmHg，而 2H$_2$＋O$_2$ 混合物的压力为 165 mmHg。当容器温度上升到 380 ℃时，在任一 NO 与 NO$_2$ 比下都会出现爆炸，但具有如表 2-6 所示变化的诱导期。

表 2-6　在 Ashmore[27] 的实验中，诱导期随 NO 与 NO$_2$ 之比的变化情况

NO$_2$/mmHg	1.0	0.80	0.50	0.25	0
NO/mmHg	0	0.20	0.50	0.75	1.0
诱导期 t/s	44	41	25	2	0

显然，NO$_2$ 是一种阻化剂，它防止发生爆炸，直至由于分解作用使 NO$_2$ 消失而 NO 积累至如此之多，以致发生该反应从阻化作用变为敏化作用为止。但是，若 NO$_2$ 全部都转变为 NO，则当然不会有上限临界浓度，因为已完全确定，NO 不会导致形成上限临界浓度。因此，显然有一逆反应存在，它由 NO 和 O$_2$ 形成 NO$_2$，所以它与 NO 的敏化作用有效或无效地相对抗。在不爆炸区（即上限临界浓度以上的区域）中，NO$_2$ 浓度仍足以大到阻化作用占优势；在爆炸区中，NO$_2$ 浓度变得足以小到敏化作用占优势。在上限临界浓度处，NO$_2$ 和 NO 达平衡状态。显然，用 NOCl 代替 NO$_2$ 来形成 NO 的方法也同样能达到这一平衡，且在这一过程中 NOCl 完全分解成 NO、NO$_2$ 和 Cl$_2$。

NO$_2$ 的阻化效应暗示，NO$_2$ 发生使 H 原子销毁的反应，这样，抑制 NO 的助催化效应（包含由 HO$_2$ 复原为 H）。问题在于该反应不是一个在 NO$_2$ 和 H 之间发生的简单二元反应，因为这导致产出 NO 和 OH[30]，还随之在反应（I）中实现 H 的再生；同时也不是人所共知的反应

$$O＋NO_2 = O_2＋NO \tag{C}$$

其活化能很低（正如附录二中所示），而因此非常迅速地销毁 O 原子，这种作用本身不会导致获得诸如上限临界浓度一类的极限。但是，可以提出，按照如下反应可使 H 原子被俘获并被 O 原子所替代：

$$H＋O_2＋NO_2 = HNO_3＋O－138 \text{ kJ/mol} \tag{D}$$

然后，O 原子按反应（C）被除去，代之以反应（III）产生 OH 和 H。这样，当 NO$_2$ 浓度足够高时，链支化被抑制，从而确立了上限临界浓度。

反应（D）是强放热反应，这从本质上看似乎是合理的。因为它将 H 销毁并产生 O，所以它使除反应（C）以外的任何其他 O 俘获反应成为链断裂机理的一部分。其他 O 俘获反

应是：

$$O + H_2 + M = H_2O + M \tag{E}$$

该反应与二元反应（Ⅲ）相竞争。在正常爆炸极限下反应（E）不起重要作用，因为它并不俘获 H 原子，但是，由于反应（D）的 H 被 O 反替代，其与第二爆炸极限下的二元反应（Ⅱ）和三元反应（Ⅵ）相类似，反应（Ⅲ）和反应（E）变成相对立的链支化反应和链断裂反应。而且，因为反应（Ⅲ）的活化能很大，约 37.2 kJ/mol（参看附录二），而反应（E）与反应（Ⅵ）相类似，其活化能不大，所以在低温和高压时反应（E）就变得日益占优势。

将反应（C）、（D）和（E）综合编入反应机理，爆炸极限的方程式就变为：

$$\frac{2k_2}{k_6[M]} + \frac{k_d[NO_2]}{k_6[M]}\left(1 - \frac{k_c[NO_2]}{k_3[H_2]} - \frac{k_e[M]}{k_3}\right) \Big/ \left(1 + \frac{k_c[NO_2]}{k_3[H_2]} + \frac{k_e[M]}{k_3}\right) \tag{2-69}$$
$$= \frac{K_{12}}{k_b[NO] + K_{12}} + \frac{K_a}{k_6[O_2][M]}$$

若 $[NO_2]$ 等于 0 且忽略左端分母中 $k_e[M]/k_3$ 这一项，则式（2-69）就简化为式（2-68）。在左端各项之和超过右端各项之和时出现爆炸。

式（2-69）左端是温度的函数，相应于各种不同的速率常数对温度的依赖关系。它是压力的函数，其压力相应于分子浓度 $[M]$；根据关系式 $[H_2] = f_{H_2}[M]$，它还是摩尔分数 f_{H_2} 函数。它同样还是 NO_2 分压相应于浓度 $[NO_2]$ 的强大函数。这一分压在下面以 p_1 表示。该式右端相应地是温度、压力、摩尔分数 f_{O_2} 和 NO 的分压 p_2 的函数。它同样是容器形状、容器直径、分子扩散参数和器壁链断裂效率 ε 的函数，正如前述，这些因数相应于系数 K_{12} 和 K_a。

Dainton 和 Norrish[28]曾在各种不同压力下将含少量 NO_2 而无 NO 的 $2H_2 + O_2$ 混合物充入直径为 7 mm 的硼硅酸耐热玻璃制圆柱形容器中进行实验。容器的表面曾用 KCl 处理过，容器温度为 637 K（364 ℃）。因此，温度 T、H_2 和 O_2 的摩尔分数及容器参数都保持不变，而选定 $2H_2 + O_2$ 混合物的压力 p 和 NO_2 的起始压力 p_0 为实验变数。爆炸或是在诱导期后出现或是不出现。这样，得到许多数据点，在 p_0 对 p 的关系图上绘出一个密闭着火（爆炸）区的轮廓线。这些数据点如图 2-14 所示。显然，该区北部以上限临界浓度为界；南部以下限临界浓度为界；西部边界由 K_a 项确定，该项位于式（2-69）的右端，随着 p 的减小而增大；东部边界由负的 $k_e[M]$ 项确定，当 $[M]$ 即 p 充分增大时，该项使式（2-69）左端变为零。因此，每次实验开始时，式（2-69）右端 K_{12} 项总是等于 1，因为没有 NO 加入。因此该式左端起初总是小于右端，因为永远不会发生瞬间爆炸。如此，在这类实验中，该式右端由于 NO_2 转变为 NO 而逐渐减小，而左端增大或保持大体上不变，这与实验变数 p_0 和 p 的大小有关。在爆炸区之内，右端最终变得小于左端，从而出现爆炸。在爆炸区之外，右端总是大于左端。而在爆炸极限下，左右两端相等，这与 NO 和 NO_2 浓度之间达到平衡相对应。

NO、NO_2 和 O_2 混合物按照可逆反应如：

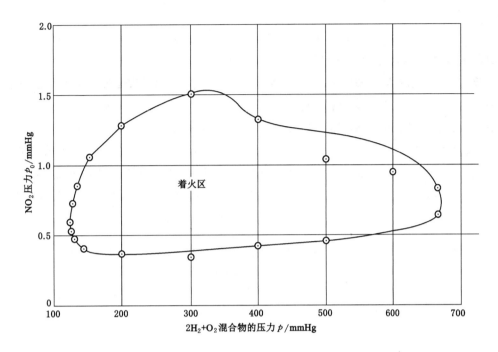

图 2-14　被 NO_2 敏化的 $2H_2+O_2$ 混合物着火极限的

实验点和理论曲线(Dainton & Norrish[36])

用 KCl 处理过的硼硅酸耐热玻璃制圆柱形容器,容器直径为 7 mm,温度为 637 K。

$$2NO+O_2 \rightleftharpoons 2NO_2$$

达到热力学平衡。除了在平衡中还可能存在痕量其他氧化物如 NO_3 并在化学平衡机理中它们或许起某种作用以外,在分压 p_1、p_2 和氧的压力 p_{O_2} 之间的热力学平衡曾用下式表示:

$$p_2\sqrt{p_{O_2}}/p_1 = 常数$$

但是,看来热力学平衡不适用于本情况,此处 NO 和 NO_2 已与 H_2 及 O_2 相混合。Ashmore[27]曾发表了有关论证,认为反应

$$NO_2+H_2 = NO+H_2O-184 \text{ kJ/mol} \tag{M}$$

是 NO_2 转变为 NO 的基本反应。这一反应是不可逆的,这意味着在本化学物系中,逆反应 $NO+HO_2 = NO_2+H_2$ 发生的概率实际上为零,因为该反应具有吸热性能。因此,在与化学环境一致的反应后,同样也会发生 NO 转变为 NO_2,例如:

$$NO+O_2+H_2 = NO_2+H_2O-297 \text{ kJ/mol} \tag{N}$$

从反应 $NO+O_2+NO = NO_2+NO_2$ 类推,反应(N)似乎是合理的,由此得知,该反应处于 NO、NO_2 和 O_2 的热力学平衡状态。与反应(M)相同,该反应放热强烈,且同样不可逆。

若反应(M)和(N)的速率相等,例如:

$$k_m[H_2][NO_2] = k_n[H_2][O_2][NO]$$

则得

$$[NO][O_2]/[NO_2] = k_m/k_n \tag{2-70}$$

此时，浓度[NO]和[NO₂]处于平衡状态。

反应容器是用盐类所覆盖的，因而适用于 $\varepsilon \gg 2\lambda/r$ 这一条件，以此事实可将式(2-69)应用来进行图 2-14 所示各点数据的数字计算。因此，$K_{12} = k_{12}/([M]d^2)$ 和 $K_a = k_a/([M]d^2)$。系数 k_{12} 和 k_a 适用于圆柱形容器，它们小于球形容器的相系数应乘以因数 0.277（参考第 19页）。二元速率系数 k_2、k_3、k_c 和三元速率系数 k_6（对于 $2H_2 + O_2$ 混合物）的数值可从附录二中查得。k_{12} 的数值可由式(2-29)求得（NO 和 NO₂ 的物质的量的分数作用很小，可忽略不计），而 k_a、k_b、k_d、k_e 和 k_m/k_n 的数值可根据适合于各点数据的爆炸极限理论曲线确定。表 2-7 所示是在图 2-14 所示各点数据的实验条件下诸系数的数值。

表 2-7 对 $2H_2 + O_2$、637 K 和直径为 7 mm 的 KCl 覆盖圆柱形容器来说
式(2-69)中的各速率系数

二元反应/[cm³/(mol·s)]（按附录二）	三元反应/[cm⁶/(mol²·s)]（按附录二）	扩散/[1/(cm·mol·s)]\[按式(2-29)\]
$k_2 = 6.33 \times 10^{-16}$	$k_6 = 1.96 \times 10^{-32}$	$k_{12} = 1.43 \times 10^{20}$
$k_3 = 1.65 \times 10^{-14}$		
$k_c = 1.03 \times 10^{-11}$	按曲线求得	按曲线求得
按曲线求得	$k_d = 2.67 \times 10^{-31}$	$k_a = 4.4 \times 10^{20}$
$k_b = 1.55 \times 10^{-12}$	$k_e = 0.88 \times 10^{-33}$	

平衡： $[NO][O_2]/[NO_2] = k_m/k_n = 4.12 \times 10^{18}$ mol/cm³

NO₂ 的起始浓度 $[NO_2]_0 = [NO_2] + [NO]$

在平衡状态下：

$$[NO_2] = \frac{1}{1 + 4.12 \times 10^{18}/[O_2]}[NO_2]_0 \quad \text{和} \quad [NO] = \frac{4.12 \times 10^{18}/[O_2]}{1 + 4.12 \times 10^{18}/[O_2]}[NO_2]_0$$

反应

(Ⅱ) H+O₂	(Ⅵ) H+O₂+M	(Ⅶ) HO₂ $\xrightarrow{\text{表面}}$
(Ⅲ) O+H₂	(D) H+O₂+NO₂	(A) H $\xrightarrow{\text{表面}}$
(C) O+NO₂	(E) O+H₂+M	
(B) HO₂+NO		

根据表 2-7 中数据可求得爆炸极限下浓度[NO₂]₀和总分子浓度[M]的函数关系。为了绘出图 2-14 中所示的爆炸极限，利用如下关系式：

$$p_0 = \frac{[NO_2]_0}{L}\frac{637}{273} \times 760 \quad \text{和} \quad p = \frac{[M]}{L}\frac{637}{273} \times 760$$

就可将分子浓度[NO₂]₀和[M]转换成以 mmHg 为单位的压力 p_0 和 p。上式中 L 为 Loschmidt数，在 273 K 下为 2.69×10^{19} mol/(cm³·atm)。利用 $[O_2] = [M]/3$，将浓度[NO₂]和[NO]转换成分压 p_1 和 p_2 的关系式如下：

$$p_1 = \frac{p_0}{1 + 815/p} \quad \text{和} \quad p_2 = p_0 \frac{815/p}{1 + 815p}$$

这样,式(2-69)就变为:

$$\frac{\dfrac{4.25}{p}+\dfrac{13.6p_0}{p+815}(1-\dfrac{940p_0}{p+815}-0.000\,81p)}{1+\dfrac{940p_0}{p+815}+0.000\,81p}=\frac{1}{1+1\,006p_0/(1+815/p)}+\frac{0.019\times10^6}{p^3}$$

$$(2\text{-}71)$$

曾发现,除了在 500～600 mmHg 压力范围内有很小的偏差以外,式(2-71)与图 2-14 中实验点紧密吻合。

Dainton 和 Norrish[28] 也曾在 120 mmHg 压力下将含少量 NO_2 而不含 NO 的 $2H_2+O_2$ 混合物充入各种直径(6.5～28 mm)的 KCl 覆盖的硼硅酸耐热玻璃制圆柱形容器中完成一些实验。容器的温度为 650 K(377 ℃)。因此,该实验条件与前面一些实验相符合,除了此刻压力 p 保持 120 mmHg 不变且替之以容器直径 d 作为实验变数以外,另外温度还从 637 K 增加至 650 K。按各数据点在 p_0 对 d 图上绘出的着火(爆炸)区曲线,如图 2-15 所示。该图所示的曲线是根据式(2-71)计算得的,通过设置 p＝120 mmHg 和改写方程右端 K_{12} 和 K_a 项[见式(2-69)],以此刻变量 d 和 p_0 代替 p 与 p_0 的方法加以变更。与温度增加和反应(Ⅱ)活化能为 70.3 kJ/mol 相对应,方程左端第一项[在式(2-69)中为 $2k_2/(k_6[M])$ 这一项]也同样作少量调整。这是受温度增加影响很大的唯一的一项。变更后的该式为:

$$\frac{0.035+0.014p_0(1-1.0p_0-0.097)}{1+1.0p_0+0.097}=\frac{1}{1+256p_0d^2}+\frac{0.005\,4}{d^2}\qquad(2\text{-}72)$$

正如图 2-14 一样此理论曲线与图 2-15 中的实验点紧密吻合。

图 2-15 上曲线的上分支表示各种不同容器直径下的上限临界浓度,而下分支则表示下限临界浓度。式(2-72)表明,随着直径 d 的增大,沿着上分支,该式右端趋近于零,结果 p_0 接近约为 2.2 mmHg 的渐近值;沿着下分支,乘积 p_0d^2 接近一不变的数值,所以 p_0 变得与 d^2 成反比。

考察一下图 1-1 所示爆炸极限曲线范围内的低限浓度是有益的。这一曲线适用于直径为 74 mm 的 KCl 覆盖的球形反应容器,相当于直径为 19 mm 的圆柱形容器。图 1-1 表明,温度为 650 K(377 ℃)和压力为 120 mmHg 与正好位于正常爆炸区外的点相应,而图 2-15 表明,在加入混合物中 NO_2 的分压仅为 0.02 mmHg 时就会在这些条件下出现爆炸。爆炸应在所添加的 NO_2 大部分转变成 NO 的诱导期之后发生,如以 NO 代之原先所加的 NO_2,则爆炸就成为瞬时的。

Dainton 和 Norrish[28] 还以各种不同直径的洁净而无覆盖的硼硅酸耐热玻璃圆柱形容器完成一些实验。正如前述早已说明那样,在这种容器中 ε 很小,不适用于 ε≫2λ/r 这一关系式。因此,他们的数据表明,在这类小容器中爆炸极限相应地移向较小直径方向,而下限临界浓度的渐近曲线仍相同。

虽然在实验测得的极限和计算得到的极限之间一致性很好,但是应该注意到,反应

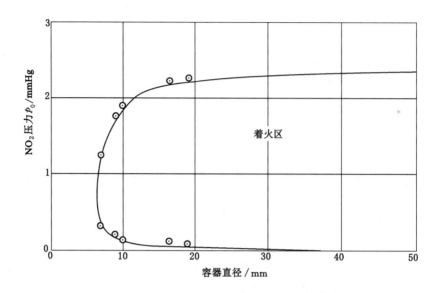

图 2-15　80 mmHg H$_2$＋40 mmHg O$_2$ 混合物着火极限的

实验点和理论曲线(Dainton & Norrish[36])

添加少量 NO$_2$ 在各种不同的直径的以 KCl 覆盖处理的

硼硅酸耐热玻璃圆柱形容器中，温度为 650 K。

(Ⅵ)(H＋O$_2$＋M＝HO$_2$＋M)在反应机理中起重要作用，因而所测得的极限，包括下限临界浓度和上限临界浓度在内，正如前述与第二爆炸极限有关那样，受到 H$_2$O 阻化的影响。因此，所测得的极限比在接近极限内不发生 H$_2$O 积累时的极限稍窄一些。然而，很明显地，实际的实验数据及由此用曲线拟合法求得的几个速率系数的数值，与理想数据没有重大的偏差。

理想的极限与在 NO 和 NO$_2$ 之间的真实平衡相对应，在无限长的诱导期后理论上所达到的就是这种平衡。在这种诱导期内，使 H$_2$O 积累到不能记录到理想的极限而能观测到较窄的极限。一个夸大这种效应的例子如图 2-16[31]所示。从图中可见，在下限临界浓度与上限临界浓度的观测值和理想值之间存在相当大的偏差。这是与诱导期曲线分支垂直上升的情况相对应的。在所观测的爆炸极限以外观测到的诱导期，与通过逐渐降低反应容器中的压力来接近第二极限的实验中所观测到反应开始的情况相对应。在图 2-16 中，反应容器为洁净的石英，这会增强这种效应。我们在此提及，在 Food 和 Norrish[31] 实验中的强辐射(碳弧)效应如图 2-16 所示。如果对极限的位移没有可测量到的影响，那么辐照的主要影响就在于使诱导期明显缩短。显然，在辐照期内 H$_2$O 的形成过程也同样会加速。但是，对在光化学实验和无光实验两者中 H$_2$O 效应作出定量论述是不可能的。

有人证实，NO 是由于在 N$_2$O 和 H$_2$ 之间发生某种未确定的反应而形成的。Danby 和 Hinshelwood[32]所进行的实验指出，当将 N$_2$O 加入 H$_2$ 和 O$_2$ 的混合物中时其作用如

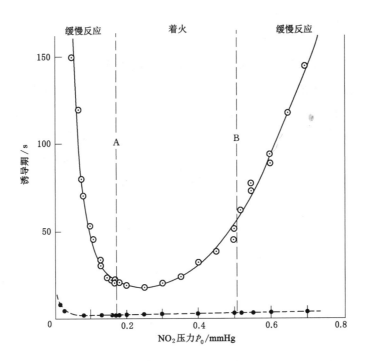

图 2-16　在 357 ℃ 和 (2H₂＋O₂) 为 151 mmHg 下被 NO₂ 敏化的

氢-氧反应的诱导期和临界浓度 (Food & Norrish[31])

(A) 下限临界浓度; (B) 上限临界浓度

—⊙— 无光实验; …●… 光照实验。

一种惰性气体, 而当 N_2O 在加入 O_2 以前与 H_2 混合时会出现瞬间爆炸。其他化合物有 NH_3 和 $(CN)_2$ [33], 其性能与 NO_2 相似。$(CN)_2$ 的效应不能清楚地辨认, 因为没有得到关于可检出量氮氧化物增加的报道。另一方面, 对于 NH_3 来说, 已确定形成了氮氧化物, 因此认为氨的部分作用是 NO 形成所致的看法似乎是合适的。此时发生爆炸常滞后相当长, 可以认为这是供 NH_3 氧化所需的时间。但是, 将 NO 加入混合物并不像所期望那样能缩短诱导期。在爆炸之前通常会出现某些数量 H_2O, 其数量与所加入的 NH_3 量成反比。这就暗示, 该反应被所形成的 H_2O 有力地自阻化了。在早期的实验[34]中, 使 NH_3 与 H_2 和 O_2 的混合物受到紫外光线照射, 此时终止反应常是爆炸性的, 可以认为这是由于 NH_3 光解形成 H 原子之故。进一步的工作[35]表明, 这种反应的特点与用其他方法导入 H 原子 (即用光敏的汞原子使 H_2 离解成 2H) 来诱导的反应不同。由此得出结论[35], NH_3 所敏化的反应不单纯是一个由光化学所产生的 H 原子激发起反应的事例, 同时 NH_2 自由基应起很重要的作用。

曾发现少量甲烷可有力地阻化由 NO_2^- 和 $NOCl^-$ 两者所敏化的反应[36]。该效应指出, 在反应 $O＋CH_4＝OH＋CH_3$ 后面有反应 $CH_3＋O_2＝CH_3OO$。由于在较低的温度下

CH_3OO 相对稳定，所以这一反应的结果是失去一自由键。

如果在终止自由基的后续反应中 H 原子得不到连贯的恢复，那么未敏化和已敏化的 H_2-O_2 反应能或多或少地被与 H 原子起反应的添加剂所阻化。这种物质的例子有：烃类[37]、各种不同的卤代烃[38]、HBr[39]、Br_2[3]、HI 和 I_2[40]。举例说明，反应 H＋HI＝H_2＋I 或 H＋I_2＝HI＋I 产生 I 原子，它不能在 H_2-O_2 物系中进一步起反应。

目前有各种各样关于以原子或自由基预处理玻璃质表面来使氢-氧反应敏化的论证。在 420 ℃和通常的压力下石英容器中氢和氧的混合物不会发生瞬时爆炸，且温度低于与通常半岛顶点位置相应的温度。若混合物用火花点爆且将容器抽空而随后用相同的混合物充满，则不用火花点燃在几秒到几分钟的间隔时间后也会产生爆炸[34]。这种实验不易重做，因为其主要取决于容器表面的状态。看来，在这种实验中表面的链断裂能力因容易受到爆炸混合物中所形成的相当高浓度的原子和自由基的作用而减弱很多。自由基在石英上活性点处被吸附和销毁而暂时除去是可能的。就此而论，使人回忆起在氢放电管中常常观测到的阴极雾化效应。

有一些另外的观测结果，它们表明自由基会使表面的性质改变。通常以中等速率起反应的氢-臭氧混合物，用前述将器壁暴露于 H 原子中的方法会使其爆炸[41]。这种实验是这样进行的：用低压无电极放电由氢就地产生 H 原子，随后在室温下几小时内将其彻底抽空。在以成分相同的混合物接连进行几次实验以后，该反应也变成爆炸性的。也曾报道过另外的一些实验，在这些实验中把氢和氧的混合物充入先前已充满了一定浓度 H 或 O 原子的容器中[42]。曾发现爆炸区有所扩大，且导入原子的浓度愈高，则这种效应就愈强。可惜，这些实验似乎不容许将混合原子的表面效应和气相效应两者之间区分开，因为，为了研究所推测的气相效应，特意尽可能缩短在充入原子和充入混合物之间的时间。即使如此，还曾观测到，器壁以某种未搞清楚的方式影响到实验结果。

参考文献

1. G. von Elbe and B. Lewis, *J. Chem. Phys.* **10**, 366(1942); B. Lewis and G. von Elbe, "Third Symposium on Combustion and Flame and Explosion Phenomena", p. 484, Williams & Wilkins, Baltimore, 1949.

2. A. B. Nalbandyan and V. V. Voevodskii, "Mekhanism Okisleniya i Goreniya Vodoroda", USSR Acad. Sci., Moscow, 1949; V. V. Voevodskii, "Seventh Symposium on Combustion", p. 34. Butterworths, London, 1959.

3. C. N. Hinshelwood and A. T. Williamson, "The Reaction Between Hydrogen and Oxygen", Oxford Univ. Press, New York, 1934.

4. N. N. Semenov, "Some Problems in Chemical Kinetics and Reactivity", (transl), Princeton Univ. Press, Princeton, N. J., 1959.

5. For detailed discussion the reader is referred to G. von Elbe and B. Lewis, *J. Chem. phys.* **10**, 366 (1942), particularly pp. 374-375.

6. R. N. Pease, *J. Am. Chem. Soc.* **52**, 5106(1930).

7. R. B. Holt and O. Oldenberg, *Phys. Rev.* **71**, 479(1947).

8. R. R. Baldwin and L. Mayor, "Seventh Symposium on Combustion", p. 8, Butterworths, London, 1959; see also R. R. Baldwin, P. Doran and L. Mayor, "Eighth Symposium on Combustion", p. 103, Williams and Wilkins. Baltimore, 1962.

9. R. Bates, *J. Chem. Phys.* **1**, 457(1933).

10. S. N. Foner and R. L. Hudson, *J. Chem. Phys.* **23**, 1364(1955).

11. C. H. Gibson and C. N. Hinshelwood, *Proc. Roy. Soc.* **A119**, 591(1928).

12. C. K. McLane, *J. Chem. Phys.* **18**, 972(1950).

13. R. G. W. Norrish and M. Ritchie, *Proc. Roy. Soc.* **A140**, 713(1933).

14. Experiments of K. H. Geib. *Z. Physik. Chem.* **A169**, 161(1934), suggest that the reaction between H and H_2O_2 is rapid already at room temperature, so that at the temperatures of the second limit it would completely overshadow reaction(V). However, Geib's results can be explained in other ways(see von Elbe and Lewis[1]).

15. C. F. Cullis and C. N. Hinshelwood, *Proc. Roy. Soc.* **A186**, 462, 469(1946).

16. Janaf Thermochemical Data.

17. O. Oldenberg, C. G. Morrow, E. G. Schneider, and H. S. Sommers, *J. Chem. Phys.* **14**, 16(1946), did not observe OH absorption bands in a rapidly reacting mixture of H_2 and O_2 with an arrangement permitting detection of a partial pressure of OH of 0. 0004 mmHg.

18. For example: (1) By mass spectroscopy, S. N. Foner and R. L. Hudson, *J. Chem. Phys.* **36**, 2681(1962) in reactions of H with O_2; of H, O and OH with H_2O_2; in photolysis of H_2O_2. (2) By electron spin resonance (ESR), J. A. Wojtowicz and J. A. Zaslowsky, "Int Symposium Free Radicals 5th", Uppsals, (1961) and F. Martinez, J. A. Wojtowicz and H. D. Smith, NASA Doc. N62-11037, (1961) in reaction of H with O_3; V. I. Papisova and E. I. Yakevenko, "Int Symposium Free Radicals 5th", Uppsala, (1961); and I. Safarik. *Magy Kem. Foly*, **73**, 382(1967) in irradiation of H_2O_2; L. I. Avramenko and R. V. Kolesnikova, *Dokl. Akad. Nauk SSSR*, **140**, 1000(1961); L. I. Avramenko, and K. V. Kolesnikova, *Izv. Akad. Nauk*, *SSSR*, *Otd. Khim. Nauk*, p. 1971(1961); and J. E. Bennett, B. Mile and A. Thomas, "Eleventh Combustion Symposium". p. 853 (1967) The Combustion Institute, in reaction of H with O_2. (3) By infrared absorption spectroscopy, D. E. Milligan and M. E. Jakox, *J. Chem. Phys.* **38**, 2627(1963), in photolysis of $HI + O_2$. (4) By ultraviolet absorption spectroscopy, R. W. Getzinger and G. L. Schott, *J. Chem. Phys.* **43**, 3237(1965), in shock tube reaction in H_2-O_2-Ar.

19. KCl has an appreciable vapor pressure above 550 ℃ and the surface should be rather heavily coated so that during a series of runs the coating does not vanish. It is possible that this was the cause of some erratic results that were obtained by some observers in KCl-coated vessels. (See also effect of light and heavy coatings of KCl on first explosion limit. Fig. 2.) The distillation of KCl possibly was responsible for

Hinshelwood and Williamson's observation[3] of equal reaction rates in a clean and KCl-coated silica bulb at 560 ℃ a result which was formerly quoted by the authors (B. Lewis and G. von Elbe, "Combustion, Flames and Explosions of Gases", p. 41, Cambridge Univ. Press, New York, (1938) to support the assumption that chain initiation changes with increasing temperature from a surface to a gas-phase reaction, but which could not be confirmed by H. R. Heiple and B. Lewis (*J. Chem. Phys.* **9**, 584 (1941), and unpublished data); see also M. Prettre (*J. Chem. Phys*, **33**, 189(1936)) and O. Oldenberg and H. S. Sommers (*J. Chem. Phys*, **8**, 468(1940); **9**, 432(1941)). For alternative explanations, see G. von Elbe and B. Lewis(*J. Chem. Phys.* **10**, 366 (1942)).

20. A. H. Willbourn and C. N. Hinshelwood. *Proc. Roy. Soc.* **A185**, 353, 369, 376(1946).

21. C. N. Hinshelwood and H. W. Thompson, *Proc. Roy. Soc.* **A118**, 170, (1928); R. N. Pease, *J. Am. Chem. Soc.* **52**, 5106 (1930); M. Prettre, *J. Chem. Phys.* **33**, 189 (1936).

22. O. Oldenberg and H. S. Sommers, *J. Chem. Phys.* **9**, 432(1941).

23. N. Chirkov, *Acta Physicochim.* (U. R. S. S.)**6**, 915(1937).

24. C. N. Hinshelwood, E. A. Moelwyn-Hughes, and A. C. Rolfe, *Proc. Roy. Soc.* (London) **A139**, 521(1933).

25. H. R. Heiple and B. Lewis, *J. Chem. Phys.* **9**, 120(1941).

26. M. Ritchie and R. G. W. Norrish, *Nature*, **Feb**, 13, 1932; *Proc. Roy. Soc.* **A140**, 112 (1933); Norrish and Ritchie, *ibid*. p. 713.

27. P. G. Ashmore, *Trans. Faraday Soc.* **51**, 1090(1955).

28. C. H. Gibson and C. N. Hinshelwood, *Trans. Faraday Soc.* **24**, 559 (1928); H. W. Thompson and C. N. Hinshelwood, *Proc. Roy. Soc.* **A124**, 219(1929); R. G. W. Norrish and J. G. A. Griffiths, *Proc. Roy. Soc.* **A139**, 147(1933); F. S. Dainton and R. G. W. Norrish, *Proc. Roy. Soc.* **A177**, 292, 421(1941).

29. J. Chanmugan and P. G. Ashmore, *Nature*. **170**, 1067(1952).

30. P. G. Ashmore and B. J. Tyler, *Trans, Faraday Soc*. **58**, 1108(1962). Also W. E. Jones. S. D. MacKnight and L. Teng, *Chem. Rev.* **73**, 407(1973).

31. S. G. Foord and R. G. W. Norrish, *Proc. Roy. Soc.* **A152**, 196(1935).

32. C. J. Danby and C. N. Hinshelwood, *J. Chem. Soc.* 464(1940).

33. H. S. Taylor and D. J. Salley, *J. Amer. Chem. Soc.* **55**, 96 (1933). A. T. Williamson and N. J. T. Pickles, *Trans. Faraday Soc.* **30**, 926(1934).

34. L. Farkas, F. Haber, and P. Harteck, *Z. Elektrochem*, **36**, 711(1930).

35. H. S. Taylor and D. J. Salley, ref. 33.

36. F. S. Dainton and R. G. W. Norrish. *Proc. Roy. Soc.* **A177**, 411(1941).

37. R. R. Baldwin, *Fuel*, **31**, 312(1952).

38. For ethyl bromide: N. Armstrong and R. F. Simmons, "Fourteenth Symposium on Combustion", p. 443, The Combustion Institute 1973. For CF₃Cl: Y. Hidaka, H. Kawano, and M. Suga, *Combustion & Flame*, **59**, 93 (1985). For organic iodide see ref. 40.

39. D. R. Blackmore, F. O' Donnell and R. F. Simmons, "Tenth Symposium on Combustion", p. 303, The

Combustion Institute 1965.

40. W. L. Garstang and C. N. Hinshelwood, *Proc. Roy Soc.* **A130**, 640(1931).

41. B. Lewis, *J. Am. Chem. Soc.* **55**, 4001(1993).

42. A. Nalbandjan, *Physik. Z. Sowjetunion* **4**, 747(1933); *Acta Physicochim.* (U. S. S. R.), **1**, 305(1934); cf. F. Haber and F. Oppenheimer, *Z. Physik. Chem.* **B16**, 443(1932).

第 3 章

一氧化碳和氧之间的反应[❶]

3.1　爆炸反应中氢的作用

CO 和 H_2 的燃烧热分别为 282.8 kJ/mol 和 241.8 kJ/mol，这表明 CO-O_2 混合物的潜在化学能比相应的 H_2-O_2 混合物的潜在化学能大。但是，这并不意味着，CO-O_2 混合物的反应活性就比 H_2-O_2 混合物大。反之，正如下述，显而易见，仅由 CO 和 O_2 组成因而不含痕量 "含氢的" 杂质的混合物，实际上不会爆炸。在仅由 CO 和 O_2 所组成的化学物系中，没有可察觉的反应路径来导致像在用 H_2 和 O_2 时出现的支链反应及爆炸。但是，含少量氧、水蒸气或烃杂质的 CO-O_2 混合物足以把这两种化学物质一起关联在一个支链反应机理中。

这一关联是由如下反应提供的：

$$OH + CO \longrightarrow CO_2 + H \tag{I$'$}$$

它已列在附录二中，且以与 OH 和 H_2 之间相类似反应（I）相同的高频率出现。很明显，若在氢-氧反应的范围内的温度和压力下有 OH 存在于 CO-O_2 混合物中，则链反应确保其中反应（I$'$）为如下反应所替代：

$$H + O_2 \longrightarrow OH + O \tag{II}$$

得出 CO_2 和 O。链断裂按如下反应进行：

$$H + O_2 + M \longrightarrow HO_2 + M \tag{VI}$$

随之有 HO_2 向器壁的扩散：

$$HO_2 \xrightarrow{\text{表面}} 销毁 \tag{XII}$$

此外，正如附录二中所示，按三分子缔合反应产生甲酰基 HCO：

$$H + CO + M \longrightarrow HCO + M \tag{VI$'$}$$

根据有关甲醛和甲烷氧化的数据，有论证（参见第 4 章 110 页）认为，在低于 370 ℃ 左右的温度下，HCO 基主要在三元碰撞中与 O_2 缔合产生过甲醛基 HCO_3，而在 530 ℃ 及更高的温度下，HCO 基主要在二元碰撞中与 O_2 起反应产生 CO+HO_2。后一温度范围适用于目前这种情况，所以从产生 HO_2 和使反应链断裂方面看，反应（VI$'$）与反应（VI）实际上是类似的。但是，只要 HO_2 的扩散因如下反应而中断：

[❶] 本章内容按本书作者论文（G. von Elbe and B. Lewis, *Combustion and Flame*, **63**, 135, 1986.）改编。

$$HO_2 + CO \longrightarrow OH + CO_2 \qquad (XI')$$

该链就不会断裂而继续下去。反应(XI')已列在附录二中,它与 HO_2 和 H_2 之间的反应(XI)相类似。若混合物含有 H_2,则链支化按如下反应进行:

$$O + H_2 \longrightarrow OH + H \qquad (III)$$

反应(III)消耗一个 O,而后续反应(I')和(II)产生两个 O。若混合物含有 H_2O,则链支化按如下相类似反应进行:

$$O + H_2O \longrightarrow 2OH \qquad (III')$$

但是,附录二表明,反应(III')的活化能比反应(III)大,因此反应(III')要缓慢得多。反应(III)在氢-氧爆炸中不起重要的作用(见第 2 章),而它在一氧化碳-氧爆炸中就起很大的作用,此处含痕量 H_2O,很难将其除去,因而产生深刻的影响。若有烃类(如 CH_4)存在,链支化按如下反应进行:

$$CH_4 + O \longrightarrow CH_3 + OH$$

且由于烃自由基与 O_2 反应而使后续反应产生附加的 OH。

附录二还同样列出两个三元反应:

$$O + CO + M \longrightarrow CO_2^* + M \qquad (XX)$$

和

$$O + O_2 + M \longrightarrow O_3 + M \qquad (XXI)$$

在反应(XX)中所形成的 CO_2 分子靠电子激发和振动激发吸收大部分反应能。因此,CO_2 具有吸收能量的能力,这意味着,O 和 CO 在二元碰撞中有稳定缔合即 $CO + O \rightarrow CO_2^*$ 的可能性。但是,曾有实验说明[1],这一二元反应并不重要,而第三体分子要求使 O—CO 缔合稳定。CO_2^* 衰变为正常 CO_2 主要经分子碰撞,部分靠辐射[1]。O_3 可能大部分与 CO 按如下反应形成 CO_2:

$$O_3 + CO = CO_2 + O_2 - 425.5 \text{ kJ/mol}$$

可见,氧原子是靠反应(II)产生的,而靠以二元反应如反应(III)或(III')方式与加入混合物的含氢的杂质作用消耗掉,还靠以三元反应(XX)和(XXI)方式与 CO 及 O_2 作用消耗掉。在含氢的杂质的浓度足够低时,以三元反应为主,在爆炸过程中产生发亮光焰气。这种火焰的光谱远远扩展入紫外线区,其组成不仅归属于 CO_2^* 谱带系,而且归属于连续光谱及 Schumann-Runge 氧谱带[2]。这一光谱系归因于三元复合反应[3]:

$$O + O + M \longrightarrow O_2^* + M$$

当 O 浓度增加至可与 CO 和 O_2 的浓度相比拟的水平时,在链支化过程的后期,该复合反应变得可与反应(XX)和(XXI)相竞争。在含氢的杂质的浓度足够高时,以二元反应为主,明亮的发光火焰光被带蓝色的光所替代,后者主要起因于羟基发射谱带[3]。这种光通常在一氧化碳扩散火焰(例如,将一氧化碳作为废气燃烧的工业火炬)和白热炭床上方形成的微弱可见的火焰中可以看到。在这些条件下，CO 燃烧成 CO_2 过程几乎是只经反应(I')进行的。

CO_2^* 分子是由反应(ⅩⅩ)形成的，而携带的总能量约为 523 kJ/mol。此值大于 O_2 的离解能（其值为 498 kJ/mol），这就意味着可按如下反应生成氧原子：

$$CO_2^* + O_2 \longrightarrow CO_2 + 2O$$

有关这一反应的进一步介绍是由 Clyne 和 Thrush[1] 的工作提供的。受激态 CO_2^* 分子在反应(ⅩⅩ)中形成以后马上就被视为处于三重态 $^3B_2$。这一状态约高于基态 523 kJ/mol，但分子碰撞使其能级下降至单重态 $^1B_2$，该单重态只高于基态约 439 kJ/mol，实际上，它是在经分子碰撞或辐射转成基态路径上的一个中间停留态。因此，在新形成 CO_2^* 和 O_2 之间的碰撞一般仅将约 84 kJ/mol 转移给 O_2 分子，在激发能全部转移以前发生 O_2 离解的情况是非常罕见的。同样地，O_2 与 $^1B_2$ 态的 CO_2^* 发生碰撞(约 439 kJ/mol)，结果只是使 CO_2 分子去活化，这种碰撞强烈到足以使 O_2 分子离解也是非常罕见的。在这一基础上可看到，按反应(ⅩⅩ)和(ⅩⅪ)失去 O 的速率被上面所提出的反应产生 O 的速率所平衡还大大有余，因此上面所提出的反应在动力学上并不重要。

同样的理由适用于如下反应：

$$O_3 + CO \longrightarrow CO_2 + 2O$$

因为，这是一个可能的氧原子源，所以，这一反应在学术文献中也得到某种程度的重视[5]。该反应为吸热 72.8 kJ/mol 的反应，因而，很难与消耗氧原子的反应(ⅩⅩ)和(ⅩⅪ)去竞争。

在完全干燥又不掺杂的 CO-O_2 混合物中出现或可能出现的反应，由反应(ⅩⅩ)和(ⅩⅪ)及它们的产物分子 CO_2^* 和 O_3 的后续低效反应所组成，另外还有反应：

$$CO + O_2 \longrightarrow CO_2 + O$$

根据附录二可知，此反应的活化能为 201 kJ/mol，因此，一般在 1 000 ℃ 以下的温度，其反应很缓慢。由于将 CO 分子中 C 与 O 分开需要很高的能量，所以将含碳原子或碳分子的一些反应排除在外。因此，由于在这一反应图式中第一阶段和第二阶段分别吸热 356 kJ/mol 和 251 kJ/mol，所以将链支化机理 CO+O→C+O_2、C+CO→C_2+O 和 C_2+O_2→C+CO+O 排除在外。看来，爆炸仅能按热爆机理进行，但是，热爆炸机理对容器尺度、压力和温度条件的要求相当苛刻。

在本书 1961 年版本中作者得出结论，当时可用的知识不足以阐明爆炸机理，且只有根据对已完成的形形色色实验进行仔细选择才能预料到进一步的发展。Clyne 和 Thrush[1] 曾完成了很重要的实验工作，据此得到现代对这一问题的理解；Gray 及其同事还进行了广泛的工作，这些在下面按参考文献[7,8,10]来引述。

3.2　理论与实验的比较

若假定加入 CO-O_2 混合物中的含氢的杂质是 H_2，则爆炸极限由四种自由基组分 OH、H、O 和 HO_2 之每一种的产生速率与其销毁速率相等的条件来确定：

$$k_2[O_2][H]+k_3[H_2][O]+k_{11'}[CO][HO_2]=k_{1'}[CO][OH]$$

$$k_{1'}[CO][OH]+k_3[H_2][O]=k_2[O_2][H]+k_6[O_2][M][H]+k_{6'}[CO][M][H]$$

$$k_2[O_2][H]=k_3[H_2][O]+k_{20}[CO][M][O]+k_{21}[O_2][M][O]$$

$$k_6[O_2][M][H]+k_{6'}[CO][M][H]=k_{11'}[CO][HO_2]+K_{12}[HO_2]\text{❶}$$

根据附录二中所给出的数据计算得，在目前感兴趣的温度范围（一般 $750\sim850$ ℃）内，系数 $k_{6'}$ 值仅为 k_6 值的 $1/10$ 左右，因此可忽略。浓度 $[H_2]$ 比总的分子浓度 $[M]$ 要小，所以在没有惰性气体的情况下可写出 $[M]=[CO]+[O_2]$。而且，根据附录二中的数据可知，在感兴趣的温度范围内 k_{20} 与 k_{21} 的数值没有很大的差别，写成下式不会造成很大的误差：

$$k_{20}[CO]+k_{21}[O_2]\approx k'[M]$$

若 HO_2 主要在器壁处销毁，以致 $k_{11'}[CO]\ll K_{12}$，由这些方程得出，在满足如下条件时出现爆炸：

$$\frac{2k_2}{k_6[M]}\geqslant 1+\frac{k'}{k_3}\frac{[M]^2}{[H_2]}$$

因此，在任一浓度 $[H_2]$ 或分压 p_{H_2} 下，有一总浓度 $[M]$ 或压力 p 存在，低于此值出现爆炸，而高于此值则不出现爆炸。

当 $[H_2]$ 足够大以致 $k_3[H_2]\gg k'[M]^2$ 时，上式右端第二项变得可忽略，爆炸极限变为：

$$2k_2/k_6=[M]$$

这与氢-氧混合物的第二爆炸极限是一致的。就系数 k_6 的数值来说，应当注意到，即使当 $k_3[H_2]$ 变得比 $k'[M]^2$ 大时，因为 k_3 比 $k'[M]$ 大得多，$[H_2]$ 与 $[M]$ 之比仍很小。因此，该混合物主要由 CO 和 O_2 所组成，而 k_6 的数值主要由 CO 和 O_2 的三体效率来确定 [见第 2 章式(2-7)]。

根据上述爆炸极限得：

$$\frac{[H_2]}{[M]}=\frac{k'}{k_3}\frac{[M]}{2k_2/(k_6[M])-1} \tag{3-1a}$$

取 k' 值为 $4.8\times10^{-34}\,cm^6/(mol^2\cdot s)$，它是根据附录二用 $2CO+O_2$ 混合物于 800 K

---

❶　正如前述，反应（Ⅵ′）按反应 $HCO+O_2\rightarrow CO+HO_2$ 产生 HO_2。

下对 O_2+O+O_2[反应（ⅩⅪ）]取值为 6.1×10^{-34} 和对 $CO+O+CO$[反应（ⅩⅩ）]取值为 4.1×10^{-34} 平均求得的。利用 $k_3=3.0\times10^{-11}\,e^{-4\,480/T}\,cm^3/(mol\cdot s)$ 求得 $k/k_3=1.6\times10^{-23}\,e^{4\,480/T}\,cm^{-3}$。将其转成 $mmHg^{-1}$ 为单位，要乘以因数 $(273/T)L/760$，其中 $L=2.7\times10^{19}\,mol/(atm\cdot cm^3)$，它是 Loschmidt 数，$T$ 为热力学温度。压力 p_{H_2} 和 p 用 mmHg 来测量，用它们代替 $[H_2]$ 和 $[M]$，而 $2k_2/k_6$ 变为 $p_0\times e^{8\,450(T_0^{-1}-T^{-1})}$，其中，$p_0$ 是对主要由 CO 和 O_2 组成的气体混合物来说温度 T_0 下氢-氧混合物的第二爆炸极限处的压力，8 450 K 是对列于附录二中的反应（Ⅱ）来说的 E 与 R 之比值。利用这些数据，式(3-1a)就变为：

$$\frac{p_{H_2}}{p}=\frac{(155/T)\times10^{-6}e^{4\,480/T}p}{(p_0/p)e^{8\,450(T_0^{-1}-T^{-1})}-1}\tag{3-1}$$

若 $k_{11'}[CO]$ 不比 K_{12} 小，则爆炸极限由下式给出：

$$\left(1+\frac{k_{11'}[CO]}{K_{12}}\right)\frac{2k_2}{k_6[M]}=1+\frac{k'[M]^2}{k_3[H_2]}\tag{3-2a}$$

而 p_{H_2}/p 相应地变为：

$$\frac{p_{H_2}}{p}=\frac{(155/T)\times10^{-6}e^{4\,480/T}p}{(1+k_{11'}[CO]/K_{12})(p_0/p)e^{8\,450(T_0^{-1}-T^{-1})}-1}\tag{3-2}$$

比值 $k_{11'}[CO]/K_{12}$ 与确定系数 K_{12} 的实验参数（特别是包括反应容器的大小及形状与确定链断裂能力 ε 的器壁条件）有关。正如附录二中所述系数 $k_{11'}$ 的值正在讨论中，但看其活化能与 HO_2 和 H_2 之间反应（ⅩⅠ）的活化能差不多相同，即等于 100 kJ/mol。这使 $E/R\approx12\,000$ K，且可写出：

$$k_{11'}[CO]/K_{12}=y\cdot e^{-12\,000/T}\tag{3-3}$$

因数 y 的值曾根据实验数据求得，它是压力和容器直径的函数，还与链断裂效率 ε 对 K_{12} 的影响有关。当 $\varepsilon\gg\lambda/r$ 时，K_{12} 与 ε 无关，而与 $[M]d^2$ 成反比；当 $\varepsilon\ll\lambda/r$ 时，K_{12} 与 ε/d 成正比，而与 $[M]$ 无关。因为 $[M]\sim p/T$ 和 $[CO]=f_{CO}[M]$，所以 y 应相应地与 $f_{CO}(p/T)^2d^2$ 成正比，或者，与 $f_{CO}(p/T)d/\varepsilon$ 成正比。

所提出的反应图式并不包括 H、O 和 OH 向器壁的扩散。在低压下的小容器中，这些过程就变得值得注意，这从考察实验数据也可看出。

Buckler 和 Norrish[6] 曾完成了对爆炸极限下 p_{H_2} 和 p 测定的许多工作，他们使用直径为 27 mm 硼硅酸耐热玻璃制无覆盖的圆柱形容器，在该容器 25 cm 的长度上可均匀地加热到各种选定的温度，温度范围为 445～565 ℃。为了避免在燃气充入已抽空的反应容器时过早地出现爆炸，将没有氢的 $2CO+O_2$ 混合物充入至压力超过所预料的极限压力（在这种情况下反应很缓慢），随之将所要求数量的氢充入，使其与 $2CO+O_2$ 相混合。在经过为获得均一成分所需的时间后，从容器中缓慢地排出燃气混合物，直到灵敏的压力计记录到一个突然的跳动为止，随之降低压力，相应地降低燃气的物质的量。

在 p_{H_2} 与 p 关系图上的实验点和理论曲线如图 3-1 所示。各实线是根据式(3-1)利用 $T_0=818$ K(545 ℃)下 $p_0=120$ mmHg 计算得到的。这一 p_0 值是 Buckler 和 Norrish 根据他们关于 545 ℃下 p_{H_2} 与 p 关系曲线的数据外插求得的。他们的实验中所用混合物中的含氢量一般不超过 2%，所以外插值大体上符合 CO 和 O_2 是反应(Ⅵ)中第三体分子这一条件。

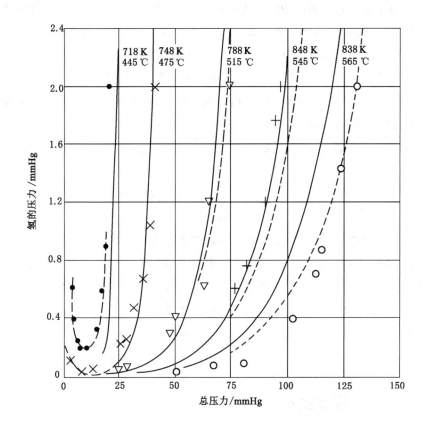

图 3-1　在各种不同温度下 2CO＋O_2 混合物中，第二爆炸极限与氢分压的关系曲线

各实验点数据由 Buckler 和 Norrish 提供。各实线按式(3-1)计算得。右侧虚线按式
(3-2)和式(3-3)计算得。硼硅酸耐热玻璃制圆柱形容器，直径为 27 mm，无覆盖。
着火在每条曲线边界左侧出现。

由图 3-1 可见，除了图左侧最低温度和压力处与右侧较高温度处以外，实线刚好通过各实验点。正如以前对氢-氧反应所表明那样：左侧虚线表示，H 或 O 或两者向器壁的扩散和随后发生的从第二爆炸极限向第一爆炸极限的移动；右侧虚线表示，将反应 (Ⅺ)(CO＋HO_2→CO_2＋OH)计入该机理作理论引申的结果。这些曲线是式(3-2)和式(3-3)利用前面的 p_0 和 T_0 值且为曲线拟合而选取 $y=1.51\times10^6\ p/T$ 计算得到的。选择 y

作为 p/T[代之以 $(p/T)^2$]的函数，这与在无覆盖的硼硅酸耐热玻璃容器中链断裂效率 ε 一般比 λ/d 小的经验是一致的。各数据点相应地会受到由于不确定的原因所造成的 ε 变化的影响，因而理论与实验之间的吻合不可能完美无缺。但是，正如图 3-1 所示，各曲线与数据点吻合，足以说明理论的正确性。

Buckler 和 Norrish 在他们以后的工作（见参考文献[6]）中曾使用过直径为 7 mm、27 mm 和 37.5 mm 无覆盖的硼硅酸耐热玻璃制圆柱形容器。他们发现，正如理论所预示那样，p_{H_2} 的增加与 d 的变化相反。例如在 545 ℃ 和 $p=75$ mmHg 下曾测得，直径为 7 mm、27 mm 和 37.5 mm 容器中 p_{H_2} 值分别为 1.0 mmHg、0.75 mmHg 和 0.4 mmHg（见参考文献[6]）。若利用式(3-2)并把 K_{12} 写作容器直径的函数，则发现这些数据与 $K_{12}\sim1/d$ 这一关系式（它与 ε 比 λ/d 要小的假定相吻合）相一致。应该注意到，在这一系列实验中，用 27 mm 容器所得到的 p_{H_2} 值比在以前几个实验中的稍高一些。

由式(3-3)和速率系数 $k_{11'}=A_{11'}/e^{-12\,000/T}$ 得：

$$y=A_{11'}[CO]/K_{12}$$

再利用 $y=1.51\times10^6(p/T)$，由 Loschmidt 数、气体定律和混合物成分得：

$$A_{11'}=2.3\times10^{-13}K_{12}\quad cm^3/(mol\cdot s)$$

利用式(2-28)和式(2-29)，取 $d=27$ mm，按表 2-2 取 $f_{H_2}=0$、$f_{N_2}=f_{CO}$ 和 $k_{12,H_2}=0.277\times16.8\times10^{20}\,1/(cm\cdot s)$，对圆柱形容器取因数为 0.277（见 1.6 中 1 小节），由 $p=130$ mmHg 和 $T=838$ K（相当于图 3-1 中 565 ℃ 实线上一点）计算得[M]，结果求得未知数 K_{12} 值（它与 ε/d 成正比）的上限。这样求得的 K_{12} 较小，虽然未必比 10 s^{-1} 小得多，因而求得 $A_{11'}$ 较小，虽然未必比 2.3×10^{-12} cm^3/(分子 · s)小很多。这在附录二中作进一步讨论。

3.3　扩展到辉光现象的有关理论

式(3-2)表明，当 p 减小和 T 增大时，或当链断裂能力 K_{12} 减小时，在极限混合物中的 p_{H_2} 与 p 之比会减小。因此，可以制备出含少量氢的极限混合物，但是，因为它们穿过 $\beta>\alpha$（链断裂超过链支化）区边界进入 $\alpha>\beta$ 区，这种混合物未必会爆炸，而它们使又强又非常持久的辉光得到扩展。Bond、Gray 和 Griffiths[7]曾用实验来解释这种现象。

在 Buckler 和 Norrish 所做实验的温度范围内和压力 p 为 25 mmHg、33 mmHg 及 40 mmHg 条件下，以成分为 $CO+O_2$ 的混合物完成了这些实验。圆柱形反应容器的直径为 88 mm，而 Buckler 和 Norrish 所做容器的直径仅为 27 mm；容器的材料不是硼硅酸耐热玻璃，而是石英。这两点是最重要的。正如下述，此时系数 K_{12} 比 Buckler 和 Norrish 实验中小得多，看来，这主要是选用石英而不用硼硅酸耐热玻璃的缘故。正如

2.3 中所述，石英的链断裂效率 ε 低，特别是对 HO_2 基，且其表面特别会受到 H_2O 作用而中毒，H_2O 使 ε 变化反常，因而使数据的重复性成为问题。研究者曾用如下方法来克服这一问题，即在每天开始实验时将容器加热至 1 100 K 并抽真空至 10^{-4} mmHg，在实验温度下每次实验后还抽气 10 min 保持此压力。而且，在任一次暴露于大气以后，用含水氢氟酸、继之用蒸馏水清洗容器，然后在几小时之内抽真空至 10^{-4} mmHg 并加热至 1 100 K。此外，在正常使用时，容器还在高于 700 K 的温度下保持许多周，同时仅容许充反应物或干燥惰性气体。

这些实验的细节与利用石英容器对一氧化碳和氧之间反应研究的其他研究者的经验是一致的。这些细节绝不是琐事，而从对包含的表面过程的基本理解不多来看所用的操作还是有所发展。

一种很重要的附加实验技术是在反应容器中心装设很细的热电偶，其表面有用薄层石英覆盖的耐焰层。这样，可以监测由于化学反应释热而致使容器中温度增加的情况。另外的附加装置有：记录和测量起反应燃气的光发射或辉光用的光学设备；在反应期内和反应后质谱分析用微探针进行气体取样的设备。各种不同的充气和排气技术曾用来确定无辉光缓慢反应、有辉光反应和爆炸反应这三种状态的边界。

图 3-2(a) 所示的就是在恒压 $p=33$ mmHg 下 p_{H_2} 与 T 关系曲线图上的这些边界。曲线 ABF 将缓慢反应区与辉光区及爆炸区相分开，在图 3-2(b) 中还单独作图以实线表示之。图 3-2(b) 中以虚线表示的有重叠的曲线是按以前利用 $p_0=120$ mmHg 和 $T=818$ K 而使 y 从 $1.51\times10^6 p/T$ 改变为 $2.6\times10^8 p/T$ 根据式 (3-2) 及式 (3-3) 计算得出的。实验曲线和计算曲线之间的吻合极好表明，ABF 曲线是与 $\alpha=\beta$ 相应的链支化极限，且在 Bond、Gray 和 Griffiths 实验中的 K_{12} 值小于 Buckler 和 Norrish 实验中的，后者约大 170 倍。因为容器直径比仅为 88/27，或约等于 3，显然，在 Bond 等[7] 的实验中 K_{12} 值小得多，这主要可归于石英表面的链断裂效率低得多。

根据图 3-2(a) 可知，当物系穿过边界 BF 时，温度增加 2～5 ℃，燃气发射出辉光。当进一步穿入辉光区时，温度增加 30 ℃ 或更多，而在边界 $ABCD$ 以上就出现爆炸。在 CE 和 CD 之间有一区域，该处辉光振荡，光强周期性增减。显然，在边界 BF 和 BCD 之间，正如所预料那样，自由基浓度并不以失去控制的速率增大，而替之变得稳定或波动，因此反应 (XX) 以稳定和波动的速率产生 CO_2^*，并产生含 CO_2 发射谱带的稳定和振荡的辉光。这就意味着，在这一 DBF 辉光区内，链断裂速率随着自由基浓度以高于其速率增加而增大。所以这两速率变得相等，建立起稳定的自由基浓度，或者，一种速率周期性地超过另一种，自由基浓度也相应地波动。

下述理论以如下两式为基础：

$$\alpha = 2k_2 k_3 k_{11'} f_{CO}[H_2] \tag{3-4}$$

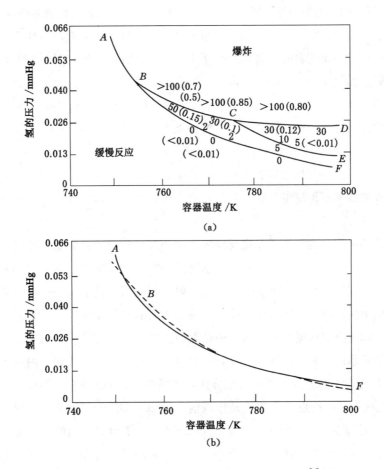

图 3-2　添加少量氢的实验(Bond、Gray 和 Griffifhs[7])

(a) 在温度与分压的曲线关系图上 33 mmHg 下 CO+O₂ 混合物的稳定辉光区、
振荡辉光区和着火区。直径为 88 mm 的圆柱形石英容器。图上的数字是指高于
容器温度的温升,括号内的数字是指反应完成的分数。ABCD 以上为着火区;
DCE 内为振荡辉光区;FBC 内为稳定辉光区;ABF 以下为缓慢反应区。

(b) ABF 曲线:实线为实验曲线;虚线是以 $p_0 = 120$ mmHg, $T_0 = 818$ K 和
$y = 2.6 \times 10^8 p/T$ 按式(3-2)及式(3-3)计算得的曲线。

和

$$\beta = k'k_6[\mathrm{M}]^2 K_{12} \tag{3-5}$$

　　这两式是根据表示 $\alpha = \beta$ 这一条件的式(3-2a)导出的。若忽略式(3-2a)两端等于 1 的两项并将与链支化有关的项移至该式一端而将与链断裂有关的项移至另一端来使该式简化,则得到 α 和 β [如式(3-4)和式(3-5)所示]。

　　式(3-4)表明,当浓度[H₂]减少时 α 会减小。这在任一这类实验过程中都会出现,因为 H₂ 转变为自由基 H、OH 和 HO₂。OH 和 H 的浓度彼此按平衡 $k_1[\mathrm{CO}][\mathrm{OH}] \rightleftharpoons$

$k_2[O_2][H]$ 相关联,而 H 和 HO_2 的浓度彼此按平衡 $k_6[O_2][M][H] \rightleftharpoons k_{11'}[CO][HO_2]$ 相关联。利用速率系数的数值(附录二)求得,即使测定 $k_{11'}$ 的误差留有充分的余量,浓度 $[HO_2]$ 也远大于 $[H]$ 和 $[OH]$。因此,有一反应初期存在,此时大部分起反应的 H_2 分子转变成 HO_2,且 H_2O 尚未达到可观的数量。这相当于下式:

$$[H_2]_0 - [H_2] = h \approx 0.5[HO_2] \tag{3-6}$$

式中,$[H_2]_0$ 和 $[H_2]$ 分别表示反应起始阶段和某一较后阶段的氢的浓度;h 表示已消耗掉并转变为 HO_2 的氢量。相应地,求 α 的式(3-4)可写成如下形式:

$$\alpha = 2k_2k_3k_{11'}f\,co\,e^{\frac{25\,000}{T^2}\Delta T}([H_2]_0 - h) \tag{3-7}$$

式中,ΔT 是在实验过程中出现的温升;25 000 为反应(Ⅱ)、(Ⅲ)和(ⅩⅠ′)的 E/R 值之和。因此,指数项相当于乘积 $k_2k_3k_{11'}$ 的增量,从而 α 起因于温升 ΔT。

该理论提出,HO_2 的积累会使 β 增大,如下所述。有人认为,为了用石英容器获得可重复的实验数据,准备措施会产生由许多区间或分子大小面积所组成的表面,各个 HO_2 基在该处因强吸附而变得不能移动,而在这些区间外吸附就弱得能使 HO_2 任意移过表面,像从气相返回一样脱离气相。在这些后面的区间内,HO_2 的表面浓度 s,按照与 1.2 中 4 小节内式(1-11)相应的方程式,与气相浓度 $[HO_2]$ 有关:

$$s = s_0\frac{b[HO_2]}{1 + b[HO_2]}$$

复合的发生有两种,即在可迁移的 HO_2 之间以单位面积速率 $k_s s^2$ 发生碰撞,而在可迁移和不能迁移的 HO_2 之间以单位面积速率 $k'_s s$ 发生碰撞,这两种碰撞都会出现复合。因此,每单位时间和单位面积器壁所销毁的 HO_2 数等于 $k'_s s + k_s s^2$。按照定义,每单位时间和每单位容积容器所销毁的 HO_2 数等于 $K_{12}[HO_2]$。利用圆柱形容器表面积与体积之比为 $4/d$ 得到下式[1]:

$$K_{12} = \frac{4k'_s s_0 b}{d} \times \frac{1}{1 + b[HO_2]} + \frac{4k_s s_0^2 b}{d} \times \frac{b[HO_2]}{(1 + b[HO_2])^2}$$

或者:

$$K_{12} = K_{12,0}\left[\frac{1}{1 + b[HO_2]} + \frac{cb[HO_2]}{(1 + b[HO_2])^2}\right] \tag{3-8}$$

式中 $c = (k_s/k'_s)s_0$;$K_{12,0} = 4k'_s s_0 b/d$,它是反应开始时的 $k_{12,0}$ 值;在边界 ABF 处和以下的实验条件下,反应是缓慢的,$[HO_2]$ 实际上为零。

若用 $2h$ 代替 $[HO_2]$[式(3-6)],则由式(3-5)和式(3-8)得:

$$\beta = k'k_6[M]^2K_{12,0}\left[\frac{1}{1 + 2bh} + \frac{2cbh}{(1 + 2bh)^2}\right] \tag{3-9}$$

---

[1]　对 $\varepsilon \ll \lambda/d$ 的圆柱形容器,利用 $K_{12} = \varepsilon\bar{v}/d$ 可列出求链断裂能力 ε 相应的方程式。

随着 h 的增大，式(3-9)中括号内这一项也随之增大，直到 h 达到最大值为止：

$$h_{\max} = 0.5(c-1)/[b(c+1)] \tag{3-10}$$

在 $h_{\max}$ 值下，方括号内这一项的值通过一最大值。相应地，只要氢消耗量保持在 $h_{\max}$ 以下，在反应过程中 β 值就增大；根据式(3-7)，α 值应增大或减小，要取决于反应期间内 $\mathrm{e}^{\frac{25\,000}{T^2}\Delta T}$ · $([\mathrm{H_2}]_0 - h)$ 这两项的变化。在 $[\mathrm{H_2}]_0$ 值很低时，以后一项为主，α 减小；而在 $[\mathrm{H_2}]_0$ 值很高时，以 ΔT 指数项为主，α 增大。在 $[\mathrm{H_2}]_0$ 值低于图 3-2(a)中边界 ABF 时，α 总是小于 β，仅可能发生慢反应。在边界 ABF 以上 FBD 辉光区中，α 最初大于 β，但由于 $\mathrm{H_2}$ 转变为 $\mathrm{HO_2}$ 而使 α 变得等于 β，且自由基浓度相应地增大。此时，自由基浓度很稳定，反应在低耗氢的不变的速率下进行，同时温升 ΔT 保持恒定，因为在容器内的释热和向周围环境的散热之间已建立起热平衡。连续地产生受激态分子 $\mathrm{CO_2^*}$，使燃气发出辉光。因为 $\mathrm{HO_2}$ 基的表面浓度 s 的变化可能落后于 $\mathrm{HO_2}$ 基气相浓度的变化，所以不难看到，在反应速率和发光度交变增减的特性方面，物系不能保持稳定而变得振荡。这种现象在 ECD 区中出现。在 $[\mathrm{H_2}]_0$ 值高于边界 $ABCD$ 时，α 总是大于 β，从而发生爆炸。

在辉光区内，氢的浓度从 $[\mathrm{H_2}]_0$ 减至浓度

$$N = [\mathrm{H_2}]_0 - h \tag{3-11}$$

同时，α 变得等于 β，自由基变得稳定。在 $h_{\max}$ 时，氢浓度减小至 $N_{\min}$（它表示 α 变得等于 β 时 N 的最小值）。

若用 N_0 表示 ABF 边界上的氧浓度，则由式(3-4)和式(3-5)得：

$$N_0 = \frac{k' k_6 [\mathrm{M}]}{2 k_2 k_3 k_{11'} f_{\mathrm{CO}}} K_{12,0} \tag{3-12}$$

且由式(3-7)、式(3-9)和式(3-12)得：

$$N = N_0 \left[\frac{1}{1+2bh} + \frac{2cbh}{(1+2bh)^2} \right] \mathrm{e}^{\frac{25\,000}{T^2}\Delta T}$$

或者：

$$N_0 - N = N_0 \left\{ 1 - \left[\frac{1}{1+2bh} + \frac{2cbh}{(1+2bh)^2} \right] \mathrm{e}^{\frac{25\,000}{T^2}\Delta T} \right\} \tag{3-13}$$

式(3-13)表明，在辉光区内，氢的浓度从高于极限 ABF 的起始值 $[\mathrm{H_2}]_0$，减小至低于边界 ABF 的 N 值。而且，若实验是在与要保持 h 不变的这种水平 $\mathrm{H_2}$ 浓度不同的温度 T 下完成的，则得到 N 与温度的关系曲线。该曲线位于 N_0 与温度曲线（即边界 ABF）之下，且比 N_0 曲线更平坦。这可用图 3-3(a)示例说明。对于曲线 N 上的每一点，相应地有一浓度 $[\mathrm{H_2}]_0$ 或压力 $p_{\mathrm{H_2,0}}$（在 N 曲线上方距离 h）。因为这些点 $p_{\mathrm{H_2,0}}$ 都在一条与 N 平行因而比曲线 N_0 更平坦的曲线上，所以这些点 $p_{\mathrm{H_2,0}}$ 的曲线与曲线 N_0 相交。这如图 3-3(a)所示。正如图 3-3(b)所示的，若 $h=h_{\max}$，则 $N=N_{\max}$，则 $p_{\mathrm{H_2,0}}$ 曲线将在 B 点（见图 3-2）与 N_0 曲线相交。正如图 3-3(c)进一步表明的，从后面 $p_{\mathrm{H_2,0}}$ 曲线上方各点和从 B 点上方一段 N_0 曲线

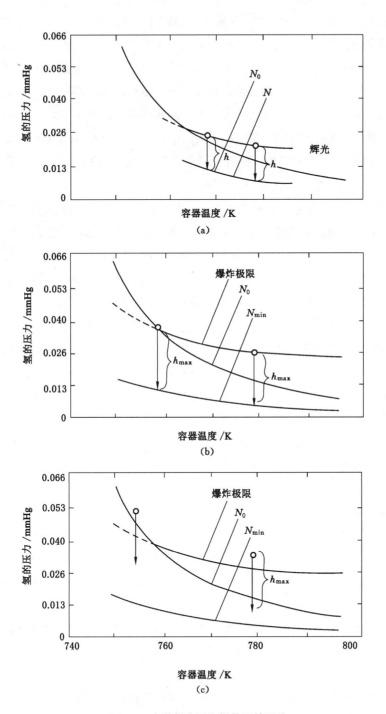

图 3-3 有关辉光区和爆炸区的理论

上各点得知，氢的消耗量 h_{max} 没有达到曲线 N_{min}，因而 β 仍小于 α，会出现爆炸。这可以说明图 3-2(a) 中爆炸区的形状和辉光区限于区域 DBF(指爆炸极限曲线和 N_0 曲线之间的面积)。

曾提出过有关从稳定辉光到振荡辉光转变的几种模型[8]。这些模型指出，振荡现象的发生与自由基浓度的二级反应有关。在本理论中这种二级反应于表面发生，而不考虑在辉光区发生二级气相反应，因为自由基浓度极低。进一步对辉光振荡做模拟实验应集中于表面链断裂反应。这得到振荡辉光现象的发生与反应容器的预处理有关这一事实有力的支持。将反应容器暴露于三氯硝基甲烷(CCl_3NO_2)蒸气中是一种特别有效的处理。这一效应原来是由 Ashmore 和 Norrish[9] 发现的，他们曾完成了反应容器中 CO 与 O_2 的实验，该实验以前曾用于以三氯硝基甲烷使 H_2-O_2 敏化的研究。

Gray 及其同事[10] 曾将他们对辉光和爆炸极限的研究扩展到流动物系，其中使一氧化碳、氧和含氢的化合物通过直径为 10 cm 的硼硅酸耐热玻璃制球形容器，以陶瓷材料覆盖的桨叶进行机械搅拌，转速为 1 000 r/min 搅拌的作用是使浓度趋于均匀，并使反应中所产生的热量散发。缓慢反应区、辉光区和爆炸区在本质上与早期在密闭容器中所发现的相类似。要注意到，容器硼硅酸耐热玻璃表面和陶瓷表面的链断裂能力 ε 一般在 $\varepsilon \ll \lambda/d$ 范围内，在这种情况下，气相中的自由基浓度，即使不搅拌气体实际上也是均匀的。但是，由于搅拌使散热速率增大，可以想象到建立起这样高的自由基浓度，使得二级反应

$$HO_2 + HO_2 \longrightarrow H_2O_2 + O_2$$

得以在气相中出现，并在保持很高的稳态自由基浓度中给以帮助，而这种自由基浓度是出现辉光现象的基础。

3.4　水蒸气效应

正如本章 3.1 中所讨论那样，H_2O 在 CO-O_2 反应动力学中起 H_2 的作用，因为反应 (Ⅲ$'$)($O + H_2O \rightarrow 2OH$) 代替反应 (Ⅲ)($O + H_2 \rightarrow OH + H$)。由于反应 (Ⅲ$'$) 的活化能约是反应 (Ⅲ) 的两倍，所以爆炸区移向高得多的温度。而且，在 H_2O-CO-O_2 物系中 H_2 是消耗的，而在 H_2O-CO-O_2 物系中 H_2O 是继续存在的，因为 H_2O 转变成自由基且又重新转变成 H_2O。

可惜，对 H_2O-CO-O_2 物系中的爆炸极限缺少系统实验。曾相信其原因在于有所谓"干燥"反应存在。有人认为，Semenov[4] 所提出的反应：

$$CO_2^* + O_2 = CO_2 + 2O$$

是有充分根据的。因而，一些研究者不去研究"潮湿"反应，而用试图去痕量水的方法来集中钻研"干燥"反应。

图 3-4 表明由各种不同研究者[11] 所获得的典型爆炸极限曲线。这些曲线反映出，为从

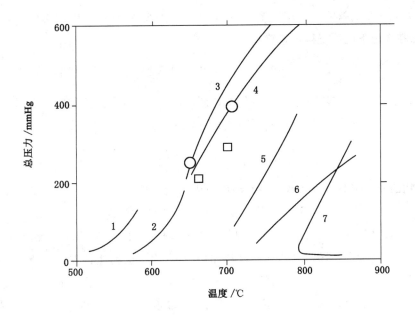

图 3-4　想象中"干燥"CO-O_2 混合物与已测添加量

H_2O 相混合的第二爆炸极限[11]

曲线 1—(Hoare & Walsh)，5%H_2O；

2—(Hoare & Walsh)，"干燥"；

3—(Hadman，Thompson & Hinshelwood)，"干燥"；

4—(von Elhe，Lewis & Roth)，"干燥"；

5—(Gordon & Knipe)，"干燥"；

6—(Dickens)，"干燥"；

7—(Dickens，Dove & Linnet)，"干燥"。

○—0.04%H_2O；□——0.004%H_2O(Gordon & Knipe)。

物系中除去不希望有的痕量 H_2O 要格外坚定不移地努力。也如 Gordon 和 Knipe[11] 所得出的几个数据点所示，他们提出的是加入 CO-O_2 混合物中的痕量 H_2O 的测定实验，因此没有注意到事实上由任何研究者所达到的"干度"。

因为图 3-4 上的曲线从左到右反映出致力于"干度"增大的努力，所以这些曲线表明，随着"干度"的增加，爆炸极限将移向高温高压。这些曲线并不表明数据分散，因为它们都是根据原文绘制的。对几位作者原始数据的校核表明，分散并不过大，因而看来对于任一组数据来说，为获得重复性要用严格的方法，结果保持 H_2O 浓度完全恒定。据此，已报道的某些测定结果看来是很重要的。

Hadman、Thompson 和 Hinshelwood[11] 与 von Elbe、Lewis 和 Roth[11] 曾报道，某些数量的 CO-O_2 混合物被等量 N_2 所替代不会影响爆炸极限的压力。这与如下取自较高温度下爆炸极限方程式是一致的。从式(3-2a)开始，用[H$_2$O]代替[H$_2$]，用$k_{3'}$代替k_3，并忽略等于1的项(在高温下此项变得可忽略)，则得下式：

$$\frac{k_{11'}[CO]}{K_{12}} \frac{2k_2}{k_6[M]} k_{3'}[H_2O] = k_{20}[CO][M] + k_{21}[O_2][M]$$

根据附录二可知，反应(ⅩⅩ)有活化能，而反应(ⅩⅪ)不需要活化能，所以，在高温下反应(ⅩⅪ)被略去，爆炸极限方程式可写成如下形式：

$$[M]_{爆炸} = \sqrt{\sqrt{\frac{k_{11'}}{k_{20}} \frac{2k_2}{k_6} k_{3'} \frac{[H_2O]}{K_{12}}}}$$

混合物的成分仅通过以系数k_{20}和k_6中所固有的三体碰撞效率包括在此式中。因为将N$_2$、CO和O$_2$看作近似等效的第三体，所以即使部分CO-O$_2$混合物被N$_2$代替，其差别也不大。但这不适用于像A、He及CO这样的其他气体。的确，Dickens、Dove和Linnett[11]曾发现，添加这些气体后爆炸极限向所预料的方向变化。从其他各方面来看，没有有关水蒸气含量的资料就不可能对数据做任何进一步的分析。这也同样适用于在学术文献中发现的一个数据点，该处，水蒸气浓度像CO和O$_2$浓度一样都精确地已知。这指的就是Hadman、Thompson和Hinshelwood[11]所进行的一个实验，在该实验中，用逐步降低压力至50 mmHg CO、40 mmHg O$_2$和10 mmHg H$_2$O所组成的混合物时出现爆炸。温度为833 K。误差在于系数$k_{11'}$与K_{12}之比的取值大小。研究者曾利用直径为75 mm的石英制圆柱形容器。有理由将这一容器与Bond、Gray和Griffiths[7]所用的直径为88 mm的容器相比较，曾发现利用y值完成的计算结果可与这些作者的数据相比较。若$2k_2/(k_6[M])$按第2章中式(2-42)计算，则计算出水蒸气压力为6 mmHg，这可与实验值10 mmHg相比拟。因为这种一致性完全是偶然巧合，所以，显然需要系统的实验数据。

3.5　燃烧波或爆震波中的化学反应

化学反应通过可燃混合物体积而传播，力求迅速地释热，但在实践中释热仅以链支化反应进行。因此，只要在CO混合物中含有某种含氢的化合物，就可能在该混合物中出现燃烧波或爆震波，即使是化学计量成分CO-O$_2$混合物释热所达到的温度约为3 000 K。

Brokaw[12]早已指出，除了在很高的温度下以外，完全干燥的混合物不能使反应持续下去。Brokaw根据对激波管中CO-O$_2$反应燃烧动力学的研究得到了他的结论。他用实验说明，其他作者所提出的所谓"干燥"反应在动力学上是不可能的，在激波管中用想象中的"干燥"混合物所完成的实验实际上是以含量一般为0.01%～0.02%痕量水分的混合物完成的。可以推测，原先制备的实验用混合物确实是非常干燥的，但是在器壁上所吸附的一些水层部分地被激波所剥离，并将H$_2$O引入反应区中。

参考文献

1. M. A. A. Clyne and B. A. Thrush, "Ninth Symposium on Combustion", p. 177, Academic Press, New York, 1963.

2. K. J. Laidler, "The Chemical Kinetics of Excited States", Clarendon Press, Oxford, 1955.

3. F. Gaillard-Cusin and H. James, *Combustion & Flame*, **30**, 211(1977).

4. N. N. Semenov, *Chem. Rev.* **6**, 347(1929).

5. G. von Elbe, B. Lewis and W. Roth, "Fifth Symposium on Combustion", p. 610, Reinhold, New York, 1955. See also B. Lewis and G. von Elbe, "Combustion, Flames & Explosions of Gases", Academic Press, 1951 and 1961 editions.

6. E. J. Buckler and R. G. W. Norrish, *Proc. Roy. Soc.* **A167**, 292, 318(1938).

7. J. R. Bond, P. Gray, and J. F. Griffiths, *Proc. Roy. Soc.* **A375**, 43(1981); **A381**, 293(1982). See also P. Gray, J. F. Griffiths and J. R. Bond, "Seventeenth Symposium on Combustion", p. 811, The Combustion Institute, 1978.

8. B. F. Gray, *Trans. Faraday Soc.* **66**, 1118(1970); C. H. Yang, *Combustion and Flame*, **23**, 97(1974); C. H. Yang and A. L. Berlad, *J. Chem. Soc.*, *Faraday Trans. I*, **70**, 1661(1974).

9. P. G. Ashmore and R. G. W. Norrish, *Nature*, **19**, 390(1951).

10. P. Gray, J. F. Griffiths, and S. K. Scott, *Proc. Roy Soc.*, **A397**, 21(1985).

11. D. E. Hoare and A. D. Walsh, *Trans. Faraday Soc.* **50**, 37(1954); G. Hadman, H. W. Thompson and C. N. Hinshelwood, *Proc. Roy. Soc.* **A138**, 297(1932); G. von Elbe, B. Lewis and W. Roth, "Fifth Symposium on Combustion", p. 610, Reinhold, New York, 1955. A. S. Gordon and R. H. Knipe, *J. Phys. Chem.* **59**, 1160(1955); P. G. Dickens, Thesis, Oxford, 1956; P. G. Dickens, J. E. Dove and J. W. Linnett, *Trans. Faraday Soc.* **60**, 539(1964).

12. R. S. Brokaw, "Eleventh Symposium on Combustion", p. 1963, The Combustion Institute, 1967.

第4章

烃和氧之间的反应

4.1 缓慢氧化、冷焰和高温爆炸反应

甲烷和高级烃氧化动力学的一般特征可用图 4-1 上爆炸极限曲线 5～8 示例说明，这些曲线是由 Townend 及其同事获得的[1]。曲线 5 适用于甲烷和空气的混合物。该曲线表明，当出现支链爆炸时,若链断裂速率受链载体向器壁的扩散控制而链支化速率是 $e^{-E/(RT)}$ 形式的温度函数，则爆炸极限处的压力随着温度的增大而单调地减小。曲线 6 和曲线 7 是专用于

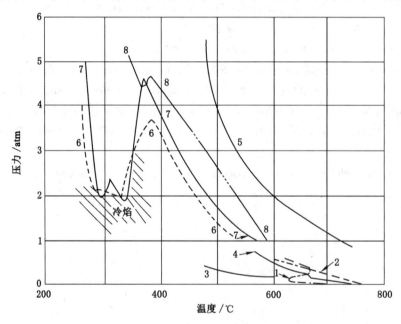

图 4-1　烃-氧混合物的爆炸区

下部曲线：1—CH_4+2O_2，石英容器（Neumann & Serbinow[4]）；

2—CH_4+2O_2，石英容器（Sagulin[5]）；

3—$C_2H_6+3.5O_2$，硼硅酸耐热玻璃容器（Taylor & Riblett[6]）；

4—$C_2H_6+3.5O_2$，石英容器（Sagulin[5]）；

上部曲线：5—空气中含 15% 甲烷，石英容器（Townend & Chamberlain[1]）；

6—空气中含 1.8% 己烷，玻璃容器（Townend，Cohen & Mandlekar[1]）；

7—空气中含 1.8% 己烷，钢容器（Townend，Cohen & Mandlekar[1]）；

8—空气中含 2.6% 异丁烷，钢容器（Townend，Cohen & Mandlekar[1]）。

己烷和空气的混合物，但它们都具有烷属烃及有关化合物的一般特征。在高于 400 ℃左右的温度下，这种极限具有与甲烷相同的样式，虽然该爆炸温度或压力比甲烷的低，但正如图 4-1 所示，在低于 400 ℃左右的温度下，链支化机理使该极限有明显的变化，爆炸极限以上限温度和下限温度为界，在一定程度上与压力无关。大家都知道，这一机理涉及过氧化自由基 ROO 的形成及其后续反应。这种过氧化自由基是由 O_2 与烷基 R（如丙基 C_3H_7、丁基 C_4H_9 和己基 C_6H_{13} 等）缔合所产生的。这类链支化通常伴随含烃基团的化合物出现，特别是乙醛和高级醛 R·CHO，以及对过氧化作用高度敏感的醚类 R·O·R。但对于甲烷 CH_4、甲醇 CH_3OH 及甲醛 HCHO，或不饱和化合物和芳香族化合物如乙烯 CH_2∶CH_2、乙炔 CH∶CH 及苯 C_6H_6 等，就不会出现这类链支化。图 4-2 表示，对于乙烷 $CH_3·CH_3$，仅或多或少地出现这类链支化，但在乙烷-空气混合物中加入少量乙醛 $CH_3·CHO$，这种反应的发展变得很强烈。而且，图 4-1 中曲线 8 表示，对于异丁烷 $HC(CH_3)_3$，仅仅或多或少地出现这类链支化，然而，正丁烷 $CH_3·CH_2·CH_2·CH_3$ 有一爆炸区，它与曲线 6 和曲线 7 绘出的己烷的半岛相类似。

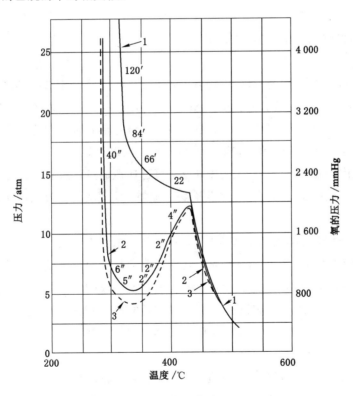

**图 4-2 乙烷-空气混合物中的爆炸区和着火延迟；
添加乙醛的效应(Townend & Chamberlain)**
空气中含 13%乙烷。
1—不加乙醛；2—加 1%乙醛；3—加 2%乙醛。
诱导期在 1 曲线(用 min 计)和 2 曲线(用 s 计)上已标明。

通常，将这一半岛区称为冷焰区，因为在爆炸以前诱导期中半岛内外出现的反应会产生带蓝色的光，光线相当强，但不稳定，以波的形式横穿过起反应燃气的体积，这可归因于受激发的甲醛 HCHO* 所造成的。后者是作为链支化过程的副产物由某种自由基反应产生的。

有关冷焰的化学动力学将在以后各节作进一步讨论。此处要指出的是，在爆炸半岛的上限温度极限以上，过氧化自由基消失而反应经由原始烃裂解和氧化所产生的过余非过氧化自由基进行。因此，在半岛内及其西部受过氧化自由基所控制，而在半岛东部越来越受非过氧化自由基所控制。而且，链支化靠自由基扩散到器壁，从南部硬挤进冷焰区（即趋向于低压方向），因而使爆炸半岛变窄并确定了低压爆炸极限。

总之，链烷烃与氧反应的化学动力学包括如下四部分：

(1) 低温下缓慢过氧化作用；

(2) 在约从 250～400 ℃ 的温度范围内过氧化爆炸和不爆炸的冷焰反应；

(3) 在更高温度下经非过氧化自由基的缓慢氧化范围；

(4) 高温爆炸反应。

4.2　高温爆炸反应的化学动力学

包括许多自由基和分子组分在内的许多单元反应是靠把烃-氧混合物迅速加热到高于约 800 K 温度来引发的。这可采用如下方法来完成：将混合物迅速充入受热的反应容器或某种高温流动体系中；用绝热(等熵)压缩、激波或爆震波等形式进行快速压缩；简单地用诸如电火花或炽热这种局部点燃源，靠热扩散和分子扩散以燃烧波的形式使反应传播下去。而且，在冷焰区内的温度下诱导产生的爆炸反应可迅速地通过从过氧化自由基到非过氧化自由基的链过程，相反地，即使将烃-氧混合物迅速加热也不会完全消除最初形成的过氧化自由基。

现有的动力学和热化学的大量基础数据，以及估算未测得数据的技术，结合发展编制计算机程序用的有效"刚性方程"求解技术，使这一非常复杂的反应成为化学动力学燃烧研究方面极重要的课题。曾提出由 100 个以上基元反应所组成的复杂的反应历程，并用计算数据与实验测量结果相比较的方法在燃烧过程的计算模型中进行了实验。对这一课题，Westbrook 和 Dryer[2] 曾发表过一篇含有 162 种参考文献的专题评述，他们还编辑了另外一种更详细的评述，其中包含了 497 种参考文献[3]。

根据以上作者所述，在烃燃料的反应历程中，包含着较简单分子燃烧的子历程，认为每一历程都建立在较简单分子反应历程的分级序列上。因此，从 H_2 开始，该历程涉及氢-氧动力学，在加入 CO 时则得到 $CO-H_2-O_2$ 化合历程。这本身是甲醛 HCHO 氧化历程的一部分，而 HCHO 又是 CH_4 氧化历程的一部分，这样可依次类推到 C_2、C_3 等烃类。根据这些作者的意见，沿着这一顺序的路径可简化论证所提出的反应历程的任务，因为只有用来计算复杂历程相邻层面的这些添加反应及其速率需要特别注意。

图 4-1 中曲线 1，是早期工作中对甲烷和氧反应的爆炸极限记录[4]，显然，这无疑是氢-氧反应动力学。该曲线给出以上、下压力极限为界的特征爆炸半岛，在这种情况下，该极限主要取决于在 HO_2 向器壁扩散随后发生的、经 $H+O_2 \rightarrow OH+O$ 的链支化和经 $H+O_2+M \rightarrow HO_2+M$ 的链断裂之间的竞争。这种效应在乙烷的曲线 4[5] 上也能看到一点，但在甲烷的曲线 2[5] 或乙烷的曲线 3[6] 上都看不到，这意味着分子组分的扩散和表面反应会使难以分析的、早已很复杂的反应历程变得错综复杂。而且，爆炸极限(如曲线 5)很像图 2-4 中所示氢和氧的第三爆炸极限那样，无疑会受到上述在诱导期内的反应和释热的影响，因此它不遵守等温支链反应理论。

因此可以理解，Westbrook 和 Dryer 所引用的文献没有包括受热反应容器中爆炸极限的实例，而用来验证所提出的反应历程的实验数据主要是由激波管或"活塞式流动"反应器的实验获得的。

激波管实验通常是按 Burcat、Lifshitz、Scheller 和 Skinner[7] 在其丙烷-氧反应研究中所描述的方法完成的。实验用烃-氧混合物用约为 90% 的氩加以稀释。氩的热容量低，有利于达到很高的激波温度，且充分稀释，可防止冲击波变为爆震波。激波温度及压力可根据所测得的激波 Mach 数算出。激波在管端的反射会暂时产生静止的高压缩的实验气体的区域，该区域内的爆炸反应可用光谱监测。整个反应大致分成三个发展阶段：引发、烃的消耗和 CO 的氧化。前两个阶段可能会重叠，视燃料和起始温度-压力而定，但 CO 氧化阶段通常很明显，它释放出总反应的绝大部分热量。相应的温度-压力迅速变化常用来确定着火延迟或诱导期的终点，后续的 CO 氧化阶段一般不到总反应延续时间的 1%～5%。该反应时间如此之短，以致热损失和扩散过程都不起作用。

这也适用于活塞式流动反应器。在这类反应器中，可燃气体流注入氧和惰性气体的受热气流中，起反应的混合物以造成热损失和扩散特征时间远长于停留时间的速率通过管子。在稳态条件下工作时，反应区的长度常扩展到 1 m 以上。正如在激波管实验中看到的那样，燃料消耗和 CO 氧化两阶段通常很明显，反应的进展是沿着反应区方向得到监测的。这类反应器曾用于较低温度(约 800～1 300 K)下的研究，这时的反应时间对激波管实验来说是太长了。激波管的数据一般达到约 1 500～2 200 K 的范围。

活塞式流动反应一般用来获得在稳态反应区长度范围内的反应物及反应产物的温度分布和浓度分布。激波管一般用来集中研究靠近管子末端很窄的试验段。入射激波通过该段，但在激波波面后的温度太低，不足以产生信号。此后，随着反射激波通过，气体滞止，其温度几乎倍增。记录到的发射光谱和吸收光谱明显地标识出化学反应的起始点，它还使实验者得以判断出哪一部分记录结果应看作是着火延迟或诱导期。幸而，不同判据所提供的结果似乎并不显著不同。例如，在对甲醇-氧反应的一些单独的激波管研究中，Bowman[8] 利用 370 nm 最大的发射光谱的到达而 Cooke、Dodson 和 Williams[9] 利用 4.3 μm 红外发射光谱的开端作为诱导期的相应终点。370 nm 发射是由于 CO 和 O 之间的反应所引起的,其最大值相应地指 CO 和 O 浓度的乘积达最大值,而 4.3 μm 的发射则表明 CO 和 OH 的反应大量产生出 CO_2,且可以预料到它在 370 nm 最大值之前出现。但是,这两组数据几乎同样证实如下方程式:

$$\tau = 2.1 \times 10^{-13} e^{36\,200/(RT)} [CH_3OH]^{-0.1} [O_2]^{-0.5} \text{ s} \tag{4-1}$$

式(4-1)是凭经验得出的,它提供了所测得的诱导期 τ(s)与激波温度 T(K)及激波压缩气体中 CH_3OH 和 O_2 的浓度(mol/cm³)之间极好的关系(氩的浓度没有影响)。这意味着选定诱导期终点的人为性质并不重要,因为在任一选定的终点下,该反应变得或差不多变得非常迅速。

许多研究者正在致力于用激波管和活塞式流动反应器进行实验。构想由许多已知的或设定的基元反应所组成的烃-氧反应历程模型。他们用种种实验方法或理论研究来确定各反应的速率系数,编制求解控制分子组分生成和消失以及温度变化的动力学方程式用的计算机程序。最后用改变和调整的方法来得出一个计算数据和实验数据间的吻合度可以接受的反应历程模型。这方面工作的最好实例是如表 4-1 所示的甲醇-氧反应的综合历程,它是 Westbrook 和 Dryer[10] 根据大量的出版物以及他们自己的工作并广泛使用了计算机汇编成的。有关细节包括 Westbrook 和 Dryer 所用的参考文献在内,读者可向这些作者咨询。

该历程的"谱系"结构如反应(1)~(8)所示,仅有这些反应是包含 CH_3OH 的。将这些反应和关于 CH_2OH 的反应(9)及(10)加到关于甲烷-乙烷-氧混合物[11]的上述过程上,就得到 84 个反应组成的总的历程。而这些关于甲烷-乙烷-氧混合物的历程,又建立在各种不同的早期历程之上,以便达到再现甲烷-氧的流动反应器数据和激波管所确定的关于甲烷、乙烷及氧的数据。表 4-1 中的历程被用来再现甲醇氧的激波管数据[8]和流动反应器数据[12]。对于后者,实验和理论之间的一致性示于图 4-3。对于激波管数据来说,这种一致性用基于式(4-1)数据关联式在图 4-4 中作示例说明。这一方程式写成如下形式:

$$\tau [CH_3OH]^{0.1} [O_2]^{0.5} = 2.1 \times 10^{-13} e^{36\,200/(RT)} \tag{4-2}$$

与该方程式右端函数相应的直线已在图 4-4 中示明,左端函数的全部数值都是根据一组给定的[CH_3OH]、[O_2]和 T 得出的实验值计算出来的,它们非常紧密地聚集在这一直线附近。这在他处[8]也得到证实。现在要弄清的问题是,当用 τ 的计算值代替实验值时,上述关系是否仍成立。人们发现,图 4-4 中所示数据点群对此给予了明确肯定的回答。用 τ 的计算值代替实验值时,这些点与 Bowman 实验[8]是一致的。在计算得出时间 τ 的端点,CO 和 O 的浓度的乘积达到最大,这与 Bowman 准则是一致的。在燃料由稀至浓的范围内,甲醇-氧-氩混合物有 6 种组成,每一种组成有 4~6 个数据点,对应着在管端处激波反射区内约为 1 550~2 200 K 温度和约为 0.101~0.507 MPa 压力。

表 4-1　甲醇氧化历程[10]①

序号	反应	速率		
		lg A	n	E_a
1	$CH_3OH+M \rightarrow CH_3+OH+M$	18.5	0	334.7
2	$CH_3OH+O_2 \rightarrow CH_2OH+HO_2$	13.6	0	213.0
3	$CH_3OH+OH \rightarrow CH_2OH+H_2O$	12.6	0	8.4
4	$CH_3OH+O \rightarrow CH_2OH+OH$	12.2	0	9.6
5	$CH_3OH+H \rightarrow CH_2OH+H_2$	13.5	0	29.3
6	$CH_3OH+H \rightarrow CH_3+H_2O$	12.7	0	22.2
7	$CH_3OH+CH_3 \rightarrow CH_2OH+CH_4$	11.3	0	41.0
8	$CH_3OH+HO_2 \rightarrow CH_2OH+H_2O_2$	12.8	0	81.2
9	$CH_3OH+M \rightarrow CH_2OH+H+M$	13.4	0	121.3
10	$CH_2OH+O_2 \rightarrow CH_2O+HO_2$	12.0	0	25.1
11	$CH_4+M \rightarrow CH_3+H+M$	17.1	0	369.9
12	$CH_4+H \rightarrow CH_3+H_2$	14.1	0	49.8
13	$CH_4+OH \rightarrow CH_3+H_2O$	3.5	3.08	8.4
14	$CH_4+O \rightarrow CH_3+OH$	13.2	0	38.5
15	$CH_4+HO_2 \rightarrow CH_3+H_2O_2$	13.3	0	75.3
16	$CH_3+HO_2 \rightarrow CH_3O+OH$	13.2	0	0.0
17	$CH_3+OH \rightarrow CH_2O+H_2$	12.6	0	0.0
18	$CH_3+O \rightarrow CH_2O+H$	14.1	0	8.4
19	$CH_3+O_2 \rightarrow CH_3O+O$	13.4	0	121.3
20	$CH_2O+CH_3 \rightarrow CH_4+HCO$	10.0	0.5	25.1
21	$CH_3+HCO \rightarrow CH_4+CO$	11.5	0.5	0.0
22	$CH_3+HO_2 \rightarrow CH_4+O_2$	12.0	0	1.7
23	$CH_3O+M \rightarrow CH_2O+H+M$	13.7	0	87.9
24	$CH_3O+O_2 \rightarrow CH_2O+HO_2$	12.0	0	25.1
25	$CH_2O+M \rightarrow HCO+H+M$	16.7	0	301.2
26	$CH_2O+OH \rightarrow HCO+H_2O$	14.7	0	26.4
27	$CH_2O+H \rightarrow HCO+H_2$	12.6	0	15.9
28	$CH_2O+O \rightarrow HCO+OH$	13.7	0	19.2
29	$CH_2O+HO_2 \rightarrow HCO+H_2O_2$	12.0	0	33.5
30	$HCO+OH \rightarrow CO+H_2O$	14.0	0	0.0
31	$HCO+M \rightarrow H+CO+M$	14.2	0	79.5
32	$HCO+H \rightarrow CO+H_2$	14.3	0	0.0
33	$HCO+O \rightarrow CO+OH$	14.0	0	0.0
34	$HCO+HO_2 \rightarrow CH_2O+O_2$	14.0	0	12.6
35	$HCO+O_2 \rightarrow CO+HO_2$	12.5	0	29.3

表 4-1(续)

序号	反　　　应	速　率		
		$\lg A$	n	E_a
36	$CO+OH \rightarrow CO_2+H$	7.1	1.3	-3.3
37	$CO+HO_2 \rightarrow CO_2+OH$	14.0	0	96.2
38	$CO+O+M \rightarrow CO_2+M$	15.8	0	17.2
39	$CO_2+O \rightarrow CO+O_2$	12.4	0	183.3
40	$H+O_2 \rightarrow O+OH$	14.3	0	70.3
41	$H_2+O \rightarrow H+OH$	10.3	1	37.2
42	$H_2O+O \rightarrow OH+OH$	13.5	0	77.0
43	$H_2O+H \rightarrow H_2+OH$	14.0	0	84.9
44	$H_2O_2+OH \rightarrow H_2O+HO_2$	13.0	0	7.5
45	$H_2O+M \rightarrow H+OH+M$	16.3	0	439.7
46	$H+O_2+M \rightarrow HO_2+M$	15.2	0	-4.2
47	$HO_2+O \rightarrow OH+O_2$	13.7	0	4.2
48	$HO_2+H \rightarrow OH+OH$	14.4	0	7.9
49	$HO_2+H \rightarrow H_2+O_2$	13.4	0	2.9
50	$HO_2+OH \rightarrow H_2O+O_2$	13.7	0	4.2
51	$H_2O_2+O_2 \rightarrow HO_2+HO_2$	13.6	0	178.2
52	$H_2O_2+M \rightarrow OH+OH+M$	17.1	0	190.4
53	$H_2O_2+H \rightarrow HO_2+H_2$	12.2	0	15.9
54	$O+H+M \rightarrow OH+M$	16.0	0	0.0
55	$O_2+M \rightarrow O+O+M$	15.7	0	481.2
56	$H_2+M \rightarrow H+H+M$	14.3	0	401.7
57	$C_2H_6 \rightarrow CH_3+CH_3$	19.4	-1	369.4
58	$C_2H_6+CH_3 \rightarrow C_2H_5+CH_4$	-0.3	4	34.7
59	$C_2H_6+H \rightarrow C_2H_5+H_2$	2.7	3.5	21.8
60	$C_2H_6+OH \rightarrow C_2H_5+H_2O$	13.8	0	10.0
61	$C_2H_6+O \rightarrow C_2H_5+OH$	13.4	0	26.8
62	$C_2H_5 \rightarrow C_2H_4+H$	13.6	0	159.0
63	$C_2H_5+O_2 \rightarrow C_2H_4+HO_2$	12.0	0	20.9
64	$C_2H_5+C_2H_3 \rightarrow C_2H_4+C_2H_4$	17.5	0	149.0
65	$C_2H_4+O \rightarrow CH_3+HCO$	13.0	0	4.6
66	$C_2H_4+M \rightarrow C_2H_3+H+M$	17.6	0	410.9
67	$C_2H_4+H \rightarrow C_2H_3+H_2$	13.8	0	25.1
68	$C_2H_4+OH \rightarrow C_2H_3+H_2O$	14.0	0	14.6
69	$C_2H_4+O \rightarrow CH_2O+CH_2$	13.4	0	20.9
70	$C_2H_3+M \rightarrow C_2H_2+H+M$	16.5	0	169.5
71	$C_2H_2+M \rightarrow C_2H+H+M$	14.0	0	477.0
72	$C_2H_2+O_2 \rightarrow HCO+HCO$	12.6	0	117.2
73	$C_2H_2+H \rightarrow C_2H+HZ$	14.3	0	79.5
74	$C_2H_2+OH \rightarrow C_2H+H_2O$	12.8	0	29.3

表 4-1(续)

序号	反 应	速 率		
		lg A	n	E_a
75	$C_2H_2+O \rightarrow C_2H+OH$	15.5	−0.6	71.1
76	$C_2H_2+O \rightarrow CH_2+CO$	13.8	0	16.7
77	$C_2H+O_2 \rightarrow HCO+CO$	13.0	0	29.3
78	$C_2H+O \rightarrow CO+CH$	13.7	0	0.0
79	$CH_2+O_2 \rightarrow HCO+OH$	14.0	0	15.5
80	$CH_2+O \rightarrow CH+OH$	11.3	0.68	104.6
81	$CH_2+H \rightarrow CH+H_2$	11.4	0.67	107.5
82	$CH_2+OH \rightarrow CH+H_2O$	11.4	0.67	107.5
83	$CH+O_2 \rightarrow CO+OH$	11.1	0.67	107.5
84	$CH+O_2 \rightarrow HCO+O$	13.0	0	0.0

① 反应速率以 $cm^3/(mol \cdot s)$ 为单位, $k=AT^n e^{-E_a/(RT)}$, 式中 E_a 以 kJ/mol 为单位。

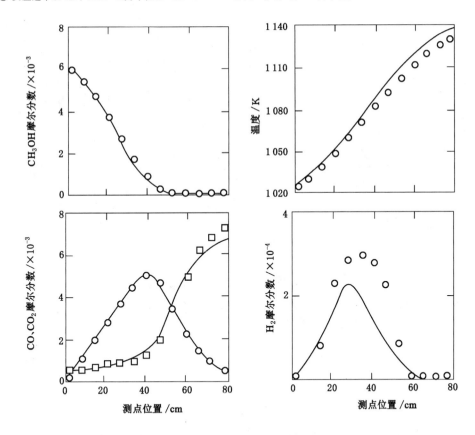

图 4-3 在活塞式流动反应器中稀甲醇氧化时,实验测定数据(空心符号)

与计算组分及其温度分布之间的比较(Westbrook & Dryer[2,10])

测点位置是从流动装置的入口算起的。

　　利用上述反应历程连同合适的热化学数据及热扩散、分子扩散、质量和能量守恒等控制方程，Westbrook 和 Dryer[10] 还计算过化学计量成分甲醇-空气混合物的燃烧速度 S_u。Hirschfelder 和 Curtis[13] 曾推导出计算燃烧速度的方程组（如第 190 页所示）。Westbrook 和 Dryer[2,10] 利用了 Lund[14] 拟定的计算机程序。他们对 298 K 和大气压力下混合物计算得到的 S_u 值为 44 cm/s。这与已发表的实验测定值（在 44~46 cm/s 范围内）吻合得很好。

　　因此，Westbrook 和 Dryer 认为他们自己有关甲醇氧化的综合历程已得到很好证实，但是，他们没有提出在详细检验图 4-4 中各数据点时所出现的问题。我们发现，这些数据点与 Bowman 得到的甲醇、氧和氩的浓度变化对诱导期 τ 影响的仔细测定结果是矛盾的。

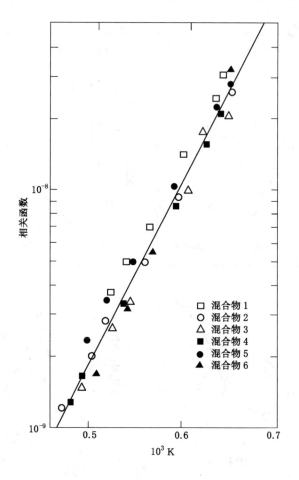

图 4-4　甲醇氧化时激波管点燃延迟的时间相关性，示明各种不同

CH_3OH-O_2-Ar 混合物下相关函数的计算值（Westbrook & Dryer[2,10]）

直线表示实验得数据的最佳拟合。

Bowman 曾以如下的方式来完成实验：在 4～6 次实验组成的任一组实验中，不仅使激波反射区中甲醇-氧-氩混合物的成分保持不变，而且使其中甲醇、氧和氩的浓度也保持几乎不变，只令温度从约 1 550 K 变化到近 2 200 K。表 4-2 表示分别与图 4-4 中混合物 1～6 相对应的 6 组数据点的浓度。Bowman 发现，在使用混合物 1～3 的实验中，氩的浓度增加近 2 倍对诱导期无影响，他将 $[Ar]^0$ 项插入式(4-1)来表示这一结果。Bowman 使用混合物 4 和 6 及附加混合物 $[CH_3OH]=8.4\times10^{-7}\ mol/cm^3$ 确定了式(4-1)中甲醇项的指数为 -0.1 ± 0.1，并用混合物 2、4 及 5 的实验求得氧项的指数为 -0.5 ± 0.15。从而如式(4-2)所示，用函数 $\tau\ [CH_3OH]^{0.1}[O_2]^{0.5}$ 差不多精确地将实验测得的数据关联起来。

表 4-2 激波反射区中甲醇、氧和氩的浓度对应图 4-4 中数据点 (Bowman[8])

混合物/($10^{-7}\ mol/cm^3$)	1	2	3	4	5	6
CH₃OH	2.1	2.1	2.1	2.1	2.1	4.1
O₂	4.1	4.3	4.3	2.1	8.4	2.1
Ar	95	210	276	200	200	200

现在，若以 τ 的计算值代替实验值，则除了在调整反应历程以适应获得最佳拟合数据过程中所设定的数据点以外，图 4-4 中的数据点将脱离开代表式(4-2)右端函数 $2.1\times10^{-13}\cdot e^{36\,200/(RT)}$ 的曲线。此刻，6 组数据中，除了一两个例外，每组数据点构成其自己的直线，其斜率都不同于相关函数的斜率。这些数据点表明，τ 的计算机值并非与氩的浓度无关，它随着氩浓度的减小而增大；同时表明，当 $[O_2]$ 增大时它们不会像 τ 的实验值那样会随之减小而是随之增大；还表明，$[CH_3OH]$ 的增大会使 τ 的计算值在低温时减小而在高温时增大。换句话说，混合物成分浓度的变化对 τ 的计算值和实验值的影响完全不同。这意味着在反应历程方面有重大的缺陷。一种理论模型，采用依靠调整速率系数和活化能的错误的反应历程能使 τ 的计算机值和实验值之间达到大致的吻合，而这是很不够的。相反，正确理论模型得出的 τ 值应使图 4-4 中所有数据点都正好落在表示相关函数的直线上。

这一论点得到如下事实的支持：通常发现烃-氧诱导期的激波管数据适合式(4-1)形式的方程式，因此这种方程式很难看作是单纯经验的关系式，而很可能有着化学动力学的意义，它可与决定支链爆炸极限的、分子浓度和温度之间的关系式相比拟。所以确定诱导化学动力学通过哪一种途径来得出有关 τ 的方程式，是非常重要的。

鉴于 Burcat、Lifshitz、Scheller 和 Skinner[7] 对丙烷-氧反应曾拟定 τ 方程，本书作者研究过这一问题[16]，得出方程如下：

$$\tau = 4.4\times10^{14}e^{42\,000/(RT)}[C_3H_8]^{0.57}[O_2]^{-1.22}\ s \qquad (4-3)$$

式中浓度的单位为 mol/cm^3。数据相关式浓度项指数的精度达小数点后两位，此数对丙烷

第一篇　气体燃料和氧化剂之间的化学反应动力学

项为 $+0.57$，对氧项为 -1.22。该理论的要点如下：

1. 在受激波压缩的气体中起始自由基浓度为零。激波压缩使链引发反应活化，以恒定的速率

$$d[C_3H_7]/dt = I$$

产生自由基 C_3H_7。在后续的链反应中，C_3H_7 总是迅速地得到再生，所以在诱导期内它是主要的自由基，且因为在该时期的大部分时间内链支化速率比速率 I 要小，所以浓度 $[C_3H_7]$ 大体上等于 It，其中 $t \leqslant \tau$。

2. C_3H_7 以速率 $d[H_2]/dt = a[C_3H_7]$ 产生 H_2。在诱导期内，由于与 O 和 OH 反应，H_2 的消耗量很小，因为这些组分的浓度很小，所以用积分求得：

$$[H_2] = \frac{1}{2}Ia\,t^2$$

其中，$t \leqslant \tau$。

3. 在 $C_3H_7 + O_2 \rightarrow \cdots\cdots OH$ 和 $OH + C_3H_8 \rightarrow \cdots\cdots C_3H_7$ 等反应中，$[OH]$ 和 $[C_3H_7]$ 处于平衡状态。于是

$$[OH] = b[C_3H_7] = Ibt$$

H 原子是由反应 $OH + H_2 \rightarrow H_2O + H$ 而产生的，且主要由反应 $H + C_3H_8 \rightarrow C_3H_7 + H_2$ 而销毁。在诱导期内 H 浓度很低时，靠后一反应产生 H_2 的作用是无足轻重的。根据 H 的形成速率与销毁速率相等，求得 $[H] = c[H_2][OH]$，或

$$[H] = \frac{1}{2}I^2abct^3$$

4. O 原子是由反应 $H + O_2 \rightarrow OH + O$ 而产生的，且主要由反应 $O + C_3H_8 \rightarrow C_3H_6 + H_2O$ 或由某些动力学上相当的反应路径而销毁。根据形成速率与销毁速率相等，求得 $[O] = d[H]$，或

$$[O] = \frac{1}{2}I^2abcdt^3$$

5. 由反应 $O + H_2 \rightarrow OH + H$ 产生两种新自由基加入到自由基浓度 n 中而出现链支化。链支化的速率 $(dn/dt)_{支化} = K[H_2][O]$，或

$$(dn/dt)_{支化} = \frac{1}{4}I^3a^2bcdKt^5$$

且自由基浓度增大的总速率为：

$$(dn/dt) = I + \frac{1}{4}I^3a^2bcdKt^5$$

链支化速率起始为零，但高速增长，且在它超过链引发速率后不久就变成爆炸性的。因此，诱导期的终点可定义为链引发速率和链支化速率变得相等的瞬间，所以

$$I = \frac{1}{4}I^3a^2bcdK\tau^5$$

和

$$\tau = \left(\frac{4}{I^2 a^2 bcdK} \right)^{1/5}$$

由表 4-3 中所提出的特定的反应历程得出,对丙烷项和氧项的指数分别为 +0.6 和 −1.20。正号表示丙烷抑制反应,因此使诱导期随着丙烷浓度的增大而增长,而负号表示氧促进反应。在理论指数(+0.6 和 −1.20)与实测指数(+0.57 和 −1.22)之间的差别可以反映出诱导期终点的理论值和实测值的不同:τ 的实测值超出 τ 的理论值并延伸入高度加速的范围,因此在减弱丙烷抑制效应和增强氧加速效应的意义上,会带来轻微的失真。该历程不包括两个自由基间碰撞在内的任何反应,因为这种碰撞在自由基浓度增加早期阶段中非常罕见。除了反应(3)和(10)以外,所提出的基元反应都是无可争议的。根据对烃基氢过氧化物 RCH_2OOH 分解的研究[17],认为经反应(3)产生氢,这表明该反应部分地参与了 RCH_2OOH → $RCOOH + H_2$ 这一过程。通常假定,O 和 C_3H_8 之间的反应(10)产生 OH 和 C_3H_7,但正如下述,这一结果没有得到证实。

表 4-3　在激波引起的诱导期内所提出的丙烷-氧的反应历程

(i) $C_3H_8 + O_2 \rightarrow C_3H_7 + HO_2$

(1) $C_3H_7 + O_2 \rightarrow \cdots\cdots + OH$

(2) $C_3H_7 \rightarrow C_2H_4 + CH_3$

(3) $CH_3 + O_2 \rightleftharpoons CH_3OO \xrightarrow{C_3H_8} C_3H_7 + CH_3OOH \rightarrow HCOOH + H_2$

(4) $CH_3 + C_3H_8 \rightarrow CH_4 + C_3H_7$

(5) $OH + C_3H_8 \rightarrow H_2O + C_3H_7$

(6) $OH + H_2 \rightarrow H_2O + H$

(7) $H + O_2 \rightarrow OH + O$

(8) $H + C_3H_8 \rightarrow C_3H_7 + H_2$

(9) $O + H_2 \rightarrow OH + H$

(10) $O + C_3H_8 \rightarrow C_3H_6 + H_2O$

求 τ 的方程式可按下述图式得到:

1. 若假定 HO_2 和 C_3H_8 起反应而形成 H_2O_2 和 C_3H_7,则由反应(i)得 $I = 2k_i[O_2][C_3H_8]$。

2. H_2 是按反应(3)以速率 $d[H_2]/dt = k_3[O_2][CH_3]$ 产生的,并按反应(6)和反应(9)消耗掉。但是,在诱导期内,后两个反应不会很大地减缓氢浓度的积累,因为 OH 和 O 的浓度很低。CH_3 是按反应(2)产生的,而按反应(3)和反应(4)销毁掉。若 CH_3 的生成速率和销毁速率相等,且认为 $k_4[C_3H_8]$ 比 $k_3[O_2]$ 大得多,则得 $[CH_3] = k_2[C_3H_7]/k_4[C_3H_8]$。由此得出:

$$a = k_2 k_3 [O_2]/k_4[C_3H_8]$$

3. 反应(1)由 C_3H_7 和 O_2 产生 OH,而反应(5)由 OH 和 C_3H_8 重新产生 C_3H_7。由这两个反应速率相等得出 $k_5[C_3H_8][OH] = k_1[O_2][C_3H_7]$ 和

$$b = k_1[O_2]/k_5[C_3H_8]$$

在诱导期内,反应(6)、(7)和(9)对 OH 浓度的影响是可以忽略的,因为 H、H_2 和 O 的浓度很低。但是,H 是按反应(6)产生的,而按反应(7)和(8)销毁掉。相对于反应(8)来说,反应(7)可忽略不计,因为其活化能为 71 kJ/mol,与 34 kJ/mol 相比要大得多。因此,$k_6[H_2][OH] \approx k_8[C_3H_8][H]$。由此得出:

$$c = k_6/k_8[C_3H_8]$$

4. 从反应(7)和(10)得:

$$d = k_7[O_2]/k_{10}[C_3H_8]$$

相对于反应(10)来说,反应(9)可忽略不计,因为在诱导期内 H_2 的浓度比 C_3H_8 的浓度要小得多。

5. 因链支化产生自由基的速率等于 $2k_9[H_2][O]$,由此得出 $K = 2k_9$,从而

$$\tau = \left(\frac{1}{2}\frac{k_4^2 k_5 k_8 k_{10}}{k_i^2 k_2^2 k_3^2 k_1 k_6 k_7 k_9}\right)^{1/5}([C_3H_8]^3[O_2]^{-6})^{1/5} \tag{4-4}$$

由这得出 $\tau \sim [C_3H_8]^{0.6}[O_2]^{-1.2}(mol/cm^3)^{-0.6}$。因为浓度项的指数与 τ 的幂相对应,而 τ 的幂是用确定链支化的各种浓度的时间积分相乘求得。而且,利用函数 $k = Ae^{-E/(RT)}$,由式(4-3)得:

$$\left(\frac{1}{2}\frac{A_4^2 A_5 A_8 A_{10}}{A_i^2 A_2^2 A_3^2 A_1 A_6 A_7 A_9}\right)^{1/5} = 4.4 \times 10^{-15}(cm^3/mol)^{0.6} \quad s$$

和

$$\frac{1}{5}[2(E_i + E_2 + E_3) + E_1 + E_6 + E_7 + E_9 - 2E_4 - E_5 - E_8 - E_{10}] = 175\ 700 \quad J/mol$$

因此,由表 4-3 中所提出的支链历程得到一个求 τ 的方程式,它与实验测得的求 τ 方程式完全一致。若在该历程中不包括反应(3)和(10)或动力学上等价的反应(如果能够发现的话),则不能得到这一结果。但是,目前看来没有对两种反应都有用的、权威而独立的有关报道。

就反应(3)来说,大家都知道,CH_3 与 O_2 起反应,生成 $CH_3O + O$[18]。但是,这一反应的活化能约为 121 kJ/mol。因此,与列入表 4-3 中缔合反应 $CH_3 + O_2 \rightarrow CH_3OO$ 相比,它并不常见。后一缔合反应不需活化能,且因为它是放热反应,约放热 130 kJ/mol[19],所以平衡 $CH_3 + O_2 \rightarrow CH_3OO$ 对生成 CH_3OO 有利。据报道,CH_3OO-H 和 C_3H_7-H 中的氢键能分别约为 366.5 kJ/mol[19] 和 402.5 kJ/mol[20],这使得表 4-3 中所假定的反应 $CH_3OO + C_3H_8 \rightarrow CH_3OOH + C_3H_7$ 可能会出现。后续的气相反应 $CH_3OOH \rightarrow HCOOH + H_2$ 是根据用其他烃基氢过氧化物的实验推知的。还得知,液态 CH_3OOH 爆炸分解为 H_2 和 CO_2,后者大概是由于甲酸 HCOOH 进一步分解所形成的。

反应(10)违反一般遵守的看法,即 O 原子与烃分子起反应而生成一个烃自由基和 OH。

已知的一个例外情况仅在用受电子激发的单独氧原子时出现，这种氧原子能插入丙烷的 CH 键形成 C_3H_7OH，而对于三重基态的正常 O 原子来说，由于自旋守恒法则，这一反应被阻止。但是，在表观上，甲烷与 O 起反应而生成 CH_3 和 OH，一般假定（而不是知道），高级烃也以这种方式起反应，而并不如反应(10)所示那样，生成 H_2O 和一个碳双键。Huie 和 Herron[22] 对该题的评论指出，许多研究者认为在室温下 O 原子与烃起反应，但没有确证产生 OH，且即使这是事实，仍存在在高温下该反应是否会产生 H_2O 而不是 OH 的疑问。而且，可以认为，反应(10)恰如反应 $O+H_2+M \rightarrow H_2O+M$ 一样似乎是合理的。后者的存在已被爆炸极限资料所证实。一个 O 原子在与一个 C_3H_8 分子碰撞的过程中，碰到像在一个 H_2 分子中原子那样紧密靠近的两个相邻 H 原子；形成双键—C＝C—将帮助各 H 原子分离，而大部分烃分子起稳定的第三体的作用。

若赞同实验测得的 τ 方程不是特定数据的相关式，而是由链支化历程中各基元反应的速率系数所组成的，则同样也承认反应(3)和(10)或其他或许在动力学上等价的尚未考虑过的反应的真实性；换句话说，理论和实验大概并不一致。而且，诱导期与比较少的基元反应有关，就使得可以求解化学动力学方程，而不借助于数值法和计算机程序。

在这方面，诱导期的激波管数据和以流动体系如活塞式流动反应器得到的数据之间的差别很大。前者的数据限于着火过程，此时物系经历从零反应到开始爆炸反应的转变，而后者的数据包括从起始到终了的全部反应，但通常着重较后的阶段，此时自由基和其他中间反应产物的浓度很高，链支化作用减弱，且在反应中间产物之间出现相互作用。因此，计算机将提供一个工具，耗费许多计算机时来试验巨大的反应图式和调整模型，直到认为计算和实验能相当吻合为止。只要这一条件得以实现，就可以预期该图式对燃烧波计算也是满意的。燃烧波毕竟是与活塞流动反应器不同的流动体系，其差别在于燃烧波是靠反馈循环维持的，流入循环中的爆炸气体是靠反应区的热和自由基的扩散点燃的；而在活塞式流动反应器中就没有这种反馈，点燃是由于可燃气体射入氧和惰性气体的炽热气流中而出现的。因此，一个对活塞式流动反应器好用的反应图式，在燃烧波的燃烧速度计算中也应该好用，特别是因为这种计算对该图式的不完整性并不太敏感。

某些实验曾用激波管作为流动反应器，在有关诱导期的激波管实验中，可使入射激波弱到不能点燃用氩稀释过的试验混合物，以致点燃仅在管端处激波反射区中出现，也可使入射激波对点燃来说足够强，但保持氩稀释度很高，以致从反应区到激波波面的压力反馈微不足道，从而不产生爆震波。因此，激波管能起流动反应器的作用。在该反应器中，反应在可用实验控制强度的入射激波后气流中出现。McLain 和 Jachimowski[23] 曾完成了这类实验，他们利用丙烷和含 94％氩的氧，并用光谱法监测激波波面后的 CO 和 CO_2 的浓度分布与化学发光反应 $O+CO \rightarrow CO_2+h\nu$ 的速率。这些研究者曾提出供编制计算程序用的 59 个基元方程式组成的图式，它能非常好地预报实验所测得的浓度分布和反应时间。他们还计算了诱导期，试图拟合 Burcat 等[7]求得的 τ 实验方程，但是没有得到按表 4-3 中反应图式时那样好的一致性。看来，在表 4-3 图式中采用合适的速率系数和活化能数值，经过某种调整，例如除去反应 $O+C_3H_8 \rightarrow C_3H_7+OH$，就可以将两个图式结合起来，并得到非常好或更好的适合全部数据的图式，参考附加实验和模化的研究[24]可将该图式进一步地完善。

用这种方法求得的 τ 理论方程的数值解，与上述式(4-4)得出的近似解相比，从数学上看应更严格。在数学上严格近似中，以牺牲化学机理的理解为代价来列出并求解五阶微分方程，这使得人们可能认识到将未知的、未曾报道过的反应如反应(3)和(10)导入该图式是必要的。增加这一过程只是数字系数上的无效变化。这可用 CH_3OH-O_2 物系的 τ 实验方程式(4-1)作机械论的解释如下。

正如已提到那样，这一方程与 Bowman[8]的数据吻合得非常紧密，但这种数据吻合程度在忽略 $[CH_3OH]^{-0.1}$ 这一项将该方程写成如下形式时几乎没有变化：

$$\tau = 2.1 \times 10^{-13} e^{3\,200/(RT)} [O_2]^{-0.5} \text{ s} \qquad (4\text{-}1a)$$

的确，据 Bowman 本人估计，$[CH_3OH]^{-0.1}$ 这一项的误差范围为 ± 0.1，这表明可以忽略 CH_3OH 浓度对诱导期的影响。于是，为探求反应历程得到如下形式的方程：

$$dn/dt = I + C[O_2]t^2$$

式中　dn/dt——诱导期内自由基浓度的增加速率；

I——链引发反应的速率；

$C[O_2]t^2$——链支化反应的速率。

当链引发速率与链支化速率变得相等时，诱导期结束，所以 $I = C[O_2]t^2$ 或

$$\tau = (I/C)^{-0.5}[O_2]^{-0.5}$$

符合这一要求的图式可由如下几个步骤组成：

(i) $CH_3OH + O_2 \longrightarrow CH_2(OH) + HO_2$

(a) $CH_2(OH) + O_2 \longrightarrow HCHO + HO_2 \xrightarrow{CH_3OH} H_2O_2 + CH_2(OH)$

(b) $H_2O_2 \xrightarrow{离解} 2OH \xrightarrow{2CH_3OH} 2H_2O + 2CH_2(OH)$

由此得方程：

$$d[CH_2(OH)]/dt = I + 2k_b[H_2O_2] \qquad (4\text{-}5)$$

和

$$d[H_2O_2]/dt = k_a[O_2][CH_2(OH)] - k_b[H_2O_2] \qquad (4\text{-}6)$$

对大部分的诱导期来说，速率 I 比 $2k_b[H_2O_2]$ 要大，所以近似地得

$$[CH_2(OH)] \approx \int_0^t I dt = It$$

且正如下述，因为按反应(a)H_2O_2 的形成速率比按反应(b)H_2O_2 的离解速率要大得多，故可写出：

$$d[H_2O_2]/dt = k_a[O_2]I \int_0^t t \, dt = \frac{1}{2}k_a[O_2]I t^2$$

当 $t = \tau$ 时，

$$I = 2k_b[H_2O_2] = k_a k_{b'}[O_2]I\tau^2$$

因此有 $I/C = k_a k_b$ 和

$$\tau = (k_a k_b)^{-0.5}[O_2]^{-0.5} \tag{4-7}$$

若

$$k_a k_b = 0.227 \times 10^{26} e^{-72\,400/(RT)} \quad cm^3/(mol \cdot s^2)$$

上式就变为式(4-1a)。当从 mol 单位转变为分子单位时，这一方程中的指前因子 0.227×10^{26} 变为 6.2×10^{-24} 或约 10^{-23} $cm^3/($分子$\cdot s^2)$。这与二元单分子反应指前因子 A 的通常数量级是一致的，即对双分子反应(a)的因子 $A_a \approx 10^{-10}$ $cm^3/($分子$\cdot s^2)$，对单分子反应(b)的因子 $A_b \approx 10^{-13}$ s^{-1}，得出乘积 $A_a A_b \approx 10^{-23}$ $cm^3/($分子$\cdot s^2)$。指数项的能量为 302.9 kJ/mol，它表示反应(a)和(b)活化能之和 $E_a + E_b$。若 E_b 是 H_2O_2 的离解能，它等于 214.6 kJ/mol，则 E_a 变为 88.3 kJ/mol。这与吸热反应 $CH_2(CH) \rightarrow HCHC + H + 85.8$ kJ/mol 所需的能量相对应，此能量是根据 $CH_2O^{[19]}$ 的生成热 16.3 kJ/mol 计算得到的，$CH_2(OH)$ 的生成热也相类似，HCHO 的生成热为 -115.9 kJ/mol，H 的生成热为 218 kJ/mol，它们都已列在 JANAF 表中。这暗示反应(a)要求 $CH_2(OH)$ 和 O_2 发生足够有力的碰撞，使 $CH_2(OH)$ 破裂为 HCHO 和 H。后续反应 $HO_2 + CH_3OH \rightarrow H_2O_2 + CH_2(OH)$ 为放热反应，放热约 25 kJ/mol。在该图式中包括 CH_3OH，这可能关联到 Bowman 方程[式(4-1)]中的 $[CH_3OH]^{-0.1}$ 这一项。

若趋向于与"数学计算"燃烧的当代趋势相一致，则人们不同意取 $[CH_2(OH)] = It$ 来近似，而 $(d^2[H_2O_2]/dt^2)/k_a[O_2] = d[CH_2(OH)]/dt$ 来代替式(4-5)中 $d[CH_2(OH)]/dt$ 这一项。前者是由 $k_a[O_2][CH_2(OH)] \gg k_b[H_2O_2]$ 和式(4-6)得到的。因此，式(4-5)可改写为：

$$d^2 y/dt^2 - cy = c$$

式中，$y = 2k_b[H_2O_2]/I$，$c = 2k_a[O_2]k_b$。

根据边界条件 $y = 0$，$t = 0$ 和 $dy/dt = 0$，$t = 0$，积分得：

$$y = \frac{1}{2}(e^{\sqrt{c}t} + e^{-\sqrt{c}t}) - 1$$

在 $t=\tau$ 时，y 变为 1。由此得到 $e^{\sqrt{c\tau}}+e^{-\sqrt{c\tau}}=4$ 或 $\sqrt{c}\tau=1.32$，所以 $(k_a k_b)^{0.5}[O_2]^{0.5}\tau=$ $1.32/\sqrt{2}=0.93$，且

$$\tau=0.93(k_a k_b)^{-0.5}[O_2]^{-0.5}$$

这与取简单的近似 $[CH_2(OH)]=It$ 所得到的结果实际上相同。

在表 4-1 中所列出的有关 CH_3OH-O_2 物系的 84 个反应中，反应(a)以序号 10 列入，而所给出的指前因子为 10^{12} cm^3/(mol·s) 或 1.7×10^{-12} cm^3/(分子·s) 而不是约 10^{-10} cm^3/(分子·s)，所给出的活化能为 25.1 kJ/mol，而不是 87.9 kJ/mol。单分子反应(b)未列入，而列入了二元反应(51)($H_2O_2+O_2\rightarrow2HO_2$)和反应(52)($H_2O_2+M\rightarrow2OH+M$)。这些变化中任何一种必定会使上面对诱导期提出反应(i)、(a)和(b)的图式改变。反应图式变化如下：

(i) $CH_3OH+O_2\longrightarrow CH_2(OH)+HO_2$

(a) $CH_2(OH)+O_2\longrightarrow CH_2(OH)OO\xrightarrow{CH_3OH}CH_2(OH)OOH+CH_2(OH)$

(b) $CH_2(OH)OOH\xrightarrow{离解}\cdots\cdots CH_2(OH)$

在此假定，O_2 依附于甲氧基的游离碳键而形成相应的过氧化自由基。这一假定未曾发表过，也未被证实，但它与反应 $CH_3+O_2\rightarrow CH_3OO$ 相类似，且与 O_2 依附于游离碳键的一般经验相符合。因此，这比同样未被证实的、由 $CH_2(OH)$ 和 O_2 得出 $HCHO$ 和 HO_2 的假定似乎更为合理。

以上的讨论说明在高温爆炸反应的诱导期和迅速反应并烧完的后续期之间的区别，前者是由于温度增加将起初未起反应的燃料-氧混合物激发起反应的。控制诱导期长短的基元反应在数量上比较少，且没有必要将它们都收入现代编辑的化学动力学数据表中，而在后续期中，物系充满一系列自由基及其他反应中间体，以致基元反应图式比例扩大，定量的反应动力学的推算必须交给计算程序处理，这些程序接受尽可能完善的有关化学动力学详情的指令。看来，即使其细节不一定完美无缺，这种图式在流动物系中能很好运行，使计算燃烧波的结构和速度成为可能。在燃烧波中，由于自由基从反应区向预热区扩散，将诱导期缩短，链引发动力学不再适用。这种计算可以展示有关数学的计算燃烧学一些情况，特别是包括燃烧波受热沉、气体速度梯度和湍动度干扰的情况。这样有充足的计算机时，用计算来详细描述可燃气体-空气的预混烧嘴火焰就是可能的，尽管其细节并不绝对正确。计算范围可扩大到包括层流和湍流扩散火焰，且在图式中计入碳形成反应就可以解释（即使不能改进）像在过载柴油机中开始冒烟这种问题。这样应坚持研究多种可能的燃烧系统全部错综复杂的细节，避免采用简化概念，这种概念虽然可用但难以满足用自然科学、数学和计算机技术中各种适用的方法解决的要求。但是，本书优先尽可能依赖于对燃烧系统的基本理解来发展这种简化概念，如火焰扩张、Karlovitz 数及在以后各章中要提到的其他概念。

4.3　受热反应容器中甲烷和甲醛的氧化

正如在前一节中所讨论的那样，当前的兴趣主要集中在火焰和爆炸中燃料和氧迅速消耗的多种自由基反应方面，这一火焰和爆炸内部过程的测量，现已用高技术的数据采集器和计算机来实现，而以前的研制实际上只限于对实验技术要求不高的缓慢反应的情况。因此，在通常的实验过程中，可让含烃和氧的试验气体混合物进入一个受热的容器，并根据压力和温度的读数，根据起反应气体取样分析以及偶尔根据其他相类似的可控制的方法来监控反应。虽然这种工作现已得到许多实验资料，但实际上还没有根据公认的自由基反应历程进行权威的化学、动力学数据分析的实例。按照我们的观点，正如前一节中所表示的那样，这也同样适用于激波管和流动反应器实验的计算机辅助分析。特别是研究所得到的庞大的反应历程与激波加热烃-氧混合物中化学反应引发的数据并不吻合，虽然这些数据与流动反应器和燃烧波的实验数据符合程度似乎令人满意，但并没有证实不存在能得到类似吻合程度的其他历程。在我们看来，要得到可靠而全面的有关烃-氧物系的知识，必须对一些单个的自由基反应的动力学做持续的实验，同时要结合对所有的新旧数据继续进行再考察，直到所假定的反应历程不仅与某些特定实验的数据吻合，而且也与所有其他的论证相吻合。有关这种研究方法的说明将会在下文找到。已经证实，包括稀有自由基 $CH_2(OH)$ OO 在内的一些反应，不仅能解释前面已讨论过的有关 Bowman[8] 激波管中甲醇-氧混合物中预爆炸诱导期的数据，而且也能说明 Norrish 及其同事关于圆柱形玻璃容器中甲烷氧化稳态速率的数据。

1. 800 K 下甲烷的缓慢氧化

Norrish 和 Foord[25] 与 Norrish 和 Reagh[26] 曾在各种不同的压力、混合比、容器直径以及 $480 \sim 530$ ℃的温度范围即约 800 K 下钠玻璃与硼硅酸耐热玻璃制小型圆柱形容器中研究过甲烷与氧之间的反应。该反应发生在诱导期内随后以稳态速率进行，由于反应剂消耗掉，反应速率逐渐有所降低。紧接诱导期之后的起始稳态速率可用经验方程式表示：

$$-\frac{d[CH_4]}{dt} = \frac{ad^2}{1+bd^2} \tag{4-8}$$

式中 d 是容器直径，a 和 b 是压力和混合物成分的函数。系数 a 与压力的四次方成正比，而系数 b 与压力的一次方成正比。而且，系数 a 与甲烷摩尔分数的平方成正比，还与氧摩尔分数的一次方成正比。就以数据来判断，b 似乎与混合物成分无关。有添加氮的一些实验表明，反应速率随着惰性气体的分压增高而增大，但正如预期的那样，如果 a 和 b 两者都与 $[N_2]$ 成线性关系的话，反应速率对惰性气体压力的关系曲线的斜率将是下降的。图4-5 所示是 Norrish 及其同事所求得的反应速率数据（以 mmHg/min 计）与容器直径（以 mm 计）

及压力(以 mmHg 计)的关系曲线。从图可见，在较小的容器中，Norrish 和 Foord 的数据与 Norrish 和 Reagh 的数据是一致的，而在较大的容器中，Norrish 和 Reagh 所观测到的反应速率显著较大。若取 a 等于 $0.228(P/300)^4$ mmHg/(min·mm²)和 b 等于 $0.005\,48$·$(P/300)/$mm²，则各曲线与 Norrish 和 Reagh 的数据相拟合。就 b 对压力的依赖关系来说，平方关系是可以容许的，但它不能对事实作出良好的描述。看来已完全证实上述的 a 对混合物成分的依赖关系[26]。可以把 Norrish 和 Foord 的早期数据与 Norrish 和 Reagh 的后期数据之间的矛盾归因于容器表面[25,27]特性对反应速率的不规律的影响上，这种影响是不容易消除的。于是，Norrish 和 Foord 发表了他们获得的一致而可重复的结果，这些结果只有在完成整个系列实验时不使反应容器致冷并在两次连续实验间排空容器至少为半小时的情况下才能获得。空气过早进入会大大降低反应速率。在 Norrish 和 Reagh 的实验中，上述的经验得到充分利用，所以这些数据是在表面作用不发生影响时较有代表性的。

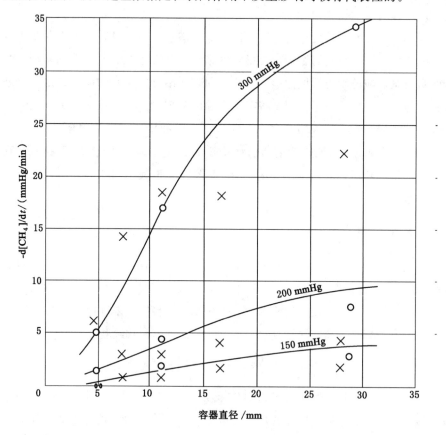

图 4-5　甲烷和氧的反应速率与容器直径的函数关系($1CH_4+1O_2$,530 ℃)

○ Norrish 和 Reagh 的数据[26]；× Norrish 和 Foord 的数据[25]。

各曲线按方程式 $-\dfrac{\mathrm{d[CH_4]}}{\mathrm{d}t}=\dfrac{ad^2}{1+bd^2}$ 计算得出。

式中，$a=0.228(P/300)^4$ mmHg/(min·mm²)；$b=0.005\,48(P/300)/$mm²。

另外，容器直径有一个临界的下限存在，低于此限，在任何情况下均不能观测到反应，且甲烷-氧物系似乎是长期稳定的。因此，式(4-8)应加以修正，添加一个负项，以使在某个临界的小 d 值下反应速率下降到零。具体办法是将 $-f(1/d)$ 这一项插入到分子上去，所以该式变为：

$$-\frac{d[CH_4]}{dt} = \frac{ad^2 - f(1/d)}{1 + bd^2} \tag{4-8a}$$

其他研究者曾取样分析过反应各不同阶段下的反应产物。例如，除了 Norrish 和 Foord[25] 以外，Bone 和 Gardner[27] 曾证实，甲醛 CH_2O 是在诱导期内积累起来的，且它在诱导期末达到稳态浓度。甲醛浓度随时间增加起初成指数关系，而在该时期内压力保持不变。接近诱导期末，大量出现 CO 和 H_2O[28]，而在反应的后期，同样还出现 CO_2。没有检测到氢和过氧化物[28]。在大气压力下，受热容器内起反应的 CH_4-O_2 混合物中也未曾检测到甲醇 CH_3OH[28,29]，而 Newitt 和 Gardner[29] 曾在大气压力和 440 ℃下将甲烷-氧混合物加压通过素烧瓷管的细孔得到甲醇及甲醛。在高压和较低的温度下的浓混合物中，形成数量相当多的甲醇[30]。此外，CO_2 与 CO 之比急剧增大，而甲醛的产率减小。

甲醛的链引发作用曾用添加甲醛，由在其浓度等于消除诱导期的稳态浓度下的观测所证实[25,27]。如果添加较少量甲醛会缩短诱导期而后继的稳态反应速率保持不变，但是，若数量超过稳态浓度，则反应速率开始大于正常值，过一定时间以后又恢复到正常速率。

表 4-4 表明含两种未指定自由基 X 和 Y 的一种综合反应历程。若认为反应(i)和(a)的速率比反应(1)小，而反应(4)的速率比反应(5)小，则可以证明该表反应历程与经验速率式(4-8a)是吻合的。利用这些规定条件，可以写出：

$$k_5[CH_4][Y] \approx k_2[CH_2O][X] \approx k_1[CH_4][X]$$

所以

$$-\frac{d[CH_4]}{dt} = k_1[CH_4][X] + k_5[CH_4][Y] \approx 2k_1[CH_4][X] \tag{4-9}$$

表 4-4 综合反应历程，它与经验速率式(4-8a)相吻合

(a) 由于 CH_4 与 O_2 缓慢反应形成了痕量 CH_2O

(i) $CH_2O + O_2 \rightarrow \cdots\cdots nX$

(1) $X + CH_4 \rightarrow \cdots\cdots CH_2O + X$

(2) $X + CH_2O \rightarrow \cdots\cdots Y$

(3) $X \xrightarrow{\text{表面}} \cdots\cdots$ 销毁

(4) $Y \xrightarrow{\text{气相}} \cdots\cdots$ 销毁

(5) $Y + CH_4 \rightarrow \cdots\cdots X$

(6) $CH_2O + O_2 \xrightarrow{\text{表面}} \cdots\cdots CH_2O$ 销毁

正如前几章中所做的那样，若利用符号 K 代表表面反应的速率系数，则对稳态反应 $(\mathrm{d}[\mathrm{X}]/\mathrm{d}t=0$ 和 $\mathrm{d}[\mathrm{Y}]/\mathrm{d}t=0)$ 得：

$$[\mathrm{X}]=\frac{nk_i[\mathrm{O_2}]/k_2}{K_3/k_2[\mathrm{CH_2O}]+k_4/k_5[\mathrm{CH_4}]} \tag{4-10}$$

式中

$$\frac{K_3}{k_2[\mathrm{CH_2O}]}=\frac{1+0.5(1+K_6/k_i)(k_4/k_5[\mathrm{CH_4}])}{k_1[\mathrm{CH_4}]/K_3-0.5(1+K_6/k_i)} \tag{4-11}$$

若进一步规定，表面反应(3)（使自由基 X 销毁）在 $\varepsilon\gg\lambda/d$ 下开始，而表面反应(6)在 $\varepsilon\ll\lambda/d$ 下开始，则可像在第 2 章中所做的那样，写出 $K_3=k_3/[\mathrm{M}]d^2$ 和 $K_6=k_6/d$。K_6 与表面性质有关，因此它对总括反应有影响。若将式(4-11)与式(4-10)联立并将$[\mathrm{X}]$代入式(4-9)，则得：

$$-\frac{\mathrm{d}[\mathrm{CH_4}]}{\mathrm{d}t}=\frac{2n(k_ik_1^2/k_2k_3)[\mathrm{CH_4}]^2[\mathrm{O_2}][\mathrm{M}]d^2-n(k_ik_1/k_2)[\mathrm{CH_4}][\mathrm{O_2}](0.5+k_6/k_id)}{1+(k_1k_4/k_3k_5)[\mathrm{M}]d^2}$$

$$\tag{4-12}$$

若

$$\frac{2nk_ik_1^2}{k_2k_3}[\mathrm{CH_4}]^2[\mathrm{O_2}][\mathrm{M}]=a \tag{4-13}$$

$$\frac{k_1k_4}{k_3k_5}[\mathrm{M}]=b \tag{4-14}$$

和

$$\frac{nk_ik_1}{k_2}[\mathrm{CH_4}][\mathrm{O_2}]\left(0.5+\frac{k_6}{k_i}\frac{1}{d}\right)=f(1/d) \tag{4-15}$$

则式(4-12)就与式(4-8a)相一致。按照实验数据，系数 a 与压力的四次方成正比，与甲烷摩尔分数的平方成正比，还与氧摩尔分数的一次方成正比；系数 b 与压力的一次方成正比，而与混合物的成分无关；容器直径有一个临界下限，在该下限时，ad^2 变得等于 $f(1/d)$，而反应速率变为零。

根据 Walsh[31] 的意见，反应速率随温度的变化相应于总活化能约 213 kJ/mol，而 van Tiggelen[31] 与 Bone 和 Allum[28] 的实验提供了更高的数值。考虑到系数 k_3 表示无需活化能时的扩散速率，反应速率对温度变化的响应主要为式(4-8)或式(4-8a)中系数 a 对温度的依赖关系所控制，因而，它主要与式(4-13)中 $k_ik_1^2/k_2$ 这一项的总活化能相应，若利用双分子速率系数的通用方程式 $k=Ae^{-E/(RT)}$ 并取 $n=2$（见表 4-5），则由式(4-13)得：

$$e^{-(E_i+2E_1-E_2)/(RT)}=\frac{1}{4}\frac{A_2}{A_iA_1^2}\frac{k_3}{[\mathrm{M}]}\frac{a}{[\mathrm{CH_4}]^2[\mathrm{O_2}]}$$

对于 803 K（530 ℃）和 300 mmHg 下的 $1\mathrm{CH_4}+1\mathrm{O_2}$ 混合物来说，据 Norrish 和 Reagh

报道，$a=0.288$ mmHg/(min·mm^2)［或转换成 $a=5.8\times10^{15}$ 分子/(cm^3·s·cm^2)］。浓度 [CH$_4$] 和 [O$_2$] 两者均为 1.8×10^{18} 分子/cm^3。根据上述的气体反应动力学方程式得：

$$k_3/[M] = \frac{4}{3}\pi^2 \overline{v_1}\lambda_1 \quad cm^2/s$$

$$\overline{v_1} = 14\,500\sqrt{T/m_1} \quad cm/s$$

$$\lambda_1 = 1/\pi[M]\sigma_{1,2}^2[1+(m_1/m_2)]^{1/2} \quad cm$$

式中，T 为 803 K；m_1 为扩散自由基 X（被视作 CH$_3$OO）的分子量 47；[M] 为 3.6×10^{18} 分子/cm^3；$\sigma_{1,2}^2$ 是扩散组分 CH$_3$OO 及其扩散通过气体的分子直径的均方值，这种气体是 CH$_4$ 和 O$_2$ 为等摩尔的混合物。若取 CH$_3$OO、CH$_4$ 和 O$_2$ 的分子直径分别为 5×10^{-8} cm、4×10^{-8} cm 和 3×10^{-8} cm，则 $\sigma_{1,2}^2$ 变为 17×10^{-16} cm^2。同样地，取 CH$_4$-O$_2$ 混合物的平均分子量为 24。利用这些数据，近似地得：

$$\frac{1}{4}(k_3/[M])a/[CH_4]^2[O_2] \approx 10^{-38} \quad cm^6/(\text{分子}^2 \cdot s^2)$$

二元速率系数的指前因子 A 一般约为 10^{-11} cm^3/(分子·s)。因此，$A_2/A_iA_1^2$ 的数量级约为 10^{22} 分子^2·s^2/cm^6，从而在 $T=803$ K 下：

$$e^{-(E_i+2E_1-E_2)/(RT)} \approx 10^{22-38} = 10^{-16}$$

由此得到，总活化能 $E_i+2E_1-E_2$ 约为 243 kJ/mol，它与实验数据足够接近，表明该反应机理与反应动力学的数值计算是一致的。

为了将表 4-4 中反应机理应用到诱导期上去，曾假定在反应开始时由 CH$_4$ 与 O$_2$ 的某种缓慢反应形成了痕量 CH$_2$O。其后，形成了自由基 X，而浓度 [CH$_2$O] 以如下速率增大：

$$\frac{d[CH_2O]}{dt} = (k_1[CH_4]-k_2[CH_2O])[X]$$

由于 X 在反应(i)中的形成速率与其在反应(3)中的销毁速率相等，所以得到

$$[X] = \frac{nk_i}{k_3}[CH_2O][O_2]$$

因而

$$\frac{d[CH_2O]}{dt} = \frac{nk_i[O_2]}{k_3}(k_1[CH_4]-k_2[CH_2O])[CH_2O]$$

这表明，在反应初期，当 $k_1[CH_4]\gg k_2[CH_2O]$ 时，甲醛浓度按照下式随时间成指数关系增大：

$$[CH_2O] = [CH_2O]_0 e^{nk_ik_1[O_2][CH_4](t-t_0)/k_3}$$

以后，由于 $k_2[CH_2O]$ 接近 $k_1[CH_4]$，与 $d[CH_2O]/dt\to0$ 相对应，甲醛浓度达到稳态值。

以前认为自由基 X 是 OH，而表 4-4 中的链反应(1)被认为是由两个反应所构成：反应 OH+CH$_4\to$H$_2$O+CH$_3$，及随后 O$_2$ 与甲基 CH$_3$ 按 O$_2$+CH$_3\to$CH$_2$O+OH 起反应而产生甲醛和 OH。但是，Baldwin 和 Golden[32] 的实验(CH$_3$ 和 O$_2$ 通过一流动体系)表明，在 1 200 K 以下，后一反应根本不出现，或其速率系数小于 0.5×10^{-17} cm^3/(分子·s)，远比

Norrish 及其同事的实验反应速率值小得多。Brabbs 和 Brokaw[18] 由激波管实验中得到的数据表明，反应 $CH_3 + O_2 \rightarrow CH_3O + O$ 具有活化能 121 kJ/mol 且在高温下 CH_3O 可能离解为 CH_2O 和 H。但是很高的活化能 121 kJ/mol 使这一反应非常缓慢，以致它在 Norrish 及其同事实验中毫无意义。从另一方面来说，在这些实验的压力范围内，很容易发生缔合反应 $CH_3 + O_2 \rightarrow CH_3OO$——约 130 kJ/mol（见第 96 页），该反应放热足以使逆反应 $CH_3OO \rightarrow CH_3 + O_2$ 在实验温度约 800 K 下变得毫无意义。因此，CH_3 会变成 CH_3OO。而且，反应 $CH_3OO + CH_4 \rightarrow CH_3OOH + CH_3$ 是吸热反应，仅吸热约 63 kJ/mol，因此它很容易在 800 K 下发生；因为 CH_3OOH 分解为 CH_2O 和 H_2O 且 CH_3 变为 CH_3OO，所以显然 CH_3OO 是反应(1)中的自由基 X。

论及自由基 Y 就应注意到反应(2)不能使 CH_2O 再生。这就排除如下反应：

$$CH_3OO + CH_2O \longrightarrow CH_3OOH + CHO$$

因为 CH_3OOH 通过分解成 CH_2O 和 H_2O 而再生出 CH_2O，因而从产生自由基 Y 的反应路径中排除自由基 CHO。一个很明显的替代反应是将一个 O 原子从 CH_3OO 中迁移到 CH_2O，产生会分解成 CO 和 H_2O 的甲酸 HCOOH，并生成一个甲氧基 CH_3O。后者不会是反应(4)中的自由基 Y，因为 CH_3O 的气相单分子分解无法如反应(4)所要求的那样使反应链中断。但是，CH_3O 可变为同分异构体 $CH_2(OH)$，且由于与 O_2 缔合转变为自由基 $CH_2(OH)OO$，因为可能发现似乎不合理的替代物，所以 $CH_2(OH)OO$ 起自由基 Y 的作用。这种羟甲基过氧化物自由基已经在第 110 页导入说明点燃 Bowman 激波管内 CH_3OH-O_2 混合物的相关数据的历程中。在那种历程中，$CH_2(OH)OO$ 与 CH_3OH 起反应而生成 $CH_2(OH)$ 和 $CH_2(OH)OOH$，而在本历程中，它与 CH_4 起反应而生成 CH_3 和 $CH_2(OH)OOH$，但这两种反应几乎相同，因其 C—H 链能几乎相同。反应(4)的机理可能是这样的：$CH_2(OH)OO$ 的气相分解产生一个中性分子和一个自由基，在 Bowman 实验的高温下反应链得以延续，而在本实验的较低温度下反应链扩散到器壁就被销毁，因此，反应(4)是一个链断裂反应。根据将要在下一小节 2 中讨论的实验可以发现，反应(4)不受导入 NO 的干扰。导人 NO 的结果会排斥 $CH_2(OH)OO$ 分解为 CH_2O 和 HO_2，因为 NO 通过反应 $NO + HO_2 \rightarrow NO_2 + OH$ 使惰性基团 HO_2 转变为活性基团 OH，从而不发生链断裂。因而，可以认为，$CH_2(OH)OO$ 分解为 H_2O 和甲酰基 O=COH。后者尚未被人们完全了解，可能是相当惰性的。

表 4-5 所示是一些代替表 4-4 中一般化反应的具体反应。对这一图式的某些附加说明如下：

反应(i)的反应式并未指明起碰撞的分子 CH_2O 和 O_2 以何种方式分裂为自由基。若有 H 从 CH_2O 迁移到 O_2 上去形成 CHO 和 HO_2，则如小节 3 中所示，应确信在 Norrish 及其同事实验的温度范围下，CHO 应与 O_2 起反应而生成 CO_2 和 HO_2，所以 HO_2 应是反应(i)中所产生的唯一的自由基组分。反应 $HO_2 + CH_4 \rightarrow H_2O_2 + CH_3$ 之后应发生 $CH_3 + O_2 \rightarrow CH_3OO$

表 4-5　有关表 4-4 中图式的一些具体反应

(a) 由于 CH_4 与 O_2 缓慢反应形成了痕量 CH_2O

(i) $CH_2O+O_2\rightarrow$ ······ $2CH_3OO$

(1) CH_3OO+CH_4 —— CH_3OOH $\xrightarrow{\text{表面}}$ H_2O+CH_2O

　　　　　　　　　　└→ CH_3 $\xrightarrow{O_2}$ CH_3OO

(2) CH_3OO+CH_2O —— $HCOOH(\rightarrow CO+H_2O?)$

　　　　　　　　　　└→ $CH_3O\rightleftharpoons CH_2(OH)$ $\xrightarrow{O_2}$ $CH_2(OH)OO$

(3) CH_3OO $\xrightarrow{\text{表面}}$ 销毁

(4) $CH_2(OH)OO\rightarrow$ 单分子分解 $\rightarrow H_2O+O=COH?$ $\xrightarrow{\text{表面}}$ 销毁

(5) $CH_2(OH)OO+CH_4$ —— $CH_2(OH)OOH$ $\xrightarrow{\text{分解}}$ $CO+2H_2O$

　　　　　　　　　　　└→ CH_3 $\xrightarrow{O_2}$ CH_3OO

(6) $2CH_2O+O_2$ $\xrightarrow{\text{表面}}$ $2CO+2H_2O$

反应,使链得以引发,但应确信 HO_2 也同样扩散到器壁并以显著的速率销毁掉,所以链引发速率应与浓度[M]和容器直径 d 有关。这与实验事实是不一致的,且排除反应(i)包含 H 从 CH_2O 迁移到 O_2 的概念。可以提出,与表 4-5 反应(2)中 O 从 CH_3OO 迁移到 CH_2O 相类似,该反应包含 O 从 O_2 迁移到 CH_2O,按反应式 $CH_2O+O_2\rightarrow HCOOH+O$ 生成甲酸和氧原子。这早已由 Harding 和 Norrish[33]提出,他们指出,这一反应近似为热中性的,因此其活化能十分低。O 原子应与 CH_4 起反应而生成 CH_3 和 OH,正如表 4-5 所示,迅速地按顺序随后发生反应 $OH+CH_4\rightarrow H_2O+CH_3$ 和 $CH_3+O_2\rightarrow CH_3OO$,产生 $2CH_3OO$。

另一个说明述及反应(5)中所形成的羟甲基过氧化物 $CH_2(OH)OOH$ 的分解。对第 100 页上 Bowman 激波管实验结果分析表明,过氧化物离解成自由基,而在本历程中它分解成中性分子。鉴于 Bowman 数据适用于 1 500 K 以上的温度,而本历程适用于接近 800 K 的温度,鉴于离解与分解相比其活化能实际上无疑较大,以上两种结果并不矛盾。因此,在温度上升至高于 800 K 时,离解就变得日益重要,而在某一临界温度(其值与压力、容器参数和混合物成分有关)下甲烷和氧的稳态反应变成支链爆炸。这意味着甲烷-氧爆炸极限(如图 4-1 中曲线 5)是属于支链型的,虽然无疑也包括像在第 2 章中氢和氧的第三爆炸极限那样的由于诱导期中释热而导致的热的作用。

2. NO_2 对甲烷-氧反应的敏化作用

图 4-6 所示的是 Norrish 和 Wallace[34]对添加 NO_2 使 CH_4-O_2 混合物着火温度降低的实验所得的数据。

对氢-氧混合物的类似的敏化作用不是由于 NO_2 而是由于由 NO_2 形成 NO 引起的,由

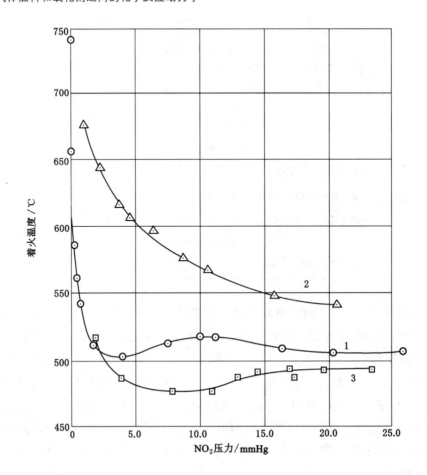

图 4-6　NO₁ 对等摩尔 CH₄-O₂ 混合物着火温度的影响(Norrish & Wallace[34])

圆柱形石英容器的直径为 2.5 cm。CH₄ 和 O₂ 的恒定浓度与处于 500 ℃下的 CH₄-O₂ 混合物的如下

压力相对应：曲线 1 为 229.7 mmHg；曲线 2 为 88.6 mmHg；曲线 3 为 360.0 mmHg。

NO₂ 的压力是在着火温度下反应容器中的实际压力，所有添加入的过氧化氮都以 NO₂ 形式表示。

非常迅速的反应 $NO+HO_2 \rightarrow NO_2+OH$，随后发生惰性基团 HO_2 向活性基团 OH 的转化。Norrish 和 Wallace 的实验是在这些情况被大家知道以前完成的，故未注意这一事实。在他们的实验中，没有用 NO_2 而仅用 NO，但他们假定，NO_2 被由 CH_4 和 O_2 所产生的甲醛还原成 NO，NO 又与 CH_3OO 起反应，像其与 HO_2 起反应一样，生成 NO_2 和 CH_3O，这是合理的。据此，Norrish 和 Wallace 所观测到的着火前的诱导期是积累甲醛和产生 NO 所需的时间，并将表 4-5 中反应图式扩大到包括如下编号的反应：

(7) $CH_2(OH)OOH \xrightarrow{\text{离解}} OH+CH_2(OH)O \rightarrow CH_2O+OH \longrightarrow \cdots\cdots 2CH_3OO$

(8) $CH_2(OH)OOH \xrightarrow{\text{离解}} CO+2H_2O$

(9) $CH_3OO + NO \longrightarrow NO_2 + CH_3O$

反应（8）早已列入该图式中，但当时未加以编号；现在可见，它与链支化反应(7)相竞争。反应(7)是在前面已讨论过的羟甲基过氧化物离解为自由基的反应。它具有很高的活化能，因此在 800 K 下进行得很缓慢，但在足够高的温度下会使混合物爆炸。图 4-6 表明：在用曲线 1 表示一系列的实验中零浓度 NO_2 时的着火温度值约为 740 ℃ 或高于 1 000 K。混合物的爆炸是因为在此温度下链支化反应(7)中自由基的产生速率超过链断裂反应(3)和(4)中自由基的销毁速率。当加入 NO_2 时，产生了 NO；自由基 CH_3OO 变为 CH_3O，因此除去了导致链断裂的反应路径(3)。在链支化速率较低即温度较低时，链断裂速率也相应地减小，从而出现着火。图 4-6 中的数据表明，与氢-氧物系中的情况一样，添加少量 NO_2 会使着火温度降低很大。

图 4-6 同样还表明，着火温度下降到 500 ℃ 左右后，变得实际上与 NO_2 压力无关。若假定，自由基 $CH_2(OH)OO$ 与 CH_3OO 不同，并不明显地与 NO 或 NO_2 起反应，则这种情况就能得到解释。在那种情况下，链断裂反应(4)仍是有效的，且下限位于着火温度处。在这一说明中暗示，$CH_2(OH)OO$ 的气相分解不产生 $CH_2O + HO_2$，因为 NO 使 HO_2 转化为活性基团，且反应不会使链中断。因而认为，该分解会产生 H_2O 和甲醛基 O=COH，而后者是不与 CH_4 和 NO 起反应的。于是，爆炸极限由下式确定：

$$\frac{2k_7}{k_7+k_8} = \frac{k_4}{k_4+k_5[CH_4]} + \frac{K_3}{k_2[CH_2O]+k_9[NO]}$$

可合理地假定，反应(7)的活化能比反应(8)大得多，而因此 k_7 比 k_8 小得多。而且，对稳态反应的分析表明，k_4 比 $k_5[CH_4]$ 小。在此应该注意到，反应(5)的速率如此之大，以致比较起来器壁处 $CH_2(CH)OO$ 的销毁速率可加以忽略，且其反应也不在表 4-5 中出现。同样还可以合理地假定，反应(9)的活化能实际上为零，这造成即使在 NO 浓度比很低的 CH_2O 浓度小得多的情况下，$k_9[NO]$ 这一项也大于 $k_2[CH_2O]$ 这一项。所以，在高于 500 ℃ 的温度范围(此时 k_7/k_8 大于 $k_4/k_5[CH_4]$)下，爆炸极限方程近似的变为：

$$2k_7/k_8 = K_3/k_9[NO]$$

导入 Arrhenius 方程式 $k = Ae^{-E/(RT)}$，则得：

$$(E_7-E_8)/(RT) = \ln[NO] + 常数$$

Norrish 和 Wallace 能够以作出 $\lg p_{NO_2}$ 对 $1/T$ 曲线达到的精确度，确定图 4-6 中曲线 1 陡直部分很小的 NO_2 压力。这得到与如下活化能：

$$E_7 - E_8 = 143.5 \text{ kJ/mol}$$

相对应的直线关系式。关于实验和理论的其他相关式都是定性的，而不是定量的。因此，若表面链断裂反应(3)的速率系数 K_3 等于 $k_3[M]d^2$，则由于 [M] 即 CH_4-O_2 混合物压力减小使 K_3 增大，因此在给定的着火温度下浓度 [NO] 增大。这适用于图 4-6 中曲线 1 和曲线 2

之间的关系。沿曲线 1 的混合物压力大于沿曲线 2 的混合物压力，前者是后者的 2.6 倍。曲线 2 相应地位于曲线 1 之上。而且在利用直径范围从 3.4～1.5 cm 的一系列反应容器时发现，当实验混合物是由 4.1 mmHg NO_2 和 229.7 mmHg(CH_4+O_2)所组成时，着火温度仅稍有增高就使容器直径减小，而对于 8.86 mmHg(CH_4+O_2)的混合物来说，着火温度的增加就较大。前一种混合物与图 4-6 中曲线 1 平坦部分开始点相对应，因而着火温度与容器直径无关。此处，爆炸极限变为 $2k_7/k_8=k_4/k_5[CH_4]$，其他的混合物与曲线 2 上的点相对应，此处，爆炸极限取决于 $K_3/k_9[NO]$，且 K_3 和容器直径之比成反比，着火温度相应地随容器直径作相反的变化。但是，由这些数据不能得出定量的关系。特别是图 4-6 中曲线 2 与曲线 1 的间隔比单独根据 K_3 变化所能预计的要大。$k_4/k_5[CH_4]$ 这一项有附加的作用，在压力减小时它也会增大，但这不足以说明各曲线产生间隔的原因。另外，这种作用可能隐含在石英反应容器表面状态的变化之中，也可能隐含在与 CO-O_2 反应有关的、在第 3 章中讨论过的反应类型之中，还可能隐含在气相和尚未确定的 NO 与 NO_2 的表面反应之中。在 Norrish 和 Wallace 所作的观测中，当日第一组观测到的着火数据往往反常。这表明容器表面对表面反应有明显的作用。这种情况还表明，这些数据都与容器表面条件有关，而这些条件在各次观测间都在自发地变化。为了能得到有重复性的数据，必须再三重复进行爆炸，以使表面条件正常化。

3. 在 550 K 至近 1 000 K 下甲醛和氧的反应

Bone 和 Gardner[27]曾确定了甲醛和氧发生缓慢反应时所形成的一些产物。Axford 和 Norrish[35]、Spence[36]以及 Snowden 和 Style[37]曾研究过从约 300～370 ℃温度范围内的反应动力学，而 Vardanyan、Sachyan 和 Nalbandyan[38]曾研究过从 500～700 ℃或高达 1 000 K 温度范围时的反应动力学。

下文将指出，作为众多相异实验观测基础的化学历程在原则上是非常简单的。自由基 CHO 是由于 CH_2O 和 O_2 之间发生反应形成的。在低温下，CHO 与 O_2 相缔合而形成过甲酰基 CHO·OO，而过甲酸 CHO·OOH 是在 O_2 与 CH_2O 的链反应中形成的。在高温下，CHO 与 O_2 起反应而形成 CO 和 HO_2，而过氧化氢是在 HO_2 与 CH_2O 的链反应中形成的。

甲醛和氧反应的细节是错综复杂的。正如所述，甲烷-氧反应的历程不包括反应 $CH_2O+O_2\rightarrow CHO+HO_2$，取而代之的是反应 $CH_2O+O_2\rightarrow HCOOH+O$。可以推荐如下反应：O 与 CH_2O 化合而形成高能分子 HCOOH，它离解成 CHO 和 OH，总过程约放热 105 kJ/mol；OH 与 CH_2O 起反应而形成 H_2O 和另一基团 CHO，所以反应变为 $CH_2O+O_2\rightarrow$ ……2CHO。关于低温下链反应中过甲酸的生成问题，根据下面所引用的反应动力学数据发现，基团 CHO·OO 与 HO_2 相类似，在低温下过于不活泼，以致不能与 CH_2O 起反应，而是在器壁被销毁。看来，CHO 与 O_2 会在三体碰撞 $CHO+O_2+M\rightarrow CHO·OO+M$ 中缔合，其中 M 可以是 O_2 或某种惰性分子如 N_2，但以 CH_2O 作为第三体分子时也同样有氢原子交换，所以在个别阶段 $CHO+O_2+CH_2O \rightarrow CHO \cdot OOH+CHO$ 中出现链反应。在高温下就不存在错综复杂的情况，此时 HO_2 易于与 CH_2O 起反应而形成过氧化氢，而链反应相应地由如下链区所组成：

$$HO_2+CH_2O \longrightarrow H_2O_2+CHO$$
$$CHO+O_2 \longrightarrow CO+HO_2$$

但是，不仅在高温下，而且在低温下，都有包含过氧化物反应产物的支反应存在，且总反应动力学变得十分复杂，除非实验条件能使过氧化物迅速销毁。特别是有关低温反应的数据指出，过甲酸在气相中以这样的方式起反应，即最终使自由基链断裂且使 $CHO \cdot OOH$ 销毁。这一反应路径的细节目前尚未确定，还有待研究。此外，在高温下，出现链支化也可能是由于 H_2O_2 离解为 $2OH$ 的缘故。

在对甲醛-氧反应研究的综述之后，现在我们来讨论个别实验研究者的结果。

Bone 和 Gardner[21]曾完成了 3 个实验，在实验中，用将反应容器浸入冰水中的方法来突然致冷起反应的甲醛-氧混合物，然后作广泛的分析。这些实验结果如表 4-6 所示。从表中数据可见，当反应停止时，甲醛-氧大部分已起反应。另一方面，经过 3 个实验中反应时间最短的一次实验以后，压力上升并未完结。这是由于大量生成过甲酸和其他过氧化物的缘故，Bone 和 Gardner 认为，这种过氧化物为二羟基二甲基过氧化物 $CH_2(OH) \cdot OO \cdot CH_2(OH)$，它能由甲醛和过氧化氢合成[39]，且可分解为 2 mol 甲酸和 1 mol 氢。因为反应持续时间从 4.5 min 延长到 30 min，所以两种过氧化物消失而压力在增长。与此同时伴随着 CO_2、H_2 和甲酸的产生增加一个很大的百分数。同样还有痕量甲烷出现。

表 4-6 275 ℃下 $2CH_2O+O_2$ 的反应产物(Bone & Gardner[27])①

	反 应		
	1	2	3
反应持续时间/min	4.5	14	30
初始压力/mmHg			
CH_2O	508.4	515.8	502.2
O_2	238.9	232.0	237.8
未起变化的反应物/mmHg			
CH_2O	55.7	12.8	5.9
O_2	20.1	7.9	9.0
CO_2	16.5	55.2	47.5
CO	305.5	365.5	365.8
H_2O	261.3	305.2	314.8
H_2	39.4	63.5②	65.8②
CH_4	0	2.3	1.5
HCOOH	35.0	61.5	81.5
$CHO \cdot OOH$	49.3	13.7	0
$(CH_2OH)_2O_2$	23.2	2.4	0
总压力增加量/%	8	19	20

① 一切压力均为 275 ℃下的分压力，以 mmHg 计。
② Bone 和 Gardner 认为有点太小。

正如 Bone 和 Gardner 及其他研究者[40]早已指出的那样，有关物系的数据和化学使人可以认为，反应主要产物是过甲酸，或由过甲酸因损失 CO 而生成过氧化氢；所有的其他产物都是由于二次反应所生成的。若在有效地促使过氧化物分解物系中有媒介物存在，则这些产物多半是 CO 和 H_2O，也生成少量 CO_2 和 H_2。这种媒介物是汞，在 Axford 和 Norrish[35]的实验中就用汞作为密封剂，这可解释为什么这些研究者在他们的产物试验中没有发现过氧化物的原因。他们使用直径为 2.8 mm、5.0 mm、11.1 mm 和 23.6 mm 的圆柱形硼硅酸耐热玻璃制容器，采用处在温度为 337 ℃和压力为 150~300 mmHg 下的 CH_2O+O_2 混合物，以变化范围很宽的混合比测得了完全可重复的压力升高速率，后者可转换成反应速率$-d[CH_2O]/dt$。他们发现，反应在试验气体一进入反应容器就立即出现，而没有诱导期，且起始的反应速率遵守如下方程式：

$$-d[CH_2O]/dt = 常数 \cdot [CH_2O]^2$$

该反应速率与混合比和容器直径无关。过了某一段时间，当积累起反应产物而反应速率减低时，在起始氧的浓度降低时这种减缓作用得到加速的意义上，反应速率变得取决于氧的浓度。添加氮会适度地降低整个反应过程的速率。采用若干反应容器所得的数据表明，容器直径没有影响，且十分一致地表明反应速率对表面性质很不敏感。这些事实用如下反应历程来解释，因不能提出可行的替代历程，该历程是唯一的：

(i) $CH_2O+O_2 \longrightarrow \cdots\cdots 2CHO$

(a) $CHO+O_2+CH_2O \longrightarrow CHO+CHO \cdot OOH \longrightarrow$ 产物 CO、H_2O 等

(b) $CHO+O_2+O_2 \longrightarrow O_2+CHO \cdot OO \xrightarrow{\text{表面}}$ 产物 CO、H_2O 等

(b′) $CHO+O_2+M \longrightarrow M+CHO \cdot OO \xrightarrow{\text{表面}}$ 产物 CO、H_2O 等

在这里，M 或是一种惰性添加物如 N_2，或是一种反应产物如 CO、H_2O 等。由该图式得出如下方程式：

$$[CHO] = 2k_i[CH_2O]/(k_b[O_2]+k_{b'}[M])$$

且因为按反应(i)反应物的消耗与链反应(a)相比是可忽略的，所以

$$-d[CH_2O]/dt = k_a[CH_2O][O_2][CHO]$$

若没有惰性气体加入，则[M]起始为零，且在没有诱导期的情况下反应以如下速率进行：

$$-d[CH_2]/dt_{起始} = (2k_ik_a/k_b)[CH_2O]^2$$

这与实验相吻合。一般说来，反应速率用如下方程式表示：

$$-\frac{d[CH_2O]}{dt} = \frac{2k_ik_a[CH_2O]^2[O_2]}{k_b[O_2]+k_{b'}[M]}$$

该式表明，在反应的较后阶段，速率变得愈来愈取决于残留氧的浓度，且正如用实验发现那样，惰性气体的加入会使整个过程中的反应速率减小。虽然在这里没有证明，但在数字上使理论速率方程与实验数据相吻合是可能的。

Spence[36] 与 Snowden 和 Style[37] 的实验与 Axford 和 Norrish[35] 的实验相类似，但 Spence 与 Snowden 和 Style 都不利用汞密封，因此在反应容器中没有汞蒸气存在。看来，由于这个原因，在他们实验中过甲酸的分解速率比在 Axford 和 Norrish 实验中要低得多，从而由于次级过甲酸反应而丧失了反应动力学的简单性。因此，根据经验 Snowden 和 Style 将稳态反应速率用如下方程式表示：

$$-\mathrm{d}[\mathrm{CH_2O}]/\mathrm{d}t = K[\mathrm{CH_2O}]([\mathrm{CH_2O}]-C)$$

上式中"常数"K 和 C 表达了变化无规律的可能性。这特别是对 C 是确实的，它明显的受表面性质的影响。K 和 C 有成反比的趋势，即 C 随着 K 的增大而减小。容器尺寸的影响主要在 C 值上显示出来，容器愈小，C 值就应愈大。氧浓度增大会使 K 增大，但这未必能观测到。氧对 C 的影响还不太明确。为了描述只有甲醛浓度变化的一系列实验的结果，Spence[36] 提出了相类似而含有附加常数项的经验方程。我们将他的方程写成如下形式：

$$-\mathrm{d}[\mathrm{CH_2O}]/\mathrm{d}t = K[\mathrm{CH_2O}]([\mathrm{CH_2O}]-C)+K'$$

为了适应他们的数据，将计及 Axford 和 Norrish 数据的以前的反应历程修改为包括如下过甲酸反应：

(c) $\mathrm{CHO \cdot OOH + CHO} \longrightarrow \cdots\cdots \mathrm{CO}$、$\mathrm{H_2O}$ 等

(d) $\mathrm{CHO \cdot OOH} \xrightarrow{\text{表面}} \cdots\cdots \mathrm{CO}$、$\mathrm{H_2O}$ 等

由该修改历程得出如下方程式：

$$[\mathrm{CHO}]^2 - a[\mathrm{CHO}] = b$$

式中：

$$a = \frac{2k_i[\mathrm{CH_2O}]}{k_a[\mathrm{CH_2O}]+k_b[\mathrm{O_2}]}\left(1 - \frac{k_b[\mathrm{O_2}]}{2k_i}\frac{K_d}{k_c[\mathrm{CH_2O}]}\right) \quad \text{分子}/\mathrm{cm^3}$$

和

$$b = \frac{2k_i}{k_a[\mathrm{CH_2O}]+k_b[\mathrm{O_2}]}\frac{K_d}{k_c[\mathrm{CH_2O}]}[\mathrm{CH_2O}]^2 \quad \text{分子}^2/\mathrm{cm^6}$$

在 $4b/a^2 \ll 1$ 的情况下，解二次方程式得：

$$[\mathrm{CHO}] = a + b/a$$

并一起忽略 b 得：$[\mathrm{CHO}] = a$。以 a 的函数代替反应速率方程式 $-\mathrm{d}[\mathrm{CHO}]/\mathrm{d}t = k_a[\mathrm{CH_2O}][\mathrm{O_2}][\mathrm{CHO}]$ 中的 $[\mathrm{CHO}]$，得到 Snowden 和 Style 形式的方程式，其中

$$K = 2k_i k_a[\mathrm{O_2}]/(k_a[\mathrm{CH_2O}]+k_b[\mathrm{O_2}]) \quad \mathrm{cm^3}/(\text{分子} \cdot \mathrm{s})$$

和

$$C = k_b[\mathrm{O_2}]K_d/2k_i k_c \quad \text{分子}/\mathrm{cm^3}$$

由此可见，系数 k_i 出现在 K 的分子中，而系数 k_i 和 k_c 的乘积出现在 C 的分母中。这些速率系数，特别是 k_i，其活化能大概相当大，而三体反应(a)和(b)及表面反应(d)的系数，其活化能很小或为零。因此，K 和 C 成反比关系：温度增加使 K 增大而使 C 减小，或

相反。而且，C 与表面反应系数成正比。因而，C 随着容器直径的减小而增大，且 C 的大小与表面性质有关。因此，该方程式与实验观测的主要特点是一致的。可见，K 和 C 两者都与氧浓度成正比。但是，未确定的反应(c)不是一个二元反应，而是一个涉及 O_2 作为第三体的三元反应，常数 C 变得与氧浓度无关。因为 K 的增大使反应速率增大，而 C 的增大使反应速率减小，所以显然很难进行 K 和 C 与氧有关的实验测定。同时要考虑到，随着参数的变化，$4b/a^2 \ll 1$ 这一条件将失效，并使实验数据变得不可解释。

在 b/a 与 a 相比不可忽略的情况下，速率方程式含有附加项 $k_a[CH_2O][O_2]b/a$。其对实验参数的依赖关系很难确定，显然它表示 Spence 方程式中 K' 这一项。

由此可见，Spence 与 Snowden 和 Style 曾被过氧化物中间体的复杂的副反应所困扰，而偶然的幸运使 Axford 和 Norrish 得以避免这些复杂情况，并举例证实了反应动力学在根本上的简单性。他们的数据包括反应速率随温度的变化，得出活化能为 88 kJ/mol。该速率与 $k_i k_a/k_b$ 成正比，但是据推测，因为三元反应(a)和(b)的活化能很小或为零，所以所测得的数值基本上适用链引发反应(i)。

在 Vardanyan 等人[38]的实验中，同样发现了反应动力学的简单性，虽然在这种情况下，这与其说是归功于幸运，倒不如说是归功于设计，因为预先了解到，在高温条件下，这些实验中 CHO 迅速地与 O_2 起反应而产生 CO 和 HO_2，且对于常见的基团 HO_2 来说，这种表面覆盖效应是完全可以预测的。但是，Axford 和 Norrish 的实验中反应的进展是以时间间隔为分钟的数量级来监测，而在 Vardanyan 等人的实验中这一时间间隔就缩短为十分之一甚至百分之一秒的数量级。这与活化能为 88 kJ/mol 是一致的，相当于在本实验的高温下反应速率增加几千倍。这些研究者相应地使用过流动系统，在改变停留时间的条件下，让反应气体流过反应器（直径为 1 cm、长为 17 cm 的石英管），并将反应产物收集在出口处的洗涤器中。这样，他们用空气中含 1% 甲醛的试验混合物获得可重复的反应进展数据。在用不加覆盖的石英或用硼酸覆盖物的情况下，曾发现过氧化氢积累在混合物中，且使甲醛消耗量加快，这大概是由于离解反应 $H_2O_2 + M \rightarrow 2OH + M$ 产生自由基所致。少量过甲酸也同样会积累起来，表明在 Axford 和 Norrish 实验中起主导作用的三元反应(a)和(b)，已完全被在本实验中起主导作用的二元反应 $CHO + O_2 \rightarrow CO + HO_2$ 所抑制。在采用诸如 KBr 一类覆盖物时，不能回收氧化物，且反应更缓慢得多，反应速率不再加速。用**电子自旋共振**法曾精确地证明 HO_2 是自由基链载体。在采用这种方法时，电磁共振腔中所捕获的自由基是靠其不成对价电子的自旋频率来识别的。借助于从反应器壁面伸入到气流中的硼酸覆盖毛细管收集器，使少量混合物气流的试样从反应器通入共振腔。当反应表面为不加以覆盖的石英或为以硼酸覆盖的石英时，得到以 HO_2 为特征的电子自旋共振信号很强，而在采用已知的使 HO_2 销毁的覆盖物时，就没有信号或仅收到很弱的信号。

在这些实验中，还有反应 $CO + HO_2 \rightarrow CO_2 + OH$ 出现，但这一反应几乎是无足轻重的，因此它不是链支化反应，且在这一物系中原来并不存在 CO。

最后，或许可以认为，对甲醛-氧反应的各种不同研究的最重要方面是获得了有关氧与甲酰基 CHO 反应的资料。在低温下，O_2 与 CHO 缔合而产生 CHO·OO 基，它可进一步反应而产生过甲酸。在高温下，O_2 与 CHO 起反应而产生 HO_2 基，进而产生过氧化氢。因此，很明显，$CHO+O_2 \rightarrow CO+HO_2$ 这一反应的活化能相当大，但在将这一反应应用于燃烧过程和大气化学中确定的速率系数方面，这一事实看来还没有被普遍认可。

4.4 在低于 900 K 下高级烃与氧的反应

1. 链烷烃过氧化、冷焰和两级着火所造成的链支化

正如在本章 4.1 节中早已提到的那样，包括低温下支链反应在内的高级烃氧化动力学会产生图 4-1 和图 4-2 中所示的冷焰和低温爆炸半岛的状况。这些反应包含有过氧化自由基 ROO，其中，2 个氧原子中的 1 个与 1 个碳原子键合，形成如下基团：

$$-CH_2-\underset{\underset{H}{|}}{\overset{\overset{OO-}{|}}{C}}-$$

Bennet、Mile 和 Thomas[41] 曾从按图 4-7 中所示的方法制备的 ROO 基获得了**电子自旋共振**光谱，卤代烃 RCl 或 RF 蒸气在一不锈钢制转盘表面上冷凝成固体，转盘以液态氮冷却至 77 K，并在 10^{-4} mmHg 的高真空度中以 2 400 r/min 转速迅速转动。新近沉淀下来的卤化物是通过受钠原子气流轻度轰击的区域从四周带到转盘上来的，以致少数钠原子将偶然彼此靠近。按照反应 $RCl+Na \rightarrow R+NaCl$，钠从卤代烃分子萃取出卤素原子而产生自由基 R。这些基团被俘获在冷表面上，且若没有 O_2 进入，则它们将在转盘完成整个一转时被 RCl 或 RF 的进一步沉淀所覆盖。整个过程在每一转中重演，因此，制备好的特定的自由基 R 被冷冻在过量 RCl 或 RF 的基体中。该沉淀物在 77K 和高真空下，从转盘上转移到适于电子自旋共振测定用的玻璃管中。

在后续的实验中，在该自由基被覆盖以前，它们受到从图 4-7 所示的第三射流射出的分子流的轰击。因此，可发生反应 $R+O_2 \rightarrow ROO$，自由基此刻已被覆盖，并保存至旋转末的是自由基 ROO 与任何未被覆盖的 R。也可以制备处于用附加射流沉积的其他基体中的自由基。

曾发现过氧烃基 ROO 的电子自旋共振光谱与相应自由基 R 的光谱的区别很大。因此，不难估算出沉淀物中每种类型基团的数量，从而估算出 R 向 ROO 的转化程度。曾研究过分子量和化学结构都处在很高的变化范围内的 15 种基团，在每种情况下，当使用足够的氧时，均获得完全转化，这表明反应率很高。根据这些数据估算出活化能小于 8.4～12.6

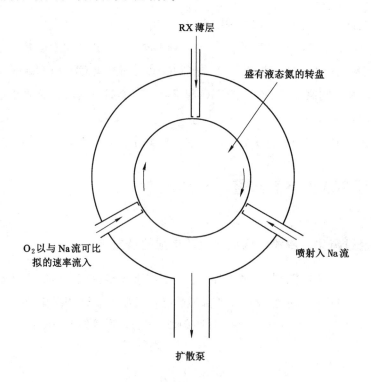

图 4-7　过氧化自由基的制备示意图（Bennett，Mile & Thomas[41]）

RX 是由一个 R 自由基与一个卤素原子 X 构成的一种化合物。一层 RX 被冷冻在处于
液态氮温度的转盘上。钠原子束向着转盘射入，按反应 RX+Na→R+NaX 产生
自由基 R。其后的 O_2 束产生 ROO。

kJ/mol。依据光化学研究结果[42,43]早已知道，乙基和甲基与 O_2 化合非常迅速，而电子自旋共振数据则把这一观测结果普遍引申到自由基 R 中。在这一研究中曾发现，各种不同自由基 R 的电子自旋共振光谱彼此有实质的差别，而其 ROO 光谱总是非常类似。这表明在 ROO 中未成对电子所占有的轨道几乎不受所结合 R 基团性质的影响，它意味着除位阻效应以外，所有这些过氧化物自由基都有相同的反应能力。这特别适用于链反应：

$$ROO+RH \longrightarrow ROOH+R \xrightarrow{\;O_2\;} ROO$$

该反应产生作为位于冷焰和低温爆炸状态以外缓慢氧化的主要的产物氢过氧化物 ROOH。正如以后将要指出，还有产生链烯和 H_2O_2 的竞争链反应存在，如下式所示：

$$\overset{|}{R}CHCH_3+O_2 \longrightarrow RCH=CH_2+HO_2 \xrightarrow{RCH_2CH_3} H_2O_2+\overset{|}{R}CHCH_3$$

而且，不只是一种形式的链支化模式乃是多原子结构高级烃所固有的。

最简单的支化形式是氢过氧化物 ROOH 热离解或裂变为自由基 RO 和 OH。但是，离解能很高，即按 Benson[44]的数据为 186.6 kJ/mol，使得这一链支化反应在低温下变得效率很低。据 Benson 估测，裂变之前 ROOH 的寿命在高于 300 ℃ 的温度下约为 10 s[45]。这使得即使在氢过氧化物浓度很高时和处在典型爆炸半岛的相对高温下，链支化速率也很低。根据较大的烃基自由基经历二次过氧化作用的能力可得出，支化形式的效用要有效得多。

Tipper 及其同事[46,47]曾对这种支化形式给以说明，他们曾研究过高级烃缓慢氧化所形成的过氧化物。他们对二次过氧化物的二氢过氧正庚烷的生成和可能的崩裂过程做如下描述：正庚基 $n\text{-}C_7H_{15}$ 与 O_2 化合而形成过氧正庚基。在该基团内，过氧基团—OO—从相邻的碳原子夺取一个 H 原子，因而暴露一个自由碳键，它能俘获另一个 O_2 分子，即：

$$CH_3\overset{|}{C}HCH_2\overset{|}{C}HCH_2CH_2CH_3 \xrightarrow{O_2} CH_3\overset{|}{C}HCH_2\overset{|}{C}HCH_2CH_2CH_3$$
$$\underset{OO-\ \ H}{}\qquad\qquad \underset{OOH\ \ OO-}{}$$

别的庚烷分子可与二次过氧化基起反应而生成庚基和二氢过氧正庚烷，这种化合物确实曾在庚烷缓慢氧化产物中发现过[46]。另一方面，二次过氧化自由基可能会分解，并由单键 O 形成 C=O 双键，正如由可能的反应产物 $(CH_3)_2CO$、CO、2OH、C_3H_7 所说明那样，这种形成过程会产生足够的能量来形成附加的自由基。Bonner 和 Tipper[47]曾提出，与分子量相对低的烃如丙烷相比，这种模式的链支化会提高分子量大的烃如庚烷的冷焰强度和爆炸性。他们并不认为，这种模式是唯一的或甚至只是主要的支化形式，他们甚至还考虑到二次过氧化自由基可能会在链断裂而不是链支化形式中分解的可能性。特别是，若两种过氧化基团—OOH 和—OO—分裂而形成中性分子 H_2O_2 和 O_2，则残留骨架具有像

$$CH_3CH=CH\overset{|}{-}CH(CH_2)_2CH_3$$ 这样的结构，它是一种共振稳定自由基，因而看来大概相当不活泼。

虽然如此，借助于二次过氧化实现链支化的原理令人感兴趣地说明醚类与氧的混合物反应性很强，且正如下面所述，它也同样可说明在冷焰和低温爆炸中醛类的作用。

图 4-8 所示是根据 Chamberlain 和 Walsh[48]论文绘制的乙醚-氧混合物的冷焰极限。据这些实验者报道，"在燃气进入受热反应容器时"，即在进入燃气达到压力与温度平衡以前，将出现冷焰闪光，因此，复制在图 4-8 中的曲线代表的是：假设燃气是在一瞬间进入容器达到平衡时实验者对冷焰极限的预测结果。要注意到，在这些实验中未能观测到足够长的诱导期，且在低于 200 ℃ 的温度和像 10 mmHg 这样低的压力下就已生成了足以产生冷焰效应的自由基浓度。这一很强的反应性与下述概念是一致的，即认为从醚分子夺取 H 原子而形成白由基要依次经历过氧化、内氢转移、第二次过氧化和崩裂等，如下：

$$CH_3\overset{|}{C}H \cdot O \cdot CH_2CH_3 \xrightarrow{O_2} CH_3\overset{|}{C}H \cdot O \cdot CH_2CH_3 \longrightarrow CH_3\overset{|}{C}H \cdot O \cdot \overset{|}{C}HCH_3$$
$$\underset{OO-}{}\qquad\qquad\qquad \underset{OOH}{}$$

$$\xrightarrow{O_2} CH_3\overset{|}{C}H \cdot O \cdot \overset{|}{C}HCH_3 \longrightarrow 2CO + 2CH_3 + 3OH$$
$$\underset{OOH\quad OO-}{}$$

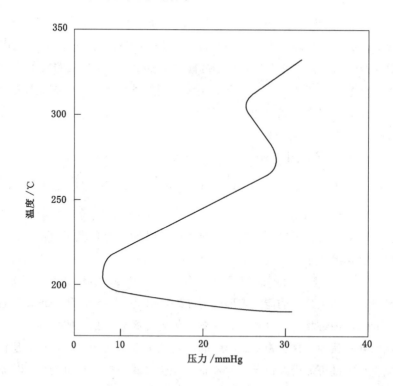

图 4-8　在直径约为 3.5 cm 的圆柱形石英容器中 30％乙醚＋70％氧的冷焰极限

(Chamberlain & Walsh[48])

这里假定，所形成的自由基都由 OH 和 CH₃ 两者组成，还假定从其他醚分子夺取原子，且每次发生这种过程都会导致链支化，而链支化是经过低活化能反应而瞬间发生的快速过程。

在此应该注意到，醚的过氧化物是出了名的不稳定。尽管二氢过氧庚烷能用庚烷缓慢氧化合成，但是看来不可能用庚烷来合成相应的醚产物。显然，二次过氧化醚基会像上述那样立即分解。

这一概念进一步解释了以前如图 4-2 所示的加入少量乙醛 CH_3CHO 使乙烷与 CH_3CH_3 及空气混合物低温爆炸区明显扩大的现象。大家都知道，醛与过氧化物可化合而成加合物。在采用 CH_3CHO 和乙基过氧基 CH_3CH_2OO 的情况下，这种加合物是其同分异构体，甚至可与过氧化二乙醚基等同，即：

$$\underset{\overset{|}{OO-}}{CH_3CH_2} + O = CHCH_3 \longrightarrow \underset{\overset{|}{OO-}}{CH_3CH} \cdot O \cdot CH_2CH_3$$

因此，该加合物在所描述的链支化模型中同样地起反应。若在乙烷-空气混合物中没有乙醛存在，则正如 Bone 和 Hill[49] 在他们对乙烷-氧反应的研究中所观测到的那样，爆炸反应取决于靠乙烷缓慢氧化逐渐积累起的乙醛量。但是，仅有少量醛是靠反应产生的，且其中绝大部分是甲醛[49]，大家都知道，与其说甲醛促使爆炸反应，倒不如说它抑制爆炸反应。因此，在不添加乙醛的情况下，爆炸区仅在一定程度上得到扩展，如图 4-2 中曲线所示。

乙醛和其他高级醛，不仅促使乙烷和氧的混合物爆炸，而且能扩展分子量高于乙烷的烃的冷焰区和爆炸区，虽然该效应不像采用乙烷时那样引人注目。该效应如图 4-9 和图 4-10 中对丙烷-空气和己烷的线图所示，这些线图是由 Townend 及其同事[1]获得的。很明显，由于醛-过氧化物加合物发生醚型过氧化的链支化历程是一种对一切烃来说的通用历程，甚至在采用较大的烃分子如庚烷的情况下，经过醛-过氧化物加合物发生二次过氧化的链支化是在冷焰和低温爆炸产生中的主要历程。

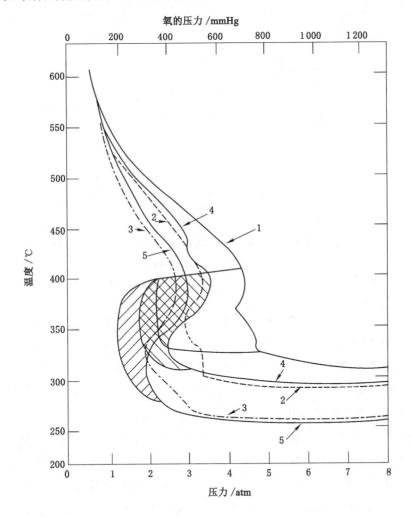

图 4-9 添加醛类对 7.5％丙烷-空气混合物的冷焰区和爆炸区的影响

(Townend & Chamberlain[1])

曲线：1—不加醛；2—1％丙醛；3—2％丙醛；4—1％乙醛；5—2％乙醛。

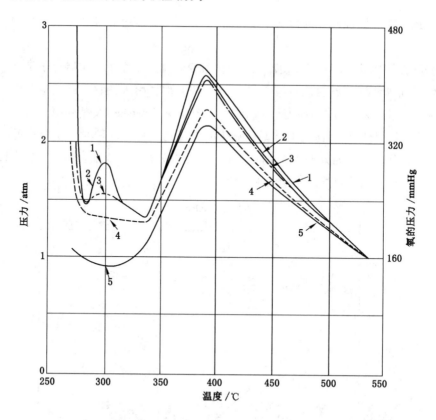

图 4-10　添加各种不同醛对空气混合物中含 2.68％己烷爆炸区的影响

(Townend, Cohen & Mandlekar[1])

曲线：1—不加醛；2—0.5％戊醛；3—0.5％乙醛；4—1％乙醛；5—5％乙醛。

　　由此得出，在除醚类以外的烃和烃化合物发生冷焰以前，是醛类 RCHO 和氢过氧化物 ROOH 及其基团 ROO 的积累期，这一时期直到由于加合物生成和二次过氧化作用发生链支化超过链断裂为止。自由基浓度会上升到这样的水平，以致此时气体由于高能自由基反应中所形成的电子受激分子如 CH_2O^* 而发光。但是，正如在后面要详细讨论那样，也同样有温升激发起离解反应 ROO→R+O$_2$，而该温升会有效地抑制 ROO 基的形成。这样就抑制了由于加合物生成和二次过氧化而产生的链支化。但是，气体的大部分化学焓没有消耗掉，气体温度升高了，且含有自由基形式的活性组分、醛类和过氧化物。此刻，另一种链支化历程变得重要起来，这种历程在第 5 小节中认为与由于烷氧基过氧化物离解而发生的链支化的历程相同。在低压下，这一历程渐隐，所以反应不会在超出冷焰阶段的范围外进行；而在高温下，这一历程就进行到着火。着火过程相应地包括两个阶段。第一个阶段是指从反应开始延续到出现冷焰这一时期 τ_1，而第二个阶段是指从冷焰反应中突发的而较小温升延续到爆炸反应中突发的大温升这一时期 τ_2。

图 4-11 所示的是 Kane[50] 进行的受热反应容器中丙烷和空气混合物着火的一些实验。图中,上图表示 P-T 图上的冷焰区和低温爆炸区;下图表示在与着火区中点 A 到 D 相应的情况下着火前反应容器内压力升高的记录图。压力的增加记录了反应的进程。可以看到,确实存在一个时期 τ_1 和一个时期 τ_2;在前一时期,除了过渡阶段即冷焰阶段以外,反应没有重大的进展;在后一时期,反应逐渐加速到爆炸。该压力记录结果是在不变的初温 360 ℃下取一系列初压得到的。因此,随着压力的增加, τ_2 比 τ_1 更快地缩短,因而最终 τ_2 消失,所以,在足够高的压力下,仅有一个唯一的短诱导期 τ 存在。

两级着火也适用于醚类,虽然在醚-氧反应开始反应以前实际上没有诱导期,但是与其他烃相比,冷焰区和爆炸区处在相当低的压力下。图 4-12 所示就是二异丙醚时的冷焰区和爆炸区[51]。诱导期是在甲醛加入醚-氧混合物时得到的[48],这表明过氧化二乙醚是甲醛所

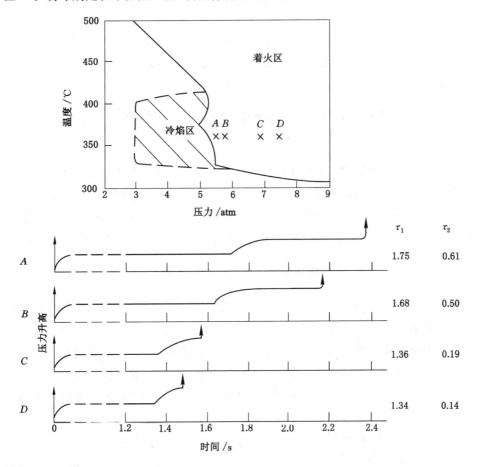

图 4-11 在直径为 **3.2 cm** 的圆柱形钢制容器中 **6.5%** 丙烷-空气混合物的两级着火(Kane[50])

上图:冷焰和爆炸极限;

下图:在表示极限线图上 A、B、C 和 D 各点处时期 τ_1 与 τ_2 出现爆炸前压力升高的记录图。

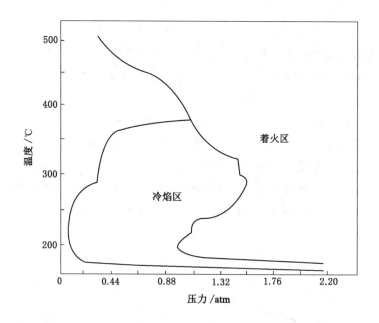

图 4-12 空气中含 2.5％二异丙醚时的冷焰区和爆炸区（Maccormac & Townend[51]）

压力以醚和氧的分压之和表示。

还原的，而链支化被延迟到甲醛消耗完为止。在采用乙醛的情况下，冷焰区和爆炸区都与采用甲基、乙基醚时所获得的该区域相类似[51]。但在表明链支化经醛-过氧化物加合物途径出现的反应开始发生以前有一诱导期存在。在这种情况下，该过氧化物似乎可能是过乙酸 $CH_3CO(OOH)$，且诱导期由于添加的过乙酸蒸发为醛-氧混合物而相应地被消除了[52]。

2. 冷焰两级着火火焰和电火花点燃火焰波的传播

最初，冷焰被描述为当烃和空气的混合物通过一受热管时自发形成的发光波。继 Perkin 及其他著者[53] 所做的早期观测以后，Prettre 等[54] 系统地研究过空气分别与烷、烯、环烷、醇、醛和醚类的混合物中的冷焰现象。Beatty 和 Edgar[55] 曾对庚烷和空气混合物做过一些补充的观测。为了描述这类实验，我们引用如下例子。将戊烷和空气的混合物连续地通过一反应管，并用外加热使管子温度缓慢地升高。若戊烷量超过化学计算比例值和压力保持大气压力，则在 220 ℃左右出现浅蓝色的光。在 240 ℃下，其发光度强有力且均匀地增大，而在接近 260 ℃下形成了十分亮的发光波，开始在管子出口，以后以约为 10 cm/s 的速率逆气流缓慢地移动。在所描述的实验中，有波在管子出口形成又在入口消失的连续过程。很明显，气体元从入口到出口移动的时间就代表冷焰的诱导期。随着温度的升高，该波变得比较模糊，而移动得更加缓慢。在 290 ℃左右，不连续的波消失了，在管中留下一发光柱，它具有逆气流缓慢移动着的亮度较大的区域。在 350 ℃下，沿该管子发光度变得均一；在约 670 ℃ 以上的更高温度下，出现着火，开始管子入口处比较光亮，随后火焰立刻熄灭，最后又点着。其他燃料的行为也相类似。

Neumann 和 Aivazov[56] 曾研究过很长的圆柱形石英容器中的戊烷-氧物系，他们用肉眼观察发光效应，并用灵敏的玻璃膜测压计记录压力的增大过程。在混合物与容器达到温度平衡以后，压力实际上暂时维持不度，以后又突然上升。同时，观察到冷焰在管上移过。压力通过最小值是与冷焰的消失相一致，但所保持的压力大大地高于初始压力。在此以后，压力随时间逐渐上升。在冷焰期内，物质摩尔数增大，也有某些热量释放出来。显然，在压力达到最大值以后出现下降是由于冷焰通过容器时将所产生的热量散失的缘故。由压力记录图上出现的相应的不规律性，有时能观察到一个以上的波。压力上升的各个不同阶段所形成的反应产物，可由重复 20 多次标准实验来收集。这些反应产物已被识别为醛、过氧化物、酸和一氧化碳。它的组成数据如图 4-13 所示。曲线 A、B、C 和 D 表示压力，其他各曲线表示各种不同化合物的产率，CO 用气体混合物的体积百分率表示，其他化合物用反应中所消耗的戊烷的百分数表示。醛和过氧化浓度的升高与压力增大相适应这一点是值得注意的。压力曲线上的压降显然是由于热效应，因为在这个时期内物质的量是增多而不是减少。冷焰波的形状以压力突然上升后又跌落为表征，但是，在所有其他条件都相同时，这会被压力降低至低于某个临界值所掩盖，在较高的临界压力下，在冷焰后的反应是导致爆炸（这种爆炸在浓混合物中相当猛烈）。实例之一载于表 4-7，该表是在 340 mmHg 和 318 ℃ 下 $1C_5H_{12}$ 和 $4O_2$ 混合物的实验结果。表中第一行数字是指距反应开始的时间，以 s 为单位；第二行是指压力增大值，以 mmHg 为单位。记录结果是以如前图 4-11 所示的两级着火的另一个实例。这时，诱导期 τ_1 约 8.2 s，诱导期 τ_2 约 2 s。

表 4-7 在戊烷和氧反应期内的压力增大情况

时间/s	0	8	8.2	8.4	8.6	8.8	9.0	9.2	9.21
Δp/mmHg	0	0	2	35	48	52	54	57	爆炸

冷焰波的扩展过程与某些体积元中化学反应加速比反应混合物体积中其他地方更迅速的事实有联系。这样，就形成了点燃中心，点燃中心内温度和活性组分浓度相对地高。热和链载体从这些中心靠传热和扩散过程，流到相邻的气层中。从而，激活该层化学反应，并成为下一层的点燃源，如此继续下去。在冷焰波之后，有过氧化物和醛的积累，而混合物的大部分化学焓仍未消耗掉。所以，继冷焰之后，就发生 τ_2 状态的反应，反应加速至出现爆炸。在这个过程的最后阶段，反应变得非常迅速，同样也可能出现几个分离的点燃源。既然这个过程非常迅速，所以很难解释最终爆炸的详细情况。Neumann 和 Aivazov 认为，在表 4-7 中所引证的实验内，扩展着的热焰波以 500~1000 m/s 左右的速度移动。Miller[57] 曾用内燃机中的爆震燃烧高速纹影照相法观测过类似的热焰波。

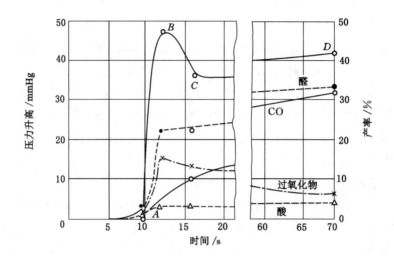

图 4-13　在 300 mmHg 和 318 ℃ 下 $C_5H_{12}+2O_2$ 反应期间内的压力升高和各产物产率

(Neumann & Aivazov[56])

　　当冷焰从自发形成的点燃源向外传播时，波所延及的混合物本身也或多或少地沿着相同的反应路径前进，因为现在体积元组成了点燃源，同时可以推测到，在冷焰波到达以前的反应也有助于传播过程。但是，没有理由认为预备反应对冷焰传播来说是必需的。也就是说，可以想象到，用适当的点燃源也可以使未起反应的冷混合物中产生冷焰。这一点已完全为实验所证实。最初，White[58] 曾用二乙醚-空气混合物做过这种观测，以后，Townend 及其同事[59]完成了广泛的研究。这些研究大部分都是用醚来做的，因为这时在低温下观测现象，使实验很容易进行。但是，Hsieh 和 Townend 用空气中含丙烷、丁烷和己烷所做的观测确定，在 0.51～2.03 MPa 左右的压力下，用这些化合物出现相同的现象。由此可以得出结论，这种现象是极其普遍的。在 White 和 Townend 及其同事所做的早期实验中，点燃源是用炽热的金属，而冷焰是在超出高压电火花点燃时的着火极限的燃料百分数下观测到的。在 Spence 和 Townend 所做的近期实验中，发现在用电火花点燃时会发生爆炸的醚-氧混合物中也可以产生冷焰。将点燃源描述为一个用电加热仔细控制温度的陶瓷体。压力和燃料百分数的火焰传播区域曲线图，是三根近似为 U 形的曲线，如图 4-14 所示。图中，一个是正常火焰区，另一个为冷焰区，第三个是两级着火区。有关正常火焰的讨论将在本书的后面几章中读到。在火花点燃的讨论中得出，在压力坐标上 U 形的深度主要取决于火花能和火花隙的长度，在这些实验中这两个量的标准是任意取的；在混合物成分坐标上 U 形的宽度表示通常的着火极限，它随火花特性的变化很小。正常火焰构成燃烧波，在该燃烧波内温度陡直地从混合物的初温上升到近似与绝热转变到热力学平衡相应的燃烧温度。在这种波内，没有与不同的化学反应机理相关的间断的化学变化阶段。该波所

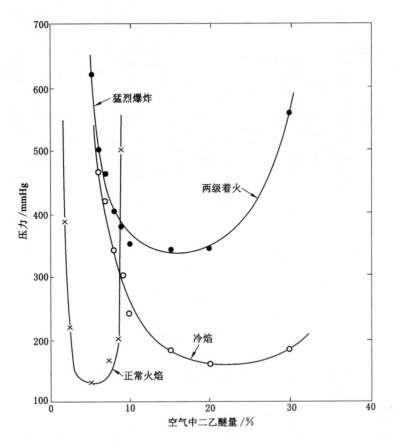

**图 4-14　在室温下二乙醚-空气混合物中正常火焰、冷焰和
两级着火火焰传播时的极限（Spence & Townend[59]）**

密闭管的直径为 5 cm。

延及的初始混合物体积元迅速地被加热达到裂化和离解反应变得很快的温度，所以肯定有
可观的过氧化物生成，过氧化物能发生另外的反应或能发生醛与其他中间产物的反应，这
与初始分子本身的反应是不同的。换句话说，在正常燃烧波中，反应直接进行到与化学焓
完全转变成热能相应的最终产物。该波的驱动力是反应释热，而反应创立了一个邻近冷介
质的强热源。可是，冷焰波中的驱动力是由于链支化过程产生高浓度链载体所致，且反应
至少在瞬间就停止在中间化学反应阶段。冷焰的着火过程是由温度比较低的热源所引起的，
该温度致使邻近的介质中发生使波传播的支化反应。波传播与否取决于介质的温度、压力
或成分，在一给定的成分下较低的温度能被较高的压力所补偿。这种关系可以用 Hsieh 和
Townend[59] 所测得的一簇曲线来解释，如图 4-15 所示。在冷焰波之后达到适当压力时两级
着火得到发展。在这类实验中很易观测到。两级着火火焰随着冷焰后亮度增大的发光区移

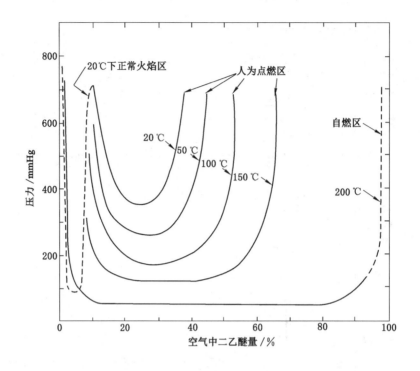

图 4-15　二乙醚-空气混合物的冷焰极限(Hsieh & Townend[59])

动。曾观察到，在很宽的压力和混合物成分范围内正常火焰区外的两级着火火焰波离冷焰波的距离都保持不变。因为管子末端是敞口的，所以压力保持不变。若压力增大到足以超过出现两级着火火焰的临界压力极限，则两级着火火焰波比冷焰波移动得更快，最后两者终于合并。当出现这种现象时，曾观测到组合波的火焰速度有明显的增大。在正常火焰区内，这种合并作用大概会导致出现正常燃烧波。在高压和接近化学计量混合物的情况下，这种火焰相当猛烈。

虽然两级着火火焰大概会导致化学焓的全部释放和热力学平衡的建立，但是不应将它们与正常火焰相混淆，因为两级着火火焰是在与原反应物完全不同的介质中进行的。

在密闭管中两级着火火焰的出现使压力有很大的增长，因而，两级着火火焰相对于冷焰的速度也增大。这时，曾观察到一些奇怪的现象。对于处在正常焰着火极限外的混合物，曾确证这种合并焰是不稳定的，并在短时后又回复为冷焰。这种现象会向管内传播至某一距离，以后，该过程本身会重演，扩展成为振荡传播。对于接近着火极限的混合物来说，两级着火火焰产生了很猛烈的气流效应，且通常观测到由于压倒冷焰而使冷焰熄灭，所以在这种条件下密闭管中的火焰不能通过管子全长。

曾发现可以使烧嘴火焰形式的冷焰在气流中稳定下来。这种实验应推广到包括使两级着火火焰在冷焰后某一距离处稳定下来，如同合并焰的稳定一样。在该实验中，气体混合物通过一根锥形管，其温度用水套保持不变。沿着这根管子的气体速度单调地减小，在火焰波传播速率与气流速度相当的某一区域处稳定下来。火焰并不在与管轴相垂直的横截面内，而有很大的偏斜，如本书第二篇关于管中燃烧波所述。稳定冷焰的示意图如图 4-16 所示，图上还示明用热电偶测量确定的沿管轴的温度分布数据。图 4-17 所示的是稳定冷焰的照片：照片 A 是冷焰；照片 B 是两级着火火焰；照片 C 是合并焰。

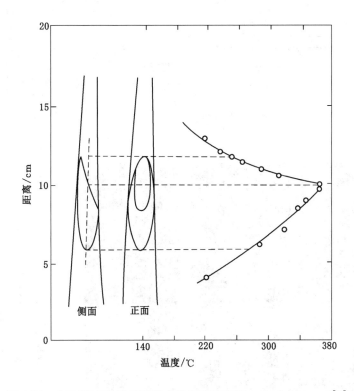

图 4-16　在乙醛-氧的稳定冷焰中的温度梯度（Spence & Townend[59]）

曾获得过有关冷焰极限的某些有规则的数据，它是各种参数的函数。冷焰极限对反应物的分压和温度的依赖关系可以图 4-18 所示的甲丙醚曲线组为表征。看来，分压的下限会随温度移动。有关两级着火的类似曲线显然不受混合物初温的影响。所研究过的其他参数计有：稀释剂气体、CO_2、N_2 和 Ar 的添加量及管子直径。惰性气体使冷焰极限压力增大，并发现这种增大与稀释剂的热容量成比例，这意味着冷焰中的温度升高对传播机理起很重要的作用。管径变化表明有一熄灭直径，低于熄灭直径，冷焰就不能存在。

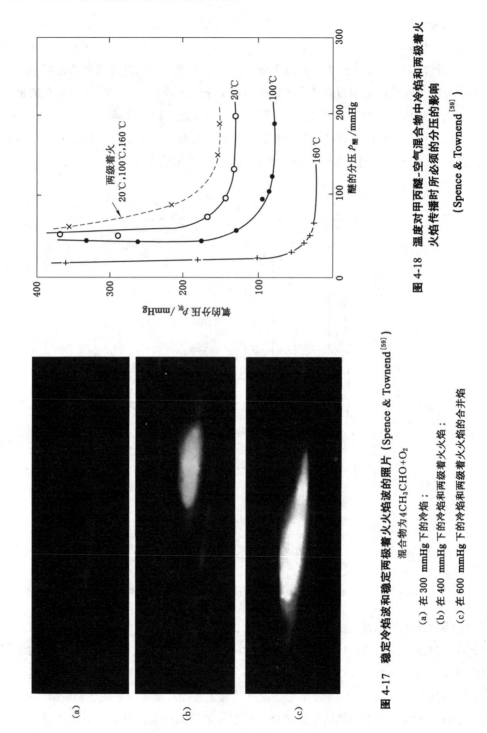

图 4-18　温度对甲丙醚-空气混合物中冷焰和两级着火火焰传播时所必须的分压的影响（Spence & Townend[59]）

图 4-17　稳定冷焰波和稳定两级着火火焰波的照片（Spence & Townend[59]）

混合物为 $4CH_3CHO+O_2$

(a) 在 300 mmHg 下的冷焰；

(b) 在 400 mmHg 下的冷焰和两级着火火焰；

(c) 在 600 mmHg 下的冷焰和两级着火火焰的合并焰

3. 冷焰及两级着火域的温度上限与 Benson 理论

曾根据密闭反应容器中的实验得到的数据作出压力-温度线图，对冷焰及两级着火域作过概述。在学术文献中，在坐标选择上，这种线图的结构随研究人员的爱好不同而异。某些研究人员用压力和温度分别作为横坐标和纵坐标，而另一些则将其选作纵坐标和横坐标。这会带来某些不便，但因为是学术文献上所固有的，读者只好将就。

图 4-19(a)是根据 Townend、Cohen 和 Mandlekar[1] 所得到的数据绘出的，是许多这种线图例子中的一种。此时，混合物的成分为空气中含 3.1％己烷。图 4-19(b)是在 15～25 cmHg 的压力范围内 11.1％戊烷-氧混合物中压力上升的平均速率曲线（Neumann 和 Aivazov[56]）。在压力低于着火极限下，压力上升平均速率表示从反应开始至压力上升完结的半衰期的倒数。可见，强链支化状态即冷焰及两级着火域，其温度上限在这些差别很大的实验中实际上是相同的。显然，这一极限受脂族烃属的反应所控制。特别是有相同之处：由于接近极限，经反应 $R+O_2 \rightarrow ROO$ 的过氧化作用减弱，而另一反应 $R+O_2 \rightarrow HO_2+$ 烯

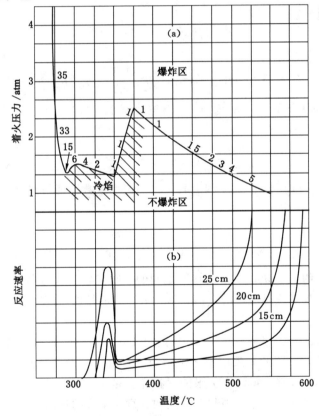

图 4-19(a)　空气中含 3.1％己烷的混合物的着火区（Townend，Cohen & Mandlekar[1]）

冷焰区用阴影面积表示，感应期(s)以曲线上的数字注明。

图 4-19(b)　在各种不同压力下氧中含 11.1％戊烷的混合物的反应速率（Neumann & Aivazov[56]）

130

烃，变得日益重要[60]。

Benson[44,45,61]曾根据所得到历程❶发表了这一转换的理论，如附表所示。该理论确认：链反应的主要产物是氢过氧化物 ROOH 和烯烃 $R'C{=}CH_2$ 或 $R''C{=}CR''$；而且，氢过氧化物或其自由基对低温链支化来说是必需的，且已知它们是在冷焰及两级着火域内产生的。烯烃在链支化中不起作用，由于接近该域的高温极限，它们变为主要链反应的主要产物。此时发生的各反应的速率系数列表如下：

双分子反应	$k/[cm^3/(分子 \cdot s)]$
1. $R+O_2 \rightarrow ROO$	$0.5 \times 10^{-11} (E_1 \approx 0)$
1′. $R+O_2 \rightarrow HO_2+$烯烃	$0.3 \times 10^{-11} e^{-3000/T}$
2. $ROO+RH \rightarrow ROOH+R$	$0.5 \times 10^{-12} e^{-7000/T}$
单分子反应	k/s
$-1.$ $ROO \rightarrow R+O_2$	$3 \times 10^{14} e^{-14000/T}$

因此，该理论依据烯烃产生速率与氢过氧化物产生速率之比来描述研究此极限的方法。这两个速率分别为：

$$d[烯烃]/dt = k_{1'}[O_2][R]$$

和

$$d[ROOH]/dt = \frac{k_1 k_2 [RH]}{k_{-1}+k_2[RH]}[O_2][R]$$

若 ROOH 值不大于约 10^{19} 分子$/cm^3$，则与约为 250 ℃ 以上温度下 k_{-1} 相比，$k_2[RH]$ 这一项变得较小，而速率比变为：

$$\frac{d[烯烃]/dt}{d[ROOH]/dt} = \frac{k_{1'}}{(k_1/k_{-1})k_2[RH]}$$

若利用 $[RH] \approx 10^{19}$ 分子$/cm^3$ 和上表列出的速率系数，则得到温度 T 和速率比之间的如下关系：

温度 T（℃）	250	300	350	400	450
速率比	0.02	1	3.6	13	35

该域温度上限约位于 300 ℃ 与 400 ℃ 之间的中间值处，这与实验大体吻合。虽然所述及的反应对脂族烃来说是通用的，但其活化能与烃的性质[45]有点关系，因而活化能数值差别较小。

特别值得注意的是：速率系数 k_1 的活化能实际上为零，而 $k_{1'}$ 的活化能不为零，且指前因子也稍小于 k_1。因此，反应 $R+O_2 \rightarrow HO_2+$烯烃，总是比反应 $R+O_2 \rightarrow ROO$ 缓慢得多，且冷焰和两级着火域温度上限的存在完全是由于逆反应 $ROO \rightarrow O_2+R$ 的出现，因此，该逆反应在烃的氧化过程中起着深远的、意义重大的作用。

---

❶ Benson 提出 $L/(mol \cdot s)$ 单位（1 $L/mol=1.66 \times 10^{-21}$ $cm^3/$分子）。他还把指数项写作 10 的幂；因此，$k_{1'} = 10^{9.2-25/\theta} L/(mol \cdot s)$（式中 $\theta=4.575 T/1000$；25 为活化能,kJ/mol）。

　　原则上，同样也会有逆反应 HO_2+烯烃$\rightarrow O_2+R$，它使烯烃再转变为自由基 R，但由于对 HO_2 的竞争反应，特别是反应 $HO_2+RH\rightarrow H_2O_2+R$ 以及 Benson[44] 指出的氧化反应：HO_2+烯烃$\rightarrow$环氧化物$+OH$，使这一逆反应出现的可能性变得可以忽略不计。

　　关于速率比对 RH 浓度倒数关系（如上式中所示）已得到实验证实[45,61]。Kane 和 Townend[62] 发现，如图 4-20 所示，穿越温度上限时出现的反应历程的变化清楚地反映了痕量 NO_2 对爆炸极限的影响。由该图可见，低于极限，这种影响很小；高于极限，影响就大，这与图 4-6 所示的对甲烷-氧混合物的影响相类似。很明显，能迅速地与 NO_2（或者说得更确切些是与 NO）起反应的自由基组分，在极限以下很稀少，而在极限以上则很多。这种组分中有一种是 HO_2，它与 NO 起反应，生成 NO_2 和 OH。但是，有关这方面的可用知识还不足以用来确定该反应历程的详细情况。

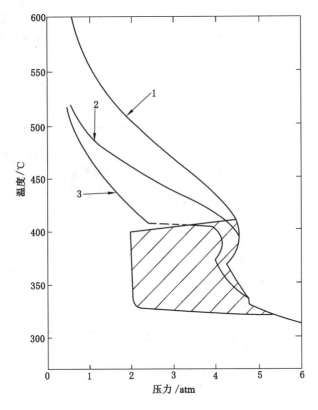

图 4-20　NO_2 对 7.5%丙烷-空气混合物冷焰和爆炸极限的
影响（Kane & Towned[62]）

曲线：1—无 NO_2；2—含 0.1% NO_2；3—含 1% NO_2。

4.　冷焰和两级着火的诱导期 τ_1 与 τ_2

在两级着火中延时或诱导期以 $\tau_1+\tau_2$ 之总和表示。在图 4-2 和图 4-19(a)中，表示 $\tau_1+\tau_2$

这一区域被夹在着火区边界之中。Townend 和 Chamberlain[1]曾绘制了图 4-21 中的线图，表示区外冷焰开始前诱导期的这些线图，不仅表明沿着火区的时期 $\tau_1 + \tau_2$，而且也表明着火区内 $\tau_1 + \tau_2$ 为定值的曲线。后者曲线呈规则的 S 形，而爆炸边界则以奇怪的凹凸部分为标志，这些凹凸部分完全是用实验记录下来的，对它不易解释。在使用乙烷时没有出现凹凸部分，且正如图 4-9 和图 4-10 中所示，在把醛加入混合物时，这些凹凸部分都消失了。显然，出现两级着火的临界压力不是温度的单调函数。一种效应可能是由于原始烃降解为较小分子所造成的，它们在自由基反应中的活化能或多或少有所不同。但是，在爆炸是在特定时间 $\tau_1 + \tau_2$ 后出现的条件下，爆炸区内压力是温度的单调函数，这个反应控制时期 τ_1 和 τ_2 大小的反应动力学不太复杂。

Prettre[63]利用压力上升作为度量反应历程的方法，研究了密闭容器中 τ_1 状态下戊烷和氧的反应。反应速率足够低，大体上保持为等温状态。因此，在这些实验中压力的上升是摩尔数增大的唯一度量。因为，不知道消耗每摩尔反应物会形成多少摩尔的产物，所以，不能事先取压力上升作为所消耗的反应物摩尔数之度量。但是，Prettre 认为，在实验条件的极限范围内，这样做是容许的。他发现，在 260～300 ℃的温度范围内，百分压力的升高

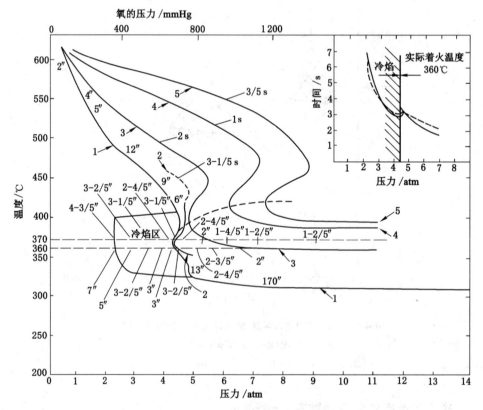

图 4-21　7.5%丙烷-空气混合物冷焰区内的延时(诱导期) τ_1 和

着火(爆炸)区内的 $\tau_1 + \tau_2$ (Townend & Chamberlain[1])

与给定混合物成分的初始压力成正比，换句话说，每摩尔初始混合物所形成的产物摩尔数保持不变。当反应在冷焰中尚未完结而缓慢地趋于停止时，与反应通过冷焰阶段迅速趋于完成时，这都是属实的。在容器直径为 30 mm 或更大一些时和在戊烷的含量为 12%～50% 之间时，曾发现这种规则在一定的范围内也都是正确的。看来，尚未研究过百分数超出这一范围时的情况。曾发现，百分压力的升高，即每摩尔初始混合物所形成的产物摩尔数，随氧的百分率成线性地增大。在上述条件下利用压力作为反应历程度量时，Prettre 获得了压力升高与时间关系的指数曲线，即在冷焰区以下，曲线转向且以后又转平，而在冷焰区之上，曲线终止于爆炸比例的反应处。这种情况如图 4-22 所示，图中曲线 1 与冷焰区之下的压力相应，曲线 2 与冷焰区内的压力相应，曲线 3 和曲线 4 与两级着火范围内的压力相

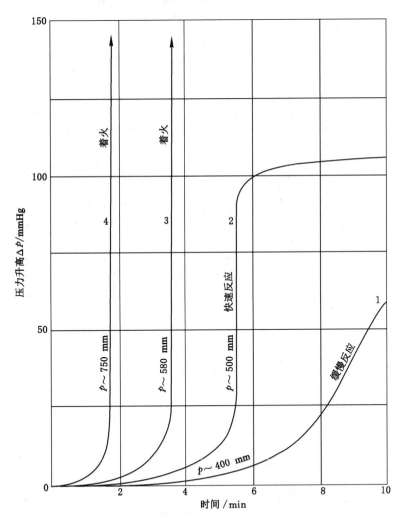

图 4-22　在 260 ℃ 和各种不同的初始压力 p 下，35%C_5H_{12}＋65%O_2 混合物的压力升高与时间的关系 (Prettre[63])

应。在对数标尺上，这张图的曲线局部地变成直线（见图4-23），它具有与如下方程相应的斜率 φ：

$$p = A(e^{\varphi\tau} - 1)$$

式中 τ 是时间，A 是一个比例因数。Prettre 曾提供了关于指数因数 φ 的几个关系式。按照推测，定温下 φ 与戊烷的分压和总压的平方成正比：

$$\varphi \sim p_{戊烷}p^2$$

仅在戊烷含量到达 50% 时才能观察到 φ 随戊烷的压力线性增大。在更高的含量百分率下，φ 值则减小。因此，等分子混合物具有最大的 φ 值。在冷焰得以发展的情况下，对于所研究过的范围内任何温度（260～300 ℃），φ 与 τ_1 的乘积相当恒定，因而

$$\varphi\tau_1 = 常数$$

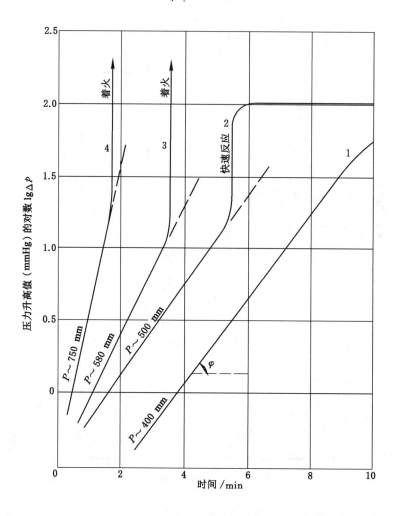

图 4-23　同图 4-22，压力升高用对数标尺表示

所以，等分子混合物的 τ_1 为最小。根据上述方程式得：

$$\tau_1 \, p_{戊烷} \, p^2 = 常数$$

式中该常数仅取决于温度。乘积 $\varphi\tau_1$ 对温度的依赖关系如图 4-24 所示。图中绘出 $\lg(\varphi, \tau_1)$ 与绝对温度倒数的关系曲线。从曲线在 260～280 ℃ 之间的线性可见，在这个温度范围内 $\varphi\tau_1$ 与 $\mathrm{e}^{-E/(RT)}$ 成正比。因此，在这个温度范围内：

$$\varphi \sim p_{戊烷} \, p^2 \mathrm{e}^{-E/(RT)}$$

求得 E 为 160～200 kJ。约在 280 ℃ 以上，乘积 $\varphi\tau_1$ 小于与 $\mathrm{e}^{-E/(RT)}$ 成正比的数值。用曲线外推法可推测到，约在 310 ℃ 时 $\varphi\tau_1$ 通过一个最小值。由 Tizard 和 Pye[64] 用快速绝热压缩法（$\tau_1=0.53$，温度为 295 ℃，压力为 0.507 MPa，空气中含 2% 戊烷）测得的一个实验点很好地落在该曲线上。若取面值，则图 4-24 指出，在不变的混合物成分和压力下 260～280 ℃ 之间的诱导期 τ_1 近似地与 $\mathrm{e}^{25\,000/T}$ 成正比；在高于 280 ℃ 的温度下，τ_1 愈来愈小，最后约在 310 ℃ 下通过一个最小值。问题在于高于 280 ℃ 的 Prettre 观测结果是仅仅指 τ_1 状态呢还是也包括 τ_2 状态。下面要讨论的 Andreev 和 Rögener 的研究指出，随着温度的增大，τ_1 总是减小，而 τ_2 总是增大，所以，导致两级着火的总诱导期 τ 就反应出图 4-24 上所示这

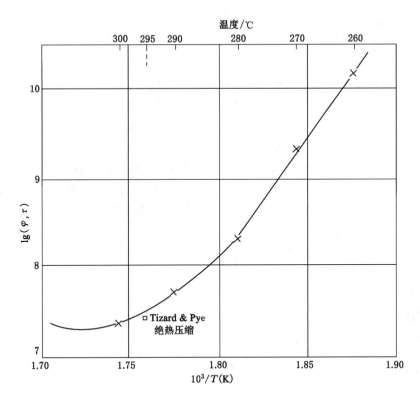

图 4-24　$\lg(\varphi, \tau)$ 和绝对温度倒数的关系曲线（Prettre[63]）

φ—方程式 $p=A\,(\mathrm{e}^{\varphi x}-1)$ 中的指数因数；τ—在冷焰或着火以前的诱导期。

类的对温度的依赖关系。

添加氮会加速反应速率。氮对指数因数 φ 的效应可用如下方程式表示：

$$\varphi = \varphi_0 \ (1+\alpha p_{N_2})$$

式中 φ_0 对应无氮的混合物。系数 α 是戊烷和氧的压力之和的函数，它具有如下形式：

$$\alpha \sim \frac{1}{p_{戊烷}+p_{O_2}}$$

根据乘积 $\varphi \tau_1$ 不变得出：

$$\tau_1 \ (1+\alpha p_{N_2}) = 常数$$

用氩也能获得相类似的结果。

Prettre 所作的其他观测结果如下述：

尽管在低于 300 ℃ 的实验中 τ_1 因添加惰性气体而减小，但在高于 300 ℃ 时 τ_1 和 τ_2 之和却因添加惰性气体而增大。

表面情况会影响反应速度增长速率。试验是在干净的硼硅酸耐热玻璃容器中完成的，而仅在相同的容器中做了许多次连续操作后才能获得相一致的结果。曾发现在 KCl 覆盖的硼硅酸耐热玻璃容器中低于 300 ℃ 的温度区域内的速率要低得多。

在容器直径大于 30 mm 下，容器尺寸的大小不会影响 φ 值，但在低于上述直径下，φ 值近似地根据如下关系减小：

$$\varphi \sim 1-(k'-d^2)$$

式中 k' 是在其他状态不变情况下的一个常数。由于当换一个容器时所得结果常常相矛盾，使得上述比例关系的正确性有些值得怀疑。但是，φ 变为零的临界直径的存在似乎是确实的。例如，在 270 ℃ 下，曾发现反应在 7～10 mm 的直径范围内停止。某些观测结果同样也曾用装填充物容器得到。填充物由许多细玻璃杆所组成，其表面容积比为 20 cm^{-1}。在 310 ℃ 以上，可以观测到反应，而在 320 ℃ 以上则会出冷焰。诱导期随着温度的升高而减小，其后，在约为 325 ℃ 时通过最小值后又增加。因此，诱导期的最小值从空容器时的 310 ℃ 左右移到装填充物容器时的 325 ℃ 左右。如果正如推测那样，数据是指 τ_1 和 τ_2 之和，那么，看来 τ_2 受填充物的影响比 τ_1 稍强些。

Aivazov 和 Neumann[65] 曾与 Prettre 同时发表了一组数据。他们没有详细地记录压力增大的过程，而确定了冷焰的诱导期和压力极限。正如前述，诱导期是用玻璃膜压力计以照相法记录的，而按我们估计，他们指的是 τ_1 状态。他们用戊烷-氧混合物所得的结果本质上与 Prettre 的相同，但是，有关数据的经验公式是不同的。例如，在恒定的戊烷百分率下，Prettre 把方程写作：

$$\tau_1 p^2 = 常数$$

而 Aivazov 和 Neumann 写作：

$$\tau_1 (p-p_0)^n = 常数$$

式中 p_0 是冷焰区的压力极限，n 是一个数。这种研究的温度范围相当高。该方程式可用 350 ℃ 和 $p_0=95$ mmHg 下 $1C_5H_{12}+4O_2$ 混合物的数据作例证，在这种情况下 n 等于 2。对温度的依赖关系用如下形式的方程式表示：

$$\tau_1 \mathrm{e}^{-\gamma/\tau} = 常数$$

式中 γ 与压力有关，例如，此值在 200 mmHg 以下为 64 000，在 150 mmHg 以下为 56 000。确定该方程式的数据是在 325～375 ℃ 的温度范围内获得的，这一温度范围比 Prettre 所用的温度要高得多。但是，要注意到，在图 4-24 上没有提供诱导期的最小值。关于氮对诱导期的影响，Aivazov 和 Neumann 提出如下形式的方程式表示：

$$\tau_1 (1 + 常数 \cdot p_{N_2})^2 = 常数$$

这一方程式只近似地与实验数据一致。这些实验是在 321 ℃ 和添加氮以前的初始压力为 162 mmHg 下以丁烷与氧的等分子混合物完成的。Neumann 和 Tutakin[66] 同样地也发现 τ_1 随添加氮（甚至还有氢）而减小。与这些观测结果相一致，Pease[67] 曾观测过在 270～280 ℃ 下 KCl 覆盖硼硅酸耐热玻璃容器中氮对丙烷氧化的加速效应，此时当然属于 τ_1 状态。反之，在干净的硼硅酸耐热玻璃容器中，惰性气体效应就消失了。在这种容器中，诱导期要比 KCl 覆盖容器中短得多。看来，这是在干净硼硅酸耐热玻璃表面上断链裂能力很低的一个明显的实例。在这里，链载体销毁速率仅取决于表面的链断裂能力 ε，而不取决于链载体的扩散速率；从而，不受惰性气体影响。在 KCl 覆盖容器中，表面的链断裂能力很高，链载体销毁速率本质上取决于扩散，因此，它因添加惰性气体而减小。

Aivazov 和 Neumann 在 300 mmHg 和 390 ℃ 下以 $1C_5H_{12} + 4O_2$ 混合物研究了容器直径的效应。容器的直径在 10～40 mm 范围内。研究结果近似地用如下方程式表示：

$$\tau_1 = \left(0.96 + \frac{0.52}{d^2}\right)^2$$

但该著者认为，这个方程式的通式尚未确定。他们发现，近似为等分子的混合物，其诱导期最短，这与 Prettre 的观测结果是一致的。

Andreev[68] 曾利用玻璃膜压力计和照相记录系统研究过石英容器中丁烷和氧的等分子混合物压力增大时 τ_1 和 τ_2 状态的变化情况。在 380 mmHg 压力下的一组典型实验结果如图 4-25 所示。与 Aivazov 和 Neumann 相一致地，曾发现 τ_1 随着温度的增大而连续地减小。与此成明显的对比，τ_2（用放大 100 倍的标尺表示）随温度的增加而增大。这种增大并不遵从一个简单的规律，如在 336～352 ℃ 之间 τ_2 曲线是中断的。在这一温度范围内，不能得到两级着火，而仅能得到冷焰。Neumann 和 Tutakin[66] 所获得的附加报道表明，随着给定混合物压力的增大，τ_2 相对于 τ_1 来说不断地减小。这与 Kane[50] 所获得的数据（如图 4-11 所示）是一致的。由于 Rögener[69] 的工作，该数据的范围得到很大的扩展。Rögener 将燃料-空气混合物体积迅速地压缩到预先精确确定的原体积分数，并用与阴极射线示波器相连的压电器记录在伴随的化学反应中产生的压力，得以观测到与高压高温相应的极短的诱导期 τ_1 和 τ_2。最早利用快速压缩的原理作为研究高温高压下着火延迟工具的是 Tizard 和 Pye[64]。这个工作后来由 Jost 和 Teichmann[70,71] 与 Scheuermeyer 和 Steigerwald[72] 继续下去，他们能观测到极短的诱导期，但没有获得 τ_1 和 τ_2 状态的清晰分离情况。但 Rögener 所得的记录则表明，这种分离是非常明显的；关于这种记录的说明和工程技术上感兴趣的器具的描述都可从

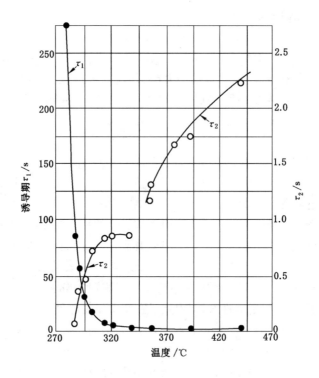

图 4-25 在 380 mmHg 下 $C_4H_{10}+O_2$ 混合物的诱导期

τ_1（左标尺）和 τ_2（右标尺）（Andreev[68]）

Jost[71] 的论文中找到。在 Rögener 实验中所获得的绝热压缩温度近似地在 400～500 ℃ 的范围内；压力的范围为 0.507～4.053 MPa；所观测到的诱导期从 10^{-1}s 到低于 10^{-2}s。这些结果用求 τ_1 和 τ_2 的经验公式综合于表 4-8 中。虽然在这些方程式中的"活化能"和其他的数值都没有直接的动力学意义，但由此可见：随着温度的增加，τ_1 总是减小而 τ_2 增大；随着压力的增加，τ_1 和 τ_2 两者都减小。当述及这些效应的相对大小时要注意到，τ_1 随温度增加的减小比 τ_2 的相应的增大要迅速得多，而 τ_2 随压力增大的减小比 τ_1 的减小要迅速得多。

表 4-8 求 τ_1 和 τ_2 的经验公式[①]（Rögener[69]）

正庚烷	$\begin{cases} \tau_1 = 8.1\times10^{-12}\times p^{-0.66}\times e^{15\,100/T} \\ \tau_2 = 0.5\times p^{-1.82}\times e^{-1\,400/T} \end{cases}$
正戊烷	$\begin{cases} \tau_1 = 2.7\times10^{-9}\times p^{-0.69}\times e^{11\,600/T} \\ \tau_2 = 4.5\times p^{-1.54}\times e^{-3\,030/T} \end{cases}$
正丁烷	$\begin{cases} \tau_1 = 5.8\times10^{-6}\times p^{-1.35}\times e^{8\,330/T} \\ \tau_2 = 2.35\times10^{4}\times p^{-2.96}\times e^{-5\,220/T} \end{cases}$

① 化学计量成分燃料-空气混合物。τ 用 s 表示；p 和 T 是在压缩末与在出现可感知的化学反应前的压力（atm）和温度（K）。

这些关系表明，总诱导期 $\tau = \tau_1 + \tau_2$ 与温度和压力的关系很复杂。这可以用图 4-21 中 Kane 和 Townend 的曲线作示例说明，还可以用 Scheuermeyer 和 Steigerwald[72] 在高压高温下对正庚烷的测量作进一步说明。他们所得到的、以对数标尺表示的 τ_1 和 τ_2 的数据与按绝热条件假定来计算得到的压缩末绝对温度的倒数的关系曲线，如图 4-26 所示。图上所示的三根曲线分别与 0.91 MPa、1.52 MPa 和 2.03 MPa 的终压力相应。在低温下，每根曲线都相当好地接近于直线，即 τ 去掉表示 τ_1 起主导作用的因数 $e^{常数/T}$。向高温方向，曲线上翘，压力愈低，上翘愈甚。这与 τ_2 的变化趋向相符合，即 τ_2 随着温度增加而增大，但随压力增大而降低比 τ_1 要迅速得多。

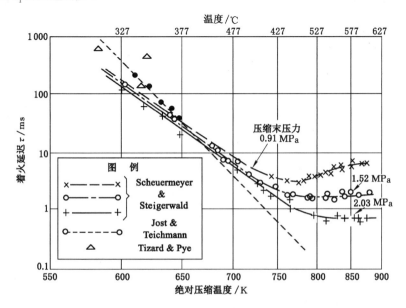

图 4-26 用快速压缩法确定的化学计量成分正庚烷-空气混合物的着火延迟

(**Scheueymeyer & Steigerwald**[72])

Rögener 还研究过燃料-空气比对两种诱导期的影响。他用的是添加 2% 体积 Pb(Et)₄ 的正庚烷。燃料-空气比相应地为化学计量成分的 56%、100% 和 183%。曾发现，τ_1 与燃料-空气比基本无关，而 τ_2 随着燃料-空气比的增大而减小。τ_1 对混合物成分不敏感，这与 Prettre 及 Aivazov 和 Neumann 在研究混合物中含氮量时所得的数据并不矛盾。将他们的数据外推到与空气成分相应的 O_2-N_2 比可得出，τ_2 对燃料-空气比的变化是同样不敏感的。

就四乙基铅作添加剂而论，显著的论据是 Rögener 所发表的观测结果，即诱导期 τ_2 大大地延长了。例如，往液体正庚烷添加 2% 体积的四乙基铅时，表 4-8 中求 τ_1 的方程式仍不受影响，但 τ_2 值则改用如下经验公式表示：

$$\tau_2 = 2 \times 10^4 \times p^{-2.24} \times e^{-7\,000/T}$$

在 Rögener 实验所用的温度和压力范围内，按上式求得的 τ_2 值大于表 4-8 中相应方程

式求得的 τ_2 值，两者相比的因数为 10 左右。四乙基铅对戊烷-空气混合物两级着火的压力-温度极限的影响如图 4-27[73] 所示。这张图表示着火极限与温度、压力、混合物成分和添加 $Pb(C_2H_5)_4$（添加量为 0.05%）的关系。当处于垂直的虚线上时不能着火。这张图还表明，在恒定的混合物压力（分别为 1.25 atm 和 1.75 atm）下，添加四乙基铅使最低着火极限移向更高的燃料百分数和更高的温度。若采用如含 3.7% 戊烷的混合物的数据绘成温度-压力图，则得到图 4-28 所示的曲线。由图可见，$Pb(C_2H_5)_4$ 使曲线向较高的温度-压力方向位移，虽然在这类型的图上位移适度，但是，在图上的某些区域内，若压力保持不变，会导致温度增加很大，或若温度保持不变，则压力增加很大。对于丁烷、异丁烷和己烷与

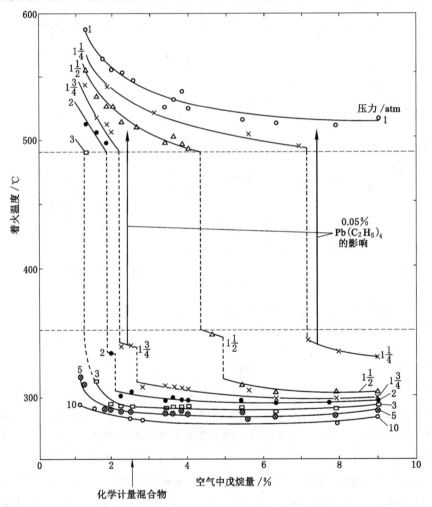

图 4-27　四乙基铅对各种不同压力下戊烷-空气混合物两级着火影响（Townend & Mandlekar[73]）

图上着火区外绘以虚线。

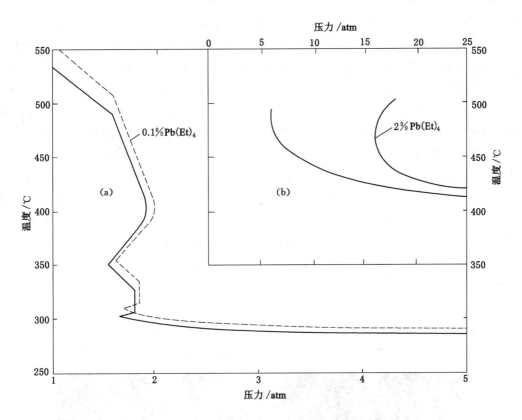

图 4-28　四乙基铅对着火极限和诱导期的影响

（a）在添加和不添加四乙基铅的情况下 3.7％戊烷-空气混合物的着火极限（Townend & Mandleker[73]）；

（b）在添加和不添加四乙基铅的情况下化学计量成分的正庚烷-空气混合物的等诱导期 τ 曲线

$$\tau = 4 \times 10^{-3} \text{ s（Rögener[69]）。}$$

空气混合物来说，也曾获得一些类似的曲线[1,74]。对于异丁烷和己烷来说，$Pb(C_2H_5)_4$ 曲线在没有使半岛形状变化的情况下向更高的温度移动，使得该曲线在好几个地方与无四乙基铅的曲线相交。在曲线相交的这些地方，定温下的着火压力实际上因添加 $Pb(C_2H_5)_4$ 而降低了。图 4-28 同样也表明按 Rögener 数据计算得到的一组正庚烷等诱导期（$\tau_1 + \tau_2 = 4 \times 10^{-3}$s）曲线。这些曲线因添加 $Pb(C_2H_5)_4$ 而位移的特性是相同的。可以意料到，冷焰区在添加 $Pb(C_2H_5)_4$ 时同样会移动。在这一节早以描述过的、Prettre 所完成的这类实验中，混合物的压力在温度改变时仍保持不变，因此，添加 $Pb(C_2H_5)_4$ 可以使发光效应减弱，甚至能消除冷焰，这要取决于所添加的 $Pb(C_2H_5)_4$ 的数量。这些就是 Prettre 的经验。

　　确定 τ_1 和 τ_2 的化学过程涉及过氧化物，因而不可避免地包括容器表面处的过氧化物的反应。所有的实验者都报道，为了获得可重复的数值，必须进行反应容器的处理。这种处理通常是在测定前作许多次空白操作。这适用于低压下玻璃容器中的实验以及 Rögener 的高压实验。Rögener 报道，在使用纯正庚烷的第一组实验中数据的分散程度是非常显著的。

在使用 $Pb(C_2H_5)_4$ 时，相继进行的一些实验重复性有重大改善。按此，一些实验是用纯正庚烷、戊烷和丁烷进行的，它们同样也表明数据点的分散程度大大地降低了。进一步还要注意到，在相同条件下进行的一组实验中诱导期偶尔单调下降。Rögener 经验公式适用于没有这些效应时的实验。

Taylor 及其同事[75]用快速压缩装置获得了表明着火过程发展进程的一些很有意义的照片。其中之一已被复制成图 4-29。照相机摄影方向是经厚玻璃观测口至圆柱形压缩室的末端。混合物是燃料-空气比按质量计为 0.065 的丁烷-空气；初始温度为 155 ℃；初始压力为 80 mmHg；压缩比为 10.04。活塞行程时间为 0.006 s。第一幅照片与零时间相对应，它是在压缩冲程末摄得的。其后各幅照片的时间已在照片下面注明(ms)。这种明显的事实是值得注意的，即发光斑点优先在圆柱体表面处出现，然后着火期内向中心扩展。不是一切曝光的地方都清楚地证实它们是发光表面源。某些发光斑点常常很乱地分布在视域内。因为照相机没有提供立体视域，照片无法判断这种斑点是气相中，还是在活塞表面处，或是在玻璃窗口处产生的。在这些照片上看不到这一点，但是，发光源斑点多和分布杂乱本身就表明，反应不是均匀地遍及整个混合物。图 4-30 所示是于压力-时间同时记录的庚烷-空气混合物连续照片。两级着火的特点从压力记录上来看是很明显的，而照片本身没有提供诱导期 τ_1 终了的指示。看来，导致 τ_1 状态末压力有很小而迅速增大的过程使发光度增加较

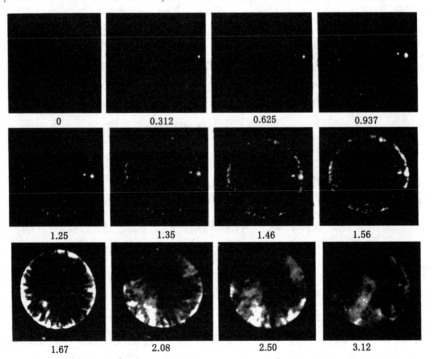

图 4-29　用快速压缩点燃丁烷-空气混合物的照片 (Taylor et al.[75])

在每幅照片下的数字是指压缩终了时的毫秒数。

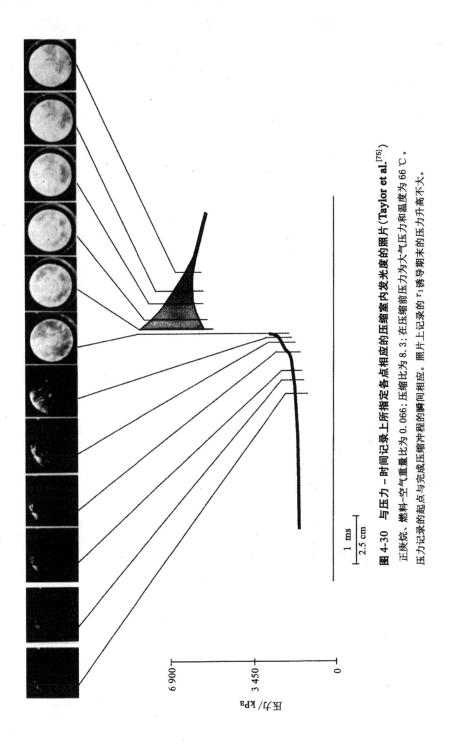

图 4-30　与压力 – 时间记录上所指定各点相应的压缩室内发光度的照片 (Taylor et al.[75])

正庚烷、燃料–空气重量比为 0.066；压缩比为 8.3；在压缩前压力为大气压力和温度为 66 ℃。压力记录上记录的 τ_1 诱导期末的压力升高不大。照片记录的起点与完成压缩冲程的瞬间相同。

压力/kPa

6 900

3 450

0

1 ms

2.5 cm

小。但是，在这一期间，某些斑点的发光度得到发展。在视域内发光度的突然伸长似乎与 τ_2 状态末是一致的。就表面所起的作用来说，使人想起 Beatty 和 Edgar[55] 的观测结果，他们在各种不同的温度下使正庚烷-空气混合物通过直径为 2.4 cm 的硼硅酸耐热玻璃管进行观测。在 250 ℃ 左右，漫射光似乎充满了整个混合物柱体，而冷焰则在 270 ℃ 左右形成并呈环形，表明近壁处的发光强度强于中心处。

5. 冷焰域内的化学动力学

以冷焰而终结的低温链支化反应涉及（在第 1 小节中）氢过氧化物与乙醛 CH_3CHO 和其他高级醛的醚或类醚加合物的化学。这一概念暗指，烃及其化合物产生冷焰的唯一条件是在它们的氧化过程中，不仅形成氢过氧化物，而且形成除甲醛 HCHO 以外的醛类。由于氧攻击正烃基碳链中的伯碳原子—CH_3 或仲碳原子而生成了诸如 CH_3CHO 的醛，而氧攻击叔碳原子生成诸如 $(CH_3)_2CO$ 的酮。酮不并生成具有氢过氧化物的类醚加合物，因而，正如图 4-1 中曲线 8 所示，异丁烷不产生冷焰。另一方面，异辛烷（如 2,2,4-三乙基戊烷）会产生冷焰和两级着火[51]，因为它含有—CH_2—基，但正如图 4-31 中曲线 1 和曲线 3 所

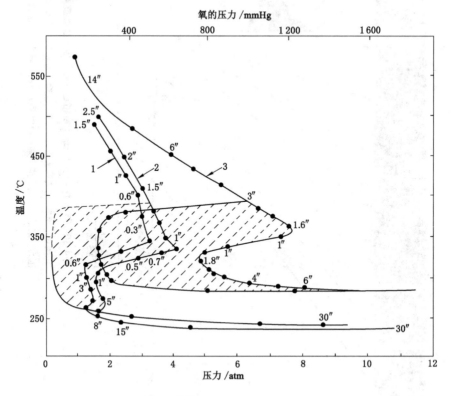

图 4-31　稀烷烃-空气混合物的冷焰和两级着火极限（Maccormac & Townend[51]）

1—正辛烷；2—正庚烷；3—异辛烷。

曲线上标明的数字指的是时间迟延，s。混合物含烃量是化学计量百分数的 0.65 倍。

示，冷焰域很狭窄，且与富有这种基团的正辛烷相比，该域向更高的压力方向移动。乙烷 CH_3CH_3 会产生甲醛，也会产生少量乙醛（见下）。在使用乙烷时，该域仅得到不充分的扩展（图 4-32），而将 1% 量的乙醛加入混合物时，该域就得到充分扩展（图 4-2）。

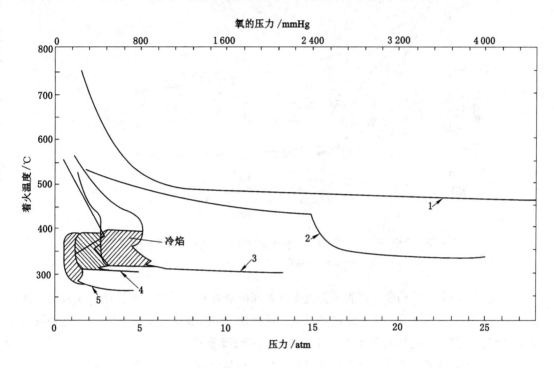

氧的压力 /mmHg

图 4-32　烷烃-空气混合物的冷焰和两级着火极限 (Kane，Chamberlain & Townend[59,62])

1—13%甲烷；2—10%乙烷；3—5%丙烷；4—3.8%正丁烷；5—2.7%正己烷。

乙烯 CH_2CH_2 仅能产生甲醛[76]，因此，它不能产生冷焰（图 4-33）。这同样也适用于乙炔 C_2H_2、苯 C_6H_6 和高级芳香族化合物。这还适用于甲苯 $C_6H_5CH_3$（见下），但正如图 4-33所示，冷焰效应除用含正烷基的其他烯烃以外还可用丙烯 $CH_2\!=\!CHCH_3$ 得到[62]。乙烯经如下自由基反应顺序产生甲醛：

$$CH_2CH \xrightarrow{O_2} CH_2CHOO \xrightarrow{CH_2CH_2}，CH_2CH+CH_2CHOOH \rightarrow 2CH_2O$$

而采用丙烯时相类似的反应会产生 CH_2O+CH_3CHO，且因而提供产生冷焰所需要的乙醛。在使用甲苯时，这种产生乙醛的反应是不可能发生的。

Newitt[77] 曾研究过位于冷焰域外温度和压力下氧与烯烃的反应。他在反应产物中发现了混合醚。可以认为，这种醚是由醛-氢过氧化物的加合物经如下这类反应生成的：

$$CH_3\overset{|}{\underset{OO-}{C}}H \cdot O \cdot CH_2CH_3 \rightarrow CH_3\overset{|}{C}H \cdot O \cdot CH_2CH_3 + O_2$$

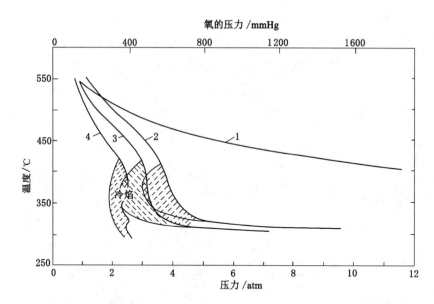

图 4-33　烯烃-空气混合物的冷焰和两级着火极限（Kane & Townend[62]）

1—6%乙烯；2—4.5%丙烯；3—3.36%丁烯；4—2%α-戊烯。

因此，烃的分子结构和其能否低温链支化之间的联系是清楚的，而且这种联系也同样是可能的，因为在正辛烷和异辛烷的情况下，根据分子结构能认出较活泼的烃（即这种较活泼的烃能在比其他烃更低的温度-压力下产生冷焰和两级着火）。

早已论述过冷焰链支化机理限制在温度、压力和其他变数的限定域内，并解释过链烷烃存在通常的温度上限。但是在该域内外还有各种其他的观测结果和有关反应的数据需要描述和讨论。

在冷焰区和两级着火区之间边界的畸形（其凸凹形已用实验加以很好的证实）表明反应动力学错综复杂。在上述各张图上复制的爆炸图可以看出，这似乎是不规则的。图 4-34 和图 4-35 上的线图，对此做了进一步说明。这两张图是分别由 Townend 和 Chamberlain[1] 与 Newitt 和 Thornes[78] 得到的。图 4-34 表示以钢制容器中丙烷-空气混合物获得的数据，而图 4-35 中的数据是以石英容器中丙烷-氧混合物获得的。但正如图 4-34 中氧压力标尺所示的那样，采用空气时的数据落在图 4-35 中数据的氧的压力范围，所以大气氮和容器参数都没有很大的差别，将各着火曲线分开的主要参数是丙烷与氧之比。这一比值沿图 4-34 中曲线 1 从0.13∶1增大到图 4-35 中的 1∶1，且靠牺牲冷焰区为代价而使着火区有相应的扩大。由于该区向较低的温度-压力扩展，使冷焰区大部分被着火边界所包围。

有关这一课题的简要评述可在下面找到，要注意许多其他细节，这些曾由 Newitt 和 Thornes 作过报道。例如，在沿图 4-35 中等压线 DE 贯穿时，曾观察到下表中所示的现象。

温度范围/℃	所观察到的现象
275～285	在几分钟的诱导期后,发微光,并保留到反应大体完成为止
290	发微光,随之靠近容器中心开始出现淡蓝色冷焰,并向外延伸,导致产生轻微的压力波动;发光在生成火焰后几秒内继续存在
330～340	立刻观察到初始发光,继之以每隔几秒钟产生 4 或 5 团分离的冷焰;这些火焰中每一团在熄灭前都有穿过整个容器
340	仅形成两团冷焰
345～385	在这一温度范围内仅观察到一团冷焰。随着冷焰团数目的减少,冷焰的强度增强,在一切情况下,它们继之以强而均匀的辉光持续几秒钟。在 350～385 ℃之间,单个的冷焰在强度上减弱了而总发光增强,直到最后它变得不能与火焰相区别开
380～425	立即看到强光充满容器;在 425 ℃下,它继之以光亮的蓝焰;且在稍高一些的温度下,该蓝焰变成以黄焰为特征,通常这与真正的着火有关;把邻近着火曲线、打网纹的狭窄暗区规定为形成这种蓝焰的区域

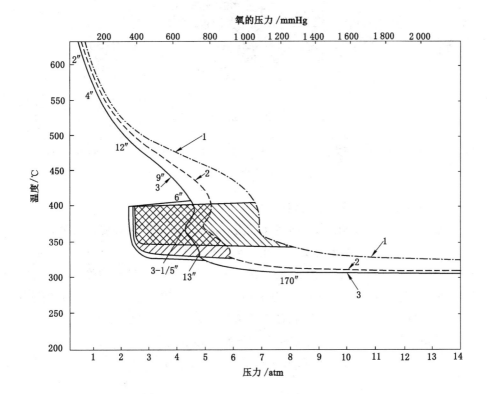

图 4-34　钢制容器中的丙烷-空气混合物(Townend & Chamberlain[59])
丙烷含量:曲线 1 为 26%;曲线 2 为 5.0%;曲线 3 为 7.5%。
丙烷与氧之比:曲线 1 为 0.13∶1;曲线 2 为 0.25∶1;曲线 3 为 0.39∶1。

在横截 315 ℃处等温线 FH 时观察到的现象与上述的相类似;冷焰团的数目起初从 180 mmHg 以下的 1 团增加到 321～520 mmHg 以下的 4 团或 5 团,以后又减少。在约 530 mmHg 以下出现着火,有时间隔几秒钟,相继有 1 团或 2 团分离的冷焰通过,且在这种实

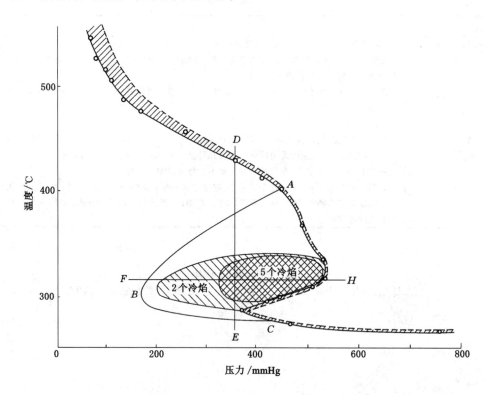

图 4-35　在直径为 5.5 cm 的石英容器中 C₃H₈＋O₂ 混合物的冷焰和两级着火（Newitt & Thornes[78]）

丙烷与氧之比为 1:1。

验条件下，它通常伴有冷焰区中的析碳过程。

在一些试验中，Newitt 和 Thornes 曾用压力计测量的观测法来监测反应的进程，并在预先确定时刻把容器浸入冰浴槽使反应停止。曾分析到的产物有：甲醛、总高级醛（乙醛和丙醛）、丙烯、总过氧化物、乙烯、CO、CO₂ 和 CH₄。在某些试验中曾监测到醇类（多半是甲醇，但也有包含有乙醇和丙醇），还检测到少量有机酸、聚合烯烃和氢。就过氧化物来说，看来并不继续存在原始过氧化物即丙基氢过氧化物，而仅发现有由醛和 H₂O₂ 衍生的烷基过氧化物。这是由丙烷-氧的流动反应器数据推断得到的，该数据是由 Pease[79] 在 260～300 ℃下的实验，Harris 和 Egerton[80] 在 307～340 ℃下的实验，以及 Cartlidge 和 Tipper[46] 在 327 ℃下实验获得的。

曾以已消耗掉的（已燃去的）丙烷中碳的百分数列表表示产物的产率，并在忽略乙烯、CO、CO₂ 和 CH₄ 的情况下，以产物产率与时间的关系曲线表明反应的发展过程。图 4-36 表示在 460 mmHg 和 274 ℃（低于冷焰区的温度）以下的该曲线，图 4-37 用来表示 400 mmHg 和 294 ℃下的实验结果，根据研究者的不同，这种情况会产生四种冷焰[78]，它们位于爆炸图上邻近伸入着火区的舌尖处的冷焰下边界之上方。该数据仅扩展到第二级冷焰：对取样来说，该点以外反应速率都太高。图 4-38 用来表示在 360 mmHg 和 400 ℃下的

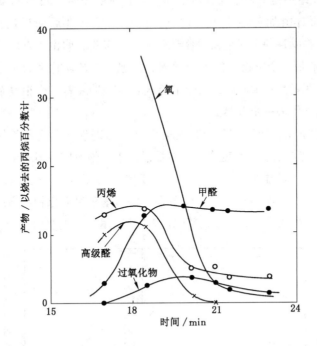

图 4-36　在 460 mmHg 和 274 ℃ 下 $C_3H_8 + O_2$ 混合物反应的产物（Newitt & Thornes）

实验结果，此处位于冷焰区的上方，处于冷焰和着火之间的停止反应有可能在狭窄区域中。有关压力变化和产物产率的补充数据可以从原始论文中找到。

在冷焰区下方缓缓反应（图 4-36）发生之前是 15 min 的诱导期，在该期间内，没有可检测到的压力变化，仅有燃料和氧的少量消耗。随之，以极快的速率产生高级醛和丙烯，醛是在包括 $C_3H_7 \xrightarrow{O_2} C_3H_7OO$ 这一阶段的链反应中产生的，而丙烯是在竞争反应 $C_3H_7 \xrightarrow{O_2} C_3H_6 + HO_2$ 中形成的。在该情况下，这两种反应显然以几乎相等的速率进行，由于反应过程的进行，C_3H_8 的供应减少，使链反应从产生高级醛和丙烯到消耗这些物质，以致它们的浓度几乎同时通过最大值。最终的产物包含有甲醛和过氧化物。

虽然在图 4-36 所示的一组实验中并不产生冷焰，但是由于醛-氢过氧化物加合物二次过氧化当然会出现某些链支化，因此，若使用简化的表达式，则有：

$$dn/dt = n_0 + (\alpha + \beta)n$$

式中 n 为自由基浓度，α 和 β 分别为链支化系数和链断裂系数，n_0 为自由基的自发产生速率。在目前情况下，α 小于 β，通常认为，该反应以与如下稳态浓度相应的稳态速率进行：

$$n = n_0/(\beta - \alpha)$$

但是，在图 4-36 中受监控的反应显然并没有达到稳态的征兆。我们替之写出下式：

$$dn/dt = n_0 - (\beta - \alpha)\, n$$

该式暗示，速率 n_0 绝不是某种单元反应的速率，它表明按照与醛-氢过氧化物加合物不同的某种机理缓慢而自由加速地产生自由基。这一机理将在后面讨论。这里要注意到，Newitt 和 Thornes 曾以各种不同直径的容器来实验，实验表明由于自由基向器壁扩散而出现链断裂。因此，β 是一个可控制的动力学函数。但是，链支化系数 α 与醛和氢过氧化物的浓度有关，它们两者都有随时间而变化的情况，这表明 α 是一个很复杂的依赖于时间的函数，这一点在此未作进一步考察。

图 4-37 所示的是在较低压力和较高温度下反应的进程。在这种条件下，诱导期减至 8 min，由于 α 增大使自由基的浓度变得大至足以产生冷焰效应。但由于氧消耗而释放出来的热也同样会使混合物的温度升高，以致离解反应 $C_3H_7OO \rightarrow C_3H_7 + O_2$ 的频率增大，此刻链反应越来越多地产生丙烯和 HO_2，而不是产生丙基氢过氧化物和高级醛。因此，该冷焰被一个反馈循环所熄灭，在该反馈循环中，氢过氧化物由于与自由基(此刻多半为 HO_2)反

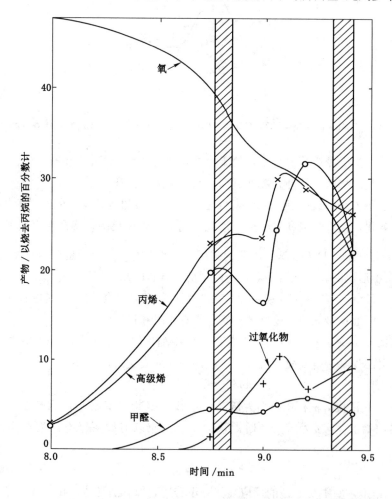

图 4-37　在 400 mmHg 和 294 ℃下 $C_3H_8 + O_2$ 混合物反应的产物(Newitt & Thornes)

应而销毁的速率超过其由自由基 C_3H_7OO 产生的速率，所以氢过氧化物和高级醛的浓度会降低，从而使 α 减小，且加重了使该浓度（包括自由基浓度在内）和反应速率减小的效应。

该过程在图 4-37 中得到反映：在达到第一冷焰时，高级醛产率较丙烯产率的增长缓慢；随后丙烯产率增长暂时停止，高级醛同时迅速衰减。据推测，丙基氢过氧化物（它是高级醛的母体）将几乎全部损耗掉，但在 Newitt 和 Thornes 的实验中并没有得到这种信息。然而，Burgess 和 Laughlin[81]在庚烷与氧的冷焰反应中由庚基氢过氧化物得到了这种信息。图 4-39所示的是在 100 mmHg 和 243 ℃下，在正庚烷和氧的等摩尔混合物中用光谱分析法监测氢过氧化物（特别是庚烷-2-氢过氧化物）的形成过程和销毁过程。氢过氧化物的浓度，在反应开始时为零，以加速的速率增加到分压为 3 mmHg 左右。此时，α 看来变得等于 β。结果，自由基的浓度，从而放热和温度，都有迅速增大。这表现为压力突然增大（虚线）和氢过氧化物迅速跌落到分压为 0.2 mmHg 左右。其后，混合物冷却下来，反应又恢复，但这种恢复是在一种混合物中发生的，这种混合物的改变不仅是由于氧和原始烃消耗所致，而且是由于化学活性反应产物如甲醛和由 H_2O_2 衍生的过氧化物积累所致，所以在连续冷焰中一些浓度分布不会完全重复。然而，对于各种烃的冷焰，共同特点是温度升高，它激励离解反应

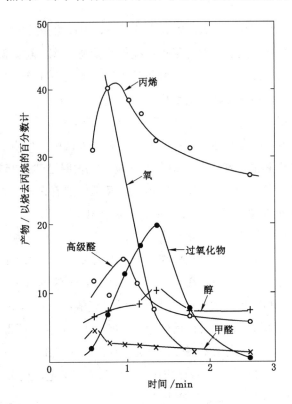

图 4-38 在 360 mmHg 和 400 ℃下 $C_3H_8 + O_2$ 混合物反应
的产物 (Newitt & Thornes)

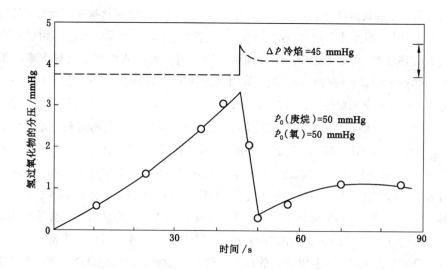

图 4-39　在 243 ℃ 和 100 mmHg 下庚烷和氧混合物的冷焰反应期内，
庚基氢过氧化物的浓度随时间的变化（Burgess & Laughlin[81]）

ROO→R+O₂，并相应地抑制氢过氧化物和醛的形成，因此由于抑制经醛-过氧化物加合物的链支化而使火焰自熄灭。这已被对冷焰中温度的测量所证实，这些测量曾有各种不同的研究者作过报道，特别是由 Burgess 等[82] 所作的报道，他发现在冷焰燃烧时的温升足以抑制氢过氧化物的形成并将物系转移到受反应 R+O₂→烯烃+HO₂ 所控制的工况。

这一工况显然比图 4-38 上所记录的反应占优势。根据 Newitt 和 Thornes 的意见，在强光立即充满容器的区内，压力和温度与位于冷焰区和着火区中间的点相应（见图 4-35）。这使人想起在第 3 章中已论述过的一氧化碳发光反应。它表明已建立起很高的自由基浓度，足以靠自由基之间的反应发光。该浓度固定不变，又不出现着火，因为链断裂主要要靠自由基的复合，所以链断裂速率式为 $\beta n + \beta' n^2$，而链支化速率仍为 αn；在自由基浓度 $n = (\alpha - \beta)/\beta'$ 条件下，链断裂和链支化处于平衡状态。但是，图 4-35 表明，温度或压力的微小增加足以使体系进入着火区。这不是热爆炸，因为即使在冷焰域以外的着火极限当然也是与甲烷的极限相似的支化链爆极限，在 4.3 第 2 小节中，甲烷的着火是因为发生含有甲氧基过氧化物 CH₂(OH)OOH 形成过程的链支化，继之离解产生自由基 OH。一般说来，对于烃可以提出涉及烷氧基过氧化物类似反应。由于醛与 H₂O₂ 化合而得到烷氧基过氧化物，从而得出如下理论：在冷焰域之上不爆炸的发光反应靠反应 C₃H₈+HO₂→C₃H₇+H₂O₂ 和 2HO₂→H₂O₂+O₂ 而产生 H₂O₂；后一反应保持自由基浓度恒定，从而防止出现着火；所形成的醛（见图 4-38）与 H₂O₂ 反应形成烷基过氧化物；以及着火极限代表这样一种条件：这时由于烷氧基过氧化物离解使链支化速率变得大于气相中和器壁处的链断裂速率。

Norrish 和 Reagh[26] 曾将他们对甲烷-氧的不爆炸反应的研究扩展到正好处在冷焰域之

上温度下的乙烷-氧和丙烷-氧的不爆炸反应。在这种条件下，对乙烷和丙烷所得与较早对甲烷所得一样，在容器直径、反应速率和诱导期之间的关系几乎相同。因此证实，在冷焰域之上高级烃的氧化动力学变得与在 4.3 第 1 小节中已讨论过的甲烷氧化动力学相类似。

图 4-40 记录了在恒定的起始压力 360 mmHg 和几种温度下压力随时间而增加的情况。实验条件与图 4-35 中恒压线 DE 上各点相对应。压力增加反映反应容器中物质的量之增加，这多半是由于形成 CO、CO_2 和 H_2O 所致，但在冷焰区中曲线出现突变，这是由于冷焰中快速释热和温升所造成的。这种效应在曲线 E 上特别大，而曲线 E 位于 Newitt 和 Thornes 所观测到的出现多达 5 个连续冷焰的区域中。在任一这种峰处，温度变得如此之高，以致经醛-过氧化物加合物的链支化实际上停止，而由醛和 H_2O_2 所形成的烷氧基过氧化物会引发第二级链支化(它在着火时达到极点)。

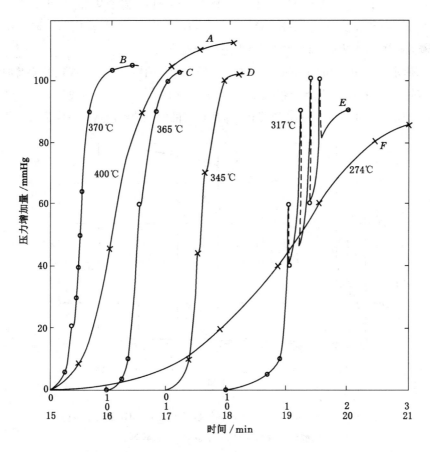

图 4-40　在直径为 5.5 cm 的石英容器中起始压力达 360 mmHg 的

$C_3H_8 + O_2$ 混合物的压力-时间曲线(Newitt & Thornes)

这些曲线与图 4-35 中 DE 线上各点相对应。曲线 F (时间尺度较低)之前
是检测不到压力增加的时期 (15 min)。所有的其他曲线都从零时间开始。

因此，两级着火被认为是烃烷氧基过氧化物离解的链支化所造成的，这种离解在介质中出现，此介质的活性因在上述的冷焰反应中所产生的热、醛和各种过氧化物而增强。在图 4-35 中，两级着火域差不多扩展到与着火极限曲线上 A 点相应的温度处。在更高的温度下，没有上述的冷焰反应，且着火极限变得与甲烷-氧混合物中的极限相类似。

由逆字母表顺序从 E 到 A 来考察图 4-40 中的各曲线可知，随着温度的增加，从反应开始到第一冷焰的时间变得更短，但正如所预料的那样，由于离解反应 $ROO \rightarrow R + O_2$ 对冷焰反应的抑制作用增强，冷焰峰变得更弱。在两级着火中，从反应开始到冷焰阶段的时间称为时期 τ_1，它在温度增加时会相应地减小；但由于冷焰反应的抑制作用日益增强，所以它对两级着火的增强效应减弱，且如前一节所提到的，时期 τ_2 会相应地增大。

相同的历程可以解释冷焰区和两级着火区之间边界的形状。图 4-35 中的边界，从温度 287 ℃、压力 380 mmHg 变到温度 317 ℃、压力 530 mmHg。温度从 287 ℃ 上升到 317 ℃ 时压力的增加，大概能补偿减弱了的冷焰反应增强效应，而在 317 ℃ 温度下，该边界与没有冷焰时的着火极限如此接近，以致它不会再进一步地降低。

图 4-41 所示的 Neumann 和 Aivazov[56] 获得的压力增加曲线，这些曲线在温度增加时沿着 200 mmHg 等压线通过戊烷-氧混合物的钝凸形冷焰半岛的顶部。这些曲线还为冷焰峰减弱和诱导期缩短（如图 4-40 中的 Newitt 和 Thornes 所获得的丙烷曲线所示）提供了另一种解释。

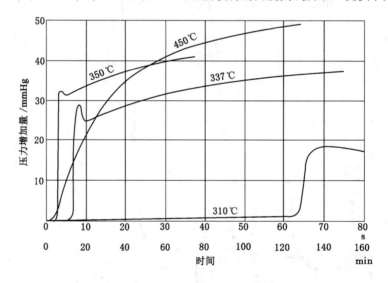

图 4-41　在 200 mmHg 和各种不同温度下 $C_5H_{12} + 4O_2$ 氧化反应的

典型动力学曲线(Neumann & Aivazov[56])

在 310 ℃曲线上的时间用 min 表示。

适用于图 4-36～图 4-38 上各数据的简化反应动力学图式，按照不同于醛-氧过氧化物加合物两级过氧化作用，也不同于烷氧基过氧化物离解的某种历程，用 n_0 项来表示自由基产生速率。这一 n_0 历程变得使烃-氧混合物可放在受热的反应容器中操作，且会引发如图 4-40 中曲线簇所示的缓慢而自加速的反应。每根曲线都表明压力增加的起始加速度随着温度的增加而增大，因此起初它在曲线 A 上比在曲线 B 上更大；但因为曲线 B 位于冷焰区内，而曲线 A 位于该区外，所以冷焰历程会起作用，而使曲线 B 比曲线 A 更陡。这也适用于图 4-41 中的 450 ℃和 350 ℃曲线。图 4-40 中曲线 A 和曲线 F 与图 4-41 中 450 ℃和 310 ℃曲线都位于冷焰域外，因此，它们完全取决于 n_0 历程，而这些中间的曲线起初取决于 n_0 历程，其后取决于冷焰历程。

已经提到过，在高于冷焰区的温度下，Norrish 和 Reagh 曾发现乙烷和丙烷的氧化动力学与甲烷的非常相似。但是，在冷焰区下面，且也在该区内的低温下，发现将烃-氧混合物放入受热反应容器这一表面上不协调的现象后面有不能感知或几乎不能感知的反应的时期。已测得，该时期对图 4-40 中曲线 F 持续 15 min，对图 4-41 中 310 ℃曲线为 125 min，对已绘于图 4-37 中的冷焰反应约为 8 min。在两级着火中，该现象可由低温下诱导期 τ_1 很长观测到，如图 4-25 中 τ_1 与温度的曲线关系所示，也可从图 4-19、图 4-21、图 4-31 和图 4-34 的爆炸图看出。因此，尽管 Norrish 和 Reagh 的研究特别强调 n_0 的历程与甲烷的历程相类似，但是问题也许在于：这种类似是否能保持温度接近冷焰区的温度下限。

根据表 4-9 中所提供的历程，这一问题可得出一个肯定的答案。该历程按与表 4-5 中甲烷氧化历程相类似的方式构成。但是列出反应式时未计及反应 $ROO \rightarrow R+O_2$ 和 $R+O_2 \rightarrow$ 烯烃$+HO_2$，因此该历程仅适用于低温，这表明在早期反应中出现自加速作用和醛与氢过氧化物的浓缩，还表明出现上述不能感知或几乎不能感知的反应时期。某些这类反应未予详细说明，且略去不计自由基反应造成的醛的氧化和降解，这意味着在早期反应中自由基主要是与烃 RH 起反应。

表 4-9　适用于高级烃 RH 早期氧化的甲烷氧化(见表 4-5)的历程

(a) $RH+O_2 \xrightarrow{表面} \cdots\cdots$痕量醛 $R'CHO$

(i) $R'CHO+O_2 \longrightarrow CO+HO_2+R' \longrightarrow \cdots\cdots 2ROO$

(1) $ROO+RH$ → $ROOH \longrightarrow \cdots\cdots$多半为 $R'CHO$；$R \xrightarrow{O_2} ROO$

(3) $ROO \xrightarrow{表面}$ 销毁

(6) $R'CHO+O_2 \xrightarrow{表面}$ 惰性产物

若利用符号 K_a、K_3 和 K_6 分别表示表面反应(a)、(3)和(6)的速率系数，则根据表 4-9 得：

$$d[R'CHO]/dt = k_1[RH][ROO] - K_6[R'CHO][O_2] + K_a[RH][O_2]$$

$$2k_i[O_2][R'CHO] = k_3[ROO]$$

所以

$$\frac{d[R'CHO]}{dt} = \left(\frac{2k_ik_1}{K_3}[RH] - K_6\right)[O_2][R'CHO] + K_a[RH][O_2] \tag{4-16}$$

同样地

$$-d[RH]/dt = k_1[RH][ROO] + K_a[RH][O_2]$$

所以

$$-\frac{d[RH]}{dt} = \left(\frac{2k_ik_1}{K_3}[R'CHO] + K_a\right)[RH][O_2] \tag{4-17}$$

冷焰区域的温度下限位于与 $(2k_ik_1/K_3)[RH]$ 和 K_6 的大小可比拟的温度范围内。速率系数 k_i 和 k_1 的乘积具有很大的活化能 $E_i + E_1$，因此，它对温度是敏感的。在某一温度以下，式(4-16)中的第一项为负值，仅产生与浓度 $[R'CHO] = K_a[RH]/(K_6 - 2k_ik_1/K_3[RH])$ 相对应的痕量醛。在这些条件下，该反应以极低的速率进行，但是 K_6 是变化的，因为理论与经验都证实，容器表面因暴露在催化反应中而变化。一般说来吸附率在减弱，所以系数 K_6 变得更小，式(4-16)中的第一项最终也变为正值。此刻反应以加速的速率进行。此速率可由式(4-16)积分并与式(4-17)联立求得：

$$-\frac{d[RH]}{dt} = K_a[RH][O_2]\left[\frac{\varphi + K_6}{\varphi}(e^{\varphi t} - 1) + 1\right]$$

和

$$\varphi = \frac{2k_ik_1}{K_3}[RH][O_2] - K_6 \tag{4-18}$$

对于很小的 K_6 值来说，则得：

$$-\frac{d[RH]}{dt} = K_a[RH][O_2]e^{\varphi t}$$

和

$$\varphi = \frac{2k_ik_1}{K_3}[RH][O_2] \tag{4-18'}$$

在短时期 t 内积分得：

$$\Delta[RH]_t = \frac{K_aK_3}{2k_ik_1}(e^{\varphi t} - 1) \tag{4-19}$$

式中 $\Delta[RH]_t$ 表示在浓度 $[RH]$ 和 $[O_2]$ 没有显著降低的时间 t 内，反应所消耗的烃量。图 4-22 所示的是表示 Prettre[63] 的压力增长曲线的实例，它是由戊烷-氧混合物在 260 ℃下充入圆柱形硼硅酸耐热玻璃容器得来的，而图 4-23 是说明了 Prettre 的方法，这种方法规定指数因数 φ 是指曲线的起始斜率，压力增长 ΔP 和经过的时间 t 之间的关系式具有如下形式：

$$\Delta P = A \ (e^{\varphi t} - 1) \tag{4-20}$$

Prettre 曲线似乎没有发生上述不可感知的反应的时期，就表 4-9 中反应历程来说，这大概意味着系数 K_6 很小，因为反应容器很大而且完全老化了。因此，若假定压力增长 ΔP 与烃的消耗量 $\Delta[RH]$ 成正比（Prettre 认为这一假定是正确的），则式(4-20)与式(4-19)相对应。但是，Prettre 的数据相关式：

$$\varphi \sim P_{戊烷} P^2 \tag{4-21}$$

是有疑问的，因为其化学动力学的含义不可解释。在表 4-9 的反应历程中，视链断裂能力 ε 的大小，系数 K_3 可取为 $k_3/[M]d^2$ 或 k'_3/d，因此式(4-18')变为：

$$\varphi = \frac{2k_ik_1}{k_3}[RH][O_2][M]d^2 \sim P_{RH}P_{O_2}P \tag{4-18'a}$$

或

$$\varphi = \frac{2k_ik_1}{k'_3}[RH][O_2]d \sim P_{RH}P_{O_2} \tag{4-18'b}$$

Prettre 相关式与式(4-18'a)和式(4-18'b)都不一致。但是，表 4-10 表明，Prettre 的实验数据不足以明确地区别他的相关式(4-21)和式(4-18'a)或(4-18'b)。表 4-10 是根据 Prettre 的原文列出的，其中含有他的有关作为 P、P_{RH} 和 P_{O_2} 函数 φ 的全部数据。从表可见，所有这三个比值 $\varphi/P_{RH}P^2$，$\varphi/P_{RH}P_{O_2}P$ 和 $\varphi/P_{RH}P_{O_2}$ 都散布在平均值附近满意范围内。因此，这些数据并没有告诉我们相关式是否正确。但是，有一个准则是独立存在的。Prettre[63] 用戊烷和 Newitt 与 Thornes[78] 用丙烷测得：在其他条件相同的情况下，压力增加的速率以等分子混合物 $RH+O_2$ 为最大。同样，Bonner 和 Tipper[47] 曾对环己烷、丙烷和正庚烷作过报道，在相同的温度下，当冷焰出现时，以等分子混合物的压力为最低。由此得出，在其他条件都相同的情况下，指数因数 φ 以等分子混合物为最大，因此 φ 的大小与乘积 $[RH][O_2]$ 即 $P_{RH}P_{O_2}$ 成正比。这一情况适用于相关式(4-18'a)或式(4-18'b)，而不适用于 Prettre 相关式(4-21)。

Prettre 将他的研究扩展到包括与惰性气体压力及容器直径的 φ 的经验相关式。这一相关式可从上一节找到，且与式(4-21)中所提出的相关式一样有疑问。以上关系式表明，φ 因添加氮而增大，与相关式(4-18'a)一致，但这一相关关系以 $\varphi = \varphi_0(1+aP_{N_2})$ 的形式给出，又与理论相矛盾。在相关式 $\varphi \sim 1-(k'/d^2)$ 中第二项与式(4-18)中 $-K_6$ 这项（它是容器直径的反函数）是一致的，但这一相关式的第一项与根据式(4-18'a)或式(4-18'b)应与 d^2 或 d 成正比有矛盾。

表 4-10　在 260 ℃ 下以戊烷和氧进行 Prettre 实验的结果①

三个比值 $\varphi/P_{RH}P^2$、$\varphi/P_{RH}P_{O_2}P$ 和 $\varphi/P_{RH}P_{O_2}$ 的对比②

φ/min^{-1}	0.23	0.29	0.36	0.39	0.426	1.10	0.51	0.32	0.30
P	500	500	500	500	500	746	581	500	400
P_{RH}	103	155	181	262	230	265	210	180	142
P_{O_2}	397	345	319	238	270	481	371	318	258
$\varphi/P_{RH}P^2$	8.9	7.5	8.0	6.0	7.4	7.5	7.2	7.2	13.2×10^9
$\varphi/P_{RH}P_{O_2}P$	11.2	10.8	12.5	12.9	13.7	11.6	11.3	11.2	20.6×10^9
$\varphi/P_{RH}P_{O_2}$	5.6	5.4	6.2	6.3	6.8	8.6	6.5	5.6	8.2×10^6

① 参看 Prette[63]。

② Prettre 的经验相关式为 $\varphi\sim P_{RH}P^2$；式（4-18′a）为 $\varphi\sim P_{RH}P_{O_2}P$；式（4-18′b）为 $\varphi\sim P_{RH}P_{O_2}$。其中，分压 P_{RH}、P_{O_2} 和总压 P 均以 mmHg 表示。

　　因而，Prettre 相关式的化学动力学含义并不清楚，上一节中所引用的 Aivazov 和 Neumann 所提出的相关式也是如此。也许这种不确定性可部分地归因于压力增加 ΔP 与烃消耗量 $\Delta[RH]$ 之间线性关系的假定。Prettre 认为，这一假定是正确的，但是似乎未被确证。然而，Prettre 的工作与表 4-9 中所提出的反应历程基本正确并不矛盾，其价值在于可对 n_o 历程的复杂的非稳态动力学实验方面的偏差作些修正。

　　我们已认定的三个同属反应历程是在大致为 200 ℃ 和上限约为 900 ℃ 的温度范围内链烷烃及相关化合物氧化过程中进行的。它们有：引发和缓慢反应的历程（被称为 n_o 历程）；因二次过氧化而造成的链支化的历程，二次过氧化通常会涉及醛-氧过氧化物的加合物，它们会产生冷焰并起抑制作用，因为温度升高会促使离解反应 $ROO\rightarrow R+O_2$ 进行；因烷氧基过氧化物离解而造成的链支化的历程，这种离解是在冷焰区以上的两级着火和单级着火中进行的。在没有详细考察单元反应（这些单元反应组成该历程，当然它们对不同的烃组分显然是不同的）的有机化学情况下，这些同属历程为实验观测结果（特别是用密闭容器实验所得到的观测结果）提供颇为综合的解释。对采用特定的烃所产生的特定反应的识别和列出方程式，是一种正在进行的工作，由于所获得的文献太多，以致无法包罗在本书中。在 Hucknall[83] 所著的书中已将文献综合编目并对该课题作出充分评述，而此处本书的目的是简要地讨论一下高级烃和低级烃的氧化动力学的差别。

　　如此，在比较图 4-40 中 Newitt 和 Thornes 曲线 F 与 Bonner 和 Tipper[47] 对正庚烷所获得的类似曲线时发现，在使用丙烷时，不能感知的反应起始期以压力增大而结束，而在使用正庚烷时以短期压力减小随后压力增大而结束。而且，尽管 Newitt 和 Thornes 在反应产物中没有检测出氢过氧化丙烷，但是 Bonner 和 Tipper 却发现在起始压力减小期内所形成的二氢过氧化庚烷及其醛加合物，因此压力减小是由于在同属链反应 $R \xrightarrow{O_2} ROO \xrightarrow{RH}$

ROOH＋R 中物质的量减小所造成的。显然，丙烷过氧化物 C_3H_7OOH 或者它的基团 C_3H_7OO 会迅速地转变为醛和其他产物，而正庚烷过氧化物基团会在如下链反应中产生二氧过氧化物：

$$C_7H_{15}OO \longrightarrow C_7H_{14}OOH \xrightarrow{O_2} C_7(OO)H_{14}OOH \xrightarrow{C_7H_{16}}$$

$$C_7H_{14}(OOH)_2 + C_7H_{15} \xrightarrow{O_2} C_7H_{15}OO$$

并会经一个或多个反应路径(包括过氧化物或过氧化物基团或两者都有的分解)产生醛。

就丙烷来说，Pease[79] 曾获得一些可供参考数据。在这些实验中，使 $400~cm^3$ 混合物通过加热至 $260 \sim 300~℃$ 覆盖 KCl 的硼硅酸耐热玻璃反应管，流动速率低到足以使反应趋于基本完全。实验结果如表 4-11 所示。该表表明反应主要产物是甲醇，由于初始混合物中氧百分数降低，甲醇量接近于起反应的丙烷量(见含氧量为 10％ 的实验)。甲醛和高级醛(后者绝大部分是乙醛)的计算是相类似的。总醛产率接近于甲醇产率。

表 4-11　在 $400~cm^3$ 混合物单独通过覆盖 KCl 的硼硅酸耐热玻璃管时 C_3H_8 和 O_2 之间反应的产物(Pease[79])

反应管		温度 /℃	O_2 /%	消耗量/cm^3		形　成　量/cm^3						
直径 /cm	长度 /cm			O_2	C_3H_8[①]	CO	CH_2OH	HCHO	高级醛	CO_2	CH_4	C_2H_{2n}
2	30	300	20	77	40	28	21	14	7	15	1	5
3	22	300	20	79	41	38	23	12	8	10	4	6
4	12	300	20	78	50	37	24	11	8	12	8	6
6.5	6.5	300	20	76	46	38	20	13	5	11	11	7
3	22	300	10	39	19	14	16	9	4	4	2	4
		300	20	79	41	38	23	12	8	10	4	6
		300	30	119	47	48	27	12	11	17	5	9
6	28	260	10	39	17	16	12	7	4	7	5	3
		260	20	77	44	33	22	12	5	11	7	3
		260	30	116	65	47	28	14	5	19	9	2
		300	20	76	48	45	20	9	5	10	15	6

① 假定误差为 $3 \sim 5~cm^3$。

我们利用 Pease 的实验结果来说明作为研究丙烷氧化链历程的分析数据。一个自由基会从一个 C_3H_8 分子除去一个 H 原子，但是对于两端和中间碳原子上的氢来说，出现这种反应的可能性是不同的。Walsh[84] 根据种种论据推测，在所考察的温度范围内，中间碳上 H 起化学反应的概率要比两端碳上 H 大 3 倍左右。例如，最常见的丙烷基为 CH_3CHCH_3，它与 O_2 化合得到过氧化物基团 $CH_3CH(OO)CH_3$，由于 O—O 键和一个

C—C 键的简单分裂，由过氧化物基团得到：

$$CH_3CH(OO)CH_3 \longrightarrow CH_3CHO + CH_3O$$

因此，甲醇的形成过程很容易地用如下反应解释：

$$CH_3O + C_3H_8 \longrightarrow CH_3OH + C_3H_7$$

与表 4-5 中甲烷图式内 CH_3O 反应相类似，以竞争反应 $CH_3O + O_2$ 列式，即：

$$CH_3O + O_2 \longrightarrow CH_2(OH)OO \xrightarrow{C_3H_8} C_3H_7 + CH_2(OH)OOH \longrightarrow C_3H_7 + CO + 2H_2O$$

随着氧百分数的降低，所消耗的丙烷和所形成的甲醇呈等分子比例，这种倾向是很明显的。若假定甲醛是由乙醛进一步氧化生成的且某些甲醛会被氧化，则总醛生成率应大体上等于甲醇生成率，与消耗丙烷的过程类似。列在表 4-11 中的其他各项意义不大；CO 和 CO_2 是由于醛和其他中间产物进一步氧化所形成的，CH_4 和烯烃的来源是假想的。

高级醛是由乙醛和某些丙醛 C_2H_5CHO 组成的。丙醛是由较不常见的丙基自由基 $CH_3CH_2CH_2$ 经过氧化和崩裂形成的，即：

$$CH_3CH_2CH_2 \longrightarrow C_2H_5CHO + OH$$

Newitt 和 Thornes 所得到的数据（图 4-36～图 4-38）证实，高级醛是初级反应的产物，而甲醛是次级反应的产物，它显然是由于高级醛进一步氧化和降解而产生的。

若将过氧化和崩裂的图式应用于高级正链烷烃，则任何 CH_2 基团开始起化学反应的条件看来是相等的。因此，一般可写成：

$$R'CHCH_2R'' \xrightarrow{O_2} R'CH(OO)CH_2R'' \longrightarrow R'CHO + R''CH_2O$$

与丙烷（此处甲氧基是稳定的，并能进一步起反应而生成甲醇）不同，按这种方式形成的氧烷基是不稳定的。用金属镜实验[85]证实，这种基团很容易分解，按如下反应产生甲醇。

$$R''CH_2O \longrightarrow R'' + CH_2O$$

相应地，应预料得到，在高级正链烷烃的低温氧化过程中，甲醛是一种初级反应的产物，且甲醛和高级醛 RCHO 起初都是以等摩尔产率产生的。Cullis 和 Hinshelwood[86]（他们最早提出上述历程）在研制正己烷氧化物过程中确实发现过这种现象。

同样也应预料到，异链烷烃与氧起反应比正链烷烃更缓慢，因为反应速率与醛浓度有关，在异链烷烃中叔碳原子不会产生醛。Pope 等人[87]曾在有关高级烃氧化动力学的一项早期研究中曾试用过这一概念。在这种实验中，将含所有可能的辛烷同分异构物与空气的接近化学计量成分混合物通过受热的硼硅酸耐热玻璃管，并测量在相同接触时间下的耗氧量。该数据如图 4-42 所示。他们没有提供曾根据 Maccormac 和 Townend 的密闭容器实验求得

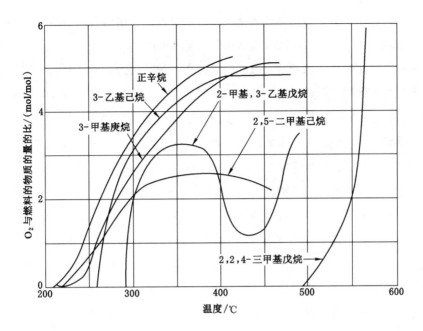

图 4-42　各种辛烷和空气的混合物通过受热的硼硅酸耐

热玻璃管的耗氧量（Pope，Dyktra & Edgar[87]）

管径为 2 cm；流量不变；接触时间从 200 ℃时 50 s 至 650 ℃时 25 s。

的大量资料（见图 4-31），但是，他们证明正辛烷的氧化性显著，同时说明，2,2,4-甲基戊烷（按燃料性质评价尺度来看它是理想的异辛烷）的抗氧化性极好。在使用高级正链烷烃时，当然不缺少醛和氢过氧化物去产生冷焰，这在 Bonner 和 Tipper 与有关丙烷和正庚烷冷焰的论文[47]中所作评论内得到反映。该论文提到，采用正庚烷时形成冷焰更容易，正庚烷冷焰的压力脉冲也更强且其发光度较高。

对烃氧化的早期研究就包括 Mondain-Monval 和 Quanguin[88]的工作，他们曾发现在300 ℃左右高级烃蒸气和空气的混合物会产生有机过氧化物（包括产率很大的氢过氧化物）。Cartlidge 和 Tipper[46]曾根据流动反应器中正庚烷、异庚烷（2,2,3-三甲基丁烷）、环己烷、正丁烷和丙烷的氧化过程确定了过氧化物的产率和显著个性。正如早已提到的那样，采用丙烷时不能由醛和 H_2O_2 得出衍生的氢过氧化物而仅能得出衍生的烷氧基过氧化物，这与Pease[79]与 Harris 和 Egerton[80]获得的类似资料是一致的。这一情况与冷焰的产生有关。在冷焰中链支化的终止可经过两条可能反应的路径进行。一条反应路径涉及氢过氧化物分子ROOH 与醛分子起反应而产生加合物的类醚分子，它随后受到自由基的攻击，并在这种攻击后，由于二次过氧化和分解而产生附加的自由基。另一条反应路径涉及氢过氧化物基团ROO 与醛分子起反应而产生自由基加合物，它们是同分异构的，或者甚至与过氧化二乙醚的自由基相等同，并立即受到二次过氧化和分解。看来，采用丙烷时只有按后一反应路径进行，而采用高级正链烷烃时可同时按这两条反应路径进行。

后一反应路径也是采用乙烷时的唯一可能路径，像采用丙烷时一样，此时在低温氧化下不会产生氢过氧化物。正如在 4.1 节中所提到的那样，乙烷主要产生甲醛，并产生少量乙醛；因此，如图 4-2 所示在极少量高级醛加入乙烷-氧混合物时，冷焰和两级着火域仅在一定程度上得到扩展而变成一个很大的爆炸半岛。Bone 和 Hill[49] 对 313 ℃ 和 695 mmHg 下石英容器中 $C_2H_6 + O_2$ 混合物反应进展的研究所得的资料，已详细地证实这一情况。如表 4-12 所示，由于反应产物的逐渐积累，就有 26 min 诱导期。由此可见，醛的产率很小，且醛多半是由甲醛组成。Bone 和 Hill 将标准量 1% 或在 0 ℃ 下约 3 mmHg 的各种不同气体加入混合物中进行实验。诱导期由于加 H_2O 而缩短，这证实容器表面的作用，即证明了表 4-9 所示的历程中反应(3)和反应(6)。加入乙醇、甲醛、碘、NO_2 和其他添加物，也都能使诱导期缩短，或甚至消失。使研究者感到吃惊的是乙醛会产生爆炸。过浓的 $C_2H_6 + O_2$ 混合物，爆炸弱到不足以将容器炸碎，但有火焰和重质炭黑沉淀物。表 4-12 示明，在正常的反应进程中，乙醛产率约上升 2 mmHg(0 ℃)，与实验开始添加 3 mmHg(0 ℃)的醛相似，但甲醛的产率范围在 5~7 mmHg(0 ℃)左右，这大概避免了发生爆炸反应。

表 4-12　在起始为 313 ℃ 和 695 mmHg 下石英容器中 $C_2H_6 + O_2$ 的反应①(Borrc & Hill[49])

时间/min	26	32	34	41	60
C_2H_6	161	149	139	108	81
O_2	167	150	132	69	1
CO	1.2	12	23	59	100
CO_2	0.1	2	3	10	20
H_2	0	0	6	6	5
$C_2H_4O_3$	0	0.2	0.5	1.0	0
HCHO	0	4.2	5.5	6.7	4.3
CH_3CHO	0	1.4	1.9	2.3	0

① 列表数据均为以 mmHg 为单位的分压,规范化至 0 ℃ 时的状态。H_2O 产率未示明。$C_2H_4O_3$ 代表烷氧基过氧化物。

6. 乙烯、乙炔和芳香烃

这些烃不产生高级醛，因而有与甲烷相类似的爆炸极限，且氢的第三爆炸极限取决于过氧化物的离解和热效应。乙炔能通过爆炸分解成碳和氢，从而乙炔-氧混合物对激波非常敏感。在较小的范围内，这同样也适用于乙烯。

对于某些芳香烃可以采用爆炸极限上的系统数据，而对于乙烯和乙炔，首要感兴趣的是与氧的缓慢反应。

（1）乙烯

乙烯的氧化过程曾由某些研究者[89]研究过，该反应的特征与其他烃相类似。曾观测到诱导期；反应速率是乙烯和氧浓度的幂函数，前者的幂数大于 1（按 Thompson 和 Hinshelwood 为二次幂），而后者的幂数等于或小于 1；该反应会被容器覆盖所阻化，这与反应的链本性相吻合。Bone、Haffner 和 Rance 与 Lenher 曾作过反应产物的化学分析。下面将概述 Lenher 的工作。各实验是在大气压力下用管内流动法完成的。有一根硼硅酸耐热玻璃管，直径为 2 cm，长为 20 cm；其余各管，直径为 5.5 cm，长为 40 cm，用干净的硼硅酸耐热玻璃、覆盖 K_2SiO_8 和 KCl 的硼硅酸耐热玻璃、石英、不锈钢和铝制成。在400 ℃下，取 360 cm^3 1：1乙烯-氧混合物放入细管中，获得了典型的可重复的试验结果，在起反应 75 s 后得如下产物：102.5 cm^3 CO，11.4 cm^3 CO_2，2.9 cm^3 H_2 以及 0.168 9 g 可冷凝物（由环氧乙烷、乙二醛、甲醛、甲酸和水组成）。没有获得关于有乙醛、乙醇醛、乙醇酸或草酸存在的证据。在粗管中各实验结果汇总于表 4-13 中。曾确定甲酸是由二羟二甲基化过氧化物分解产生的，这种分解也同样产生氢。在个别实验中确定有 H_2O_2 存在，这说明有由 H_2O_2 和甲醛所形成的二羟二甲基化过氧化物存在。在以盐覆盖的硼硅酸耐热玻璃管中或金属管中均没有发现过氧化物。

Bone、Haffner 和 Rance 曾发现，添加乙醛使诱导期缩短，并在实际上能将其消除。添加这种物质加速主反应作用并不明显，这与 Steacie 和 Plewes 所作相类似的观测是一致的。

主反应链可以被设想为获得 $CH_2CH \cdot OOH$，即：

$$自由基 + C_2H_4 \longrightarrow CH_2CH \xrightarrow{O_2} CH_2CH \cdot OO \xrightarrow{C_2H_4} CH_2CHOOH + CH_2CH$$

并假定反应为：

$$CH_2CH \cdot OOH = 2CH_2O$$

则甲醛的出现就可看得极简单。

正如已讨论过的那样，甲醛是氧化物，因此联想到甲烷-氧物系，看来乙烯-氧物系和甲醛-氧物系是密切相联的。Norrish 和 Harding[33,90]曾着重指出过乙烯和甲烷物系之间的这种关系，他们获得了与甲烷-氧方程式相类似的求理论反应速率的方程式，并发表了有关预期直径、压力和混合物组成关系的实验论证。

业已证明，在表 4-13 所示的实验条件下，环氧乙烷并不明显地与氧起反应，所以这一物质似乎是一种链反应的最终产物而不是一种中间产物。可以用甲醛氧化成过甲酸来说明这一物质的生成过程，过甲酸与乙烯按如下反应式起反应：

$$\overset{\quad O}{\underset{}{HC}}-OOH + C_2H_4 = \overset{\quad O}{\underset{}{CH_2}}-CH_2 + HCOOH^{[91]}$$

表 4-13 单独通过 5.5 cm×40 cm 管时乙烯和氧反应的主要产物的产率[①] (Lenher[89])

管 子		C_2H_4 消耗量/%	产物占 C_2H_4 消耗量的百分数/%			
			CO、CO_2 和 H_2O[②]	HCHO	$(CH_2)_2O$	HCOOH
硅酸盐耐热玻璃	不添加蒸气,无覆盖物	9.8	51.2	10.2	13.7	24.8
	添加 3%蒸汽	9.9	65.0	11.6	14.7	8.5
	添加 3%蒸气[③]	9.0	55.5	10.8	14.4	19.2
	以 KCl 覆盖	9.1	58.0	27.7	13.5	0.8
	以 K_2SiO_3 覆盖	5.4	58.6	31.7	9.7	0.0
熔化石英		9.3	57.0	27.1	11.7	4.3
不锈钢		4.6	52.0	41.8	5.1	1.1
铝		5.5	89.8	9.6	0.0	0.8

① $T=365$ ℃;85%C_2H_4,15%O_2。

② 绝大部分是 CO。

③ $T=350$ ℃。

(2) 乙炔

除了在高级烃部分氧化物的产物中往往发现痕量乙炔以外,乙炔的氧化似乎与其他烃-氧物系中的反应无关。Bone 和 Andrew[92] 在 200～300 ℃的温度范围内所作的早期研究表明,CO 和甲醛是主要产物。Kistiakowsky 和 Lenher[93] 研究了单独流动体系中的反应,并分析了排气,它含有碳的氧化物、H_2 和可凝结的产物。通过在空的和密闭的反应管中试验的对比,确定了均相链反应的出现先于诱导期和缓慢的异相反应,而该异相反应的速率与容器表面的处理情况有关。链反应的速率与乙炔浓度的平方成正比,且在实际上与氧的浓度无关。在与甲酸和甲醛一起的可凝结产物中曾检出过乙二醛。在碳的氧化物中,CO 是主要产物。在密闭容器(此处反应为异相反应)中,CO_2 是主要产物。Spence 和 Kistiakowsky[94] 曾在密闭循环系统中对用冷冻捕除器连续除去可凝结产物作进一步研究。他们证实了前述观测的重要结果,特别是速率与乙炔浓度平方的依赖关系,以及在氧浓度不小于乙炔浓度时,在动力学上氧不起作用等。他们的结果甚至暗示大量氧对速率的阻化作用也很小。添加氮没有或也许有很微小的减缓作用。这两位著者用观测压力上升的初始速率确定了反应速率。若设反应速率与乙炔浓度的平方成正比,则随着反应进行,压力上升速率的减小完全与乙炔消耗量相应。Steacie 和 MacDonald[95] 曾对密闭的石英制和硼硅酸耐热玻璃制容器中的反应做过研究。让反应在给定的时间内进行,到时取出产物,作碳的氧化物和残余反应物的分析。根据以碳的氧化物状态存在的碳的总量、可凝结物和残余乙炔来确定反应完全的程度。与早期工作相一致,他们发现反应速率实际上与氧和添加的惰性气体如氮无关。求得反应速率与稍高于乙炔浓度的平方成正比,其计算指数为 2.7。使人感兴趣的是添加乙二醛和甲醛的实验。乙二醛会产生即使有也很轻微的加速效应,而甲醛会明显地使反应减缓下来。Spence[96] 发现了反应速率对直径的依赖关系,这种关系与对甲烷-氧物系的情况相类似。容器直径从 20 mm 减小到 6 mm，使反应速率减小至仅为 1/3 左右。随着直径从 6 mm 继续减小到 4 mm，反应速率就突然减小到为其原始值的 1/30。Norrish 和 Reagh[26] 所得到的较广泛的数据证实了这一结果，他们确定了各种不同压力下直径效应，并得到了与在甲烷情况下相类似的一组曲线。

根据这些论据来看，乙炔氧化的动力学在本质上是属于在甲烷-氧物系中所碰到的一类稳态问题。因此，必须假定中间反应产物与甲烷-氧物系中甲醛起着类似的作用。与在甲烷-氧物系中甲醛的稳态浓度不同，本中间产物的浓度必定与氧的浓度无关。我们提出这种中间产物是乙二醛，它是在主链中形成的，即：

$$HC:CH+CHO \cdot \overset{|}{CO} = CHOCHO+HC:C—$$
$$HC \cdot C—+O_2 = CHO \cdot \overset{|}{CO}$$

而乙二醛因如下反应被销毁：

$$CHO \cdot \overset{|}{CO}+O_2+CHOCHO = HCO(OOH)+2CO+CHO$$

设基团 CHO·CO 在表面销毁：

$$CHO \cdot \overset{|}{CO} \xrightarrow{表面} 销毁$$

且像以前一样又设基团 CHO 不使链连续下去，则除了根据事实所要求，在分数的分子上没有氧因数以外，求得的反应速率表达式与在甲烷情况下方程式相类似。

(3) 苯和其他芳香烃

根据 Hinshelwood 和 Fort[97] 的报道可知，苯的氧化历程与其他烃相类似；这就是在主反应之前有一反应速率逐渐增大的诱导期。Amiel[98] 曾研究过在大气压力下硼硅酸耐热玻璃容器中苯和氧的化学计量成分混合物的反应速率。温度范围为 380～565 ℃。明显地观测到在大部分总括反应期内，反应速率（用每小时内碳转变成 CO 或 CO_2 的百分数表示）保持不变。在反应产物中有少量苯酚和苯醌而没有过氧化物。Burgoyne、Tang 和 Newitt[99] 同样也研究过氧与苯及其单烷基衍生物混合物的着火和缓慢反应。图 4-43 所示是苯、甲苯、乙苯和丙苯与空气混合物的着火极限。为了比较起见，也列入了甲烷的曲线。这些混合物中燃料的含量为化学计量比的 1.85 倍。从图可见，在这种条件下，只观测到正丙苯具有低压爆炸半岛和微弱的冷焰。在较高的压力范围内，在用乙苯时可以发现这种现象。对于苯本身来说，正如前述，从未发现有冷焰区。在此我们谈到 Taylor 等人[75] 用苯所作的压燃实验，该实验表明压力上升曲线平滑，没有两级着火的迹象。把甲烷和苯的曲线对比看出，苯的可氧化性相对较低。但是，Jost 和 Teichmann[70] 对快速压缩装置中苯和脂族烃着火延迟的测量表明，苯的可氧化性随温度升高而增大得比脂族烃更快。这种现象如图 4-44 示例说明。

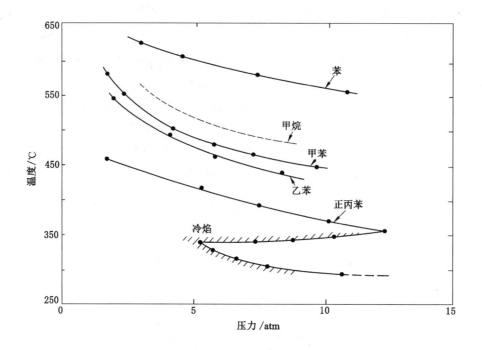

图 4-43　苯、甲苯、乙苯和正丙苯与空气混合物的着火极限(Burgoyen，Tang ＆ Newitt[99])

混合物中的含烃量为化学计量百分率的 1.85 倍。

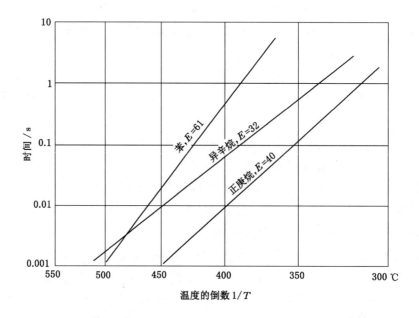

图 4-44　苯、异辛烷和正庚烷的化学计量比混合物的着火延迟与压缩末温度

(未作冷却修正)的曲线关系(Jost ＆ Teichmann[70])

E 为活化能。

在石英容器内 487 ℃下 205 mmHg C_6H_6 和 425 mmHg O_2 的混合物的缓慢反应中，Burgoyne 发现，主要产物为 CO、CO_2 和苯酚；同样也检测到少量甲醛与过酸不同的过氧化物、乙烯、乙炔、烷烃、氢和酸等。从特性来看，该酸似乎是属于脂族酸，并包含马来酸和甲酸。数据表明，CO 与 CO_2 的比率在反应期间内相当稳定，它在 2.4 和 3.5 之间。可以预料得到，由具有取代的脂族侧链的芳香烃得到的产物较为复杂，因为它们包含有侧链部分氧化的产物。

4.5　发动机爆震

1.　现象描述

按照 Rögener[69]，Jost 和 Teichmann[70]，Scheuermeyer 和 Steigerwald[72]，以及 Taylor 及其同事[75]所得的结果，在快速压缩实验中受压缩的燃料-空气混合物，其温度和压力的数量级，与在 Otto 循环发动机中所得的相同。压缩实验和发动机间的重大差别在于：发动机中的压缩在活塞的压缩冲程完成后仍连续下去。这是由于活塞即将到达上止点前火花引燃火焰发生体积位移的缘故。实际上，在火焰前面的未燃气体，其温度和压力比在快速压缩实验中所获得的要高得多。因此，在快速压缩实验中发现诱导期 τ_1 和 τ_2 在许多情况下只低到 10^{-3} s，而在发动机中可低到 10^{-4} s 左右或更低一些。因为火花引燃的正常火焰在这样短时间内不可能通过气缸头，所以可以理解，在充量的一些残余未燃部分在 τ_1 和 τ_2 范围内的反应将有一个过程。在尾区内由于充量很快加速燃烧所造成的扰动，会导致激波的形成，并增大已燃气体向发动机的热传导。在满足重量轻和功率高设计要求的飞机发动机中，向燃烧室壁面传热大大地增强，会使温升达到危险状态，并造成过热损坏；而在较大尺寸的汽车发动机中，这种后果就未必很严重。

高速纹影照片可以详细地观测到在发动机缸头中所出现的各种过程[57,100]。在这些实验中，使用了滑动套阀式二冲程单缸发动机，并在燃烧室中顶部装有可观察全貌的厚玻璃观测孔。将活塞顶磨成纹影镜，照片是通过观测孔使外加光从活塞顶反射回照相机中摄得的。为了防止镜和观测孔染污，发动机只工作一动力循环。这是靠把燃料正庚烷直接喷射入气缸来完成的，气缸的温度用外部加热的甘油维持在 98.9 ℃。发动机用电动机驱动至转速为 600 r/min。所供应的空气，其压力为 864 mmHg，温度为 148.9 ℃。压缩比为 7。燃料在循环早期就射入，以使其充分气化。在上止点以前 20°曲柄角点火。燃料-空气比未知，但调节到在燃烧过程中很早就出现相当强的爆震。使用过两台高速照相机，一台能以每秒 40 000 幅的速率拍照片，另一台能以每秒 500 000 幅的速率拍摄。每秒 40 000 幅的照相机，使用一种部分移动部分固定的特殊光学系统，它是按转动胶片的原理工作的。在每秒 500 000 幅的照相机中，底片是固定的，连续的像是用巧妙设计的光学系统产生的。关于照相机结构的详细情况可在原报道[101]中找到。每秒 40 000 幅的照相机摄录了从火花点燃到燃烧过程结束的整个循环。每秒 500 000 幅的照相机用来分析在敲缸时所出现的现象。

在此，我们复制了点火过后循环开始 1.8 ms 这部分照片（图 4-45）。循环到这一点时，火焰以湍流燃烧波的形式从视域的左上方推进到约占视域的 1/3 处，如图 4-45 中 G-1 这幅照片所示。炽热的火焰以黑斑区与未燃气体混合物占有的亮区对比显得很显眼。四个黑点是螺栓头。火焰平滑地推过燃烧室，到照片 H-11 时，在尾区中心开始有扰动的迹象，可从初始照片上分辨出来。这种扰动一直扩展，到照片 I-6 变得清楚可见，而暗区一直延伸到占据尾区的上、中部。从照片 I-8 起，在尾区下部发现有第二个扰动在发展，它向上向右移动，直到照片 J-7 时与其他扰动合并，并充满整个尾区。这些扰动实际上不会妨害正常火焰的进展，但是，因为它们能改变视域内的照度，所以可推断得出它们会产生密度或温度的梯度。因此，我们和 Miller[102] 认为，它们是冷焰（根据前面引用的著作即可推知），释放出足够的热量，以产生纹影效应❶。就这些照片的外观来说，要注意到照相机观测到的从窗口到活塞顶这一气层深度内，在湍流正常火焰区和冷区中，光路通过了一些不规则的、一个接一个的密度有高有低的区域。在正常的火焰中，这些区域是由于已燃气体和未燃气体之间边界的不规则而形成的；而在冷焰中，可以意料到这种密度的不均匀性是由于火焰源不规则和成斑点状（以图 4-29 和图 4-30 上的照片为例）而产生的。这些区域显得暗黑是因为光学装置的问题。在湍流燃烧波之后的已燃气体中，视域光亮而均匀，这是由于此处密度均匀的缘故。

在仍能判别出正常火焰锋面的 J-7 这幅照片以后，焰锋以不可辨认的加速度向冷焰区推进。在照片 J-12 上照度的变化是由于打开了供每秒 500 000 幅照相机运转用的附加光源使纹影反转所致。这新光源也产生定时记号（从照片 J-12 起）。照片 J-12 除了纹影反转以外实际上与照片 J-11 是一样的，且与照片 K-1 相同，在照片 K-1 上照片的反差加大了。在照片 K-2 的右下方，首先出现猛烈敲缸（knock）开始的迹象，在工程文献中通常把它归入爆震（detonation），我们认为这是两级着火。这种扰动在照片 K-3 上变得清晰可见，而在 K-4 及以后的几幅照片上因有激波通过而模糊了。在使用每秒 500 000 幅照相机时，激波是可以看到的，如图 4-46 所示。该图表明的仅是从这组照片中选出的几幅照片。第 5 幅照片与照片 J-12 相对应（除了后者纹影反转以外）；第 44 幅照片粗略地与照片 K-3 相对应；第 162 幅照片粗略地与照片 K-12 相对应。在第 44、48 和 51 这几幅照片上，A 和 B 这两个波以 1 300 m/s 和 1 700 m/s 左右的速度通过已燃气体。以后在第 57 幅照片上得到发展的波 C，在第 57 至 64 幅照片之间，以 1 500 m/s 的速度移动。A 和 C 波的反射现象，如其余几幅照片所示。这种运动的详细情况只有将胶卷用放映电影方法来观看时才能看到。

————————————————

❶ 在原始报道中，这序列燃烧过程被称为自燃。

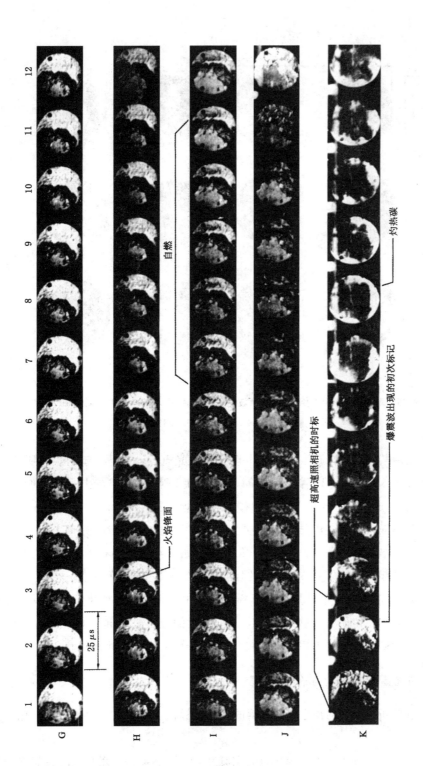

图 4-45　在实验发动机中爆震燃烧的纹影照片（每秒 40 000 幅）(**Male**[100])

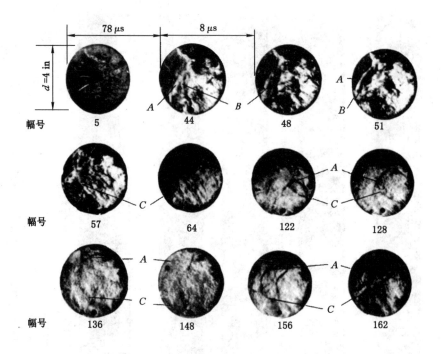

图 4-46　表明发动机爆震所形成的激波的纹影照片（每秒 500 000 幅）（Male[100]）

第 5 幅照片与图 4-45 中照片 J-12 相对应

在爆震开始后某时刻和在波推移期内出现亮的发光斑点，这是由于灼热碳所造成的。这种现象如照片 K-8 所示。在以后相当长阶段内，有暗斑点出现（但在这一序列照片中未示明），这是有烟灰形成所致。在尾气中自由碳的状态似乎显得与 Rassweiler 和 Withrow[103] 观测的结果有些不同，后一观测结果是：在产生爆震作用充量的发射光谱上 C—C 和 CH 的谱带比在正常火焰发射光谱上要弱一些。但是这一观测结果未必有矛盾，因为发射光谱仅包括很少一部分起反应的分子，且它们的强度可能与基本化学过程无关。

在许多早期研究[104]中，早已把爆震解释为充量中发生相对缓慢化学反应以前在尾气内进行的快速反应。几位研究者曾观测过高速波通过的现象。Schnauffer 报道高速波的速度约为 300 m/s；Surreys 测得为 500 m/s 左右；Sokolik 和 Voinov 则测得 2 000 m/s。

2. 尾气的光谱分析和化学分析研究

光谱研究和分析在循环的预定期间取得的试样，提供了有关尾气中所出现的化学变化的信息。

Rassweiler 和 Withrow[105] 以连续光源的光通过装在燃烧室相对两侧上的石英观测窗获

得了吸收光谱。观测窗按便于观测尾气来装置。根据所得照片可以确定甲醛吸收谱带。许多论据都是令人感兴趣的。往往在即将发生爆震前，在未燃充量中检出甲醛。随着爆震强度的增大，甲醛吸收谱带的强度也增强，而不论爆震是下列原因中哪一种所引起的：混合物浓度变化（特别是过浓混合物变稀）；点火提前（它使尾气的压力增大）；混合物预热；发动机转速降低（它使湍动度减弱，因而使正常火焰速度减小）；或添加促进爆震的化合物如硝酸异丙酯。甲醛同样也能在没有爆震的情况下出现，但在不能发现甲醛的情况下从未观察到爆震。这些事实与前面所讨论的甲醛本在 τ_1 状态历程（此处发现甲醛是一种反应产物，并是一种反应的抑制剂，而不是一种促进剂）中所起的作用是完全一致的。所以，出现甲醛仅是反应将会导致两级着火（爆震）发生征兆，而甲醛谱带强度的增大只表明氧对燃料的化学反应有进一步的扩展。如果爆震被添加 Pb(Et)₄ 所抑制，则仍然总是能发现甲醛，根据 Rögener 的观测[69]，这种化合物能使诱导期 τ_2 增大而对 τ_1 没有明显的影响。

Egerton 及同事[106]曾报道过从发动机中取样的分析结果。关于在技术上使人感兴趣的仪器装置及发动机运转状态的详细情况，读者可参阅原文。我们对他们的发现感兴趣的是：在火焰到达以前尾区中的化学反应不是微不足道的。曾发现甲醛和高级醛的浓度达 1/150。在他们的操作状态下，有些 NO₂ 形成，但是同样能够检出有机过氧化物，且浓度达到因添加过氧化物导致爆震所需要的程度。进一步还证实，当循环在没有点燃的情况下运转时，形成甲醛仅是由于机械压缩之故。Damköhler 和 Eggersglüss[107]同样也报道过后一类型的实验，他们使用主要由烷烃及约含 20% 萘所组成的燃料。他们定量地确定了 CO₂、H₂O、酸、甲酸、乙醛和高级醛的数量。同样也发现有过氧化物，但没有进一步验证。他们根据自己的数据（包括测定氧耗量、水耗量及发热量与反应产物量的关系）得出结论：绝大部分的甲醛不是因碳链氧化降解形成的，但可能会在包含有原始烃分子的自由基链中形成。这与氧对前面已讨论过的自由基起化学反应的图式是一致的。

3. 分子结构和添加剂的影响

若发动机在标准状态下使用各种燃料运转；且仅将一控制爆震参数调节到开始爆震，则能把各种燃料分类，这与根据早已提到过的各种可氧化性准则所得结果相类似。压缩比就是这种参数。Boyd 及其同事[108]曾在与震性测定机（C. F. R. engine）相类似的可变压缩比发动机中确定许多燃料开始爆震临界压缩比。该发动机的运转状态是：转速 600 r/min，水套温度 100 ℃，满负荷，以及能发出最大功率时的混合比和点火定时。在表 4-14 中，列出已实验过的化合物一览表，表明它们的临界压缩比（ccr）和往一加仑（1 gallon＝3.785 L）燃料中添加 1 cm³ Pb(Et)₄ 时其临界压缩比的增量（Δccr）。曾发现在某些条件下 Pb(Et)₄ 是一种诱爆剂而不是一种抗爆剂。

正如 Jost[109]所指出的那样，从该表得出许多规律：

① 在正烷烃系列中，抗爆能力随碳链长度的减短而增加。

② 烯烃有类似的性质。因为对碳原子数相同的分子来说双链位置的不同会造成性质不同，所以必须以固定的双链位置为基础作比较。例如，在 α 烯烃中受①支配的规律立即很明显。双键向分子中心移动使抗爆能力增大。对于炔烃来说，由这些数据还不足以作出结论。比较烷烃和烯烃表明，抗爆能力随碳原子数增加而减小，但其增减量并不相同。所以，这些系列的曲线约在丁烷处彼此相交。当其他方面如结构和碳原子数都相同时，在丁烷以上导入双键或三键一般使抗爆能力增大。

③ 在任何系列中，当烃链支化增多时使抗爆能力增大。

这些规律与按其他准则找到的可氧化性规律完全一致。

表 4-14　各种燃料的临界压缩比(ccr)及其在往 1 加仑燃料添加 1 cm^3 Pb(Et)$_4$
时的变化(包括正负变化)(Boyd et al.[108])

化 合 物	ccr	Δccr	化 合 物	ccr	Δccr
烷　烃			2,4-己二烯	6.6	0.10
甲烷	>15	—	1,5-己二烯	4.8	0.25
乙烷	14.0	—	1-己烯	4.6	—
丙烷	12.0	—	2-己烯	5.4	—
正丁烷	6.4	—	1-庚烯	3.7	0.25
异丁烷	8.9	—	3-庚烯	4.9	0.80
正戊烷	3.8	0.50	3-乙基-2-戊烯	6.6	0.50
2-甲基丁烷	5.7	0.95	2,2-二甲基-4-戊烯	10.0	—
正己烷	3.3	0.20	2,4-二甲基-2-戊烯	8.8	0.70
正庚烷	2.8	0.20	2-甲基-5-己烯	4.7	0.25
3-乙基戊烷	3.9	0.20	3-甲基-5-己烯	5.0	0.20
2,4-二甲基戊烷	5.0	0.80	2,2,3-三甲基-3-丁烯	12.6	—
2,2,3-三甲基丁烷	13.0	—	1-辛烯	3.4	0.15
2,2,3-三甲基戊烷	12.0	—	2,2,4-三甲基-3-丁烯	10.0	0.35
2,2,4-三甲基戊烷	7.7	2.10	2,2,4-三甲基-4-戊烯	11.3	0.25
2,7-二甲基辛烷	3.3	0.20	炔　烃		
3,4-二乙基己烷	3.9	0.30	乙炔	4.6	—
烯烃和二烯烃			1-庚炔	4.9	0.33
乙烯	8.5	—	3-庚炔	3.4	0.10
丙烯	8.4	—	2-辛炔	4.0	0.10
1-戊烯	5.8	0.30	环　烷　烃		
2-戊烯	7.0	0.50	环戊烷	10.8	2.70
2-甲基-2 丁烯	7.0	0.70	乙基环戊烷	3.9	—
2,3-二甲基丁二烯	8.6	0.10	1,3-二甲基环戊烷	4.2	—

表 4-14(续)

化　合　物	ccr	Δccr	化　合　物	ccr	Δccr
1,3-甲基乙基环戊烷	3.6	—	茚	11.2	−0.10
正戊基环戊烷	2.8	—	二环戊二烯	11.0	−0.30
环己烷	4.5	0.65	环戊烯	7.9	0.20
甲基环己烷	4.6	0.30	1,3-环己二烯	5.9	−0.02
1,2-二甲基环己烷	5.1	0.35	环己烯	4.8	0.20
1,3-二甲基环己烷	4.4	0.21	1-甲基环己烯	4.8	—
1,4-二甲基环己烷	4.3	—	二聚戊烯	5.9	0.25
乙基环己烷	3.8	—	**芳　香　烃**		
1,2-甲基乙基环己烷	4.3	0.16	苯	>15	—
1,3-甲基乙基环己烷	3.8	0.12	甲苯	13.6	—
1,4-甲基乙基环己烷	3.7	0.13	乙基苯	10.5	2.0
正丁基环己烷	3.3	—	邻二甲苯	9.6	—
仲丁基环己烷	3.6	—	间二甲苯	13.6	—
1,2-甲基正丙基环己烷	3.6	0.12	对二甲苯	14.2	—
1,3-甲基正丙基环己烷	3.4	0.12	正丙基苯	10.1	—
1,4-甲基正丙基环己烷	3.3	0.12	异丙基苯	11.9	—
1,4-甲基异丙基环己烷	4.0	0.26	萘	14.8	
1,3-二乙基环己烷	3.2	—	正丁基苯	7.7	—
1,4-二乙基环己烷	3.3	—	仲丁基苯	10.1	—
正二乙基环己烷	3.1	—	叔丁基苯	12.5	—
异戊基环己烷	3.3	—	1,4-甲基异丙基苯	11.1	1.0
叔戊基环己烷	4.2	—	1,3-二乙基苯	10.8	—
1,2-甲基正丁基环己烷	3.3	0.10	1,4-二乙基苯	9.3	—
1,3-甲基正丁基环己烷	3.3	0.10	叔戊基苯	12.1	2.0
1,4-甲基正丁基环己烷	3.2	0.10	苯基乙炔	12.4	−0.80
1,2-甲基正戊基环己烷	3.2	0.10	苯基乙烯	14.0	—
十氢化萘	3.6	0.13	苄基乙炔	7.4	0.12
不饱和环烃			甲基苯基乙炔	11.8	−0.30
环戊二烯	10.9	−0.90	苯基丁二烯	9.5	0.00
二甲基富烯	9.2	−0.13	三甲基苯基丙二烯	8.3	−0.20

在图 4-47 上，绘出表 4-14 中所列许多典型化合物的 ccr 值与 Δccr 值的关系曲线。该图表明，由于添加入 Pb(Et)$_4$ 造成任何临界压缩比的增大以烷烃和环烷系为最多。具有饱和侧链的芳香烃这种影响稍小一些，而 α 烯烃、二烯烃和炔烃几乎不受影响。某些芳香烃和不饱和环状化合物表明因添加 Pb(Et)$_4$ 而减小。作为比较，汽油的范围如圆圈所示。

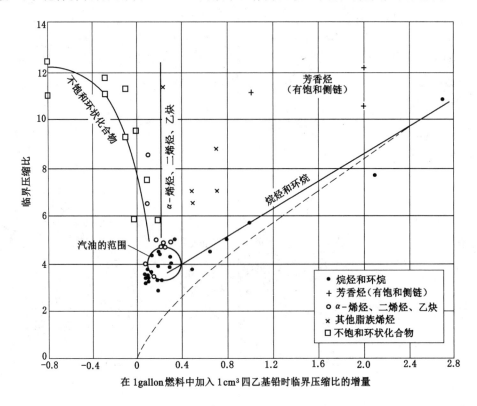

图 4-47　各种不同变型烃对四乙基铅的相对抗爆效应(Lovell, Campbell & Boyd[108])

虚线是由 Jost 和 von Müffling[110] 计算得到的。

在解释各种不同的燃料组对铅敏感性不同的过程中，Jost 和 von Müffling[110] 提出如下建议。从链的引发来看，烯烃可能比烷烃更有效。这样，例如，可能会出现双键和后续键裂变的过氧化作用，所以在其他可比较的条件下，烯烃-氧物系与烷烃-氧物系相比，有更多的链被引发。但是，烯烃的可氧化性较差，即抗爆能力较强，因为双链起链断裂剂的作用。若抗爆化合物具有链断裂的性能，则显然该效应大于在没有该化合物的情况下出现的不大常见的链断裂作用。因此，它对烷烃和环烷烃的影响大于相应的不饱和物。若进一步认为 Pb(Et)$_4$ 不仅会销毁链（因除去过氧化物）而且能引发链（因离解为自由基）的话，则在某种情况（此时链已经非常短且迅速反应与链引发的高速率有关）下 Pb(Et)$_4$ 效应的逆转就变得可以理解了。

Jost、von Müffling 和 Rohrmann[111]曾考察过从反应动力学上解释 Δccr 值的可能性。他们提出一种相当简单的解决问题的方法。四乙基铅能阻止爆震，因为它使平均反应速率减小；通过增量 Δccr 恢复爆震从而使压缩比增大，因为铅对反应的抑制作用被混合物的温度和压力的升高所补偿。假定反应速率相当于温度的 Arrhenius 函数且与压力没有重要的关系，他们在 ccr 和 Δccr 之间导出如下关系式：

$$\Delta ccr = 常数 \times (ccr)^\gamma$$

式中 γ 为热容量之比 c_p/c_v。该常数原则上可根据反应动力学数据计算：求得它近似地等于是 $4.57\delta T_0/E(\gamma-1)$，其中 δ 为添加四乙基铅前后反应速度比的对数；T_0 为压缩前的温度；E 为该反应的活化能。根据我们目前的观点来看，这些研究结果得以采用仅是因为 τ_1 占总诱导期 τ 的较大部分。图 4-47 中的虚线是根据用经验确定常数值的方程式得到的，该方程与对烷烃和环烷烃的实验点相适应。一些实验点紧密地聚集在计算曲线附近这一事实表明，方程式中的常数，因而 δ 和 E 值，对这组化合物的各个不同成员来说差不多都是相同的。

Midgley 和 Boyd[112]在 1922 年研究过成千种化合物的抗爆性质，发现其中以四乙基铅最为有效。当作添加剂使用的这种化合物和某些抗爆燃料的实例如表 4-15 所示。该表包含有从苯至 $Pb(Et)_4$ 的相对抗爆值，以生产 1 mol 苯胺相等抗爆震效应的物质的量的倒数表示。

表 4-15　抗爆化合物和某些抗爆燃料的相对效应（以苯胺＝1 为基准）（Calingaert[113]）

苯	0.085	间二甲苯	1.40
异辛烷	0.085	三苯胂	1.60
三苯胺(2,2,4-三甲基戊烷)	0.090	四氯化钛	3.2
乙醇	0.104	四乙基锡	4.0
二甲苯	0.142	四氯化锡	4.1
二甲基苯胺	0.21	二乙基硒	6.9
二乙胺	0.495	二乙基铋	23.8
苯胺	1.00	二乙基碲	26.6
乙基碘	1.09	羰基镍	35
甲苯胺	1.22	羰基铁	50
二乙基镉	1.24	四乙基铅	118

就金属抗爆作用来说，我们提及 Egerton[114] 的论述，他认为金属必须能被氧化，以分子分散状态存在则更好，必须能以几种氧化状态存在。例如，铅、铊和钾在蒸气状态下一般有非常有效的抗爆作用，在高温下形成稳定的过氧化物；而钠则不能，它是无效的。

金属必须能被氧化这一要求与 Rassweiler 和 Withrow 的观测显然是矛盾的，他们观测到，在添加 Pb(Et)₄ 消除爆震时，在尾气中应观测到 Pb 而不是 PbO 的吸收光谱。这一观测未必排斥同时存在漏检的铅的氧化物，因为它们的浓度很低，且因为与原子的线光谱相比分子的吸收谱带较弱。而且，可以料想得到，由燃料分子所形成的自由基成为组成化合物（如氧化铅）的强有力的减缓剂。就铅的效应而论，Callendar[115] 提出，抗爆剂会销毁过氧化物这一见解看来似乎是最合理的。按照 Egerton 的论述，可以想象得到，应涉及铅的各种不同氧化状态。Pb(Et)₄ 因分解和与氧起反应可形成 PbO_2，而 PbO_2 与有机过氧化物起销毁性反应形成 PbO；PbO 由于与自由基反应会还原成 Pb。在 Pb 和过氧化物之间，也可能起销毁反应而形成 PbO；由于氧与 Pb 或 PbO 起反应而可使 PbO_2 得以恢复。

曾发现许多化学物质都能助长爆震过程的进行[116]。其中有臭氧、有机亚酸酯和过氧化物，特别是烷基过氧化物，它在极低的浓度下是很有效的，这与前面所引用的对烃-氧物系的其他观测结果是一致的。二乙基过氧化物比过氧化氢更为有效得多[117]；要产生相同的爆震强度，6×10^{-4} 摩尔分数的 H_2O_2 相当于 1.6×10^{-5} 摩尔分数的 $C_2H_5OOC_2H_5$；也就是说，烷基过氧化物的功效约大 40 倍。可以预料到，在极高温度下二级着火前的尾气中，出现 O—O 键分裂在某种程度上与任一种过氧化物有关，若这种分裂产生自由基，则该过氧化物将是一种促进剂。但是，人们感兴趣的是曾发现在烃氧化过程（大概是经过甲酸的甲醛氧化过程）中所形成的 H_2O_2 远没有烷基型过氧化物来得有效。这再一次地强调指出，从起反应的烃-氧混合物所得到的过氧化物产物，未必是主要的能起链引发作用和链支化作用的活性过氧化物，但部分构成完全不起反应的中间产物。

与前述各种观测结果相一致，乙醛在 τ_1 状态下仅有中等加速效应，曾发现这一物质仅是一种中等爆震促进剂[117]。在本章中常用甲醛在 τ_1 状态下使反应趋于停止的方式来表示这种观点。这与甲醛没有助长爆震的性质且事实上发动机能用纯甲醛柔和地运转的这些观测结果是一致的。这使人想起甲醛并不产生冷焰。与此不同，乙醛会形成冷焰，会产生发动机中的爆震[117]。

参考文献

1. D. T. A. Townend, L. L. Cohen, and M. R. Mandlekar, *Proc Roy Soc*. **A146**, 113 (1934); D. T. A. Townend and E. A. C. Chamberlain, ibid. **A154**, 95(1936).

2. Ch. K. Westbrook and F. L. Dryer. "Eighteenth Symposium on Combustion", p. 749, The Combustion Institute, 1981.

3. Ch. K. Westbrook and F. L. Dryer. *Prog. Energy Combust. Sci.* **10**, 1-57(1984).

4. M. B. Neumann and A. Serbinov, *Phys. Z.* (U. S. S. R.) **1**, 536(1932).

5. A. Sagulin, Z. *Phys. Chem.* **B1**, 275(1928).

6. H. A. Taylor and E. W. Riblett. *J. Phys. Chem.* **35**, 2667(1931).

7. A. Burcat, A. Lifshitz, K. Scheller, and G. B. Skinner, "Thirteenth Symposium on Combustion", p. 745, The Combustion Institute, 1971.

8. C. T. Bowman, *Combustion & Flame*. **25**, 343(1975).

9. D. F. Cooke, M. G. Dodson, and A. Williams, *Combustion & Flame*. **16**, 233(1971).

10. Ch. K. Westbrook and F. L. Dryer, *Combustion Science & Technology*. **20**, 125(1979).

11. Ch. K. Westbrook, *Combustion Science & Technology*. **20**, 5(1979).

12. D. Aronowitz, R. J. Santoro, F. L. Dryer, and I. Glassman, "Seventeenth Symposium on Combustion", p. 633, The Combustion Institute, 1979.

13. J. O. Hirschfelder and C. F. Curtiss, "Third Symposium on Combustion", p. 121, Williams & Wilkins, Baltimore, 1949.

14. C. Lund, Univ. of California, Lawrence Livermore Lab Report UCRL-52504, 1978.

15. W. H. Wiser and G. R. Hill, "Fifth Symposium on Combustion", p. 553, Reinhold, New York, 1955; H. T. Henderson and G. R. Hill. *J. Phys. Chem.* **60**, 874 (1956); M. Metghalchi and J. C. Keck, Paper presented at the Fall Meeting of the Eastern Section of the Combustion Institute. Nov. 10-11. Hartford, CT, 1977.

16. Unpublished.

17. E. G. E. Hawkins, "Organic Peroxides", pp. 12-13, Van Nostrand, Princeton, 1961.

18. T. A. Brabbs and R. S. Brokaw, "Fifteenth Symposium on Combustion", p. 893, The Combustion Institute, 1975.

19. S. W. Benson, *Oxidation Communications*. **2**, 169(1982).

20. R. R. Baldwin and R. W. Walker, Report, AFOSR 77-3215, 1979.

21. H. Yamazaki and R. J. Cventanovic, *J. Chem. Phys.* **41**, 3703(1964).

22. R. E. Huie and J. T. Herron, *Prog. Reaction Kinetics*. **8**, 17(1975).

23. A. G. McLain and C. J. Jachimowski, NASA Technical Note TN-D-8501, 1977.

24. M. Cathonnet. J. C. Boettner, and H. James, "Eighteenth Symposium on Combustion", p. 903, The

Combustion Institute,1981.

25. R. G. W. Norrish and S. G. Foord,*Proc.Roy.Soc.* **A157**,503(1936).

26. R. G. W. Norrish and J. D. Reagh, *Proc.Roy.Soc.* **A176**,429(1940).

27. W. A. Bone and J. B. Gardner,*Proc.Roy.Soc.* **A154**,297(1936).

28. W. A. Bone and R. E. Allum,*Proc.Roy.Soc.* **A134**,578(1932).

29. D. M. Newitt and J. B. Gardner,*Proc,Roy.Soc.* **A154**,329(1936).

30. D. M. Newitt and A. E. Haffner,*Proc.Roy.Soc.* **A134**,591(1932).

31. A. D. Walsh, "Cinétique et mécanisme des réactions d'inflammation et de combustion en phase gazeuse",Centre National de la Recherche Scientifique, paris, 1948,discussion remark,p. 43；A. Van Tiggelen,ibid,p. 44.

32. A. C. Baldwin and D. M. Golden,*Chem,Phys.Letters.* **55**,350(1978).

33. A. J. Harding and R. G. W. Norrish,*Nature.* **163**,767(1949).

34. R. G. W. Norrish and J. Wallace,*Proc.Roy. Soc.* **A145**,307(1934).

35. D. W. E. Axford and R. G. W. Norrish, *Proc.Roy.Soc.* **A192**,518(1948).

36. R. Spence,*J.Chem.Soc.* 649 (1936).

37. F. F. Snowden and D. W. G. Style, *Trans.Faraday Soc.* **35**,426(1939).

38. I. A. Vardanyan,G. A. Sachayan,and A. B. Nalbandyan,*Combustion and Flame.* **17**,315(1971).

39. Cf. ref. 17,p. 139.

40. D. W. G. Style and D. Summers, *Trans.Faraday Soc.* **42**,388(1946).

41. J. E. Bennett, B. Mile, and A. Thomas, "Eleventh Symposium on Combustion", p. 853, The Combustion Institute,1967.

42. D. P. Dingledy and J. G. Calvert, *J.Am. Chem. Soc.* **85**,856(1963)；J. G. Calvert and W. C. Sleppy, ibid.**81**,769(1959).

43. D. E. Hoare and A. D. Walsh, *Trans.Faraday Soc.***53**,1102(1957).

44. S. W. Benson,*Prog.Energy Combust.Sci.* **7**,125 (1981)；*Oxidation Communications*, **2**,169(1982).

45. S. W. Benson,"Thermochemical Kinetics",pp. 239-241,Wiley, New York,(1976).

46. J. Cartlidge and C. F. H. Tipper,*Proc.Roy.Soc.* **A261**,388(1961).

47. H. Bonner and C. F. H. Tipper,*Combustion and Flame.* **9**, 317,387(1965).

48. G. H. N. Chamberlain and A. D. Walsh, "Third Symposium on Combustion", p. 375, Williams and Wilkins,Baltimore,1949.

49. W. A. Bone and S. G. Hill,*Proc.Roy.Soc.* **A129**,434(1930).

50. G. P. Kane,*Proc.Roy.Soc.* **A167**,62 (1938).

51. M. Maccormac and D. T. A. Townend,*J.Chem.Soc.*238(1938).

52. E. V. Aivazov,N. P. Keyer, and M. B. Neumann,*Acta Physicochim.* ,*U. R. S. S.* ,**14**,201(1941).

53. W. H. Perkin, *J. Chem. Soc.* **41**, 363 (1882); G. S. Turpin, *Brit. Assoc. Rpt.* **75**, 776 (1890); H. B. Dixon, *J. Chem. Soc.* **75**, 600 (1899); *Rev. Trav. Chim.* **46**, 305 (1925); A. Smithells, *Brit. Assoc. Rpt.* **93**, 469 (1907); F. Gill, E. W. Mardles, and H. C. Tett, *Trans. Faraday Soc.* **24**, 574 (1928).

54. M. Prettre, P. Dumanois, and P. Laffitte, *Compt. Rend.* **191**. 329, 414 (1930); M. Prettre, *Ann. Office Natl. Combustibles Liquides.* **6**, **7**, 269, 533 (1931); **7**, 699 (1932); **11**, 669 (1936); *Bull. Soc. Chim. France.* **51**, 1132 (1932); "Science of Petroleum", Vol. 4, p. 295, Oxford, 1938.

55. H. A. Beatty and G. Edgar, *J. Am. Chem. Soc.* **56**, 112 (1934).

56. M. B. Neumann and E. V. Aivazov, *Nature.* **135**, 655 (1935); *Acta Physicochim. U. R. S. S.* **4**, 575 (1936); *ibid.* **6**, 279 (1937).

57. C. D. Miller, *Soc. Automotive Engrs. Quart. Truns.* **1**, 98 (1947); cf. Section 5 of this chapter.

58. A. G. White, *J. Chem. Soc.* p. 498 (1927).

59. J. E. C. Topps and D. T. A. Townend, *Trans. Faraday Soc.* **42**, 345 (1946); Kate Spence and D. T. A. Townend, "Cinétique et mécanisme des réactions d'inflammation et de combustion en phase gazeuse", p. 113, Centre National de la Recherche scientifique, Paris, 1948; D. T. A. Townend and E. A. C. Chamberlain, *Proc. Roy. Soc.* (London) **A158**, 415 (1937); M. S. Hsieh and D. T. A. Townend, *J. Chem. Soc.* 332, 337, 341 (1939); M. Maccormac and D. T. A. Townend, *J. Chem. Soc.* 143, 151 (1940). K. Spence and D. T. A. Townend, *Nature.* **155**, 339 (1945); "Third Symposium on Combustion and Flame and Explosion Phenomena", p. 404, Williams and Wilkins, Baltimore, 1949.

60. C. F. H. Tipper, *Quart Rev. Chem. Soc.* London **11**, 313 (1957).

61. S. W. Benson, *J. Am. Chem. Soc.* **87**, 972 (1965); *Adv. Chem.* **75**, 76 (1968).

62. G. P. Kane and D. T. A. Townend, *Proc. Roy. Soc.* **A160**, 174 (1937).

63. M. Prettre, "Third Symposium on Combustion and Flame and Explosion Phenomena", p. 397, Williams and Wilkins, Baltimore, 1949.

64. H. T. Tizard and D. R. Pye, *Phil. Mag.* **44**(Ⅶ), 79 (1922); 1(Ⅶ), 1904 (1926).

65. E. V. Aivazov and M. B. Neumann, *Z. Physik. Chem.* **B33**, 349 (1936).

66. M. B. Neumann and P. Tutakin, *Compt. Rend. Acad. Sci.* (U. R. S. S.) **4**, 122 (1936).

67. R. N. Pease, *Chem. Rev.* **21**, 279 (1937).

68. E. A. Andreev, *Acta Physiocochim.* (U. R. S. S.) **6**, 57 (1937).

69. H. Rögener (in collaboration with W. Jost) U. S. Govt. Tech. Oil Mission microfilm reel. 242; Photoduplication Service, Library of Congress (1945); *Z. Elektrochem.* **53**, 389 (1949).

70. W. Jost and H. Teichmann, *Naturwissenschaften.* **27**, 318 (1939); *Z. Elektrochem.* **47**, 262, 297 (1941).

71. W. Jost, "Third Symposium on Combustion and Flame and Explosion Phenomena", p. 424, Williams and Wilkins, Baltimore, 1949.

72. M. Scheuermeyer and H. Steigerwald,*Motortech. Zeitschrift*，Stuttgart，Vols. 8-9(1943)；cf. F. A. F. Schmidt,"Verbrennungsmotoren",Springer,Berlin,2nd ed. with supplements，FIAT(U. S.)(Library of Congress) Rept. 709 (1946).

73. D. T. A. Townend and M. R. Mandlekar,*Proc. Roy. Soc.* **A143**,168(1934).

74. D. T. A. Townend and M. R. Mandlekar. *Proc. Roy. Soc.* **A141**,484(1933).

75. C. F. Taylor,E. S. Taylor,J. C. Livengood,W. A. Russell,and W. A. Leary,*Soc. Automotiroe Engrs. Quart. Trans.* **4**,232(1950).

76. S. Lenher,*J. Am. Chem. Soc.* **53**,3737,3752(1931).

77. D. M. Newitt,*Proc. Roy. Soc.* **A157**,348(1936).

78. D. M. Newitt and L. S. Thornes,*J. Chem. Soc.* 1656,1669(1937).

79. R. N. Pease,*J. Am. Chem. Soc.* **51**,1839(1929)；R. N. Pease and W. P. Munro,*ibid.* **56**, 2034 (1934). R. N. Pease,*ibid.* **57**,2296(1935)；*Chem. Rev.* **21**,279 (1937).

80. E. J. Harris and A. Egerton,*Chem. Rev.* **21**,287(1937).

81. A. R. Burgess and R. G. W. Laughlin,*Chem. Soc. Chem. Commun.* p. 769(1967).

82. A. R Burgess,R. G. W. Laughlin,and M. J. D. White,Proc. Symp. on Gas Kinetics,p. 379,Szeged, Hungarian Chem. Soc. ,1969.

83. D. J. Hucknall,"Chemistry of Hydrocarbon Combustion",Chapman and Hall,London-New York, (1985).

84. A. D. Walsh,*Trans. Faraday Soc.* **42**,269(1946).

85. F. O. Rice and E. L. Rodowskas,*J. Am. Chem. Soc.* **57**,350(1935).

86. C. F. Cullis and C. N. Hinshelwood,*Discussion of Faraday Soc.* **2**,117(1947).

87. J. C. Pope,F. J. Dykstra,and G. Edgar,*J. Am. Chem. Soc.* **51**,1875,2203,2213(1929).

88. P. Mondain-Monval and B. Quanguin,*Ann. Chim.* **15**,309(1931)；*Comp. Rend.* **191**,299(1930).

89. W. A. Bone and R. V. Wheeler,*J. Chem. Soc.* **85**,1637(1904)；E. W. Blair and T. S. Wheeler,*J. Soc. Chem. Ind.* (London)**41**,303 (1922)；**42**,415(1923)；H. W. Thompson and C. N. Hinshelwood,*Proc. Roy. Soc.* **A125**,277 (1929)；S. Lenher,*J. Am. Chem. Soc.* **53**,3737,3752 (1931)；R. Spence and H. S. Taylor,*ibid.* **52**,2399(1930)；W. A. Bone,A. E. Haffner,and H. F. Rance,*Proc. Roy. Soc.* **A143**,16 (1933)；E. W. R. Steacie and A. C. Plewes,*ibid.* **A146**,72(1934).

90. R. G. W. Norrish,"Cinétique et mécanisme des réactions d'inflammation et de combustion en phase gazeuse,"p. 23,Centre Natl. Recherche Sci. ,Paris,1948.

91. M. W. C. Smit,*Rev. Trav. Chim.* **49**,675,691(1930)；J. Böeseken,*Chem. Weekblad.* **31**,166(1934)；N. A. Milas and A. McAlevy, *J. Am. Chem. Soc.* **55**, 352 (1933)；J. Stuurman, *Proc. Acad. Sci. Amsterdam.* **38**,450(1935).

92. W. A. Bone and J. Andrew,*J. Chem. Soc.* **87**,1232(1905).

93. G. B. Kistiakowsky and S. Lenher,*J. Am. Chem. Soc.* **52**,3785(1929).

94. R. Spence and G. B. Kistiakowsky,*J. Am. Chem. Soc.* **52**,4837(1930).

95. E. W. R. Steacie and R. D. MacDonald,*J. Chem. Phys.* **4**,75(1936).

96. R. Spence,*J. Chem. Soc*,p. 6867(1932).

97. C. N. Hinshelwood and R. Fort,*Proc. Roy. Soc.* **A127**,218(1930).

98. J. Amiel,*Ann. Chim.* **7**,70(1937).

99. J. H. Burgoyne, T. L. Tang, and D. M. Newitt,*Proc. Roy. Soc.* **A174**, 379 (1940); J. H. Burgoyne,
    ibid. **A174**,394(1940); **A175**, 538 (1940).

100. T. Male,"Third Symposium on Combustion and Flame and Explosion Phenomena",p. 721, Williams
    and Wilkins,Baltimore,1949.

101. C. D. Miller,*Phot. Soc. Am.* **14**, 669 (1948) ; U. S. Pat. Nos. 2400885 and 2400887,May 28,1946;
    Natl Advisory Comm. Aeronaut. Tech. Note, No. 1405,1947; *J. Soc. Motion Picture Engrs.* **53**,479
    (1949).

102. C. D. Miller, Discussion remark, "Third Symposium on Combustion and Flame and Explosion
    Phenomena",p. 414,Williams and Wilkins,Baltimore,1949.

103. G. M. Rassweiler and L. Withrow,*Ind. Eng. Chem.* **24**,528(1932).

104. M. Aubert and R. Duchêne,*Compt. Rend.* **192**,1633(1931); M. Surreys,*ibid.* **197**,224(1933);
    Aircraft Eng. **10**,143(1938);K. Schnauffer, Z. *Ver. Deut. Ing.* **75**,455 (1931);*J. Soc. Automotive
    Engrs.* **34**, 17 (1934);G. M. Rassweiler and L. Withrow,*J. Soc. Automotive Engrs.* **39**,297(1936);
    A. Sokolik and A. Voinov,*Tech. Phvs. (U. S. S. R.)***3**,803(1936);A. Philippovich,*Z. Elektrochem.*
    42, 472(1936).

105. G. M. Rassweiler and L. Withrow,*Ind. Eng. Chem.* **25**, 923,1359 (1933); **26**,1256 (1934);**27**,872
    (1935);*J. Applied Phys.* **9**,362(1938).

106. A. Egerton, F. L. Smith, and A. R. Ubbelohde, *Trans. Roy. Soc*, **A234**, 433-521 (1935); A. R.
    Ubbelohde,J. W. Drinkwater,and A Egerton,*Proc. Roy. Soc.* **A153**,103(1936).

107. G. Damköhler and W. Eggersglüss,*Z. Physik. Chem.* **B51**,157(1942).

108. J. M. Campbell,W. G. Lovell,and T. A. Boyd,*J. Soc. Automotive Engrs.* **26**,123 (1930);*Ind. Eng.
    Chem.* **23**, 26 ,555 (1931); **25**,1107 (1933); **26**,475 ,1105(1934); **27**,593 (1935).

109. W. Jost,"Explosions und Verbrennungsvorgänge in Gasen",p. 547,Springer,Berlin,1939.

110. W. Jost and L. von Müffling,*Z. Elektrochem.* **45**,93(1939).

111. W. Jost,L. von Müffling,and W. Rohrmann,*Z. Elektrochem.* **42**,488(1936).

112. T. Midgley and T. A. Boyd,*Ind. Eng. Chem.* **14**,589,894,894(1922).

113. G. Calingeart,*Science of Petroleum.* **4**,3024(1938).

114. A. Egerton and S. F. Gates,*J. Inst. Petroleum Technol.* **13**,244(1927); A Egerton and F. L. Smith,

Phil. Trans. Roy. Soc. (London)，**A234**，507(1935).

115.　H. L. Callendar，*Aeronaut. Research Comm*. (London)，Rept. 1162(1927).

116.　H. L. Callendar，*Engineering*. **123**，147，182，210 (1927)；M. Holmes，*Nature*. **133**，179(1934)；D. B. Brooks，*J. Ind. Petroleum Technol*. **19**，835 (1933)；A. Egerton and A. R. Ubbelohde，*Nature*. **133**，179 (1934)；A. Egerton，F. L. Smith and A. R. Ubbelohde，Reference 106.

117. A. Egerton and A. R. Ubbelohde，reference 116.

第二篇

火焰传播

第 5 章

层流燃烧波

5.1 概述

本章阐明当用电火花，炽热金属丝或其他一些点燃源引燃时燃烧区或燃烧波通过爆炸性气体的传播过程。在此所讨论的范围尽可能限于非湍流气体，而关于湍流对火焰传播的影响将放在下一章中讨论。偶尔也论及非气态爆炸性介质，如普通的炸药和药线等，因为点燃和燃烧波传播的主要原理也同样适用于这种物系。爆炸性气体通常是处于可燃极限内的两种反应物如氧气和可燃气体的混合物，但某些气态化合物，如臭氧、乙炔、肼或偶氮甲烷，也都属于这一类。这些化合物的生成热为负，且绝对值很大，因此在它们分解的同时释放出相当大的热量。在单一成分的爆炸性气体中的燃烧波和由几种反应物的混合物组成的爆炸性气体中的燃烧波之间没有什么原则性差别。燃烧过程与两种反应物混合过程有关的扩散火焰课题将放到下一章中单独讨论。

点燃源通常是热源。然而，大家都知道，热源如电火花同样也能产生在化学反应中起链载体作用的原子和自由基。热流和视情况而定来自点燃源的链载体流，都能激发起爆炸性介质交界层中的化学反应，以致使该层本身变成激发下一层中进行化学反应的热源和链载体源，如此一直继续下去。这样，燃烧区就经该爆炸性介质传播下去。广义地说，燃烧区是一种波，在本书中就称为燃烧波。

在被燃烧波追逐而传播的层内，化学反应速率随着高速上升的温度而加速，因为分子碰撞发生反应的概率按 $e^{-E/(RT)}$ 形成的指数（Arrhenius 型）函数增大。因此，温度随着化学反应的进行而升高，将高温自加速作用按热爆炸方式引入反应过程。这种自加速作用能使反应在层内继续下去直到反应完成，同时将热量供给下一层，来将它激发到反应状态。所形成的中间化学产物中，原子和自由基就按反应机理起链载体的作用。它们仅在链是分支时才使反应自加速。在某些冷焰（如用二硫化碳、硼烷及磷化氢分别与氧气作用就可以得到）中，由于链分支使自由基浓度增大是唯一的反应加速机理。这在烃类冷焰中也是很重要的机理。但是，在通常所述及的"炽热"燃烧波中，温度升高的原因更多的在于自加速作用，而不是由于链分支所致的自由基浓度的增大。

在此，应该指出**燃烧波**和**爆震波**（将在第 8 章中论述）之间的区别。燃烧波是靠热力和分子的扩散来传播的，而爆震波是靠波所产生的温度和压力激发起来的化学反应能得以维持的激波来传播的。燃烧波移动的速度低于声速，而爆震波则高于声速。爆炸性介质中出现这两类波中的哪一种，这要取决于各种条件，其中影响最大的是限制条件和混合物的组成。大家熟悉的例子有熔切炬或焊接炬。在适当地调整好氧气和氢气或乙炔的气流时，爆炸性气体射流就形成一明亮发光锥形的定常燃烧波，其底部贴在喷射口上。当气体混合物的流量调节到回火点时，燃烧波就缩入导气管中，继而发展成爆震波。如果混合物已被过量的氧气或可燃气体充分稀释，那么这种现象就不会出现。一般地说，在爆炸性混合物被过量的某种组分或惰性气体稀释而变稀时，就可以测得爆震极限。但位于爆震极限以外的混合物在被继续因稀释而达到可燃极限以前一直可看到燃烧波。

　　燃烧波从一个着火点源，如一电火花开始传播的过程可用下述实验来解释。在这个实验中，爆炸性气体的混合物为化学计量比例的一氧化碳和氧，它被封闭在环绕火花隙吹成的肥皂泡中[1]。事实上，肥皂泡并不阻抗所封闭气体的热膨胀，因此在这类实验中燃烧波事实上在不变的压力下作球形传播。借高速摄影机摄得一组快照，并复制成图 5-1。在几

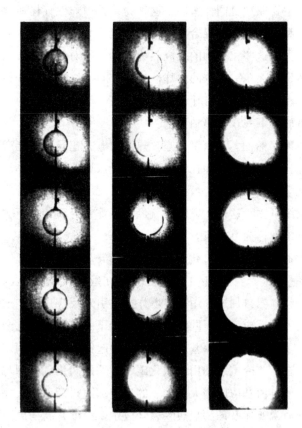

图 5-1　肥皂泡中一氧化碳和氧气的混合物爆炸时的

高速运动记录照片(Fiock & Roeder[1])

这些复制照片两次曝光之间的时间为 0.001 24 s

幅照片中能很清楚地看到肥皂泡的外形。在顶部，可看到吹气管和悬挂肥皂泡的金丝环。支承电极的杆，从底部插入。在火花通过后，从左上方照片开始可看到发光球的扩展过程。这种发光球是以燃烧波为界的炽热已燃气体核所构成，而燃烧波占据了该核和周围未燃气体之间的狭窄外壳地带。在这一例子中，这种燃烧波与已燃的核没有明显的区别，因为在实验条件下燃烧着的一氧化碳发出强烈的辉光（见第 3 章）。在使用其他燃料（如烃）时，已燃气体内核可能仅发微光，而燃烧波本身因化学发光而明显发光，因此，可以将燃烧波与已燃气体区别开。焰球的密度比周围气体的密度要低得多，且有像气球一样的上升倾向。在本例子中，总的观测时间是这样的短，以致对流升力并不显著。肥皂泡因火焰扩展而膨胀，相应地体积因热膨胀而增大。因为直径和体积之间成立方关系，所以，肥皂泡的膨胀是非常小的，直到火焰直径近似地变至肥皂泡初始直径的一半为止，相应发光体积约为总体积的九分之一。当火焰达到金丝环时肥皂膜就破裂。在燃烧完成后，发光球还继续存在一段时间，并由于与周围大气的相互混合逐渐地扩展成具有粗糙外形的球。

如果将来自肥皂泡中几乎是很窄的水平截面的光遮蔽掉，并将其像（包括火花隙在内）聚焦在与水平成直角移动的底片上，那么结果就得到火焰扩张过程的记录，其典型例子如图 5-2 所示。从图中可看出，火焰直径随时间变化成线性地增大，这表明火焰传播速度是严格不变而均一的。

Stevens 曾发展了肥皂泡爆炸技术，并利用来测量火焰速度[2]。在这类实验中，燃烧波是在没有受外来的气流和固体表面影响而畸变的球对称情况下以均一速度传播的。这是燃烧波传播的最简的形式。这种火焰所提出的稳态传播的问题仅是述及种种复杂条件下的点燃和火焰传播的燃烧波理论中大量问题的一部分。

5.2　绝热平面燃烧波

在球形燃烧波的情况下，从已燃气体向未燃气体的热流是发散的。这时有热量稀释效应（即把热量传给未燃气体的作用），结果使燃烧波传播速度减缓，或者甚至使火焰完全熄灭。以后，在本书中将研究有关这种效应［我们称之为"火焰拉伸"（flame stretch）］的准则，且利用这一准则来讨论条件变化范围很大情况下的点燃和火焰稳定的有关资料。但是，这种效应仅在与燃烧波的特征尺寸同等大小的尺度上有发散现象时才是重要的。当球焰增大到半径比波宽更大时，这种热流的发散现象就可以忽略。在这种情况下，从流动矢量和扩散矢量大体上彼此平行且都与表面相垂直的很小火焰表面面积上来说，可把这种燃烧波看作是平面燃烧波。

这种平面燃烧波中的分布示意，如图 5-3 所示。热流从已燃气体边界 b 流向未燃气体边界 u，而质量流从 u 流至 b。质量元通过燃烧波时，起初由于热传导从顺流较热质量元获

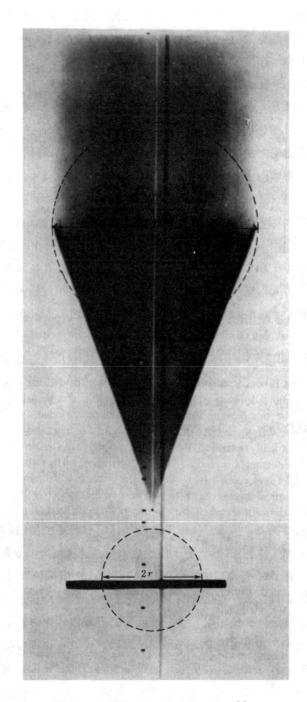

图 5-2　肥皂泡中扩展的火焰(Stevens[2])

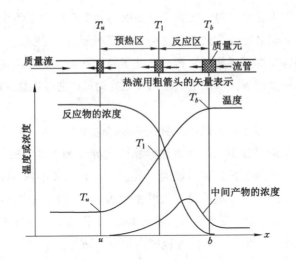

图 5-3　平面燃烧波的分布示意图

得热量多于交给逆流较冷质量元的热量，所以该质量元的温度增高，超过其初始温度 T_u。在温度 T_1 下，质量元从热汇转变为热源，这意味着，现在交给逆流质量元的热量要多于从顺流质量元获得的热量；但是，由于化学释热，该质量元的温度继续增加，直到温度 T_b 时供给的化学能耗尽为止。这个过程在图中是用质量元通过燃烧波时于不同位置处标以不同长度的热流矢量的方法来说明的。该温度曲线表明，在 T_u 至 T_1 范围内它凸向 x 轴，而在 T_1 至 T_b 范围内则凹向 x 轴，相应地，在这两个波区（分别称为预热区和反应区）中的热流的微分变化 $\mathrm{d}(k\ \mathrm{d}T/\mathrm{d}x)$（式中 k 为导热系数）分别为正值和负值。对分子浓度的变化可作类似的分析。化学反应产生浓度梯度，它造成扩散，使反应物分子按 $u{\to}b$ 方向扩散和燃烧产物分子按 $b{\to}u$ 方向扩散。在反应区中产生的中间产物分子则向这两个方向扩散。质量元中反应物的消耗曲线与该质量元的温度升高曲线相对称。最初，因为该质量元进入预热区，所以仅有扩散作用所造成的反应物的消耗，致使留在该质量元中的反应物分子的数目超过进入该质量元中的该分子的数目。继后，化学反应有助于除去反应物分子，且当反应速率增至足够大时，反应物分子向该质量元扩散迁移的将多于离开的，但是，由于化学反应的消耗，使反应物分子连续地减少。

　　诸研究者曾用各种不同的方法对许多种火焰实验测定过与图 5-3 所示示意图相应的温度与浓度的梯度。这些方法有：微型热电偶或金属电阻丝探针法、微量气体取样分析法、纹影照相法和光谱扫描法等。Fristrom[3] 曾引用了广泛的参考文献对这个问题作出评论，而较近的工作在另外一些文集上发表过[4-8]。

　　燃烧波的各种梯度不会导致波峰面格外变陡，因为反应速率不能无限制地加速，而受动力学定律和反应物的递增消耗所限。这两种因素也都不能使温度和浓度的梯度递降，使分布变得格外平坦，因为已燃气的温度和反应物的初始浓度是固定不变的，所以燃烧波内的化学反应不会终止，而必定调整到与温度场和浓度场相应的速率进行反应。因此，可以明白，温度和浓度的梯度都要调整到使其本身处于稳定状态，此时，其斜率不随时间而变化，燃烧波以不变的速度传播。对稳定状态的任何扰动都被通过燃烧波的质量流的"冲除"效应有效地阻尼。

在用大直径球焰为例能足够近似地说明的平面燃烧波中，燃气的热膨胀仅限于垂直于燃烧波的方向。因为质量流量不变，所以热膨胀使边界 u 和 b 之间的气流的流速 S 增大。现在，我们来研究气流中的动量定恒。此时，要记住，燃烧波中的 Mach 数很小，以致可以将燃气当作不可压缩流体来处理。设气流的密度为 ρ，则沿 x 坐标轴每单位长度上的动量变化（见图 5-3）为 $\rho S\mathrm{d}S/\mathrm{d}x$，等于压力梯度 $-\mathrm{d}p/\mathrm{d}x$。因此，得方程式 $-\mathrm{d}p=\rho S\mathrm{d}S$，式中 $\rho S=\rho_u S_u$，因为质量流量守恒。若在波宽范围内积分，则得：

$$p_u-p_b = \rho_u S_u(S_b-S_u) \tag{5-1}$$

速度 S_u 是未燃气体相对于燃烧波的速度，称为燃烧速度。因为 $\rho_u S_u=\rho_b S_b$，所以方程式（5-1）也可以写成：

$$p_u-p_b = \rho_u S_u^2(\rho_u/\rho_b-1) \tag{5-2}$$

穿过燃烧波的压力差 p_u-p_b 通常比总压力小很多。例如，在大气压力下甲烷-空气混合物中 p_u-p_b 值约为 1.3 Pa，而在乙炔-氧混合物中约为 133 Pa。这种压力对波内出现的过程没有重大的影响，但正如以后可见，可能会产生影响流谱的气体运动。

在通常的本生灯火焰中，未燃气体受灯管和停在管口边缘呈锥形的燃烧波所限制。除了焰锥的底部和顶端区域以外都可将该燃烧波看作是平面燃烧波，所以在以燃烧波和管口边缘平面为界的空间中压力 p_u 近似不变。对于从管口边缘向上流动的气流来说，由于气体在管壁处的摩擦使压力增加，此值可根据 Poiseuille 方程式计算。已燃气体流入自由大气中，所以压力 p_b 等于周围大气压力 p_0。在肥皂泡火焰中，未燃气体由波峰向周围大气扩展，且压力 p_u 从波峰处的最大值下降到离波峰无穷远处的 p_0。若假定可将燃气看作是不可压缩流体，即它的燃烧速度比声速低，则 Silsbee[9] 推导出表示压力 p_u 与离开火焰源距离 r 的函数关系方程式，也就是：

$$p_b = p_0+\rho_u S_b^2(1-\rho_b/\rho_u)\left[(2r_b/r)-(1-\rho_b/\rho_u)r_b^4/2r^4\right] \tag{5-3}$$

式中 $r_b\leqslant r$，是指火焰半径。球内的压力 p_b 是不变的，根据 $r=r_b$ 时联立方程式（5-2）和式（5-3）可得

$$p_b = p_0+\rho_u S_b^2(1-\rho_b/\rho_u)(1.5-0.5\rho_b/\rho_u) \tag{5-4}$$

Hirschfelder 和 Curtiss[10] 根据燃烧波内的分子过程相当详细地推导出由梯度分布和燃烧波传播速率所确定的方程式。这一方程式是由质量和能量的定恒方程与扩散和化学反应的方程所组成。下面我们将再来考察这些方程并讨论它们的应用范围。

平面 x 和 $\mathrm{d}x$ 所包围的任一燃烧波层中的燃气（见图 5-3）都是由各种不同的分子质点

（反应物和最终反应产物的分子，及像原子和自由基这种中间产物的分子）所组成，这些质点可分别标以符号 1，2，…，i，…表示。单位时间内穿过单位面积 x 平面上的 i 组分的摩尔数等于 $n_i(S+V_i)$，式中 n_i 是单位容积中 i 组分的摩尔数，S_i 是流速和 V_i 是 i 组分的扩散速度。该式中后一项的数值可根据如下方程式足够近似地求得[10]：

$$n_iV_i = -nD_i \frac{\mathrm{d}}{\mathrm{d}x}\left(\frac{n_i}{n}\right) \tag{5-5}$$

式中 n 是单位容积各种组分的总摩尔数，D_i 是扩散系数。一般地说，D_i 不是二元混合物的一般扩散系数，而是与混合物中一切组分有关的很复杂的函数[11]。从公式可见，V_i 是正值还是负值，要取决于组分 i 的浓度梯度的符号。通过平面 x 的质量流量等于：

$$\sum_i n_im_i(S+V_i) = \sum_i n_im_iS = \rho S \tag{5-6}$$

式中 m_i 是分子量。由此得出：

$$\sum_i n_im_iV_i = 0$$

在单位面积 x 和 $x+\mathrm{d}x$ 两平面所包围的容积中，第 i 组分的摩尔数为 $n_i\mathrm{d}x$，在稳定状态下此值不随时间而变，所以这种分子无论形成或消失都被进入和离开该容积中的 i 组分的摩尔数即 $n_i(S+V_i)_x$ 和 $n_i(S+V_i)_{x+\mathrm{d}x}$ 之间的差值所补偿。因为化学反应是促使分子形成和消失的唯一过程，所以可写为：

$$\mathrm{d}[n_i(S+V_i)]/\mathrm{d}x = (\partial n_i/\partial t)_{化学} = K_i \tag{5-7}$$

K_i 这一项是在容积 $\mathrm{d}x$ 内的温度、密度和组分的条件下单单由于化学原因而致的 n_i 的变化率。用这一项可以说明化学反应的机理。对于每一个组分，可以写出一个这种连续方程式(5-7) 和一个相应的计算 K_i 的反应动力学方程式。要注意到，既然质量不能用化学反应创造或消失，所以 K_i 必须满足关系式 $\sum_i m_iK_i = o$。对所有组分按方程式(5-7)列出的每一个方程式乘以 m_i 并取其总和，再与方程式(5-6) 联立求解，则得 $\mathrm{d}(\rho S)/\mathrm{d}x = 0$。这一关系式的积分得：

$$\rho S = \rho_uS_u = M \tag{5-8}$$

符号 M 是学术文献中常用的，用它表示恒定的质量流率，以 $\mathrm{g}/(\mathrm{cm}^2 \cdot \mathrm{s})$ 计。

现在，我们从能量守恒方程式来研究两个平面之间所包围的矩形容积，一个是燃烧波内的单位面积 x 平面，另一个是在温度和浓度等梯度都已消失的已燃气中燃烧波外的相应的 b 平面。我们用 H_i 表示 1 mol 第 i 组分的焓，用如下关系式确定：

$$H_i = (E_0^\circ)_i + \int_0^T m_i(c_p)_i\mathrm{d}T \tag{5-9}$$

式中 $(c_p)_i$ 是每克第 i 组分的定压比热，$(E_0^\circ)_i$ 是在绝对零度下 1 mol 第 i 组分相对于参比状态所具有的能量。参比状态可任意选择，因该方程式中求和仅求得反应物和反应产物之间能量 $(E_0^\circ)_i$ 的差值，即绝对零度下的反应热。经 x 平面的焓通量等于 $\sum_i n_i(S+V_i)H_i$，而经

b 平面的焓通量等于 $(\sum_i n_i SH_i)_b$，而经 b 平面上各处的扩散速度 V_i 均为零。因此，单位时间内 x 和 b 两平面所包围容积得到的焓为 $\sum_i n_i(S+V_i)H_i - (\sum_i n_i SH_i)_b$，它表示由于质量流和扩散过程所得到的总能量。既然在稳定状态下容积中的能量不随时间而变化，所以有同样大小的能量损失，其值用经 x 平面的热通量 $k\,\mathrm{d}T/\mathrm{d}x$ 表示，因此，在绝热燃烧下能量守恒方程就变为：

$$k\frac{\mathrm{d}T}{\mathrm{d}x} = \sum_i n_i(S+V_i)H_i - (\sum_i n_i SH_i)_b \tag{5-10}$$

方程式(5-7)和(5-10)与扩散和反应动力学的方程式一起，在引入适当的边界条件下，就确定了火焰传播的稳定状态。在"热"边界 b 处，边界条件是由反应速率与温度与浓度的梯度均消失来定义的。在"冷"边界 u 处，引入化学反应速率的表达式，根据这个表达式，"冷"边界处的反应速率不等于零。这样，除采用一些人为的求解捷径以外，就避免在时间和距离都为无穷大的范围内进行该方程式的积分。许多著者在进行"着火温度"或"火焰稳定器"方面计算时还曾采用多种这类求解捷径。应当把它们看作是数学的求解手段，所反映的物理实质是燃烧波之前的未燃气体，无论是在时间或者是在距离方面都不能扩展到无穷大。在边界条件指定以后，就求得了唯一单值(特征值)的质量流量微分方程式的解，并具体地确定了燃烧波的结构。

燃烧速度是最容易测得的实验测定量。各种不同研究者都力图计算出理论燃烧速度，将其与实验测定值相比较，还利用可得的信息来源和模拟反复试验法去求得反应机理和速率系数。在高效的计算机出现以前，不将所碰到的复杂被积式加以简化就不能完成这种计算[12-15]。Von Karman 和 Penner[16,17] 曾对这个课题作过详细评述，他们在考察了各种不同的简化方法后得出这样的结论，即认为如果没有麻烦的数字积分，就能得到十分精确的燃烧速度方程式的解。Hirschfelder 等[18] 曾首先利用电子计算机进行臭氧焰、氢焰和氢溴混合物火焰的有关计算。从那以后，曾报道利用巨大的反应历程和现代的高速计算机（在第4.2节中已提及）进行有关烃-氧火焰的多方面的计算。

在计算中所用的化学机理和动力学系数有变化时，燃烧速度的计算值的变化不大，所以燃烧速度的计算值和实验测定值两者相接近并不能作为衡量计算基础的物理化学数据正确的标准。确定燃烧波中反应速率的数量级可以仅根据燃烧波和波宽的数据估算出分子在反应区中停留的时间求得。在迅速起反应的物系(化学计量成分的燃料-氧混合物)中，这种估算表明，完成反应所必需的分子碰撞的平均次数约为 100 次。在很稀的混合物中，这种碰撞次数约为 1 000 次或以上。在炽热的火焰中，原子和自由基的浓度即使在热平衡状态下也是很大的，因为在燃烧波内这些质点的分压不比反应物本身的压力低很多。

利用绝热平面燃烧波的方程来推论火焰特性的一般理论是无价值的，因为这种模型只限于已指明的无限大介质中无限时间内一维绝热传播，这是不现实的。

　　首先，这种模型并不能得出实验者所共知的可燃极限。因为即使有很大的扰动，这也不能使无限的一维物系中的火焰因有热损失而熄灭，这一论据首先由 Spalding[19] 很清楚地论述过。假定在这种物系中火焰能稳定地传播。若让反应区中所有燃气突然熄灭，则反应就完全停止，于是火焰也就停止传播；此时所发生的一切现象只是在热的已燃气体和冷的未燃气体之间发生通过已熄灭的气体夹层的传热。当温度分布曲线向两侧延伸相当大距离时，这种分布就接近于热传导理论中人所共知的对称误差函数的分布。若特别注意熄灭气体附近的未燃可燃物，则不难看出，这使温度增至介于最初温度和绝热火焰温度之间，如在典型的可燃极限混合物中约增至 600 ℃。在这一温度或甚至更低的温度下，各种放热反应都很活跃，因此，未燃气体的温度开始升至超过由纯热传导所得出的温度。因为除了可燃物熄火阻碍以外没有阻止反应进行的过程存在，所以温度一直连续上升到绝热火焰温度为止。这样，燃烧波重新形成并马上转入稳定状态。

　　其次，绝热平面燃烧波方程对描述燃烧波的实际情况是无用的。如燃烧波附着于管口而形成烧嘴火焰，这种燃烧波反映了由于受管子的约束把这种约束施加于其传播，还反映了湍流波动及其他情况。把综合波方程扩展到包括瞬变非稳定状态或如由热汇和扩散汇、由流动梯度或由湍动所施加的扰动，这大概是不切实际的，因此，这不会加深对燃烧波的根本性的理解。代替办法是我们将采用 Mallard 所提出的简化理论方法和 Le Chatelier 有关波的最初理论[20]。参照图 5-3，将如下方程应用于 T_1 平面，该平面将预热区和反应区相隔开：

$$c_p \rho_u S_u (T_1 - T_u) = k(\mathrm{d}T/\mathrm{d}x)_1 \tag{5-11}$$

　　这一方程表明，从 u 到 b 方向的对流热通量等于从 b 到 u 方向的扩散热通量。Mallard 和 Le Chatelier，没有意识到化学动力学的分支，他们曾假定"着火"温度实际上是一个物理常数。若这是正确的，则方程式(5-11)应适用于有关燃烧波的非常完整数学理论。当然，若这并不正确，但在许多情况下可认为相当近似，因而这种情况下方程式(5-11)可用来提供近似正确而又简单的相关式。

　　着火温度 T_1 不仅反映各种自由基的温度依赖关系，而且反映从缓慢到快速反应跃迁区中自由基浓度的大小。这已被测量甲烷、空气和氟混合物中燃烧速度的实验所证实，在这种混合物中燃料与氧化剂的浓度比曾调整到可获得相同的火焰温度 T_b [21]。因为氟的离解能很低，约为 159 kJ/mol，所以，外加氟时所观测到的燃烧速度的任何增加仅可能是因为由于氟离解使自由基浓度增加所造成的，也是因为自反应区至预热区的扩散通量使自由基浓度有相应增加所造成的。

　　曾用第 5.16 节中所描述的方法测定过球形容器中的燃烧速度。在燃烧波的细胞状结构得不到发展的范围(见第 5.11 节)内，曾发现外加氟时能使燃烧速度显著增大。燃烧速度与 T_1 之间的关系曾根据方程式(5-11)和如下附加方程求得：

$$(\mathrm{d}T/\mathrm{d}x)_1 = (T_b - T_1)/L \tag{5-12}$$

(该式把长度 L 定义为反应区的特征宽度) 和

$$\bar{q}L = c_p \rho_u S_u (T_b - T_1) \tag{5-13}$$

式中，$\bar{q}$ 为反应区中单位容积内的平均产热率。式(5-13)的左端项是单位面积上的容积内的产热率和长度 L，而右端项是该容积的散热率。联立方程式(5-11)至(5-13)，则得

$$S_u^2 = (k/c_p^2 \rho_u^2) \bar{q}/(T_1 - T_u) \tag{5-14}$$

上式所示的是燃烧速度、着火温度和释热率之间的参数关系。在参考文献[21]的实验中，$\bar{q}$ 大体上保持不变，只有 T_1 是显著变量。因此

$$\left(\frac{S_u}{S_{u,0}}\right)^2 = \frac{T_{1,0} - T_u}{T_1 - T_u} \tag{5-15}$$

式中，脚注 0 是指无氟的混合物。根据方程式(5-15)和与所测得燃烧速度 S_u 相应的氟的浓度，就可以得到着火温度 T_1 与氟的浓度的函数关系。设 $T_{1,0}$ 大致为 1 000 K，则在含氟为 30% 的范围内 T_1 减小值约为 225 ℃。若 $T_{1,0}$ 在 900~1 200 K 范围内变化，则此递减值也没有明显的变化。

5.3 有关热汇和流动效应的概述

爆炸性气体通常处于流动状态，且与固体表面相接触，所以燃烧波、气流和各类热汇之间会产生各种相互作用。现在，我们以人们熟知的本生灯火焰的内锥底部为例来研究。根据下述实验观测可知，可将焰锥底部的分布形象地如图 5-4 所示意。假定灯管为水平放置。爆炸性气体从管中流出，并在管口边缘外的自由射流中形成静止的锥形燃烧波。沿管口周界上某一点处管口边缘截面已如图 5-4 所示。图上用一组等温线和流线说明温度分布和流谱。热膨胀使气流从平行于管子流往偏向于自由大气侧。固体管口边缘是热汇(同样也可能因吸收原子和自由基而成为链载体汇)，它吸收了由邻近流管化学反应时所释出的大量热量，但随着流管离壁距离的增大，它作为热汇的效用也减弱。正如第 203 页及其后文所述，气流内的速度梯度使热流由反应区向未燃气体发散。这种效应仅在气流中约与波厚相等的距离范围内速度变化相当大时才有意义。在通常的本生灯火焰中，除了在气流边界处有可能达到以外，这种情况是不会实现的。因此，正如在第 5.2 节中所描述的那样，在气流内部出现的大体上是绝热平面燃烧波。今后，我们在符号上加标上注"°"，以将这种波的参数与非绝热非平面的波的参数区别开。例如，$T_1^°$ 和 $T_b^°$ 分别指离管口边缘很大距离处燃烧波中的着火温度和最终的燃烧温度。图中所示的标以 T_1 面和 T_b 面的两个面，它们与等温面 $T_1^°$ 和 $T_b^°$ 在离管口边缘距离很大处相合并，但在靠近管口边缘处又与 $T_1^°$ 和 $T_b^°$ 之间的等温线相切，最后，彼此合并。这些面所包围的阴暗区就是反应区。因为在一维传播的情况下，质量元向物系较冷区的导热损失热量要多于从较热区所得到的热量。因此，经 T_1 面靠传

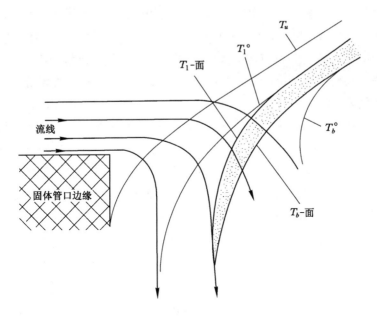

图 5-4 管口边缘附近的流线、等温线和燃烧波的反应区

导从阴暗区流出的热流要大于经 T_b 面靠传导流入阴暗区的热流。最后，所造成的净热损失被化学释热所补偿。化学释热也同样使气流的温度从 T_1 上升到 T_b，且在无热汇存在的情况下沿 T_b 面的温度应不变，等于 T_b°；然而，热汇的存在应使 T_b 面的温度降低。沿 T_1 面的温度变化可以从研究热流和链载体扩散中推出。T_1 面反映质量元从实际上无化学反应的状态向相当大速率释热的化学反应状态跃迁的情况。在一般链式反应的情况下，物体中任何一点的释热速率不仅取决于反应物的温度和浓度，而且也取决于链载体的浓度。燃烧波中的链载体是在高温下形成的，而在低温下链载体的浓度要取决于扩散作用。从这一观点来看，愈向管口边缘靠近，链载体形成区就愈来愈远离 T_1 面，且为了维持 T_1 面处有相当大的反应速度，必须使链载体浓度的降低作用被 T_1 温度的升高作用所抵消。对于受非链式反应机理支配的火焰(应有这种火焰存在)来说，理论分析可能得出，T_1 面大体上与 T_1° 等温线相重合。

T_1 面和 T_b 面所包围的区域就构成了气流中的热源。热量是由贯穿流过 T_1 面的燃气燃烧释放出来的。设横穿过 T_1 面的任一质量元都达到完全燃烧，而从 T_1 面旁边流过的质量元仍保持未燃状态。这是一种略有简化的见解，因为某些化学反应也会在 T_1 面外发生，且燃烧产物和反应物因扩散而发生一些交换。但是，这种简化可得出研究燃烧波的工作模型，它似乎与实际现象没有非常大的差别。根据这一点来看，T_1 面，或正如我们所标的反应区锋面，就变成这样一种参考面，它相对于气流的运动决定了燃烧波的传播方向和速度。因此，燃烧波传播的方向处处都与反应区锋面相垂直，且燃烧波的速度就是质量速度相对于反应区锋面的垂直分量。我们仍以一维情况下所用的符号 S 表示任一波面上相对质量速度的垂直分量。若利用脚注 1 来表示有关 T_1 面的量，则经该面单位面积的质量流量的垂直分量等于 $\rho_1 S_1$。在稳态条件（如灯焰中所具备的那种条件）下，可借助于图 5-5 把这些量与未燃气体流联系起来。图中所示的是以反应区锋面元 dl_1 为界的一根流管，在离锋面某一距离处的未燃气体中，其温度为 T_u，流管中的密度和速度分别为 ρ_u 和 U_u，横截面为 dy，所以单位时间内经面积 dy 迁移的质量等于 $\rho_u U_u dy$。在稳定状态下，此值必须等于穿过流管所包围的任一面积迁移的质量，因此 $\rho_u U_u dy$ 等于 $\rho_1 S_1 dl_1$。现在我们也同样地来研究沿不变横截面的直管向 T_1 面流动的假想的未燃气体流，这一直管包围了长度元 dl，且垂直其平面。因此，燃烧速度 S_u 是根据这一假想流由 $\rho_1 S_1 dl_1 = \rho_u S_u dl_1$ 关系得出。既然 $\rho_u U_u dy$ $= \rho_1 S_1 dl_1 = \rho_u S_u dl_1$，所以 S_u 与 U_u 有关，由下式确定：

$$S_u = U_u dy/dl_1 \tag{5-16}$$

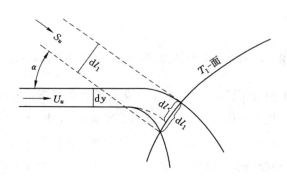

图 5-5　质量速度和燃烧速度之间的关系

在热汇如烧嘴管口边缘附近，流入反应区的未燃气体的流量减少，最后，因 T_1 面与 T_b 面合并而等于零。因此，燃烧速度 S_u 从离热汇很大距离处的"标准"值 S_u^0 降低到热汇附近为零。我们可以将燃烧速度为零的区域称为燃烧波边缘。在这里，爆炸性气体的气流变成与反应区锋面相平行，并从反应区旁边流过（图 5-4），虽然当它们继续下流时由于与炽热的已燃气体相混合而起反应。从 T_1 面延展到热汇的波边缘区称为"死空间"。这是指反应区离热汇的可能有的最近路程。显然，当两个热汇（如两个固体平面）彼此靠近时，这两个死空间最终必然合并，且燃烧波不能通过如此形成的熄灭区传播。根据这一原理可以设计栅格网或多孔隔板型的阻火器，其槽宽小于临界距离（称为**熄灭距离**），此值的大小取决于爆炸性气体的性质。Davy 安全灯的格网就是人所共知的这种阻火器的例子。

若矢量 U_u 和 S_u 之间的夹角以 α 表示，则式(5-16)同样也可以写成：

$$S_u = U_u(dl/dl_1)\cos\alpha \tag{5-17}$$

式中 dl 是流管 U_u 所对的 T_1 面的面积，此时假定流线的折射相同，即折射后流线仍保持平行（图 5-5）。

经气流内部燃烧波的质量流量如图 5-6 所示。正如上面所指出那样，在这里，燃烧波
为绝热平面燃烧波，意指没有向热汇的热损失，且来自反应区的热流没有因气流中的速度
梯度而有相当大的发散。正如第 5.2 节所述，热膨胀只限于垂直于波的方向；也就是说，
仅使速度的垂直分量 S 增大，而速度的切向分量仍保持不度。由此得出，经燃烧波的所有
流线的折射相同，即流线彼此仍保持平行，所以式(5-17)中的 $\mathrm{d}l/\mathrm{d}l_1$ 等于 1，从而得：

$$S_u^\circ = U_u \cos \alpha \tag{5-18}$$

式(5-8)可写为如下形式：

$$\rho_u S_u^\circ = \rho S^\circ = \rho_b S_b^\circ \tag{5-8a}$$

流管以 α 角和速度 U_u 进入燃烧波，而以 β 角和速度 U_b 离开燃烧波；与式(5-18)相似，
β 角满足于如下关系式：

$$S_b^\circ = U_b \cos \beta \tag{5-19}$$

由此得出：

$$\rho_u U_u \cos \alpha = \rho_b U_b \cos \beta \tag{5-20}$$

速度 U_u 和 U_b 的切向分量分别等于 $U_u \sin \alpha$ 和 $U_u \sin \beta$。因为燃烧波上速度的切向分量

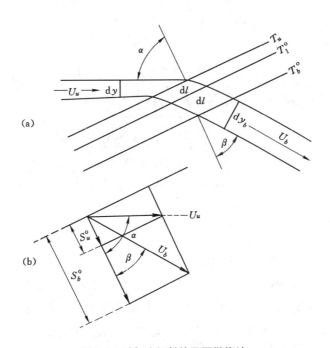

图 5-6　对气流倾斜的平面燃烧波

（a）流管和各波层；（b）各速度矢量之间的几何关系。

保持不变，所以得：

$$U_u \sin \alpha = U_b \sin \beta \tag{5-21}$$

如将式(5-20)和式(5-21)联立：

$$\rho_u / \rho_b = \cot \beta / \cot \alpha \tag{5-22}$$

这表明流管的折射与密度的变化有关。

"标准"燃烧速度 S_u^o 的大小仅取决于爆炸性气体的参数，特别是混合物的组分，其数值的范围从稀的燃料混合物的每秒几厘米直至化学计量比例氢-氧混合物的 1 000 cm/s 左右。

本生灯火焰内锥顶处情况如图 5-7 所示。正如图中所示，热流在此处强烈地汇聚，所以等温线趋于向着气流移动，且使等温线弯曲。因此，可以意料到，燃烧速度将增大到超过弯曲区中的标准燃烧速度值 S_u^o。但是，尽管热流是汇聚的，而从未燃气体向已燃气体的反应物扩散流却是发散的。因此，燃气在通过弯曲区时可能发生这种方式的反应物损失，根据混合物成分的变化，它使其燃烧速度降低乃至发生灭火。实际上，大家都已知道所有这几种可能性。采用某些混合物时，焰锥顶处的燃烧速度明显地增大，而当采用某些其他混合物特别是接近可燃极限的混合物时，发现焰锥顶破裂，使未燃气体逸出。

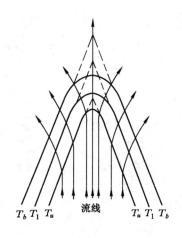

$$T_b \ T_1 \ T_u \qquad \text{流线} \qquad T_u \ T_1 \ T_b$$

图 5-7 本生焰锥顶

在管子或宽度略大于熄灭距离的槽中燃烧波的传播示意如图 5-8 所示。爆炸性气体相对于槽壁是静止的，而燃烧波以等于槽中心处的 S_u 值的速度渗入槽中。在槽中心，熄灭作用最弱，因而燃烧速度 S_u 最大。对于随燃烧波移动的坐标系来说，未燃气体在整个槽横截面上以不变的速度 $S_{u(max)} \leqslant S_u^o$ 流入燃烧波内。随着燃气流经燃烧波，热膨胀作用激起了相对于槽壁的流动。在槽壁处这种流动的黏性阻力，使壁面附近的速度降低，而使中心处的速度增高，所以速度分布就变得不均一了。但是，质量流，即速度和密度的乘积，其分布情况没有成比例地变化，因为壁面附近的温度降低使密度增高，这在某种程度上补偿了速度的降低。因而，经过燃烧波时流管内横截面没有很大的变化，即流线大体上仍与管壁保持平行，所以 dl/dl_1［式(5-17)］≈ 1。由此得出，波面的垂线对气流倾斜，倾角 α 与式 $\cos \alpha = S_u/S_{u(\max)}$ 相当。我们可以将流谱和特征波面加以形象化，大体上如图 5-8 所示。反应区的分布情况如图中打点的阴影区所示，其形状为新月形，这是由于向壁面反应速率降低所致。由此可见，流线愈靠近固体表面，完成整个化学反应所需的时间就愈长，燃气元流经反应区的路径也就会愈长。这些路径用阴影区中的水平线表示。该温度分布用一组等温线表示。固体表面和燃烧波之前某一距离处气体的温度均为 T_u。中心处的燃烧温度为 $S_{u(\max)} \leqslant S_u^{\circ}$，与此处相应的拐点的温度为 $T_{1(\min)} \geqslant T_1^{\circ}$ 和最终温度为 $T_{b(\min)} \leqslant T_b^{\circ}$。从中心向边缘方向，$T_1$ 增高，T_b 降低，而在边缘处 T_b 和 T_1 又变成相等。边缘的温度以 T_0 表示。虚线表示温降剧变的路径，因而也表示热流的流线。要注意到，从燃烧波后的气体完全燃烧得知，或更确切地说，从燃烧波上正在起化学反应的燃气得知，进入反应区之前的未燃气体，特别流入"死"空间 y_0 的气体，获得了大量的热。这些研究结果同样也适用于圆管和两个平行平板所形成的通道。

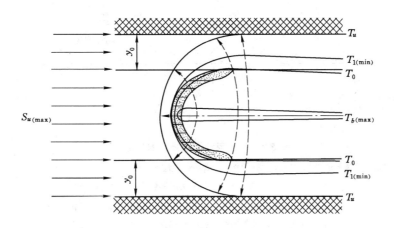

图 5-8　冷表面之间的燃烧波

5.4　层流中燃烧波稳定原理

本生灯火焰提供了一个常见的关于燃烧波在气流中驻定的例子。现在，我们来研究这种火焰内锥在烧嘴口边缘保持固定位置的机理[22]。

我们先来研究从管子射入自由大气的层流爆炸性气体射流。设气流为 Poiseuille 流，即燃气流速在气流边界处为零且在气流中心处增至最大。我们将仅限于研究如图 5-4 所示紧靠烧嘴口边缘处燃烧波缘附近的情况。这个令人感兴趣的区域的线性尺寸通常极小。在缓慢燃烧混合物（如甲烷和空气的混合物）中，此值约为 1 mm。比较起来，通常由于管径很大，所以燃气速度可近似地用线性矢量分布表示，示意图如图 5-9 所示。再假设自由射流的流线与管轴平行。还假定燃烧波是在气流中形成的，且其波缘极靠近烧嘴口边缘。沿燃烧波轮廓线的燃烧速度是减小的，如图上垂直于燃烧波的矢量大小所示。在离波缘某一距离处，燃烧速度达其最大值 S_u^o。愈靠近波缘，燃烧波速度愈低。若波缘非常靠近管口边缘（如位置 1 所示），则任何流线上的燃烧速度都小于燃气速度，因此，燃烧波被气流往后推。随着离管口边缘距离的增加，热和链载体的损失减少，燃烧速度将变得更大。终于，到达燃烧波轮廓线上某一点处的燃烧速度等于燃气速度的位置（如位置 2 所示）。此刻，燃烧波相对固体边缘处于平衡位置。若燃烧波移到离灯口边缘更远的距离处（如位置 3 所示），则在所指定点的燃烧速度将大于燃气速度，使燃烧波移回到平衡位置。

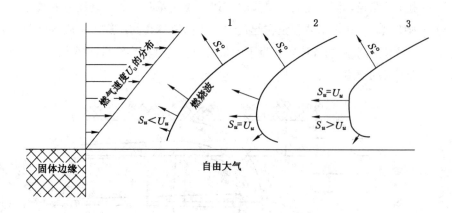

图 5-9　层流射流中燃烧波的稳定过程

靠近射流边界的燃烧波轮廓线用三个位置表示，燃烧速度以矢量表示：

1. 燃烧波非常靠近固体边缘。燃气速度处处都大于燃烧速度。燃烧波被往后推。

2. 平衡位置。除了最外波缘（该处混合物被大气稀释）以外，离固体边缘距离的增加使燃烧速度增大。在某一点处，燃气速度与燃烧速度相等。

3. 燃烧波远离固体边缘。燃烧速度在好几处都大于燃气速度，燃烧波往前移向平衡位置。

这样，本生火焰在烧嘴管边缘处得到了稳定位置。要注意到，燃气速度和燃烧速度相等的关系在燃烧波轮廓线上的某一点，而在其余各点处燃气速度都超过燃烧速度。因此，燃烧波轮廓线按前一节中式(5-18)所确定的角度对气流方向倾斜。实际波缘的轮廓线与现在所述理想模型在形状上有相当大的差别，但这种差别不是原则性的。在这种理想模型中，燃烧波是以单独的面来表示，并假定流线的方向与 x 轴保持平行。在实际火焰中，各波层都占有很阔的空间，而流线因热膨胀向外弯曲。

当管径足够大以致将波缘处的燃气速度分布可当作线性关系来考虑时，可写出下式来求燃气速度：

$$U_u = gy \tag{5-23}$$

式中 y 是离气流边界的距离，而 g 是一个常数，可称作**边界速度梯度**（boundary velocity gradient）。若燃气流量降低，则 g 也减小，而平衡位置 2 更移近固体边缘。在燃气流量再继续降低时，到达某些点的燃气速度变得小于燃烧速度，则燃烧波逆气流传向管内。这种现象称为**回火**（flashback），而初次达到这一条件时 g 的临界值以 g_F 表示。另外一个达到火焰**脱火**（blow-off）条件的边界速度梯度的临界值以 g_B 表示。当气体流量增大时，平衡位置离烧嘴口边缘将更远。要注意到，随着离烧嘴口边缘距离的增大，爆炸性气体由于与周围大气的互扩散而被逐渐稀释，且使最外流线上的燃烧速度相应地降低。由此可见，存在燃烧波的极限平衡位置，过了这一位置以后，稀释效应将超过离烧嘴口边缘距离增大对燃烧速度的影响。若边界速度梯度大到过了这一位置以后仍能推动燃烧波，则燃气速度大于每一流线上的燃烧速度，结果燃烧波就脱离。

回火和脱火的条件可以采用绘出燃烧速度和气流速度与离气流边界距离的函数关系的曲线（如图 5-10 所示）来说明。在图 5-10 左图中，粗线表示燃烧波在管子内时的燃烧速度，三根细线表示三种燃气流量下的气流速度。曲线 1 与燃烧速度曲线相交，以致在某一范围内燃烧速度大于气流速度，使燃烧波逆气流移动，即发生回火。曲线 2 与燃烧速度曲线相切，所以确定了发生回火时的燃气流量的上限。曲线 3 位于燃烧速度曲线的外侧，所以此时燃气速度处处都大于燃烧速度，将燃烧波推出管外。管外自由射流中的情况如图 5-10 右图所示。此时，所有的燃气速度曲线都位于曲线 2 的外侧，相应地有位置 A、B、C 所示的喷口上的火焰稳定位置，以及燃烧速度的曲线。在燃气速度增加时，燃烧速度曲线逐渐向边界移动，直至达到脱火极限的临界燃气速度曲线 4 为止。在燃气速度继续增加（曲线 5）时，燃气速度处处都大于燃烧速度，发生脱火。临界边界速度 g_F 和 g_B 分别由曲线 2 和

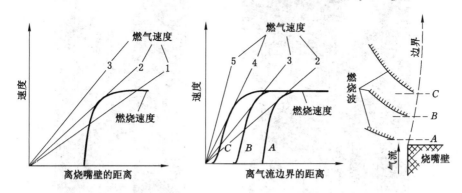

图 5-10　回火和脱火的示意图

左图表示烧嘴管内的燃烧速度和燃气速度。曲线 1—回火；曲线 2—回火极限；曲线 3—不回火。
右图表示管口边缘上的燃烧速度和燃气速度。曲线 A、B、C—离管口边缘分别为 A、B、C 处的燃烧速度。曲线 2—回火极限；曲线 3—稳定火焰；曲线 4—脱火极限；曲线 5—脱火。

4 的斜率所给出。

将固体物插入爆炸性气流内可使燃烧稳定。图 5-11 所示的是两个例子。其中左图，将一金属丝圆环同心地放置在离玻璃管口边缘上相当大距离处的天然气和空气的混合气流中。圆环的直径小于管子的内径，所以圆环将位于未被稀释的气流内。由于摩擦阻力而使圆环处的燃气速度很低，所以燃烧波很容易地处于平衡位置，且按与管口边缘处相同的方式形成焰锥。燃烧波不能脱离圆环逆气流移动，因为圆环下的燃气速度大于气流整个横截面上的燃烧速度。右图，阻碍物由沿管轴装设金属丝所构成。在这里，燃烧波在金属丝上面某一距离处达平衡位置，在该距离处，燃气速度已被摩擦阻力所减缓，而燃烧速度不因金属丝的熄灭效应而下降为零。摩擦阻力在沿金属丝的整个长度上都存在，所以燃气速度在金属丝表面处下降为零。在所述条件下，燃烧波因金属丝的熄灭效应而不能在这一减速区中逆气流传播。如果将金属丝加热因而使其熄灭效应减弱，则燃烧波才能逆气流移动。在燃气流量足够小的情况下，金属丝从火焰所得到的热量足以发生这类现象。

采用这种金属丝时的火焰脱火条件不能像上述烧嘴口边缘处火焰脱火条件那样简单地描述。要注意到，金属丝插入气流会产生具有速度梯度剧变的流场。在这种流动中，平面波的模型已不适用了，而燃烧波变成发散传播，所以燃烧速度降低，以至于使燃烧波熄灭。这种效应将在下面第 5.5 节中作详细讨论。在烧嘴管边缘火焰脱火的描述中，正如前几页所述，曾假定根本不计这种发散效应，也就是说，曾假定靠近气流边界处燃烧速度的降低主要是因爆炸性气体被周围大气稀释所致。这种观点曾得到第 5.6 节所述的资料所证实。

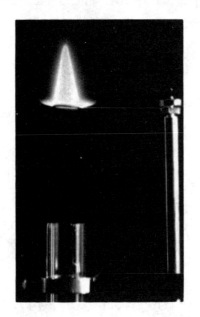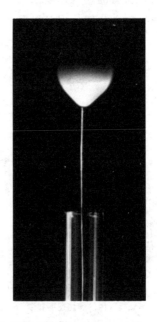

图 5-11　用金属丝使火焰稳定

5.5　发散传播中燃烧波的熄灭和 Karlovitz 数

在上述关于流动燃气中燃烧波的讨论时，曾假定气流中的速度梯度对波内的传播过程无影响。如果在相当于一个波宽的距离内速度的变化很小，那么这个假定可以认为是正确的。从另一方面来说，如果燃烧波以一个波宽数量级的距离进入流场，且该流场的速度又有较大的变化，那么传播过程是变化的，因为通过各个不同 T 面的质量流量不是常数。图 5-12 中表示了这种质量流的变化，图中说明燃烧波的 T_u、T_1 和 T_b 各面是对着在 y 方向速度增加的未燃气体流传播的。在 T_1 面与具有某一速度 U 的流线相交处，垂直于 T_1 面的质量流量等于 $\rho_u U \cos \alpha$。在距交点 η_0 处，流速近似地为 $U+(\mathrm{d}U/\mathrm{d}y)\eta_0 \sin \alpha$，所以垂直于 T_1 面的质量流量等于 $\rho_u [U+(\mathrm{d}U/\mathrm{d}y)\eta_0 \sin \alpha]\cos \alpha$。后一质量流量与当地 (η,ξ) 坐标系的 η 轴相平行流动（η 轴总是与 T_1 面相垂直）。换句话说，T_1 面积元对着与这一当地坐标系的 η 轴相平行流动的未燃气体传播。当面积元在 (η,ξ) 坐标系内穿过间距 η_0 时，其面积增加了。这种面积的增加与通过面积元的质量流量成正比。根据上述，在间距 η_0 内的质量流量比等于

$$1+(\mathrm{d}U/\mathrm{d}y)(\eta_0/U)\sin \alpha \tag{5-24}$$

当流速大大地超过燃烧速度时，$\sin \alpha$ 接近于 1，所以上式第二项可写作

$$\frac{\mathrm{d}U}{\mathrm{d}y}\frac{\eta_0}{U} = K \tag{5-25}$$

数值 K 是流场中波面面积的增加或"拉伸"的度量。显然，在流场中波面变成弯曲的，而且燃烧波的传播是发散的，也就是说，从反应区到未燃气体的热流和活性质点流都是发散的。

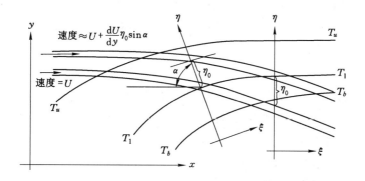

图 5-12　流场中燃烧波拉伸的示意图

为了有意识地使用燃烧波的尺度来确定已知流场中的拉伸，应将 η_0 定义为与预热区宽度有关的长度。为此，取

$$\left(\frac{\mathrm{d}T}{\mathrm{d}x}\right)_1 = \frac{T_1 - T_u}{\eta_0} \qquad (5\text{-}26)$$

根据这一定义，η_0 变为 T_1 面处温度曲线次切距，如图 5-13 所示。因此，把 η_0 定义为预热区宽度的度量。

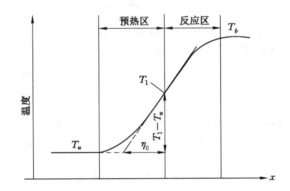

图 5-13　将 η_0 作为温度分布曲线的次切距的图解说明

若联立式(5-11)和式(5-26)，则得：

$$\eta_0 = \frac{k}{c_p \rho_u S_u} \qquad (5\text{-}27)$$

此式把 η_0 与所测得的燃烧速度值 S_u 和热扩散系数值 $k/c_p\rho_u$ 相关联。

Karlovitz[23] 为了测量燃烧波的拉伸最先导出了无因次参数 K，并按式(5-26)定义 η_0。

发散波传播的重要意义在于这样的事实：即当单位波面积传播单位距离时激活起化学反应的未燃气体的容积比在平面波传播情况下的要大。这就显著地改变了热量和活性质点从反应区向未燃气体的传递速率，以及反应区中单位质量传给未燃气体的热量损失的速率。前者比在平面波情况下的要小，也就是说，与在平面波传播情况下的相比，温度和浓度的梯度较平坦，而且燃烧速度也较低。后者比在平面波情况下的要大。这样看来，在绝热平面波传播的情况下，单位质量因其通过反应区到达未燃气体中所损失的热量并不大于在进入反应区之前所得到的热量，而在发散波传播的情况下，损失的热量要大于所获得的热量，所以整个反应区内的温度较低，且最终温度低于绝热火焰温度。由此可见，一定存在着一种燃烧波的临界发散情况，在这种情况下放热和散热之间尚未建立平衡而致使熄火。这样，熄灭效应是在没有外加热汇的情况下出现的，此时未燃气体本身就是熄灭剂。

前述燃烧波拉伸定义的用途在于可以拟定熄灭条件下的燃烧波拉伸的临界值，即

Karlovitz 数 K 的临界值。这样，以相似条件代替求解问题时无法进行的复杂的详细分析，这种相似条件与流体力学中导出层流稳定极限的临界 Reynolds 数的相似条件相类似。若在出现这种燃烧波熄灭的系统中波参数和流场参数都为已知，则根据实验资料就能确定 Karlovitz 数的临界值。可以合理地假定，在临界拉伸条件下，波面积的增加不超过特征间距 η_0 的 $2\sim3$ 倍，因而，不必期望临界 Karlovitz 数会超过 1。

　　临界波拉伸概念的用途或应用的例子将在本书其他章节中讨论。这些题目有：爆炸性气体以保持气流不被点燃的速度经驻定火焰的流动（第 $391\sim393$ 页）；气流中脱离金属丝的脱火现象（第 202 页）；实用的可燃极限（第 $280\sim285$ 页）；小直径火焰的熄灭（第 $298\sim304$ 页）；以及高速流中非流线体后的火焰稳定（第 $394\sim401$ 页）。

5.6　火焰稳定极限和熄灭极限的测量

　　若气流中的速度分布与充分发展的层流管流相符合，则确定层流射流中火焰稳定性的临界边界速度梯度 g_F 和 g_B 就很易于用实验测得。在充分发展的层流管流中，速度分布由 Poiseuille 方程式给出：

$$U = n(R^2 - r^2) \tag{5-28}$$

式中 R 是从气流中心到边界的距离，r 是任一流线离气流中心的距离，以及

$$n = (-\Delta p/l)/4\mu \tag{5-29}$$

式中，Δp 表示管长 l 内的压力降，μ 表示气体的黏度。将式(5-28)对 r 微分并取 $r=R$，则求得边界速度梯度：

$$g = 2nR \tag{5-30}$$

在圆管中，容积流量 V 等于积分 $\int_0^R 2\pi Ur\,dr$。将式(5-28)代入并积分，就得：

$$V = \frac{\pi}{2} nR^4 \tag{5-31}$$

联立式(5-30)和式(5-31)，就得到在圆管情况下的边界速度梯度：

$$g = \frac{4}{\pi} \frac{V}{R^3} \tag{5-32}$$

由此可见，g_F 和 g_B 可按实验所测得的回火和脱火极限下的流速计算出来。

　　Lewis 和 von Elbe 在他们对这个课题的初期研究[24]中所得的资料如下列图表所示。爆炸性混合物是由室温和大气压力下的天然气和空气所组成的。图 5-14 和图 5-15 表示不同

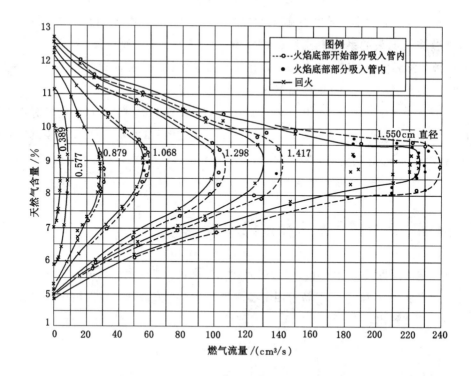

图 5-14　室温下各种不同直径圆柱形管中

天然气-空气火焰发生回火时的临界流量

直径圆柱形管中发生回火时的临界流量与混合物成分的函数关系。图中零流量各点与各种不同混合物的熄火直径相对应。这些熄火直径已分别绘于图 5-16 中。von Elbe 和 Menster[25]曾详细地描述过在刚好大于发生回火的流量下出现的所谓"倾斜"火焰。这种火焰的照片和按照片所绘出的图，如图 5-17 所示。在照片上，用颗粒轨迹法（见第 5.7 节）使气流的方向和速度可视化。从该图可见，火焰反压产生了管口附近速度分布的不对称畸变，这使边界速度梯度局部地减小，并使燃烧波有可能局部地进入烧嘴管内。若管子足够细和混合物的燃烧速度较低，则这种倾斜火焰向内的推进被从管口向上流动的流线对偏压的阻力所抑制。这种阻力是由于气流在距出口较远处受管壁更有效地束缚而产生的。但是，当增大管径或采用燃烧速度和密度都足够高的混合物时，流线对偏压的阻力就不足以保持梯度达到其原有的陡度，所以火焰"倒落"入管内，也就是说，在这种条件下火焰由倾斜发展成回火。要不然，若喷嘴管在穿透点以下已被冷却，则倾斜火焰是完全稳定的。由于未燃气体在气流边界被预热而不能维持管子的冷态，所以燃烧波继续向上移动。在图 5-14 中，出现稳定倾斜火焰的区域用虚线勾出。在采用 1.550 cm 管径的管子时，伸出的舌形回火区表示火焰由倾斜发展成回火的区域。

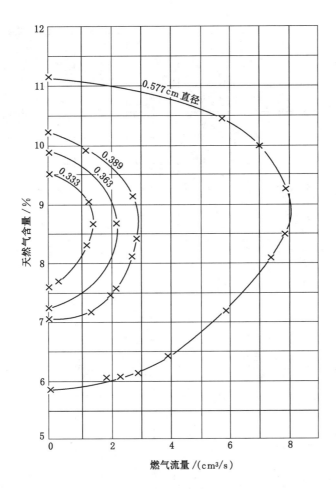

图 5-15　室温下各种不同直径圆柱形管中
天然气-空气火焰发生回火时的临界流量

根据图 5-14 和图 5-15 所示的资料，用式(5-32)计算出的临界速度梯度 g_F 图，如图 5-18所示。从图 5-14 可见，除了采用 1.550 cm 直径的管子时的舌形回火区和采用直径与熄灭直径相当的管子的情况以外，在各种不同管径情况下的曲线大体上都是重合的。前一种偏差反映火焰倾斜效应，即使边界速度梯度局部地降低到低于未扰动的 Poiseuille 流情况下的数值。后一种偏差反映采用小管径管子的事实，即使火焰可稳定下来的燃气速度和燃烧速度相等的区域更靠近流量抛物线顶。因此，燃气速度分布曲线上近似为线性的范围的外边界就接近于管壁，所以临界边界速度梯度不再与管径无关。

图 5-19 是脱火时的临界气体流量图。图示数据部分延伸入湍流区,在圆柱形管的情况下,当 Reynolds 数约等于 2 000 时开始出现湍流。在一般的湍流情况下,Reynolds 数定义为:

$$Re = l\overline{U}\rho/\mu \tag{5-33}$$

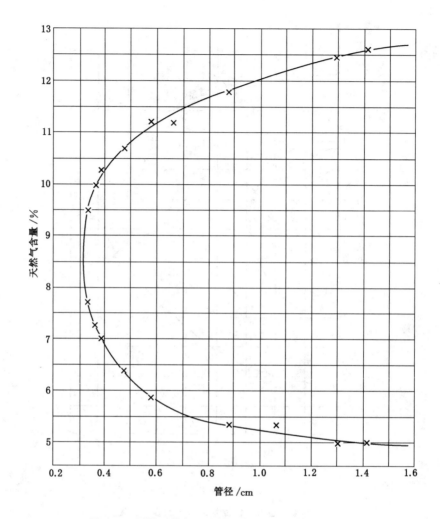

图 5-16　圆柱形管中天然气-空气混合物的熄灭直径

式中　l——特征长度（管径等）；

$\overline{U}$——流体的平均速度；

ρ——密度；

μ——黏度。

　　在圆柱形管的情况下，取直径作为特征长度。从图 5-19 可见，从层流转变为湍流时各曲线的斜率都有很明显的变化。在各种不同管径的情况下的 g_B 值可根据层流区内的数据利用式(5-32)计算出，它们都以很高的精确度落在一条共同的曲线上。这条曲线以及 g_F 曲线以对数坐标在图 5-20 中显示。这两条曲线是除了在管径与熄灭直径相当大小的情况以外的稳定火焰区的边界。在管径与熄灭直径相当情况下的火焰稳定图如图 5-21 所示。从图可见，在管径等于最小熄灭直径(0.315 cm，见图 5-16)的情况下，灭火极限在小流量时出现，并与脱火极限相合并。当由于燃气流量减小而从稳定火焰区靠近灭火极限时，火焰更靠近烧嘴管口边缘，燃气速度和燃烧速度相等的点就移向气流轴残，且燃烧波呈水弯月面形。在某些较大的管子存在有回火极限的情况下，灭火极限与回火极限相切(见图 5-21 中图)。在由于烧嘴管口边缘被强烈加热以致使自由射流的温度增高时，可能没有灭火区而出现回火。在起初形成稳定火焰突然降低流量至相应的较低数值时，也可能越过灭火区而出现回火。在回火曲线与灭火曲线彼此相切处，火焰非常不稳定，不能预料是趋于灭火还是回火。在管径继续再增大时，灭火区消失，回火曲线与脱火曲线彼此相切(见图 5-21)。

在采用矩形烧嘴管的情况下，熄灭距离 $d_{\parallel}$，也就可以避免回火的两平行壁面之间的距离，将小于在圆柱形管情况下的熄灭直径 d_0，这如图 5-22 上曲线 1 和 2 所示。我们称之为熄灭渗透深度 d_P 的第三个量，可按 g_F 和 S_u 的数据计算出来，由如下公式求得：

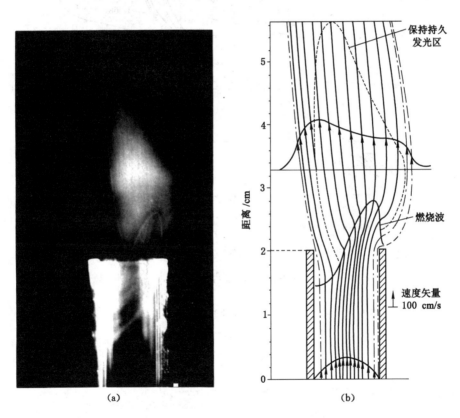

      (a)   (b)

图 5-17　在燃气流量刚好超过出现回火时的临界流量下部分吸入
喷嘴管内的天然气-空气火焰(von Elbe & Mentser[25])
混合物的成分是空气中含 8.1% 天然气；燃气流量为 52 mL/s；管子内径为 1.068 cm。
(a) 在垂直中心面上有颗粒轨迹的照片；
(b) 流量和速度分布图。流线实线是按任何两条相邻流线之间的质量流量均相等绘出。

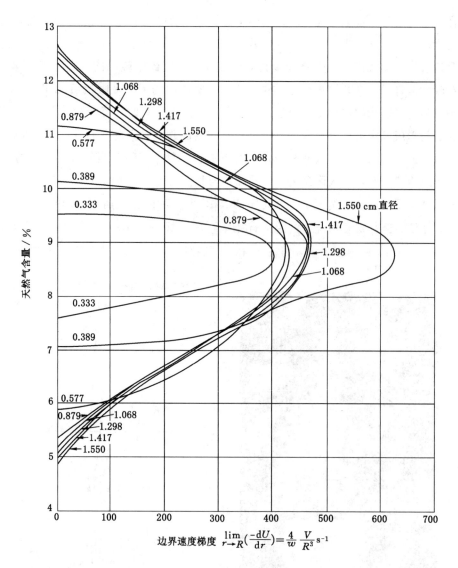

图 5-18 室温下各种不同直径的圆柱形管中天然气-空气火焰
发生回火时气流边界处的临界速度梯度

$$d_P = S_u^\circ / g_F \tag{5-34}$$

因为靠近边界的燃气速度已由下式给出：

$$U_u = gy \tag{5-23}$$

所以 d_P 是在回火时燃气速度等于燃烧速度 S_u° 的情况下离壁面的距离。在 g 值 $< d_P$ 时，燃烧速度就小于 S_u°。因此，d_P 可以度量个别表面区域内熄灭效应所渗透的深度。可以认为，两平行平板之间的熄灭距离 $d_\parallel$ 近似地等于 $2d_P$。$2d_P$ 的数值如图 5-22 上曲线 3 所示。从图可见，$2d_P$ 的计算值虽然并不像两平行平板之间的熄灭距离那样大，但其数量级仍是正常的。

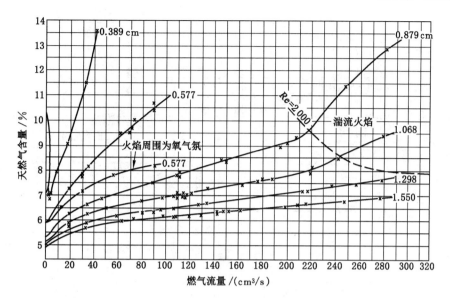

图 5-19　室温下各种不同直径的圆柱形管中天然气-空气火焰发生脱火时的临界流量

除已注明的以外，火焰四周均为空气。

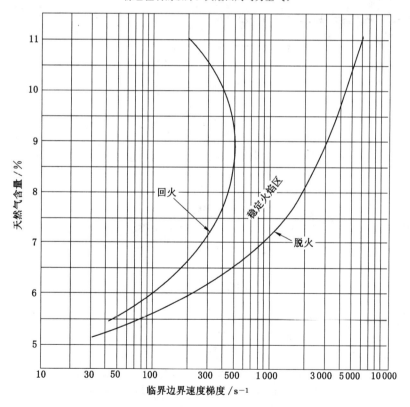

图 5-20　天然气-空气混合物的火焰稳定图

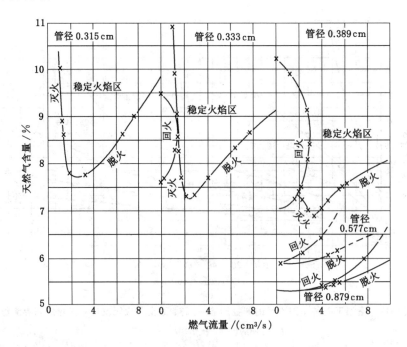

图 5-21　在几种圆柱形管的情况下小流量时空气中稳定的天然气-空气火焰的各个区域

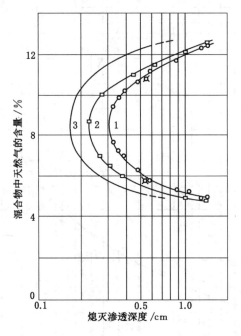

图 5-22　使用天然气-空气混合物时烧嘴壁面的熄灭渗透深度

曲线 1—圆柱形管的熄灭直径；曲线 2—两平行平板之间的熄灭距离；
曲线 3—按回火时临界速度梯度计算得的渗透深度。

有理由认为，d_P 值大于死空间（即冷却面至 T_1 面的距离）。这个面大致就是发光区的锋面，这一锋面是反应最激烈的区域。管内的死空间难以测量，但焰锥下的死空间却很容易测得。可以认为，这些死空间一般没有很大的差别，所以进行 d_P 与管口边缘死空间的比较是有益处的。Wohl、Kapp 和 Gazley[26] 曾对丁烷火焰进行过这种比较（图 5-23）。从图可见，除了浓混合物以外，d_P 均大于死空间。

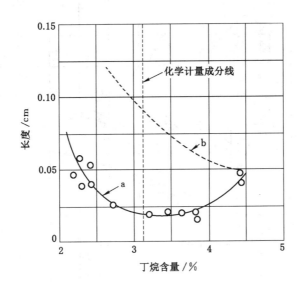

图 5-23　观测得烧嘴管口边缘处丁烷-空气火焰死空间

与计算得的熄灭渗透深度的比较（Wohl，Kapp & Gazley[26]）

a—死空间；b—渗透深度 $d_P = S_u^\circ / g_F$。

如第 201 页所述，g_B 取决于由于与周围大气的互扩散所造成的边界中混合物成分的变化。烧嘴火焰周围的大气成分变化的影响如图 5-24 所示。从图可见，正如从理论可预料到那样，回火极限不变，但脱火极限受到强烈的影响。当周围大气是惰性气体时，在稀和浓的混合物两种情况下，边界层都是被稀释的，且在第 5.4 节中所作关于脱火现象的描述同样也适用于稀和浓的混合物。这些脱火曲线很靠近，并与回火和灭火曲线相合并。稳定火焰区的面积按 N_2、CO_2、He 次序依次减小。这些实验表明，作为在这种情况下的熄灭剂来说，氦优于二氧化碳。

当周围大气是空气时，或即使是氧时，也是如此（同样参看图 5-19 曲线），各脱火曲线并不靠近，且火焰稳定性随着混合物浓度的增加而有很大提高。在这种情况下，增大了燃烧速度的区域是在边界中形成的，且脱火机理稍有些变化，如下所述。在自由射流中，运动着的燃气的分子扩散入静止大气，并把某些流动动量传递给相邻大气层。以后，这些大气层就成为气流中的一部分。因此，气流边界向外移动，并以燃料分子渗透到的最远面为

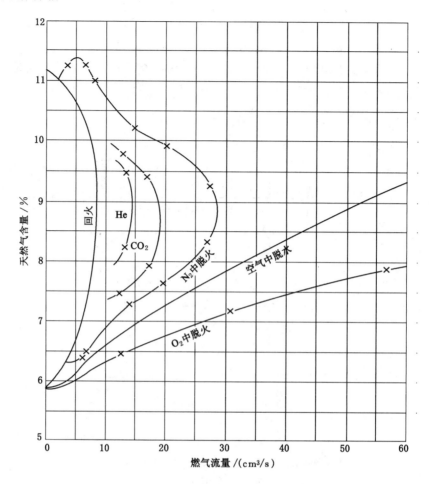

图 5-24　周围大气的性质对圆柱形烧嘴管天然气-空气火焰脱火的影响

管子直径为 0.577 cm。

界。从气流边界起燃料浓度的梯度,最初在管口边缘附近处是非常陡的,以后顺流逐渐变得较平坦。在浓混合物的脱火极限下相应的燃烧速度和燃气速度的分布如图 5-25(a)所示。曲线 1 是指发生扩散以前管口边缘处的情况。曲线 2 与管口边缘上某一高处(该处管口边缘的熄灭效应仍有效)的情况相应。燃烧速度曲线因氧扩散出现一个峰,但因邻近管口边缘,阻止燃烧速度增至最大。曲线 3 也与某一高处(该处管口边缘的熄灭效应很小,而燃烧速度达特定的燃料才能达到的最大值)的情况相应。在此,燃气速度曲线与燃烧速度曲线相切。在更高的高度处(曲线 4),最大燃烧速度点因浓度梯度变平而从边界缩回,而燃气速度曲线虽稍变平但仍足够陡,所以燃气速度总是大于燃烧速度。例如,对于较浓的、位于可燃极限以外的混合物来说,其脱火情况如图 5-25 所示。此刻,从气流边界向内燃料浓度的梯度变得更陡,所以燃烧速度峰比在不太浓混合物的情况下更靠近边界。从图可见,脱火速度梯度 g_{B} 变得更陡。

　　Lewis 和 von Elbe[22] 同样也做过倒置的天然气-空气火焰脱火现象的研究,这种火焰稳

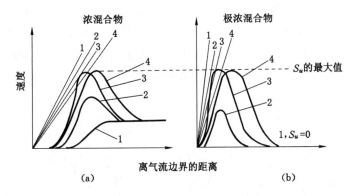

图 5-25　在空气或氧中浓燃料-空气(氧)火焰脱火现象
粗线是指燃烧速度；细线是指燃气速度；
曲线 1—烧嘴管口边缘处的速度分布；
曲线 2—稍高于烧嘴管口边缘处的速度分布；
曲线 3—燃气速度和燃烧速度相切点处的速度分布；
曲线 4—切点以上的速度分布。

定在装于圆柱形管轴上的丝或杆的末端。这种固体物插入气流，促使涡旋形成，涡旋或以涡街散发或停滞不动，这取决于 Reynold 数的大小。在本实验中，并不发生涡流散发。因此，从下一节中图 5-60 所示的倒置火焰照片上可看出，轴向流动纯粹是层流。从未点燃的充满烟的气流照片上可见，在金属丝上方有停滞不动的涡旋[22]。在点燃时，涡旋尺寸可缩得很小。按实验记录数据绘出的图 5-26 表明，在已点燃的气流中停滞不动的涡旋有所减

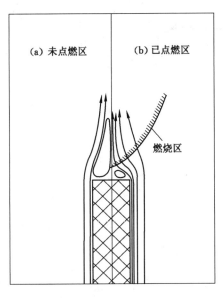

图 5-26　具有平端面的金属丝上方的
流线，表明有涡旋形成

少。因此，这些实验与各流线在金属丝上方逐渐靠拢的这种稳定流线分布有关。

在未点燃的气流中金属丝末端的速度分布可以用图 5-27 所示的例子说明，图上已给出理论计算得的和实验测得的两种速度。实验测得的速度是按下一节所述的颗粒示踪技术测得的，而理论计算的速度的分布是按经环形空隙的流量方程计算而得[27]：

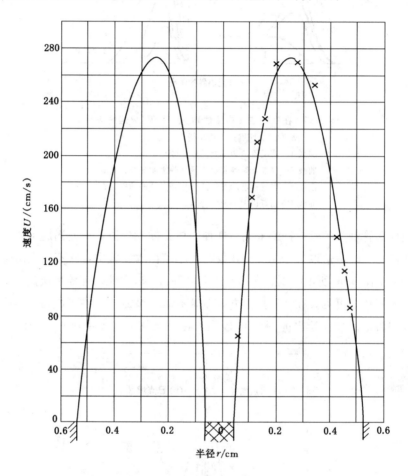

图 5-27 速度分布

在直径为 1.068 cm 的圆柱形管喷口上层流空气气流（155 cm³/s）中，
其管轴上还装有直径为 0.107 cm 的金属丝。温度为 25 ℃；压力为 98.7 kPa。
——理论计算的速度；×实验测得的速度。

$$U_u = n[R^2 - r^2 + (R_w^2 - R^2)(\ln r/R)/\ln R_w/R] \tag{5-35}$$

和

$$V = \frac{\pi n}{2}[R^4 - R_w^4 + (R_w^2 - R^2)^2/\ln R_w/R] \tag{5-36}$$

式中 R_w 是金属丝的半径。在金属丝尺寸保持不变而改变管径的情况下实验测得的脱火数据如图 5-28 所示。正如图 5-29 所示，金属丝表面处的临界边界速度梯度 g_B 与管子直径大

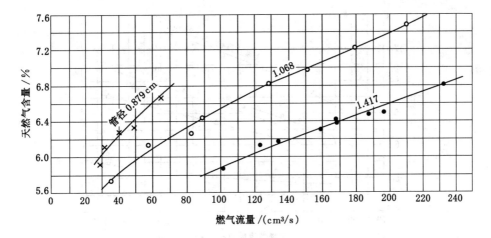

图 5-28　金属丝末端倒置的天然气-空气火焰锥脱火时的临界流量

金属丝装在各种不同直径圆柱形管轴线上，直径为 0.107 cm。

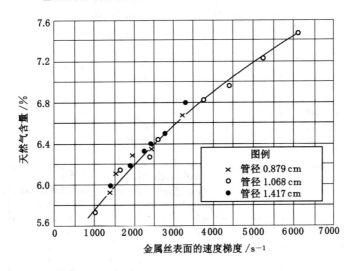

图 5-29　金属丝末端倒置的天然气-空气火焰锥脱火时金属丝表面处的
临界速度梯度

金属丝装在各种不同直径圆柱形管轴线上，直径为 0.107 cm。

小无关。g_B 按下式计算：

$$g_B = \frac{2V}{\pi R^3} b \frac{-2+(1-1/b^2)/\ln b}{1-b^4+(b^2-1)^2/\ln b} \tag{5-37}$$

式中，$b=R_w/R$。上式是将式(5-35)微分再与式(5-36)联立求得的。

在采用各种不同直径的金属丝而管径不变的情况下脱火时的天然气-空气混合物的临界流量数据如图 5-30 所示，而相应的金属丝表面处的边界速度梯度如图 5-31 所示。从图可

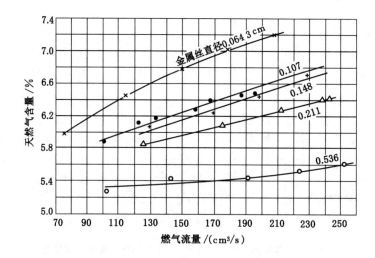

图 5-30　金属丝末端的倒置天然气-空气火焰脱火时的临界流量

金属丝装在直径为 1.417 cm 的圆柱形管线上。

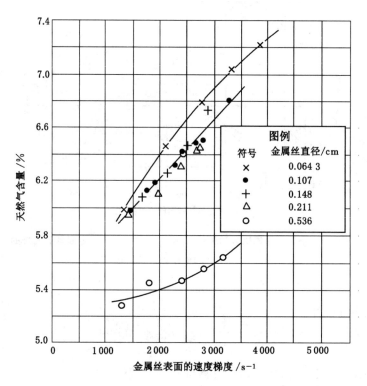

图 5-31　金属丝末端的倒置天然气-空气火焰脱火时

金属丝表面处的临界速度梯度

金属丝装在直径为 1.417 cm 的圆柱形管线上。

见，在直径很小时，在相当大的范围内这种速度梯度几乎与金属丝的直径无关，且比在较大直径时的梯度（如直径为 0.536 cm 的金属丝所示的情况）要小得多。若考虑到在金属丝上的火焰附着区中流线谱有所变化，则这一点是可以理解的。在这种火焰附着区内，靠近金属丝表面的流线朝气流轴线向内弯曲，而在更远处流线受火焰反压的影响向外偏斜。所以，在金属丝上方的速度梯度比计算出来的金属丝表面处的边界速度梯度更加平坦。在采用小直径金属丝时，这种梯度的平坦度较小，因为只有小空间可供各流线向内弯曲。在采用大金属丝时，有更大的空间，它能使流线以更大的发散度向内弯曲，所以这种梯度实际上变得比金属丝（或杆）表面处边界速度梯度更平坦。因此，在边界速度梯度比采用小直径金属丝时的梯度大得多的情况下，火焰仍是稳定的。

在这些实验中出现火焰脱火是由于刚好在金属丝末端上方燃烧波受到拉伸的缘故。在这种流场区内，速度很低，而速度梯度很大，以致在此以 Karlovitz 数（第 203 页）表示的因数 $(1/U)(dU/dy)$ 具有很高的数值。为了按脱火数据估算 Karlovitz 数的数值，我们把驻定火焰绘成简图（图 5-32）。火焰附着体是由离金属丝表面某一距离处的流管所提供，在该处燃气速度等于燃烧速度 S_u。在更靠近金属丝处，速度就更低，但燃烧波的逆向推进被金属丝的熄灭效应所抑制。正如第 5.5 节中所论（第 203～205 页）那样，波面积元将沿当地 (η, ξ) 坐标系从速度为 S_u 的流管向更高燃气速度区传播。脱火现象将在穿过间距 η_0 大于临界值的传播过程中引起燃烧波拉伸时出现。我们假定，在采用小直径金属丝的情况下，金属丝上方区域内的速度梯度与计算得到的同金属丝相平行时的梯度相同。该梯度在脱火时的数值可用 g_B 表示，因此 Karlovitz 数可写成如下形式：

$$K = \frac{dU}{dy}\frac{\eta_0}{U} = g_B \frac{\eta_0}{S_u}$$

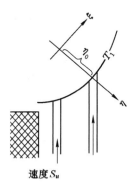

图 5-32　固定在金属丝末端处的
燃烧波的扩散示意图

正像拉伸因数 K 的最初推导中所作的那样，又取因数 $\sin\alpha$（见第 203 页）等于 1。这是合理的，因为起点处气流速度等于 S_u 和 α 为零，但在临界破裂点处气流速度是燃烧速度的

2 或 3 倍，且燃烧波相对于流线有很大的斜度，以致 $\sin \alpha$ 近似地为 1。

这些计算结果如表 5-1 所示。各种不同的天然气-空气混合物的 g_B 值取自图 5-31 所示细金属丝的数据。各燃烧速度值取自图 5-137（第 347 页）所示曲线的数据。这种曲线是指甲烷-空气混合物的；但也适用于化学计量比分数相同的天然气-空气混合物。按化学计量百分数计算得的上述这种分数对天然气-空气混合物为 8.70，而对甲烷-空气混合物为 9.50。η_0 值是利用 $k = 2.72 \times 10^{-4}$ J/cm 和 $c_p \rho_u = 1.51 \times 10^{-3}$ J/(cm$^3 \cdot$ ℃)（参见表 5-6）按式(5-27)计算的。

表 5-1 在金属丝上天然气-空气火焰脱火时的 Karlovitz 数 *

天然气 { 百分数	5.6	6.2	6.6	7.0	7.5
化学计量分数	0.62	0.69	0.74	0.79	0.85
S_u/(cm/s)	8	14	18	22	29
$g_B \times 10^{-3}$/s^{-1}	0.7	2	3	4.3	6.2
$\eta_0 \times 10^3$/cm	23	13	10	8	6
K	2.0	1.8	1.7	1.6	1.3

* H. Edmundson and M. P. Heap,"Twelfth Symposium on Combustion", p. 1007, The Combustion Institute, 1969; *Combustion* & *Flame*, **14**, 191, 1970; S. B. Reed, *Combustion* & *Flame*, **11**, 177, 1967, 这些论文曾收集了关于甲烷-空气火焰(包括用溴代甲烷抑制的火焰)脱火的大量数据, 这些数据与 Karlovitz 数的相关性很好。

从表 5-1 可见，计算得到的 K 值约在 1～2 之间。根据第 5.5 节中所给出的定义，波面积因波传播过间距 η_0 而增加至 $1 + K$ 倍。这意味着，在传播发散时，火焰因未燃气体散热而熄灭。发散传播是指传播过间距 η_0 时波面积增大 2～3 倍。上面论述认为，在细金属丝上稳定的倒置火焰烧嘴所生成的火焰特别适用于用来测定 Karlovitz 数的临界值。看来，最理想的是利用这类烧嘴来收集到比目前可利用数据更为广泛的资料。这种测定的细节很多，它们包括了有关未燃爆炸性气体本身作为熄灭剂的所有这类火焰现象。常用的可燃极限和点燃阈限条件下的灭火现象，都是一些很适当的例子。这些课题将放在这一章的其他各节中进行讨论。

现在我们转过来讨论在圆柱形管上边缘驻定的火焰，这就要述及 von Elbe 和 Menster[25] 所进行的关于氢和乙炔火焰稳定区的研究。他们曾测得了氢与空气或氧的混合物和乙炔与氧混合物的回火数据，现将这些数据汇总于图 5-33～图 5-35 中。图上虚线所包围的区域是产生倾斜火焰的区域，而在该区线外，则产生直立火焰。正如所预料那样，倾斜火焰区将随着管径的扩大而扩大。如前述，在采用较粗的管子时，倾斜火焰较易回火。在氢焰的实验中，曾发现可以将由于倾斜引起的回火与由于延迟期内倾斜火焰滞留在管口边缘而在延迟期造成的真正回火相区别开。浓的乙炔-空气混合物火焰可在管口边缘附近几处缩入管口内，因此出现尖长火焰，有时火焰还会旋转。在化学计量成分附近要进行回火极限的测定是很困难的。许多困难是由于反压较大所致。若将化学计量成分混合物的气流点燃，则反压足以促使气流发生显著的瞬时减速；因而，在这种条件下，回火现象通常在大于回火极限的流量时发生。为了测定这种极限，必须在远大于回火时临界流量的速度下点燃气流并用节流阀逐渐调节流量直到出现回火为止。但是，在节流过程中会形成倾斜火

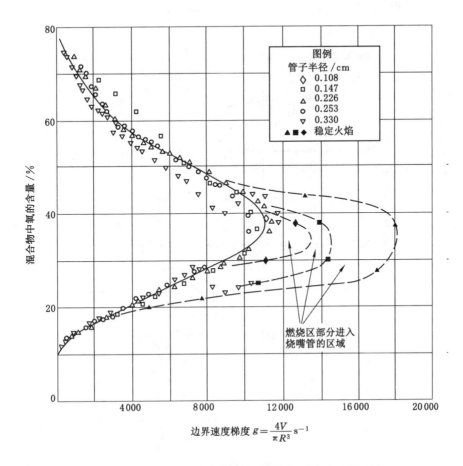

图 5-33　各种不同直径的水冷圆柱形管上氢-空气火焰回火时
气流边界处的临界速度梯度(von Elbe & Menster[25])

焰，以致回火现象可能过早地发生。在乙炔-氧混合物的情况下，不能重复地测得产生倾斜火焰的极限。似乎，这多半取决于烧嘴口边缘处偶然发生的变化。火焰底部炽热的径向气流熔化了管上原有的尖锐棱角，并形成了不规则的凹坑。

　　既然火焰倾斜是在气体流量、混合物成分和管径这几方面明确完全限定的区域内出现的，所以应当有可能判别火焰倾斜边界的准则，从而使火焰稳定理论扩展到包括这种现象。为了求得这种准则，要注意到，由于整个管长 l 上有压力梯度 $\Delta p/l$（见第 205 页），就迫使气流中的质量元与管壁平行地流动；而横截燃烧波的压力梯度又迫使它与管壁夹一角度流动。所以，这两种压力梯度的相对大小应确定是否由于管流靠近燃烧波使流线偏离和火焰倾斜。而且，在任一种气体流量、混合物成分和管径的条件下，在倾斜区的边界处这两种压力梯度之比应相同。为了检验这一理论，我们利用求横截燃烧波的压差的式(5-2)，并取波宽作为按式(5-27)所定义的特征长度 η_0 来列出横截燃烧波的压力梯度的方程式。因

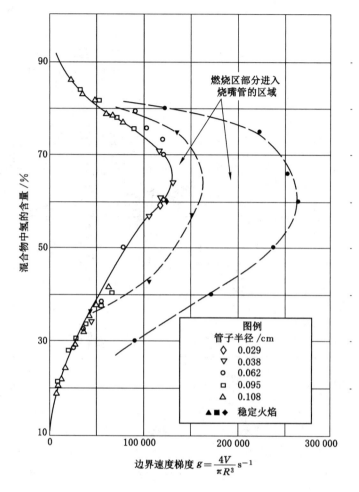

图 5-34　各种不同直径的水冷圆柱形管上氢-空气火焰回火时
气流边界处的临界速度梯度 (von Elbe & Menster[25])

此得：

$$\frac{p_u - p_b}{\eta_0} = \frac{\rho_u S_u^2 \left[(\rho_u / \rho_b) - 1 \right]}{k / c_p \rho_u S_u} \qquad (5\text{-}38)$$

沿管的压力梯度 $\Delta p / l$ 由联立式(5-29)和式(5-30)求得：

$$\Delta p / l = 2\mu g / R \qquad (5\text{-}39)$$

因为 k / c_p 等于黏度 μ，所以

$$\frac{p_u - p_b}{\eta_0} \bigg/ \frac{\Delta p}{l} = \frac{R S_u^3 \left[(\rho_u / \rho_b) - 1 \right]}{2 (\mu / \rho_u)^2 g} \qquad (5\text{-}40)$$

这一无因次量曾按图 5-14、图 5-32 和图 5-33 上所示的倾斜边界的数据计算过，其值列于表 5-2 中。氢混合物的 S_u 值是按 Jahn 的数据(图 5-130)求得的，而天然气-空气混合物的

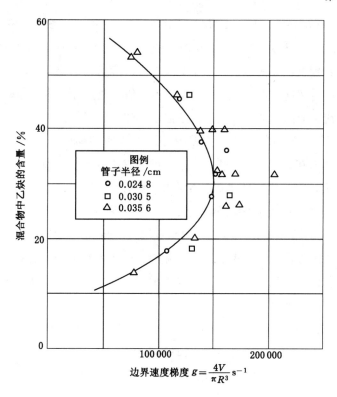

图 5-35 各种不同直径的水冷圆柱形管上乙炔-空气火焰回火时

气流边界处的临界速度梯度(von Elbe & Menster[25])

表 5-2 各种气体混合物在倾斜火焰范围界线下无因次量 $\dfrac{p_u-p_b}{\eta_0}\Big/\dfrac{\Delta p}{l}$ [式(5-40)]的比较

R/cm	g/s^{-1}	$\dfrac{RS_u^3\ (\rho_u/\rho_b)\ -1}{2\ (\mu/\rho_u)^2 g}$
	9%天然气+91%空气；S_u=37 cm/s；	
	ρ_u/ρ_b=7. 75；μ=1. 8×10^{-4} g/ (cm·s)；ρ_u=1. 25×10^{-3} g/cm^3	
0. 775	652	9 700
0. 709	520	11 000
0. 649	493	10 800
0. 534	494	9 000
0. 440	433	8 300
	34%氢+66%空气；S_u=230 cm/s；	
	ρ_u/ρ_b=6. 66；μ=1. 67×10^{-4} g/ (cm·s)；ρ_u=0. 88×10^{-3} g/cm^3	
0. 226	18 100	11 700
0. 147	14 600	9 500
0. 108	13 500	7 800
	60%氢+40%氧；S_u=800 cm/s；	
	ρ_u/ρ_b=6. 50；μ=1. 48×10^{-4} g/ (cm·s)；ρ_u=0. 63×10^{-3} g/cm^3	
0. 062 2	26 500	6 100
0. 038 1	158 000	6 600
0. 029 2	122 000	6 300

S_u 值则是按甲烷的数据(图 5-137)求得的。氢混合物黏度值取自参考文献[80]，而天然气-空气混合物的黏度值则是按混合物成分计算得的标准参考值 ρ_u 和 ρ_b 求得的。

一些数据，特别是以立方值引入的燃烧速度值，虽然它们变化不定，但非常令人满意地遵守无因次比值不变这一点。因此，上述这种相似方法用在描述由于燃烧波中膨胀气体的推力而破坏层流管流的流动对称性方面是很成功的。关于倾斜火焰问题，从无因次比值不变[式(5-40)]可知，随着管子半径 R 的减小，边界速度梯度 g 将减小到终于使其小于 g_F，结果使倾斜边界在回火边界内移动，且在可形成倾斜火焰之前发生回火。反之，随着管子半径 R 的增大，边界速度梯度 g 也将增大，然而，它不一定大于 g_F，所以，在远大于回火临界流量的流量下就出现火焰倾斜现象。在这种条件下，流量的降低会导致在远大于与 g_F 相应流量时发生倾斜所引起的回火，所以没有观察到正常的回火极限。

上述相似的处理方法描述了由于火焰和流量的相互影响所产生的错综复杂的现象。能成功地应用相似条件的其他例子有：边界速度梯度 g_F 和 g_B，以及用 Karlovitz 数所描述的流动造成的燃烧波分裂现象。

有关乙炔-氧混合物火焰脱火的数据如图 5-36 所示。虽然 g_B 值很大，但是所用管子的直径很小，流动处于层流区内。氢-氧火焰的脱火现象通常在层流区外出现。图 5-37(a)所示的是氢-空气火焰脱火时的数据，这些数据一部分位于层流区内，另一部分位于湍流区内。在湍流区内，如下方程式不适用：

$$g = \frac{4}{\pi} \frac{V}{R^3} \tag{5-32}$$

该图表明，当 Reynolds 数超过 2 200 时，按式(5-32)计算出来的 g_B 曲线从主层流曲线

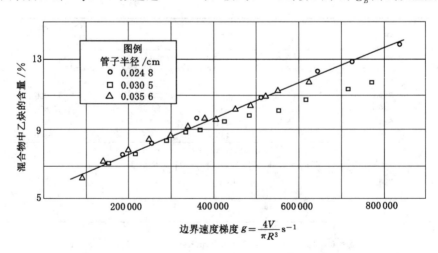

图 5-36　在各种不同直径的水冷圆柱形管上乙炔-氧火焰脱火时
气流边界处的临界速度梯度(von Elbe & Menster[25])

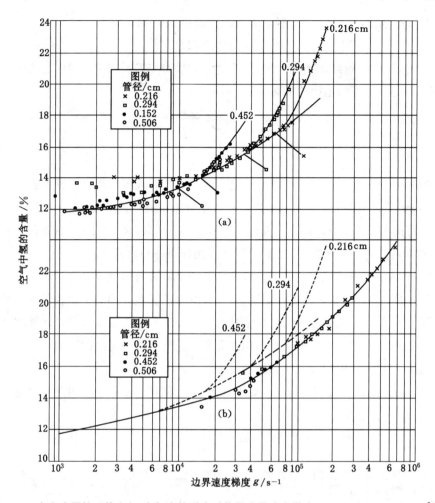

图 5-37　在水冷圆柱形管上氢-空气火焰脱火时临界边界速度梯度 g_B (von Elbe & Menster[25])

    (a) 在层流条件下计算得的边界速度梯度。带符号的箭头所指的点表示在
        与符号相应的管中的湍流起点(Reynolds 数为 2 200)。

    (b) 在湍流条件下重新计算得的湍流区内的数据(Wohl，Kapp & Gazley[26])。
        (仅绘出湍流区内的数据。虚线曲线是由 von Elbe 和 Menster 作出的)。

分叉。正如 Wohl、Kapp 和 Gazley[26] 所指出那样，在湍流条件下，靠近边界的气流层仍可当作层流来考虑，而且，如果在层流层和湍流核心之间边界处脱火时的速度大于燃烧速度，那么火焰底部必定是在层流层内形成的。所以，应该有可能将湍流区内的数据与层流区内的数据相关联。

根据黏性流体理论，分别以速度 U 和 $U+dU$ 在 x 方向移动的流体两平面层之间的剪应力等于 $\mu dU/dy$，式中 y 表示垂直于平面层的方向。相应地，层流边界层中的剪应力等于 μg。从气体动力学教科书[28] 得知：

$$\mu g = f_p \overline{U}^2 / 2 \tag{5-41}$$

式中，f 是摩擦系数，U 是平均流速。若引入雷诺数 Re，则：

$$g = fRe\overline{U}/4R \tag{5-42}$$

若取 $f=16/Re$，则该式就简化为层流条件下的式(5-32)。在 $Re=5\,000\sim200\,000$ 的湍流情况下，摩擦系数近似地为（McAdams[28]）：

$$f = 0.046/Re^{0.2} \tag{5-43}$$

和

$$g = 0.023\overline{U}^{1.8}\rho^{0.8}/(2R)^{0.2}\mu^{0.8} \tag{5-44}$$

在雷诺数约等于 $2\,000\sim4\,000$ 之间的过渡区内，没有很可靠的求摩擦系数的方程式可用。McAdams[28]曾提供了一张摩擦系数 f 与雷诺数关系的图表（McAdams 所著的一书中为图 51），该图指出，将层流条件下的方程式扩用至 $Re=2\,000$ 和将湍流条件下的方程式扩用至 $Re\geqslant3\,000$ 被证明是正确的。关于中间区域可用任意一种内插法。

Wohl、Kapp 和 Gazley[26]用式(5-44)和 McAdams 的内插法重新计算了 von Elbe 和 Menster 所得的火焰脱火数据，得到了图 5-37(b)所示的关系。为便于比较起见，图上同样也给出了在层流情况下所得到的曲线。从湍流方程式的半经验性质来看，这种吻合程度已非常满意了。基于由 Bakhmeteff[29] 所给出的方程式进行层流层宽度的附加计算表明，层流层的厚度足以使层流层中的火焰底部稳定。

在丙烷-空气火焰[30]（图 5-38）和丁烷-空气火焰[26]的情况下，曾测得过在层流区和湍流区中火焰脱火（包括悬空在内，见下）的测定结果，其相关性良好。

图 5-39～图 5-42 进一步用图例说明回火梯度和脱火梯度的区域，这些结果是从甲烷或

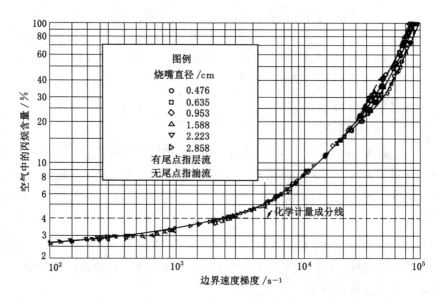

图 5-38 丙烷-空气火焰脱火和悬空的测定结果（**Bollinger & Williams**[30]）

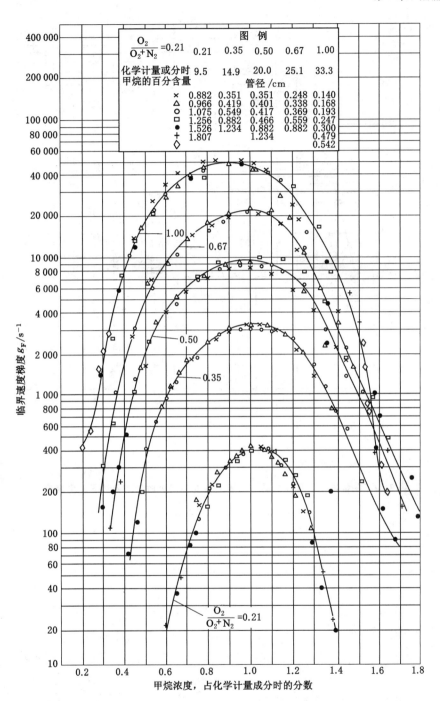

图 5-39　在各种不同直径的圆柱形管的情况下回火时的临界边界速度梯度 g_F

(Harris, Grumer, von Elbe & Lewis[31])

在温室和大气压下的甲烷-氧-氮混合物。

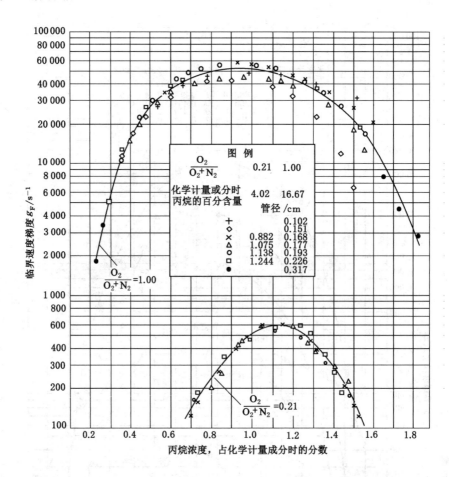

图 5-40　在各种不同直径的圆柱形管的情况下回火时的临界边界速度梯度 g_F

(Harris, Grumer, von Elbe & Lewis[31])

在室温和大气压下的丙烷-氧-氮混合物。

丙烷与处于从空气到纯氧比例范围内的氧-氮混合物获得的[31]。相应的有关熄灭距离的曲线族如图 5-43 和图 5-44 所示。

Wohl、Kapp 和 Gazley[26]曾概括地给出在采用各种燃料时火焰于自由大气中的脱火梯度和混合物成分的函数关系（见图 5-45）。从图上可见，各 g_B 值的数量级在 5 或 6 的范围内。因曲线的形式与直线没有多大差别，所以这些作者提出如下的近似方程式：

$$g_B = a10^{-kx} \tag{5-45}$$

式中　x——化学计量成分时空气的百分数；

　　　k——图 5-45 半对数坐标上各线的平均斜率；

　　　常数 a 和 k 均为可燃气体的特征参数。

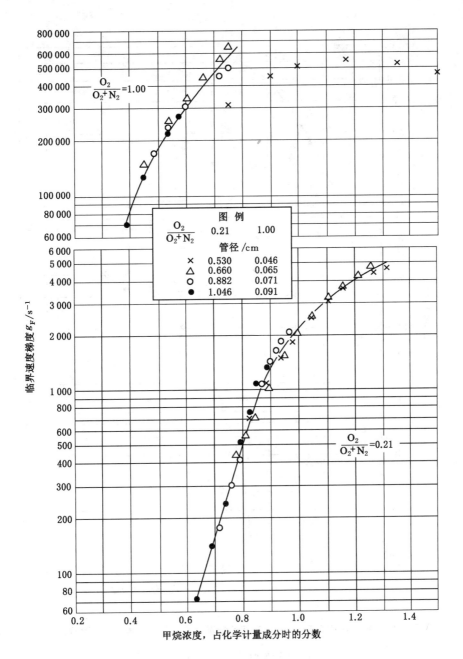

图 5-41 在各种不同直径的圆柱形管的情况下脱火时的临界边界速度梯度 g_B

(Harris, Grumer, von Elbe & Lewis[31])

在室温和大气压力下的甲烷-氧-氮混合物。

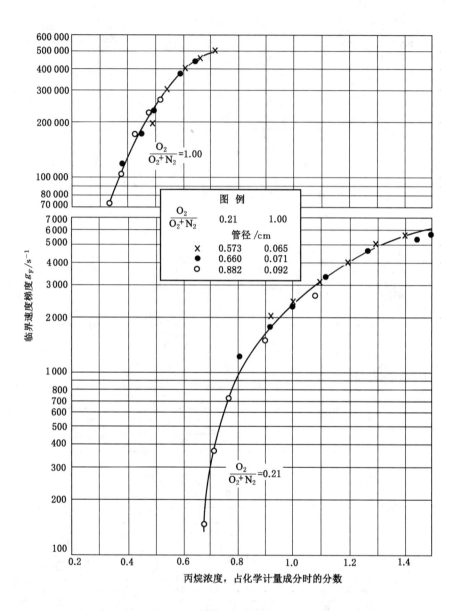

图 5-42　在各种不同直径的圆柱形管的情况下脱火时的临界边界速度梯度 g_B

(Harris, Grumer, von Elbe & Lewis[31])

在室温和大气压力下的丙烷-氧-氮混合物。

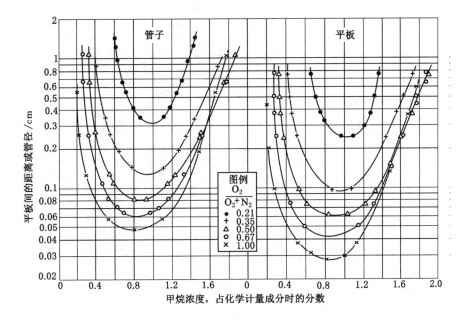

图 5-43　对室温和大气压力下甲烷-氧-氮混合物来说的熄灭直径 d_0 和
两平行平面之间的熄灭距离 $d_∥$（Harris，Grumer，von Elbe & Lewis[31]）

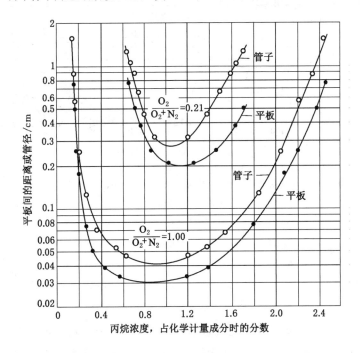

图 5-44　对室温和大气压力下丙烷-氧-氮混合物来说的熄灭直径 d_0 和
两平行平面之间的熄灭距离 $d_∥$（Harris，Grumer，von Elbe & Lewis[31]）

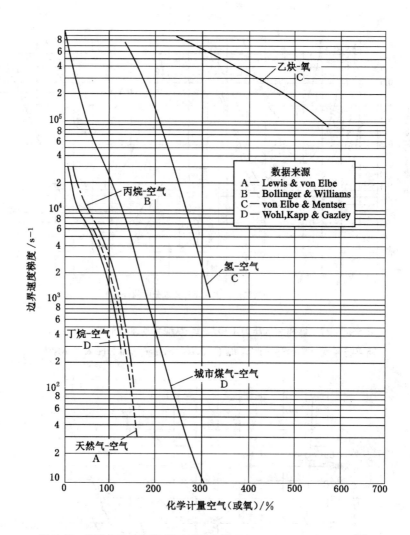

图 5-45 使用各种不同燃料时的脱火情况(Wohl, Kapp & Gazley[26])

Newark,Delaware 城市煤气的典型成分:

燃料成分	H₂	CH₄	C₂H₆	C₂.₅H₄.₂	CO	O₂	CO₂	N₂
百分数	35.3	15.0	5.4	5.5	11.9	0.8	4.9	21.2

浓混合物或纯可燃气体的射流与周围大气的湍流混合可以产生能在离烧嘴口边缘相当大距离处的气流中稳定下来的燃烧波。这种现象可以称为"悬空"。Wohl 等[26]对此曾做过详细的研究。这种悬空火焰的图例说明如图 5-46 所示。这种射流是由超过可燃上限比例的丁烷和空气的混合物所组成。在烧嘴口边缘处的边界速度梯度大到火焰脱火,使火焰不能按前述所讨论的和如图 5-35(b)所示明的机理稳定下来。但是,在气流边界处规则的涡流运动卷吸周围空气,不仅产生使爆炸性混合物伸展到气流某一深处,而且由于动量损失使边

界处的平均气体速度减小。在离管口边缘某一距离处的平均燃气速度和燃烧速度——后者会由于湍流而发生变化(见第6章)——两者就变成相等,火焰达到稳定位置,由于湍流的随机性,火焰位置会有迅速而变化不大的波动。高于这一位置,燃烧速度大于燃气速度;而低于这一位置,燃气速度就大于燃烧速度,所以前面所讨论的稳定原理也适用于这种情况。在图5-46上,左图是直摄照片,它表示悬于管口边缘上的发光湍流燃烧波。该燃烧波占据了射流周围的不规则环状空间,作为供主气流燃烧用的值班火焰。主气流过浓,将按第7章中所讨论的扩散火焰进行燃烧。从直摄照片可看到大致为圆柱形的火焰边界,这是由于氧自外部大气和燃料自射流内部发生相互扩散和燃烧所形成的。在这个边界外燃料的浓度为零,而在这个边界内氧的浓度为零。沿边界的是伴随有化学发光和发光碳炱 ("碳黄")形成的化学反应狭窄区域。与爆炸性气体混合物中的燃烧波不同,此时火焰边界不是密度发生鲜明变化的区域,因此不能在图5-46上两张阴影照片看到它。中图是在曝光延续时间为0.01 s时摄得的照片。照片上的条纹是由于浓密射流气的涡流所形成的,在右图曝光时间以微秒计的快照上看得最明显。该阴影照片的外边界表明,热流向周围大气渗透,且缓慢运动的大涡旋因射流和周围大气之间边界处受剪切而得到发展。

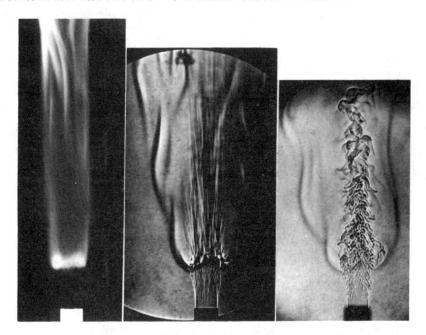

图 5-46 丁烷-空气混合物的悬空火焰(Wohl, Kapp & Gazley[26])

左图:直摄照片,0.01 s曝光;中图:阴影照片,0.01 s曝光;右图:闪光阴影照片。

喷嘴管直径为1.016 cm,含10.8%丁烷,平均速度为618 cm/s,雷诺数等于5 040。

虽然在图5-46所示的例子中管内的流动属于湍流,但是同样在层流区也可能出现悬空火焰。在这种情况下,射流在离管端较大距离之上仍保持层流,但最终破裂为不规则的涡旋，随之卷吸空气，造成动量损失。这导致发生刚才描述过的情况，并使火焰能在射流中湍流破裂点稳定下来。这种火焰常常高悬在烧嘴口之上，是完全稳定的，随着射流速度的增大，破裂点向更靠近烧嘴口边缘方向移动，悬空高度降低。在这种部分层流的射流中，与湍流射流中一样，可能出现通常不能实现的脱火条件，而且如果点燃源靠近烧嘴口边缘，那么火焰将按通常的方式在此稳定下来。但是，在烧嘴口边缘之上某一距离处，有足够的动量可从气流内部转移到边界，使混合区内气体速度增大到超过燃烧速度。此刻，靠近射流中这一区域的点燃源不能使火焰在烧嘴口边缘上稳定下来，而仅能产生悬空火焰。当射流速度足够低时，混合区中没有这种高气体速度区存在，火焰总是停在烧嘴口边缘上。

　　坐定在喷口（即烧嘴口边缘）上的火焰和悬空火焰，其组合稳定区示意如图 5-47 所示。脱火曲线和回火曲线的形式很常见，其他各曲线也与刚才描述过的现象相对应。从图可见，在临界的可燃气体百分数以外延伸的脱火曲线为悬空曲线。吹熄（blow-out）曲线与使悬空火焰向下游移动所需的气体速度相对应。还可看到，随着燃料百分数的增大，吹熄曲线非常陡峭地上升，的确是常常难以将纯燃料的射流火焰吹熄。若气流速度降低到低于悬空极限，则燃烧波可能退缩到烧嘴口边缘，且存在有介于悬空极限和意义明确的缩回（drop-back）极限之间的区域，在这个区域内燃烧波可在两种稳定位置之间选择，一是悬空位置，另一是位于烧嘴口边缘上的通常位置。在这个区域内能够获得所描述过的这种悬空火焰，因此在离喷口相当距离处靠近射流有值班火焰存在。此外，因某些物体瞬间插入射流，使气体速度局部地下降，火焰也可缩回到烧嘴边缘。同样，因烧嘴口边缘平面上由于某些物体使气体瞬间中断也能使火焰悬空。在缩回极限以下，燃烧波在烧嘴口边缘上是永远稳定的，不能获得悬空火焰。A 和 B 两点之间的虚线是吹熄极限的延长线。若混合物的成分介于 A 和 B 之间，则因吹熄或脱火使燃烧波从气流中消失。如果是吹熄，那么燃气速度将增大到超过缩回极限，且采用适当的操纵，可形成悬空火焰。其后，燃气速度就增大到吹熄极限。如果是脱火，那么要注意到，当超过缩回极限时，燃烧波仍坐定在烧嘴边缘上，且气体速度不能从吹熄极限上升到脱火极限。显然，在介于 A 和 B 之间燃料浓度下，移走坐定火焰不比移走悬空火焰要容易。

　　当使用很细的烧嘴管时，图 5-47 上所示的 B 点可能位于烧嘴管中层流区内。在这种情况下，射流在其突然转入湍流以前于离烧嘴口边缘上相当大的高度处仍保持层流，而且有时在远离烧嘴口边缘处出现悬空火焰。在接近于层流和湍流之间过渡区情况下的临界雷诺数时，发生射流振动，悬空火焰也变得不稳定，或是吹熄或是缩回。

　　丁烷-空气火焰稳定性的组合图如图 5-48 所示。与回火、脱火和悬空极限不同，吹熄极限和缩回极限都不能用边界速度梯度确定下来，所以这种图对于每一种直径的烧嘴都是专一的。这必然是如此，因为确定悬空火焰稳定性的条件要从湍流射流理论中去探求。这种理论还没有发展到足以容许对这个问题作进一步分析。应该注意到，吹熄极限曲线非常陡，其速度变化范围实际上随着燃料浓度的增大成线性增长。反之，缩回极限和悬空极限

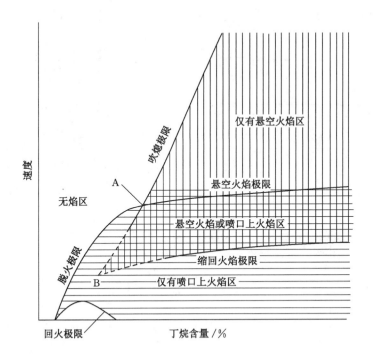

图 5-47　火焰稳定性各特征区示意图(Wohl, Kapp & Gazley[26])

的速度变化范围随着燃料浓度的变化仅稍有变化。Wohl 等人[26]也曾报道过，这些极限受管径大小的影响很小。

关于对城市煤气火焰在其本身燃烧产物所形成的惰性大气中悬空现象的研究，读者可参看原著[26]。

不少研究者曾研究过在与圆柱形长管内层流不同的条件下所发生的回火和脱火现象。Wilson[32]曾利用式(5-42)按金属板上短钻孔的脱火速度数据来计算乙烯-空气混合物的 g_B 值。式(5-42)中的摩擦系数 f 可由测量孔深 l 的压降 Δp 并利用式(5-41)及如下关系式来确定。这个关系式为：

$$2\pi R\mu g = \pi R^2 \Delta p / l \tag{5-46}$$

式(5-46)表明，气体在壁面上的剪应力等于作用在孔深的力。曾发现系数 f 是雷诺数的函数。还曾发现，按这种方法求得的 g_B 值与按以圆柱形长管进行实验所得的数值完全一致。Grumer、Harris 和 Schultz[33]曾利用从圆柱形长管实验中所观测到的脱火和回火时的流量与所得的 g_B 和 g_F 值，按式(5-42)确定了相类似的钻孔的摩擦系数。在这些实验中，爆炸性气体是由一氧化碳-氢混合物与空气所组成。曾发现，按这种火焰数据所确定的摩擦系数与 Wilson 按压降测定所得的数据完全吻合。Grumer 等同样还利用对非圆形流道中层流速度分布的计算[34]证实这种临界边界速度梯度也适用于三角形和矩形横截面的流道；但

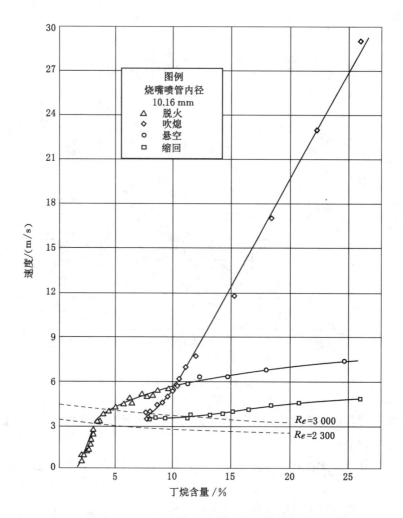

图 5-48　自由空气中的丁烷-空气火焰的稳定性（Wohl，Kapp & Gazley[26]）

是，这种流道的几何形状比圆形横截面的更易于促使火焰倾斜。这些著者[35]的其他工作还包括对混合燃料（氢、一氧化碳和甲烷）与空气混合物火焰稳定性的系统测定。Kurz[36]曾研究过周围环境气体对甲烷-空气火焰 g_B 值的影响。其他一些作者还测定过二氧化氮-正丁烷火焰[37]和硝酸-烃火焰[38]的 g_F 与 g_B 值。

5.7　层流烧嘴火焰的结构

就烧嘴火焰而论，在气流的分布、按燃烧波所设定的火焰形状和流场内的温度分布这三者之中存在着很复杂的相互关系。我们在此将描述几种典型的火焰结构，并从遵守 Poiseuille 流的火焰着手进行，因为这种火焰的课题已由本书作者[22]进行过广泛的实验研究。

　　在这一工作中，曾使用天然气和空气的混合物。用奥氏分析器分析，天然气相应地含有 81.8％甲烷、17.7％乙烷和 0.5％氮。天然气在空气中达化学计量成分时的百分数含量为 8.49％，天然气和空气分别经流量计进入混合室，从此再流入烧嘴管。气流的分布是用频闪显示仪摄取气流所带发光尘粒的照片确定，其典型照片如图 5-49 所示。内锥的外边缘和遮光微粒的轨迹是可见的。微粒的速度可根据微粒两次遮光所通过的距离和频闪显示仪盘的转速确定。这种实验装置的示意图如图 5-50 所示。光阑 1 和光阑 2 将来自闪光灯和反射镜 1 的光隔出 1～2 mm 宽的片状光束，此光束被转盘所遮切。光束通过烧嘴口边缘，并

图 5-49　在矩形管上燃烧的火焰中频闪显示发光氧化镁微粒的轨迹

矩形管的截面积为 0.755 cm × 2.19 cm，其短边面向照相机。光束宽约 1 mm，

高为几厘米，把长边一分为二。两次遮光间的间隔时间为 1.44×10^{-3} s。

混合物成分为空气中含 7.50％的天然气，燃气流量为 204 cm^3/s。

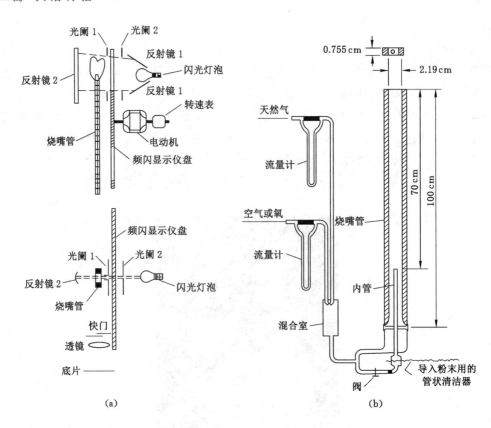

图 5-50　测定已点燃和未点燃的气流流动分布用的装置

(a) 光学系统剖面；(b) 气流系统和矩形烧嘴管。

靠圆柱形反射镜 2 返回到烧嘴口边缘。因此尘粒两侧都能得到光照。照相机与照明方向成直角装置。频闪显示仪盘封闭在一个保护箱中，以使火焰免受转盘吹风的影响，还在其宽度 4/5 以上处分出 24 个扇形空格。保护箱中充有氢气，以减弱转动盘的摩擦。实验是在转盘以 1 740 r/min 转速情况下进行的。转速用转速计测得。专门设计的 10.16 cm 快门能在0.05 s 内完成开闭，最大开度所占的时间约为这一时间的 40%，同时带动电触点使闪光灯开闭与照相曝光同步。在实验中，曾使用最大照度为 4.5 Mlm 而在 0.01 s 内大于 2.5 Mlm的闪光灯泡，还使用直径为 95.25 mm、焦距 $f=2.5$ 的透镜，以及高速感光照相底片。烧嘴管是由 1 m 长、矩形截面(0.755 cm×5 cm)的黄铜管制成，其较长的一边插入两根金属条，使其尺寸减小到 2.19 cm。该烧嘴管的结构如图 5-50 所示。矩形烧嘴管的优点是火焰中发光区内的流线不偏离或折向照相机，而在圆柱形烧嘴管的情况下就没有这种情况存在。所采用的尘粒为氧化镁，这种粉末很细，但没有经过筛选。因为它们在已燃气体中的炽热程度不足以使底片感光，所以它们产生了鲜明的遮光轨迹。在管底用插入的管状吸尘器(其充满粉末)将粉末以可控量加入气流中，通过管子上对着的小孔装置，使管子前后移动。如

图 5-50 所示，采用将粉末加入装在烧嘴管中心的细管中的方法可以使微粒集中在气流的中心。气流在进入管子以前被分割开，并将气体速度调节到使内管和外管中的气流均处于层流状态。颗粒在沿烧嘴管向上移动约 70 cm 的过程中仍居留于中心。这个距离足以使气流在到达管口之前于烧嘴管横截面上恢复正常的 Poiseuille 速度分布。

为了检验尘粒法，曾摄得充载粉末的空气流照片(图 5-51)，并测量过自由射流中靠近烧嘴口边缘处的速度分布。图 5-52 表明所测得的速度分布与按式(5-28)和式(5-31)计算出来的 Poiseuille 流动的理论曲线能很好地吻合。由于内气流管向外气流管和周围大气发生动量转移使颗粒轨迹长度顺流逐渐变化。但是，要注意到，这种动量转移是一种缓慢过程，且除了流量很小的情况以外，在沿管口边缘平面和燃烧波之间这种长的距离上任何流线的速度实际上保持不变。

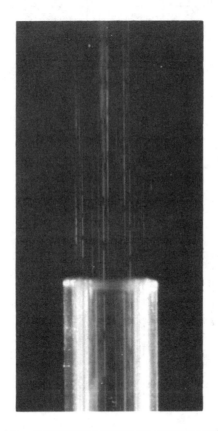

图 5-51　从圆柱形管中流出的空气流中的尘粒轨迹

圆柱形管的直径为 1.298 cm；气体流量为 241 cm³/s；

两次遮光之间的时间为 2.08×10^{-3} s。

图 5-53 是用精确划好的格子重叠在图 5-49 照片和相同火焰的其他照片上绘成的。从图可见，有许多颗粒轨迹线，并有两次遮光间隔时间之间颗粒轨迹长度的标记。焰锥轮廓

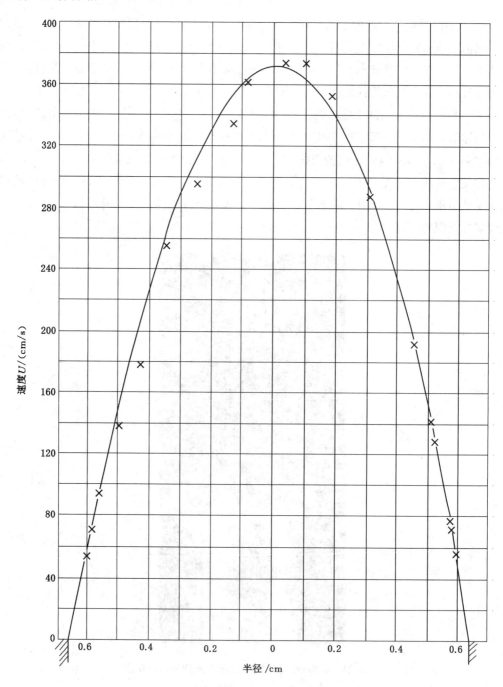

图 5-52 在直径为 1.298 cm 圆柱形管管口处层流

空气流 (241 cm³/s) 中的速度分布

温度为 250℃；压力为 99.99 kPa。

——理论计算得的速度；×实验测得的速度。

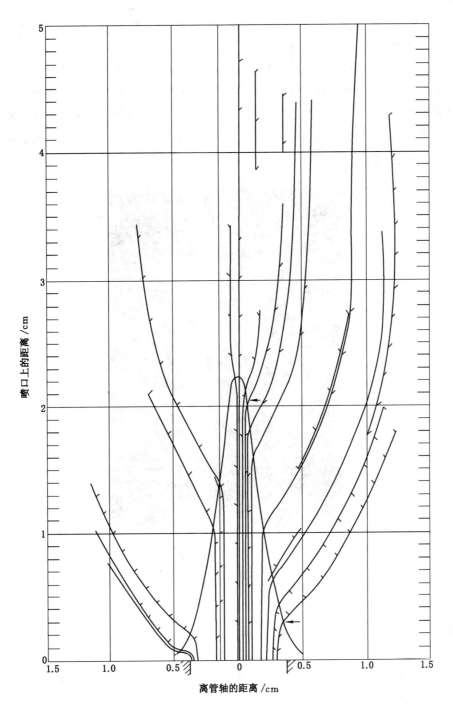

图 5-53　火焰中颗粒轨迹的复制图

矩形烧嘴管面积为 0.755×2.19 cm^2。颗粒轨迹以间隔时间为 1.436 ms 作标号。混合物的成分是空气中含 7.50% 的天然气，气体流量为 204 cm^3/s。焰锥轮廓线是 0.2～0.3 mm 宽的发光反应区的内边界。

线表示燃烧波光区的内边界。流线在发光区后开始发生折射。在发光区前有预热区存在，这在图 5-54 上已单独得到证实，该图示明一倒置的焰锥，它是用图 5-11 所示的这种向火焰中轴插入一根玻璃棒的方法加以稳定的。曾将某些氯化亚锡水合物烟雾加入气体中。在预热区中，因水合物离解而使烟雾消失。烟雾消失的区域大概是在温度靠近 83 ℃处开始，因为已知这种三水合物在此温度下会分解。在这一例子中，估计预热区的宽度约为 1 mm。在通过反应区时，因形成锡酸颗粒使烟雾又变得可见了。要注意到，氯化亚锡水合物烟雾的加入，显著地降低了燃烧温度。

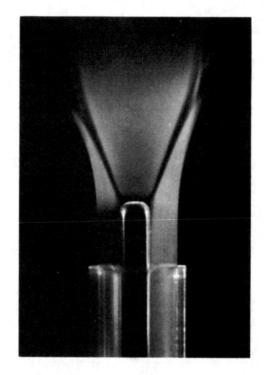

图 5-54　由于氯化亚锡水合物烟雾消失
而可看到从燃烧波向未燃气体的热量渗透

管径为 1.417 cm；杆径为 0.536 cm。

　　如果将发光区的内边界看作是反应区的锋面，并设 dl 是宽 dr 流管所包围的该区边界的长度，那么燃烧速度 S_u 是按式(5-16)确定的，即它等于气体速度 U_u 和微商 dl/dr 之乘积。根据图 5-54 所示的曲线图可确定从气流轴线到任一流线的交线的焰锥轮廓线长度 l，根据 l 和 r 的关系可求得任一 r 值下的微商 dl/dr。因为还知 U_u 是 r 的函数，所以就能估算出在气流的全部横截面积范围内的 S_u。在图 5-53 所示的含 7.50％天然气的空气的例子中，曾发现在焰顶至焰底之间焰锥轮廓线的绝大部分范围(箭头所指的范围)内 S_u 值不变，等于 22 cm/s。

　　在假定整个燃烧波面上的燃烧速度不变、波宽为零和流线不因反压力而偏斜的情况下，将实验测得的火焰流动分布与理论上的 Poiseuille 流流动分布进行比较是很有益的。正如许多年以前由 Michelson 首先完成那样[39,40]，燃烧区的流动分布不难根据烧嘴火焰的这种模型计算出来。利用坐标系(x,r)，其中 x 与流线相平行，r 是离气流中心距离，按下式就得出燃烧区流动分布线的斜率：

$$\mathrm{d}x/\mathrm{d}r = \tan \alpha = \pm(U_u^2 - S_u^2)^{1/2}/S \tag{5-47}$$

这些关系正如图 5-55 上图解所示。如果按式(5-28)取 U_u 与 r 的函数关系并加以积分，那么就得到如下形式的燃烧区流动分布与 x 及 r 的函数关系：

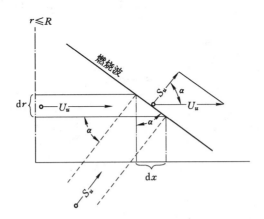

图 5-55　$\mathrm{d}x/\mathrm{d}r = \tan \alpha = (U_u^2 - S_u^2)^{1/2}/S_u$

这一关系式的图解说明

$$x_0 - x = \pm\frac{M}{3}\left[\sin \varphi\cos \varphi\Delta\varphi + \left(1-\frac{1}{k^2}\right)F(k,\varphi) + \left(1+\frac{1}{k^2}\right)E(k,\varphi)\right] \tag{5-48}$$

式中　$M = [nR^2/S_u - 1][(nR^2 + S_u)/n]^{1/2}$

$k^2 = (nR^2 - S_u)/(nR^2 + S_u)$；

$\sin^2\varphi = nr^2/(nR^2 - S_u)$

$\Delta\varphi = (1 - k^2\sin^2\varphi)^{1/2}$

以及 $F(k,\varphi)$ 和 $E(k,\varphi)$ 分别为第一类和第二类椭圆积分，即 $\int_0^\varphi \mathrm{d}\varphi/\Delta\varphi$ 和 $\int_0^\varphi \Delta\varphi\mathrm{d}\varphi$。采用 ± 符号表示焰锥各点是逆流还是顺流。正如 Mache[40] 最初所指出那样，焰锥总是贴在物体的顺流侧，这如图 5-56 所示。该图示明与式(5-47) 相应的两种可能的焰锥。设焰锥在火焰底部加以稳定，且顺流焰锥顶由于某种偶然的波动从 x_0 向右移至 x'_0。此时，气流与燃烧波法线的夹角变得各处均小于 α，使燃气速度的垂直分量大于燃烧速度。因此，焰锥要缩回到其起始位置。当焰顶至 x''_0 时，燃烧速度将大于气体速度的垂直分量，使焰锥仍移回至其起始位置。左侧，逆流焰锥的情况就相反。当焰锥顶从 $-x_0$ 移至 $-x'_0$ 或 $-x''_0$ 时，燃烧波不能回到其起始位置，因为在前一种情况下燃烧速度小于燃气速度的垂直分量,而在后一种情况下燃烧速度却又大于燃气速度的垂直分量。所以,逆流焰锥是不稳定的。同样方式的推论可用于火焰锥顶稳定的情况,其图例说明如图 5-56 下半部分所示。

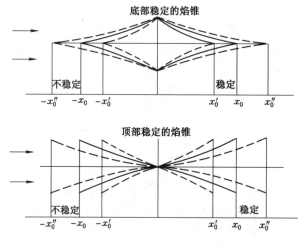

图 5-56　气流中锥形燃烧波的方位

　　对图 5-53 所示的火焰计算得到的相应流动分布如图 5-57 所示。在采用 $\rho_u/\rho_b=5.90$ 下按式(5-21)和式(5-22)确定了已燃气体流的速度和方向,并得到 $S_u=22$ cm/s 和 $r=0$ 处 $U_u=213$ cm/s。ρ_u/ρ_b 之比是根据火焰温度为 1 750 ℃、起始温度为 27 ℃和因燃烧所致物质的量的增加(在这种情况下仅有 1.5％)这三个条件得出的。图 5-57 所示的实验测得的火焰流动分布,是按所观测的流线之间的内插法从图 5-53 求得,此时已纠正了如下所述尘粒的

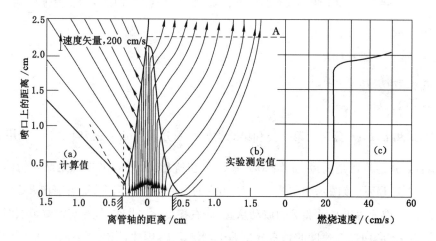

图 5-57　在矩形烧嘴管上天然气-空气火焰中的中心垂直面的图解

矩形烧嘴管的横截面为 0.755×2.19 cm²。混合物成分为含 7.15％天然气的空气;
混合物流量为 204 cm³/s。(a) 和 (b) 为燃烧区和流动的分布;(c) 为燃烧速度。

惯性产生的畸变。从图 5-57 可见，有可能将计算的和实验测得的流动分布并列地放到一起。所以，在燃烧速度不变的范围内，理论计算得的焰锥中各流线在离管口边缘高度与实验测得的焰锥中的相同地方处相交。同样地，已燃气体中的各折射角和各速度矢量(以焰锥轮廓线处起始的箭头所示)都相同。这表明用 Michelson 简化模型来描述这类火焰在本质上是正确的，除了焰顶处因燃烧速度增大和焰底部因燃烧速度减小的情况以外，这些情况正如图 5-57 右侧所示。此外，这种模型没有反映出燃烧波预热区中流线是逐渐折射而不是突变折射，并且由于燃烧波反压力使流线弯曲。后一种效应在火焰底部特别明显，但这种效应同样也在主流中存在，它使从烧嘴边缘发射出来的各种流线稍有发散。这种现象不易看出，但能用图 5-53 所示的仔细测定加以解释。可以联想到，沿焰锥的推压是不均匀的，而在燃烧速度为零的火焰底部推压为零。因此，从焰锥内部到底部必定有压力梯度存在，它使气体具有与轴相垂直的分量。在焰锥底部区域中，相邻流管之间的各力显然彼此并不抵消，且质量流具有与燃烧波层相平行的分量。这使气流笔直地离开流轴，且大大地有利于焰锥根部"突出"于烧嘴管径之外。最外的流线以几乎与流轴成直角的方向穿过死区。这种现象如图 5-58 火焰底部放大照片所示。读者如欲更详细地了解关于烧嘴火焰流体动力学

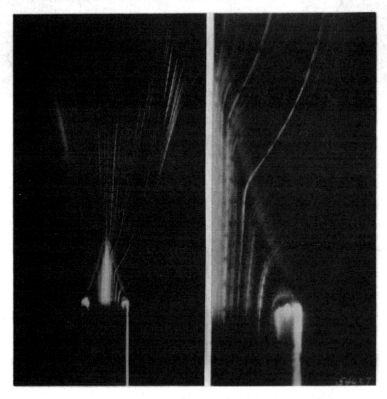

图 5-58　低气体速度火焰
示明反压力使未燃气流发散的现象。从放大照片看到，焰锥根部边缘的最外层的流线。
矩形烧嘴管；气体流量为 88 cm³/s；混合物成分是含 6.32%天然气的空气。

方面的问题可参看 Dery[41] 的论文。

如在上述实验中所采用的这种条缝烧嘴内，由于燃烧波内的折射，把已燃气体的气流实际上分为两部分。如果烧嘴是直立的，那么在重力浮力的作用下迫使这两股气流又一起继续顺流流动，而重力浮力在促使流线产生向上弯曲的过程中起主要作用〔如图 5-57(b)所示〕。如果火焰的尖顶向下，那么这两股气流的分离作用会大大增强。这种现象如图 5-59所示。在圆柱形烧嘴的情况下，流线向上弯曲不仅是由于重力浮力所造成的。各流线在圆柱方向发散的原因是由于与轴向垂直的速度分量应随着离轴线距离的增大而减小的缘故，否则，气体密度将会降低。

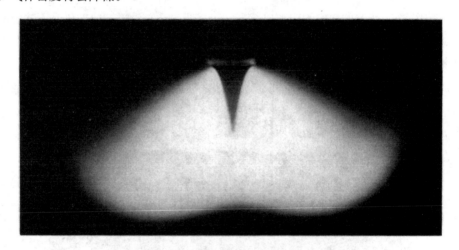

图 5-59 矩形烧嘴管上的垂直倒置火焰

着重示明已燃气的分离现象。为增大照片反差采用钠着色。

混合物成分为含 8.46% 天然气的空气；气体流量为 185 cm³/s。

顺轴向将金属丝装入玻璃管中而生成的倒置焰锥的流动分布照片如图 5-60 所示。火焰推力使未燃气体中各流线有力地向外偏斜，而已燃气体中流线大体上是平行的。这并不意外，因为在已燃气体中没有促使流线会聚或发散的外力存在。火焰锥底部支撑在已稀释的边界层上，且发光区变得与气流相平行。从图 5-60 所示的原始照片上的颗粒轨迹可看出，在锥顶和金属丝之间的空间中形成了涡旋。在未点燃的气流中，这种涡旋增大到更大的尺寸，如图 5-26 所示。至今，对倒置焰锥尚没有做过详细的研究，特别是对锥面上的燃烧速度分布还没有得到一些有用的资料。

反压力作用下的流线偏斜偶尔产生比上述说明中所指出的更显著的作用。这种作用，如火焰倾斜，早已在第 207～210 页上描述过了。在倾斜火焰的情况下，烧嘴边缘周界上出现穿透现象的地方是偶尔产生的，因此，四周温度分布稍有变化就能使火焰转动。图 5-17所示为稍高于燃烧波处已燃气体的速度分布。从该图可见，最大速度的流线并不穿过焰顶，

图 5-60　带有颗粒轨迹的倒置焰锥

管径为 1.77 cm，金属丝直径为 0.211 cm；混合物成分是含 6.20％天然气的空气；

气体流量等于 168 cm³/s。在左侧金属丝阴影中，颗粒是不可见的。

而向进入点方向移动，绝大部分燃烧气体在进入点和顶点之间通过。这同样也在已燃气体中持久发光极限上有所反映（如图 5-17 所示）。

当烧嘴火焰的气体流量朝着脱火条件逐渐增大时，燃烧波常常剩下个别点贴在边缘上，且从此以大角度贯穿过气流而向上伸展。这种现象与上述关于倾斜火焰的描述是相类似的。燃烧波所产生的反压力使未燃气体中流线偏斜，这使速度分布改变，并促使附着点处的边界速度梯度降低到低于脱火时的临界速度梯度 g_B。在烧嘴口边缘其他地方，边界速度梯度超过脱火时的临界值。进一步说，通常只是稍多一些，气体流量增大使火焰完全脱火。

Wohl、Kapp 和 Gazley[26] 曾讨论了火焰结构在燃烧波反压力作用下变化的一些其他例子。这些作者既利用圆柱形烧嘴管也用喷嘴，研究过丁烷-空气混合物的火焰。圆柱形烧嘴管和喷嘴之间的差别在于气流的速度分布不同。正如流体动力学教科书中所指出的那样，除了边界上的梯度很陡外，速度 U_u 在整个喷嘴横截面上是不变的。因此，如果燃烧波是按早已描述过的稳定机理驻定于喷嘴边缘的话，那么通常假定燃烧波呈直角锥形，在其表面上的夹角为 $180° - 2\alpha$；$\cos\alpha = S_u/U_u$［式(5-18)］。烧嘴管上火焰与喷嘴上火焰一样，当混合物很稀和气体速度很低时，曾观察到烧嘴管上火焰不是呈所假定的普通的锥形燃烧波，而是保持为悬挂在烧嘴口边缘之上的平面发光面形的燃烧波，其边缘处明显地向上弯曲。随着气体速度的增大，其离管口边缘的距离增至几个毫米。仔细调节气体的速度，甚至能够使这种平面火焰在管口上几厘米处稳定一个相当长的时间，这种现象如图 5-61 所示。当气体速度下降足够大时，燃烧波呈与水弯月面相类似的形状，且最后呈半球形缩入管内。这种现象在采用管径大于熄灭直径的一切情况下都可观察到。Lewis 和 von Elbe[24] 在使用 Pittsburgh 市天然气的情况下仅当采用直径接近于熄灭距离的管子时才观察到后一种类型的火焰。当丁烷-空气混合物并不很稀时，曾观察到管子和喷嘴之间的显著差别。通常，管上火焰即使在接近回火点的气体速度下也呈正锥形，而当化学计量成分降低到不太靠近着火下限成分时高于某一气体速度的喷嘴上火焰呈锥形，而低于该速度时又呈"纽扣状"火焰。"纽扣状"火焰如图 5-62 上部所示。这种火焰的底部扩展到喷嘴内管口边缘处几毫米处。原来呈锥形的浓混合物火焰因流量降低而呈类似截顶锥的形状（图 5-62 下部）；这种角锥脊线处于不断波动之中，并以部分转动为特征。在某一较低的气体速度下，火焰底部突然由喷口向四周伸展，形成了平稳的"纽扣状"火焰。当使用中等浓度的混合物时这种火焰会变圆，而当使用非常浓的混合物时又呈多角形。在气体速度降低到回火点时，一切混合物的喷嘴火焰都有相类似的性质。纽扣的平顶面变成弯月形，最后，与采用非常稀混合物时一样，火焰呈半圆形，发生回火。

非常稀混合物的平面火焰似乎受这两种效应的影响。正如以后单独表明那样，壁面的熄灭效应延伸入这类混合物（高级烃和空气）中至很深的地方，以致在燃烧波边缘上的气体速度大于燃烧速度，驱动燃烧波顺流移动。上述火焰稳定机理不适用于这类火焰。燃烧波

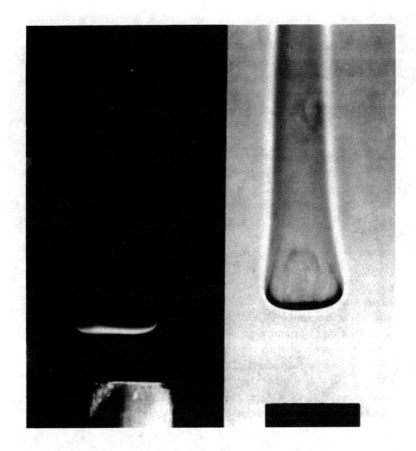

图 5-61　稀丁烷-空气混合物在烧嘴管上所形成的平面火焰(Wohl，Kapp & Gazley[26])

左图是直摄照片，右图是阴影照片。管径为 261.62 cm，

混合物成分为含 1.75％丁烷的空气；雷诺数等于 287。

波面得以稳定和波面变成平面是由于燃烧波反压力所引起的流线向外扩展的缘故。所造成的流管横截面的增大，促使气体顺流流动的速度随着离管口边缘距离的增大而减小，直至最终燃气速度和燃烧速度相等为止。如果燃烧波移到离管口边缘更高的地方，那么燃气速度应变得小于燃烧速度，燃烧波应返回至其平衡位置稳定下来。处于平衡位置时的燃气速度、燃烧波速度和波面的分布如图 5-63(1)所示。从图可见，管内原有的 Poiseuille 流动抛物线因流线的扩展而或多或少地展平了，且燃烧波在中截面处相应地变平。正如前述，在喷嘴气流中的速度分布已是平的，然而在别的方面如这种火焰的稳定机理却是与圆管中的情况相同。回火燃烧速度很低(因熄灭贯穿深度很大)可能是把很稀的丁烷-空气火焰与其他混合物火焰相区别开的因素，也是使其稳定的机理，这与实际的燃烧速度与反压力有关。所以大大降低燃气速度，可以使流线变得很"软"，易于弯曲。Wohl、Kapp 和 Gazley 曾指出，各流线的发散度应大致与比值$(S_u/U_u)^2$ 成正比。这一结论是根据这样的考虑得出的，

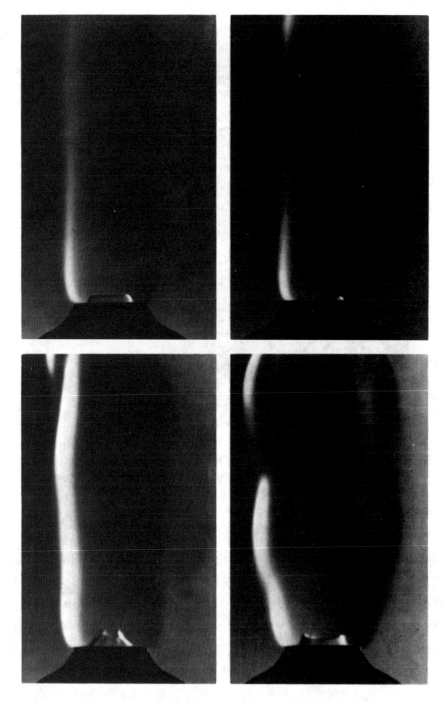

图 5-62　丁烷-空气混合物的层流喷嘴火焰(Wohl, Kapp & Gazley[26])
左上，稀混合物火焰；右上，接近回火时的稀混合物火焰；
左下，浓混合物火焰；右下，接近回火时的浓混合物火焰。

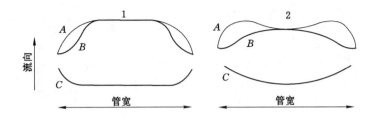

图 5-63 平面火焰(1)和弯月形火焰(2)的示意图(Wohl，Kapp & Gazley[26])

A—燃气速度；B—燃烧速度；C—波面。

即在 f 力的作用下，质量 m 的物体在时间 t 移动的距离 Δy 由下式给出：

$$\Delta y = 0.5(f/m)t^2 \tag{5-49}$$

在 t 时间内质量元沿流管移动的距离 Δx 等于 $U_u t$；而作用在靠近气流边界的质量元上的横向力与反压力成正比，根据式(5-1)可知，该反压力与燃烧速度的平方成正比。因此，按式(5-49)，在离喷口边缘距离 Δx 范围内，横向偏移 Δy 变为与 $S_u^2(\Delta x/U_u)^2$ 成正比。

在稀混合物火焰中的气体速度大大地降低，致使燃烧波非常靠近喷口稳定下来时，熄灭效应所贯穿的距离为最大，结果产生了弯月形火焰。气体速度、燃烧速度分布和火焰波面的轮廓近似地如图 5-63(2)所示。

有关较浓混合物喷嘴火焰的一些事实可作如下解释：喷嘴气流中未燃气流内的边界速度梯度比相同管口直径和相同平均气体流量下管流中的要大得多。所以，看来在喷嘴上燃烧波通常不易在喷口边缘上驻定，且因为在绝大部分横截面上燃气速度是均一的，所以该燃烧波像平面一样易于脱火。但是，平焰面下的喷嘴气流与锥形火焰面下类似的管流相比，有更强得多的向外侧扩展的倾向。这种横向扩展按上述方式使火焰趋于稳定。而且，横向扩展使未燃气体与气流成直角横穿管口边缘移动，因此根据前述气体速度分布线与燃烧速度分布线相切的机理能形成火焰底部。最终的燃气速度和燃烧速度及燃烧波的分布线如图 5-64 所示。图中，实线 B 表示"纽扣状"燃烧波表面；终止于 B 的实线 C 表示流线；波面上任一点的燃烧速度都等于实线 B 和虚线 D 之间的垂直距离。燃烧速度除了在靠近喷嘴口边缘处下降为零和在燃烧波侧边与顶面之间的转角处因燃烧波凹弯而具有异常高的数值以外，它是一常数。各流线均向侧面扩展，且燃气速度向两侧边增至最大，然后再降低下来。最大的燃气速度就确定了该转角的位置。直到转角以前，燃气速度增大，其轴向速度的分量仍近似地保持不变，以致波面相当平坦。在该转角处，流线与波面之间的夹角最小。在此，流线平分了燃烧波侧面和顶面之间的夹角，所以这两个面对于流动来说是稳定的。流线和波面之间的夹角向火焰底部方向增大，而在靠近喷嘴口边缘处火焰要熄灭以前恰好达到 $90°$。正如本生焰锥的底部那样，靠近喷嘴口边缘的波面是弯曲的。为了使论述比较简单起

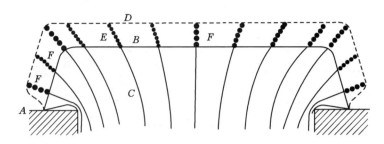

图 5-64 喷嘴上纽扣状火焰的示意图(Wohl，Kapp & Gazley[26])
A—喷嘴口边缘表面；B—燃烧波表面；C—流线；
D—D 和 B 两线之间垂直于 B 的距离，表示局部燃烧速度；
E—B 和 D 之间圆点线，表示局部气体速度；F—粗圆点线，
表示这些与燃烧速度相等的气体速度。

见，没有把这些现象绘出简图作说明。

前面的讨论中没有说明浓的丁烷-空气火焰内脊纹棱锥火焰的外观。在锥波面上有脊纹形成，这是相当普遍的现象。这种现象在浓的重烃火焰中特别容易出现，但是同样也能在特殊条件下稀的某种燃料混合物火焰中观察到，甚至于只要在适度浓的一侧的甲烷火焰中也能看到。关于这种效应的描述已在第 5.11 节中给出。

考察火焰结构的另一个侧面涉及温度分布。这方面的工作曾由 Lewis 和 von Elbe[24] 用 Féry 钠谱线反转法对几种天然气火焰做过研究。这种方法的原理已在第 12 章中讨论过了。图 5-65 是本研究中所用的装置的系统图。钨带对照辐射体的像聚焦在焰心，且该像和焰像两者都依次聚焦在分光镜窄缝上。在钠 D 谱线的反转点处，温度读数的误差由于不同观测

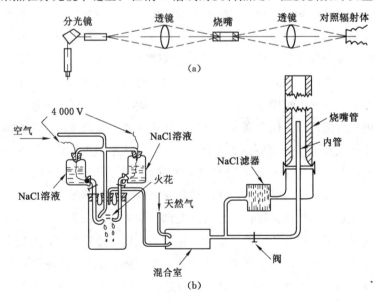

图 5-65 按钠谱线反转法测定烧嘴火焰中心的温度用的装置
(a) 光学系统；(b) 流程图。

者测量时应在 4 ℃范围之内。这一温度读数与火焰的钠染色部分相应，钠染色部分的光束宽为 0.02 mm 和长为 0.1 mm。为了保证测得与火焰中心（该处的流动分布已测得）相应的温度，只使火焰中心部分让流过内管的氯化钠雾气染色。这种盐雾是在空气（或氧）流进入混合室之前采用两根滴 NaCl 溶液的细玻璃管敞口端之间连续放电的方法形成的。连续的新鲜溶液流避免了使氯化钠黏附在电极上。在管中插入金属丝避免了因电致伸缩形成气泡。大部分混合物在进入主烧嘴管之前曾通过棉花滤器以除去 NaCl 液雾，而少部分充满液雾的混合物直接进入内管。图 5-66 所示是用这种方法将火焰染色后的正面和侧面照片。钠蒸气因扩散作用而有一些扩展。虽然这种火焰被鲜明地染色了，但 NaCl 浓度还不足以使火焰温度有很明显的下降。曾用垂直和水平移动烧嘴管而测试系统保持固定的方法来研究整个火焰。相对于烧嘴管轴和烧嘴口边缘平面的测量点位置可在刻度为 0.1 mm 的游标附尺标上读得。为测量任一种火焰中的等温线都需要取得 250～300 个读数。

图 5-67 相应于图 5-53 所示的火焰，图上有重叠在流线上的等温线。在图的右半面，以细线勾画出等温线，用来区别于流线。对含 7.50% 天然气的空气火焰，所测得的最高温

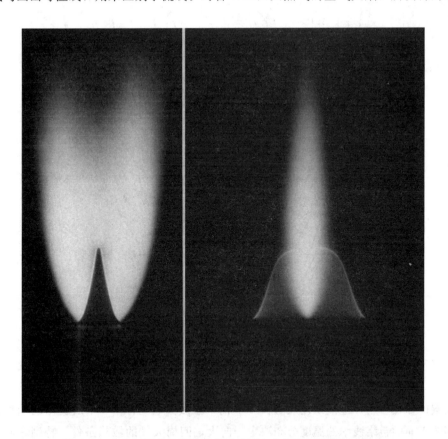

图 5-66　中心以氯化钠染色的矩形烧嘴上火焰的正面和侧面照片

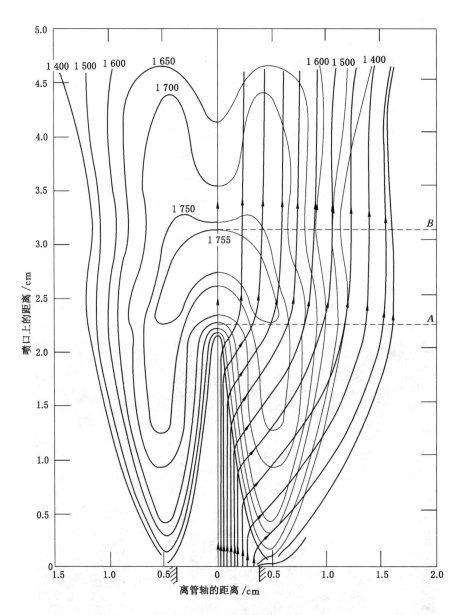

图 5-67　图 5-53 所示火焰中的温度分布和流动分布

温度以℃表示。

度为 1 755 ℃，这与由热力学计算得到的绝热燃烧温度完全吻合。气体在通过发光燃烧区后约经 0.002 5 s 到达受保护的火焰中心部分。靠近火焰底部，有烧嘴口边缘的冷却效应和周围大气的稀释作用，这使温度明显降低。而等温线具有与图 5-3 中所提出的相类似的形状。焰锥上面的包络线中的温度分布决定于向火焰四周大气的散热条件，特别是向垂直于图平面方向的散热条件，因为在这个方向包络线收缩而在图平面方向却得到扩展（正如图

5-66 所示)。因此，密闭的等温线与最高燃气速度(与高度 B 处的速度矢量相比较)区域相应的最大值有两个，因为在中心处气体运动比较缓慢，虽然受到图平面上较高温度区所阻碍，热量仍然在垂直于图平面方向向大气散失。焰气冷却的进程以外侧等温线图形进一步显示，较外的等温线先向内移动(这与气流向上弯曲是一致的)，然后又向外移动，因为此时来自气流内部的热流变得更加显著。

　　图 5-68 所示的是接近化学计量成分的天然气-空气火焰中的等温线。这种温度分布与

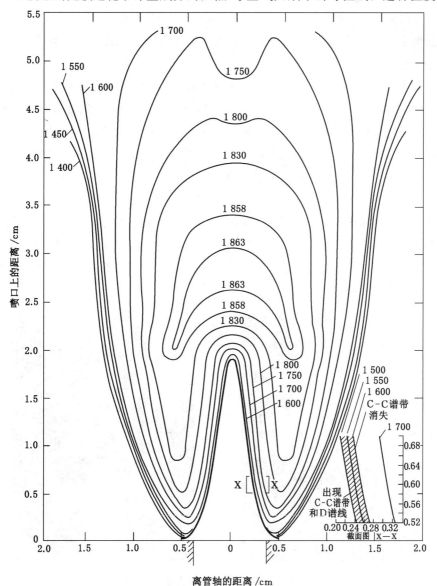

图 5-68　含 8.70% 天然气的空气火焰中的温度分布

气体流量为 244 cm³/s；矩形烧嘴管的截面积为 0.755×2.19 cm²；温度以℃表示。

图 5-67 的相类似。靠近发光反应区的区域的详细结构也在图上示明了。在天然气-空气混合物的情况下，发光区以 C—C(Swan)谱带和 C—H 谱带的清晰出现和消失为标记。钠 D 谱线与这些谱带同时出现，所以温度读数可在发光区本身范围内取得。从插入的详图中看出，发光区厚约 0.2 mm。在首先出现 D 谱线区域的内边界处，温度已上升到 1 500 ℃，而在该区域的外边界处，温度就到达 1 600 ℃。因为在内边界的前面 D 谱线是不可见的，所以在发光区起始处的温度梯度必定非常陡。根据第 5.1 节中的讨论，由测量表明，T_1 面是温度梯度为最大的面，它确实非常靠近发光区锋面。后者构成高速释热区，但该区中的温升相应地很小，因为热量迅速地经过 T_1 面导出。在发光度减弱以后，释热仍继续下去，但释热速率很低。

Van de Poll 和 Westerdijk[42] 及 Broeze[43] 曾提出，燃烧波的纹影像最适合于确定发光区峰面的位置。图 5-69 所示的就是丁烷-空气火焰的纹影像与相同火焰直摄照片的比较。从图可见，纹影轮廓线有与发光区内边界明显分离开的鲜明边界。正如以后在第 10 章中所要解释的那样，纹影像的黑白反差与光密度梯度成正比，从实用目的看，光密度梯度与质量密度梯度是一致的。因密度 $\rho \sim 1/T$，所以得出密度梯度：

$$\mathrm{d}\rho/\mathrm{d}x \sim -(1/T^2)\mathrm{d}T/\mathrm{d}x \tag{5-50}$$

该式表明，密度梯度的最大值不与温度梯度的最大值重合，而是在低得多的温度下出现。这就意味着，纹影边界位于 T_1 面之前的某一位置处。因此，T_1 面位于纹影边界和发光区边界之间。所以，把纹影像重叠在火焰的直摄照片上，似乎是确定很窄极限内 T_1 面的一种很有希望的方法。

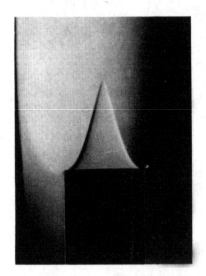

**图 5-69 左图为丁烷-空气火焰的纹影锥，
右图为丁烷-空气火焰的纹影锥和可见锥(Broeze[43])**

根据粉末颗粒通过燃烧波时对其路径曲率的测定，可以测定出一种单独确定燃烧波中

密度梯度的方法。与式(5-6)相似地可写出

$$\rho/\rho_u = \cot \alpha_\rho / \cot \alpha \qquad (5\text{-}51)$$

式中 α_ρ 是流线于密度为 ρ 点处燃烧波法线的夹角。这种方法还需要研制精确测定夹角的手段。

探测发光带之前区域的另一种方法是按加入气流中烟雾消失情况得出的。上述图 5-54 所示的就是一个例子。Broeze[43] 曾使用过分解温度为 320 ℃ 的 NH_4Cl 和升华温度为 1 800 ℃ 的 ZnO 所形成的烟雾。将这种烟雾加入浓的丁烷-空气火焰中，就得到与图 5-52 所示氯化亚锡水合物相类似的，在发光区之前消失而又相当清晰的边界。因此，使用几种类型的烟雾作为指示剂就可以确定各种不同温度的层界。必须注意，不能使用浓度大到对燃烧速度有严重影响的这种烟雾。对于在浓的丁烷混合物中使用 ZnO 来说，在低于 1 800 ℃ 的温度下，可能发生 ZnO 的还原和 Zn 的气化。

图 5-70 所示的是燃料很浓的火焰中的等温线。在这里，温度分布由于二次空气参与燃烧而有变化。因此，火焰包络线没有分叉，上部有一温度完全不变的广阔区域。在火焰底部等温线向内弯曲中，二次燃烧的影响也是值得注意的。这使得燃烧速度恰在焰锥底部以上开始增大。正如以后我们可以看到那样，使燃料很浓的火焰发生脱火所需的气体流量相应地增大。高温集中在侧面封闭的等温线内，这是一个很有趣的特点。

图 5-71 所示的是稀的天然气-氧火焰中的等温线。这种火焰与天然气-空气混合物的火焰不同，该火焰中的最高温度极其靠近发光反应区。在此，D 谱线辐射格外光耀。在发光区中没有 C—C 和 C—H 谱带出现，显然这些自由基与氧迅速地反应。仅有连续光谱是可见的，连续光谱也在空气焰的发光区中出现，但强度要弱得多。包络线中的 D 谱线的辐射没有像在相当的 NaCl 浓度和火焰温度下的空气焰中那样强。这表明当氧浓度增大时使钠原子的平衡浓度降低。与这相一致的是，观测到特别明亮的染色火焰是不含过量氧的火焰。谱线反转法用来测量温度是否妥当与钠原子的浓度无关，但浓度很高的优点在于容易确定反转点。图 5-71 所示火焰中的最高温度比理论温度[44] 约高 120 ℃。这种效应同样也被过量氧混合物中爆炸压力的测定所证实，且可根据振荡激发的时间滞后来加以解释。氧焰和空气焰之间的差别显然在于氧焰中的燃烧过程实际上是在发光区中完成的。一种可能的解释是，在空气焰中一氧化碳的燃烧使发光区中的反应得以继续下去。

利用粉末颗粒定量测定气流方向的困难起因于颗粒的惯性。各颗粒都趋于保持其原有的运动方向，而并不完全随方向改变。从偶尔照相的轨迹所得到的惯性效应证实，流线的偏转角通常很小。而且，曾发现[24] 以颗粒轨迹为界的视在流管未必总是遵守质量流恒定的条件。这一条件要求已燃气体中两相邻流线速度矢量之间的面积应是未燃气体中相应面积的 ρ_u/ρ_b 倍。特别是在焰顶，通常可看到已燃气体中的各颗粒非常靠近。这种区域是以各流线发散度颇大为特征，因此惯性效应在此最为明显。在焰锥侧面，特别是在燃烧速度恒定

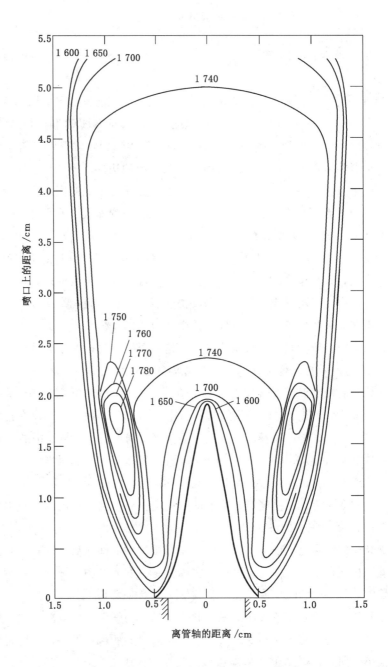

图 5-70　含 10.96％天然气-空气火焰中的温度分布

气体流量为 161 cm³/s；矩形烧嘴管的截面积为 0.755×2.19 cm²；温度以℃表示。

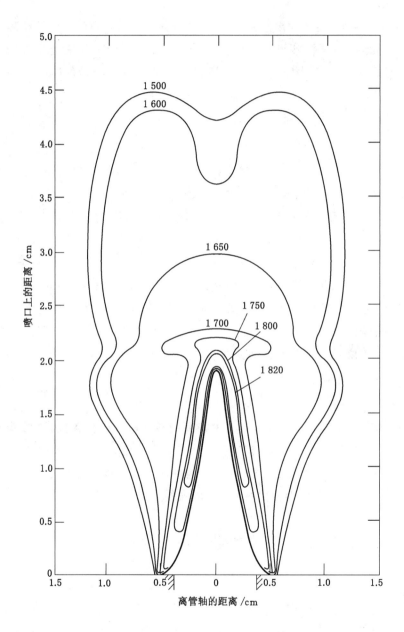

图 5-71　含 7.06％天然气-氧火焰中的温度分布

气体流量为 256 cm³/s；矩形烧嘴的截面积为 0.755×2.19 cm²；温度以℃表示。

的区域中，此处各流线接近平行，两相邻颗粒的轨迹几乎同等地受到惯性的影响，因此这种误差就抵消了。曾发现，在这一区域中两速度矢量之间的面积比与 ρ_u/ρ_b 的理论计算值是一致的。

图 5-57 所示各流线受颗粒惯性影响的校正是按如下方法进行的。除了紧靠燃烧波的区域以外，可以预料到各颗粒都会紧跟着气流流动。在焰顶上面 A 平面上任一点气体的速度和方向可根据图 5-53 求得。如果 r_b 是 A 平面上某一点离轴的距离和 $U_{b(n)}$ 是垂直于平面的速度分量，则已燃气体和未燃气体中的质量流恒等条件为：

$$\rho_b U_{b(n)} \, dr_b = \rho_u U_u \, dr \tag{5-52}$$

任一 r_b 处 ρ_u/ρ_b 值是根据图 5-67 所示实验测得的温度分布图求得的。曾作出了 r_b 与 r 之间的关系曲线，所以对任一个 r_b 来说，微商 dr_b/dr 都等于 $[U_u/U_{b(n)}]\rho_u/\rho_b$。因此，起始于喷口平面上 r 处的任一流线与 A 平面的交点是已知的。为了作出各流线，只要确定 A 平面上 r_b 与 r 之间的关系曲线就已是够了，因为对于不太靠近流轴的各点来说，与 A 平面的交点与照片上的颗粒轨迹略有不同，且靠近流轴处的颗粒轨迹最不可靠，r 和 r_b 之间流线的弯曲部分只延伸很短一段距离，因而误差并不明显。

燃烧波愈宽，流线曲率就愈小，颗粒轨迹更精确地与流线相符。Broeze[43] 以颗粒作为燃烧波为流线的可靠指示器得出了粉末颗粒自由沉降率和燃烧波最小宽度之间的关系。如果假定有一个非连续面，在这个面上流速 U_1 不连续地增加到 U_1+U_2，那么根据该著者的观测，具有自由沉降平均速率为 U_0 的粉末颗粒在非连续面后距离 d 处速度增加了 90%，即速度为 $U_1+0.9U_2$，在非连续面上

$$d = (U_0/g)(2.3U_1+1.4U_2) \tag{5-53}$$

式中 g 是重力加速度。曾假定，本方程式中黏度为常数，但在燃烧波中的情况并非如此。将该方程式第二项除以 2.5，以考虑温度对黏度的影响，此值约等于 0～2 000 ℃ 之间空气的平均黏度与 0 ℃ 时空气黏度之比值。可近似地将 d 看作是燃烧波的最小厚度，用自由沉降平均速率 U_0 的粉末颗粒可对此值测量得稍准确些。

5.8　层流流场中的火焰自点燃源起的扩展过程

前几节论述了层流爆炸性气流中火焰的稳定性和结构。现在来考察从点燃源点火瞬间至建立起稳定火焰的过程中这种气流内火焰扩展的各个不同阶段。

Dery[41] 曾利用扩展火焰的模型从理论上考察过这个课题。在这种扩展火焰中，将 Poiseuille 流内轴线上的某一点点燃，且无热膨胀，故流线尚未畸变。因此，原点以最大速度 U_m 随气流移动，按式(5-28)该速度等于 nR^2。离轴线任一距离 r 处，相对于原点的气体速度为 $U-U_m$，按式(5-28)求得此值等于 $-U_m r^2/R^2$（以后比值 r/R 用 ξ 表示）。选用一坐

标系，其零点以速度 U_m 沿轴线与原点一起移动。燃烧波面上的某一点相对于该坐标系以矢量 u 表示的速度移动，该速度 u 等于矢量和 $S_u \boldsymbol{n} - \xi^2 U_m$，其中，$S_u$ 是燃烧速度的大小，$\boldsymbol{n}$ 表示未燃气体的法线方向。坐标系的一轴为 r，而另一轴与流轴相重合。采用简化坐标系 ξ 和 η 代替上述坐标系，简化坐标系中 η 是流轴上离原点的距离与气流半径 R 的比值。因此可写出如下形式的方程式：

$$u/U_m = (S_u/U_m)\boldsymbol{n} - \xi^2 \boldsymbol{j} \tag{5-54}$$

式中，$\boldsymbol{j}$ 是单位矢量。所以，任何瞬间在简化坐标上的火焰形状仅取决于起始条件和比值 S_u/U_m。

关于起始条件，曾假定在球面上点燃，在简化坐标系中其球半径为 $(\xi_0^2 + \eta_0^2)^{1/2}$。该面随时间的扩展过程曾用一系列线表示，每根线都表示在对比时间 $r = U_m t/R$ 下燃烧波的位置。这些线可用简单图解法得出，在采用这种方法时式(5-54)近似地取作：

$$\Delta(\xi, \eta) = (S_u/U_m)\Delta\tau\boldsymbol{n} - \xi^2 \Delta\tau\boldsymbol{j} \tag{5-55}$$

此时曾使用所指出的矢量加法，下一根等时线是通过各矢量端点绘出的。采用 Dery 所给出的方法能把这种近似法作进一步改进。在 $(\xi_0^2 + \eta_0^2)^{1/2} = 0.025$ 和 $S_u/U_m = 0.25$ 的情况下，图解积分的结果如图 5-72 所示。从图可见，波面逐渐从球形扩展为椭圆形，即对顺流的未燃气体凸起，并逐渐变成对逆流的未燃气体凹下。图上另一曲线族表示与局部的燃气速度和燃烧速度相应的火焰方向。当然，这种火焰扩展是由于较外层流线中气体速度降低所致，且因为在目前的理想情况下边界处的燃烧速度仍为有限值而燃气速度下降至零，所以凹面最终延伸到烧嘴口边缘，扩展为稳定焰锥或经管回火，这要取决于流量的大小。顺流面无限地增长，最后在离烧嘴上边缘为某一距离处消失，在此，气流因涡旋而破裂，向周围大气散去。因为在实际的层流射流中边界处的燃烧速度不是有限值而是下降至零，同样也可能使燃烧波不再渗入燃烧速度大于燃气速度的区域，在燃烧速度大于燃气速度的情况下，火焰将脱火。当点燃源离管口边缘的距离超出某一临界距离时，即使流量低于脱火极限，也将发生火焰脱火，因为气流边界的稀释作用随着距离的增大而逐渐增大。

用图 5-73 所示的纹影快照说明理论与实验在总体上是一致的。在摄取照片的过程中，照相机快门在发生如下连续过程时打开着：(1)电火花横穿过稍浓的天然气-空气混合物射流的过程；(2)几毫秒以后，非常短持续时间的强闪光形成纹影像的过程；(3)稳定发光焰锥的扩展过程，因火花电极插入气流使该过程有些畸度，由于曝光时间比较长，这种畸度情况也能记录在照相底片上。图上表示内部已燃气体和外部未燃气体之间边界的心形纹影外形很易认出，且在外形上与理论上求得的焰锥外形非常类似；逆气流的凹面没有理论计算那样规则，但对火花点燃的不规则性和电极使流动扰乱的现象几乎很难按其他方式来研究。

图 5-74 所示的是以每秒 7 800 幅高速照相机依次摄得的纹影照片上起始阶段的火焰扩

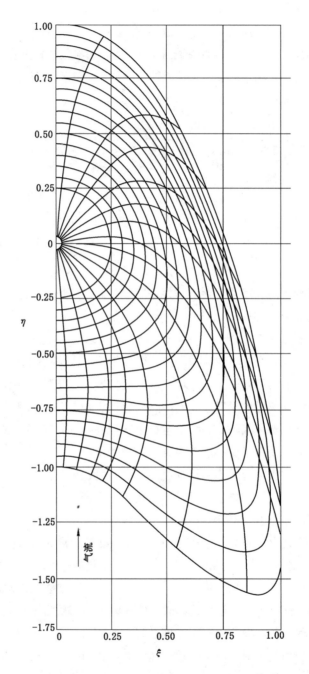

图 5-72　Poiseuille 流气体中流管无横向膨胀的燃烧波的理论结构(Dery[41])

设在半径与气流半径之比为 0.025 的球面上起燃。燃烧速度与气体

速度之比为 0.25。燃烧速度值等于 50 cm/s；烧嘴半径为 4 mm，

相当于两等时线之间的间隔时间为 4 ms。

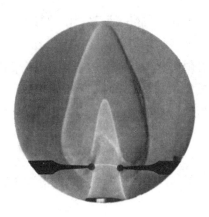

图 5-73　局部扩展火焰的纹影照片（Dery[41]）

敞开快门摄取照片

所记录的连续过程有：

（1）从桥形电极可见所发生的点燃放电；

（2）用闪光记录下来的纹影快照；

（3）火焰其后增大到稳定状态时的形状，它具有被电极刺破的双重锥形且被重叠在纹影照片上。

电极圆球的直径为 1.59 mm，两电极相距 5.5 mm，烧嘴管的内径为 8 mm。

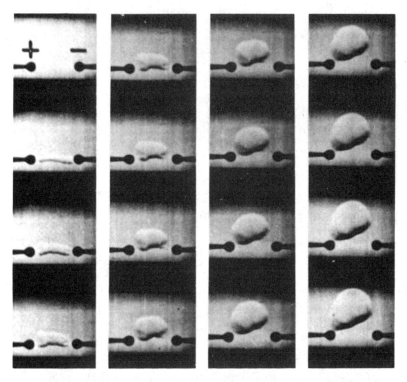

图 5-74　以 7 800 幅/s 速度摄得的流动气体中初始阶段火焰扩展过程的纹影照片（Dery[41]）

甲烷-空气混合物，含 8.5%甲烷。

气流的平均速度为 160 cm/s。电极直径为 1.5 mm，间隙为 6 mm。

展过程。此时电极和烧嘴管装置大体上与图 5-73 所示的装置相同，仅电极位于视场内。曾将流量和混合物的成分调节到火焰脱火。在放电以后电场又自动地建立起来，将其后出现的火焰记录在相同的底片上。因此，在火焰扩展过程中电极电位逐渐升高。Dery 对这些照片记述如下：从前几幅照片可见，由于熄灭效应使火焰收缩，离开紧挨电极的地方。这没有任何静电效应的作用，因为这种回缩不是单向的，且在这一时间间隔内电极间没有建立起相当强的电场。在其后的几幅照片上，火焰变成向上游凸起、向下游凹下，凹底斜向阳极。后一种效应是由于电极电位逐渐增大所致。随着电场的建立，因气流中已有的或在阴极附近产生的负离子所造成的电风导致气体速度有向阳极的横向分量。

5.9 管中层流火焰传播

当爆炸性气体被限制在流道中时，燃烧波中气体热膨胀受到流道壁的限制。因而，获得了比在敞口火焰中自由膨胀条件下高得多速度的流动，而且火焰和流动彼此通常按如下反馈机理增大：气流的湍流度在起初无论怎样微弱也可以使燃烧波表面产生皱纹；由此导致的燃烧波表面的增大使单位时间内燃去的气体量即流道中气体的流量增加；这依次产生更大的湍流度，从而燃烧波上皱纹更多，如此继续下去，结果使燃烧波的扩展过程变得不稳定而自加速地进行。燃烧产物流的合成自加速作用会产生压力脉动，在这种脉动通过未燃气体传播时，它们可以聚合成激波，其后出现爆震。

关于这些效应的进一步讨论将留在以后几章中进行。在此，我们注意到，在某种条件下同样也能获得稳定的层流火焰。在这种情况下，容纳爆炸性气体的管子的直径相当小，然而它应比熄灭直径大得多；管子一端密闭，而在敞口端将气体点燃。与烧嘴上火焰的情况相类似，提出了这种火焰的稳定性和结构的问题。由于缺少这方面的实验和理论的数据，我们来讨论在此所限定的这些问题[45]。

在所述条件下，燃烧波从管子敞口端传播到密闭端。在燃烧波的前方，管中充满了未燃气体，形成一个静止的气柱。燃烧波内的热膨胀产生了向敞口端流动的一股已燃气体连续流。由于受黏性阻力的影响，这种连续流在管壁被减缓而在管中心被加速。后面一种加速作用产生一种推力，推动管中心区中的未燃气体向密闭端移动。因为在密闭端气体不能逸出，所以迫使气体向相反的方向运动，导致气体沿离开中心的曲线路径向敞口端流动。图 5-75 表示了在某给定瞬时对某一静止观察者来说所观察到的燃烧波前后的气体流动情况。图上虚线表示不同质点所通过的轨迹，并对质点的速度标以箭头。从图可见，未燃气体在靠近中心处流离燃烧波，而在靠近壁面处流向燃烧波，所以燃烧波在靠近中心处被推向密闭端，而在靠近壁面处被推向敞口端。因此，波面如图 5-75 所示那样是弯曲的。这类曲面波的形成可凭不定期视测管中发光燃烧波的方法就很容易被证实。这些都用照相方法研究过[46]。

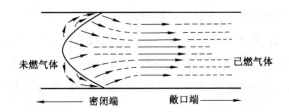

图 5-75 层流燃烧波从管子敞口端传播到密闭端时用"快照"观察到的流向和质点速度

观察者相对于管子为静止。

必须将由上述机理所产生的燃烧波弯曲与由于靠近壁面燃烧速度降低所产生的燃烧波弯曲相区别开来。后一种效应仅影响到熄灭渗透深度,我们选用比熄灭直径更大的管径就可以将这种影响降低到最小。因此,燃烧速度的降低仅限于靠近壁面的一小部分波面积,其他部分的燃烧速度基本不变,且因为各处曲率半径都大于波宽,在整个燃烧波上燃烧速度都等于 S_u°。如果假定燃烧波处于静止状态,即让坐标系随燃烧波移动,那么管子及被封闭起来的未燃气体以速度 $\overline{U}$ 逆燃烧波移动。因此,通过燃烧波的质量流量等于 $\rho_u \overline{U} \times$ 管子横截面积。既然质量流量近似地等于 $\rho_u S_u^\circ \times$ 波面积,而波面积又大于管子横截面积,所以得出 $\overline{U} > S_u^\circ$。由此可见,对管上某一固定点,燃烧波以大于燃烧速度的速度传播。这的确是完全确定的事。Coward 和 Hartwell[46] 根据对管中甲烷-空气火焰的连续快照能估算出波面积与单位时间内通过燃烧波的未燃气体的体积。因此,他们能计算出各种不同甲烷-空气混合物的燃烧速度,其结果如图 5-76 所示。这些数值稍低于按其他方法(第 5.16 节)测得的数值,但这种偏差或许能用靠近壁面燃烧速度的降低来解释。

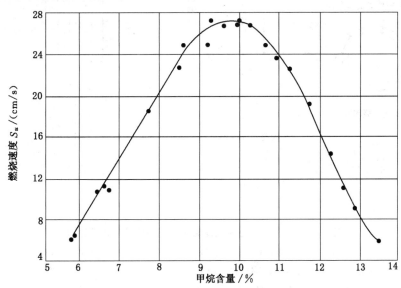

图 5-76 甲烷-空气混合物的燃烧速度(Coward & Hartwell[46])

对于随燃烧波移动的观察者来说，流线和流管如图 5-77 所示。在此，气体运动仅表现在减速流动和加速流动。靠近管轴的流管，在近燃烧波处的宽度增大，相应地使未燃气体的速度降低，而在燃烧波之后又缩小为较小的直径。远离管轴的流管，在进入燃烧波之前收缩，相应地使未燃气体的速度增大，而在燃烧波之后又扩展为较大的直径。

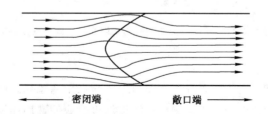

图 5-77　层流燃烧波从管子敞口端传播到密闭端传播过程中的流线

观察者以波速向密闭端移动。

用颗粒示踪法可以得到图 5-77 这种形式的流动分布的实验记录，为此，在爆炸性气体中加入悬浮粉末，且使照相机随燃烧波移动，以使底片上的波像不动。Grumer 和 von Elbe[47]曾做过这种实验。所用的装置的示意如图 5-78(a)所示。照相记录与复制绘印的图没有明显的差别。原底片很清楚地表明中心流管的膨胀和随后的收缩，还清楚地表明靠近壁面流管的相应收缩和随后的膨胀。对一张这种记录做过分析，并绘制成图 5-78(b)所示的示意图。

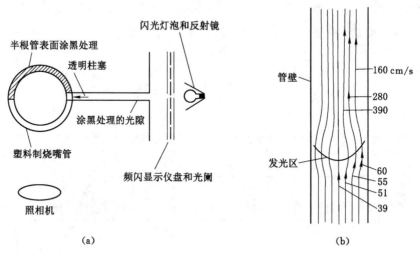

(a)　　　　　　　　　　　　　(b)

图 5-78　用颗粒示踪法观测管中层流燃烧波的传播过程

（a）光学系统示意图。烧嘴管的底端部密封，充满了含有悬浮 MgO 颗粒的爆炸性气体。
　　照相机以燃烧波移动速度与管轴平行地移动。

（b）某一实验记录的轨迹。管径为 18 mm；气体混合物是含 4.7%乙烷的空气；
　　燃烧速度近似等于 32 cm/s。各流线上以箭头示明颗粒相对于燃烧波的速度。

所述的燃烧强度和流量的相互作用不能解释火焰传播为何应达一稳定状态。相反地，应该预料到，由于轴向推力应使燃烧波不断地延伸，因而使波面积增大；这使单位时间内所产生的已燃气体量增大，从而导致向未燃气体的推力和旋流进一步的增强。但是，壁面向旋流施加黏性阻力，因而避免了本身无限制地加速，所以，这种黏性阻力决定着稳定状态的建立。随着管径的增加，这种黏性阻力减弱了，因而燃烧波相应地更快延伸，结果使波面积和管子横截面之比增大，燃烧波以更高的速度传播。正如下述可见，传播速度确实随着管径的增加而增大，直到最后流动变为湍流，从而不能获得稳定状态。

5.10 对管中火焰的观测与振动和重力的影响

Mallard 和 Le Chatelier[48] 曾观测过管中的火焰传播过程，最早就应用照相技术来研究火焰。为了获得对当时用的感光不灵敏的照相材料来说有足够亮度的火焰，他们曾用二硫化碳与氧或一氧化氮的混合物，这种混合物能形成爆震波。这些早期记载下来的资料清楚地表明，在初始稳定期后燃烧波转变为爆震波，而在初始稳定期内燃烧波以比较低且恒定的速度移动。在过渡阶段中曾观测到燃烧波运动加速，并出现振动运动。这种振动似乎与气柱的有声振动有联系，且至少在非爆震的混合物中它能被塞在敞口端和管上波腹区(气体振动最大幅度区)内其他地方的松散的玻璃纤维所抑制[49]。很易观测到，在非爆震的混合物中燃烧波振动区与气柱波腹是一致的，且燃烧波在通过一波腹以后又恢复其匀速运动[49]。根据 Wheeler、Payman 及其同事[50] 的观点，认为匀速运动速度的再现率仅能靠保持对管口条件的仔细控制(特别是采用离敞口端不太远处点燃的方法)才能得以保证。正如 Bone、Fraser 和 Winter[51] 对氢-氧、乙炔-空气和其他快速燃烧混合物所观测到的那样，令人感兴趣的是匀速运动的速度从一个实验到另一个实验会有变化，虽然力图维持相同的实验条件。这就可以认为，推压未必成轴对称分布，但可促使流谱和波形对称，这与对静止火焰所观察到的相类似。这种燃烧波对作用在气流上的各力是敏感的，这已为重力对匀速运动速度的影响所证实。在垂直管中，以向上传播的速度为最大，而以向下传播的速度为最小。速度同样还随着管径(即指燃烧波面积与管子横截面积之比)的增大而增加。超过某一临界直径时，流动变为湍流，但发现在非爆震的混合物中火焰运动在相当长的管子长度内仍保持颇为匀速。根据 Mason 和 Wheeler[50] 的观点，认为在直径为 100 cm 和长度为 44 m 的管子中，甲烷-空气混合物的火焰速度在前 10 m 内显然是均一的。图 5-79 所示为在各种不同混合物的情况下火焰速度随着管径的增加而增大的曲线。从层流至湍流的转变以曲线斜率的变化为标志。雷诺数的计算证实，这种变化在流动着的炽热的燃烧气体的雷诺数达 2 000 左右的数值时发生[52]。

图 5-80(a)中所示的是水平管中燃烧波的快照，用它表示重力对燃烧波形状的影响；而

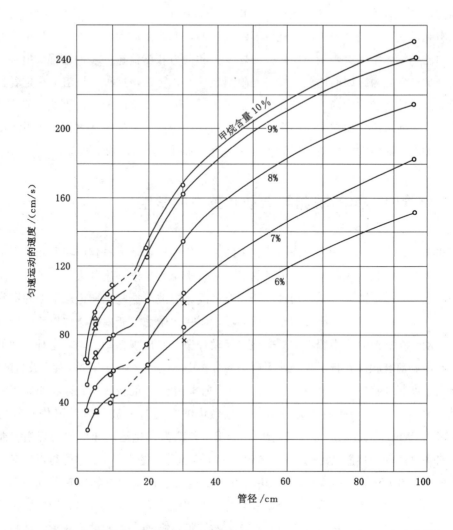

图 5-79 甲烷-空气混合物火焰匀速运动的速度和管径的关系(Coward & Hartwell[46])

图 5-80(b)中所示的是粗管中湍流产生情况的快照。

当气体在靠近密闭端被点燃时,未燃气体从燃烧波向敞口端流动。在这种情况下流动通常为湍流,所以燃烧波得以不继续加速运动,最后可变成爆震。在两端加以密闭的管中燃烧波的运动[53]揭示了一些令人感兴趣的现象,可用图 5-81 所示的一组快照说明。在管顶处加以点燃,燃烧波面最初从半球形转变为相当平的形状,它约在管子上一半处,扩展到整个管子横截面。在这个过程中绝大部分已燃气体推入下一半管子中,但这部分质量最后在整个容积中重新分配,因此,进一步燃烧时使质量流本身倒流。壁面处的黏性阻力使管中心的速度达最大值,并使最终的波面逐渐变为锥形。图 5-82 是相同现象的另一个例子,此刻是在水平管的中心点燃。火焰对称地向两侧端推进。在火焰的末端,开始了猛烈

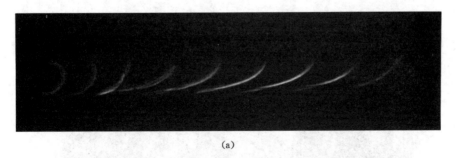

(a)

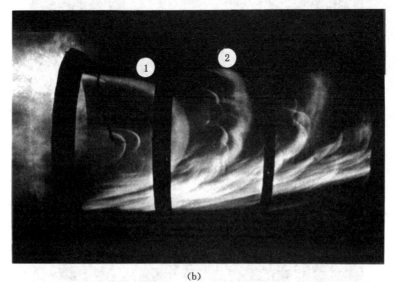

(b)

图 5-80　10%CH₄-空气混合物火焰的连续快照〔Cowand & Hartwell[46]〕

1 和 2 点是快照点。

(a) 直径为 5 cm 玻璃管中火焰的水平传播过程；

(b) 与 (a) 相同，但玻璃管的直径改为 24 cm。

的振动，火焰面因运动迅速使其本身形状变得十分模糊。

　　Markstein[54] 曾用高速运动照相技术和示波器压力记录仪研究过气体振动对于燃烧波的影响。曾发现，在火焰匀速运动期后，在粗管（直径为 10 cm）中出现的振动运动与燃烧波上皱纹周期性出现、消失同时发生，胞状结构所形成的皱纹在外观上看起来与在下节中将要描述的自发形成的胞头相类似。各胞头的大小主要与振动的幅度和频率有关，而且自发的胞头形成过程中其大小取决于混合物的成分。特别是在浓的丁烷-空气混合物中，振动是在匀速运动期后开始的，振动感生的胞状结构中的胞头比早已确定了的自发胞状结构中要小得多。随着振动幅度的增大，胞头的大小也增长，直至最后变得只有少数胞头还留在管

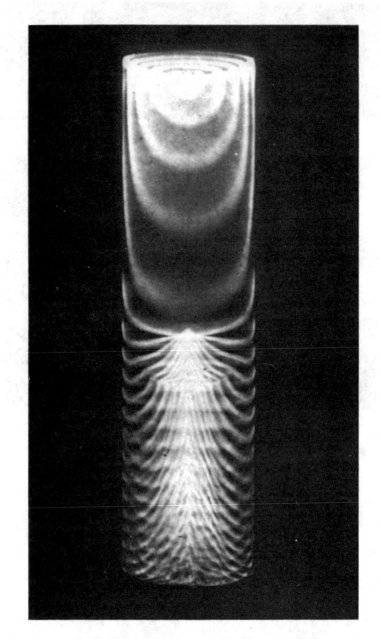

图 5-81 密闭玻璃圆柱中火焰的连续快照(Ellis[53])

直径为 5 cm，长为 19.5 cm。在柱顶以火花点燃。9.1% $CO-O_2$ 的潮湿混合物。

图 5-82 密闭水平管中心点燃的火焰（Ellis[53]）

管子直径为 2 cm，长为 40 cm。9.1% CO-O_2 的潮湿混合物。在点燃后每隔 4.1 ms 照相。

子横截面上。注意到自发形成的胞状火焰和非胞状火焰在其特性方面的差别在于：前者（而不是后者）趋于激发起很高的音频振荡，这相应于短管中的基谐型振荡，或长管中的高频振荡。由这些观测得到这样的结论：在气体振动和波面的周期变化之间出现反馈，即波面的周期变化因燃烧速率大而驱动振荡，反之，振荡又激起波面的周期变化。

正如 Markstein[54] 所指出那样，当有一力作用在不同密度的两流体的界面上时，界面就变得不稳定。因此，振动感生的胞状结构促进燃烧波两侧高密度的未燃气体和低密度的已燃气体均产生周期性的质量加速运动。因为即使在没有外力存在的情况下由于燃烧产物的热膨胀会发生质量加速运动，所以可以认为燃烧波通常应起皱纹，并破裂成为一些胞头。这一论证暗示，波面稍有点不规则应该是已燃气体对未燃气体的推力局部地增大或降低。因此，在波面凹向已燃气体的区域中，燃烧产物流将聚集成一会聚流谱。这应导致推力局部增大，从而使凹度增加。在凸起区域中，应发生相反过程。有人曾提出了[55]一种形式上的理论，用它描述平面波面上这种扰动的增长程度与膨胀率和"波长"（即皱纹尺度）的关系。但是，这种理论是线性化了的，即不能用它来预示这种扰动幅度的大小，而该幅度是这种对气流和波形的扰动所能达到的。既然这种扰动不能用实验观测到，所以常常将所观测到的胞状结构认为是湍动、气体振动或混合物成分分层扩散的结果，看来强烈的阻尼效应是有效力的，它有效地防止了这种扰动的增长。可以把这种阻尼效应看作是由于气体黏度所造成的，气体黏度使局部的推力差即气体流动速度差减小。更重要的看来是燃烧波成穴的自封闭作用，这种作用是燃烧波传播过程所固有的，将在下一章概略地说明。这种自封闭作用是由于燃烧波从焰穴边传播到焰穴中心所产生的；正如图 6-14 所示那样，能依据 Huyghen 型波面结构把这种自封闭作用加以形象化。按照 Markstein[54] 的观点，认为既然这两种效应在意义上仅占次要地位，即认为它们仅在出现扰动以后才是有效力的，所以它们不能完全说明不出现所预示的起皱效应。因此 Markstein 提出，在燃烧波弯曲凸向已燃气体的区域（此处，进入未燃气体的热流和链载体流都是会聚的）中，燃烧速度的增大是使平面波结构保持稳定的主要因素。

尽管关于这种现象的理论探讨还未确定，但是令人感兴趣的是注意到 Markstein[54] 关于胞状燃烧波理论的进一步发展。这种理论进展的基本特点是假定影响速度的一切传递现象（即热传导、链载体的扩散和反应物的选择性扩散）的实际效应初步能以燃烧速度和燃烧波曲率半径的倒数之间的线性关系来描述。在凹或凸弯曲的情况下所假定的关系式是以燃烧速度增加或减少为前提，这要取决于燃烧速度和曲率半径倒数之间比例因数的选取。如果将这一关系式与描述由于热膨胀、重力和气体振动产生质量加速度使曲率增大的一组方程式联立，那么就可得到一个线性计算式，可以用来预示胞状燃烧波结构是否出现。在特殊情况下曾发现，重力效应随着燃烧速度的增加而减弱，而在忽略重力效应的情况下对任一种混合物都应有一最小的胞头尺寸存在。因此，能够解释胞状火焰的存在就意味着在这种混合物中最小胞头尺寸比装置的特征尺寸要大。后者不能增大到超出产生气流湍流的极限，而这一事实掩盖了自发胞状结构的出现。在很低的燃烧速度下，重力会影响到胞状结构的出现，这要取决于火焰传播的方向。在向下传播的情况下，低于临界燃烧速度值时应没有胞头形成，而在向上传播的情况下，胞头尺寸应比无重力传播下的要小。

5.11 燃料-氧化剂混合物分层扩散所致的燃烧波起皱和破裂现象

在横穿过燃烧波时不存在很强的质量加速度的情况下，即在上节所提到的那种情况下，燃烧波自发地起皱甚至会破裂，这仅在混合物成分易于发生局部变化的混合物中才能观察到。通常，可以认为这种效应是在燃料和氧化剂的化学计量不平衡混合物中出现的，其中不足组分的扩散率大大高于过量组分的扩散率。在这种情况下，混合物在进入燃烧波时自发地分层，以致在整个波面局部地使燃烧速度交替地增减，且使燃烧波起皱纹，不再是各向同性传播，与交替的局部加速传播和局部减缓传播相应，得到胞状结构的燃烧波。这种起皱效应简示于图 5-83。正如以前的燃烧波图所示，反应区被包围在 T_1 面和 T_b 面之间。在燃烧波的范围内，热从已燃气体流向未燃气体，而反应物和反应产物以每种分子组分 i 的离散速度 V_i 进行互扩散。该速度 V_i 的方向是组分 i 的浓度梯度的方向所确定的；在起皱火焰中它们不与质量流相平行。在图 5-83 的左端，表明了不足成分向 T_b 面的扩散。

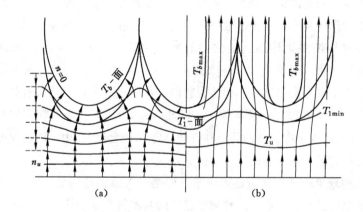

图 5-83 在不足组分扩散率很高，化学计量不平衡的混合物中燃烧波的起皱情况

(a) 不足成分的扩散路径和恒定浓度 n 的分布；

(b) 流线和温度分布反应区，被非等温面 T_i 和 T_b 所包围。

从图可见，该扩散是在反应区边界 T_1 前开始的，并顺着与质量流流线（绘在图右端）横交的扩散路径前进。因此，在反应区中，接收的不足组分的浓度超过原有混合物成分的区域，由于反应速度增大就逆气流向前移动，而不足组分减少到低于原有成分的区域，则在气流中向后移动。在前者的区域内，燃烧速度增大，从而对未燃气体的推力较大，流管因气体进入燃烧波而扩张。在后者的区域内，燃烧速度较小，流管相应地压缩，即气体速度增大。因此，燃烧波的皱纹结构得以稳定是由于迟延区中增大了的气体速度和减小了的燃烧速度与推进区中减小了的气体速度和增大了的燃烧速度相吻合的缘故。由此得出，在所考察的体系中，平面燃烧波结构是不稳定的，必定会自发地转变为胞状结构，胞状燃烧波以比不稳定平面波更高的速度传播，因为其速度是由推进区中快速燃烧的浓混合物来确定的，各胞头弯向未燃侧，而以尖脊背向着已燃侧。这种构形是由于燃烧波从凹穴的边界向中心传播所造成的，如图 6-14 所示。

不同的著者都对自发的胞头形成过程做过观测。Manton、von Elbe 和 Lewis[56] 曾获得了在各向同性传播和各向异性传播这两种条件下的球形火焰的照片。图 5-84 所示的是以空气与各种燃料的浓和稀的混合气火焰为例的一些照片。根据惯例，当混合物中不足组分也具有极大的扩散率时，传播是各向异性的，从上半部图上可以看出，丁烷或丙烷的浓焰和甲烷或氢的稀焰均起皱纹，而下半部图表明，丁烷或丙烷的稀焰和甲烷或氢的浓焰是不起皱纹。图 5-85 表明在扩散率没有很大差别的混合物（如一氧化碳-空气和乙烯-空气）中浓稀两侧均可获得平稳的火焰。乙烯-空气混合物实际上在浓侧产生胞头，而各胞头又相当大，所以在本例子中没有示出。Markstein[57] 曾论述过另一种观测方法。他的实验是在直径为 $69.85 \sim 152.4$ mm 的垂直玻璃管中完成的。丙烷与含添加氮气的空气的混合物，以恒定的速度由靠近底部的管子密封端引入。选择好管长和流量范围，要保证管子上部为层流。实验是以燃烧过浓的混合物开始，这种混合物在管子上端以扩散火焰的方式燃烧。然后，在保持空气和氮气流量不变的条件下，逐渐降低燃料的流量。结果形成了一个内锥，并在某一完全确定的成分下靠近管轴形成一个或多个凸向未燃气体近似为半球形的尖头，使内锥外形破坏，如图 5-86 所示。在燃料流量进一步降低时，如果火焰具有大小十分均匀的许多尖头结构，那么燃烧波就会进入管内。这些尖头被黑暗的狭窄脊背所隔开，在个别水平层上它们占据了管子的整个横截面。它们处于连续的不规则运动之中。采用适当的调节流量和混合物成分的方法，应当可以使这种胞状火焰几乎保持不动，它们仅仅由于被管壁逐渐加热才非常缓慢地向下移动。在各种不同压力下这种火焰的一些快照如图 5-87 所示。这些照片都是以一定夹角经管子向上观测的照相机摄得的。像管口边缘上以扩散火焰方式燃烧的发光尾流一样，管口边缘是可见的。曾使用过添加了氮气的浓丁烷-空气混合物。看到胞头的尺寸随着压力的减小而增大。图 5-88 所示的是胞头平均尺寸 d 与压力 p 的关系曲线。胞头的尺寸粗略地与压力成反比，这与 $pd = 800$ 相对应。正如从表 5-3 上看到那样，烃的性质对胞头的尺寸有明显的影响。表 5-3 涉及燃料与氧和氮的混合物，在比例上与图 5-87 的

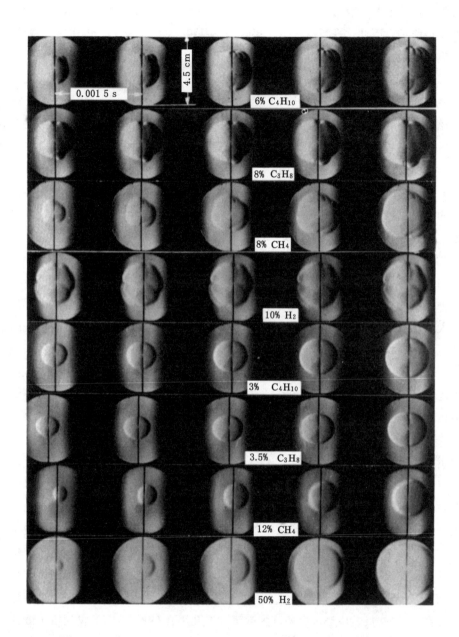

图 5-84 燃料-空气混合物中火花点燃的燃烧波的传播(Manton，von Elhe & Lewis[56])

上 4 行是各向异性传播；下 4 行是各向同性传播。

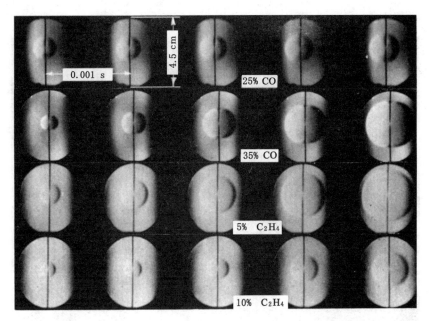

图 5-85　在燃料的分子量近似等于空气的分子量时，稀的和浓的燃料-空气混合物中
火花点燃的燃烧波的各向同性传播（Manton，von Elbe & Lewis[56]）

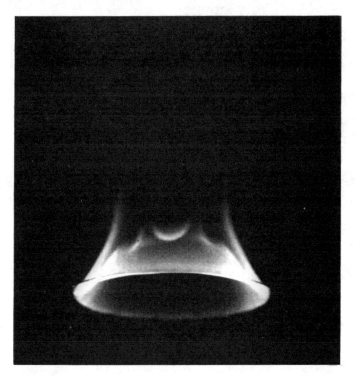

图 5-86　在直径为 15 cm 的管子上浓的丙烷-氧-氮混合的火焰（Markstein[57]）
用以示明胞状结构开始出现。

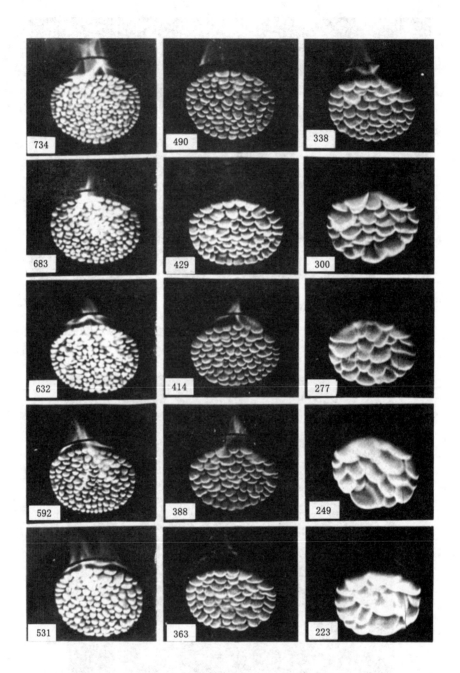

图 5-87　各种不同压力下敞口垂直玻璃管上的胞状火焰(从下部斜仰摄得)(Markstein[57])

管子直径为 15.3 cm；丁烷-氧-氮混合物；丁烷浓度约为化学计量成分的 1.35 倍；

$O_2/(O_2+N_2)$ 约为 0.145。雷诺数约为 760。图上数字指压力(mmHg)。

丁烷混合物相同。胞头的尺寸随着分子量的增加即扩散率的降低而降低。另外一些实验表明，当混合物变稀时，胞头分离开的脊背变平，在超出某种成分极限以后，燃烧波形成充满整个管子横截面的单个平滑圆盘。

表 5-3　火焰胞头的平均尺寸[①]（Markstein[57]）

燃料	胞头尺寸/cm	燃料	胞头尺寸/cm
乙烯	1.68	正丁烷	1.06
乙烷	1.60	异丁烷	1.06
丙烯	1.18	己烷	0.93
丙烷	1.16	苯	0.92
1,3-丁二烯	1.16	庚烷	0.90
2-丁烯	1.07	异辛烷	0.82
异丁烯	1.07		

① 燃料浓度近似地为化学计量成分的 1.35 倍；$O_2/(O_2+N_2) \approx 0.145$。

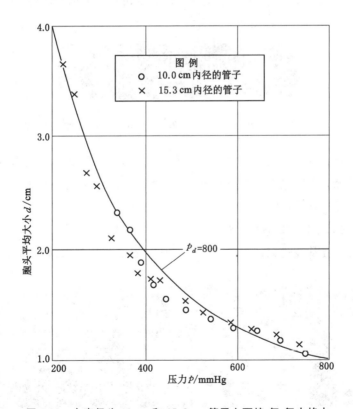

图 5-88　在直径为 10 cm 和 15.3 cm 管子上丁烷-氧-氮火焰中
胞头平均尺寸和压力的关系（Markstein[57]）

这些论据曾用如下无因次数关联:

$$\frac{D}{dS_u} = 常数 \qquad (5\text{-}56)$$

式中 D 为浓的高级烃氧混合物中氧的扩散率。D 与压力成反比,而 S_u 近似地与压力无关。因此,乘积 pD 近似为常数。而且,当燃烧速度降低(比如用惰性气体来稀释)时,胞头尺寸 d 会增大。

在图 5-87 所示的一些火焰的运动照片上,胞头以小波的形式生成、增长和消失。新小波的中心就起源于小波之间的脊背上,增长到一临界尺寸,最后就消失了。

胞状结构层流燃烧嘴火焰的例子如由 Smith 和 Pickering[58] 所得的照片所示。图 5-89 是圆柱形烧嘴管上稳定五面体丙烷-空气火焰的例子。没有详细说明关于混合物成分、流量和管径的确切条件。著者曾报道,这种火焰是完全稳定的、可重现的。所得到的火焰的边数取决于所用烧嘴的直径。这样,曾观察到有 3、4、5、6 和 7 边形的各种火焰。既然胞头的尺寸是燃气混合物的特征量,所以胞头的尺寸可能会发生变化,例如,由于混合物成分稍有变化,它就从四边形变为五边形。曾观察到在转变过程中火焰会转动。

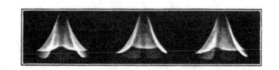

图 5-89 五面体丙烷-空气火焰(Smith & Pickering[58])

烧嘴火焰顶部是曲率极大的区域,如果热流会聚效应和链载体扩散作用与混合物分层扩散效应失去平衡,那么它也是燃烧速度增大了的区域。如果混合物的分层扩散效应占优势,那么燃烧速度就减小,焰顶会破裂。这种现象大概在超过临界 Karlovitz 数时出现(见第 5.5 节)。稀的氢焰和浓的重烃焰都特别明显地出现这种现象。图 5-90 所示的是氢-空气火焰的连续照片,在从左边数第三张照片达到某一浓度和流率以前(此时开始显得敞开),

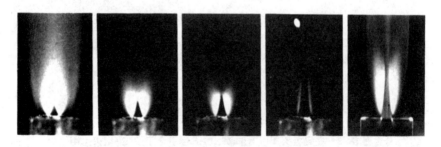

图 5-90 敞口焰顶的氢-空气火焰形成过程中各连续阶段的照片

最后一张照片是含有发光 MgO 颗粒的敞口火焰。

氢的浓度逐渐降低。再进一步降低氢的浓度，会使焰顶敞开程度展宽，直到最终出现脱火为止。在最后一张利用 MgO 颗粒发光的照片上，可以看到未燃气体中心流。

倘若不用分析设备，单从火焰的外观常常可以观察到胞状火焰中混合物成分的层次。例如，据 Smth 和 Pickering[58] 报道，从浓丙烷-氧火焰多面（胞状）焰锥顶部及脊背中发出明亮的碳光束。Leason[59] 在浓丙烷-空气混合物的烧嘴火焰中观察到，绿色 C—C 的发光（Swan 谱带）从焰顶向下随着燃料浓度的增加逐渐降低。在烷浓度超过 8.8% 时，焰顶下出现碳，并在焰顶上发展为碳光束。同时，在表面上出现黑暗的焰脊，且焰脊下的死区明显地增大，它大于各平面边下的死区。浓的苯焰不仅有焰脊，而且有焰腰出现，它们沿焰锥面上下移动，还都是碳光束源。这种光束同样也来自锥顶。当比较在相邻的喷口上燃烧着的浓苯-空气火焰和乙炔-空气火焰时，Behrens[60] 曾注意到，对浓苯-空气火焰来说只在从焰锥顶部流出来的细流中有碳形成，而对乙炔-空气火焰来说焰锥周围的发光碳区是十分均匀的。Jost 等[61] 和 Markstein[62] 曾从胞状烃焰的脊谷抽出气样并经化学分析证明混合物成分有差别。

5.12　可燃极限

根据实际经验可知，采用添加足量稀释气体的方法可以使爆炸性气体不能着火，即燃烧波不能持续下去。这种稀释剂可以是过量的燃料或过量的氧化剂或惰性气体，加入燃料-氧化剂混合物或单独成分的爆炸性气体中并使其不着火所必需的稀释剂量，是使用标准实验方法确定的。因此，把可燃极限定义为根据实验所测得的混合物的成分范围。虽然在这方面已积累了丰富经验且用实验测得的可燃极限对于安全及其他用途证明是可靠的，但是至今测定可燃极限的标准方法还带有随意性。

因为这些方法为的是要使热汇的熄灭效应为最小（如只限于管壁），所以早期的研究者认为可燃极限是反映爆炸物系物理常数本质的基本特征，就这点而论，在完善的燃烧波理论中应该是隐含的。但是，正如第 5.2 节中所指出的那样，如果传热过程限于从已燃气体向未燃气体的导热，那么不能为可燃极限提供一维燃烧波传播模型。为此，Spalding[19] 提出，已燃气体的热辐射是关于可燃极限的主要机理。但是，这种理论对实验论据未提供令人满意的描述。

Linnett 和 Simpson[63] 在综合这一问题各方面现象时曾指出，对流在可燃极限的确定中起非常重要的作用。他们得出结论：不存在能够证明所述的一些极限是爆炸性物系的基本特性的证据；更确切地说，在用实验确定的一些极限下，混合物本来就可以使燃烧波得以持续，但会产生对流（取决于能熄火的实验装置）。这种现象与流场中燃烧波的拉伸是一致的，且若拉伸超过 Karlovitz 数的临界值就会使燃烧波熄灭。Karlovitz 数的临界值与燃烧速度成反比,所以在稀介质中的燃烧波,即在很低的燃烧速度下,特别易于发生因拉伸而致的熄灭。在下面的讨论中,我们将记述各种不同的实验论据,并讨论它们与这种观点相一致的地方。

实用的可燃极限测定就是视测适当大直径长管中火焰的传播过程。在美国资源局(U. S. Bureau of Mines)的实验工作中,这一管径是加以标准化的,在实验混合物处于大气压力下时定为 5 cm,因为根据 Coward 和 Jones[64] 的意见,认为直径增大到超过 5 cm 就很少会有着火范围增大超过千分之几的。这些著者极其广泛地收集了许多实验者对许多燃料-氧化剂物系的观测结果,并将这些可燃极限的数据汇编成表。这些观测曾使用一端密闭或敞口、垂直或水平安装的各种不同直径和长度的管子,所采用的点燃源为强电火花或小辅助焰。表中给出了可燃极限下限和上限的数据,下限是指氧化剂过量时极限成分混合物中燃料的百分数,而上限是指燃料过量时可燃极限成分混合物中燃料的百分数。要注意这样显著的似乎没有例外的事实:在其他条件都相同的情况下,火焰在直立管中从底部向顶部传播时比从顶部向底部传播时,其可燃极限更宽,即下限较低,上限较高;在水平管中,其极限宽度介于向上传播时可燃极限宽度和向下传播时可燃极限宽度之间。

在第 264~267 页上已指出,管中层流火焰的传播导致在未燃气体中产生自管轴区流向周边的流动。这种流动显然促使火焰按所述方式拉伸,我们还可以提出,根据这种机理,当燃烧速度因稀释作用充分地降低时,火焰将被熄灭。这种流动的产生,一方面是由于膨胀着的燃烧气体推力所致;另一方面是由于重力所致。重力主要在向上传播时起作用,因为此时重的未燃气体位于轻的已燃气体之上。因此,向上传播和向下传播之间的差别可以形象地用图 5-91 所示草图表示。如草图所示,由于重力所致的流动使向上传播情况下的流管于燃烧波前张开,所以从管轴区向壁面的气体迁移在某种程度上于燃烧波热梯度前发生,而靠近火焰表面处的速度梯度就减小了。这应使火焰拉伸减小,因此,在较大的混合物稀

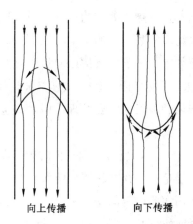

向上传播　　　向下传播

图 5-91　层流燃烧波的向上传播和向下传播

释度下火焰仍能存在。另一方面，在向下传播的情况下，靠近火焰表面处的速度梯度增大，这使火焰拉伸增大而可燃极限变窄。

关于在对流气流和可燃极限成分火焰之间所发生的各种不同的复杂的相互作用，引述 Coward 和 Jones[64] 的论文来解释它："当一火花通过一容器（高为 1.83 m，截面积为 77.42 cm²）内水面上接近下限成分的甲烷-空气混合物时，进行了如下一些观测：（1）含 5.1% 甲烷混合物：火焰涡流环约向上移动 30.48 cm 以后就破裂了，最后在约高于 30.48 cm 处火舌也消失了；（2）含 5.3% 甲烷混合物：在一实验中，焰环本身转变为火焰，稳定地移到容器顶，而在另一实验中，火焰在猛烈地上冲至一端时熄灭；（3）含 5.6% 甲烷混合物：具有凸形锋面的稳定火焰通过整个混合物。"在另一段引文中记述："当一个小扇形点燃体在 4 L 球形容器内充有的甲烷-空气混合物中足够快但不过快转动时，求得甲烷的下限为 5.0%，这可与对相同容器中静止混合物所测得的 5.6% 甲烷相比较。但是，若湍流度太强，则即使是含 5.6% 甲烷的混合物也不会比短火舌更快地传播。"这些和许多其他例子说明，可燃极限是估测的实际平均值，因为这种混合物的实际火焰产生其自身的破坏性对流气体，所以这样做是可以的。在此着重指出，作为一个实用问题来说，这种可燃极限是经得起考验的，即使将小型试验得到的数据应用到大型工业设备上去也是正确的。

曾发现使用平面火焰烧嘴求得的可燃极限可能远大于根据实际试验所求得的可燃极限。这种平面火焰烧嘴在对流的控制方面虽相当满意但并不完善。以燃烧速度而论，Powling[65]、Egerton 及其同事[66] 成功地稳定了以 5 cm/s 速度燃烧的烃-空气火焰，这一燃烧速度可与"实用"可燃极限成分混合物的燃烧速度约为 7~10 cm/s 相比。另外，Dixon-Lewis 和 Isles[67] 利用套在烧嘴处的排烟筒之上的电加热多孔板求得乙烯-空气混合物燃烧速度的近似值低至 1.5 cm/s。用这些实验充分说明了细心调整的火焰完全能够在实用可燃极限以外稳定保持下来。

正如从分层扩散导致燃烧速度局部增大这一点可以预料到那样，可燃极限混合物的成分强烈地感受到分层扩散的影响。在向上传播的火焰中，这种效应特别明显，根据 Markstein 理论，这可促使焰胞的形成。氢和空气的稀混合物就提供了一个很明显的例子。早就有人[68] 注意到，当火焰向上移动经过含 4.1%~10% 氢的这样混合物时，有一部分氢仍未燃烧。Harteck 和 Goldmann[69] 早已用分层扩散作用对这种效应作过解释，同时 Goldmann 还观察到，在可燃极限成分混合物中，火焰以涡流环升起，马上又破裂为很小的发光球。进一步的观察研究是由 Clusius 及其同事[70] 进行的。他们测定了在氢-氧混合物和氘-氧混合物中火焰向上传播时的可燃极限。能使火焰贯穿管子全长传播的最低氢浓度为 3.8%，而最低的氘浓度为 5.3%，后者与前者这一浓度比等于 1.39，接近于这两种气体在氧中扩散系数的比值 1.38。正如对可燃极限成分混合物中所形成的水和残余气体的分析表明那样，等量氢和氘的混合物会经历氢的择优燃烧过程。Böhm 和 Clusius[71] 视测过管中的氢-氧可燃极限成分混合物的火焰。因为这种火焰是非常淡暗的，实验者添加了痕量的物质，如铬酰氯 CrO_2Cl_2，这种物质虽然是惰性的，由于形成固体氧化铬使发光度大大增强，但光强还不足以进行直接摄影。这种氢-氧可燃极限成分混合物火焰的某些现象可用图 5-92 加以说明，该图是指氢、氧与惰性气体如氮、二氧化碳、二氧化硫及四氯化硅的混合物的燃烧情况。虽然图 5-92(a)上的火焰明显构成一个封闭表面，但仍显示出许多光亮的发光条纹。在图 5-92(b)上有许多小火焰，它们像水柱中的空气泡一般不规则地按 Z 字形运动上升。在图 5-92(c)上有"水母"形结构的火焰，其本体有一些发光条纹，而其尾部由许多小火焰所组成。重要的是要指出，这些明显的效应仅在向上传播的情况下出现。在向下传播时，上述混合物不能使火焰持续。因此，为了使火焰在管中向下移动，对于氢-空气混合物来说必须增浓到氢的含量高于 10% 左右。

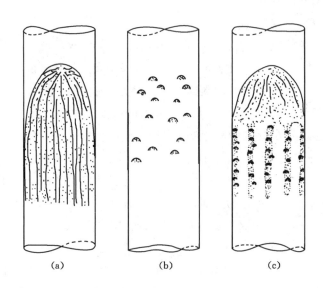

图 5-92　在封闭直立管中上升的氢焰的示意图(Böhm & Clusius[71])

管子直径为 5 cm，长为 110 cm。在管子底点燃。

(a) 6% H_2，94% 干空气，0.18% CrO_2Cl_2 初压为 80 kPa；

(b) 6% H_2，20% O_2，74% SO_2，0.3% CrO_4Cl_2 初压为 80 kPa；

(c) 在 O_2 + 平均分子量为 40~50 的惰性混合物中含 5%~6% H_2 的典型火焰。

图中例子是 6% H_2，84% O_2，10% $SiCl_4$。

在易受到分层扩散影响的其他物系如重烃和空气的浓混合物中，可燃极限成分的上述现象就不太壮观。但是，对于除甲烷外的烃-空气物系来说，与氢-空气物系(其向上传播时的稀限远低于向下传播时的稀限)相类似，其向上传播时的浓限远高于向下传播时的浓限。对于甲烷来说，正如氢的情况一样，在向上传播和向下传播之间稀限的差距较大，这可用

表 5-4 中的数据说明。

表 5-4　向上、水平和向下传播时几种烃的可燃极限[①]

混 合 物	传播方式	可 燃 极 限			
		燃料百分数		化学计量百分数	
		下　限	上　限	下　限	上　限
甲烷-空气	向　上	5.35	14.85	0.54	1.7
	水　平	5.40	13.95	0.54	1.6
	向　下	5.95	13.35	0.60	1.5
乙烷-空气	向　上	3.12	14.95	0.54	2.9
	水　平	3.15	12.85	0.54	2.5
	向　下	3.26	10.15	0.56	1.9
戊烷-空气	向　上	1.42	8.0	0.55	3.3
	水　平	1.44	7.45	0.56	3.1
	向　下	1.48	4.64	0.57	1.9
苯-空气	向　上	1.45	7.45	0.53	2.9
	水　平	1.46	6.65	0.53	2.6
	向　下	1.48	5.55	0.54	2.1

　① 管长为 150 cm,两端密封。除苯-空气(用 5 cm 管径)外,管径均为 7.5 cm。数据取自 A. G. White. J. Chem. Soc. 121,1224(1922);125,2387(1924);参看 Coward & Jones[64]。

　　首先来看上限,从表 5-4 可见,高级烃与甲烷相比,在向上传播和向下传播之间的范围要大得多。这种范围是重力和扩散分层两者综合效应的结果。从本质上看,甲烷的数字反映出重力的效应,而高级烃所增加的范围反映出分层扩散的附加效应。对于稀限来说,这种情况就完全相反,即使是甲烷时这一范围也远不及像氢时的范围那样大,因为甲烷的扩散率不比氧大多少。对于乙烷来说,其上限范围似乎比根据它相对于氧的扩散率和表 5-3 中焰胞尺寸数据可预料的范围都稍大些。没有将乙烯时的情况列入表内,其情况与乙烷的相类似。

　　分层扩散作用的另一种表现形式为大量惰性稀释剂的加入对可燃极限混合物的燃料-氧比的影响。请参阅附图 3-1～附图 3-5(见附录三),它们表明一些可燃极限混合物成分(燃料＋空气＋超过空气中含氮量的惰性气体)。这些可燃极限是向上传播时美国资源局标准方法测得的。对于任何物系来说,可燃极限曲线所包围面积以外区域表示所对应的这种混合物(如氢、空气和稀释剂氮等)不能使火焰传播。在这些面积中,某一块面积最尖端处所对应的混合物含该物系可燃混合物的最大稀释剂量;在这种混合物中燃料与氧之比对火焰传播来说是最佳的。凭直觉可以预料到,这一最佳比就是化学计量比。然而,数字考察表明,扩散较多的组分(燃料或氧)在化学计量上总是属于不足的组分。这种情况也如表 5-5 所示,该表列出了这种混合物的典型例子。显然,经可燃极限混合物传播的火焰是胞状火焰,在其波表面上具有燃烧速度忽高忽低的交变区;在燃烧速度较高的区域内,由于分层扩散过程的进行可能会使混合物成分变为化学计量成分。

表 5-5 在最大的惰性气体稀释度下燃料-氧混合物的可燃极限①

	燃料/%	O₂/%	N₂/%	CO₂/%	化学计量成分时的燃料分数
燃料扩散率>O₂扩散率					
氢	5.0	5.0	90.0	—	0.67
氢	7.5	7.5	28.0	57.0	0.67
甲烷	5.4	12.2	82.4	—	0.88
甲烷	7.2	14.7	55.8	22.3	0.98
燃料扩散率<O₂扩散率					
乙烷	3.6	10.9	85.5	—	1.16
乙烷	4.2	13.5	50.7	31.6	1.09
丙烷	3.0	11.6	85.4	—	1.3
丙烷	3.7	14.1	53.3	28.9	1.3
丁烷	2.6	12.1	85.5	—	1.4
戊烷	2.2	13.7	64.3	—	1.3

① 向上传播，5 cm 直径的管子。数据取自 Coward & Jones[64]。

既然对于许多实用目的来说必须确定可燃极限随温度和压力变化而变化的趋向，所以对这种极限的研究照例是在可变起始温度和起始压力下粗的密封管中进行的[72]。对烃类燃料作这种研究的结果早已在第 4 章第 124～128 页上作过介绍。可燃极限成分对压力关系的典型图表(如图 4-14 和附录三中附图 3-7)说明，在很宽的压力范围内，正常火焰的下限和上限变化很少。看来，在这个正常范围内可燃极限对对流的依赖关系如同上述一样，而在较低的压力下熄灭直径就变得近似等于容器尺寸，且火焰是被器壁所熄灭的。因此，U 形曲线是由最佳比例混合物(通常不是化学计量成分，见图 5-43 和图 5-44)的熄灭直径等于容器直径时的压力所确定的。这可用来说明天然气的情况。从附图 3-7 可见，这种气体的压力极限在 5 cm 管子的情况下为 6.67 kPa。在大气压力下化学计量成分混合物在管中的熄灭直径为 0.32 cm(见图 5-16)。没得到在更低压力下熄灭直径的数据。但是，正如根据火花点燃实验所得资料证实那样，至少对于化学计量成分的混合物来说，熄灭直径在很宽的压力范围内都随压力呈反比变化，因而，在 6.67 kPa 压力下的熄灭直径约为 5 cm。所以，所观测到的可燃极限压力没有重要的意义。无论这种可燃极限压力是否存在，它都必须受到与表示混合物成分极限相类似的一般原理的制约。

在冷焰区(图 4-14)中，火焰传播同样为对流和壁面熄灭效应所限，它们除了干扰化学支化反应中活性物质的浓度梯度以外还会干扰热力梯度。此外，混合物的分层扩散当然起很重要的作用，而辐射散热损失的确是可以忽略的。对综合压力和成分反应机理存在有各种不同的物理方面的干扰，将这些干扰叠加起来就会产生许多复杂现象。从一次实验到另一次实验，火焰现象未必能重复，所以在绘制可燃性区域时，研究者不得不接受某种任意判据，用它来判别什么构成可燃极限混合物。

正如表 5-4 所示数据所指出的那样，实用的可燃极限应遵循一些实用规则。曾经指出，向上传播时的稀限实际上都有相同的化学计量成分，与此成分相应的绝热火焰温度在 1 300～1 350 ℃的范围内。因此，若要估算烃和空气的某种混合物下限，则可以利用这种温度作为判据。然而须注意，因为表 5-4 上的数据是一位研究者用一种标准试验得到的观测结果。自相吻合的另一列数据又会得出另一种结果。例如，Egerton 和 Powling[73]根据他们的数据发现，空气中下限成分混合物的绝热火焰温度从甲烷为 1 255 ℃增大到异辛烷为 1 600 ℃左右。利用这种温度判据来估算可燃极限会稍有变化，因为稀释剂百分数及类型的变化效应可能是估计出来的。但是，必须有很多数据使参比温度能选得很谨慎，足以提供在实际状况下所必需的可靠程度。有人指出，从燃料-氧-稀释剂物系来看，当可燃极限混合物的燃料-氧比由稀向浓的方向变化时，这一可靠的参比温度会急剧地下降。若取丙烷-氧-氮物系（附图 3-4）为例来说明，则它在空气中的下限成分下的绝热火焰温度约为 1 380 ℃。当随着氮稀释度的增大和相应的丙烷-氧比增大沿着着火区下边界移动时，绝热火焰温度在曲线最尖端处降低到 1 200 ℃。再从尖端沿着上边界转到空气中上限时，绝热火焰温度连续地降低到 870 ℃左右。在以二氧化碳稀释丙烷-空气混合物的情况下，最尖端处的绝热火焰温度约为 1 250 ℃。

Egerton 和 Powling 研究了添加 0.5% 的物质，如硝酸乙酯、过氧化二乙酯、过氧化氮、甲基碘和其他物质对氢、甲烷、丙烷和丁烷可燃极限浓度的影响。他们发现，这些物质虽然能使可燃气体的可燃极限成分浓度改变，但是混合物的绝热火焰温度对某一种给定的燃料来说没有很大的变化。根据这些著者所述，硝酸乙酯对丁烷和丙烷的上限有某种促进效应，而甲基碘除对氧的下限以外均有阻化效应。Burgoyne 及其同事[74]曾在英国皇家科技学院（Imperial Collage of Science and Technology）对可燃极限作过一些其他的系统研究。Coward 和 Jones[64]曾将由许多研究者所得的大量资料收集在美国资源局公报上。自从这篇文章发表以来，在美国资源局还进行了许多关于可燃极限的研究工作，其中除进行添加剂效应的研究外，还包括温度和压力的影响。

Burgoyne 及其同事[75]曾研究过空气中液体燃料滴状悬浮体的可燃区域。这种体系的特点已由 Burgoyne 和 Cohen 的著作[75]详细地阐明了，在此我们将作一简评。

这些研究者曾研究过大气压力下四氢化萘（沸点为 207 ℃）气溶胶火焰。气溶胶液滴的大小，用燃料气与一定数量受控于离子源冷凝核的氮相混合并使蒸气缓慢凝结的方法，将其控制在很窄的范围之内。用这种方法得到液滴的尺寸几乎是均一的液雾，其尺寸位于7～55 μm 的范围内。将氧以适当比例加入氮中，且加入附加的空气，组成各种不同的燃料-空气比。

发现悬浮体在液滴尺寸小于 10 μm 时，其性质好似蒸汽，从发光度、燃烧波宽度、燃烧速度和着火下限来看，能得到与气态烃相应的燃烧波。超过约在 40 μm 以上，液滴单个地在其自己的空气包层中燃烧——一个燃烧着的液滴点燃邻近的一个，从而把燃烧过程扩展开去。低于 10 μm 时可燃下限约为每升气溶胶中含 46 mg 燃料，而在高于 10 μm 时约为 18 mg/L。液滴尺寸介于这两者之间，可燃下限从 46 mg/L 逐渐变化到 18 mg/L。

显然，如果液滴间的平均距离超过临界极限，那么火焰就不能经气溶胶传播。为了确保火焰传播，各液滴彼此必须足够靠近，以致使未燃液滴位于邻近的燃烧着液滴焰气范围之内。焰气是邻近液滴在空气中燃烧所形成的，所以液滴分离的临界距离应该可以并足以与单个液滴燃烧的空气团半径的数量级相比拟。根据燃料 $C_{10}H_{12}$ 的成分及其液体密度 0.97 g/cm^3 得知，室温下这种气团的体积约为是液滴体积的 10 000 倍，而其直径相应地约是液滴直径的 10 倍。可燃极限成分混合物中液滴中心间的实际平均距离，正如由 Burgoyne 和 Cohen 所确定的那样，确实可与这一临界距离相比拟，虽然稍大一些。在液滴尺寸大到 10 μm 的情况下，这一临界距离约是液滴直径的 22 倍，而在液滴尺寸大于 40 μm 时，此值约是液滴直径的 31 倍。在液滴尺寸介于这两者之间的范围内，临界距离就介于这两个数值之间。Burgoyne 和 Cohen 对 53 μm 液滴周围可见火焰的观察得出，火焰直径为 1.02 mm，相应的火焰半径与液滴直径之比约为 10。火焰半径的理论估算值和液滴直径的实验值均小于可燃极限混合物中的临界距离：前者是因焰球的热膨胀或者是因把从焰心向外的热流均计入这种估算之中之故，而后者是因火焰可见部分即发光碳区只构成一小部分火焰温度场之故。但是，这种半径与可燃极限成分混合物中临界距离之间数量级相一致这一点仍是很重要的。

对于可燃极限混合物的燃烧特点与气态混合物相同、低于 10 μm 范围内的气溶胶来说，可以预料到液滴之间的平均距离约等于特征波尺度 η_0。对于 10 μm 的气溶胶来说，可燃极限时的平均距离为 0.22 mm，而对燃烧速度为 10 cm/s 接近可燃极限的混合物来说，η_0 约等于 0.2 mm。因此，液滴足够靠近就产生均匀的燃烧波。与此大不相同，对于 40 μm 的气溶胶来说，可燃极限时的平均距离约为 1.2 mm，大大地超过特征波尺度，以致不会形成均匀的燃烧波。在 10 μm 至 40 μm 之间有一过渡区，此时燃烧波有发白光的燃烧中心斑点（由于碳形成所致），以胞状结构的形式出现。

从爆炸危险性或工程技术应用的观点来看燃料雾化燃烧，值得注意的是，较粗的气溶胶比较细的气溶胶或气态混合物能在低得多的燃料空气比下维持火焰稳定。细颗粒和粗颗粒之间的差别在于它们相对于周围空气移动的能力不同。细颗粒靠摩擦被其空气包层牢固地托住，因此感受不到相对于空气的加速度，而粗颗粒则感受到这种加速度，且因其惯性而突破了空气包层。这种运动会在颗粒周围产生气流，并使颗粒形状畸变，以致颗粒四周的火焰变得不对称。其实，在对称扩展的火焰中，焰气的推力处处相平衡，颗粒没有加速度，当前推力不平衡，颗粒就处于不规则的加速运动中。因此，粗颗粒彼此无规律地运动，而细颗粒在原位被空气包层所托住。这样，粗颗粒比细颗粒更易于使火焰传播，所以，粗气溶胶中相对于质点直径的分离临界距离比细气溶胶中的要大，而燃料空气比相应地较小。

许多不同的研究者[76]曾研究过不可燃粉末的熄火作用。在 Dolan 对甲烷-空气火焰所做的实验中，所用的是微米大小的各种不同盐类的粉末。曾发现熄火的有效浓度与正好处在燃烧波特征尺度 η_0 内的颗粒间隙相对应。并发现在单位容积悬浮体中粉末的表面积为临界值时出现熄火。这一临界值取决于盐类的性质。一般来说，曾证实熔点低于 200 ℃ 的盐类比较高熔点的盐类更为有效；碱金属盐，特别是碱金属的卤化物，被证实是最为有效的化合物：钾盐比钠盐较有效；氟化物比碘化物较有效；碘化物比氯化物较有效；卤化物比碳酸盐较有效。在这些实验中所用的火焰都是在管中产生的，并以取决于起始状态的各种不同速度湍流传播。曾发现熄火时的临界表面积取决于起始状态，即火焰湍流度，但是这种关系的特点在这些研究中尚未确定。Laffitte 和 Bouchet 将这种研究推广到各种不同燃料-氧混合物中爆震波方面，曾指出即使是爆震波也能被适当高浓度的粉末所淬熄。

5.13　电火花点燃

小电火花穿过爆炸性气体而可能未将其点燃。当火花能量增大时，最终达到火花成为引燃体（意指燃烧波从火花经气体容积传播）的阈限能量。这种最低点燃能是实验变数（如爆炸性气体的参数和火花隙的形式）的函数。

Guest[77]曾描述过供火花点燃研究用的通用性装置，后来在 Blanc、Guest、von Elbe 和 Lewis[78]的论文上叙述了对原有设计的改进修正结构。具有 100 pF 电容、适于产生火花的装置如图 5-93 所示。将燃气充入内径为 12.7 cm 的不锈钢制实验弹，火花电极就装在弹的中心。火花隙长用固定的测微计准确地调整好。电极与多个固定的和可变的电容器及一个可变量程的电压表相连，电压表的分度定期地用电晕屏蔽的高精度电阻器和高精度毫安表校正。整个系统的所有各部分经精心设计使阻抗和电晕损耗为最小。为确保避免介质电滞现象，唯有采用空气电容器。总计电容量可在约 100～5 000 pF 之间连续变化。它的精确值在任一实验条件下都用 Wien 电桥测得，电桥定期用精确的标准空气电容器校核。高电压经保护电阻器供给接头 a，从此靠旋转充电器逐渐传给电极-电容器系统。在这种装置中，装在硬橡皮上的小金属球交替地接触到接头 a 和 b，如此以转动速度所决定的速率来变换充电，而火花振荡电路在电容量和电压波纹方面有效地与电源相隔绝。在火花隙调整到所要求的长度和向实验弹充满准确测定了成分和压力的爆炸性气体后，电极和电容器体系就缓慢地充电，并观测火花出现时的电压 V。如果混合物没有被点燃，那么按逐次逼近法找到电容量增大到点燃时的临界电容量 C 为止。统计时间滞后后出现打火花，这种时间滞后常常长得很不合适。因为击穿是由火花隙中外来离子激发起来的，所以采用将各种不同强度的镭膜片放入实验弹中的方法一般可以大大减少时间滞后。在后来的工作中，旋转充电器被作为相同目的使用的、约为 10^{11} Ω 的电阻杆所代替，因为后者使从电源设备到火花振

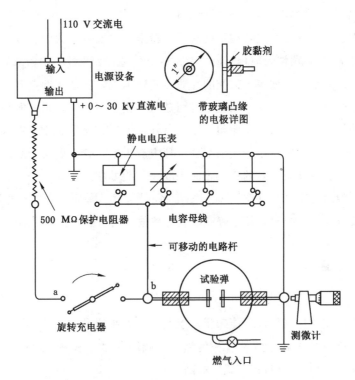

图 5-93　测定电火花点燃时最低点燃能用装置

(Blanc，Guest，von Elbe & Lewis[78])

荡电路的充电变换可以很缓慢地进行。由于电阻杆被甘油或某种其他液体轻微润湿，或相反地，用干织物把电阻杆擦净，应使凹处的漏泄速率加速或减缓。在小于 100 pF 左右的电容量下工作时，将大电容器与静电压表一起并联，当作已知电压的储电器使用。这种情况的示意图如图 5-94 所示。先将这种储电器充电到所要求的电压，然后将它与电源设备隔离，电就经图所示 a 和 b 两点间的电阻杆(酚醛树脂制)送到实验弹的高电压端。火花振荡电路的电容量用图所示的小型附加电容器及其他装置调节，从大约 100 pF 降低至与电极本身电容量相应的下限的任何数值。偶尔使用装在接头上的小验电器，有助于观察火花的出现，但是，当在很小的电容量下工作时，就不用这种装置。最小的电容量约为 1 pF，仅是由小金属插座支撑的电极头所组成，金属插座胶结在石英管中以形成气密封。将带螺纹的酚醛树脂杆插入石英管内并旋入电极插座构成一个高阻漏，与充电储电器相连通。如图 5-94 所示电极 e，同样也可以把带螺纹的细金属杆插入电极插座和酚醛树脂杆之间的石英管中，如此可把电容量调节到高于 1 pF 的任一数值。电极 e 牢固地固定，但隙距应随另一电极的移动而改变。另一个电极带有一根长导杆和一块如 f 所示的压盖填料。镭膜片的插入使击穿前带电电极缓慢地漏电，因而火花隙电压下降到低于充电储电器的电压，达到由储电器的电荷传递速率和电极漏电所决定的数值。这可能是很麻烦的；但曾发现，可以调整

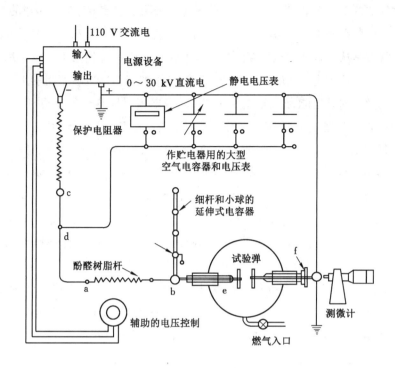

图 5-94 极低电容量的火花振荡电路用装置

(Blanc, Guest. von Elbe & Lewis[78])

充电和电离的速率使电压降变得不明显。

初步实验是以空气和天然气（约含 83% 甲烷和 17% 乙烷）的混合物进行的。以后的一些实验是氧和各种不同的惰性气体与纯烃、氢及其他化合物的混合物进行的。在点燃阈限内的电压和电容量被用来计算最低点燃能 $\frac{1}{2}CV^2$，这一能量是在火花放电之前电路中积累起来的。根据爆炸性气体的成分、压力和温度保持不变而火花隙长有规律地变化的条件下进行的一系列实验，求得了最低点燃能和两电极间距离的关系曲线。两条这类典型曲线如图 5-95 所示。一条曲线与电极端头以直径为 1.59 mm 的不锈钢圆球为尖顶的一组实验相对应。在另一组实验中，电极有相同的尖顶，但添加了由玻璃板做成的凸缘。这种玻璃凸缘电极的详细结构如图 5-93 所示。从图可见，对于带玻璃凸缘的电极来说，最低点燃能和极距的关系曲线有相当急剧的垂直折弯，也就是说，当两电极靠近到临界距离之间时玻璃平板具有抑制点燃的效应。这种临界距离就是熄灭距离 $d_\parallel$，一些实验证实，这一数值基本上与点燃方式无关。因此，相同或几乎相同的熄灭距离值都是根据这样一些实验求得的，在这些实验中爆炸性气体被封闭于以两块平行平板为界的矩形槽中，并在一端用引燃焰点燃。未曾发现壁面材料对熄灭距离的影响；显然，玻璃和金属作为热汇是等效的，因为固体的热导率要比气体的高几个数量级。在本实验中，已表明了非导电体玻璃做成的凸缘的应用，因为这样使火花留在两电极间中心处。偶尔也使用金属板，但火花有从两平板间任一处横穿的倾向，常常是从一板的棱边横穿到另一板的棱边，因此即使两平板位于熄灭距离之内也会出现点燃。当使用金属板时，所得的结果就与用玻璃凸缘电极所得的无区别。因为玻璃表面通常有微弱的导电能力，所以使用玻璃凸缘电极时同样也能观察到不规则的放电，特别是电晕放电。在玻璃上覆盖一薄层石蜡，就能有效地清除这种误差源。与带玻璃凸缘的电极所做实验相应的曲线急剧垂直折弯的情况不同，图 5-95 所示的另一条曲线，在低于熄灭距离下，随着极距的减小而逐渐上升。可以预料，直径为 1.59 mm 的细电极尖端的熄灭效应能被增大了的供给能量所补偿，以致即使在极距很小时也能点燃。但值得注意的是，该曲线上升部分开始段是与带玻璃凸缘电极的熄灭距离相一致的，也就是说，熄灭效应虽然要弱得多，但仍扩展到相同的隙长上。对另一种爆炸性混合物所做的同类实验的结果如图 5-96 所示。在这里，在一组实验中，两个电极都是带玻璃凸缘的；而在另二组实验中，仅有正极或负极是带玻璃凸缘的。图 5-95 和图 5-96 所示的实验点表明，在极距大于熄灭距离的情况下，电极的大小和形状对最低点燃能的数值没有重大的影响；而当极距位于熄灭距离之内时，这种因素的影响就很明显了。

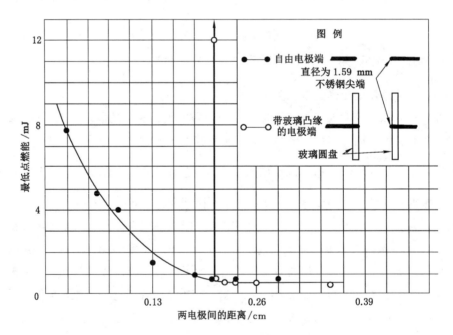

图 5-95　光头电极端和带玻璃凸缘电极端的最低点燃能
与电极距离的关系

0.101 MPa 标准大气压力下的天然气（约为 83%CH_4＋17%C_2H_6）
和空气的化学计量成分混合物。

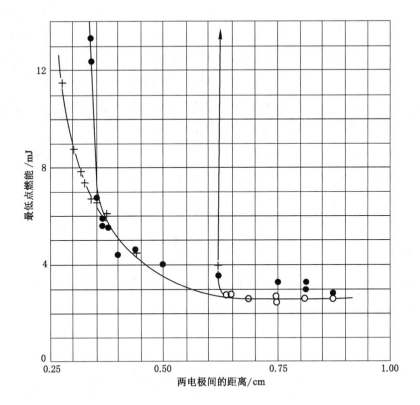

图 5-96　各种不同的电极组合时的最低点燃能

33 kPa 压力下含 8.5％甲烷-空气混合物。

○ 两个电极均有玻璃板凸缘；

＋ 阴极有玻璃板凸缘，阳极顶端有直径为 1.59 mm 的球；

● 同上，但反向充电。

图 5-97 上的曲线族表示了在使用平板电极时最低点燃能与极距及压力的关系。从图可见，最低点燃能和熄灭距离随着压力的降低而增大。在超出熄灭距离之后，最低点燃能在相当大的距离和压力范围内实际上都与极距无关。可以看出，在这一范围外，最低点燃能随着极距的增大而增大。

在图 5-98 上，表示最低点燃能和平板电极间距离关系的典型曲线向火花能很大的方向伸展。从图可见，当使用大火花时，熄灭距离没有减小，反而有所增大。看来，很大火花所产生的湍流度大到使从火焰向平板的传热有明显的增强，所以为了能点燃，必须使两平板相隔很远。

在最低点燃能和极距的关系曲线底部，该能量值主要取决于混合物的变量（特别是成分和压力）。对于在能量-距离关系曲线上最低点处最低点燃能的系统测定，是在利用带玻璃凸缘的电极在各种不同压力下对许多烃、氧和惰性气体的混合物进行的。这些电极同样

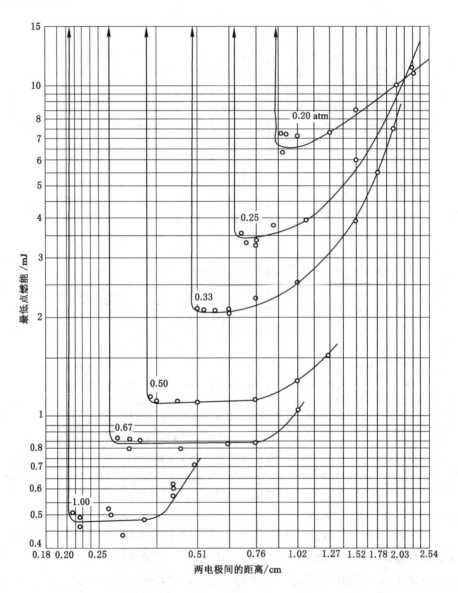

图 5-97　使用带玻璃凸缘的电极尖端时的最低点燃能与极距和压力的关系曲线
甲烷和空气的化学计量成分混合物。

还可以做熄灭距离的简便测定。熄灭距离未指明从点燃到未点燃的突变，但它是过渡区的边界，在过渡区内出现点燃能从非常大数值到最小值的连续变化。在甲烷混合物的情况下，这种转变急剧得使该连续性几乎不能检出。在高级烃的情况下，过渡区就稍展宽一些。

图 5-99 和图 5-100 所示的是甲烷、氧和惰性气体(特别是氮,有少数结果是用氦和氩)混合物的这种最低点燃能和熄灭距离。沿每条曲线，氧和惰性气体比保持不变，仅使甲烷与两种其他气体的比变化。对于每族曲线来说，混合物的总压力保持不变,而对于甲烷-氧-氮物系

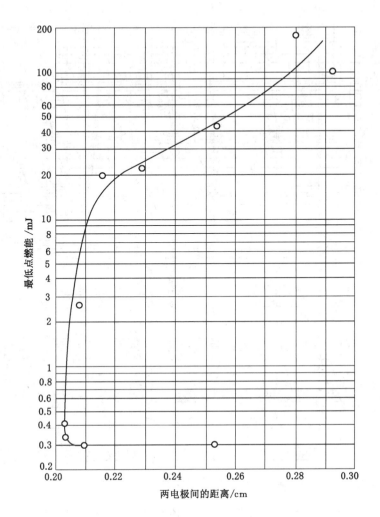

图 5-98　火花能很大时熄灭距离增大的曲线

0.1 MPa 压力下含 8.5％甲烷-空气的混合物。

平板电极。

来说,已示明五族曲线的压力范围在 0.1 MPa 至 0.01 MPa 的范围内。所有的测量都是在温室(约为 25℃)下进行的。图 5-101 和图 5-102 所示的是对乙烷和丙烷来说类似的曲线。图 5-103 所示的是在大气压力下空气和各种不同烃的最低点燃能,同样还列入了关于乙醚的曲线。值得注意的是,这些各种不同化合物的能量曲线最小值都在几乎相同的能量值下出现。还要注意到,最小值随着燃料中碳原子数的增大向比化学计量成分更浓的混合物方向移动,这表明都是相同的扩散过程在起作用,它促使各向异性的火焰传播。图 5-104 表示当以氩替代空气中氮时,乙醚的最低点燃能的增大情况。这种增大幅度约为 8～10 倍。图 5-105 所示的是在大气压力下氢、氧和惰性气体混合物的曲线。惰性气体是氦、氩、氮和二氧化碳,且

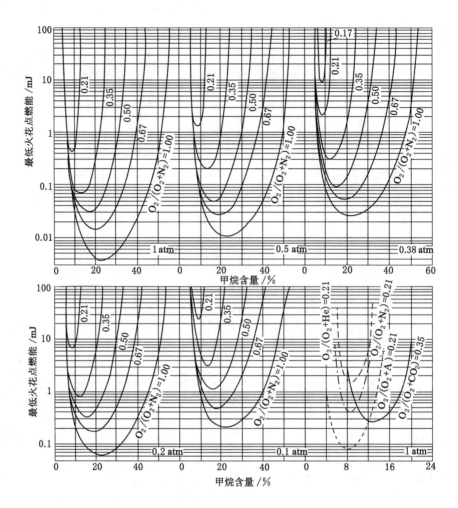

图 5-99　在压力 0.1 MPa 下甲烷、氧和惰性气体混合物的最低火花点燃能

各曲线与不变的氧与惰性气体比相对应。带玻璃石英凸缘的电极，直径为 1.59 mm。

使氧和惰性气体之比与空气中氧氮之比相同。氦和氩这两种曲线之间的差别无疑地反映出混合物导热率的差别，而二氧化碳的影响在数量方面与氩的影响差别很小，可以把它归因于这种气体的热容量很大。氩和二氧化碳两种曲线彼此相交，所以氩在某些条件下和二氧化碳在另一些条件下各是较有效的灭火气体。Egerton 和 Powling[73] 在研究可燃极限时也同样曾注意到这种影响。

　　Calcote 及其同事[79] 也曾发表了相类似的关于最低点燃能的研究报告。在他们的实验中，电极发射紫外光，以降低火花击穿滞后和保证在给定极距下具有不变的击穿电压。辐射源刚好在到达击穿电压以前接通。与火花隙相平行的一已知容量（3 000～4 000 pF）的电容器，经一个高电阻（约 10^9～10^{12} Ω）充电，直至电极间通过火花为止。在各种不同的极距下

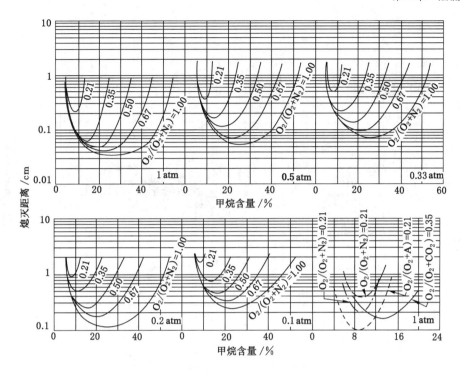

图 5-100　甲烷、氧和惰性气体混合物的熄灭距离

重复进行这种操作,直到求得阈限能量为止。因此,极距值已确定的火花隙的击穿电压 V 是利用新鲜的气体混合物测得的。然后,按表达式 $H=\frac{1}{2}CV^2$ 计算出点燃能。曾使用过空气与许多种气态有机化合物,也有与氢、硫化氢、氨和二硫化碳组成的化学计量成分混合物。压力维持一个大气压,而在某些情况下燃料-空气比是变化的。对于相应的燃料-空气混合物来说,所得的结果与早已由 Blank、Guest、von Elbe 和 Lewis[78] 所得大致相同,这表明实验方法的不同对数据没有重大影响。

　　关于火花点燃的理论方面,我们注意到火花瞬间建立起来一个很高温度的小气体容积。火花容积内的温度因热量向周围未燃气体流动而迅速降低。在邻近周围气体层中,温度上升而引发化学反应,所以形成了近似为球对称向外传播的燃烧波。燃烧波是否能发展到稳定状态,这取决于起始时温度下降到正常火焰温度左右时着火气体所增至的容积的大小。为能使燃烧波连续传播,此时火焰至少扩展至这样容积,即使核心中的已燃气体和较外层的未燃气体之间的温度梯度具有大致与稳态波情况下温度梯度相同的斜率。若扩展容积太小,即若梯度太陡,则在内部差不多呈球形的化学反应区内的释热速率不足以补偿向外部预热未燃气体区放热损失的速率。在这种情况下,向未燃气体散热损失量连续地超过化学反应所得的热量,以致整个反应容积中的温度降低,反应逐渐停止,燃烧波在原有火花周围仅有少量气体燃烧之后就熄灭了。

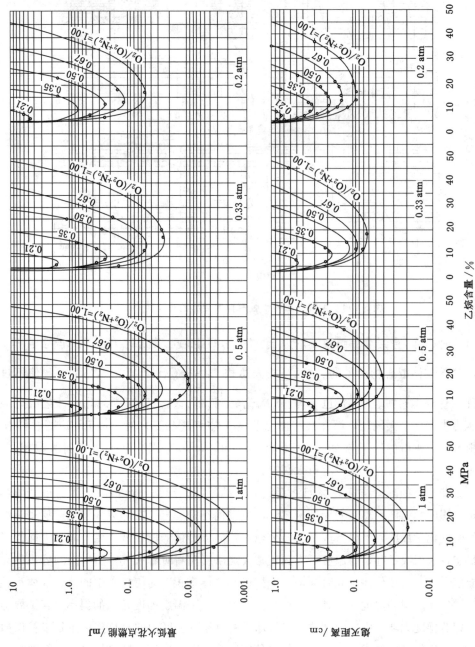

图 5-101 在压力 0.1 MPa 压力下乙烷、氧和氮混合物的低火花点燃能及带凸缘电极间的熄灭距离

各曲线都与不变的氧氮比相对应。

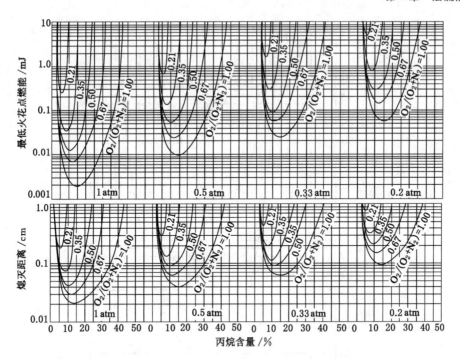

图 5-102　在 0.1 MPa 压力下丙烷、氧和氮混合物的最低火花点燃能
及带凸缘电极间的熄灭距离

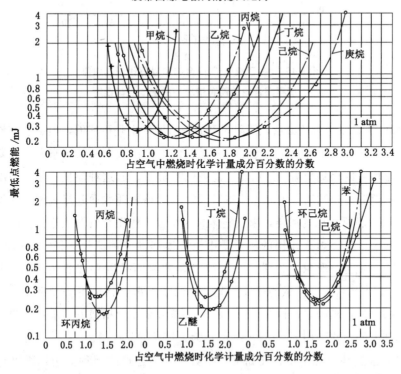

图 5-103　相对于空气中化学计量成分百分数的各种可燃物-空气混合物的最低点燃能

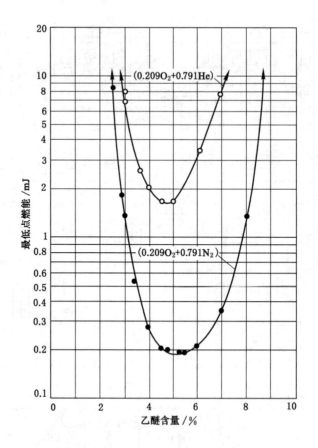

图 5-104 在乙醚-空气混合物和以氦代替其中氮
所得混合物的两种情况下的最低点燃能

依据物理-数学理论概括出点燃阈限模型的细节原则上是可能的，但鉴于有许多扩散和反应过程的未知量，这异常复杂，也是徒劳无益的。根据我们的目的来看，只要说明建立起临界的最小尺寸的火焰所需的最低点燃能就已足够了。若这种能量不足，因而连最小尺寸的火焰也不能获得，则周围未燃气体本身因反应区热量耗散而起熄灭剂的作用。正如前面(第203~205 页)所讨论的那样，未燃气体的这种熄灭作用与发散火焰传播或火焰拉伸是有关联的。有一个这类熄灭作用的例子是由快速爆炸性气体流经一稳定的引燃焰(第392 页)上面而未点燃这一现象所提供的，未被点燃的原因是因存在着实用的可燃极限(第279~284 页)。火焰自火花扩散的此种情况又提供了发散传播的另一个例子。因此，以理论为基础来探讨与点燃阈限资料有关的问题时，提出前述的相似方法本身是建立在火焰拉伸概念的基础上的，并利用 Karlovitz 数 K 作为火焰拉伸的度量。

因为在目前这种情况下不存在如第 203 页上所描述过的那种流场，所以必须用不同于式(5-25)中所用项的方式来表示拉伸因数 K。与前面的情况相类似，我们要确定当燃

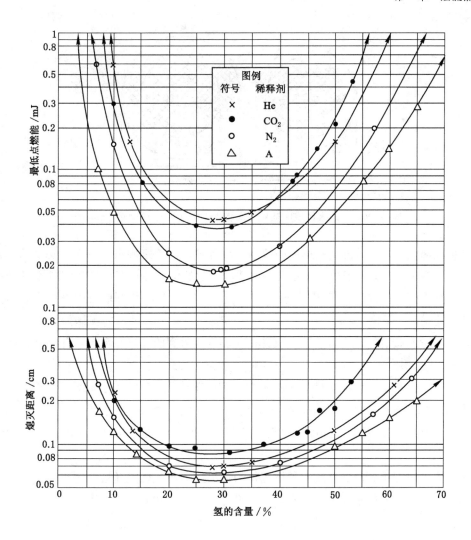

图 5-105　在大气压力下氢-氧-惰性气体混合物的最低点燃能和熄灭距离

$O_2/(O_2+$惰性气体$)=0.21$。

烧波相对于未燃气体移过距离 η_0 传播时火焰表面积的增量。图 5-106 中，左图表示在宽度为 η_0 的未燃气体壳内的一个直径为 d 的焰球；右图表示球壳由于燃烧而膨胀，因为密度由 ρ_u 下降为 ρ_b。若所取的 η_0 比 d 要小，则在燃烧后球壳的宽度变为 $\eta_0(\rho_u/\rho_b)$。燃烧前后球表面积之比等于 $1+4(\eta_0/d)(\rho_u/\rho_b)$，故拉伸因数 K 变为

$$K = 4\,\frac{\eta_0}{d}\,\frac{\rho_u}{\rho_b} \tag{5-57}$$

因为我们感兴趣的是点燃阈限这一因数的大小，所以 d 就表示临界最小火焰直径。我们把 d 与实验测得的熄灭距离等同，后者是根据将两电火花电极分离至上述的最低点燃能

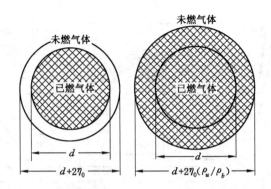

图 5-106　火焰直径增大至超过未燃气体中距离 η_0 的情形（$\eta_0 \ll d$）

的最低值点而确定的。另外一些所需的数据是从各种不同的来源得到的。燃烧前后气体密度是分别根据未燃气体和已燃气体混合物的成分及起始温度（300 K）与热力学上计算出的火焰温度计算得到的。在按式（5-27）计算 η_0 时，燃烧速度 S_u 的数据取自本书中它处所记载的一些测定结果。温度 T_u 和 T_b 之间的平均比热 c_p 是利用附录一中美国海陆空三军联合（JANAF）用表按混合物成分和各组分气体的热容计算得到的。热导率 k 取自参考文献[80]的数据。

表 5-6 汇总了几种燃料-氧物系的有关数据和计算结果。K 值列于最后一栏中，大多数可视为 0.5～1。这个数值范围对燃料-氧和燃料-空气混合物来说几乎是相同的，虽然两种燃烧速度值有 10 倍之差，而且将它们载入表中的各种不同燃料物系——氢、甲烷和丙烷，也差不多相同。

因此，有可能得到对该爆炸性气体测得的熄灭距离与其燃烧速度、密度及比热之间相关联的具体办法。这种相关关系并不完备，因为 K 值仅在数量级上一致，然而这种一致性与所能预料到的一样，它不仅显出各实验测定值的不定性，而且也看出拉伸因数 K 作为一相似常数这种概念的近似性质。这种概念是指各种不同爆炸性物系中的波的结构是如此相似，以至燃烧速度和距离 η_0 就足以说明波的特征。因为波的结构有一些附加的特征，如温度分布图上拐点处的温度，所以这种假定只是近似地正确。此外，由火花产生的火焰的形状，并不像假定的那样呈理想的球形，这会将附加的不定因素引入该理论中。

随着燃料富化度的增大，对于甲烷和氢来说 K 值减小，而对丙烷来说则是增大。这种变化倾向将在下面做进一步的讨论，这再一次表明混合物中稀少组分选择性扩散所起的作用，这种选择性扩散产生了前几页中所述的各种不同效应，如波的各向异性传播及最佳的可燃极限偏离化学计量成分点等。

将前面用金属丝稳定火焰脱火（第 202 页）求得的 K 值与表 5-6 中相应混合物的 K 值作一比较是很有意义的。表 5-7 所示就是这种比较。从表中可见，这些数值虽取自极不同类型的实验，但在数量级方面仍是相当一致的。

表 5-6 按临界火焰拉伸概念利用 $K=4(\eta_0/d)(\rho_u/\rho_b)$ 求得的燃烧波参数与熄灭距离 d(最小火焰直径)的关系[①]

燃料		S_u /(cm/s)	T_b /K	$k\times10^5$ /[J/(s·cm·℃)]	c_p /[J/(g·℃)]	$\rho_u\times10^3$ /(g/cm³)	ρ_u/ρ_b	$\eta_0\times10^3$ /cm	d /cm	K
百分数	化学计量 成分分数[②]									
CH₄-O₂										
10	0.22	80	2 200	26.4	1.38	1.24	7.3	1.92	0.078	0.7
15	0.35	175	2 650	26.8	1.51	1.20	8.8	0.85	0.050	0.6
25	0.67	304	3 000	27.2	1.80	1.14	10.0	0.44	0.035	0.5
40	1.47	305	3 000	28.0	2.39	1.04	12.7	0.37	0.050	0.4
50	2.00	112	2 650	28.9	2.64	0.98	13.3	0.98	0.16	0.3
C₃H₈-O₂										
7.4	0.4	240	2 500	25.5	1.26	1.35	9.0	0.64	0.036	0.6
13.1	0.8	282	3 000	24.7	1.34	1.37	11.3	0.35	0.026	0.6
19.3	1.2	320	3 000	24.3	1.51	1.41	13.6	0.36	0.029	0.7
21.9	1.4	235	2 800	23.9	1.55	1.41	14.3	0.47	0.034	0.8
22.7	1.47	190	2 750	23.9	1.55	1.41	14.5	0.58	0.037	0.9
N₂/O₂			CH₄-O₂-N₂,化学计量成分分数=1.1							
35.5	0	326	3 050	25.9	2.18	1.07	10.8	0.34	0.040	0.4
26.4	0.5	240	2 940	26.4	1.88	1.09	10.2	0.54	0.045	0.5
21.5	1.0	170	2 810	26.8	1.72	1.10	9.7	0.83	0.053	0.6
16.1	1.86	110	2 620	27.2	1.55	1.11	9.1	1.42	0.079	0.6
10.3	空气	42	2 200	27.2	1.38	1.12	7.5	4.2	0.25	0.5
H₂-空气										
20	0.60	100	1 910	30.1	1.26	0.96	5.7	2.5	0.071	0.8
30	1.01	195	2 300	33.5	1.42	0.93	6.5	1.3	0.064	0.5
40	1.58	265	2 240	37.7	1.63	0.81	6.5	1.1	0.076	0.4
57	3.15	190	1 850	37.7	2.13	0.61	5.5	1.5	0.165	0.2
CH₄-空气										
6.84	0.7	15	1 900	27.2	1.26	1.14	6.3	12.5	0.29	1.1
7.76	0.8	27	2 000	27.2	1.30	1.14	6.7	6.8	0.22	0.8
8.62	0.9	35	2 150	27.2	1.34	1.13	7.2	5.2	0.20	0.8
9.50	1.0	43	2 250	27.2	1.34	1.12	7.5	4.2	0.21	0.6
10.3	1.1	42	2 200	27.2	1.38	1.12	7.5	4.2	0.25	0.5
11.6	1.25	25	2 100	27.2	1.42	1.12	7.5	6.9	0.45	0.5
C₃H₈-空气										
2.86	0.7	28	1 870	27.2	1.16	1.18	6.4	7.1	0.42	0.4
3.64	0.9	35	2 170	27.2	1.18	1.19	7.5	5.5	0.24	0.7
4.02	1.0	40	2 240	27.2	1.19	1.20	7.8	4.8	0.19	0.8
5.08	1.28	27	2 120	27.2	1.21	1.20	7.8	6.9	0.17	1.3
5.52	1.40	17	2 030	27.2	1.22	1.21	7.5	10.8	0.20	1.6
5.91	1.50	12	1 830	27.2	1.23	1.21	6.9	16.4	0.25	1.8

① 压力为 0.101 MPa，T_u=300 K。

② 化学计量成分分数=(%燃料/%O₂)/(%燃料/%O₂化学计量成分)；化学计量成分燃烧为 CO_2 和 H_2O。

表 5-7 按起始火焰以金属丝稳定火焰脱火时数据和熄灭距离分别求得的 K 值的比较[①]

CH$_4$,化学计量成分分数	0.6	0.7	0.8	0.85	0.9
按脱火求得的 K 值	2.0	1.8	1.6	1.3	—
按熄灭距离求得的 K 值	—	1.1	0.8	—	0.8

① 甲烷-空气混合物。

因此,火焰拉伸的概念提供了按相类似条件来考察差别很大的各物系中灭火有关资料的方法。

到此为止,我们仅使用了关于最小火焰直径 d 的数据。现在,我们可以再来考察最低点燃能的实验测定值和按理论研究计算值的关系。

如在 5.2 节中所讨论那样,在质量元通过绝热平面燃烧波时,它靠导热获得热量,直到达到温度 T_1。后来,它将这一热量散失给逆流的质量元,所以在到达热边界时,它已将所有热量散失完,而由于化学释热其温度升高至 T_b。在任一波层 dx 内,单位时间单位面积把导热量 kdT/dx 给予气体容积 S,所以单位容积获得热量 $(kdT/dx)/S$。将温度分别为 T_b 和 T_u 时热和冷边界之间所有的波层 dx 上的该量积分,就求得存储于单位波面积内的总导热量 h。该积分结果近似地用下式表示:

$$h = \frac{k}{S_u}(T_b - T_u) \tag{5-58}$$

这样计算的误差是将 k 看作常数和 S 值以 ρ_u/ρ 倍大于 S_u 所造成的。这两种误差在某种程度上彼此得以补偿,所以上面的 h 近似值虽然有些过大,但是毕竟它与真值的数量级相符合。

图 5-107 将这一概念加以可视化。该图表示这种火焰中的温度分布、总热量分布和传导热量分布。在预热区中,传导热量的分布图与总热量的分布图是一致的;而在反应区中,传导热量逐渐下降为零。其实,在绝热平面波的情况下,总热量和传导热量之间的差额由化学释热所补偿,而在最小火焰的情况下,由于球面几何条件,这是不足以补偿的,要由火花点燃源能来补偿。根据这一概念,理论火花能由下式求得:

$$H_{理论} = \pi d^2 h = \pi d^2 \frac{k}{S_u}(T_b - T_u) \tag{5-59}$$

实验测得的最低点燃能与按式(5-59)计算的最低点燃能的对比,如表 5-8 所示。

这些结果表明,对于高温、燃料和氧或富氧空气的快速燃烧混合物来说,$H_{实验}$ 与 $H_{理论}$ 之间吻合得相当好;而对低温、缓慢燃烧的混合物来说,$H_{实验}$ 就比 $H_{理论}$ 低好多。需要指出,最小火焰模型已考虑到火焰中热能的传递,但没有考虑到由于反应物和反应产物的互扩散所造成的化学能的传递。看来,这种效应在快速燃烧的混合物中是比较次要的,而在缓慢燃烧的混合物中就愈来愈变得更重要了。反应气体从未燃侧向已燃侧扩散,这使化学能的传递与热能的传递相逆,从而使点燃所需的点燃源能减少。在重烃如丙烷的浓混合物中,这就特别明显,这时,氧优先扩散入反应区中,因此使混合物成分移向化学计量

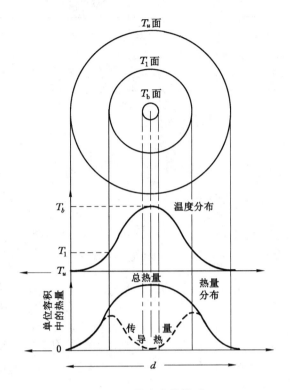

图 5-107　最小火焰模型

成分。正如早提到过那样，随着烃的分子量的增大，即随着燃料和氧的扩散率之间的差值相应地增大，这种效应使图 5-63 中的点燃能曲线的最低值愈来愈移向浓侧。这种效应同样也会产生在 5.11 节中讨论过的胞状火焰。

将式(5-59)与式(5-27)、式(5-57)联立，则得：

$$H_{理论} = \frac{\pi}{4} d^3 K c_p \rho_u T_u (1 - T_u / T_b) \tag{5-60}$$

在这些实验中，T_u / T_b 比 1 小，c_p 和 ρ_u 也没有很大的变化。因此，式(5-60)表明 $H_{理论}$ 大体上与 d^3 成正比。因为，对于高温、快速燃烧的混合物来说，$H_{理论}$ 与 $H_{实验}$ 吻合得相当好，而对于低温、缓慢燃烧的混合物来说，$H_{理论}$ 又变得太大，所以式(5-60)对 $H_{实验}$ 值并不适用；相反，所预料的 $H_{实验}$ 与 d 曲线关系的指数还小于 3。正如图 5-108 所示，这种情况是确实的，该图是表 5-9 中所列数据延伸值的双对数坐标图。曲线是通过这样的一些点画出来的，这些点位于高温、快速燃烧的混合物的范围内(即在 H 值很低和 d 值很小的情况下)，其斜率近似为 3。从图可见，随着曲线从高温、快速燃烧的混合物穿到低温、缓慢燃烧的混合物(即在 H 值很高和 d 值很大的情况下)，其斜率逐渐减小到稍低于 2。

表 5-8　最低点燃能的实验值和理论值的对比[①]

CH$_4$-O$_2$				
CH$_4$ 含量/%	10	15	25	40	50
$H_{实验}$/mJ	25.10	7.95	4.18	18.00	397.48
$H_{理论}$/mJ	121.34	28.45	9.21	18.25	485.34

C$_3$H$_8$-O$_2$				
C$_3$H$_8$ 含量/%	7.4	13.1	19.3	21.9	22.7
$H_{实验}$/mJ	5.86	2.01	2.72	3.10	3.89
$H_{理论}$/mJ	9.21	3.68	5.44	6.69	13.39

CH$_4$-O$_2$-N$_2$,化学计量成分分数=1.1				
CH$_4$ 含量/%	35.5	26.4	21.5	16.1	10.3
N$_2$/O$_2$	0	0.5	1.0	1.86	空气
$H_{实验}$/mJ	10.04	22.18	37.66	83.68	460.24
$H_{理论}$/mJ	10.88	18.41	34.73	112.97	2414.17

H$_2$-空气			
H$_2$ 含量/%	20	30	40	57
$H_{实验}$/mJ	25.94	18.83	27.61	205.02
$H_{理论}$/mJ	75.31	41.84	50.21	263.59

CH$_4$-空气					
CH$_4$ 含量/%	6.84	7.76	8.62	9.50	10.3	11.6
$H_{实验}$/mJ	753.12	418.4	301.25	301.25	460.24	1673.6
$H_{理论}$/mJ	7656.72	2602.45	1807.49	1707.07	2414.17	12426.48

C$_3$H$_8$-空气					
C$_3$H$_8$ 含量/%	2.84	3.64	4.02	5.08	5.52	5.91
$H_{实验}$/mJ	217.52	585.76	384.93	246.86	259.41	292.88
$H_{理论}$/mJ	8451.68	2573.16	1497.87	1665.23	3476.90	6807.37

① 在室温和 1 atm 压力下。

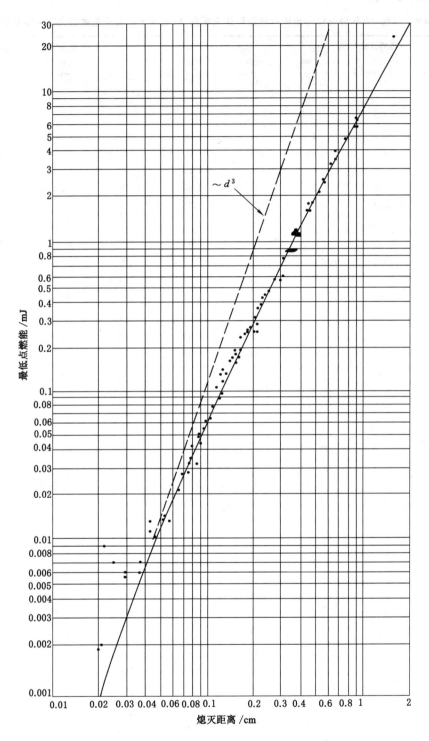

图 5-108　各种不同燃料-氧-氮混合物的最低点燃能与熄灭距离的关系

数据取自表 5-9。

表 5-9　燃料-氧-氮混合物的最低点燃能和熄灭距离(极距等于熄灭距离时的火花电压和电容)

燃料名称	燃料含量 /%	$\dfrac{n_{O_2}}{n_{O_2}+n_{N_2}}$	压力 /kPa	火花电压 /kV	电容 /pF	最低点燃能 /mJ	熄灭距离 /cm
丙烷	5.0	0.21	10	6.05	1 280	22.7	1.62
丙烷	5.0	0.21	20	6.35	276	5.56	0.955
甲烷	9.5	0.21	20	4.20	730	6.43	0.914
氢	65.0	0.21	33	6.50	250	5.28	0.900
甲烷	12.5	0.21	100	15.0	57.0	6.41	0.899
乙烷	6.5	0.21	20	4.55	450	4.70	0.787
甲烷	9.5	0.21	25	4.60	378	3.40	0.682
氢	70.0	0.35	20	3.70	556	3.80	0.673
氢	55.5	0.21	20	4.10	376	3.16	0.635
氢	60.0	0.21	33	5.60	156	2.45	0.590
氢	75.0	0.35	33	5.00	190	2.12	0.571
氢	64.0	0.21	50	7.00	80.0	1.96	0.508
甲烷	9.5	0.21	33	4.60	198	2.00	0.508
乙烷	8.0	0.21	33	6.80	84.0	1.94	0.508
丙烷	14.0	0.35	50	5.90	14.0	1.91	0.508
乙烷	6.5	0.21	33	6.50	84.0	1.77	0.483
氢	10.0	0.21	20	4.30	176	1.62	0.482
氢	50.0	0.21	20	4.20	180	1.60	0.480
甲烷	20.0	0.35	33	6.15	90.0	1.73	0.457
乙烷	4.0	0.21	100	15.1	14.0	1.58	0.457
丙烷	5.0	0.21	33	6.05	98.0	1.79	0.445
氢	60.0	0.35	20	3.15	226	1.12	0.406
氢	70.0	0.35	33	3.80	144	1.04	0.381
甲烷	9.5	0.21	50	3.25	80.0	1.10	0.381
乙烷	8.0	0.21	100	13.0	14.0	1.18	0.381
乙烷	25.0	0.50	33	5.30	82.0	1.15	0.381
氢	15.0	0.21	20	3.65	130	0.87	0.380
乙烷	30.0	0.67	20	3.41	190	1.10	0.368
乙烷	6.0	0.50	20	3.10	194	0.93	0.350
氢	10.0	0.21	33	5.10	58.0	0.75	0.350
氢	80.0	0.50	33	3.60	132	0.85	0.343
乙烷	8.0	0.35	20	3.30	164	0.89	0.343
乙烷	12.0	0.35	20	3.47	146	0.88	0.343
乙烷	11.0	0.35	20	2.20	154	0.79	0.325
氢	40.0	0.21	20	3.30	128	0.70	0.320
氢	20.0	0.21	20	3.45	100	0.60	0.320
乙烷	10.0	0.35	20	3.00	160	0.72	0.318
乙烷	15.0	0.35	33	4.35	80.0	0.76	0.318

表 5-9(续)

燃料名称	燃料含量 /%	$\dfrac{n_{O_2}}{n_{O_2}+n_{N_2}}$	压力 /kPa	火花电压 /kV	电容 /pF	最低点燃能 /mJ	熄灭距离 /cm
甲烷	9.5	0.21	67	8.30	23.0	0.79	0.318
氢	57.0	0.21	50	5.00	58.0	0.72	0.312
氢	30.0	0.21	20	3.35	100	0.56	0.305
乙烷	4.5	0.21	100	10.6	12.0	0.67	0.305
氢	64.0	0.21	100	10.0	13.0	0.65	0.304
乙烷	18.0	0.35	100	9.90	14.0	0.69	0.302
氢	50.0	0.35	20	2.65	164	0.57	0.280
氢	7.0	0.21	100	10.3	5.5	0.58	0.279
氢	10.0	0.21	50	6.0	30.0	0.54	0.279
氢	15.0	0.35	20	3.35	96.0	0.54	0.279
甲烷	7.0	0.21	100	10.5	10.5	0.58	0.277
氢	85.0	1.00	33	3.80	82.0	0.59	0.266
甲烷	30.0	0.67	20	2.65	136	0.48	0.254
甲烷	7.5	0.21	100	9.90	9.0	0.41	0.241
乙烷	5.0	0.35	50	5.46	30.0	0.44	0.241
乙烷	12.0	0.35	33	3.60	58.0	0.38	0.229
甲烷	10.0	0.21	100	9.00	10.5	0.43	0.229
丙烷	12.0	0.35	50	5.20	30.0	0.40	0.229
氢	40.0	0.21	33	3.30	72.0	0.39	0.229
氢	20.0	0.35	20	3.20	74.0	0.38	0.229
丙烷	4.0	0.21	100	9.10	10.0	0.41	0.228
乙烷	7.0	0.35	33	3.50	58.0	0.36	0.224
乙烷	15.0	0.50	20	2.47	110	0.34	0.221
乙烷	14.0	0.50	20	2.50	94.0	0.30	0.216
乙烷	5.5	0.35	50	4.95	30.0	0.31	0.216
乙烷	17.0	0.35	100	8.50	9.85	0.36	0.216
丙烷	10.0	0.50	20	22.0	1.24	0.30	0.216
丙烷	35.0	1.00	50	4.30	30.0	0.28	0.216
甲烷	9.5	0.21	100	8.60	9.0	0.33	0.216
氢	60.0	0.35	33	2.90	80.0	0.34	0.216
氢	70.0	0.50	33	2.75	71.0	0.25	0.216
氢	20.0	0.21	33	4.00	40.0	0.32	0.215
乙烷	5.6	0.21	100	8.50	8.85	0.31	0.211
乙烷	20.0	0.50	33	3.30	58.0	0.32	0.208
乙烷	11.0	0.35	33	3.20	58.0	0.30	0.208

表 5-9(续)

燃料 名称	燃料含量 /%	$\dfrac{n_{O_2}}{n_{O_2}+n_{N_2}}$	压力 /kPa	火花电压 /kV	电容 /pF	最低点燃能 /mJ	熄灭距离 /cm
氢	30.0	0.21	33	3.80	40.0	0.28	0.205
氢	35.0	0.35	20	2.55	96.0	0.31	0.203
氢	90.0	1.00	100	7.20	9.5	0.25	0.203
乙烷	5.0	0.50	100	7.50	9.85	0.28	0.203
甲烷	8.5	0.21	100	7.90	9.0	0.28	0.201
乙烷	12.0	0.50	20	2.15	118	0.27	0.191
乙烷	25.0	0.50	100	7.50	8.85	0.25	0.191
氢	10.0	0.67	33	2.80	72.0	0.27	0.191
乙烷	5.0	0.35	75	5.60	16.0	0.25	0.185
丙烷	5.5	0.21	100	7.25	10.0	0.26	0.185
丙烷	5.0	0.21	100	7.20	10.0	0.26	0.183
乙烷	6.5	0.21	100	7.10	9.95	0.25	0.183
乙烷	6.0	0.35	50	3.90	30.0	0.23	0.178
丙烷	15.0	0.50	33	2.85	58.0	0.24	0.178
甲烷	16.0	0.35	50	4.00	3.0	0.24	0.178
甲烷	8.5	0.21	200	13.0	2.0	0.17	0.165
甲烷	10.5	0.21	250	15.0	2.0	0.23	0.165
乙烷	5.0	0.67	100	6.80	7.85	0.18	0.165
丙烷	20.0	0.67	33	2.65	58.0	0.20	0.165
丙烷	20.0	0.50	100	6.10	10.0	0.18	0.165
氢	57.0	0.21	100	6.10	11.0	0.20	0.165
氢	15.0	0.21	50	3.95	23.0	0.18	0.165
氢	50.0	0.35	33	2.80	46.0	0.18	0.165
氢	15.0	0.35	33	2.75	44.0	0.17	0.165
氢	40.0	0.21	50	3.75	23.0	0.16	0.165
氢	10.0	0.21	100	6.80	7.0	0.16	0.165
乙烷	40.0	1.00	50	3.50	30.0	0.19	0.160
乙烷	24.0	0.50	100	6.60	8.85	0.19	0.152
乙烷	6.0	0.50	50	3.30	30.0	0.16	0.152
丙烷	12.0	0.67	20	1.80	94.0	0.15	0.152
乙烷	8.0	0.35	50	0.290	30.0	0.17	0.147
乙烷	20.0	0.50	50	0.295	30.0	0.13	0.142
丙烷	10.0	0.35	50	3.30	30.0	0.16	0.142
丙烷	5.0	0.67	50	3.00	30.0	0.135	0.140
乙烷	23.0	0.50	100	5.90	7.85	0.135	0.140

表 5-9(续)

燃料名称	燃料含量 /%	$\dfrac{n_{O_2}}{n_{O_2}+n_{N_2}}$	压力 /kPa	火花电压 /kV	电容 /pF	最低点燃能 /mJ	熄灭距离 /cm
氢	20.0	0.35	33	2.90	30.0	0.126	0.140
氢	54.0	0.50	33	2.20	44.0	0.106	0.140
氢	20.0	0.21	50	3.65	16.0	0.105	0.140
甲烷	9.0	0.21	250	13.3	2.0	0.133	0.139
丙烷	6.5	0.35	50	3.10	30.0	0.144	0.139
乙烷	6.0	1.00	50	2.96	30.0	0.131	0.135
丙烷	8.0	0.35	50	3.08	30.0	0.142	0.132
丙烷	4.0	0.35	100	5.9	8.0	0.140	0.127
丙烷	4.0	1.00	100	4.55	12.0	0.124	0.127
氢	70.0	0.35	100	3.70	16.0	0.109	0.127
氢	30.0	0.21	50	3.45	16.0	0.095	0.127
氢	15.0	0.67	33	2.05	44.0	0.092	0.127
氢	70.0	1.00	33	1.90	44.5	0.080	0.127
乙烷	10.0	0.35	50	2.7	30.0	0.126	0.124
乙烷	40.0	1.00	100	5.1	6.85	0.089	0.122
乙烷	30.0	0.67	100	5.1	6.85	0.089	0.122
氢	30.0	0.50	33	2.00	35.0	0.070	0.114
丙烷	20.0	0.67	50	2.65	24.0	0.084	0.109
丙烷	30.0	1.00	50	2.35	30.0	0.082	0.109
丙烷	25.0	0.67	100	4.55	8.0	0.082	0.107
丙烷	12.5	0.67	33	2.0	30.0	0.060	0.106
丙烷	25.0	1.00	33	2.3	30.0	0.079	0.103
氢	15.0	0.35	50	2.65	18.5	0.065	0.102
氢	20.0	1.00	33	2.00	23.0	0.046	0.102
丙烷	6.5	0.35	75	4.1	7.85	0.065	0.101
乙烷	8.0	0.50	50	2.27	30.0	0.077	0.099
丙烷	10.0	0.50	50	3.08	12.0	0.057	0.097
丙烷	14.0	1.00	20	1.47	58.0	0.062	0.097
乙烷	12.0	0.67	33	1.98	30.0	0.058	0.094
乙烷	8.0	0.67	50	2.65	13.0	0.045	0.089
氢	30.0	1.00	33	1.55	26.0	0.031	0.089
乙烷	8.0	0.35	100	4.3	5.1	0.047	0.088
乙烷	6.0	1.00	100	3.5	5.1	0.031	0.088
丙烷	9.0	1.00	33	2.65	14.0	0.049	0.088
乙烷	12.0	0.50	50	1.98	30.0	0.058	0.084
氢	30.0	0.35	50	2.55	12.0	0.039	0.084
乙烷	20.0	0.67	50	2.45	14.0	0.042	0.081

表 5-9(续)

燃料名称	燃料含量 /%	$\dfrac{n_{O_2}}{n_{O_2}+n_{N_2}}$	压力 /kPa	火花电压 /kV	电容 /pF	最低点燃能 /mJ	熄灭距离 /cm
丙烷	12.0	1.00	33	2.27	14.0	0.036	0.081
乙烷	25.0	1.00	33	1.55	30.0	0.036	0.079
乙烷	10.0	0.35	100	3.25	6.35	0.033	0.076
乙烷	10.0	0.67	50	2.27	14.0	0.036	0.076
甲烷	20.0	0.67	50	2.80	8.0	0.030	0.076
丙烷	12.0	0.67	50	2.23	10.0	0.025	0.076
丙烷	9.0	0.35	100	3.40	6.35	0.036	0.076
丙烷	6.0	0.50	100	3.30	5.65	0.030	0.076
氢	40.0	0.21	100	3.80	4.0	0.028	0.076
丙烷	8.0	0.35	100	3.30	6.35	0.034	0.074
丙烷	14.0	0.67	50	2.15	12.0	0.028	0.069
丙烷	25.0	1.00	50	1.45	25.0	0.031	0.066
乙烷	17.0	1.00	33	1.35	30.0	0.027	0.066
氢	30.0	0.21	100	3.10	4.0	0.019	0.064
丙烷	20.0	0.67	100	2.70	5.65	0.020	0.063
丙烷	30.0	1.00	100	2.70	5.65	0.020	0.061
丙烷	14.0	1.00	33	2.11	12.0	0.026	0.061
乙烷	14.0	0.67	50	1.9	14.0	0.025	0.061
氢	80.0	1.00	100	3.05	3.0	0.014	0.058
氢	50.0	0.35	100	2.35	5.0	0.014	0.053
氢	15.0	0.35	100	2.50	4.0	0.012	0.051
乙烷	12.0	1.00	50	1.7	10.0	0.014	0.051
乙烷	12.0	0.50	100	2.45	5.1	0.015	0.051
丙烷	20.0	1.00	50	1.85	9.0	0.014	0.051
乙烷	18.0	1.00	50	1.62	8.0	0.010	0.046
乙烷	20.0	1.00	50	1.6	9.0	0.011	0.043
丙烷	10.0	0.50	100	2.27	5.1	0.013	0.043
乙烷	170	1.00	50	1.55	8.0	0.009 6	0.041
丙烷	14.0	1.00	50	1.7	6.85	0.009 8	0.038
氢	70.0	1.00	100	2.03	3.0	0.006	0.038
氢	40.0	0.35	100	2.65	2.0	0.007	0.038
丙烷	12.0	0.67	100	5.8	1.9	0.006 8	0.030
丙烷	7.0	1.00	100	2.15	2.4	0.005 5	0.030
乙烷	15.0	0.67	100	1.8	3.8	0.006	0.030
乙烷	30.0	1.00	100	1.95	3.8	0.007	0.025
丙烷	16.0	1.00	100	1.32	2.4	0.009	0.022
乙烷	17.0	1.00	100	1.27	2.4	0.000 19	0.020

在 Calcote 等人[79]的实验中，电极为3.18 mm 的不锈钢条，两端呈半球形。在许多实验中，将直径为 12.7 mm 的凸缘固定在阴极上。采用这种结构，两电极可以比 Blanc、Guest、von Elbe 和 Lewis[78]实验中的靠得更近，而不致使火焰熄灭。但是，电极会穿入起始的火焰中，特别是在 H 很大和火焰直径相应地很大的情况下，这会造成热损失，使达到点燃所需的能量增大。所以，应该得出的数据是，在缓慢燃烧混合物的范围内曲线的斜率比图 5-106中所示的相类似数据更大。这已为参考文献[79]中数据（多半是指烃-空气混合物）所证实，还与他们研究中所得 H 和 d 值下绘制曲线的平均斜率为2.48相吻合。相类似地，Ballal 和 Lefebvre[81]曾将直径为 2 mm 的不锈钢电极放在静止或流动的甲烷、丙烷与空气的混合物中，他们得到的数据求得的平均斜率在 3 范围内。

图 5-109 和表 5-10 中由 King 和 Calcote[82]所得到的数据表明，温度对各种燃料-空气混合物的最低点燃能的影响。T_u 增大，使 T_1-T_u 减小，所以燃烧波的温度梯度变大，燃烧

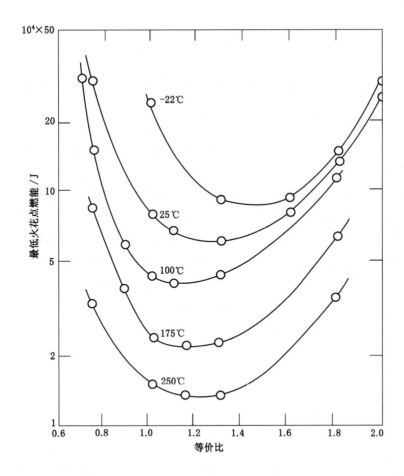

图 5-109　起始温度对正戊烷-空气混合物最低火花点燃能的影响（King & Calcote[82]）

速度 S_u 增大,而最低点燃能和熄灭距离减小。该图表示对烃-空气混合物温度从 $-22\sim$ 250 ℃增高的影响。从图可见,在这一温度范围内,H 减小一个数量级。该表列出了从 0～100 ℃化学计量成分燃料-空气混合物的最低点燃能的数据。注意到,室温下的最低点燃能均大于图 5-99～图 5-105 中的相应值,这一事实反映上面提到的在电极结构方面的差别。

表 5-10　化学计量成分燃料-空气混合物的最低点燃能(King & Calcote[82])

燃　料	点燃能/10^{-4}J		
	0 ℃	25 ℃	100 ℃
氢	0.315	0.28	0.18
乙炔	0.30	0.29	0.21
甲烷	—	7.5	4.6
丙烷	6.7	5.5	3.5
正戊烷	10.1	7.8	4.2
正庚烷	—	14.5	6.7
异辛烷	—	27	11
氧化丙烯	—	2.4	1.5
二硫化碳①	0.86	0.70	0.49

① 数据是在 0.5 atm 压力下获得的。

我们以关于火花点燃的其他工作作一简评来结束这一节的讨论。在某些早期的学术文献中曾认为,火花放电中只有一小部分放电能分给电极间的气体,而绝大部分热量被电极材料所吸收。Roth 等人[83]的一些实验反而证明,在放电后实际上全部火花能都瞬间留在气体中,而且发现气体被电极材料随后冷却的速率在最小火焰扩展所需的估计时间量级内低到可加以忽略的程度。Watson[84]根据对氩中相当大电容火花的观察指出,相当大百分数的能量是以激波的形式从火花隙向四周发射出去。在火花点燃实验中,这种效应由于爆炸性气体有较高的热容量而减至最小,气体热容量较高,会使激波消失,最初就以热量方式留下来。这种效应也由于火花通常比这些研究者所研究的火花小得多这一事实而减至最小。但是,这种效应仍存在,并使所测得的最低点燃能值增大到稍大于传给最小火焰的热量值。Rose 和 Priede[85]采用在电路中加入一系列电阻(延长放电周期,因而使激波形成作用减弱)以及其他方法(如在间隙的几何形状和电极材料方面加以更改),能够使氢-空气混合物的最低点燃能降低到大于由 Blanc、Guest、von Elbe 和 Lewis 与由 Calcote 等所测得的数值。

5.14　其他能源点燃

电火花是非常炽热的快速作用的点燃源。因为电火花的放电时间非常短(约 $10^{-8}\sim$ 10^{-7} s),在放电期末传给气体的能量高度集中,所以能建立起中心处温度极高的非常陡直的温度分布。在火焰扩展过程的初始阶段中,化学释热量不足以维持这种很陡的温度分布,以致温度分布展宽和中心处的温度降低。在由气体的物理化学特性所决定的时间周期内,如果放电能量足够,那么这种温度分布就扩展成为最小火焰的温度分布,因此,火焰以稳态波继续传播下去,而在中心处的温度值约下降到火焰温度。

假使采用例如在比较小火焰扩展时间更长的时间内通以电流的方法来供给相同量的点燃源能量,那么焰核的温度应下降到低于火焰温度,使反应区中的释热量不能与流入预热区的热量支出相平衡,因而火焰要熄灭。但是,如果在更长的时间内连续地通以电流,那么最后温度分布曲线应变得足够宽,且焰核温度高得使反应区内释热量超过流出热量,因而就点燃。

我们挑选出三个相关量来说明如上述的缓慢点燃源点燃阈限的特性。一是总的加热时间(通电流时间),我们称之为临界加热期。二是在这个时间内所释放出来的总能量,我们称之为临界点燃源能量,由它确定电流强度的大小。第三是加热期末的核心温度 T_c,我们称之为临界点燃源温度。这三个量之间关系的一般形式示意于图 5-110。因此,最低点燃能(规定其符号为 h_c)与非常短("零")的临界加热期相对应。相应的临界点燃源温度值将小于火焰温度 T_b。随着临界加热期的延长(相应地,电流强度减小),临界点燃源温度将降低,而临界点燃源能量将增大。按照临界加热期的单位增加量来看,如图所指,这种变化量起始大,而后来逐渐变得较小。温度曲线最后变得很平坦,这与 Arrhenius 定律中所固有的规律相吻合,此规律是指在低温下几度的温度变化就使化学反应速率产生很大的变化。在本物系中,这就

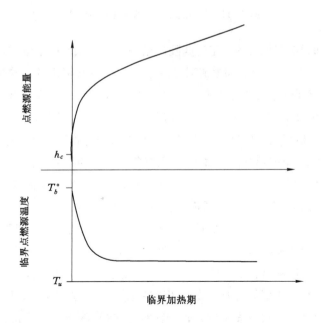

图 5-110　点燃源能量、临界点燃源温度与临界加热期关系的示意圈

意指:在很低的临界点燃源温度下被加热容积中起反应核心内有几度的温度变化就使释热率有非常大的变化。因此,临界点燃源能量即临界加热期的较大变化,这相当于点燃阈限时反应速率有很大的变化,而临界点燃源温度只有很小的变化。

在此,我们从燃气火焰的课题改向讨论用电加热丝点燃固体可燃组分的实验研究[86]是很有益的,因为这使解决测量所含的各种热量的问题简化了。

这些实验是用按标准化生产过程大量制备的引信弹头完成的。这种引信弹头如图 5-111 所示。将一根细金属丝绷紧在一块压板的锯齿形端,并焊在每边盖在压板上的两块黄铜箔上。所用的金属丝直径细至 0.025 mm。用黄铜箔作为使电流通过金属丝的电接触体是很方便的。将火柴头燃药做成一个完全包围金属丝的圆珠,可通电流加以点燃。

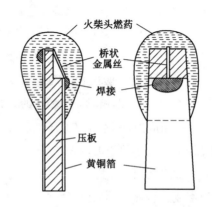

图 5-111 引信弹头的示意图(E. Jones[86])

在用摆锤时间继电器控制的一定时间隔内通一电流。该时间继电器已被调节到时间间隔为 1～60 m。它是根据测定已知电流通过继电器的电量来标定的。同样还用一台阴极射线示波器来测试,以保证电流的通闭确实可靠,且几乎是瞬间的。在将继电器调节到所要求的时间间隔以后,由多次试操作确定点燃所需要的最小电流。因为工业批量生产的引信弹头燃药成分稍有波动,所以对不同试样测定得的最小电流稍有差别。已给定的大批试样的平均着火电流是根据使 20 个引信弹同时着火,以很高的准确度测得的,还规定要进行几次这种试验,并将实验结果外推求得一半试样点燃所需的电流。按电流 i、金属丝电阻 R 和临界加热期 t(通电流的时间间隔)计算出点燃所需的临界能量 $E = i^2 Rt$。

大量实验是用 80% LMNR(硝基间苯二酚铅)+20%氯化物这种燃药完成的,即这种燃药按重量来说是 4 份硝基间苯二酚铅和 1 份被少量硝化纤维黏附住的氯化钾所组成。埋在这种介质中的金属丝用镍铬合金制成。典型的一组数据如图 5-112 所示。从图可见,虽然平均着火电流随着临界加热期的增加而减小,但临界能量 E 仍随之增大。可发现 E 和 t 的关系曲线实际上是一根直线。求得该线与 E 轴的截距为 E 值,约等于 4.1 mJ。大概,这是在非常短的时间内供给很大电流时的临界能量值。我们感兴趣的是,在这种条件下金属丝所达到的温度的数量级。为此，设总热量 4.1 mJ 被金属丝绝热地吸收。根据金属丝的长度为 1.51 mm、直径为 0.042 mm 和镍铬合金的热容量约为 3.85 J/(cm^3 · ℃)计算出温度约为 500 ℃。这是一个相当低的数值，而临界的点燃源温度 T_c（见第 313 页）更要低，因为仅在一部分热量流入邻近介质后才能点燃。根据图 5-110 的示意图得知，随着临界加热期的减小，点燃源能量值应急剧地减小，而 T_c 应增大到相当于介质 T_b^0 值或也许大大地超过它。图 5-112 所示的能量 E 的实验曲线并不表明有这种倾向。可以证明，不应该将曲线外推到非常短的加热期上去，而有几毫秒或更短的加热期的附加实验可以得出，E 曲线的斜率与图 5-110 上部曲线相同。但是，这是根据镍铬合金丝的热容量小得可以忽略，且事实上金属丝吸收了相当大的甚至于更大部分的点燃所需的热量而推测得来的。因此，如果采用在非常短的期间内供给很强的电流方法试图来达到图 5-110 所示的点燃源能量低值，那么必须将金属丝加热到大大地超过该图上低准恒定分枝 T_c 曲线的温度；虽然传给介质的点燃源能量确实减少了，但金属丝中的蓄热量会增大，因而电能的消耗应增大。所以，瞬时加热的 E 值表示金属丝热量和介质中的蓄热量之总和为最小的能量值，正如 Jones 的数据所暗示那样，假如金属丝的熵是这一总量的主要部分，那么金属丝的温度，进而 T_c，必须很低，它相当于准恒定分枝 T_c 曲线的温度。所以我们得到这样的概念，认为在这类实验中点燃阈限时的金属丝温度是一个很低的临界值，在所有的各实验中都能将它近似地

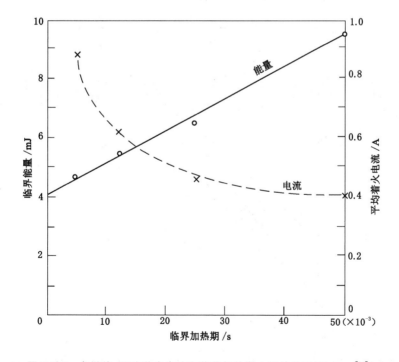

图 5-112　点燃能、平均着火电流和临界加热期之间的关系(E. Jones[86])

当作常数,偏差大约在 10% 以内。因此,临界能量等于将金属丝的温度升高到临界值所需的热量加上金属丝周围物料所吸收的热量。后一种热量包括消耗于金属丝焊接端的热量和金属丝周围环状容积爆炸性介质所吸收的热量。环状容积中的热量按照温度梯度来分布,从临界金属丝温度一直到周围大气温度。临界加热期愈长,在金属丝以外吸收的热量愈大,因而临界能量就愈大。

正如实验所指出那样,因为临界能量对临界加热期的关系曲线用一根直线表示相当精确,所以我们可以写出

$$E = A + Bt \tag{5-61}$$

式中,A 可以称为最低临界能量,而 B 是从金属丝到焊接端和到周围爆炸性介质两种热流的合成速率。显然,A 值应与金属丝的长度成正比,而 B 应由两项所组成,一项表示金属丝末端的热损失,其大小与金属丝的长度无关,另一项表示流向介质的热流,其大小与金属丝的长度成正比。在一切其他条件均不变的情况下, 由 Jones 测得的 A 与 B 两值分别和金属丝长度的函数关系如图 5-113 所示,这完全证实了上面的预测。所以, 我们可以写出

$$A = Gl \tag{5-62}$$

式中,l 是金属丝的长度,G 是每单位长度金属丝的最低临界能量。此外,

$$B = H + Jl \tag{5-63}$$

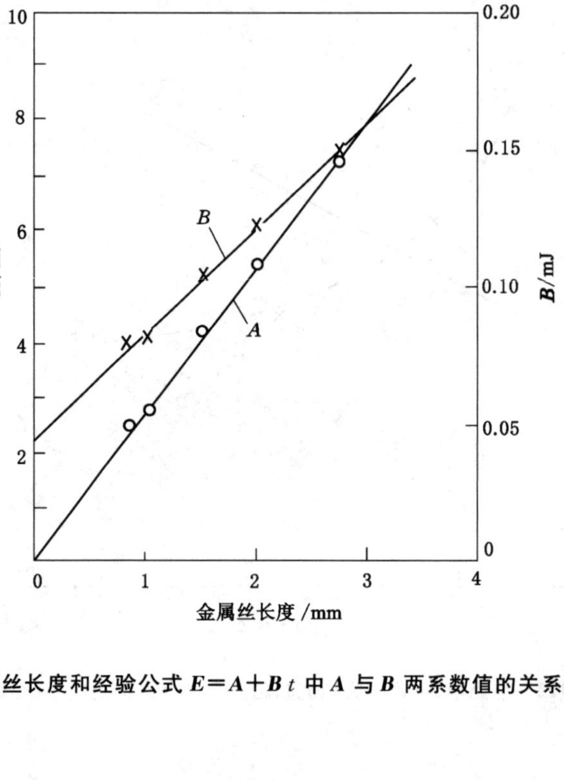

图 5-113　金属丝长度和经验公式 $E = A + Bt$ 中 A 与 B 两系数值的关系(E. Jones[86])

式中，H 是金属丝末端的散热损失率，J 是从金属丝流到单位长度金属丝所用介质的热流率。单位长度金属丝上被介质所吸收的相应热量为 Jt。这并不表示被介质所吸收的总热量，但略高于点燃临界能量为最低即 t 为零时所吸收的热量。后一种热量已包括在 G 这一项中。

因此，可以把 G 这一项分为两部分：一部分表示当临界能量为最低时单位长度金属丝传给爆炸性介质的热量；另一部分表示单位长度金属丝的熵。第二部分应等于乘积$(T_c - T_u)ca$，其中 T_c 和 T_u 分别为临界温度和周围大气温度，c 为每单位体积金属丝材料的熵，a 是金属丝的横截面积；因此，当金属丝的直径逐渐减小时，该项就趋近于零。第一部分并不随着金属丝直径的减小而趋近于零。所以，G 这一项具有如下的形式

$$G = K + La \tag{5-64}$$

式中，K 是被介质所吸收的单位长度金属丝的最低临界能量部分，$L = (T_c - T_u)c$ 是临界温度下单位体积金属丝的熵。图 5-114 所示为由 Jones 对各种不同直径的金属丝所求得的 G 值。图上每一点都是在临界加热期为零和金属丝直径已给定的情况下单位长度金属丝的最低临界能量。从图可见，把各实验点对横截面积作图得一根曲线，实际上是一根直线。从这看来，K 是由该线与 G 轴的交点确定的，而 L 是由该线的斜率确定的。应谨慎处理这种意见，虽然随着金属丝直径的减小，K 并不趋于零，但它当然仍是直径的函数，而实验曲线呈直线型是会使人误解的。热量 K 被分布在单位长度金属丝周围环状容积的爆炸性介质

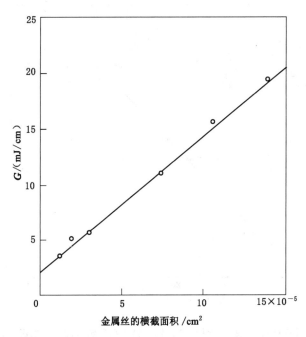

图 5-114　金属丝横截面积和 $G = A/l$（l 为金属丝的长度）之间的关系（E. Jones[86]）

上。当金属丝的直径很大时，圆环的宽度与金属丝半径 r 相比能加以忽略，且 K 应接近于数值 $2\pi rh$，其中 h 是单位面积的过余焓，是一个常数。因此，随着金属丝直径的增大，K 成线性地增大，或与横截面积平方根成正比。当金属丝的直径与圆环的宽度相比变得很小时，K 变得趋于与金属丝的直径无关。因而，随着金属丝直径的增大，K 对金属丝横截面的依赖关系从成零次幂到平方根比例的变化。这种函数依赖关系相当弱，且已被实验点很分散所隐秘起来了，同时若认为 K 是一个常数，则只要它能满足数量级的计算，就不会有很大的错误。基于这一点，我们从图 5-114 求得数值 $K=2.09\times10^{-3}$ J/cm 和 $L=1\,464.4$ J/cm³。镍铬合金的热容量约为 3.85 J/(cm³·℃)，求得临界温度为 $1\,464.4/3.85\approx380$ ℃，这可与前面估计的上限 500 ℃ 相对比。

Jones 继续发表了以相同火柴头燃药和除镍铬合金以外的金属即铜、铅、锡和铂制成的金属丝进行的许多实验。除了用铅丝做的实验碰到一些困难以外，他对每种金属材料都得到相类似的结果，因为都能用公式 $E=A+Bt$ 或

$$E=(K+La)l+(H+Jl)t \tag{5-65}$$

表示，但各系数值是不同的。我们要注意到，临界温度和 K 及 J 的数值应仅是爆炸性介质的函数，且在金属丝材料改变时这也不应变化。另一方面，既然 La 这一项被认为等于 $(T_c-T_u)ca$，所以它应与表示单位长度金属丝热容量的乘积 ca 成正比；同时因 H 被认为表示金属丝末端热损失速率，所以它应与金属丝的热导率成正比。图 5-115 所示的是

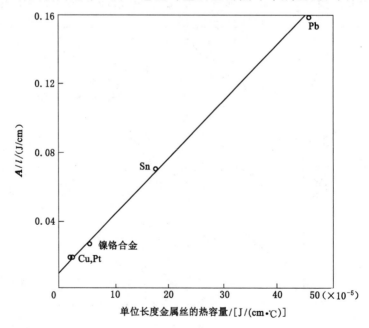

图 5-115　在使用镍铬合金、铜、铅、锡和铂金属丝的情况下，

A/l 单位长度金属丝热容量之间的关系(E. Jones[86])

$A/l=K+La$ 的实验值与 ca 的关系曲线。这一线性关系确实存在，该线与 A/l 轴的截距应是 K，求得数值为 10.46×10^{-3} J/cm，这在数量级方面与前面所确定的数值 2.09×10^{-3} J/cm相当一致。该线的斜率应为 T_c-T_u，求得相当于临界温度为 315 ℃，这可与前面测得的380 ℃相比较。也可认为，这种情况很令人满意地相吻合。图 5-116 所示的是数值 $B/l=H/l+J$ 和金属丝材料的热导率 μ 的关系曲线。铜、铂和镍铬合金的各实验点都落在一条直线上。这些实验点都是用相同长度即 0.14 cm 的金属丝测得的，所以 H/l 这项应仅与 μ 成正比。该线的斜率应为 $H/l\mu$，而该线与 B/l 轴的截距应为 J。此截距值约为0.7 J/(cm·s)。图 5-113 上 J 是用 B 和金属丝长度关系曲线的斜率表示的。求得这一斜率约为 0.4 J/(cm·s)，它与上述数值吻合良好。铅和锡的实验点是用 0.78 cm 长的金属丝测得的，所以此斜率 $H/l\mu$ 应小得多。曾注意到，这两点确实在用其他金属丝测得的曲线之下，而通过这些点不可能作出一条有意义的曲线。锡的 B/l 值约与按对镍铬合金、铂和铜的 B/l 点外推法求得的 J 值相同。这是合理的，因为锡金属丝的长度是其他金属丝的 6.5倍，因此 H/l 这一项非常小。铅的 B/l 值太小，小于 J 值。其原因仍不清楚，但是要注意到 Jones 有关铅金属丝的反常结果的报道。

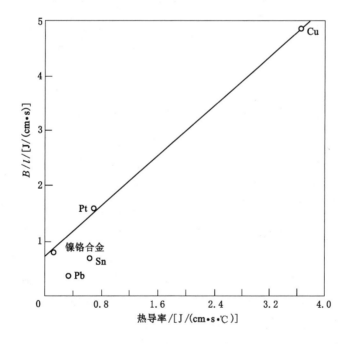

图 5-116　B/l 和金属丝材料的热导率的关系曲线(E. Jones[86])

　　用两种其他火柴头燃药和镍铬合金丝进行一些实验都给出相类似的结果。这种燃药为乙炔铜与按重量为 5 份氯化钾和 1 份桦木炭的混合物。在用几种火柴头燃药下的临界温度和单位长度金属丝的临界过余焓 K 的数值都汇集于表 5-11 中。如果以点燃源的能量和温度

来度量灵敏度,那么这些数据表明所试用的各种火柴头燃药成分中 LMNR/氯化物是最灵
敏的。

表 5-11　采用各种火柴头燃药下的临界温度和临界能量 K 的数值(E. Jones[86])

燃　药	LMNR/氯化物	乙炔铜	木炭/氯化物
临界温度/℃	380	440	740
K/(J/cm)	2.09×10^{-3}	2.5×10^{-3}	4.18×10^{-3}

虽然 Jones 使用很细的金属丝,但是它们的热容量仍然很大,以致不能观察到如图 5-110
上所说明那样,在极短的临界加热期内临界能量曲线急剧地向下翻转和临界温度曲线相应地
向上翻转。显然,为了确定单位长度点燃源的真实的最低点燃能,金属丝的横截面积应大大
地缩小,相应地,加热期应大大地缩短。人们可能不知道真实的最低点燃能的数量级确实有
多大,因为此最低点燃能不仅是对单位长度的圆柱点燃源来计的,而且对真实的点燃源来说
是以热量单位计的。

对于燃气来说,该问题的答案是由电火花实验所提供的,例如,适宜比例的烃-氧混合物
能被电火花所产生的、像 2×10^{-6} J 这样小的能量所点燃,其闪光小得仅在全黑的背景上才能
观察到。对于固体和液体的炸药来说,没有关于电火花点燃数据可用,甚至可以认为最低点
燃能的典型数据也很少,而且用小电火花点燃这种炸药的适用技术尚未研究出来。但是,根
据 Bowden 及其同事[87]关于液体炸药碰撞敏感度工作得出的有关硝化甘油某些令人感兴趣
的数据是很有用的。

撞击敏感度是一种工业试验指标,在实验中将一重物冲落到炸药试样上,并测出点燃所
必需的机械能。至少,对于液体炸药来说,这种实验显然不成功,各个不同观测者所发表的数
值甚至在数量级方面也不一致。Bowden 及其同事指出,液体炸药在其释放出一切痕量的吸
留气体(如空气或氮)时对撞击就变得很不敏感。在这种情况下,产生爆震须有非常猛烈的冲
击,例如,将一层硝化甘油铺溅在砧座上,再用一块金属板盖起来,直接冲击板。另一方面,如
果有一个几乎在显微镜下才能观察到的任一种小气泡吸留在薄膜中,那么轻击就可以产生爆
震。因为像氮、氩和氪这种气体不起化学反应,所以很容易观察到,点燃的原因在于一切气体
的一般特性:气体吸收压缩能远比相同质量的液体大得多;当压缩非常迅速时会达到很高的
温度。显然,必定有气泡尺寸和压缩比的某种临界组合,低于此值就不会点燃,而且如果这些
数值都能确定下来,那么根据绝热压缩定律就可以计算出最低点燃能。

在 Bowden 及其同事所做的某些实验中,爆震是用图 5-117 所示的装置以硝化甘油液
滴引发的。将硝化甘油液滴洒在一块砧座上,并用一个撞针来撞击,撞针上有一个直径小
于 1 mm 的小穴。在每次实验以前,将撞针插入硝化甘油,硝化甘油置换了小穴中除一个
细微的气泡以外的绝大部分空气,这个细微的气泡通常黏附于小穴顶部,直径约为
0.1 mm。有了一个这样的气泡,用 40 g 撞针从像 3 cm 这样低的高度落下来就可获得爆

震,而当气泡被除去时,即使将撞针的质量增加到 4 kg 并将撞针从 1.5 m 高度落下来也不能发生爆炸。除了要有一个气泡存在以外,点燃还与砧座材料的硬度有关。虽然在用黄铜撞针(布氏硬度为 60~80 kg/mm²)落在铅砧座(硬度为 4 kg/mm²)时很易达到点燃,但当砧座用较软的铟(硬度为 1 kg/mm²)制造时就不出现爆炸。砧座材料会因撞击产生塑性变形。铟的平均动态塑变压力是大家都知道的,在低速(约为 50 cm/s)撞击时约为 4 kg/mm²。在相同条件下铅的平均动态塑变压力约为 8 kg/mm²。所以,点燃所必需的最低压力必定在 4~8 kg/mm² 之间,大致分别相当于 40.5~81.1 MPa。初始压力为 0.1 MPa,根据绝热压缩定律利用 $\gamma = 1.40$ 计算出相应的温升分别约为 1 300、2 000 ℃。直径为 0.1 mm 空气泡的质量约为 10^{-9} g,空气的比热 c_v 为 0.71 J/(g·℃)左右,所以在温升 2 000 ℃下气泡中的能量约为 1.26×10^{-6} J。由实验的特点可推断,这个值的数量级与最低点燃能相同,且其值只会偏大,不会偏小。

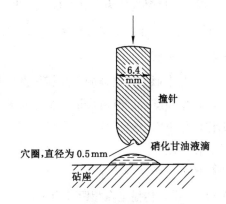

图 5-117　硝化甘油引发爆震用的

带有截留空气泡的撞针

(Bowden,Mulcahy,Vines & Yoffe[87])

　　在另外一系列实验中,使用相同的砧座和撞针技术,但降低了周围大气的压力。曾发现,当压力低到 2.67 kPa 时仍能点燃。在这种压力下,小穴中气泡的初始直径大概又为 0.1 mm 左右,而碰撞使穴中达到最终压力的大小也必定与以前相同,即介于 40.5~81.1 MPa 之间。因此,该气泡的质量约为 10^{-11} g,且根据最终压力约为 60.8 MPa(相当于压缩比约为23 000)的假定计算出绝热压缩温度为 5 000 ℃左右。这得出能量为 4×10^{-8} J 左右,此值仍处于点燃范围内。

　　在另一系列实验中,将硝化甘油夹在两条平行带状物中放在一个平砧座上。带状物用一个非常平的黄铜槌打平,在此过程中,气体在两个液片之间渗入并得以压缩。此时即使在初始空气压力为 13.3 Pa 下也很易点燃。据估计,渗入气体的质量为 2×10^{-11} g,压缩比约为 150 000[88]。因为比热随着温度的升高而增大,所以我们应根据 γ 值大体上低于 1.4 来计算出相应的温度,并应根据 c_v 值大体上高于 0.71 J/(g·℃)来计算出内能。但是,由于采用 $\gamma=1.4$ 和 $c_v=0.71$ J/(g·℃)使误差大部分彼此抵消了。因此,我们计算出最终温度 $\approx$ $9\,000$ ℃,并求得能量值为 1.26×10^{-7} J,这与前面的估计是相吻合的。

令人感兴趣的是要进一步知道,在对照前一节式(5-60)中 H 值下, 如何将硝化甘油最低点燃能的这种实验估算与理论估算相比较。Mulcahy 和 Vines[89]曾确定了在爆震扩展以前硝化甘油薄膜上初始燃烧波的传播速率。他们发现, 燃烧波相对于点燃点以 400 m/s 左右初始速率移动,且在移动了某一距离以后扩展为爆震波,其速度为 2 000 m/s 左右。初始速率 400 m/s 大概包括了燃烧产物膨胀速率,所以燃烧速度应减小到十分之一。设气泡的初始直径为 0.01 cm,压缩比为 600,由于绝热压缩使温度增高 5 倍(这些数字与由小穴撞针所做的原始实验大致一致),则计算得气泡的最终直径稍高于 2×10^{-3} cm,或 $d^2\approx5\times10^{-6}$ cm^2。硝化甘油热导率数据不可用,可用甘油数据代替,其值约为 $2.51\times$ 10^{-3} J/(cm·s·℃)。可以估算出火焰温度约为 4 000 ℃。因此, 利用式(5-59),我们得到

$$H = \pi\times(5\times10^{-6})\times(2.51\times10^{-3})\times(4\times10^3)/(4\times10^3)\approx4\times10^{-8}\quad \text{J}$$

在数量级上,此值与实验数据是一致的。

这种能值的确非常小,初看起来似乎与这样的事实相矛盾,即液体炸药能大量装卸和运输, 甚至能承受不太危险的轻振和撞击。但是, 正如上述实验中气泡渗入彼此立即贴合的两固体表面之间的情况那样,靠小气泡绝热压缩来点燃需要在极短的时间 (也许为几微秒左右)内建立起很高压力。在一般装卸过程中不会出现这种情况。

我们预计, 硝化甘油火焰的熄灭距离的大小约与初始火焰直径相同, 即为 10^{-3} cm 左右。Mulcahy 和 Vines[90]确实曾指出, 传播是在相距仅为 10^{-3} cm 左右的两固体表面之间硝化甘油中进行的。

采用这类炸药将难于把热线法改进到测量最低点燃能所要求的程度。因为必须把金属丝直径拉得比熄灭距离还小, 所以这种实验碰到的技术困难相当艰巨。另一方面, 较稀的爆炸性气体的熄灭距离就大得很适当, 它似乎提供机会使热线法测定最低点燃能与火花实验获得的进行比较。

Stout 和 Jones[91]曾把前述[86]的热金属丝法推广到用来研究大气压力和室温下两种爆炸性气体的点燃,一种为含 11%甲烷和空气的混合物,另一种为含 20%氢和空气的混合物。曾使用图 5-111 所示结构的引信空弹头, 即将没有爆炸性物质的引信空弹头绑在金属丝上,该金属丝置于用爆炸性气体充满的圆形小容器中。与以前一样,取乘积 i^2Rt(其中,i 是电流,R 是金属丝的电阻,t 是临界加热期)为临界能量。用很高电压的电源供能,并用很大的外加电阻来控制电流。因为点燃丝的电阻仅占全电路总电阻的极小分数,所以其电阻随温度升高而增大不会使电流有重大的改变。但是,电阻的增大使临界能量稍大于按乘积 i^2Rt(其中 R 按冷电阻取用)计算出来的数值。曾使用 1.5 mm 长的镍铬合金丝,其直径在 0.014~0.043 3 mm

的范围内。与以前一样,每次实验使用了大量的引信空弹头,并测得平均着火电流与 50% 点燃概率相对应。图 5-118 所示为在各种不同的金属丝直径下临界能量和临界加热期的关系曲线。在甲烷混合物的线图上,某些曲线是不完整的,且没有绘出直径为 0.014 mm 金属丝时的曲线。这是由于较长的加热期和很细的金属丝不能点燃的缘故。幸而,在使用氢混合物时没有碰到这种麻烦。在图 5-118 上还包括一组线图,它们表明当引信空弹头周围为空气包围时金属丝熔化所需的临界能量。实验方法仍与以前相同,以金属丝在加热期末是否熔化作为判据。熔化能的大小当然与周围气体的热导率有关。因此,引信空弹头在纯甲烷中的熔化

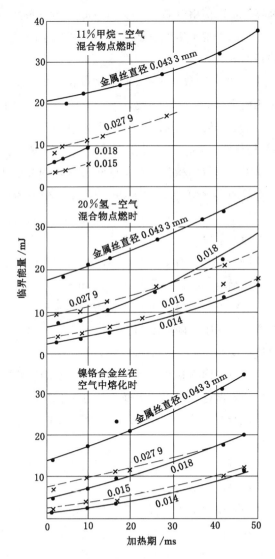

图 5-118　用炽热镍铬合金丝点燃甲烷-空气和氢-空气混合物时和镍铬合金丝在空气中熔化时,
临界能量和加热期的关系(Stout & Jones[91])

能值稍大一些,这与这种气体热导率较高是相一致的。但是,11％甲烷-空气混合物的热导率仅比空气稍大(2％),而且在加热期内气体中或许会释放出一些热量使金属丝的散热速率有所降低。因为图 5-118 所示甲烷-空气混合物点燃时的临界能量大体上高于空气中的熔化能,所以力图得出这样的结论,即认为除了加热期很长和金属丝又非常细的情况以外,金属丝在出现点燃以前已熔化了,但电流继续流到出现点燃为止。

在金属丝熔化后短时间内继续有电流是不足为奇的,因为在金属丝熔化分裂为许多小粒且它们分离的瞬间金属粒间所形成的电弧熄灭以前电流并不中断。当临界加热期延得太长时,金属丝在给出临界能量以前就烧毁了,从而不能点燃,而且,金属丝愈细,这种烧毁过程就愈迅速。因此,我们了解了甲烷点燃实验中点燃现象的特点,就可以像有效临界点燃能那样来解释所获得的资料。

11％甲烷-空气混合物的熄灭距离约为 3 mm,所以长为 1.5 mm 的熔化丝处在初始焰球范围内,且仅有支持压板会有些干扰。因此,要研究的有意义的量显然是金属丝的总能量,而不是单位长度金属丝的能量。根据 Stout 和 Jones 对数据的处理方式,我们将图 5-118 的曲线外推到零加热期,并作出各种不同尺寸金属丝的临界能量外推值和金属丝的热容量(即金属的体积乘以单位体积镍铬合金的热容量)的关系曲线。此外,我们再引入最低点燃能,按火花实验测得此值为 1.00×10^{-3} J,用它来表示点燃源的热容量为零时的临界能量。正如图 5-119 所示,各点比较好地聚集在一条直线附近。从表面上看,该线上的点应表示最低点燃能和被金属丝材料所吸收能量之和;进而这又暗示,金属丝的温度与火焰温度相比是很高的(见下述),而按外推到零加热期方法求得的临界能量值其实是表示与瞬间加热情况相应的能量值。我们必须承认,Stout 和 Jones 的数值可能有误差,这是因为压板靠近火焰会使它们的临界能量点过高,可惜,不能对这种效应进行修正。出现误差的另一个根源是镍铬合金丝的阻抗随温度的升高而增大;对每种金属丝来说,这种效应所占百分数是相同的,所以图 5-119 所示的能量值应成比例地增大,且该直线应变得更陡。但是,横坐标上热容量的数值也同样是在未考虑到镍铬合金的比热随温度增加而增大这一条件下计算得到的,所以若要做这种修正,则横坐标和纵坐标两者同等地增大,直线斜率变化不大。如果我们假定,所有这些效应都是次要量级的,那么直线的斜率应表示金属丝的温度。曾测得此温度为 2 300 ℃左右,这可与火焰温度为 1 880 ℃左右相比较。用相类似的方法,作出熔化能的外推值和金属丝热容量的关系,得一条直线,其斜率应是镍铬合金的熔点温度。Stout 和 Jones 测得,这一斜率大致相应于 1 200 ℃,可与熔点温度 1 350 ℃相比较。若考虑到所包含的一切因素,这种吻合情况就相当令人满意。

很高的金属丝温度,相当或甚至大大超过火焰温度,这一点本身就意味着:外推的临界能量实际上相当于金属丝瞬间加热的情况;火焰扩展比较缓慢,介质从金属丝取得的能量仅为最低点燃能。Stout 和 Jones 所获得的数据证实了这个结论。例如,使用直径为 0.015 mm 的金属丝时,求得与加热期为 2.02 ms、4.26 ms 和 10 ms 相应的临界能量分别为

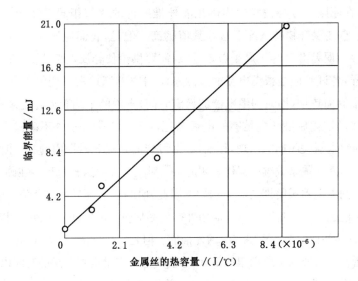

图 5-119 在极短"零"加热期下的临界能量与点燃用金属丝热容量的关系(11%甲烷-空气混合物)

金属丝点燃的数据取自 Stout & Jone;

火花点燃(零热容量)的数据取自 Blanc, Guest, von Elbe & Lewis[78]。

3.2 mJ、3.66 mJ 和 5.14 mJ。这相当于加热期每增加 1 ms,临界能量就增大 0.2 mJ 左右。因此,若加热期从零增大到 1 ms,则将临界能量的增量加上最低点燃能,其总和就表示金属丝传给气体的总能量。但是,最低点燃能为 1.00×10^{-3} J,或者说,最低点燃能为临界能量增量的 5 倍,所以临界加热期像整整 1 ms 那样大就早已足以当作"瞬间"加热来考虑,且外推到零加热期就显得十分可靠。

虽然 Stout 和 Jones 所测得的甲烷-空气混合物数据得到如此圆满的解释,但是他们所测得的氢-空气混合物数据就显得相当混乱。我们从图 5-105 查得,氢-空气混合物的最低点燃能仅为 0.025×10^{-3} J 或为甲烷-空气混合物的 1/40 左右;而至今所测得的临界能量全都大于甲烷-空气混合物的临界能量。这对使用细金属丝来说特别正确;此时还出现如甲烷混合物时所观察到的不能点燃而失败的情况。所以,我们认为在氢-空气混合物的情况下,点燃是由于金属丝的熔化而引起的。在此瞬间所形成的小电弧虽很小但却是高度集中的能源。尽管点燃这种混合物所需的能量比点燃甲烷-空气混合物要小得多,但必须使能量高度集中才能有效。这种要能量高度集中的条件在使用这种电弧时就碰到了。根据这种假定,在氢-空气实验中的金属丝温度不会增大到显著超过镍铬合金的熔点,而这一温度太低,可利用的热量即使已超过最低点燃能好多,也不能将混合物点燃。出现点燃仅表明,金属丝已熔化,小电弧已形成。因此,临界能量曲线真实示明的,仅是 20%氢-空气混合物中熔化能,加上以电弧形成时电流消耗量表示的附加能。这两项能量相比,后者小于前者,而将曲线外推到零加热期时的能量值,在原则上应与按空气中熔化能外推所得的数值相同。Stout 和 Jones 所得的数据表明,在氢-空气混合物的情况下这些数值稍高。但是,我们应该注意到,在这种混合物的实验中可能存在误差源。为了产生点燃电弧,需要供给使金属丝熔化更大的电流。正如前面早已指出那样,各试验应当根据电流通过的总时间内电流切实不变的条件来安排。因此,根据对一给定临界加热期(即时间继电器的设定时间)来说的平均着火电流来选定电流,该电流确实是在金属丝熔化后可产生足够的电弧来把混合物点燃。这并不确保金属丝熔化和产生电弧都在时间继电器关闭期末出现,相反,更多可能的是在此时期内的某一时刻或在对电流早已停止后的某时间间隔来说继电器仍关闭的某一时刻会发生这种过程。在临界能量计算中,临界加热期按时间继电器关闭期的时间选取。因此,所测得的临界加热期值大于其实际值,且计算所得的熔化能也太大。这种偏差不能用外推到零加热期的方法来消除,所以,如已知那样,氢-空气混合物时的外推值要大于空气时的外推值。但是,在这种情况下,对氢-空气混合物的数据做进一步分析似乎无所获。所期望的是,用示波器记录在继电器关闭的时间内出现的现象。

我们来稍加详细地讨论 Jones、Bowden 及其同事与 Stout 和 Jones 所进行的一些实验,因为它们不仅供给有价值的数据,而且也示明了各种条件的极限范围,并提供了在点燃能研究中所碰到的各种可能性和失误的范例。其他的一些有益的报道是从用大炽热体点燃爆炸性气体的实验得到的。

这种大炽热体,在其温度被加热到低于火焰温度时,首先把热量传给气体,然后,由于化学反应的进行而使邻近气层的温度上升到超过该物体的温度,它又吸收来自气体的热量。如果该物体表面具有催化性质,那么在靠近物体的气层中化学反应得以迅速进行;但是,反应热已输入固体材料,使炽热体与爆炸性介质被一层较冷的惰性已燃气体所隔离。如果该物体表面不具有催化性质,那么化学反应就进行得较缓慢,且能沿四周较深地穿入物体。因为较远的各层传给物体的热量较少,所以在非催化表面的情况下燃烧波的扩展比催化表面的要容易。这种效应的示意说明如图 5-120 所示。

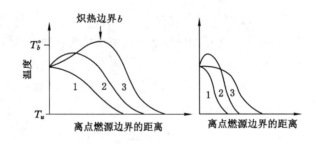

图 5-120 靠近大炽热体表面的爆炸性介质中的各相继阶段的示意说明

阶段 1—点燃源边界的零温度梯度;
阶段 2—点燃源边界已建立起炽热边界;
阶段 3—炽热边界已移入介质中。
左图:非催化表面;右图:催化表面。

Coward 和 Guest[92] 及 Guest[93] 曾在一个大爆炸室中用电加热金属带状物。爆炸性气体混合物是由天然气（93.2％甲烷、3.3％乙烷、2％高级烃及 1.5％氮）和空气所组成。将金属带状物足够迅速地加热到点燃点，以避免气体混合物的成分有任何可观的变化。曾用固定在金属带状物中心的一热电偶来观测温度的上升，并注视出现点燃时的温度。因为在中心和支持端之间有温度梯度存在，所以所测得的温度代表带状物长度上的最高温度。绝大部分的实验都是用镍和铂进行的。如下面要引用的一些试验[94] 所证实，镍为非催化表面，而铂为催化表面。

将每种金属棒置于含 8.75％天然气-空气混合物中，在 1 050 ℃的温度下加热 20 min。此加热温度约比镍条的点燃温度低 30 ℃。铂条产生了除未测定的 H_2O 外约有 2％CO_2 和 0.2％CO，而镍条仅产生了 0.07％CO_2、0.36％CO 及显著量的甲醛。CO 量多于 CO_2 量，同时有甲醛出现，这是甲烷气相链反应的特征（见第 5 章）。因此，看来镍条导致气相链反应，而很少有或者没有表面催化作用；反之，使用铂条，几乎全是表面催化反应，因为没能检出甲醛，且 CO_2 产量比 CO 要大得多。在作碳氧化物总产量的比较时，要注意的是铂催化反应比气相链反应要迅速得多。相应地还观察到，当铂条放在含≥9％的天然气的混合物中加热时，虽没有点燃现象出现，但铂条的温度以突然加速的速率上升。在使用镍条时就没有观察到这种效应，要注意的是镍已带上一薄层造成其钝性的氧化层。典型的实验结果如图 5-121 所示。图中下面的曲线表示用水平放置的镍条所得到的点燃温度。镍条片厚 1 mm、宽为 12.7 mm 和长为 101.6 mm；上面的曲线表示相同尺寸同样方式放置的铂条所得到的点燃温度。业已证实，镍的温度在各顺序实验中是可重现的，而铂的温度似乎有颇大的变化，但它总是高于镍的温度，且通常具有如图所示的很明显的最大值，此最大值与

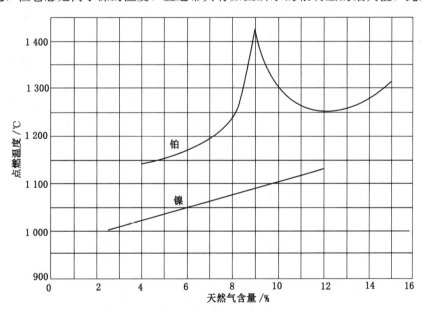

图 5-121　用镍和铂加热条点燃天然气-空气混合物（Coward & Guest[92]）

化学计量成分的燃气-空气比相对应。相类似的结果也曾在使用被铂和铑覆盖的镍条时获得过。"铂"温度曲线的最大值表明,催化反应速率在化学计量混合物成分下达最大值。

在这类实验中,炽热气体重力浮升所形成的对流气流起很重要的作用。因此,爆炸性混合物流过炽热的金属带状物受时间的限制,在这个时间内容积元处于与炽热金属热接触之中。可以推测到可能有两种效应:在金属开始作为热汇前燃气应脱离金属,且在温度低于对流被制止时所得温度下出现点燃;或者,燃气会迅速地通过炽热金属带状物,以致燃气所得到的热量少于静止条件下应得到的热量,且点燃温度也升高。Guest[93] 所做的实验证实,上述后一种效应反映实际情况,因为装置作任何一点修改都会使对流减弱,同样也使点燃温度降低。例如,在该金属条的上面或下面装设屏蔽物时,曾观察到点燃温度降低。对该金属条绕流的燃气量的控制是装置在该条上面或下面的风机和缝隙式喷嘴完成的。当燃气笔直地逆对流气流方向朝下流动时,在喷嘴平面上燃气速度为 0.30~0.61 m/s 下的点燃温度为最低。以后,随着燃气速度的增大,点燃温度将超过实验操作中不用风机时所观察到的数值。当喷嘴装在该金属条的下面时,在任何流域内所观察到的仅是点燃温度升高。

有关流动燃气点燃的其他实验将在下一章(第 401~410 页)中再作论述。

5.15 密闭容器中的燃烧波

除偶尔说明密闭管中燃烧波(见第 270~271 页)外,至今我们考察过能自由膨胀的已燃气体,即考察过在定压下发生的燃烧过程。在密闭容器中,燃烧波的传播伴随有压力升高和质量流量增大,燃烧波首先是离开点燃源,而后又朝向点燃源。这些效应使燃烧波的传播过程相当复杂,值得加以详细分析。

图 5-122 和图 5-123 中所示的例子就是在中心点燃的玻璃球中一氧化碳-空气混合物内燃烧波的传播过程[94]。它们都是以一定间隔的固定照相机摄得的直摄快照。如 5.11 节中所述,在这种混合物中的传播是各向同性的,且如所预期那样,燃烧波形成了规则的同心圆薄壳层。在图 5-122 上,传播相当快,以致炽热已燃气体的对流上升作用不太显著,燃烧波在所有各点实际上同时到达器壁。在轮廓线上能观察到一些局部的不规则现象,这大概是一些不重要原因(如玻璃泡的光学缺点)所造成的。在图 5-123 中,所用的是一种非常浓的缓燃混合物,相当强的对流上升作用是很明显的。

玻璃球中一氧化碳-氧混合物内燃烧波传播的时间记录如图 5-124 所示[95]。该照片是采用与图 5-2 中肥皂泡记录相类似的方法在运动底片上连续摄影记录而得。相对于器壁的波速降低,如火焰轨迹的弯曲轮廓线所示。

燃烧波缓慢运动虽使压力不断增大,但确保任一瞬间压力在整个容器处实际上均等,在快速燃烧混合物中压力波约在过程接近结束时才出现例外。在氢及其他气体燃料与过量氧的缓慢燃烧混合物中出现的一些特殊的例外现象将放在第 336~339 页讨论。随着火焰的

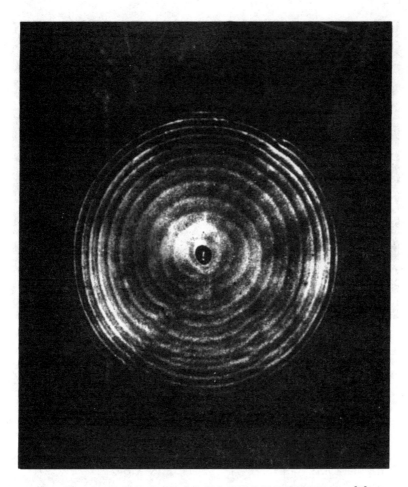

图 5-122　中心点燃的球形玻璃容器中连续快摄的火焰照片（Ellis[94]）

推进，温度也像已燃气体压力那样按绝热压缩规律增大，因而使燃烧速度增大。这种过程的特点在于已燃气体中所建立起来的温度梯度，即出现点燃点处的温度为最高，而波表面处为最低。采用考察过程的初始和终了阶段的方法就很易理解关于温度梯度的解释。在点燃点处，燃气在压力（即初始压力 P_i）实际上不变的情况下由膨胀而燃烧、边膨胀边燃烧。由于容器中其余气体的燃烧，这些气体就突然被压缩到几乎为其原有的体积。后者的压缩功大于前者的膨胀功，因为点燃点处气体的压缩是在压力从 P_i 不断地增大到最终压力 P_e 下发生的，而膨胀是在最低压力 P_i 下发生的。反之，最后一部分烧掉的气体首先在从 P_i 升至 P_e 的压力下被压缩，然后由于在压力 P_e 下燃烧而膨胀到接近于其原有的体积。后者的膨胀功显然大于前者的压缩功。因此，最后烧掉的气体损失某些能量，而最早烧掉的气体获得超过其释放出来化学能的能量。结果从最后烧掉部分到最初烧掉部分建立起来不断增大的温度梯度，温度总计达摄氏几百度[96]。上述考虑也适用于仅有一部分组分烧去时求

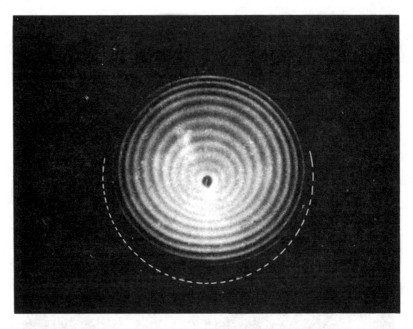

图 5-123 一氧化碳缓燃火焰中的对流上升现象(Ellis[94])

该过程任一阶段已燃气体的体积。温度梯度应是点燃周围气体重新发光的原因,这种现象在密闭容器中火焰的摄影记录上往往能观察到。肥皂泡或敞口容器中的爆炸就不具有这种效应。这种重新发光现象的例子如图 5-125 所示,许多快速摄影照片是在 15.5 ℃下被水蒸气所饱和的含 32% CO 的一氧化碳-空气混合物爆炸时各不同时间间隔摄得的。从图可见,燃烧波是一个光亮的发光区,由于摄影机所摄的发光区景深较大,所以照片上周边光较强。当中心处的气体重新压缩变得很明显时,即在第 4 张底片以后,在中心处就出现了一个明亮的辉点,并在第 7~12 张底片的冷却期内这种现象仍继续存在。

Flamm 和 Mache[40,98] 曾对此进行过量化分析,论述过任何时刻下压力与已燃气体的数量及体积的关系,用它来计算在过程任一阶段时燃烧速度和温度分布。在该论述中,曾假定没有器壁的热损失,且设燃烧波是一个跃变面,横穿它发生从未燃状态到已燃状态的变化。

在下面所给出的方程式中,下标 i(initial)和 e(end)分别指点燃前和完成燃烧后的气体,而下标 u 和 b 分别指燃烧波从中心向器壁推进过程中的未燃气体和已燃气体。点燃前,可燃气体混合物处于压力 P_i 和温度 T_i 下。点燃后,已燃气体占有了被未燃气体所包围起来的核心,此未燃气体已被绝热压缩到温度 T_u。整个容器中的压力为 P。已燃气体占全部气体的分数为 n,它在点燃前为零,而在点燃终了时为 1。在爆炸过程内任一时刻下,该基元分数 dn 实际上在定压 P 下燃烧,其温度为 T_u,而在燃后这个基元中的温度以 T_b 表示。随着压力的升高,这个基元被绝热压缩,它的温度从 T_b 上升到与后续压

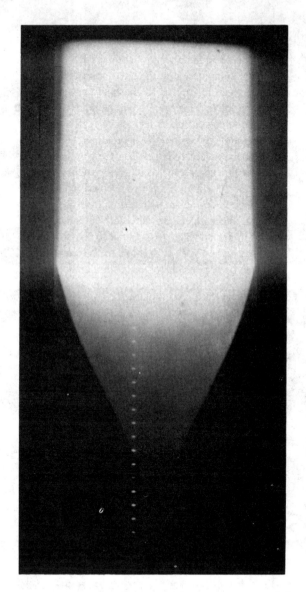

图 5-124　球形玻璃容器内火焰摄影记录(Fiock & King[95])

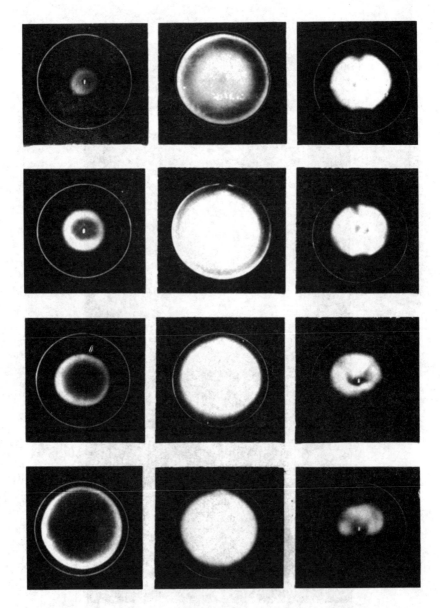

图 5-125 表明中心重新发光的球形玻璃容器中一氧化碳-氧
混合物火焰移动的快速摄影照片 (Ellis & Wheeler[97])

力相应的某温度，可方便地用 T_{bP} 表示。

若 V_{mol} 是 1 mol 气体所占有的体积，则按绝热压缩定律有：

$$F = P^{1/\gamma}V_{mol} = P^{(1-\gamma)/\gamma}RT \tag{5-66}$$

式中，F 是一个常数。

在基元分数 dn 中发生燃烧以前，上式可写为：

$$F_u = P^{(1-\gamma_u)/\gamma_u}RT_u = P_i^{(1-\gamma_u)/\gamma_u}RT_i \tag{5-67}$$

此时曾假定在 T_i 和 T_u 的温度间隔内的热容保持不变。

在基元分数 dn 燃烧后，

$$F_b = \frac{m_e}{m_i}P^{(1-\gamma_b)/\gamma_b}RT_{bP} \tag{5-68}$$

相类似地，假定在 T_b 至 T_{bP} 的温度范围内 γ_b 为常数。m_e/m_i 是完全燃烧后摩尔数和点燃前容器中摩尔数之比。在式(5-68)中，也假定在这种过程内每摩尔未燃气体产生已燃气体的摩尔数保持不变。

因为容器的总体积 V 不变，等于 m_iRT_i/P_i，则：

$$m_iRT_i/P_i = (R/P)\left[m_e\int_0^n T_{bP}\,dn + m_iT_u(1-n)\right] \tag{5-69}$$

式中，右端第一项是已燃混合物分数 n 所占有的体积，第二项是剩余的容器体积。与已燃混合物分数 n 相应的压力 P 严格地说应该用 $P_{(n)}$ 表示。在下面的叙述中符号 P 将按这种意义使用。若引入式(5-67)和式(5-68)，则得：

$$\int_0^n F_b\,dn = (RT_i/P_i)P^{1/\gamma_b} - F_uP^{(1/\gamma_b)-(1/\gamma_u)}(1-n) \tag{5-70}$$

微分得：

$$F_b = F_uP^{(1/\gamma_b)-(1/\gamma_u)} + [(RT_i/\gamma_bP_i)P^{(1-\gamma_b)/\gamma_b} -$$
$$(1/\gamma_b-1/\gamma_u)F_uP^{(1/\gamma_b)-(1/\gamma_u)-1}(1-n)](dP/dn) \tag{5-71}$$

将式(5-71)积分就得与已燃混合物分数 n 相应的容器中压力 P。在这种压力下，式(5-68)中温度 T_{bP} 变成波表面处的温度 T_b，为了获得闭式解，在所有的 n 值下都把 γ_b 和 γ_u 看作常数，且用如下这种近似式来代替函数 F_b。

如果 $C_{v(u)}$ 表示定容下温度 T_i 和 T_u 之间每摩尔混合物的平均热容，那么基元分数在其燃烧前所受到的压缩能等于其内能的增大量，即为 $dnm_iC_{v(u)}(T_u-T_i)$，中心处的基元分数由于在压力 P_i 下燃烧而达到温度 T_{bi}。任一其他基元燃烧可达到更高的温度 T_b，超过中心处基元的能量为 $dnm_eC_{v(b)}(T_b-T_{bi})$，式中 $C_{v(b)}$ 此刻表示定容下温度 T_{bi} 和 T_b 之间已燃混合物的平均热容，因而

$$m_e C_{v(b)} (T_b - T_{bi}) = m_i C_{v(u)} (T_u - T_i) \tag{5-72}$$

因为设 $C_{v(b)}$ 和 $C_{v(u)}$ 为常数，所以得：

$$(m_e/m_i) C_{v(b)} T_b - C_{v(u)} T_u = (m_e/m_i) C_{v(b)} T_{bi} - C_{v(u)} T_i = K \tag{5-73}$$

式中，K 是一个常数。

将式(5-67)、式(5-68)和式(5-73)联立，并记住式(5-68)中 T_{bP} 此刻为 T_b，因 $\gamma - 1 = R/C_v$ 而得：

$$\frac{1}{\gamma_b - 1} P^{(\gamma_b - 1)/\gamma_b} F_b - \frac{1}{\gamma_u - 1} P^{(\gamma_u - 1)/\gamma_u} F_u = K \tag{5-74}$$

若以式(5-74)解出 F_b 并将它代入式(5-71)中，则不可能对闭式方程(5-71)进行积分。正如 Jost[99] 所指出那样，为了使之可能积分，式(5-74)中的系数必定要与 P 指数形式相同，这样我们可写出：

$$\frac{\gamma_b}{\gamma_b - 1} P^{(\gamma_n - 1)/\gamma_b} F_b - \frac{\gamma_u}{\gamma_u - 1} P^{(\gamma_u - 1)/\gamma_u} F_u = K \tag{5-74a}$$

显然，这种替代不会引入很大的误差。式(5-74a)移项后得：

$$F_b = \left[K + \frac{\gamma_u}{\gamma_u - 1} P^{(\gamma_u - 1)/\gamma_u} F_u \right] \frac{\gamma_b - 1}{\gamma_b} P^{(1 - \gamma_b)/\gamma_b} \tag{5-75}$$

代入式(5-71)中得：

$$(\gamma_b - 1) K = -\frac{\gamma_b - \gamma_u}{\gamma_u - 1} F_u P^{(\gamma_u - 1)/\gamma_u} + \left[RT_i/P_i + \frac{\gamma_b - \gamma_u}{\gamma_u} F_u P^{-1/\gamma_u} (1 - n) \right] dP/dn \tag{5-76}$$

因为

$$d\left[P^{(\gamma_u - 1)/\gamma_u} (1 - n) \right]/dn = \frac{\gamma_u - 1}{\gamma_u} P^{-1/\gamma_u} (1 - n) dP/dn - P^{(\gamma_u - 1)/\gamma_u} \tag{5-77}$$

所以式(5-76)就变为：

$$(\gamma_b - 1) K = (RT_i/P_i) dP/dn + \frac{\gamma_b - \gamma_u}{\gamma_u - 1} F_u d\left[P^{(\gamma_u - 1)/\gamma_u} (1 - n) \right]/dn \tag{5-78}$$

若将式(5-78)在 n 到 1 界限间积分，并认为当 $n = 1$ 时置 $P = P_e$（其中，P_e 是这种过程中所达到的最高压力），则得：

$$(\gamma_b - 1) K (1 - n) = (RT_i/P_i)(P_e - P) - \frac{\gamma_b - \gamma_u}{\gamma_u - 1} F_u P^{(\gamma_u - 1)/\gamma_u} (1 - n) \tag{5-79}$$

将式(5-67)代入并移项，得表示未燃气体分数与压力的函数关系的方程式：

$$1-n = \frac{RT_i}{RT_u(\gamma_b-\gamma_u)/(\gamma_u-1)+(\gamma_b-1)K}\frac{P_e-P}{P_i} \tag{5-80}$$

在许多场合下，这个表达式能作如下的适当近似。在 $n=0$、$T_u=T_i$ 和 $P=P_i$ 时，式(5-80)就变为：

$$RT_i\frac{\gamma_b-\gamma_u}{\gamma_u-1}+(\gamma_b-1)K = RT_i\frac{P_e-P_i}{P_i} \tag{5-81}$$

在所有实用的情况下，当代入数值时很易证实 $RT_i(\gamma_b-\gamma_u)/(\gamma_u-1)$ 要比 $(\gamma_b-1)K$ 小，因而，将前一项视为与 $RT_u(\gamma_b-\gamma_u)/(\gamma_u-1)$ 相同也不会引入很大的误差。这就得到近似式：

$$n = \frac{P-P_i}{P_e-P_i} \tag{5-82}$$

该式说明，已燃气体的分数等于总压力升高的分数。

现在将利用式(5-82)推导出中心点燃球形容器中火焰速度(燃烧波对器壁的速度)、燃烧速度和压力升高速率之间的关系式。气体分数 n 因燃烧上升到压力 P，在点燃前它占有容积为 v_i 且半径为 r_i 的球体。因此：

$$\frac{r_i}{a} = \left(\frac{P-P_i}{P_e-P_i}\right)^{1/3} \tag{5-83}$$

式中，a 是容器的半径。

燃烧完时该分数 n 所占有的容积为体积 v_b 和半径 r_b 的球体。v_b 是按从容器容积扣除残余未燃气体的体积求得。因此：

$$v_b = V-m_i(1-n)(RT_u/P) \tag{5-84}$$

从而

$$\frac{r_b}{a} = \left(1-\frac{P_i}{P}\frac{T_u}{T_i}\frac{P_e-P}{P_e-P_i}\right)^{1/3} \tag{5-85}$$

T_u 由下式给出：

$$T_u = T_i(P/P_i)^{(\gamma_u-1)/\gamma_u} \tag{5-86}$$

现在，火焰速度和燃烧速度可很容易地按如下方法从爆炸时的时间-压力记录图上求得。火焰速度是用标出从式(5-85)中求得的 r_b 值作为时间的函数的关系图、再求得斜率 dr_b/dt 的方法来确定的。为了求得燃烧速度，必须标出从式(5-83)中求得的 r_i 值作为时间的函数的关系图，再求出斜率 dr_i/dt。若在火焰移过容器时已燃气体没有膨胀，则在这条曲线上基元 dr_i 将表示在温度 T_i 和压力 P_i 下时间元 dt 内燃烧波所横穿过的焰层的厚度。此焰层的体积为

$$4\pi r_i^2 dr_i \tag{5-87}$$

然而，由于膨胀使焰层半径由 r_i 增大到 r_b，压力增至 P 及焰层的温度增至 T_u。因此，焰层的体积实际上为

$$4\pi r_i^2 \mathrm{d}r_i (T_u P_i / T_i P) \tag{5-88}$$

既然焰层的厚度等于 $S_u \mathrm{d}t$，所以其体积同样也等于

$$4\pi r_b^2 S_u \mathrm{d}t \tag{5-89}$$

使式(5-88)和式(5-89)这两项相等并置换式(5-86)中的 T_u/T_i 值，则求得燃烧速度的方程式

$$S_u = \frac{\mathrm{d}r_i}{\mathrm{d}t}\left(\frac{r_i}{r_b}\right)^2\left(\frac{P_i}{P}\right)^{1/\gamma_u} \tag{5-90}$$

这种方法将用分析含 40.06% 臭氧-氧混合物所获得的时间-压力记录图来说明[100]。这张记录图复制如图 5-126❶ 所示。爆炸容器是经过精密机加工的钢球体，直径为 15 cm，其中心有支撑在玻璃棒上的细铂丝形成的火花间隙。该记录图表明，压力达到一个尖峰，且冷却曲线的斜率很小。因为这是已燃气体与器壁接触时的斜率，所以它表示最高的冷却速率，而在该过程进行中的损失必须忽略不计。

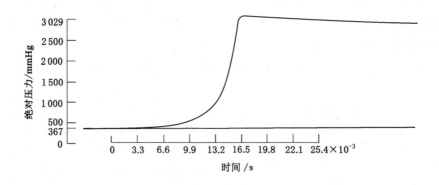

图 5-126　球形容器中臭氧爆炸的时间-压力记录图

$T_i = 301.1$ K；$P_i = 48.93$ kPa；O_2 中含 $40.06\% O_3$。

图 5-127 是按上述方法从这种记录图求得的。1b、2b 等圆周半径均是在 1/10 总爆炸时间间隔下已燃气体体积的半径 r_b。燃烧速度用箭头表示，其值连续地增大。火焰速度虽然没有在图中给出，但很易用两圆周之间的距离除以时间间隔求得。与每个圆周 1b 等

---

❶　图 5-126、图 5-128 和图 5-129 上时间-压力记录图是用第 506 页和第 507 页上所描述的记录装置得到的。

相应的压力 P 和温度 T_u 及 T_b 都已标在纵坐标上。在下八分圆中 $1i$、$2i$ 等圆周半径均是与上八分圆中 r_b 相应的体积的半径 r_i。半径 $1e$、$2e$ 等与燃烧完成后气体所占有的体积相应。在下八分圆的横坐标上给出了燃烧完成后的温度分布。从图可见，温差大于 700 ℃。温度 T_b 和 T_e 是根据载于附录一中的热化学和热力学数据计算得到的。Gaudry[101] 曾用相类似的方法对甲烷-氧混合物和一氧化碳、氢及丁烷与空气混合物得到的压力记录图作过分析。

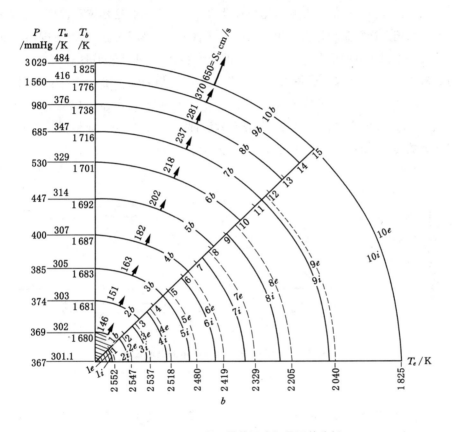

图 5-127　图 5-126 所示爆炸压力记录图的分析

临近过程的最后阶段，气体位移量为最大。例如，当火焰从位置 $9b$ 移到 $10b$ 时，邻近壁面的气体体积被压缩成约为 1 cm 厚的气层，在 1.65×10^{-3} s 的时间内要膨胀至约为 3.3 cm 的气层。因此，在 $9b$ 处的气体元以平均速度 1 400 cm/s 移动。气体元愈靠近壁面，移动就愈快，从而可以理解到，靠近过程终了时应建立起微弱的压力波。这些现象虽然其再现性不太明显，但很容易在原始的时间-压力记录图上看出。观察到的这些气体振动的幅度与理论估计的大小相应。该幅度随着混合物燃烧速度的增大而增加，所以快速燃烧的混合物产生猛然的振动。

当某种缓慢燃烧的混合物爆炸时，在压力记录图上很清楚地示明有声振动[102,103]。图 5-128 所示的就是一个例子。这两个爆炸记录图取自中心点燃的直径为 30.5 cm 的球形容器，一个与空气中含 15％H₂ 的混合物相应，另一个与含 20％H₂ 的相应。含 20％H₂ 的混合物是快速燃烧的，压力记录图表明压力光滑地上升到峰值，随后是一根光滑的冷却曲线。在含 15％H₂ 的混合物的情况下，振动远在达到最高压力以前就开始，并在冷却期间内延续下去。当用氧代替氮时，振动就更为猛烈。复制在图 5-128 上的无氧实验记录线，其光滑的原因在于记录被迅速的压力波动完全淹没的缘故，有一次这种波动曾破坏了钢膜指示器及其光学系统。这种振动只发生于空气或氧中含氢量约为 12％～20％ 范围内的混合物。这种成分极限也同样适用于直径为 45.8 cm 的球形容器[102]和圆柱形容器[104]。在甲烷或乙烯与过量氧的爆炸[104]和煤气或甲烷与空气的某种混合物的爆炸中，曾观察到相类似的效应。Maxwell 和 Wheeler 曾观测过圆柱形、立方体形和球形容器中戊烷-空气的有声振动[105]。曾发现，在所有的容器中最大的振动效应都在 3.5％戊烷（即相当靠近浓侧）时出现。以苯做的实验也同样有振动显示。

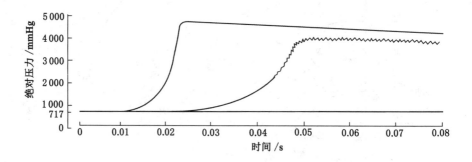

图 5-128　氢-空气爆炸过程中的振动效应

缓慢爆炸的是含 15％H₂ 的混合物；快速爆炸的是含 20％H₂ 的混合物。

其他的一些实验表明，炽热的燃烧产物与煤气迅速混合时有特殊的振动现象出现[106]。在一次这种实验中，肥皂泡是用 $1.5CO+1O_2$ 的混合物吹成，将它同心地挂在充有氧、直径为 30.5 cm 的球形容器中，并在它的中心处用火花点燃。点燃前的总压力为大气压力，肥皂泡中的 $CO-O_2$ 混合物约占弹中气体含量的 2.5％。由于操作迅速（从形成泡开始到点燃为 11 s），经肥皂膜扩散所造成的成分变化就减至最小。这种爆炸的压力记录图如图 5-129(a)所示。压力按大体上为球形火焰传播所预料的那种方式平滑地上升，直到泡内全部气体烧完和炽热的燃烧产物与周围冷的氧气相接触为止。在后继的混合过程中压力再上升。这种混合过程所表现出来的特点可从记录图上所示的压力波动形状看出。图 5-129(b)所示是以氮代替周围氧进行的相同实验。在图 5-129(c)上周围的气体由氩和氦的混合物（70.6％Ar+29.4％He）所组成，它具有与

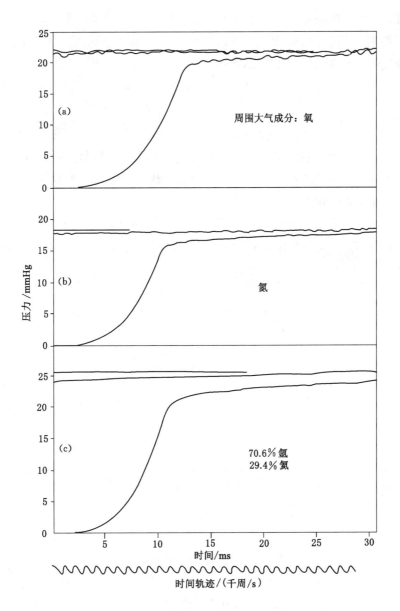

图 5-129　肥皂泡中爆炸的压力-时间自动记录图

肥皂泡用干燥状态的 60％CO 和 40％O₂ 吹成，同心地挂在直径为 30.5 cm 的球形容器中，

在其中心处点燃。在周围大气是氧或氮时注意燃烧产物混合时期内的振动。

	周围大气成分	泡容积/mL	初始压力/mmHg	初始温度/℃	H_2O 的分压/mmHg
(a)	O_2	392	73.2	20.8	1.59
(b)	N_2	310	73.5	26.8	2.25
(c)	70.6％Ar＋29.4％He	338	74.5	26.0	2.14

泡中爆炸性混合物相应的密度（在这张图上，混合曲线比较平滑）。❶

为了理解刚才所描述的现象，我们要注意，每当一体积炽热的双原子或多原子的气体与一体积冷气体相混合总是使乘积 PV 增大。为了证实这个事实，我们根据气体定律写出：

$$PV/R_{(未混合)} = m_1 T_1 + m_2 T_2 \tag{5-91}$$

和

$$PV/R_{(混合)} = (m_1 + m_2) T \tag{5-92}$$

式中，$T_1 > T_2$，V 是摩尔数 m_1 和 m_2 所占有的组合体积，T 是混合后体积 V 中的温度。为简单起见，如该过程在密闭容器中发生时的情况那样，假定总体积 V 在混合前后是相同的，则能量守恒关系可用下式表示：

$$(m_1 + m_2) C_v T = m_1 C_{v_1} T_1 + m_2 C_{v_2} T_2 \tag{5-93}$$

式中，C_v、C_{v_1} 和 C_{v_2} 分别为混合气体、炽热气体和冷气体的热容；或

$$(m_1 + m_2) \frac{C_v}{C_{v_2}} T = m_1 \frac{C_{v_1}}{C_{v_2}} T_1 + m_2 T_2 \tag{5-94}$$

因为对于双原子和多原子气体来说热容随着温度的升高而增大，所以

$$\frac{C_v}{C_{v_2}} < \frac{C_{v_1}}{C_{v_2}} \tag{5-95}$$

因此

$$(m_1 + m_2) T > m_1 T_1 + m_2 T_2 \tag{5-96}$$

和

$$PV_{(混合)} > PV_{(未混合)} \tag{5-97}$$

正如图 5-129 所示的例子说明的那样，在混合过程中压力升高的现象得到了解释。同样也要注意到，在这些实验的条件下混合过程因炽热焰气对流上升而呈湍流性质，所以不连续地卷吸炽热气体和冷气体，并产生局部的压力脉冲，这种脉冲已记录在所示的记录图上。在缓慢移动火焰发生振动的情况下，如图 5-128 上所示的例子，所观测到的对混合物成分效应的依赖关系暗示分层扩散是一种很重要的因素。我们可以提出，混合物在火焰中会分离为较热的气流和较冷的气流，接着又混合，并产生一个很复杂的压力脉冲谱。这种解释不能说明氧混合物中的振动幅度比氮混合物和氩-氦混合物中要大。Lewis 和 von Elbe 认为，这方面的现象是由于各种分子质点张弛时间（即在分子的各个自由度之间建立统计温度平衡所需要的时间）不同的缘故。对本书以后（第 537 页）引用的火焰作直观观测可知，氧具有特别长的张弛时间，这使比热随温度升高而增大产生滞后。因此，在低温氧气和高温燃烧气体混合时，因为氧气显比热很低，使混合物体积顷刻下降过度；以后，随着比热的增大，该体积又回落到其平衡值。既然滞后时间常数是一个反量，且大概是温度的指数函

---

❶ 由于重度浮力不可能在密度相差很大的气体中吹成同心的肥皂泡。

数，所以由于分层扩散或湍流卷吸所形成的不连续的混合体积会相当突然地消失，这使实验容器中产生了附加的压力脉冲并使振动强度增大。

5.16 燃烧速度的测定

在文献中所载的绝大多数的燃烧速度数据都是从对层流本生灯火焰测量[107]得到的。这种测量法简单，就是在于测量内锥的高度，并按直角锥的几何公式计算燃烧波的面积：

$$面积 = \pi r \sqrt{r^2 + h^2} \tag{5-98}$$

式中，h 是锥高，r 是焰锥底部的半径（通常就取灯管半径）。燃烧速度由气体流量除以面积求得。这种方法忽略了燃烧速度在焰锥顶部及底部的变化，不考虑因流线向外偏斜使焰锥底部半径增大，以及不顾及实际燃烧波锥与直角锥的偏差。后一种偏差曾由 Ubbelohde 和 Dommer 研究过，他们发现除了稀的混合物以外这种偏差都很小。Bunte 和 Litterscheidt 曾研究过气体速度和烧嘴直径对这种方法所测得燃烧速度的影响，发现这些参数在一个很宽的范围内所得的结果实际上是一致的。Jahn 曾利用这种方法对 H_2-O_2-N_2，H_2-O_2-CO_2；CO-O_2-N_2，CO-O_2-CO_2［添加某些 H_2 和（或）H_2O］；CH_4-O_2-N_2，CH_4-O_2-CO 等各种物系做过系统的测量。因为这些数据通常得不到，所以将它们复制于图 5-130～图 5-136。Jahn 的数据在本书的理论计算中得到广泛的使用，但它们表示的是内锥表面上燃烧速度的平均值，这是可以理解的。

为了要消除焰锥顶部及底部的扰动区，Dery[108]曾提出一种改良测定方法。在使用这种方法时，曾选取近似为一个平截头锥体表面，而不用靠近底部和顶部的面积。对圆柱形烧嘴来说，燃烧速度可按几何关系求得：

$$S_u^\circ = 2\overline{U}(r_2 - r_1)\left[1 - (r_2^2 + r_1^2)/2R^2\right]/s \tag{5-99}$$

式中，$\overline{U}$ 是半径为 R 燃嘴上的平均气体速度，r_1 和 r_2 分别为平截头圆锥体底部和顶部的半径，s 是平截头锥体的斜高。这种方法是建立在考虑到流线偏斜所造成的误差在这两个半径处趋于抵消的基础上的。这种情况多半是有可能的。再进一步的修改方案是用短形烧嘴管代替圆柱形的。当管口为矩形时，假定燃烧波的外形呈两个斜面，则燃烧波的凹面曲率（可以想象得到它是误差的根源）就消除了。图 5-137 所示为根据 Jahn 的数据及 Denues 和 Huff[109]的类似数据作出的甲烷-空气混合物的燃烧速度曲线。从图可见，这条曲线与 Singer、Grumer 和 Cook[110]所得的数据是一致的，他们曾使用 Dery 法和矩形及圆柱形烧嘴喷口来测量。图 5-138 和图 5-139 所示就是用这种方法所测得的丙烷-空气和丙烷-氧混合物的燃烧速度。

Powling[111]曾论述过一种适合于测量非常低燃烧速度（如接近可燃极限时出现的情况）的新方法。在采用这种方法时，使缓慢的爆炸性气流通过竖直装设的粗管（直径为 6 cm），

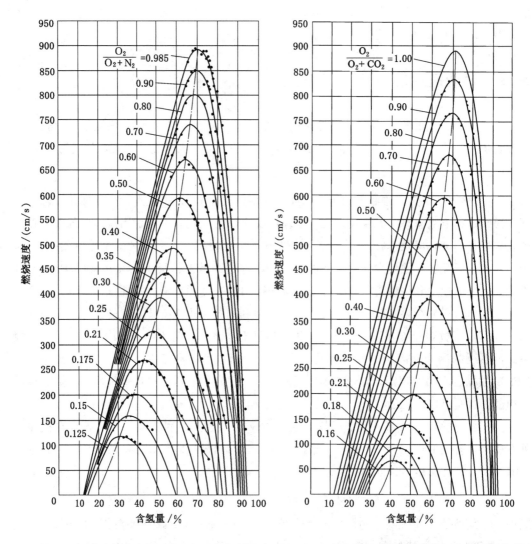

图 5-130 在室温和大气压力下氢、氧和氮
混合物的燃烧速度(Jahn[107])

图 5-131 在室温和大气压力下氢、氧和二氧化碳
混合物的燃烧速度(Jahn)

氧气中含 1.5%N₂。

而在管口处横截面上的气体速度是均一的，因为使气体先通过一层细玻璃珠、一叠细网和最后通过许多窄直槽道（槽道终止于管口下面很短一段距离处）。就在管口下面这段距离内，各槽道中已建立起来的各自单独的 Poiseuille 速度分布，合并成一单个的非常平坦的速度分布。还让同样已调节好的惰性气体（如氮）流通过烧嘴管四周的同心管。采用适当地调节气体速度和混合物成分的方法，可以建立起一个很平坦的燃烧波，它悬浮在烧嘴口上某一距离处。为了防止由于卷吸炽热已燃气体而造成的火焰拖曳入大气，在燃烧波上某一

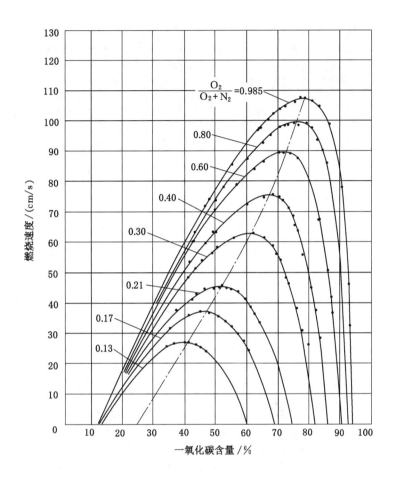

图 5-132 在室温和大气压下一氧化碳、氧和氮混合物的燃烧速度 (Jahn)

一氧化碳气体中含 $1.5\%H_2$ 和 $1.35\%H_2O$。

高度处横截外管装有金属丝网。燃烧速度按气体流量和波面积之比求得。在任一种缓慢燃烧的混合物中使这种平面火焰稳定是很困难的，但是这种方法对于确定靠近可燃极限的燃烧速度对混合物成分关系曲线的斜率来说是极好的。丙烷、丁烷和戊烷的数据表明，朝低限方向燃烧速度减小得非常明显。求得空气中丙烷和丁烷的下限分别为 2.12% 和 1.69%。这些数据可以与按向上传播的常规方法所确定的数值范围相比较，对丙烷为 $2.37\%\sim2.5\%$，而对丁烷为 $1.86\%\sim1.93\%$。对于某些浓混合物（如空气中乙醚）来说，这种方法可以对第 125 页所论述的冷焰和第二级火焰的识别作出圆满的说明。冷焰悬挂于两级焰之下，被一个完全可测宽度的暗区分割开，处于一个完全稳定的位置上。

Levy 和 Weinberg[112] 曾用颗粒示踪照相法研究过这种平面火焰的流场。图 5-140 上所复制的就是一张这种照片。在这种实验中，没有惰性气体环流过外同心套管。由图可

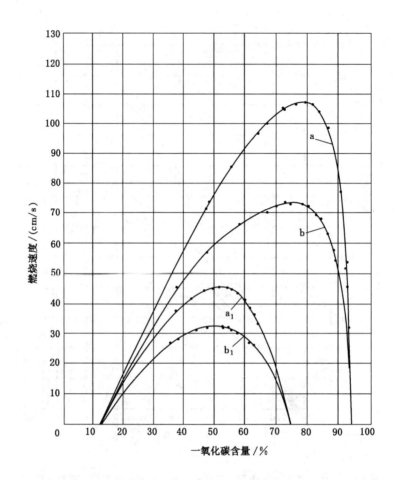

图 5-133 在有或无氢存在情况下一氧化碳、氧和氮混合物的燃烧速度(Jahn)

一氧化碳-氧混合物：(a) CO 中含 1.5%H_2 和 1.35%H_2O；(b) CO 中含 1.35%H_2O。

一氧化碳-空气混合物：(a_1) CO 如同 (a)；(b_1) CO 如同(b)。

氧气中含 1.5%N_2。室温和大气压力 (Jahn)。

见，在火焰边缘处出现涡流，如图 5-141 上图示，已燃和未燃气体产生逆流显然能使火焰稳定。曾观察到，在妨碍这种回流涡旋形成的条件(如流过惰性气体的外罩或火焰周围的管子太窄小)下，这种稳定性就消失了。Dixon-Lewis 和 Isles[113] 采用具有控制流量和预热燃气-空气混合物的一个相类似的装置，能观测乙烯-空气的燃烧速度，它低于 2 cm/s。

当像燃烧波的未扰动区内情况那样各波层平行时，从测定燃烧速度来看，T_i 面的位置并不重要。当测定在扰动区中进行时，这个面的位置必须确定下来。如第 256 页上所指出那样，T_i 面大概位于发光区的内边界和阴影或纹影照片的外边界之间。Anderson 和

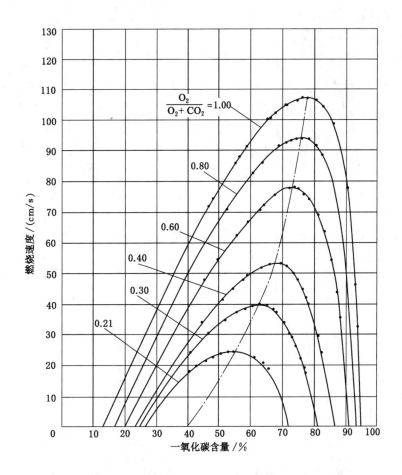

图 5-134 一氧化碳与氧和二氧化碳混合物的燃烧速度(Jahn)

一氧化碳气体中含 1.5％H$_2$ 和 1.35％H$_2$O。氢气中含 1.5％N$_2$。

Fein[114]对丙烷-空气火焰中这些边界的位置的观测结果如图 5-142 所示。从图可见,除了焰锥顶以外,纹影边界都超出阴影边界面,嵌入发光区。除了最顶部和最底部以外,阴影边界与发光边界严密相贴或稍有重叠。Wohl[115]也曾观测过这种情况。反之,复制在图 5-69 上、由 Broeze[41]摄得的照片表明,纹影边界和发光边界在整个锥面积上都是分离的。显然,所包含的光学效应至今还没有全面地探索过,而在今后的工作中应该注意一些。特别是光学理论可以解释纹影带和阴影带宽度的变化,这些变化已在图 5-142 上标明,也能在其他地方观测到。例如,Linnett 和 Hoar[116]曾摄得乙烯-空气火焰的阴影照片,该照片表明在顶部和底部之间阴影带的宽度有明显的增大。这些著者采用阴影带的鲜明的内边界作为参考面;正如 Wohl[115]所指出的,这种边界对于燃烧速度的测定来说似乎是不适当的。

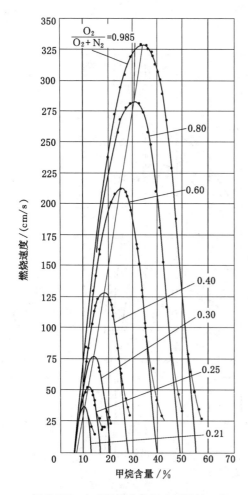

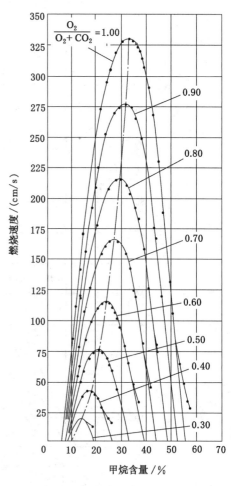

图 5-135　在室温和大气压力下甲烷、氧
和氮混合物的燃烧速度(Jahn)

图 5-136　在室温和大气压力下甲烷、氧和
二氧化碳混合物的燃烧速度(Jahn)
氧气中含 1.5 %N$_2$。

变化的纹影带和阴影带宽度可能不只是光学效应，而是表示由于燃烧波的锥面曲率在底部至顶部方向上有增大的结果，使温度和密度梯度真正按透视法缩小。这种曲率变化同样也应在燃烧速度增大上显示出来，当取内发光边界作为参考面时应当把它看作使锥面上燃烧速度增大的可能因素。这一点从 Smith 和 Pickering[117]、Harris 和 Grumer 等[31] 及 Singer[118] 的数据上可明显地看出，同样也曾由 Garner、Long 和 Ashforth[119] 对苯-空气火焰观测过。有关圆柱形烧嘴管上圆锥形火焰的这些测量似乎是很有意义的，而 Lewis 和 von Elbe(第 248 页)及 Singer[118] 对槽缝形烧嘴上非圆锥形平面的火焰观测表明，燃烧速度在火焰面上相当长距离内都保持不变。因为对这种效应影响需要做进一步的实验研究，所以难于评价 Garner、Long 和 Ashforth 观测的意义，这一观测可以确定介于发光边界和阴影边界之间的参考面，在这个面上燃烧速度在某一距离内显然保持不变。

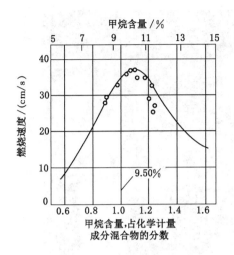

图 5-137　甲烷-空气混合物的燃烧速度
曲线按 Jahn、Denues 和 Huff 所给出的数据作出。
各给定数据点取自 Singer、Grumer 和 Cook 的著作[110]。

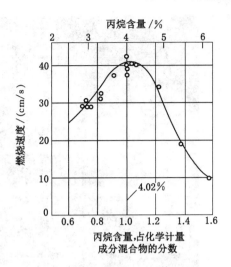

图 5-138　丙烷-空气混合物的燃烧速度
数据取自 Harris、Grumer、von Elbe 和 Lewis
的著作[31]。

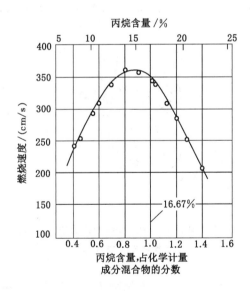

图 5-139　丙烷-氧混合物的燃烧速度
数据取自 Singer、Grumer 和 Cook 的著作[110]。

　　与烧嘴火焰无关的测定方法是建立在球形燃烧波传播的基础之上的。因为某些混合物有非各向同性传播的倾向，所以这种球形燃烧波传播未必总能获得。利用球形火焰最早的方法是肥皂泡法。这种方法似乎首先曾由 Stevens(肥皂泡法是他所拟定的)和 Fiock 及其同事使用过。在使用这种方法时，燃烧过程中的压力保持不变。显然，这只限于研究潮湿的混合物，而不适用于侵蚀性混合物如氢和氯或臭氧。在一氧化碳混合物的情况下，水分的

图 5-140　乙烯-空气平面火焰中的颗粒轨迹（Levy & Weinberg[112]）

图 5-141　图 5-140 所示火焰

边缘处涡流示意图

影响效应是很重要的，此时燃烧速度强力地依赖于水分浓度的微小变化[120]。在该方法用于这种混合物时，必须十分小心地控制水蒸气的含量。该方法同样也只限于很窄的初始温度范围。气体经肥皂膜扩散迅速，因而测定必须快速完成，这是该方法的一个缺点。所以，任何系统地使用该方法都应包括对经肥皂膜扩散的研究。在缓慢燃烧的混合物的情况下，还必须考虑对流上升作用的影响。

　　图 5-143 所示是 Fiock 和 Roeder[120] 所测得的、在恒定水蒸气含量为 3.31％下一氧化碳-氧混合物的燃烧速度。这些著者为了获得比较对称的曲线，曾把他们测得的燃烧速度数据对一氧化碳的摩尔分数作图。Fiock 和 Roeder 同样完成了以氩或氦代替一部分 CO-O₂ 混合

物的一些实验。这两种气体都使燃烧速度降低，但氩比氦更明显。

　　根据前一节中所论述的中心点燃球形容器中时间-压力记录图来测定燃烧速度的方法使用起来很困难。在测定过程中温度和压力进而燃烧速度有很大的变化，这是它的显著缺点。在缓燃混合物的情况下，对流上升作用使火焰与器壁提前接触，导致散热损失，从而破坏了最终压力的测量。为了避免这些缺点，必须只限于观测过程初始阶段的压力上升过程，因为此时压力上升很小。这要求使用灵敏的压力记录表，但务必防止仪表在过程后阶段压力上升到初始压力许多倍时而发生损坏。这种压力记录使得可依据式(5-83)来确定半径 r_i 随时间变化的函数关系。这个方程式中的最大压力 P_e 按混合物的热力学数据计算得到。在计算 P_e 中采用比热（包括离解热）的数值必须是温度范围 T_i 至 T_u 和 T_{bi} 至 T_b 内的平均值，因为对这个物系不"了解"：在压力和温度上升的较后阶段内物系的热力学特性将会变化。因此，计算得的 P_e 不是真正的最大爆炸压力，而表示在过程较后阶段中假定混合物的

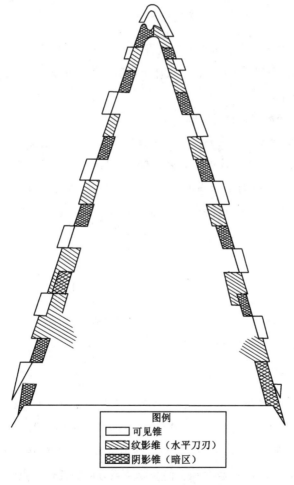

图 5-142　丙烷-空气火焰的可见锥、纹影锥和阴影锥的比较 (Andersen & Fein[114])

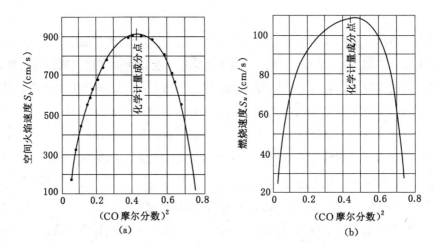

图 5-143 CO-O$_2$ 混合物的火焰速度(a)和燃烧速度(b)(Fiock & Roeder[121])

水的摩尔分数等于 0.033 1。以肥皂泡法进行观测。

热力学特性不变时按初始部分的压力上升求得的外推值。如果我们只限于相当小的压力范围，在这个范围内 T_u 和 T_b 与 T_i 和 T_{bi} 大体上没有差别，那么对于温度 T_i 和 T_{bi} 来说只要采用恒定比热就可以了。

根据 r_i 和时间的函数关系就可以确定微商 dr_i/dt。既然 dr_i/dt 也同样被认为是压力的函数，所以相应的 r_b 值就能按式(5-85)和式(5-86)计算出来，而燃烧速度如前述按式(5-90)求得。

显然，这种方法对火焰球形方面的微小缺陷是不敏感的。当能产生完美无缺的焰球时，与压力记录同步进行的对增长着的火焰作摄影记录，将会提供半径 r_b 的实验测定值。在这种情况下，原则上可不必再计算最终压力 P_e，因为

$$n = r_i^3/a^3 \tag{5-100}$$

则由式(5-84)和式(5-86)得：

$$r_i/a = \left[1 - \left(\frac{P}{P_i}\right)^{1/\gamma_u}\left(1 - \frac{r_b^3}{a^3}\right)\right]^{1/3} \tag{5-101}$$

可以按式(5-101)去确定 dr_i/dt，从而按前述确定燃烧速度，或可以直接利用实验确定的斜率 dr_b/dt 和 dP/dt。这是按如下方程式进行的：

$$S_u = \left(1 - \frac{a^3 - r_b^3}{3P\gamma_u r_b^2}\frac{dP}{dr_b}\right)\frac{dr_b}{dt} \tag{5-102}$$

此式可以由式(5-101)对 r_b 微分再与式(5-90)联立导出，或较简单地利用未燃气体绝热压缩方程式的微分形式 $dP/P = -\gamma_u dv_u'/v_u$ 导得。式中，dv_u' 为因压缩所致的微分容积的变化，等于 $4\pi r_b^2(dr_b - S_u dt)$ 和 $v_u = 4/3\pi(a^3 - r_b^3)$。在另一种计算方法中，$S_u$ 是按两个可比拟大小的量之差求得，且 P 和 r_b 在数据和它们彼此关系方面的任何一点误差，在时间记录图上都大大地扩大了。这使得在没有计算 P_e 情况下的数据处理方法不实用。

因此，在利用压力记录图按所述方法计算 r_i 和 r_b 两值时，从式(5-90)导出燃烧速度是很适当的 ❶；而且，为了独立地核对计算 P_e 热力学数据和计算方法的有效性，要进行 r_b 的观测值和计算值的比较。此外，可以按如下方程式直接利用实验测得的斜率 $\mathrm{d}r_b/\mathrm{d}t$

$$S_u = \frac{\mathrm{d}r_b/\mathrm{d}t}{1+[(P_e/P)-1]\gamma_u} \tag{5-103}$$

此式是按式(5-102)根据 r_b 和 P 之间的关系式求得的。

Lewis 和 von Elbe[121] 曾根据他们自己的一些实验和其他著者的实验中所获得的压力和火焰直径的同步记录做过这种研究。爆炸性混合物由处于化学计量成分或接近化学计量成分的比例下的一氧化碳和氧与少量附加的水蒸气所组成，在这种特殊物系中少量水蒸气对燃烧速度有极强的影响。图 5-144 所示就是典型的实验记录图。有关数据的计算值和观测

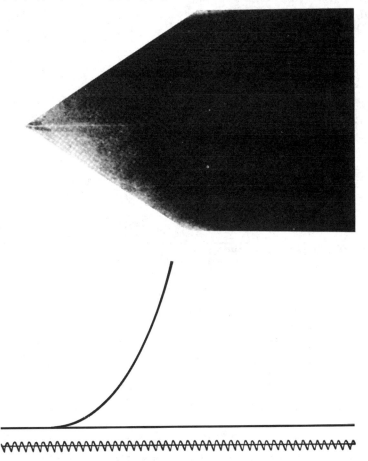

图 5-144　在一氧化碳-氧混合物中火焰直径和压力的典型记录图(Lewis & von Elbe[121])

---

❶　为了获得较高的准确度，n 应按式(5-80)计算，而不按式(5-82)计算。

值的比较如表 5-12 所示。从表可见，火焰直径的计算值和观测值很吻合，这表明这种计算方法大体上是正确的。

表 5-12 有关数据计算值和观测值的比较

时间 /ms	ΔP /kPa	r_i /cm	dr_i/dt /(cm/s)	T_u /℃	S_u /(cm/s)	r_b 计算值 /cm	r_b 观测值 /cm	差值 /cm
混合物成分(%)：CO=64.87；O_2=32.44；H_2O=2.69								
P_i=101.26 kPa；T_i=25.0℃；弹半径 a=12.243 cm；γ_u=1.397 7；P_e/P_i=9.619（数据取自 Fiock 等[122]）								
3.64	1.33	1.41	415	26.1	113	2.69	2.85	±0.16
5.00	4.00	2.04	450	28.3	123	3.85	4.00	±0.15
5.94	6.67	2.41	485	30.5	131	4.54	4.66	±0.12
6.70	10.67	2.83	500	33.6	135	5.25	5.39	±0.14
7.50	16.00	3.23	520	37.7	138	5.94	6.05	±0.11
8.17	21.33	3.56	525	41.7	139	6.45	6.58	±0.13
8.64	26.67	3.83	540	45.5	142	6.87	6.94	±0.07
混合物成分(%)：CO=61.85；O_2=36.05；H_2O=2.098								
P_i=100.06 kPa；T_i=24.16℃；弹半径 a=15.295 cm；γ_u=1.395 6；P_e/P_i=9.660（数据取自 Lewis & von Elbe[106]）								
3.60	0.53	1.30	400	24.6	109	2.49	2.51	+0.02
4.80	1.44	1.81	410	25.4	11	3.46	3.44	−0.02
6.00	2.99	2.31	420	26.7	114	4.40	4.36	−0.04
7.22	5.48	2.83	420	28.7	113	5.35	5.29	−0.06
8.40	9.01	3.34	430	31.6	115	6.26	6.20	−0.06
9.60	4.09	3.88	450	35.6	119	7.17	7.09	−0.08
10.80	20.79	4.41	470	40.6	123	8.03	7.96	−0.07
12.00	30.01	4.98	500	47.01	130	8.90	8.79	−0.11
混合物成分(%)：CO=63.11；O_2=36.86；H_2O=0.027								
P_i=99.78 kPa；T_i=26.1℃；弹半径 a=15.295 cm；γ_u=1.397 2；P_e/P_i=9.724（数据取自 Lewis & von Elbe[106]）								
10.0	0.83	1.50	165	25.8	44.4	2.88	2.90	0.02
12.5	1.84	1.96	170	27.7	45.7	3.75	3.70	0.05
15.0	3.37	2.40	178	28.9	47.8	4.57	4.54	0.03
17.5	5.68	2.86	185	30.8	49.8	5.40	5.36	0.04
20.0	8.89	3.32	190	31.5	47.6	6.24	6.15	0.09
22.5	13.27	3.79	193	36.9	51.0	7.04	6.97	0.07
25.0	19.05	4.27	200	41.3	52.6	7.83	7.74	0.09

Manton、von Elbe 和 Lewis[123]❶曾评述过这种方法（包括空气与乙烯、甲烷及丙烷的化学计量成分混合物的一组相类似的数据在内）。像按斜率 dr_i/dt 或 dr_b/dt 所确定的两种 S_u 值之间很好吻合的情况一样，曾发现火焰直径的计算值和观测值之间极其一致。这些结果

---

❶ 在该论文第 360 页式(14)应该写作 $C_{v(b)}T_e+(m_i/m_b)RT_i=C_{p(b)}T_b$。

与按烧嘴法测得的燃烧速度的比较如表 5-13 所示。

表 5-13　对烃与空气的化学计量成分混合物
用烧嘴法(Singer[118])和球形弹法(Manton 等[123])所测得的燃烧速度的比较

	丙　烷	甲　烷	乙　烷
成分/%	4.02	9.47	6.51
按烧嘴法测得的 S_u/(cm/s)	41.2	37.0	64.0
按弹法测得的 S_u/%	40.4	36.5	63.0

按压力记录图计算得的火焰直径与用实验所观测到的直径相当精确地吻合这一事实表明,正如前面概要地论述那样,这种方法避免了任何重大的方法误差。特别是按式(5-80)改变成按简化形式式(5-82)来表示 n 和 P 之间关系的这种近似看来不影响结果,虽然应当记住,但这种办法只是为了方便才采用的,且用式(5-80)完全可以完成较严格的计算。

Strauss 和 Edse[124]曾利用烧嘴法和经修改过的 Stevens 肥皂泡法测定压力为 0.1 MPa 上升到 10 MPa 的各种混合物的燃烧速度。他们发现,对于大气压力下燃烧速度约低于 50 cm/s 的混合物来说,燃烧速度随着压力的增高而降低;而对于大气压力下燃烧速度高于此值的混合物来说,燃烧速度则随之增大。图 5-145 汇总这些著者的数据。Manton 和 Milliken[125]曾单独地用球形弹法对等于或低于大气压力下的燃料、氧和惰性气体的种种混合物作过相同的观测。这些数据如图 5-146 所示。

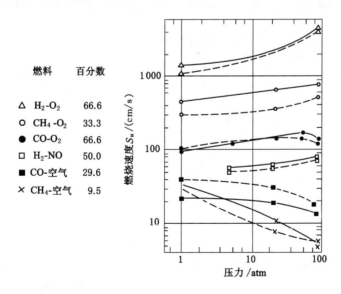

图 5-145　压力对各种不同气体混合物的燃烧速度的影响(Strauss & Edse[124])
实线为化学计量成分的混合物;虚线为稀或浓的混合物。

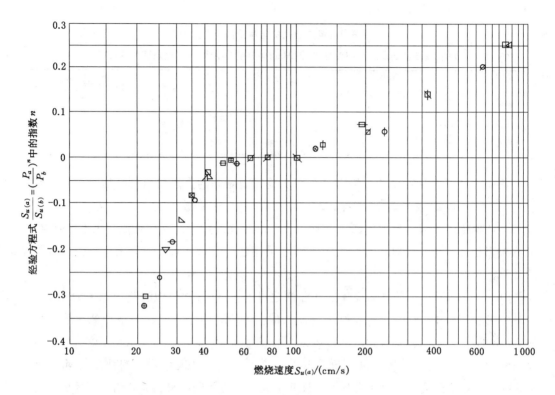

图 5-146 燃烧速度随压力的变化(Manton & Millikan[125])

$S_{u(a)}$ 和 $S_{u(b)}$ 分别为压力 P_a 和 P_b 下所测得的燃烧速度。下表示明爆炸性混合物和压力 P_a 和 P_b。

	混合物	压力 P_a	大气压力 P_b		混合物	压力 P_a	大气压力 P_b
◪	$C_2H_4+2O_2$	0.10	0.05	∅	CH_4+2O_2	0.25	0.10
⊠	$C_2H_4+3O_2+3N_2$	1.0	0.5	⏀	$CH_4+2O_2+2N_2$	1.0	0.5
⊠	$C_2H_4+3O_2+5.56N_2$	1.0	0.5	⊗	$CH_4+2O_2+3.72N_2$	1.0	0.1
⊠	$C_2H_4+3O_2+9.5N_2$	1.0	0.25	⊕	$CH_4+2O_2+6.35N_2$	1.0	0.25
⊠	$C_2H_4+3O_2+11.3N_2$	1.0	0.04	⊖	$CH_4+2O_2+7.5N_2$	1.0	0.1
⊟	$C_2H_4+3O_2+13.5N_2$	1.0	0.25	○	$CH_4+1.67O_2+6.27N_2$	1.0	0.25
⊞	$C_2H_4+3O_2+11.3A$	1.0	0.10	⊕	$CH_4+2.41O_2+9.05N_2$	1.0	0.25
⊟	$C_2H_4+3O_2+11.3He$	1.0	0.10	⊕	$CH_4+2.5O_2+9.4N_2$		
⊠	$C_2H_4+2.06O_2+7.75N_2$	1.0	0.25				
⊿	$C_2H_4+2.5O_2+9.4N_2$	1.0	0.10	△	$C_3H_8+4.16O_2+15.6N_2$	1.0	0.25
⊞	$C_2H_4+3.6O_2+13.6N_2$	1.0	0.10	◿	$C_3H_8+5O_2+18.8N_2$	1.0	0.25
⊠	$C_2H_4+4.35O_2+16.4N_2$	1.0	0.25	◺	$C_3H_8+6.25O_2+22.6N_2$	1.0	0.25
□	$C_2H_4+5O_2+18.8N_2$	1.0	0.25	▽	$C_3H_8+6.25O_2+23.5N_2$	1.0	0.25

Strehlow[126] 曾对这种影响作过解释。压力的变化会影响已燃气体中的离解平衡，也同样会影响三体碰撞中自由基的销毁速率。而且，压力的升高促使链断裂反应 $H+O_2+M \rightarrow HO_2+M$ 超过链支化反应 $H+O_2 \rightarrow OH+O$。燃烧速度约高于 50 cm/s 的混合物，其火焰温度很高，这是由于压力升高抑制离解而造成的。因此，随着压力的升高，已燃气体的温度增高，结果导致燃烧波的温度分布水平提高，使反应速率增大，并随后使燃烧速度增大。燃烧速度低于 50 cm/s 的混合物，其火焰温度很低，受离解的影响较小。然而，这种混合物易感受到压力对三元自由基反应速率的影响。因此，压力升高使反应区中自由基的浓度降低，结果导致燃烧速度减小。

参考文献

1. E. F. Fiock and C. H. Roeder, *Natl. Advisory Comm. Aeronaut. Repts.* No. **532**(1935).

2. F. W. Stevens, *Natl. Advisory Comm. Aeronaut. Repts.* Nos. **176**, **280**, **305**, **337**, **372** (1923-1930); *J. Am. Chem. Soc.* **50**, 3244(1928).

3. R. M. Fristrom, "Sixth Symposium on Combustion", p. 96, Reinhold, New York, 1956.

4. R M Fristrom, W. H. Avery, and C. Grunfelder, "Seventh Symposium on Combustion", p. 304, Butterworths, London, 1959.

5. G. Dixon-Lewis and G. L. Isles, *ibid.*, p. 475.

6. A. Levy and F. J. Weinberg, *ibid.*, p. 296.

7. E. T. Child and K. Wohl, *ibid.*, p. 215.

8. R. Kushida and K. Wohl, *ibid.*, p. 221.

9. F. B. Silsbee, cf. F. W. Stevens, *Natl. Advisory Comm. Aeronaut. Repts.*, No. **176**(1923).

10. J. O. Hirschfelder and C. F. Curtiss, "Third Symposium on Combustion and Flame and Explosion Phenomena", p. 121, Williams & Wilkins, Baltimore, 1949.

11. See J. O. Hirschfelder, C. F. Curtiss, and R. B. Bird, "Molecular Theory of Gases and Liquids", Wiley, New York, 1954.

12. B. Lewis and G. von Elbe, *J. Chem. Phys.* **2**, 537(1934).

13. Y. B. Zeldovich and D. A. Frank-Kamenetsky, *Compt. rend. acad. sci.* (U. R. S. S) **19**, 693(1938).

14. Y. B. Zeldovich and N. N. Semenov, *J. Exptl. Theoret. Phys.* (U. S. S. R.) **10**, 1116(1940).

15. Y. B. Zeldovich, *J. Phys. Chem.* (U. S. S. R) **24**, 433(1940).

16. T. von Kármán and S. S. Penner, "Selected Combustion Problems" (AGARD), p. 5. Butterworths, London, 1954.

17. T. von Kármán, "Sixth Symposium on Combustion", p. 1. Reinhold, New York, 1956.

18. J. O. Hirschfelder, C. F. Curtiss, and D. E. Campbell, "Fourth Symposium on Combustion", p. 190, Williams & Wilkins, Baltimore, 1953.

19. D. B. Spalding,*Proc. Roy. Soc.* (*London*)**A240**,83(1957).

20. E. Mallard and H. Le Chatelier,*Ann. Mines.* **4**,379,1883.

21. G. von Elbe and G. White,Atlantic Res. Corp. Final Report,Office of Naval Res. Contract No. N00014-69-C-03-2,Sept. 30,1974.

22. Cf. B. Lewis and G. von Elbe. *J. Chem. Phys.* **11**,75(1943);*Trans. Am. Soc. Mech. Engrs.* **70**,307(1948).

23. B. Karlovitz, D. W. Denniston, Jr. , D. H. Knapschaefer, and F. E. Wells, "Fourth Symposium on Combustion",p. 613,Williams & Wilkins,Baltimore,1953.

24. B. Lewis and G. von Elbe,*J. Chem. Phys.* **11**,75(1943).

25. G. von Elbe and M. Mentser,*J. Chem. Phys.* **13**,89(1945).

26. K. Wohl, N. M. Kapp, and C. Gazley, "Third Symposium on Combustion and Flame and Explosion Phenomena",p. 3,Williams & Wilkins,Baltimore,1949;also Meteor Report UAC-26,September,1948.

27. H. Lamb,"Hydrodynamies",5th ed. ,p. 555,Cambridge Univ. Press,New York,1924.

28. W. H. McAdams,"Heat Transmission",McGraw-Hill,New York,1942;cf. "American Institute of Physics Handbook". McGraw-Hill,New York,1957;A B. Cambel and B. H. Jennings, "Gas Dynamics",McGraw-Hill,New York,1958.

29. B. A. Bakhmeteff,"The Mechanics of Turbulent Flow",Princeton Univ. Ptess,Princeton,N. J. ,1941.

30. L. M. Bollinger and D. T. Williams,*NatI. Advisory Comm. Aeronaut. Tech. Note*,No. **1234**(1947).

31. M. E. Harris, J. Grumer, G. von Elbe, and B. Lewis, "Third Symposium on Combustion and Flame and Explosion Phenomena",p. 80,Williams & Wilkins,Baltimore,1949.

32. C. W. Wilson,*Ind. Eng. Chem.* **44**,2937(1952).

33. J. Grumer,M. E. Harris,and H. Schultz,"Fourth Symposium on Combustion",p. 659,Williams & Wilkins,Baltimore,1953.

34. R. W. Smith,H. E. Edwards,and S. R. Brinkley,Jr. ,*U. S. Bur. Mines Rept. Invest.* **4885**(1952).

35. J. Grumer,M. E. Harris,and V. R. Rowe,*U. S. Bur. Mines Rept. Invest.* **5225**(1956).

36. P. F. Kurz,*Combustion and Flame.* **1**,162(1957).

37. E. Miller and H. J. Setzer,Sixth Symposium on Combustion,p. 164,Reinhold. New York,1957.

38. M. H. Boyer and P. E. Friebertshauser,*Combustion and Flame.* **1**,264(1957).

39. W. Michelson,see H. Mache[40].

40. H. Mache,"Die Physik der Verbrennungserscheinungen",Veit and Co. ,Leipzip,1918.

41. R. J. Dery,"Third Symposium on Combustion and Flame and Explosion Phenomena",p. 235,Williams & Wilkins,Baltimore,1949.

42. A. N. J. Van de Poll and T. Westerdijk,*Z. Tech. Physik.* **22**,29(1941).

43. J. J. Broeze,"Third Symposium on Combustion and Flame and Explosion Phenomena",p. 146,Williams & Wilkins,1949.

44. H. H. Kaveler and B. Lewis,*Chem. Revs.* **21**,421(1937).

45. Cf. W. Jost,"Explosions-und Verbrennungsvorgänge in Gasen",Springer,Berlin,1939.

46. See, for example, H. F. Coward, and F. J. Hartwell, *J. Chem. Soc.* , pp. 1996, 2676(1932).

47. J. Grumer and G. von Elbe, unpublished Bureau of Mines reports.

48. E. Mallard and H. Le Chatelier, *Ann. mines.* **4**, 8, 274(1883). For this and subsequent literature, see W. A. Bone and D. T. A. Townend, "Flame and Combustion in Gases", Longmans, Green and Co. , London, 1927.

49. B. Lewis and G. von Elbe, unpublished observations on natural gas-air mixtures(1941).

50. W. Mason and R. V. Wheeler, *J. Chem. Soc.* pp. 1044, 1054(1917); p. 578(1919); W. R. Chapman and R. V. Wheeler, *ibid.* p. 38(1927); W. Payman and R. V. Wheeler, *ibid.* p. 1251(1923); p. 1835(1932).

51. W. A. Bone, R. P. Fraser, and D. A. Winter, *Proc. Roy. Soc.* **A114**, 402(1927); W. A. Bone and R. P. Fraser, *ibid.* **A130**, 542(1931).

52. B. Karlovitz, private communication(1949).

53. O. C. Ellis, *Fuel.* **7**, 502, 526(1928).

54. G. H. Markstein, "Fourth Symposium on Combustion", p. 44, Williams & Wilkins, Baltimore, 1953.

55. L. Landau, *Acta physicochim. U. R. S. S.* , **19**, 77(1944); G. Darrieus, *6th Intern. Congr. Appl. Mech.* , Paris, 1946.

56. J. Manton, G. von Elbe, and B. Lewis, *J. Chem. Phys.* **20**, 153(1952).

57. G. H. Markstein, *J. Chem. Phys.* **17**, 428(1949); *J. Aeronaut. Sci.* **18**, 199(1951).

58. F. A. Smith and S. F. Pickering, *J. Research Natl. Bur. Standards.* **3**, 65(1929).

59. D. B. Leason. *Engines Note.* **132** (1949), Aeronaut. Lab. Australian Dept. of Supply and Development, Melbourne, Australia.

60. H. Behrens, *Naturwissenschaften.* **32**, 297, 299(1944); *Z. Physik. Chem. (Leipzig)* **196**, 78(1950).

61. W. Jost, J. Krug, and L. Sieg, "Fourth Symposium on Combustion", p. 535, Williams & Willkins, Baltimore, 1953.

62. G. H. Markstein, "Seventh Symposium on Combustion", p. 289, Butterworths, 1959.

63. J. W. Linnett and J. S. M. Simpson, "Sixth Symposium on Combustion", p. 20, Reinhold, New York, 1956.

64. H. F. Coward and G. W. Jones, *U. S. Bur. Mines Bull.* **503** (1952). See also M. G. Zabetakis, *U. S. Bur. Mines Bull.* No. **627**(1965).

65. J. Powling, *Fuel.* **28**, 25(1949).

66. A. Egerton and S. K. Thabat, *Proc. Roy. Soc.* **A211**, 455(1952); G. N. Badami and A. C. Egerton, *ibid.* **A228**, 297(1955).

67. G. Dixon-Lewis and G. L. Isles, "Seventh Symposium on Combustion", p. 475, Butterworths, London, 1959.

68. H. F. Coward and F. Brinsley, *J. Chem. Soc.* , p. 1985(1914).

69. Cf. F. Goldmann, *Z. Physik. Chem.* **B5**, 307(1929).

70. K. Clusius, W. Kölsch, and L. Waldmann. *Z. Physik. Chem.* **A189**, 131(1941); K. Clusius and G. Faber, *Z. Naturforsch.* **2a**, 97(1947).

71. G. Böhm and K. Clusius, *Z. Naturforsch.* **3a**, 386(1948).

72. M. G. Zabetakis and J. K. Richmond, "Fourth Symposium on Combustion", p. 121, Willims & Wilkins,

Baltimore,1953.

73. A. Egerton and J. Powling,*Proc. Roy. Soc*,**A193**,172,190(1948).

74. J. H. Burgoyne and G. Williams-Lier,*Proc. Roy. Soc.* **A193**,525(1948);J. H. Burgoyne and R. F. Neale, *Fuel.* **32**,5,17(1953).

75. J. H. Burgoyne and J. F. Richardson,*Fuel.* **28**,1,150(1949);J. H. Burgoyne and G. Williams-Lier,*ibid.* p. 145;J. H. Burgoyne,D. M. Newitt,and A. Thomas,*Engineer.* **198**,165(1954);J. H. Burgoyne and L. L. Cohen,*Proc. Roy. Soc.* **A225**,375(1954);J. H. Burgoyne,*Chem. Eng. Progr.* **53**,121(1957).

76. J. E. Dolan and P. B. Dempster, *J. Appl. Chem.* **5**, 510 (1955); J. E. Dolan, "Sixth Symposium on Combustion",p. 787, Reinhold, New York, 1956; P. Laffitte and R. Bouchet, "Seventh Symposium on Combustion",p. 504,Butterworths,London,1959.

77. P. G. Guest,*U. S. Bur. Mines*,*Rept. Invest.* **3753**(1944).

78. M. V. Blanc,P. G. Guest,G. von Elbe,and B. Lewis,*J. Chem. Phys.* **15**,798(1947);"Third Symposium on Combustion and Flame and Explosion Phenomena",p. 363. Williams & Wilkins,Baltimore,1949.

79. H. F. Calcote,C. A. Gregory,Jr. C. M. Barnett,and R. B. Gilmer,*lnd. Eng. Chem.* **44**,2656(1952).

80. J. O. Hirschfelder,R. B. Bird,and E. L. Spotz,"The Transport Properties of Gases. and Gaseous Mixtures", II. University of Wisconsin Report CM-508,Sept. 28,1948.

81. D. R. Ballal and A. H. Lefebvre,*Proc. Roy. Soc.* **A357**,163(1977);see also A. H. Lefebvre,"Gas Turbine Combustion",McGraw-Hill,New York,pp. 233-239,1983.

82. I. R. King and H. F. Calcote,*J. Chem. Phys.* **23**,2444(1955).

83. W. Roth,P. G. Guest,G. von Elbe,and B. Lewis,*J. Chem. Phys.* **19**,1530(1951).

84. E. A. Watson(Joseph Lucas Ltd,England),private communication,1955.

85. H. E. Rose and T. Priede,"Seventh Symposium on Combustion",p. 454,Butterworths,London,1959.

86. E. Jones,*Proc. Roy. Soc.* **A198**,523(1949).

87. F. P. Bowden,M. F. R. Mulcahy,R. G. Vines,and A. Yoffe,*Proc. Roy. Soc.* **A188**,291(1947).

88. The final pressure was estimated to be 20 atmospheres by Eirich and Tabor quoted by Bowden *et al.*

89. M. F. R. Mulcahy and R. G. Vines. *Proc. Roy. Soc.* **A191**,210(1947).

90. M. F. R. Mulcahy and R. G. Vines,*Proc. Roy. Soc.* **A191**,226(1947).

91. H. P. Stout and E. Jones,"Third Symposium on Combustion and Flame and Explosion Phenomena",p. 329, Williams & Wilkins,Baltimore,1949.

92. H. F. Coward and P. G. Guest,*J. Am. Chem. Soc.* **49**,2479(1927).

93. P. G. Guest.*U. S. Bur. Mines Tech . Paper.* **475**(1930).

94. O. C. Ellis,*Fuel.* **7**,245(1928).

95. E. F. Fiock and H. K. King,*Nat,Advisory Comm. Aeronaut. Rept.* ,No. **531**(1953).

96. Experimental proof of the tempesature gradient was first given by B. Hopkinson,*Proc. Roy. Soc.* **A77**,387 (1906);see also O. C. Ellis and E. Morgan,*Trans. Faraday Soc.* **30**,287(1934).

97. O. C. Ellis and R. V. Wheeler,*J. Chem. Soc.* ,p. 310(1927).

98. L. Flamm and H. Mache,*Wien Ber*,**126**,9(1917). For later studies consult C. J. Rallis and G. E. B. Tremeer, *Combustion and Flame*,**7**,51(1963).

99. See p. 150 of W. Jost's book[45].

100. B. Lewis and G. von Elbe,*J. Chem. Phys.* **2**,283(1934). .

101. H. Gaudry,*Rev. Inst. Franç. Pétrole et Ann. Combustibles Liquides*. **4**(1949).

102. B. Lewis and G. von Elbe,*J. Chem. Phys.* **3**,63(1935).

103. K. Wohl and M. Magat,*Z. Physik. Chem.* **B19**,536(1932);J. K. Thompson and R. V. Wheeler,*J. Inst. Petroleum Technol*. **21**,931(1935).

104. C. Campbell,W. B. Littler,and C. Whitworth,*J. Chem. Soc.* ,p. 339(1932).

105. G. B. Maxwell and R. V. Wheeler,*Ind. Eng. Chem.* **20**,1041(1928).

106. B. Lewis and G. von Elbe,unpublished experiments(1940).

107. G. Gouy,*Ann. Chim. Phys.* [5]**18**,27(1879);W. Michelson,*Ann. Physik.* **37**,1(1889);L. Ubbelohde and E. Koelliker,*J. Gasbeleucht.* **59**,49(1916);L. Ubbelohde and M. Hofsäss,*ibid.* **56**,1225,1253(1913);L. Ubbelohde and O. Dommer,*ibid.* **57**,733,757,781,805(1914);H. Passauer.*Gasu. Wasserfach* **73**,313, 343,369(1930);K. Bunte and W. Litterscheidt,*ibid.* **73**,837,871,890(1930);G. Tammann and H. Thiele, *Z. anorg. u. allgem. Chem.* **192**,68(1930);J. Corsiglia,*Am. Gas Assoc. Mono.* **13**,437(1931);G. Jahn,"Der Zündvorgang in Gasgemischen",Oldenbourg,Berlin,1934.

108. R. J. Dery,see paper by Harris *et al*[31].

109. A. R. T. Denues with W. J. Huff,*J. Am. Chem. Soc.* **62**,3054(1940).

110. J. M. Singer,J. Grumer,and E. B. Cook,"Proc. Gas Dynamics Sympsoium on Aerothermochemistry",August 22-24,1955,Northwestern University,Evanston,Illinois(published 1956).

111. J. Powling,*Fuel*,**28**,25(1949).

112. A. Levy and F. J. Weinberg,"Seventh Symposium on Combustion",p. 296,Butterworths,London,1959.

113. G. Dixon-Lewis and G. L. Isles,"Seventh Symposium on Combustion",p. 475,Butterworths,London,1959.

114. J. W. Andersen and R. S. Fein,*Univ. Wisconsin Rept*. CM-522(1949).

115. K. Wohl,"Third Symposium on Combustion and Flame and Explosion Phenomena",p. 203,Williams & Wilkins,Baltimore,1949.

116. J. W. Linnett and M. F. Hoare,"Third Symposium on Combustion and Flame and Explosion Phenomena", p. 195,Willams & Wilkins,Baltimore,1949.

117. F. A. Smith and S. F. Pickering,*J Research Bur. Standards*. **17**,7(1936).

118. J. M. Singer,"Fourth Symposium on Combustion",p. 352,Williams & Wilkins,1953.

119. F. H. Garner,R. Long,and G. K. Ashforth,*Fuel*. **28**,272(1949);*J. Chem. Phys.* **18**,1112(1950).

120. E. F. Fiock and C. H. Roeder,*Natl. Advisory Comm. Aeronaut. Rept.* ,No. **553**(1936);No. 532(1935).

121. B. Lewis and G. von Elbe,"Combustion Flames and Explosions of Gases",pp. 475-479. Academic Press, New York,1951.

122. E. F. Fiock,C. F. Marvin,F. R. Caldwell,and C. H. Roeder,*Natl. Advisory Comm. Aeronaut. Rept*,No. **682**

(1940).

123. J. Manton, G. von Elbe, and B. Lewis, "Fourth Symposium on Combustion," p. 358, Williams & Wilkins, Baltimore, 1953.

124. W. A. Strauss and R. Edse, WADC Technical Report 56-49(1956); "Seventh Symposium on Combustion", p. 377, Butterworths, London, 1959.

125. J. Manton and B. B. Milliken, "Proc. Gas Dynamics Symposium on Aerothermochemistry", Aug. 22-24, 1955, Northwestern University, Evanston, Illinois (published 1956); cf. B. Lewis, "Selected Combustion Problems", (AGARD) p. 117, discussion remark. Butterworths, London, 1954.

126. R. A. Strehlow, "Combustion Fundamentals", p. 283, McGraw-Hill, New York, 1984.

第 6 章

湍流燃烧波

6.1 湍流烧嘴火焰的描述

层流燃烧波和湍流燃烧波之间差别的特点可很容易地从烧嘴火焰的照片上看出。图 6-1 所示是在稍低于和高于临界雷诺数的流量下两种烧嘴火焰的照片[1]。在层流条件下形成了人所熟知的锥形燃烧波，它就构成了未燃气体和已燃气体之间的鲜明边界。在直摄照片上，由于反应区发射出明亮光线，所以燃烧波的外形是可见的。而在瞬时纹影照片上，由于未燃气体和已燃气体之间有明显的密度梯度，就产生了一个光滑的焰锥轮廓。当雷诺数从 2 000 增加到 3 000 时，发光锥缩短且变得散乱，而瞬时阴影照片表明，已燃气体的边界出现不规则的皱纹。长时间曝光拍摄的直摄照片上这种散乱现象是由于发光燃烧波横切视野造成杂乱波动所致。图 6-2 中纹影快照重叠在长时间曝光拍摄的直摄照片上，这种照片证实，在发光区内确实包含有杂乱的波动。从特性来看，这种燃烧波具有尖锐的突向已燃气体的棱角，而突向未燃气体有光滑的弯曲表面。由立体图可清楚地了解燃烧波的瞬时形状。图 6-3 所示的一个例子，它可用立体观察器或实际一点用调整一视图的方法从而使出现三种焰像来考察三锥火焰结构，中间的焰像表示已超出纸平面范围的空间中的火焰。这种火焰的典型特点是靠近烧嘴口边缘处燃烧波仅适度凹入，而在较高处就变得很松乱。图 6-2 和图 6-3 所示的火焰是用烧嘴口边缘处的环状值班火焰加以稳定的。此外，这种火焰四周被平行的环形空气流所包围，如图 6-4 所示。这种空气保护流大大地减弱燃烧气流与周围大气的湍流混合。图 6-5 所示是在有、无空气保护流下火焰的纹影照片。从图可见，火焰和大气之间的湍流混合的减弱没有使燃烧波松乱状况有明显的减轻。因此，燃烧波畸变的原因必须从管中流动的湍流和以后将要讨论到的燃烧过程本身所造成的湍流增强方面去寻找。

除了采用快速或高速摄影照相的直观方法来理解波动的燃烧波以外，采用将一探针插入火焰中与燃烧波相接触的方法也可以感知燃烧波的特性。这种测量技术是由 Karlovitz 及其同事[2]发展起来的。这种方法是根据这样的事实建立起来的，即在许多预混火焰中，特别是在烃-空气火焰中，紧挨着瞬间燃烧波的层中的电离密度比炽热已燃气体中的要高几倍。图 6-6 说明在天然气和空气按化学计量组成的混合物燃烧波的情况下的离子分布。因此，将一细金属丝探针埋入湍流火焰的焰刷尾中，并保持对火焰等离子体为负电位以收集

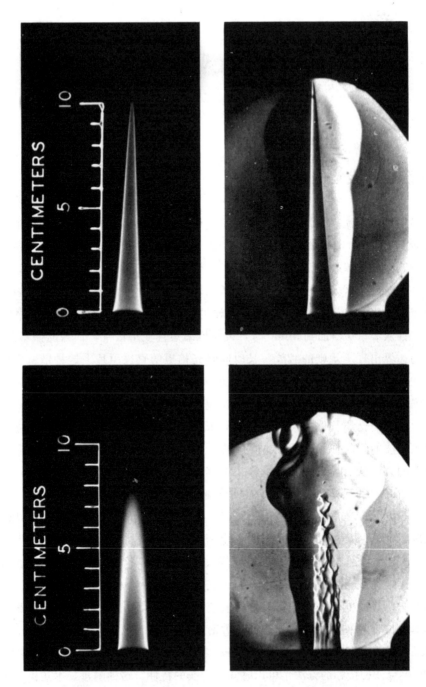

图 6-1　层流火焰和湍流火焰的长曝光直摄照片（左）和瞬时纹影照片（右）（Karlovitz et al.[2]）

上部是雷诺数 $Re = 2\,000$ 的层流；下部是雷诺数 $Re = 3\,000$ 的湍流。

天然气和空气按化学计量组成的混合物。

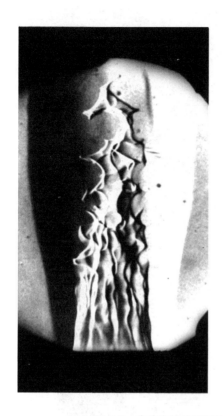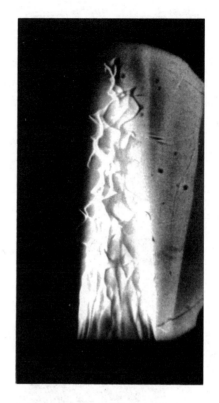

图 6-2　湍流火焰的瞬时纹影照片（Karlovitz et al.[2]）

左侧纹影照片重叠在右侧长时间曝光区直摄照片上。$Re =7\,000$；天然气和空气按化学计量组成的混合物；
烧嘴管的内径为 3.49 cm。烧嘴口边缘有环状值斑火焰。有使火焰气体与周围空气混合减到最小的空气保护流。

正离子，当燃烧波接触到探针时比只有炽热燃烧气体包围探针时所产生的电流要强得多。
探针所接收到的信号可用适当的电子电路加以变更，以便用于仅指示探针是否接触到瞬时
火焰波面。插入火焰中探针的示意图和电路的方块图如图 6-7 所示。安装探针金属丝使其
顶点朝向波动的燃烧波。当燃烧波来回任意扫描时，电路通或断就取决于燃烧波是否被金
属丝所刺穿。如此可以测量出在某一适当长的观测时间内有电流存在的时间的总值，由此
求得波动燃烧波与探针相接触平均时间份额。同样也可以计算出每秒内电流变换（"通"和
"断"）的平均数。当金属丝顶与燃烧波中点位置之间的距离很大时，燃烧波仅在偶尔的大
振幅扫描峰下才被金属丝刺穿。

　　因此，接触的时间份额很小，电流变换数也很低。随着金属丝顶深入焰刷尾，接触的
时间份额就逐渐接近于 1，而电流变换数在金属丝顶到达燃烧波中点位置以前一直增大，
以后又减小。这种情况的典型数据如图 6-8 所示。该种实验曲线具有概率函数的一般特性。
曾测得，当探针从未燃侧而不从已燃侧插入火焰刷时不会导致这种变化。

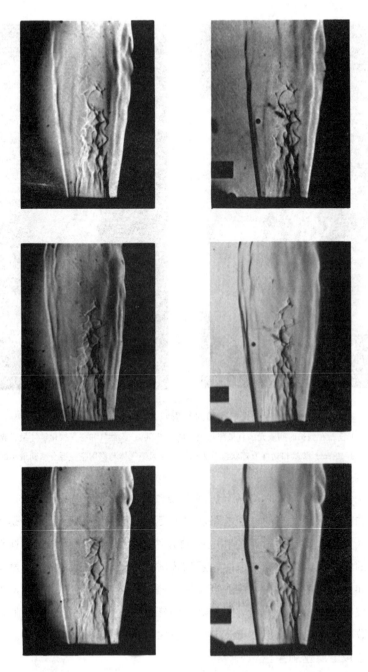

图 6-3 图 6-2 所示火焰的三种纹影快照(Karlovitz et al.[2])

由这些快照可以得到各种不同瞬时火焰外形的立体图。

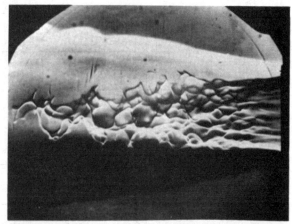

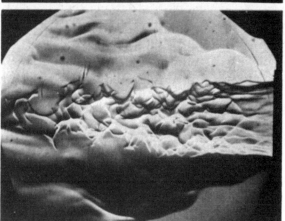

图 6-5　在有、无空气保护流下火焰的纹影照片 (Karlovitz et al.[2])
$Re=100\ 000$；天然气和空气按化学计量组成的混合物；烧嘴管的内径为 3.49 cm。

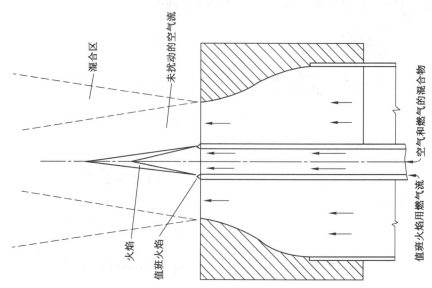

图 6-4　具有环状值班火焰和空气保护流的
烧嘴管装置 (Karlovitz et al.[2])

混合区

未扰动的空气流

空气和燃气的混合物

值班火焰用燃气流

火焰

值班火焰

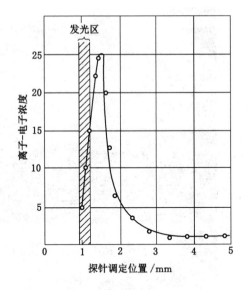

图 6-6　天然气和空气按化学计量组成的火焰燃烧波中的
离子-电子浓度分布（Karlovitz et al.[2]）

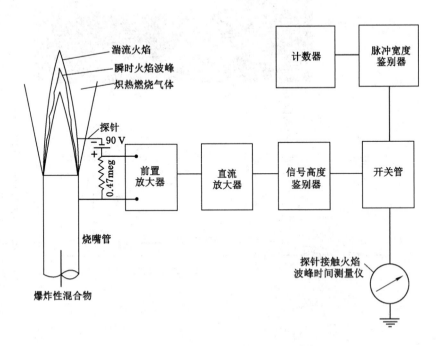

图 6-7　埋在火焰中的电子探针和电子电路的方块图（Karlovitz et al[2]）

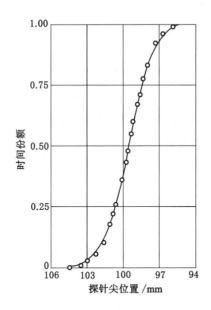

图 6-8　金属丝探针停留在燃烧区中所耗的时间份额(Karlovitz et al.[2])

6.2　湍流的概念

为了进一步讨论刚才所描述的现象，必须简要地说明湍流及用来描述其特征的概念。

黏性流体中的湍流是由于障碍物后形成涡流且由于壁面减速效应和不同速度的气流相混合而产生剪流所致。可以采用将微小流体团的随机脉动重叠在可能存在的任何平均流上的方法来描述它。每一个这种流体元在一段时间内都以一种相关的形式移动。湍流的主要特征是在于其三维性和随机性。由于这种运动的随机性，因而湍流与分子运动有些相类似，且其具有与分子运动相类似的迁移特性，而其性质要复杂得多，因为与分子质量和平均自由程相应的量不是介质常数。特别是构成湍流的易变涡流，其尺寸及速度都不相同；相反，这些参数都分布在很宽的范围内。至于谈到湍流谱，则与光谱相类似，将其定义为函数 $F(n)$，它表示在波动频率 n 和 $n+dn$ 之间湍流能量的平均份额。通过最大的涡流，将能量从平均流转移给湍流，能量从大的涡流转移到愈来愈小的涡流上去，最后被黏性摩擦所吸收。因此，湍流度随时间的衰减是相当快的。

因为在一段时间内以相关形式移动的流体元的质量和它们移动的平均距离，远大于分子质量和平均分子自由程，所以质量和动量的湍流迁移可以比分子迁移大几个数量级。在这种情况下，湍流度对流动现象、热传导、混合和火焰传播都有很重要的意义。

关于湍流的数学描述，通常写出流体质点速度分量的瞬时值，把它看作是时间平均速度和脉动速度分量之和，因此，得：

$$U = \overline{U} + u$$

$$V = \overline{V} + v \qquad \qquad (6\text{-}1)$$

$$W = \overline{W} + w$$

式中，$\overline{U}$、$\overline{V}$ 和 $\overline{W}$ 是在 x、y 和 z 方向速度分量的平均（即时间平均）值，以及 u、v 和 w 是偏离平均值的瞬时偏差。根据这一定义显然可得：

$$\overline{u} = 0$$

$$\overline{v} = 0 \qquad \qquad (6\text{-}2)$$

$$\overline{w} = 0$$

在气体动力学理论中，平均分子速度是由体系内所有一切分子速度的平方值取平均再开平方根而得。相类似地，湍流的脉动速度分量以其速度均方根值为表征：

$$u' = \sqrt{\overline{u^2}}$$

$$v' = \sqrt{\overline{v^2}} \qquad \qquad (6\text{-}3)$$

$$w' = \sqrt{\overline{w^2}}$$

u'、v' 及 w' 与湍流能量之间的关系式，和分子速度与分子运动能量之间的气体动力学关系式相类似。通常，将 u'、v' 和 w' 当作湍流强度的各分量。在此，术语"强度"的含义与气体动力学中的温度相类似。

在早期的湍流理论中，随机运动的空间分布是以与动力学理论中平均分子自由程相类似的一个量即"混合长度"表征的。混合长度是流体元在其与周围流体混合丧失其本身特性以前所移过的平均距离。

在近期的湍流理论中，利用各统计相关系数来描述湍流结构。例如，若气流的平均速度在气流横截面上是不均一的，则横向扩散至气流进入较高或较低流速区中的流体元按气流方向得到加速或减速。在这种情况下，速度脉动 u、v 和 w 在某种程度上是彼此相关联的，也就是说，在气流中任一给定点处的脉动速度的几个分量之间有一定的关系。例如，u 和 v 之间的关系是用如下定义的一个系数的数值来描述

$$R_{uv} = \overline{uv} / (\sqrt{\overline{u^2}} \sqrt{\overline{v^2}}) \qquad \qquad (6\text{-}4)$$

这类分速度的相关系数是用来表征气流中较快和较慢流动区之间湍流产生的剪应力。这种剪应力等于因流体元从一个区域向另一个区域扩散而造成的动量迁移速率，且根据雷诺理论有分量 $-\overline{uv}$、$-\overline{vw}$ 和 $-\overline{uw}$。若各分速度理想化随机脉动以致彼此不相关，则在流体中无剪应力存在。在这种情况下，任何乘积（$u_i v_j$ 等）均有一负的对应乘积（$-u_i v_j$ 等），致使乘积平均值（$\overline{uv}$ 等），因而相关系数（R_{uv} 等）均等于零。

另一关系式是根据在 x 方向气流中两点(在 y 方向的距离为 y) 的脉动速度 u 的观测得到的。若各点非常靠近,则各观测结果将是一致的,即证实在这些观测点处流动完全相关。若各点离得足够远,就使得彼此不相关。相关系数 R_y 是按下式定义的

$$R_y = \overline{u_{y_0} u_y} / (\sqrt{\overline{u_{y_0}^2}} \sqrt{\overline{u_y^2}}) \tag{6-5}$$

对于靠得很近空间各点 R_y 显然等于 1,而对于远离的各点则为零,因为乘积 $u_{y_0} u_y$ 的正值和负值以相等的频率出现。R_y 与关于流动的 Eulerian 描述相对应,在 Eulerian 描述中气流流过一固定的参照点。在参照点随气流移动的 Lagrangian 描述中,可写出:

$$R_t = \overline{u_0 u_t} / (\sqrt{\overline{u_0^2}} \sqrt{\overline{u_y^2}}) \tag{6-6}$$

式中,u_0 和 u_t 分别指时间为零和后一时间 t 时的 u 值。显然,当 $t \to 0$ 时,$R_t \to 1$;而当 $t \to \infty$ 时,$R_t \to 0$。

相关系数使得可以用严格定义湍流尺度来替代混合长度。在流动的 Lagrangian 描述中,湍流尺度定义为:

$$l_1 = \sqrt{\overline{u^2}} \int_0^\infty R_t \mathrm{d}t \tag{6-7}$$

而在 Eulerian 描述中,湍流尺度定义为:

$$l_2 = \int_0^\infty R_y \mathrm{d}y \tag{6-8}$$

l_1 的定义意味着这样的概念,即认为这是在相关函数至零为止足够长的时间间隔内流体质点沿 x 轴所通过的路程,而尺度 l_2 可以看作是与流体元或涡流的平均尺寸成正比的。但是,现在尚未知道 l_1 和 l_2 之间的理论关系式。

在分子扩散中,扩散系数 D 是已确定的,近似地为 $D = \lambda \bar{v}/3$,式中 λ 是平均自由程,$\bar{v}/3$ 是沿坐标系一轴的平均分子速度。在湍流扩散中,类似地可写出:

$$\varepsilon = l_1 u' \tag{6-9}$$

式中,ε 称为涡流扩散系数。

在 l_1 和气体动力学平均自由程之间的类似性,从如下的简单考察中可以得到进一步地了解。对于一给定的流体质点来说,只要质点的运动方向不逆转,则乘积 $u_0 u_t$ 仍为正值。只有在质点移动了某些距离以后由于它与其他质点发生动量交换使运动方向逆转的情况下,才会出现该乘积为负值,因而使函数 R_t 趋于零。这种情况与气体动力学中的情况有些相似,在后一种情况下,在通过平均移动距离(即所谓平均自由程)以后的分子碰撞中会发生动量交换。

湍流特性的相关系数和尺度 l_1 及 l_2 的用处就在于它们的可度量性。为此,最广泛使用的是热线风速仪。敏感元件是电加热丝,通常为铂丝,长约 0.5 mm,直径很细,在 2.5 ×

$10^{-3} \sim 2.5 \times 10^{-2}$ mm 之间。气体速度的脉动会使金属丝冷却速率变化,所以使金属丝的温度改变,因而使它的电阻发生变化。在金属丝上的电势降的最终变化经放大,用热力式毫安表或阴极射线示波器记录下来[3]。电流表给出了电流脉动的均方根值,因而提供了一种度量气流速度随湍流强度脉动的均方根值的方法。示波器记录的是在流动方向上的个别脉动,在这个流动方向上,气体交替地减速和加速,相应地使金属丝的温度升高和降低。垂直于流动方向的速度脉动分量仅产生二阶效应。插在气流中相距 y 的两个探针进行同步记录,因而可进行相关函数 R_y 即尺度 l_2 的测量。用来定义尺度 l_1 的相关数 R_t 的测量较难。Taylor[4] 建议采用将一个集中热源引入湍流中,再测量下游的热量扩展的方法来测量涡流扩散系数 ε。Taylor 从风洞内格栅或蜂窝状格子以后湍流的实验中发现,l_1 值近似地为 l_2 值之半。

对于理论和实验研究来说,最简单的湍流形式就是各向强度分量均相等的湍流。在给定点处脉动的方向和幅度的变化完全是任意的,因此在各个不同方向的脉动分量之间并不相关。所以

$$\overline{u^2} = \overline{v^2} = \overline{w^2}$$

和

$$\overline{uv} = \overline{vw} = \overline{uw} = 0$$

这种各向同性的湍流场就是在离金属网格栅或多孔板下游某一距离处形成的。在格栅下游会立即建立起具有各向异性特性的或多或少有规则的涡流系,它非常迅速地转变为均一分布的各向同性湍流场。建立各向同性湍流所需的距离约为构成栅网金属丝直径的 80 倍[5]。湍流强度的百分数定义为 $100(u'/U)$,在格栅以后此值为 5% 左右。尺度 l_2 大致等于金属丝的直径。在管内充分发展的湍流中,其气流中心近似存在各向同性的湍流。此处,湍流强度约为 3%,尺度 l_2 约为管子半径的 0.17 倍。湍流强度从中心到管壁增大,随后到管壁处又下降至零,其最大值相当靠近管壁。尺度 l_2 从中心到管壁连续地降低到零。在离管壁约为 1/6 半径的距离处,湍流强度约是中心处的 2 倍,而尺度 l_2 约为中心处的 1/3。可以认为,乘积 $l_2 u'$ 与涡流扩散系数 ε 成正比,约在中心和管壁之间一半处通过最大值。

Taylor[6] 曾论述过各向同性湍流和具有均一流体特性的场中小质点的一般运动问题。利用 Lagrangian 方法显然可用来表述定积分 $\int_0^t u_0 u_t \mathrm{d}t$,并采用在 t 时间内同时观测非常多的质点或在时间间隔 t 内观测个别质点的方法进行积分值的平均,求得的平均积分 $\int_0^t \overline{u_0 u_t} \mathrm{d}t$ 在场中各处均有相同的值。这可以写作:

$$\int_0^t \overline{u_0 u_t} \mathrm{d}t = \overline{u_0 \int_0^t u_t \mathrm{d}t} \tag{6-10}$$

$\int_0^t u_t \mathrm{d}t$ 这一积分表示时间 t 内质点在 x 轴方向的位移 X。因此

$$\int_0^t u_t \mathrm{d}t = X \tag{6-11}$$

和

$$\overline{u_0 \int_0^t u_t \mathrm{d}t} = \overline{u_0 X} = \overline{uX} \tag{6-12}$$

式中,脚注 0 可以省略,因为此值与零时间的选取无关。既然 $u = \mathrm{d}X/\mathrm{d}t$,所以

$$\overline{uX} = \frac{1}{2} \frac{\mathrm{d}\,\overline{X^2}}{\mathrm{d}t} \tag{6-13}$$

式中,$\overline{X^2}$ 是时间 t 内质点在 x 方向位移的均方值。

根据式(6-6)引入相关系数 R_t,且因为在各向同性湍流中 $\overline{U_0^2} = \overline{u_t^2} = \overline{u^2} =$ 常数,则由上述各式得:

$$u'^2 \int_0^t R_t \mathrm{d}t = \frac{1}{2} \frac{\mathrm{d}\,\overline{X^2}}{\mathrm{d}t} \tag{6-14}$$

因此,在均一湍流场中的扩散问题就简化为考察函数 R_t。当时间很短以致 R_t 实际上等于 1 时,则式(6-14)变为:

$$u't = \frac{1}{2} \frac{\mathrm{d}\,\overline{X^2}}{\mathrm{d}t} \tag{6-15}$$

积分得:

$$\sqrt{\overline{X^2}} = u't \tag{6-16}$$

若对于大于某时间 t' 的一切时间来说 R_t 均等于零,则:

$$\frac{1}{2} \frac{\mathrm{d}\,\overline{X^2}}{\mathrm{d}t} = u'^2 \int_0^t R_t \mathrm{d}t = \varepsilon \tag{6-17}$$

式中,ε 对时间和位置均为常数。

在分子扩散中,分子平均位移由下式给出:

$$\frac{1}{2} \frac{\mathrm{d}\,\overline{X^2}}{\mathrm{d}t} = D \tag{6-18}$$

式中,D 是扩散系数[7]。相类似地,根据式(6-7)得 l_1 引入式(6-16),得对涡流扩散系数:

$$\frac{1}{2} \frac{\mathrm{d}\,\overline{X^2}}{\mathrm{d}t} = l_1 u' = \varepsilon \tag{6-19}$$

经积分后得:

$$\sqrt{\overline{X^2}} = (2l_1 u't)^{\frac{1}{2}} \tag{6-20}$$

函数 R_t 是尚未确定的。现在可以取成 $R_t = e^{-t/t_0}$ 这种形式,式中 t_0 是某特征时间。在这种情况下,由式(6-14)得

$$\sqrt{\overline{X^2}} = \{2u'^2 t_0 [t - t_0(1 - e^{-t/t_0})]\}^{1/2} \tag{6-21}$$

当 t 比 t_0 小时,式(6-21)简化为式(6-16),这可从将 e^{-t/t_0} 这一项展成级数来证明。当 t 比

t_0 大时,如果取 l_1 等于 $u't_0$,那么式(6-21)就简化为式(6-20)。根据式(6-7)中最初定义的 l_1,可求得 t_0 为:

$$t_0 = \int_0^\infty R_t \mathrm{d}t \tag{6-22}$$

式(6-21)与描述 Brownian 运动的 Langevin 方程式是一致的。

对于各向异性的湍流来说,根据脉动速度分量的统计量所得的各种关系是不适用的。但是,这并不影响基本概念,这种概念是与下节中所讨论的理论相共同的。据此,则任何一类脉动质量运动所造成的燃烧波畸变都会使波面积增大,因而也使传播速率增大。

6.3 湍流燃烧速度

Damköhler[8] 曾首先试图测量和解释湍流对燃烧波传播的影响。评论一下这位著者所提出的理论概念是很有意义的。现取湍流尺度大于反应区宽度这种情况,Damköhler 引入了图6-9 中所示的模型。该图的上面部分表示速度均匀分布的层流中的燃烧波。燃烧波为平面,且若气流速度 U 等于燃烧速度(在这一章中我们用 S_L 不用 S_u 表示燃烧速度,脚注 L 是指层流),则燃烧波保持静止。若流体中的某些质点以较大或比较小的速度运动,以致瞬间速度分布如

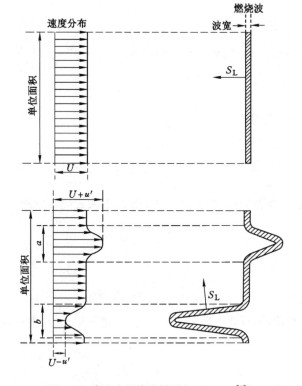

图 6-9 湍流中燃烧波模型(Damköhler[8])

该图的下面部分所示,则 a 段燃烧波将凸起,类似于正常的本生焰锥,过剩气体的速度愈大,焰锥高度就愈高。反之,b 段气体速度由于质点反向运动而降低,并形成倒置焰锥。由于燃烧过程的进行,使倒置焰锥的面积增大,因而该焰锥向速度增大的气流方向移动。为了将推进中的 b 段燃烧波倒退甚至停止,就要求质点速度不仅要大大地超过平均速度 U,而且甚至要超过速度 $U + u'$。因此,在层流条件下的平滑表面的燃烧波由于大尺度湍流而大大地畸变了,这种燃烧波甚至会破碎为许多不相关的燃烧着气体的岛屿。在这种情况下每单位气流横截面积的燃烧波面积比层流情况下大大地扩展了。所以,只有在平均气体速度增加到某一数值 S_T,它超过层流燃烧速度 S_L 下,畸变的燃烧波才能保持静止。对于畸变的燃烧波上任一基元来说,与波相垂直的传播速度仍应是层流燃烧速度。假定如此,则这个模块的定量解的问题就在于测定畸变燃烧波的面积。对于图 6-9 所示的燃烧波没有分裂而仍是连续表面的情况,Damköhler 曾提出了一种解法。他认为,单个正和负的焰锥的表面积与速度波动 $\pm u$ 成正比,这与烧嘴焰锥的情况是相类似的,即烧嘴焰锥的表面积与气体速度成正比。因此,按平均数计算,应该存在下列比例关系:

$$S_T \sim u' \tag{6-23}$$

其中 S_T 可称为湍流燃烧速度。应该注意到,在本生烧嘴焰锥的情况下该面积是用气流的横截面和比值 U/S_L 的乘积来表示的;所以,畸变燃烧波各焰锥的面积应与 S_L 成反比。因为在这种模型中的 S_T 与各种焰锥面积的总和成正比,且同样也与 S_L 成正比,所以 Damköhler 理论预示了 S_T 与 S_L 无关。

若湍流尺度保持不变,则从式(6-9)和式(6-23)得

$$S_T \sim \varepsilon \tag{6-24}$$

Nikuradse[9] 对湍流管流的测量表明,在很宽的雷诺数和横截面积范围内,ε 都近似地与雷诺数 Re 和运动黏度 ν 的乘积成正比。既然 ν 仅取决于气体的性质,所以这种理论对迎面气流中的火焰来说预示:

$$S_T \sim Re \tag{6-25}$$

Shchelkin[10] 通过简单几何学的研究进一步论述 Damköhler 模型。假定整个燃烧波都畸变为许多焰锥,则湍流燃烧速度与层流燃烧速度之比应等于平均焰锥面积与平均焰锥底部面积之比。取底部面积与平均涡旋直径 l 的平方成正比。再取焰锥的高度与平均脉动速度 u' 和时间 t 成正比,在此时间 t 内燃烧波基元与垂直于燃烧波方向运动着的涡旋是相联系的。这个时间由比值 l/S_L 给定。根据几何学知识,焰锥的面积等于底部面积乘以 $\sqrt{1 + 4h^2/l^2}$,式中 h 是焰锥的高度,l 是底部的直径;既然 $h = u'l/S_L$,所以可得

$$S_T = S_L \sqrt{1 + (2u'/S_L)^2} \tag{6-26}$$

Shchelkin 考虑到这种模型并不完善,用一个未确定的 B 数(其量级为 1)来代替根号下的第二项的数字 2。在比值 $(u'/S_L)^2$ 很大的情况下,则式(6-26)就还原为由 Damköhler 所提出的

式(6-23)。

　　Williams和Bollinger[11]曾进行了许多实验,以考察Damköhler和Shchelkin所提出的方程式。他们曾做了空气与丙烷、乙烯及乙炔混合物的管状烧嘴火焰,管子的直径在9.5 mm至28.6 mm范围内。湍流尺度都大大地大于反应区的宽度。他们认为燃烧波有某一平均位置,它就在这平均位置左右来回波动,波动的程度就确定了内、外轮廓的位置。因此,湍流燃烧速度应是与这两边界之间的平均表面相应的燃烧速度。所以,他们根据长曝光(2 s)照片绘出内和外表面之间距离之半的曲线来确定参考表面。他们对最大燃烧速度混合物(稍浓的混合物)测得的结果汇总于图6-10中,该图上作出了S_T与迎面气流雷诺数的关系曲线。根据该理论,在高湍流强度(即大雷诺数)下的S_T值应与可燃气体的性质无关,所以三种燃料的曲线应趋

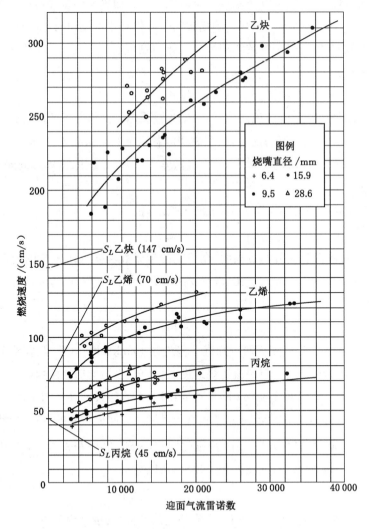

图 6-10　湍流燃烧速度随迎面气流雷诺数的变化(Williams & Bollinger[11])

于同一条曲线。他们并没有这样做。因而,取决于雷诺数的依赖关系决不是像式(6-25)所预示那样的线性关系。图 6-10 上的数据表明,对某一给定的雷诺数和燃料来说,燃烧速度随着烧嘴直径的增大而增加。

为了解决实验和理论之间的巨大分歧,必须重新考察测量湍流燃烧速度的实验技术和解决问题的理论处理。Karlovitz 及其同事[12] 在精密地检查图 6-3 所示照片的基础上作了这种重新考察的工作。靠近管口边缘上未燃气体的核心发展为稍有起伏的凹坑。在离管口更远的下游地方,这些凹坑发展成突起,且已燃气体和未燃气体之间的界面也变得非常不规则,但是,遵循着一般的规则,即露出的陡峭的突起指向已燃气体,而光滑凹曲面向着未燃气体。这方面的现象可以用 Karlovitz 所提出的图 6-11 简单示意来说明。现在来讨论曲折状的燃烧波。假定燃烧波各处均以其燃烧速度 S_L 推进,则可看到突起迅速地形成,它指向着已燃气体,而光滑凹曲面向着未燃气体。另外一个特点是燃烧波有如图所示趋于伸直的自然倾向。根据这一点,照片上的一些信息就显得容易加以解释了。湍流的主要影响是大尺度旋涡,且其燃烧波易出现许多不规则的波动,这种波动与一般的燃烧波传播是相联系着的,它会导致产生不规则形状的凹坑和突起。发光边界与长时间观测到的燃烧波基元的统计位移相对应。因而发光边界是不清晰的。在直接观察的情况下其位置取决于观察者的判断,而在摄取照片的情况下则取决于曝光时间。在短曝光的情况下,最远的发射基元所产生的亮光不会被录入,所以内、外边界的位置在某种程度上是任意找出的。因此,希望找出统计学上的平均参考面来测量与

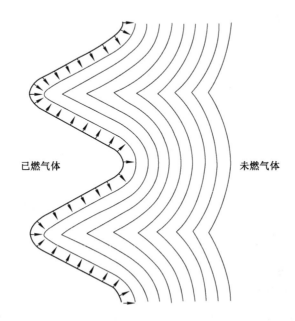

图 6-11　起皱折燃烧波特征外形的发展过程 (Karlovitz[35])
突起向着已燃气体侧,而光滑凹曲面向着未燃气体侧。

内、外边界位置无关的 S_T。

　　Karlovitz 所提出的方法似乎特别优越。湍流火焰是在任意曝光时间下拍摄的,且最大曝光强度分布是用曝光密度计瞄准发光区的方法确定的。曾得到了完全确定的可重复测得的燃烧波面。这就可能确定气流与表面法向的夹角 φ,因此按下式求得当地的燃烧速度值

$$S_T = U\sin\varphi$$

式中,U 是当地的流速;φ 是湍流火焰锋面方向与流速的夹角。湍流火焰锋面的方向是利用光谱分析靠光密度计测量扩散湍流火焰中最亮谱线,并按火焰的长时间曝光照片确定的。图 6-12 表示 $\sin\varphi$ 和 S_T/S_u 的一些典型测量值。所有火焰的瞬时纹影照片长时期显示出皱折燃烧波的特征形式,其光滑凹曲面向着未燃气体侧,而突起向着已燃气体侧[1,2]。

　　Karlovitz 以如下方式来处理湍流燃烧速度的理论问题。燃烧波向未燃气体推进的平均速率取决于因湍流脉动而抛入未燃气体的燃烧波基元数量。在此不必再考虑推进迟缓的那些基元,因为燃烧波是按图 6-11 示意地表示的方式紧靠在前面基元之后。因为涡旋是通过燃烧波推动的,所以平均时间间隔(在此时间内每一燃烧波基元受到涡旋团运动的限制)

$$t_1 = l_2/S_L \tag{6-27}$$

因此由湍流运动引起的燃烧波位移的平均速度为:

$$S_T = \sqrt{\overline{X^2}}/t_1 \tag{6-28}$$

$\sqrt{\overline{X^2}}$ 的数值是由式(6-21)所确定的,其极限可依据比值 t_1/t_0 的大小由式(6-16)或是由式(6-20)来确定。这里,我们将取 $l_1 = l_2$,并由式(6-17)、式(6-21)和式(6-22)得一般表达式:

$$S_t = \left\{ 2S_L u' \left[1 - \frac{S_L}{u'}(1 - e^{-u'/S_L}) \right] \right\}^{1/2} \tag{6-29}$$

在 $t_1/t_0 \ll 1$ 的情况下简化为:

$$S_t = u' \tag{6-30}$$

在 $t_1/t_0 \gg 1$ 的情况下简化为:

$$S_t = \sqrt{2S_L u'} \tag{6-31}$$

总的湍流燃烧速度由下式给出:

$$S_T = S_t + S_L \tag{6-32}$$

　　根据这些方程式可知,湍流燃烧速度应与湍流尺度无关,这也正如 Damköhler 和 Shchelkin 方程式所表达那样。但是,与前面的后两位著者的方程式比较起来,此时层流燃烧速度即使在很高的湍流强度下仍是一个控制因素。图 6-13 表明在通常情况下比值 S_T/S_L 和比值 u'/S_L 之间的理论关系曲线。这种关系是以无因次的形式给出的,因此各曲线适用于任一种燃料或任一混合比的燃料。对用式(6-30)和式(6-31)及式(6-32)所表示的弱湍流和强湍流这两种极限情况的适用范围如虚线曲线所示。低强度湍流方程式仅适用于 u'/S_L 值为 1

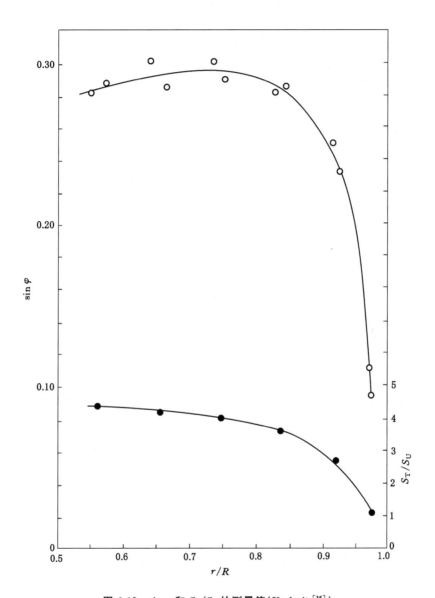

图 6-12　sin φ 和 S_T/S_u 的测量值(Karlovitz[35])

Re = 25 000;化学计量组成的乙炔‐空气火焰;

烧嘴管半径 R = 15.8 mm。

量级的情况,而高强度湍流方程式在整个范围内的误差都不大。

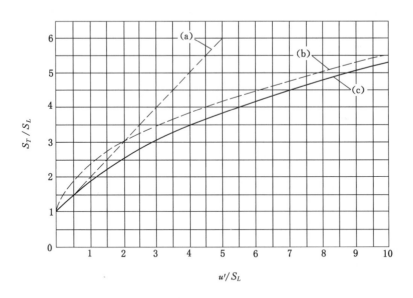

图 6-13　总的湍流燃烧速度 S_T 与层流燃烧速度 S_L 之比的函数关系 (Karlovitz et al.[12])

曲线(a)—$S_T/S_u = 1 + u'/S_u$；$t_1 \ll t_0$。

曲线(b)—$S_T/S_u = 1 + \sqrt{2u'/S_u}$；$t_1 \gg t_0$。

曲线(c)—$S_T/S_u = 1 + \sqrt{2u'/S_n} \left[1 - \dfrac{S_u}{u'}(1 - e^{-u'/S_u}) \right]^{\frac{1}{2}}$；$t_1 \approx t_0$。

　　式(6-29)和式(6-32)使得可以根据 S 的实验测定值(按上述火焰照片的光密度计测量求得)和 S_L 进行湍流强度 u' 的计算。S_L 值是与"标准"燃烧速度 S_u°(第 196 页)相一致的。用这种方法确定的烧嘴火焰的湍流度是指发光区中的湍流残余量,已发现此值与迎面未燃气体的管流湍流度差别很大。这种情况可用图 6-14 来说明,该图表明与火焰锋面相垂直的三条湍流强度 u' 与离管轴距离之间的关系式。迎面气流曲线是用热线风速计法确定的❶。其他两根曲线是分别属于天然气-空气和乙炔-空气按化学计量组成的混合物火焰的。所有这些数据都是指雷诺数为 50 000 的管流。从图可见,对于这两种混合物来说,发光区的湍流度从气体边界向中心增大到远超过管流湍流度的数值。这就意味着火焰本身产生了附加湍流。火焰产生湍流的过程可从下面具体论述中看到。由于已燃气体的热膨胀,燃烧波的每个基元都以与燃烧波相垂直的速度分量进入气体中。在层流火焰的情况下,这种附加速度会导致产生第 244 页上图 5-57 所示的层流折射流型。在湍流火焰的情况下,燃烧波小基元的方向随机波动。因此,燃烧波中气体速度的增大,把随机速度分量引入到促使火焰产生湍流的气流之中。

　　假定脉动燃烧波基元具有与"标准"速度 S_u° 和 S_b° 相应近似的平面燃烧波的条件,则与燃

---

❶　测量是在美国国家航空学咨询委员会 Langley 航空学实验室 K. F. Rubert 的监督下进行的。

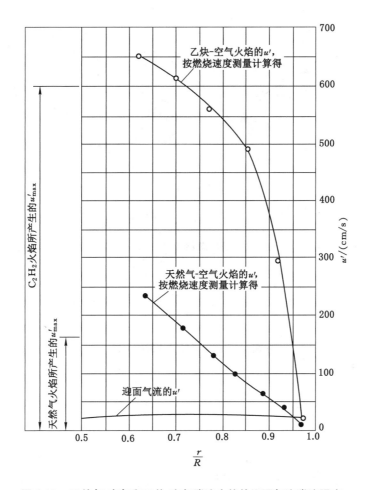

图 6-14　天然气-空气和乙炔-空气湍流火焰的迎面气流湍流强度 u
和发光区中湍流残余量（Karlovitz et al.[12]）
雷诺数 $Re=50\,000$；化学计量组成的燃料-空气比；
r 为离轴距离；R 为管子半径。

烧波相垂直的速度增量变为：

$$U_n = S_b^\circ - S_u^\circ \tag{6-33}$$

图 6-15 表示某瞬时脉动燃烧波的截面。基元 dA，其垂直方向倾斜于燃烧波传播的平均
方向，其夹角为 φ，在这个传播方向上的气体速度为 $U_n\cos\varphi$。所以，平均说来，在燃烧波传播
方向气体速度的增量为：

$$\overline{U}_n = (S_b^\circ - S_u^\circ)[\cos\varphi] \tag{6-34}$$

式中，方括号是指 $\cos\varphi$ 的平均值。若以 A 表示以每单位面积燃烧波平均位置算起的皱折燃烧
波的实际面积，则可写出：

$$\int_0^A (\cos\varphi\, dA) = 1 \tag{6-35}$$

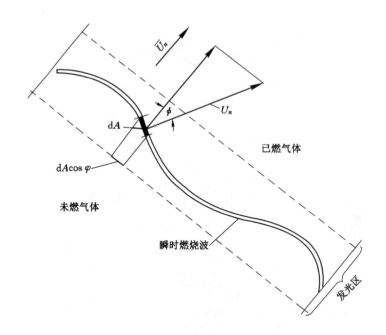

图 6-15　脉动燃烧波的截面图

或者

$$[\cos \varphi] = 1/A \qquad (6-36)$$

根据质量守恒原理可得：

$$AS^\circ_u = S_T \qquad (6-37)$$

并由式(6-34)、式(6-36)和式(6-37)得：

$$\overline{U}_n = (S^\circ_b - S^\circ_u)S_u/S_T \qquad (6-38)$$

该速度增量 $\overline{U}$,给予单位质量气体的能量为 $\frac{1}{2}\rho_b U_n^2$。既然除了平均值 $\overline{U}_n$ 的分量外任意方向均

有速度增量,所以湍流运动能量的增量变为：

$$\frac{1}{2}\rho_b(\overline{u^2} + \overline{v^2} + \overline{w^2}) = \frac{1}{2}\rho_b(U_n^2 - \overline{U}_n^2)$$

由此可得：

$$\overline{u^2} + \overline{v^2} + \overline{w^2} = (S^\circ_b - S^\circ_u)^2[1 - (S^\circ_u/S_T)^2] \qquad (6-39)$$

式中 $\overline{u^2}$、$\overline{v^2}$ 和 $\overline{w^2}$ 均是湍流速度分量的均方值。在层流火焰的情况下 $S_T = S^\circ_u$,且火焰不产生湍

流。随着 S_T/S°_u 值的增大,即随着湍流度的增大,火焰产生的湍流度接近下式的上限：

$$\overline{u^2} + \overline{v^2} + \overline{w^2} = (S^\circ_b - S^\circ_u)^2 \qquad (6-40)$$

或者,若能量在三个分量之中均匀分配,且因 $S^\circ_b = \rho_u S^\circ_u/\rho_b$,则：

$$\sqrt{\overline{u^2}} = u' = (1/\sqrt{3})(\rho_u/\rho_b - 1)S^\circ_u \qquad (6-41)$$

在图 6-14 上按式(6-41)计算得的火焰所产生的湍流度已加到迎面气流的湍流度上。从图可见,相应于测得的燃烧速度数据的湍流度曲线,接近于在天然气和乙炔这两种火焰的情况下火焰所产生的湍流度的上限值,这有力地支持了所提出的理论。

Grover、Fales 和 Scurlock[13] 曾发表了这类敞口天然气-空气火焰中湍流度的其他一些测量。与 Karlovitz 及其同事所做的几乎一样,这些研究者采用横向移动光密度计确定了火焰锋面的平均位置,还根据一系列非常短曝光时间的颗粒示踪照片确定了平均流线。按照流线和平均火焰锋面的相交的方法计算出当地的湍流燃烧速度。发现当地的湍流燃烧速度随着离管口边缘向上的距离的增大而迅速地增大,这种情况几乎与图 6-14 所说明的情况一样。这些著者根据他们的短曝光照片作出这样的结论,即认为燃烧速度的增量完全可以根据火焰的皱折情况计算出。他们进一步又作出结论,即这一结果与火焰锋面的目测形状一样,都支持了湍流火焰传播中皱折火焰的概念,以及提出其他的一些建议,即燃烧波不能在湍流中持续下去及燃烧过程扩散遍及火焰的整个容积。此外,这些著者还注意到,他们的观察表明在气流中有火焰所产生的湍流存在。

必须将由于任意方向热膨胀所引起的火焰产生的湍流,与按其他机理所引起的火焰产生的湍流相区别开来。这是指当火焰限于管道中时产生的陡峭的速度梯度是使涡旋蜕化成湍流的根源。Sourlock[15,16] 曾对这种现象做过实验研究。城市煤气或丙烷与空气火焰是在横截面积为 76.2 cm×25.4 cm 和长约 457.2 mm、透明矩形的喷管上生成的。将气体混合物引入稳压室,在稳压室中气体的横截面积在长度为 914.4 cm 内从 12.90 cm² 扩大到 96.77 cm²,且湍流残余量被一系列的细金属丝网板所减弱。然后混合物从稳压室经收缩喷嘴流入观测段。产生湍流的网板应装在喷嘴出口处。气流在离开产生湍动的网板(孔径约为 80 目)后就在各种不同的障碍物上生成稳定的 V 形火焰。这种障碍物,如与气流垂直设置的圆柱;或为隔条,它由曲线成 30° 楔形物的薄片所组成。楔形物的顶尖按逆流放置,且常制成多孔状。某些实验同样也使用多块平板、多根细棒及不产生湍流的网板。

在这些实验中,气流和火焰发展的相互关系的示意图如图 6-16 所示。气流以均匀的速度接近火焰稳定器。在火焰稳定器后,形成了使气流流速局部减缓的涡流区,而主气流由于受到阻碍物阻挡造成气流横截面减小而使速度稍有增大。因此,在外层移动较快部分和内层移动较慢部分之间产生了剪应力,这使得左侧出现顺时针旋转涡旋,右侧出现逆时针旋转涡旋。随着气体不断烧掉,涡旋向横向和轴向扩展,且随着燃烧趋于完全,轴向膨胀愈来愈占主要地位。所以,最后已燃气体以超过未燃气体流动的速度运动,结果导致在离出口更远的地方出现速度梯度很高而气流运动方向相反的另一种区域。在这个区域内产生剪应力,促使左侧形成反时针旋转的涡旋,右侧形成顺时针旋转的涡旋。在火焰稳定器之后第一种涡旋扩展区的典型例子如图 6-17(a) 所示。第二种区域可用图 6-18 上四张高速摄影照片依次来说明。图 6-18有着比图 6-17 大得多的视角。当涡旋顺流移动时,可能看出个别的涡旋。这些图像的对比很

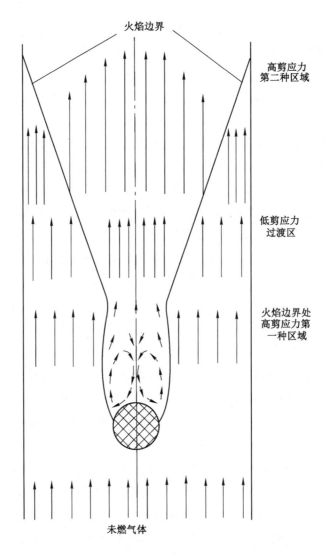

图 6-16　管内稳定的火焰示意图(Scurlock[15])
用以表示沿火焰边界的剪切流。

清楚地表明,涡旋转动的方向是相反的。很明显,第二种区域是火焰产生湍流的根源。图 6-17(b) 表明,在入口气体速度相同的情况下,由于混合强度的增强,使第一种区域中的涡旋大大地衰减。这是很明显的,因为已燃气体的速度较大而速度梯度有相应地减小。图 6-17(c) 表明,在相同的混合强度下,由于入口气体速度的增大,可能使涡旋重现;而图 6-17(d) 又表明,由于混合强度增强,会使涡旋减弱。由此可见,在第一种区域和第二种区域内所产生的湍流的相对影响,将随着各种条件的变化而变化。

　火焰所产生的湍流对火焰发展速率的影响,可用按定时曝光照片求得的外层发光边界

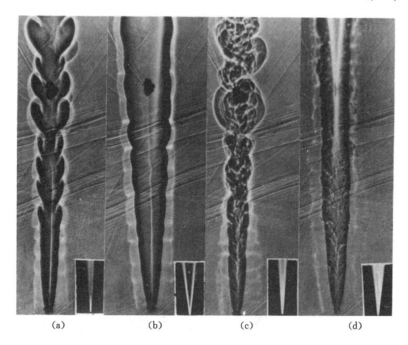

图 6-17　在矩形管中细棒上稳定下来的城市煤气-空气火焰的闪光阴影照片

（Williams，Hottel & Scurlock[16]）

在完全燃烧的情况下 1 kg 燃气需 6.51 kg 空气（右下角的插图是同样长火焰的直接定时曝光照片）。

	(a)	(b)	(c)	(d)
速度 U_0/(m/s)	7.32	7.62	30.48	32.61
空气-燃料比	12.6	11.1	11.0	6.3

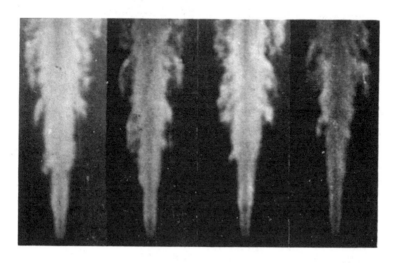

图 6-18　以每秒 1 500 幅速度摄得的几幅电影片（Williams，Hottel & Scurlock[16]）

在矩形管内棒上稳定的城市煤气火焰；$U_0 = 13.41$ m/s；

按 1 kg 燃气完全燃烧需 7.1 kg 空气来制备混合物；用钠染色来增强火焰的可见度。

（取作参考面）测量燃烧速度来具体说明。为了测量燃烧速度,必须确定通过所选的参考面的未燃气体流量。这个问题已在图 6-19 上得到说明。利用该图中所规定的符号,燃烧速度 S 由式(6-42) 给出:

$$S = U_0 y_0 / s \tag{6-42}$$

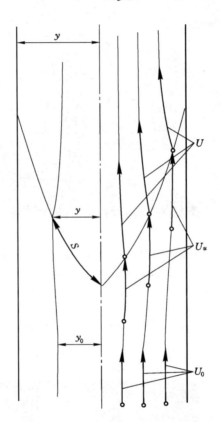

图 6-19　　在具有轴向稳定器的管子中的气体和火焰边界

式中,脚注零是指火焰稳定器平面。S 表示在火焰稳定器和所选定点(该点处从轴到参考面的距离为 y)之间参考面 s 上的平均燃烧速度。必须找到 y_0 和 y 之间的关系。y 大于 y_0 这是因为已燃气体不但向轴向膨胀,而且也向横向膨胀。必须根据同时求解连续方程式和运动方程式来确定 y 的位置。连续方程式,即质量平衡方程式变为:

$$\rho_u U_0 Y = \rho_u \left(U_0 + \int_y^{Y-y} \frac{\partial U_u}{\partial Y} \mathrm{d}y \right)(Y-y) +$$
$$\rho_b \left(U_0 + \int_0^y \frac{\partial U_b}{\partial y} \mathrm{d}y \right) y \tag{6-43}$$

式中,Y 是管子的半宽。运动方程式,即力平衡方程式是:

$$P_0 y + \rho_n U_0^2 = \left(P_0 + \int_0^y \frac{\partial P}{\partial y} \mathrm{d}y \right)Y +$$

$$\rho_u \left(U_0 + \int_y^{Y-y} \frac{\partial U_u}{\partial y} \mathrm{d}y \right)^2 (Y-y) +$$

$$\rho_b \left(U_0 + \int_0^y \frac{\partial U_b}{\partial y} \mathrm{d}y \right)^2 y \tag{6-44}$$

在式(6-44)中已假定了垂直于管子任一平面上的压力为常数。在流动方向上压力的降低与气流动量的增加相对应。沿未燃气体中任一流线上压力和动量之间的关系是：

$$-\mathrm{d}P = \rho_u \mathrm{d}(U_u)^2 / 2 \tag{6-45}$$

这些方程式确定了 y_0/Y 与 y/Y 及密度比 ρ_u/ρ_b 的函数关系。Scurlock 曾用数值积分法求得了解，并用它来确定在火焰稳定器和沿发区边界上各点之间的平均燃烧速度 S。这些结果表明，在火焰表面上的燃烧速度有随实验条件变化而变化的趋向，根据在第一种区域和第二种区域内由网板和剪应力所引起的湍流的产生和衰落，可以解释这种变化趋向。

有人曾提出过解决湍流火焰问题的一些其他方法。Williams[17] 的研究就包括对火焰拉伸及燃烧波宽度与湍流尺度之比值的研究。Clavin 和 Williams[18] 进一步开拓了这一研究。Buckmaster 和 Ludford[19] 曾给出了湍流火焰的数学处理。

Bray、Libby 和 Moss[20-23] 在一系列论文中论述了湍流火焰的 Bray-Moss-Libby 模型，这种模型包括对分子迁移和有限化学反应速率的影响的研究。Chung 和 Law[24] 曾推导出了火焰拉伸的概念。Mizutani[25] 曾进一步开拓了火焰产生湍流的理论。

Abdel-Geyed 和 Bradley[26] 曾发表了一篇巨幅汇编，它收编了现有的各种湍流火焰理论和实验数据，力图找到各种不同参数间的某种通用关系。但是在该论文中的湍流数据都取于在冷管流中完成的实验。

各种不同的努力，包括在湍流火焰传播理论中小尺度湍流的影响，导致发展成 Abdel-Gayed 和 Bradley 的"双涡旋"理论[27]，Spalding 的"涡旋消散"理论[28]，以及 Ballal 和 Lefebvre 对小涡旋结构的研究。

在过去几十年内，对湍流中小尺度耗散涡旋的结构知道了许多[30]，能量的耗散集中出现在薄板状或带状涡流情况下，这种涡流仅占有很小一部分有效空间。近来，在湍流火焰研究方面的努力，在于朝着使湍流火焰与新认出的小尺度吸能涡旋的结构相一致起来。Andrews、Bradley 和 Lwakabama[31,32] 曾概述了这方面的研究。

6.4 湍流谱和湍流皱折对燃烧波传播的影响与湍流焰刷的厚度

在湍流情况下所观察到的燃烧波畸变，与燃烧波的宽度相比，尺度的畸变要大一些。这表明随机涡旋产生的影响要比波宽的影响大。这些比较小的涡旋不能使燃烧波表面引起显著的皱折。正如最初由 Damköhler[8] 所指出那样，这些小涡旋使燃烧波内传热和传质的速率增加，所以此时燃烧速度应增大，并超过在层流情况下的燃烧速度。在湍流情况下，根据湍流谱可知，涡旋的尺寸范围总是很宽。能量从主流传给最大的涡旋，由此再传递给愈来愈小的涡旋，最后被黏性摩擦所吸收。因此，在尺寸小于燃烧波宽度的范围内涡旋，通常只相当于湍流谱的末尾端，根据 Damköhler 概念，它们对于燃烧过程的作用大体上可以证明能加以忽略。这并不排斥在非常高的湍流强度❶下，它的贡献可能具有重要意义；但是，大尺度脉动同样也会使燃烧波结构发生变化，从而易于有效地防止任何可能发生的小尺度脉动。

根据前一章中所发表的关于燃烧波的研究可知，大尺度皱折有如下三种效应伴随着出现。第一，在燃烧波的"弯折"处流入未燃气体中的热流是发散的，这与本生焰顶处的情况相类似；这种现象使这些弯折处的当地的燃烧速度增大。第二，这些弯折有利于诸如重烃和空气混合物的分层扩散（如第 272～279 页所述）。在这类燃料浓混合物中所造成的活性成分扩散损失使燃烧速率降低，其效果是，抵偿了由于热流发散使燃烧速率增加还有余。第三，燃烧波上的湍流皱折显然与第 203 页所述火焰拉伸过程有联系。将这三种效应组合起来就可以用来解释对湍流中所进行的可燃极限的某些实验观测。

正如第 281 页所述那样，在中等湍流度的条件下曾发现甲烷和空气混合物的可燃极限下限为含 5.0% 的甲烷，这可与静止混合物含 5.6% 的甲烷相比较。随着湍流度的增强，发现可燃极限是增大的，直至 5.6% 甲烷混合物才发生不只是短焰舌传播。Starkman 等[33]也曾发表过一些相类似的观测结果。在他们的实验中，丙烷-空气混合物以超过临界雷诺数的流速流过直径为 9.52 mm、长约 0.61 m 的管子。在管上某一点，使强火花通过混合物，以致一团团湍流火焰沿管向下游移动。根据混合物的成分和雷诺数的大小，火焰要么通过管子，要么逐渐缩小，以致最后熄灭。若取到管端以前火焰熄灭作为判据，则可得到可燃极限与雷诺数的函数关系。在雷诺数增大到超过临界值时，发现在下限时的丙烷百分数趋于减小，直至 $Re=8\,000$ 左右时达最小值为止，而随着雷诺数继续增大，则丙烷的百分数又连续地增大，只有上（浓）限连续地减小。发现下限的各实验点特别分散，而他们还证实上限的各实验点能相当好地重复。在所有各种雷诺数下，发现下限随着压力的降低而增大，而上限仍实际上与压力无关。没有进行使这两极限合并点的实验。但是，数据外推法表明，在足够高的雷诺数下，这两个极限会在按化学计量组成的浓燃料侧合并。

沿湍流火焰面上火焰的拉伸主要在波动峰处出现，它指向未燃气体。这种现象示意如图 6-20 所示。当火焰拉伸范围超过临界值时，在任一这种峰上会出现熄灭现象，而在邻近火焰基元处会出现重新点燃现象。在甲烷-空气的浓、稀混合物和丙烷-空气的稀混合物的情况下，分层扩散是不重要的，所以在燃烧波弯折处以发散热流效应为主。因此，这种弯折往往作为重新点燃的中心而使火焰维持着，且正如实验所示，对于弱湍流时它们容许使

---

❶　在用符号 S_L 代替 S_u 的情况下，可以将 S_u 理解为指完全层流传播，而 S_L 则包括燃烧波内迁移速率的任一增量。

图 6-20 湍流火焰面切段上火焰拉伸的示意图

火焰在燃料百分数超过通常的可燃极限外继续存在着。在湍流度更高时，由于火焰的拉伸使火焰面的随机分裂现象变得愈来愈频繁，所以为数更多更强的重新点燃中心是火焰持续存在所必需的。因此，可燃极限移回至较浓的混合物。火焰是熄灭还是得以持续下去，这不仅取决于混合物的成分，而且取决于火焰面弯折随机形成和消失的情况。因此，可以理解 Starkman 等人关于稀丙烷-空气混合物的可燃极限数据异常分散现象以及随着湍流度增加可燃极限趋于燃料浓混合物的现象。

在浓丙烷-空气混合物的情况下，分层扩散起着控制作用。由于氧的减少使弯折变成火焰熄灭区而不是火焰持续区，而混合物在焰锋获得氧，因而可燃极限向化学计量成分移动。强弯曲的焰锋较平坦的焰锋可获得更多的氧，所以在高曲率区中火焰拉伸的增强在某种程度上被当地的混合物浓度的增强所补偿。因此，火焰能否持续较少取决于不规则的火焰形状，且从一实验到另一实验，可燃极限的重复性多于稀限所观测到的情况。我们可以得出结论，在高湍流度下，稀限和浓限的合并将发生在这样的总体混合成分（即多半为化学计量成分）下，即在焰锋上具有最大的混合强度；这就意味着，该总体成分将位于略浓于化学计量成分处。

正如 Starkman 等所发现那样，不太容易解释可燃极限对压力的依赖关系。应该考虑到，火焰中心会因管壁的淬熄作用而灭火，且出现这种情况的概率会随着压力的降低而增大。在这种情况下，在压力效应和管子直径之间应存在一定的关系，但这一关系尚未研究出来。

我们在此提供某些关于在湍流条件下电火花点燃能的资料[34]。这些研究是在很低的绝对压力（6.77～13.55 kPa）下以丙烷-空气混合物进行的。让该气体经 76.2 mm 的管子流过电极，电极由直径为 4.76 mm 的圆杆制成，按与气流成直角放置。电极距离保持不变为 6.35 mm，比这种压力下丙烷-空气混合物的最小熄灭距离略小一些。各石英观察窗装设在电极位置处及与下游隔 25.6 cm 处。利用下游观察窗处出现火焰作为点燃的判据。电火花放电电路容许使放电的时间长短可变化。发现在给定的放电时间下最低点燃能随着气流速度的增大而增高。因为当气流速度即雷诺数增大时湍流也在增加，所以这种观测结果大概能用起始湍流火焰拉伸的增大来解释。发现对于恒流下放电持续期非常短（1 μs 或更短）的火花点燃能要比放电持续期相对长一些（100 μs 或更长）的火花点燃能大得多。这可能是由于快速放电产生的激波中能量散逸所致，同样也许是由于放电速率对焰面在湍流中发展产生的未确定的影响所致。随着放电时间继续再增加，发现点燃能逐渐增高，根据能量分布在整个增大了的流动气体的容积中的情况就可以预料到这种现象。

Karlovitz及其同事[12]曾用前述探针法(第366页)直接观测过随机出现的湍流燃烧波分裂现象。这些观测是在天然气-空气按化学计量组成的混合物的值班稳焰的烧嘴火焰上用探针金属丝刺穿焰刷的方法完成的。正如对这种实验装置所预料到那样，发现在中等的气流速度下能将探针调整到与燃烧波保持连续接触。但是，当气流速度升高到超过某一阈限值时，发现这种接触在无规则周期内间断了，这表明在皱折的燃烧波面上已随机地形成了一些孔穴。这种探针法允许用来测量出火焰的"充满度"(其定义为燃烧波接触到金属丝的时间份额)。在给定的烧嘴口上方的探针金属丝高度下，发现当值班火焰强度减低时或当主气流速度减小时该充满度会减小。图6-21表示火焰充满度和烧嘴口上方的高度与值班火焰强度的函数关系。值班火焰强度定义为每厘米烧嘴口圆周上值班火焰中的释热率。

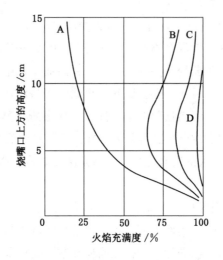

图6-21　火焰充满度与烧嘴口上方的高度的函数关系(Karlovitz et al.[12])
化学计量组成的天然气-空气火焰；烧嘴管直径为3.15 cm；
流速为5 000 cm/s。值班火焰强度[J/(cm·s)]：曲线A为134；
曲线B为142；曲线C为159；曲线D为199。

厚的湍流焰刷是由湍流脉动使瞬时燃烧波的平均位置的随机位移所引起的。这一位移量的均方根值可由式(6-27)、式(6-28)和式(6-32)计算得

$$\sqrt{\overline{X^2}} = \frac{S_T - S_u}{S_u} l_2$$

从图6-22可见，焰刷的厚度约是位移量均方根值的4～6倍。也就是说，焰刷的厚度与湍流对层流燃烧速度的比和与湍流的Eulerian尺度成正比。湍流位移量的均方根值可用探针测量法确定，而l_2值可按上式计算得。Karlovitz等的实验表明，湍流的尺度随着火焰

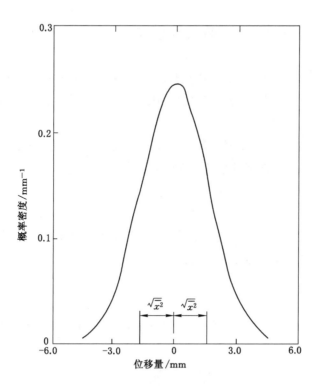

图 6-22　在湍流焰刷内任一给定位置处探测到燃烧波的概率，

$Re = 25\,000$（Karlovitz et al.[12]）

所产生的湍流度的增大而减小。在 $Re = 10\,000$、$50\,000$ 和 $100\,000$ 下，对天然气-空气火焰的测量结果已在表 6-1 中给出。此时烧嘴管的直径为 3.15 cm。

表 6-1　在烧嘴口上方各不同高度处的湍流尺度 l_2 和湍流强度 u'

雷诺数	烧嘴口上方的高度/cm	S_T/S_u	l_2/cm	u'/(cm/s)
10 000	1.0	1.2	0.28	9
10 000	2.5	1.6	0.23	26
10 000	4.0	2.1	0.20	52
50 000	3.0	1.2	0.30	9
50 000	6.0	1.8	0.13	36
50 000	9.0	2.7	0.08	92
100 000	4.5	1.5	0.15	20
100 000	8.5	2.8	0.08	100
100 000	12.5	4.4	0.06	170
100 000	16.5	6.0	0.05	350

6.5 湍流气流中火焰面的增长和烧失

湍流火焰都有确定的构形,例如,用火焰稳定器或值班火焰加以稳定的火焰,可以用湍流燃烧速度和焰刷厚度的概念来表征。与此相反,充满一燃烧室而无法识别其几何构形的火焰,可以以皱折燃烧波的表面积来表征[35]。

平均来说,任何两个质量元,随着时间的进行,湍流脉动运动使彼此离得更远。按照这种过程,每单位面积的燃烧波面的增长速率可由下式计算得:

$$\frac{1}{A}\frac{\mathrm{d}A}{\mathrm{d}t} = \frac{u'}{l} \tag{6-46}$$

同时,随着具有皱折燃烧波的可燃混合物因燃烧波的层流传播不断烧去,燃烧波的面积就减小。每单位面积的燃烧波面的减小速率为:

$$\frac{1}{A}\frac{\mathrm{d}A}{\mathrm{d}t} = -\frac{A}{V_u}S_u \tag{6-47}$$

式中 V_u 是燃烧波面 A 所含未燃气体的体积。若将式(6-46)和式(6-47)联立,则每单位波面积的燃烧波面变化的净速率为:

$$\frac{1}{A}\frac{\mathrm{d}A}{\mathrm{d}t} = \frac{u'}{l} - \frac{A}{V_u}S_u \tag{6-48}$$

取微分 $(\mathrm{d}/\mathrm{d}t)(A/V_u)$,将式(6-48)中 $\mathrm{d}A/\mathrm{d}t$ 代换掉,写出 $\mathrm{d}V_u/\mathrm{d}t = -AS_u$,用这种方法求得每单位体积未燃气体混合物中燃烧波面的变化率。这样得到:

$$\frac{\mathrm{d}}{\mathrm{d}t}\left(\frac{A}{V_u}\right) = \frac{A}{V_u}\frac{u'}{l} \tag{6-49}$$

将式(6-49)积分,得每单位体积未燃混合物的燃烧波面积:

$$\frac{A}{V_u} = \left(\frac{A}{V_u}\right)_0 e^{t/T} \tag{6-50}$$

式中,$(A/V_u)_0$ 为每单位体积的起始燃烧波面积,$T = l/u$ 是湍流的特征时间。

令人感兴趣的量是每单位体积燃烧室的燃烧波面积,即:

$$\frac{A}{V} = \frac{A}{V_u}\frac{V_u}{V_u + V_b} \tag{6-51}$$

式中,V 是燃烧室的体积,V_u 是未燃混合物的体积,及 V_b 是已燃混合物的体积。

图 6-23 所示的是燃烧波面积增长和烧失及可燃混合物烧失的例子。令人感兴趣地注意到,火焰发展和烧失的过程都取决于湍流的特征时间 T。图 6-23 表明,在该例子中,燃烧过程在 10～11 倍特征时间 T 的时间内完成。层流燃烧速度是很重要的,因为它决定了在火焰拉伸而不灭火的情况下能使火焰得以持续的最短 T 值。

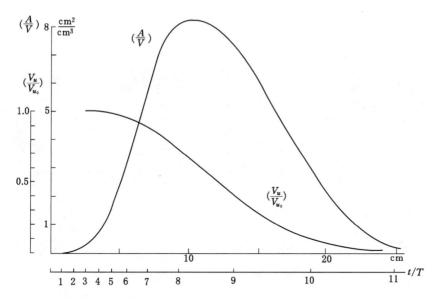

图 6-23　每单位体积燃烧空间 A/V 的燃烧波面积的增长和烧失（Karlovitz[35]）

在含湍流火焰的管中未燃混合物的残留份额为 V_u/V_{u_0} 。

6.6　高速气流中用值班火焰稳定火焰

图 6-21 中火焰充满度的曲线表明,那些孔穴刚好是在值班火焰上面的波薄层中发展起来的。从曲线的形状看出,孔穴在下游增多,然后又减少,这取决于值班火焰的强度。若值班火焰足够强,则根本没有孔穴形成;然而,若值班火焰的强度低于某临界极限,则火焰和值班火焰一起都突然熄灭。在后一种情况下,爆炸性气体就扫过起稳定作用的炽热的值班火焰而不被点燃。这种破裂火焰的照片如图 6-24 所示。

采用足够强的值班火焰,使边界区内的主流火焰稳定是可能的。而在边界区以外的其他处速度梯度远超过脱火时的临界梯度。因为值班火焰流与主流相连,所以燃烧波就从值班火焰流传播到主流,而已建立起来的各波薄层会向值班火焰流和主流这两方面扩张。燃烧波就按第 203 ～ 205 页所讨论的方式被拉伸,这可用图 6-25 来说明。该图所用的符号和概念是与图 5-12 中早期提出的火焰拉伸相一致的。在边界区的流线上,因得到来自值班火焰的热量,使燃烧速度增大,且值班火焰愈强则增大量就愈大。若值班火焰强度处于临界值,则由于湍流速度脉动所造成的附加随机火焰拉伸就会在波薄层上产生一些孔穴。孔穴在下游消失的原因在于:随着燃烧波进入气流内部,使速度梯度 dU/dy 减小和速度 U 增大,所以,正如用 Karlovitz 数 $K = (dU/dy)(\eta_0/U)$ 来测量那样,火焰拉伸向气流内部迅速地减小。

接近气流边界,主流速度降低到零,以致在某流线之外其速度可用 U_c 表示,此时 Karlovitz 数 K 已超过临界值。因此,在以速度为 U_c 和零为限的主流区内,燃烧波的拉伸增大

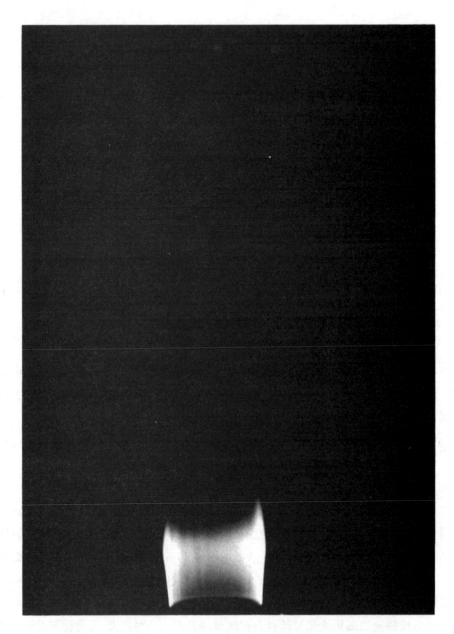

图 6-24　流经环状 H_2- 空气值班火焰而未被点燃的按化学计量组成的

天然气-空气混合物(Karlovitz[35])

管径为 3.15 cm;气流速度为 5 000 cm/s;值班火焰的强度为 125.52 J/(cm·s)。

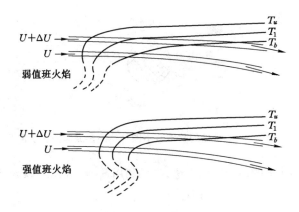

图 6-25　值班火焰强度对火焰拉伸的影响

至使燃烧波熄灭的程度,除非由外来能源即值班火焰供给足够的热量。当值班火焰气流的燃烧波从 $U=0$ 到 $U=U_c$ 传播到主流时,燃烧波面的增长过程与一个火花的火焰拉伸过程相类似。一个火花至少必须供给足够的能量,以将球形燃烧波贯穿零直径和最小焰径之间的拉伸区,而一个值班火焰至少必须供给足够的能量,以将燃烧波贯穿由于 $U=0$ 和 $U=U_c$ 之间速度梯度所造成的拉伸区,所以,倘若考虑值班火焰的效率,就以点燃源(即火花放电或值班火焰)所要求的最低能量来说,这两个过程应该是相当的。一个火花将其能量绝大部分交给周围的爆炸性气体,而一个值班火焰仅将其一小部分能量交给主流未燃气体,其余绝大部分能量消耗在周围大气和下游的已燃气体上。

　　若 h 是指为了使燃烧波具有达流速为 U_c 的速度梯度时值班火焰所必须供给每单位燃烧波面积上的最低能量,则每单位时间单位长度烧嘴口圆周上值班火焰必须交给主流的热量为 hU_c。实际的值班火焰强度比 hU_c 大一系数 $1/\varepsilon$,其中 ε 表示值班火焰的效率,即供给未燃主流的值班火焰热量与所产生的值班火焰总热量之比。若 η_0 和边界速度梯度 $\mathrm{d}U/\mathrm{d}y$ 为已知,则可以根据 Karlovitz 数的临界值约为 1 来估算 U_c 的大小,所以:

$$U_c \approx \eta_0 (\mathrm{d}U/\mathrm{d}y) \tag{6-52}$$

　　在湍流管流的情况下,边界速度梯度是根据前章中式(5-44)求得的。如果将该式用于图 6-26 上的 Karlovitz 等得到的数据($U=5\,000$ cm/s,$2R=3.15$ cm 和 $\mu/\rho=0.16$ cm^2/s),则得 $\mathrm{d}U/\mathrm{d}y=3.8\times10^5$ s^{-1}。对于在这些实验中所用的按化学计量组成天然气-空气混合物来说,η_0 为 4.2×10^{-3} cm(见第 5 章表 5-6 中有关 CH$_4$ 空气的表),所以 $U_c=1\,600$ cm/s。火焰熄灭时的值班火焰强度约为 125.52 J/(cm·s)。

若写出:

$$hU_c/\varepsilon = 125.52 \quad \text{J/(cm·s)}$$

则得:

$$h/\varepsilon \approx 8.0\times10^{-2} \text{ J/cm}^2$$

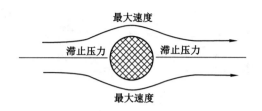

图 6-26　在非常低的雷诺数下圆柱体周围流体的流动情况

式(5-58)已给出求 h 的理论近似方法。如果利用 $S_u = 43\ \mathrm{cm/s}, k = 2.7 \times 10^{-4}\,\mathrm{J/(cm \cdot s)}$ 和 $T_b - T_u = 1\,950\ ℃$(见表 5-6),则得:

$$h \approx 1.26 \times 10^{-2}\ \mathrm{J/cm^3}$$

这就得到值班火焰效率 ε 约为 15％,这是合理的数字。因为计算所得的 h 值也同样与火花点燃的数据合理地一致,所以这些结果表明火花点燃和值班火焰点燃之间的数量级关系是合理的。

6.7　用非流线体稳定火焰

在高速气流中非流线体火焰稳定器通常为具有 V 形横截面的楔形物或角形火焰稳定器,且其锐棱朝向逆流装设。但是,体形不是作为火焰稳定器的关键,横放在气流中的平面挡板、弯曲状挡板和圆柱棒都同样有效。为了理解非流线体火焰稳定器的作用,简单地回顾一下有关固体障碍物周围流体流动的某些事实将是有帮助的[36]。

我们特别来考察一下气流中圆柱体的情况。在圆柱体面的上游,流体被阻,以致流管的横截面扩大了,根据人所共知的流体动力学原理,此处气体速度降低而压力增高。在圆柱形表面的受阻区的中心为滞止点,此处气体流体完全静止而压力达最大值。在受阻区中提高了的压力使圆柱体周围的气流加速。当流体加速流动时压力会降低。在圆柱体周围的气流流动与主流平行时的区域内,其流速达最大而压力达最小。若流体在固体表面因摩擦而减速是可忽略的话,这正如在势流中的理想无摩擦流体的情况那样,则流体在圆柱体之后合拢的方式应与在圆柱体之前张开的方式相同。这种现象如图 6-26 所示。在这种无摩擦势流的情况下,在圆柱体后滞止区中提高了的压力使面向下游的圆柱体周围的气流减缓(这与在圆柱体之前压力造成气流加速的情况相同),以致在圆柱体前后建立起对称流场。对于真实流体就不能获得对称性,因为在物体的表面形成了滞缓的边界层。在上游侧,滞缓边界层的形成并不改变流动特性,因为压力梯度影响到运动方向以及圆柱体周围的所有流体质点被迁移,虽然在边界层中它们移动较缓慢。在下游侧,流体的滞缓作用对在边界层中流动较慢的质点的影响要比对外流中质点的影响强烈得多。由于外流中的质点能得到较大的动能,仍能使流动继续下去,而前一种影响就不能克服相反的压力梯度,最终,当所有这些质点的动能都被消耗掉时，它们就返回来。因此，靠近边界处有回流出现。在此，引证 Prandtl[36] 所述："现在，由于受到阻碍致使运动方向相反的新流体，在所有边界上不断地遭到同样的命运，愈来愈多的减速流在很短的时间内积聚在边界和外流之间，致使逆流迅速地加宽，且将外流愈来愈远地推离边界（变成"脱离"边界）。然后，由这种方式形成的间断层本身迅速地盘绕起来转成涡流。……因此，由于处于摩擦而旋转中的受阻物会部分地留在涡流核心中。"图 6-27 是一组电影片，用以表示圆柱体周围流动过程的各依次阶段。该图是对浮于水中的铝粉通过一埋在水中的圆柱棒时摄得的。下面再引证 Prandtl 所述："……最初电影片是无漩涡的，这与理论相一致，圆柱体后合拢的情况恰如其张开时的情况。但是，当这一条件在圆柱体前继续存在（此处流动是加速的）时，则在圆柱体背面就很快形成反流，此处流体沿着边界减速，并导致出现一些很明显的涡流。由原先在圆柱体边界出的质点所组成的间断层，可清楚地通过几张照片上由分散于水中的铝粉挤在一起（由于毛细管力所致）的情况所证实。这一系列照片中最后几张表明，涡流是如何在新的间断层中仍得以保持和增长，直至这些涡流最后变得不稳定而破裂，这多少为规则的交替涡流让路。"

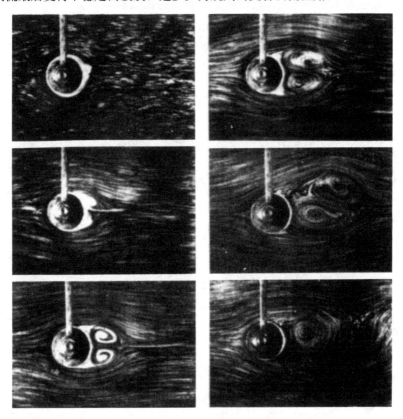

图 6-27 水管中一圆柱体后漩涡的发展过程（Prandtl & Tietjens[36]）

借助于铝粉而可见。

若雷诺数足够低，则涡流也并不无限地增长，但在下游形成两个对称排列的稳定漩涡，它们像滚珠那样转动[37]。图 6-27 上第三和第四幅图表明了这种漩涡的发展过程。由于涡流增长，外流的轮廓线变直，也就是说，流管膨胀了一点，滞止点更向下游方向移动，并使下游的滞止压力降低。这样，在涡流增长到某一尺寸以后，已减速的边界层流体不再因滞止压力而返回，但由于来自外流的动量迁移而得以继续流动下去。在雷诺数继续再增大时滞止压力增大，这促使漩涡的尺寸增大。这些漩涡不断延伸，终于发生畸变并破裂。其后，发展成特征状态的流动，涡流在流动过程中交替地脱落，每隔一定时间脱离圆柱体边缘，形成了人所共知的涡街。Kármán 曾从理论上研究过这种涡街的稳定性，并在有关流体流动的教科书中对此进行了论述。这类流动能在很大的雷诺数范围内存在。最后，在到达或超过雷诺数为 10^5 左右时出现其他的流动的重要变化，即边界层变成湍流和脱离圆柱体的点进一步向上游移动。

当燃烧波本身贴附到气流中的障碍物时，由于越过燃烧波的压力降低而出现下游滞止压力降低的现象。因此，火焰有类似于雷诺数降低的作用。这种情况如图 6-28 所示，图上大部分已注明。左图表示在火焰贴附以前正在脱落的涡流状态的流动情况；右图则表示火焰贴附以后的流动状况，此时滞止压力大大地降低了，并形成了一稳定的漩涡对。燃烧气体增大了的黏度同样也应该有助于从外流向边界层流体的动量传递。这种机理很容易解释关于火焰贴附使涡流尺寸缩小的现象（如图 5-26 所示）。在 Scurlock[15,16] 所采用的实验条件

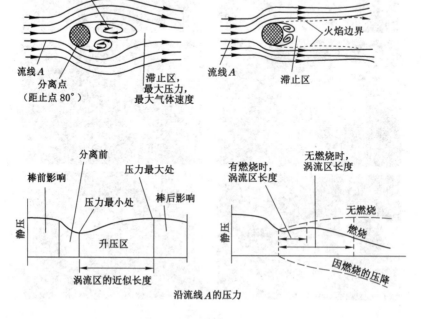

图 6-28　一圆柱形棒周围的流动情况（Scurlock[15]）

左图，无燃烧；右图，有燃烧。

（第 382 页）下，曾发现涡流是在点燃前从稳定器脱落下来的，一旦火焰被贴附就没有出现涡流的脱落。

在火焰贴附的条件下，稳定器之后的涡流区构成了一个已燃气体的再循环区。许多著者，特别是 Scurlock[15,16]、Nicholson 和 Field[38] 的研究表明，爆炸性气体流是由于它们从这种再循环已燃气体炽热区流过而被点燃，且在火焰稳定器的下游处火焰也是按这种方式稳定的。因为在再循环区和主流之间存在很陡的速度梯度，所以火焰被拉伸，当超过临界拉伸时火焰就脱火。因此，脱火数据应依据 Karlovitz 数来整理，但是，很可惜，在再循环区和主流之间的流场细节是不知道的，而 Karlovitz 数中 $(1/U)(dU/dy)$ 项这一有意义的值是能计算出来的。然而，这种困难由于利用 Zukoski 和 Marble[39] 所得到的数据基本上克服了。这些著者能相当精确地测出在各种尺寸和形状的火焰稳定器以后再循环区的长度。根据这种长度和所测量得的脱火时的气流速度，他们发现脱火极限仅取决于质量元扫过再循环区所需的时间。这一时间 τ 与气流参数无关，而仅是混合物参数的函数。下面我们来回顾一下这些著者的工作，并用火焰拉伸和 Karlovitz 数的临界值解释临界时间 τ。

Zukoski 和 Marble 在他们的实验中采用了大气压和 65.6 ℃下的汽油-空气混合物。其气流速度相当于雷诺数 10^3 和 10^5 之间。他们在使用圆柱形火焰稳定器时发现，在火焰贴附的条件下，当雷诺数超过 10^4 时尾流就变成湍流了。图 6-29 就是在这种流速范围内稳定火焰的侧视图。发光是由于湍流焰刷中的脉动燃烧波所造成的。在该照片上黑暗的已燃气体再循环区有清楚的边界轮廓。为了确定这一区域的边界，这些作者并不依靠这类照片，而代之使用探针法。通过很细的管子以很低的速度将氯化钠溶液注入热尾流中；其流动图形因已燃气体被钠染色而可见，摄得了照片以作观测。当盐溶液注入再循环区末端的下游时，则在火焰稳定器附近就没有钠染色现象出现。当注入点稍向前移动时，整个再循环区

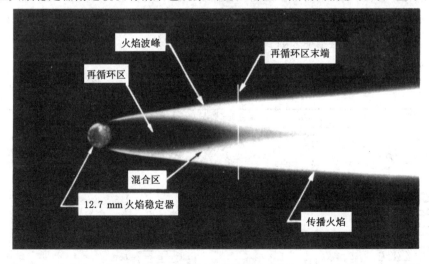

图 6-29　在汽油-空气混合物中以圆柱形棒稳定的火焰侧视图（Zukoski & Marble[39]）

都被染色了。这样，尾流长度能够定在 5% 的误差内。当圆柱体直径和气流速度处在很宽的范围内时，发现在 $Re>10^4$ 下尾流长度随圆柱体直径的平方根而变化，大体上它与速度无关。对于楔形和锥形的火焰稳定器来说，其尾流长度直接与火焰稳定器的特征尺寸成正比，且在 $Re>10^4$ 时与雷诺数大小无关。在圆柱体上所产生的边界层转移的实验也说明，在滞止条件下尾流的长度线性地取决于直径，而与雷诺数无关。

利用谱线反转法测量了钠染色尾流中的温度。发现这一温度在整个尾流区内实际上是均一的，且其值约为对很宽的气流速度范围和各种不同火焰稳定器条件下计算所得的绝热火焰稳定的 90%。图 6-30 所示的是所测得的尾流温度和燃料空气比的关系。这些著者指出，在理论计算的和实验观测的温度之间约有 10% 的偏差，它大于用实验误差所能解释的值。

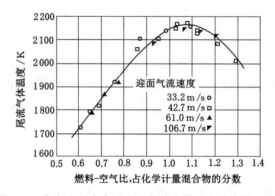

图 6-30 在汽油-空气气流内火焰稳定器后方湍流尾流中的
温度和燃料-空气比的关系（Zukoski & Marble[39]）

若 U 是气流速度，L 是再循环区的长度，则 L/U 是质量元扫过再循环区的时间 τ。表 6-2 表示按化学计量组成的燃料-空气比和各种不同的火焰稳定器的特征点燃时间 τ 值。从表可见，τ 值约为 3×10^{-4} s，实际上与火焰稳定器形状及尺寸相联系的空气动力学参数无关。图 6-31 表示 τ 与作为基本火焰参数的燃料-空气比有关。

表 6-2 在化学计量组成的燃料-空气比和各种不同的火焰稳定器的
特征点燃时间 τ 值（Zukoski & Marble[39]）

火焰稳定器的几何形状	D/mm	τ/s	火焰稳定器的几何形状	D/mm	τ/s
	3.18	3.09		6.35	3.46
	4.76	2.85		9.53	3.12
	6.35	2.80		12.7	3.05
				19.05	3.03
14 筛目	6.35	3.00		19.05	3.05
	6.35	2.38			
	9.53	2.70		19.05	2.70
	12.7	2.65			
	19.05	2.58			

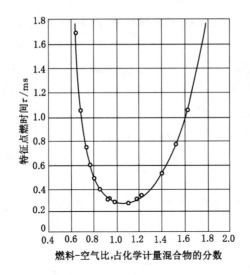

图 6-31 τ 对燃料-空气比的依赖关系(Zukoski & Marble[39])

为了用火焰拉伸来解释火焰 τ 值,我们来参看图 6-32。该图本身已作了注释。燃烧波在靠近固体边界的流管中得以稳定,该处气体速度等于燃烧速度 S_u。在质量元以速度 U 沿尾流扫过距离 L 所需的时间 t 内,燃烧波元从稳定点沿路径 y 以速度 S_u 前进,在尾流末端处与质量元相遇。因此得:

$$\tau = L/U = y/S_u \tag{6-53}$$

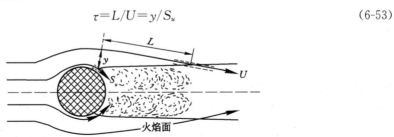

图 6-32 对 $L/U = y/S_u$ 这一关系的解释

在整个 y 距离内燃烧波元前移的过程中,速度 U 将随速度梯度值 $\mathrm{d}U/\mathrm{d}y$ 而增大,所以燃烧波被拉伸,并把热量传给未燃气体而损失掉,这正如在第 203～205 页上所解释的那样,但是,正如 Zukoski 和 Marble 的观测所指出的那样,尾流内已燃气体的湍流再循环所维持的燃烧波后的温度几乎为绝热火焰温度,所以,只要燃烧波元靠近尾流,其热平衡就得以保持,燃烧波元不会脱离。当燃烧波元推进到它不再能得到先前的燃烧波元所生成的燃烧产物的再循环之助而"独立"时,只要拉伸超过临界值,燃烧波元就会脱离。这一脱离点靠近而且很可能就在尾流末端附近❶,且脱离点处的速度 U 比未扰动气流的速度 $U_{\max}$

---

❶ 当火焰脱火时,尾流同样也脱火。这就意味着冷空气流通过脱离点再进入尾流。

要小一点，因为在尾流和主流之间的任何理想流场中，$(1/U)(dU/dy)$ 这一项即火焰拉伸随着 U 的增加而减小。因此，Zukoski 和 Marble 根据 U_{max} 求得的 τ 值，系统地稍小于与未知速度 $U<U_{max}$ 相应的真实值。而且，沿尾流直至脱离点，火焰拉伸因子 $(\eta_0/U)(dU/dy)$ 大于 Karlovitz 数的临界值。但是，根据火焰拉伸因子处等于 Karlovitz 数临界值的假定，并将最终微分方程式在 S_u 和 U_{max} 之间积分，可能求得火焰移动距离 y 的上极限。根据这一 y 值和 S_u 值可求得一 τ 值，可将它与由 Zukoski 和 Marble 用实验求得的 τ 值相比较。与火焰模型相应的 τ 值相比较，后者比此稍小，而前者比此稍大，但是我们可以预料到这两个 τ 值在数量级上是一致的。

以此为根据，取 Karlovitz 数近似地等于 1，则写出：

$$\frac{1}{U}dU = \frac{1}{\eta_0}dy \tag{6-54}$$

并在 S_u 和 U_{max} 之间积分，则得：

$$\lg(U_{max}/S_u) = 0.434(y/\eta_0) \tag{6-55}$$

对于按化学计量组成的饱和烃-空气混合物来说，燃烧速度约为 40 cm/s，它与分子结构无关[40]。在 Zukoski 和 Marble 的实验中，气流速度约在 91～213 m/s 的范围内，所以 $\lg(U_{max}/S_u)$ 值从 2.3 变化至 2.7。将这些变量作数量级的比较是无意义的。如果取该对数值为 2.6，那么得 y 约为 $6\eta_0$，对于按化学计量组成的烃-空气混合物来说 η_0 约为 5×10^{-3} cm（参看第 301 页表 5-6 中丙烷-空气的 η_0 值），所以 y 约为 30×10^{-3} cm 和

$$\tau_{计算} = y/S_\mu \approx 7.5\times10^{-4} \text{ s} \tag{6-56}$$

可与

$$\tau_{实验} = 3\times10^{-4} \text{ s} \tag{6-57}$$

相比较。可见，这两个数值确实具有相同的数量级，且它们之间的偏差是在所预料的范围内。

为了进行按非化学计量组成的燃料-空气比下的 $\tau_{计算}$ 和 $\tau_{实验}$（图 6-33）的比较，我们利用丙烷-空气的 S_u 和 η_0 值来代替没有完全确定的其他高级烃的数值，并取 $U_{max}=154.4$ m/s，这些结果如表 6-3 中所示。

表 6-3　在各种不同的燃料-空气比下 $\tau_{计算}$ 与 $\tau_{实验}$ 的比较

按化学计量组成时燃料份额	0.7	0.8	1.0	1.2	1.4	1.5
$\tau_{计算}\times10^4/s$	15	11	7.5	9.5	41	92
$\tau_{实验}\times10^4/s$	10	5	3	3.5	5.4	8
$\tau_{计算}/\tau_{实验}$	1.5	2	2.5	2.7	7.6	11

从表中可见，随着燃料浓度的增加，τ 的计算值就大大地超过实验值。这就意味着对较浓的混合物来说，其火焰要比计算所预示的拉伸得更多，对于重烃与空气的混合物来说，这种效应在前面已注意到（丙烷-空气的 K 值见第 301 页），而且这种拉伸作用有助于氧向拉伸的即弯曲的燃烧区优先扩散。正如在第 300 页上所讨论的那样，在火焰拉伸计算中所

采用的燃烧速度是对平面波火焰确定的，它并不反映这类混合物中出现的对燃烧的促进作用，无论什么时候燃烧波被强迫弯曲，这像火花起燃时或陡的速度梯度区的传播一样。

在所述的实验条件（$Re > 10^4$）下尾流的湍流度确保使尾流内气体成分均质，并使进入尾流中的任何未燃气体迅速反应。尾流的温度是均一的，大体上就是火焰温度，除了气流由火焰拉伸效应的热损失以外。湍流度是由空气动力学所产生的，正如其仅取决于雷诺数的依赖关系所证实的那样，火焰起次要作用。在焰刷中的湍流度是逐渐发展的，这与使用值班火焰来稳定烧嘴火焰的经验是相类似的。焰刷的湍流度或许会使薄燃烧波穿孔，但并不严重地影响脱火条件。在较低的雷诺数下，如果没有强力的混合，流体将卷入尾流中，所以未燃气体进入尾流，并在尾流本身内建立起一个弯曲的燃烧面。因此，似乎是矛盾的，即层流条件导致比湍流条件更为复杂的情况。

Zukoski 和 Marble 曾在雷诺数低于 10^4 下做过脱火的系统研究。他们利用汽油-空气混合物测得了在各种不同直径下的圆柱体火焰稳定器的脱火速度与燃料-空气比之间的关系曲线。而在 $Re > 10^4$ 下按化学计量组成时，这些曲线具有最大的脱火速度（这与所观测到的最小 τ 值相一致），在较低的雷诺数下此最大值随着火焰稳定器直径的减小愈来愈移向浓燃料侧。在以甲烷-空气混合物进行重复实验时，则向稀燃料侧移动。这些作者曾从火焰稳定器的尾流中抽取气体试样进行分析，他们发现，在最大的脱火速度下尾流中气体的成分几乎在各种情况下都为化学计量的。因此，很明显，导致尾流中出现最高燃烧温度的分层扩散保证了最大的火焰稳定性。但是分层扩散的程度以一种复杂的方式取决于流动和火焰稳定器的结构。

6.8 用炽热固体点燃高速气流

Mullen 等人[41]在一系列实验中研究了燃料-空气混合物气流流过电加热圆柱形棒的点燃过程。该圆柱形棒由金属管制成，金属管紧紧地装在两根相距约为 6.35 mm 的固体铜电极上，所以仍保持短管为空心，并形成一高电阻区。电流由一大功率的电焊机供给。表面温度用光学高温计观测，而气流速度是根据棒上游的皮托管测量求得。

在冷气流中沿着炽热的圆柱体表面，在气流速度为最大的两个区内传热速率为最大，在该区内气流与表面相切（见图 6-26）。实验者曾发现，在这些区域中表面温度比滞止点附近的温度约低几十华氏度，而后者的温度是下游侧稍高于上游侧。圆柱棒由碳精制成，可在空气流中局部燃烧，发现它在较冷的最大气流速度区中烧损极其缓慢。因此，他们得到了椭圆形的截面，其主轴垂直于流动方向。

在炽热圆柱体后的涡流区是由部分炽热气体和部分冷气体所组成的，前者以紧贴表面的方式相接触，后者从下游相当远距离处漩回到圆柱体。因此，涡流区使热气体瓣在边界层分离的两个区域中发展起来，并使较冷气体在其气锥体中积聚起来，这种情况说明如图 6-33

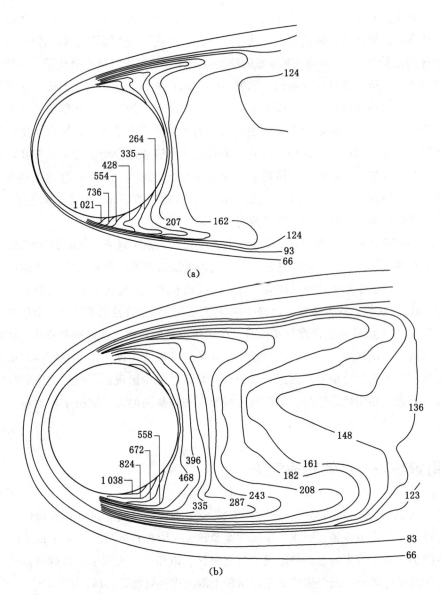

图 6-33　在 6.35 mm 炽热圆柱体周围气体中温度场的测定（单位：℃，Mullen, Fenn & Irby[41]）

等温线是根据曝光时间为 3 μs 的干涉仪照片确定的。

此温度场变化在某种意义上与从一个瞬时到另一瞬时波动的流型有关。

	(a)	(b)
棒表面最高温度/℃	1 021	1 038
环境温度/℃	66	66
气流速度/(m/s)	6.1	51.8

所示，该图所示的温度场是这些研究者对尚未点燃条件下的涡流区绘制的。这些等温线是根据曝光时间为 3 μs 的干涉仪照片求得的。这些等温线不太准确，因为在高温下的光程长度是不确定的，但是，由于它们存在于照相曝光的瞬间，所以它们反映了梯度的一般特性。

如果化学反应的释热加上由棒供给的热量超过给周围气体的散热，那么点燃将在热气体的滞止容积中发展起来。形成了不能脱火的燃烧波，它经已减缓的尾流流体和尾流边界处的拉伸区向主流传播。由于得到从边界层分离区升高起来的高温气瓣之助，使燃烧波能通过尾流边界处的气流。这种过程如图 6-34 所示，这些照片是用高速电影照相机摄得的。

Mullen、Fenn 和 Irby 曾作过点燃阈限下棒温和气流速度的系统测量。发现在恒定的实验条件下点燃时气流速度 U 和棒温 T_r 的这对数值是完全可以重复的。T_r 与 U 之间的关系曲线，正如图 6-35 示例说明的那样，具有向上呈凹面形的特征。人们认为，这种趋向反映了化学反应速率对温度的依赖关系。根据这一观察，气流速度的增加主要是用来缩短流体元在热尾流中停留的时间。为了使反应在较短的停留时间内完成，必须使化学反应速率增大。这伴随有棒温的提高，而且，因为在 Arrhenius 型温度依赖关系中反应速率对于温度升高而出现的温度增量不太敏感，所以与给定的气流速度增量相应的 T_r 增量就逐渐增大。

实验者要增大气流的湍流度水平，可用在棒上游插入金属丝网或使气流通过上游足够远距离处的窄孔，这样棒处速度扰动不感到变化。湍流度增大使 T_r 对 U 曲线向较高 T_r 方向有明显的移动，这表明在棒后积聚起来的热流体的吸入和离去的过程因外流中的湍流度增大而大大加速了，还表明从棒气体传热速率的增大是要实现点燃所要求的。当棒直径缩小时显然会发生相类似的效应，这已为随着棒直径的减小 T_r 趋于增大的实验所证实。当流动气体的温度或压力增大时，T_r 值将减小，这种混合物的温度或压力的增大基本上可认为是使积聚流体中的反应速率增大。当用不锈钢代替铂作为棒材料时，发现 T_r 有很大的增大，这与 Coward 和 Guest 的工作（第 327 页）是一致的。在恒定的气流速度下燃料-空气比的变化表明，在 T_r 和混合物成分的关系曲线上的最小值是在对氢为稀侧而对戊烷为浓侧的情况下出现的。这表明分层扩散在点燃过程中起很重要的作用。

可以把构成空心棒的中间段不锈钢管的圆周切割去各个不同部分，并以非导电体透明塑料嵌入物替换所切去的部分。这样，圆柱形被保存下来了，但仅有一部分棒表面才是受热的。图 6-35 所示的是在全表面受热，或仅是下游面或上游面受热，或仅部分下游面受热时所得到的数据。从图可见，对于任何气流速度 U 来说，T_r 值随着受热面积的减小而增大。但是，当受热面积从下游面向上游面变化时，这种增大最明显，这样受热面积没有与积聚起来的流体相接触。

流动对点燃过程的影响，在原则上无论是气体流过一加热体四周，还是加热体在静止气体容积中运动都是相同的。Silver[42] 和 Paterson[43] 曾报道了用摩擦所产生的飞行火花来模拟后一类型爆炸性气体点燃的实验。在 Silver 的实验中，将一个很小的圆球放在水平放置的管子中加热到完全确定的温度，然后以少量空气流将该圆球喷吹入装有爆炸性气体的

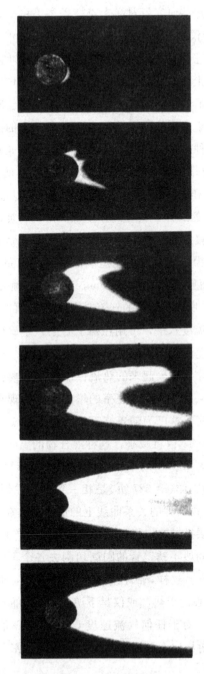

图 6-34　在可燃气体-空气气流中炽热圆柱体下游表面上点燃的

发展过程（Mullen, Fenn & Irby[41]）

各照片已经修饰。棒直径为 6.35 mm；燃料为戊烷；

气流速度等于 25.9 m/s；摄影速度为 1 500 幅/s。

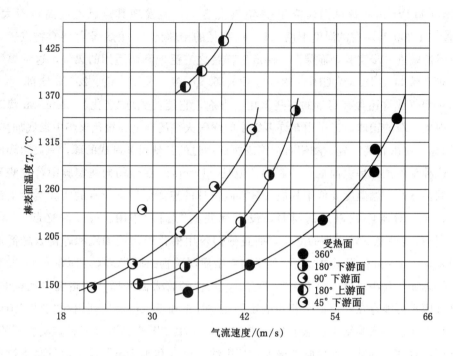

图 6-35　棒受热表面位置和表面积大小对点燃阈限时气流速度
和表面温度的影响(Mullen，Fenn & Irby[41])

戊烷-空气的化学计量成分混合物。棒直径为 6.35 mm；环境温度为(71±6)℃。

室中，因此加热管是起"来复线"的作用。定时装置打开滑门，使小球在适当时刻进入室内。无疑地，一些空气同样也经滑门进入，但是这种效应像小球在其通过管子较冷部分的散热损失一样似乎并不重要，因为发射距离的变化并不对结果准确性有重大影响。看来，从来复线进入燃烧室的一点空气仅稀释了滑门附近的爆炸性混合物，而小球是在过了这一扰动再通过未稀释的混合物。小球的速度没有被准确地测定出。作者指出，所用的速度约为 4 m/s 的量度，但可在 2～5 m/s 之间变化。曾发现小球的温度范围通常很窄：低于此温度范围，不能点燃；高于此温度范围，小球一射入瞬间就点燃。在爆炸室中小球被挡板制停，有时在小球被挡板制停并落至室底能将混合物点燃。出现这种现象就被认为没有被点燃。为了得到很宽范围内完全确定的小球速度，Paterson 相当大地修改了 Silver 的实验技术。借助于发射摆确定了该速度与鼓风风压的函数关系。有一系列挡板来防止大量空气在很高的鼓风风压下由来复线进入爆炸。爆炸室是长为 80 cm 的管子。小球移过这样长的管子，至末端被湿石棉织物填料所制停。因为这种装置在小球速度很低时不适用，所以又设计了炽热小球由固定高度落入爆炸室中的另一种装置。在这种型式的装置中，小球落下时速度增大。但是，因为低速有利于点燃，所以点燃瞬时的速度用进入爆炸室时的速度来表示似乎是完全适当的。在这些实验中进口速度为 1.2 m/s。

Silver 和 Paterson 曾试图研究甲烷-空气混合物，但发现其点燃温度高得不太方便。Silver 曾在 1 200 ℃ 左右的温度下用 6.5 mm 直径的铂球将 8% 甲烷-空气混合物点燃。他放弃了用甲烷做进一步实验，而像 Paterson 一样替之广泛地利用适用的煤气，这种煤气的成分为：50.1% H_2、18.8% CH_4、19.4% CO、6.5% N_2、3.4% C_2、2.3% C_nH_m 和 0.5% O_2。这种煤气或许还含有痕量的某些催化中毒剂，它能使铂球"老化"，Paterson 曾观察到过这种现象。新的铂球，或采用在许多细小的煤气火焰的顶上亮橙色火焰中彻底加热而"再生"的铂球，比由石英、瓷、刚铝石、镍或所试用过的其他材料制成的球，有高得多的点燃温度。这种现象预计是表面催化的影响。但是，Paterson 在他的低速实验中曾观测到，使用期长的铂球的点燃温度要低于其他材料所制得球的点燃温度，所有的实验实际上都得到一致的结果。对于除铂以外的材料，没有观测到"老化"作用。可以回忆起 Coward 和 Guest[44] 同样也注意到铂表面的变化，而且他们曾用催化中毒剂如硫和砷得以降低点燃温度。但是，Paterson 曾报道过"老化"似乎与对杂质覆盖物的捕获无关，而在 1 000 ℃ 下石英管中将铂球加热几小时就能简单地"老化"了，且伴随有表面光泽转成暗乳白色状的变化。尽管这种因素可能存在，但似乎相当确定的是 Silver 和 Paterson 所利用的"老化"铂球属于非催化材料。这些实验结果汇总于图 6-36 和图 6-37 中。图 6-36 所示是低速实验下的数据。点燃温度随着球径的减小而急剧地增大，且用约 4 m/s 和 1.2 m/s 速度通过时点燃速度之

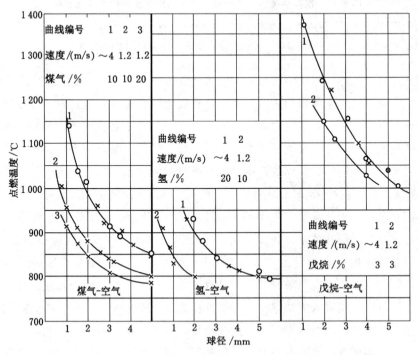

图 6-36　变直径固体球以约为 **4 m/s 和 1.2 m/s 速度通过燃料气体-空气**
混合物时的点燃温度（Silver[42] & Paterson[43]）
○"老化"的铂球；× 石英球。

间的差别来说明速度的影响。在氢的情况下，1.2 m/s 时 10％混合物的点燃温度要比约 4 m/s 时 20％混合物的低。图 6-37 所示是高速实验下的数据。此时点燃温度和小球速度的关系曲线像在 Mullen、Fenn 和 Irby 实验中的曲线一样都向上倾斜。球径的影响很强，2 mm 球的点燃温度要比 3.5 mm 球高得多。正如对 20％混合物的两根曲线所表明那样，2 mm 铂球和石英球之间的差别特别明显。石英的温度要高得多，这似乎是颠倒了非催化材料和催化材料的次序。但是，根据低速实验中所得到的论证可知，铂彻底地中毒了。没有理由认为石英球具有催化性质，似乎有较大可能的是这种效应因石英与铂相比热导率较低所致。热导率决定了由球核心中温度(在这些实验中大体上应是记录下来的点燃温度)和表面温度(实际上决定了小球的可燃性)之间的差值。在这些高速实验中冷却速率变得如此之大，以致石英球的表面温度实际上低于核心的温度。然而，在铂球的情况下，温度几乎保持均匀一致。这种效应从进一步考察燃烧质点理论的观点来说是十分重要的。为此目的，我们来计算移动着的小球因传导-对流和因辐射而造成的散热速率，并求解小球内的热流方程式。Paterson 早已作过这些计算，他对测定飞行中铂球的散热损失感兴趣，所以仅需将他的计算推广到石英球上来。我们将用 Paterson 所使用过的符号来建立方程式，看这位著者对方程式的推导细节，并参照有关的数学和工程技术文献。每秒钟内每单位球表面积由于传导-对流而造成的散热损失等于 $p_c(T_s - T_\infty)$，式中 T_s 是表面温度，T_∞ 是环境温度，

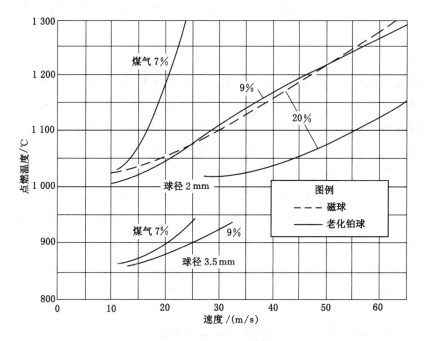

图 6-37　2 mm 和 3.5 mm 直径的固体球以变速度通过煤气-空气混合物时的点燃温度(Paterson[43])

传热系数由下式给出：

$$p_c = 0.907 c_p \sqrt{\mu \rho V/a} \tag{6-58}$$

式中，c_p、μ 和 ρ 分别是气体的比热、黏度和密度；a 是球半径；V 是球运动速度；0.907是一无因次常数。Paterson给出了如下这些数值：$c_p = 9.498$ J/(g·℃)，$\mu = 4.09 \times 10^{-4}$ g/(cm·s)和$\rho = 3.72 \times 10^{-4}$ g/cm³。对于 2 mm 直径的球来说，在极限速度为 60 m/s（见图 6-33）下，p_c 值变为 0.097 9 J/(cm²·s·℃)。为此必须加上相应于球辐射的传热系数 p_r 值，对于铂来说，估计在极限温度 1 300 ℃下 p_r 值为 0.013 4 J/(cm²·s·℃)，所以总值 $p = p_c + p_r$ 变为 0.111 3 J/(cm²·s·℃)。根据固体球上对称热流的 Fourier 解得：

$$\frac{T_{(r,t)} - T_\infty}{T_0 - T_\infty} = \frac{2pa}{k_1} \sum_{n=1}^{\infty} \left[\frac{\sin \varepsilon_n r/a}{\varepsilon_n r/a} \frac{e^{-(k_1/\rho_1 c_1)\varepsilon_n^2 t/a^2}}{\varepsilon_n \text{cosec} \varepsilon_n - \cos \varepsilon_n} \right] \tag{6-59}$$

式中，$T_{(r,t)}$ 是在时间 t 时半径 r 球壳上的温度；T_0 是 $t = 0$ 时的球温度（均一的）；k_1、ρ_1 和 c_1 分别是球材料的热导率、密度和比热；ε 是如下方程式的第 n 次实根：

$$\varepsilon \text{ctn} \, \varepsilon = 1 - pa/k_1 \tag{6-60}$$

热流方程式右端的数列是迅速收敛的，所以对于我们的目的来说可以忽略相应于 ε_2、ε_3……的数列各项。在中心处，r 等于零，故 $(\sin \varepsilon_n r/a)/(\varepsilon_n r/a) = 1$，而在表面处，$r$ 等于 a。将温度 $T(r, t)$，在中心和表面处的温度分别表示为 T_c 和 T_s，将方程式 $T_c - T_\infty$ 除以 $T_s - T_\infty$，则得两级数的第一项：

$$(T_c - T_\infty)/(T_s - T_\infty) = \varepsilon_1/\sin \varepsilon_1 \tag{6-61}$$

因为已消去与 r 无关的一切因数。对于铂来说，k_1 约为 0.711 3 J/(cm·s·℃)，而因为 $p = 0.111 3$ J/(cm²·s·℃)和 $a = 0.1$ cm，所以 ε ctn ε 变为 0.984 3。第一个根 ε_1 为12°20′= 0.215 3 弧度，既然 ε_1 等于 0.213 6，所以$(T_c - T_\infty)/(T_s - T_\infty)$变为 1.007，也就是说，在铂球中心和表面处的温度实际上是一致的。在这些高温实验中，石英的热导率是未知的，但由通常温度下的数据推测，此值大概位于 0.008 4 J/(cm²·s·℃)和 0.012 6 J/(cm²·s·℃)之间。因为这一准确的数值我们认为不是关键，所以我们就选取此值等于 0.011 13 J/(cm²·s·℃)，结果在采用前面的 p 和 a 值（石英和铂的辐射项之差是无关紧要的）下得 $pa/k_1 = 1$ 和 ε_1 ctn $\varepsilon_1 = 0$ 或 $\varepsilon_1 = \pi/2$。这导致 $(T_c - T_\infty)/(T_s - T_\infty) \approx 1.57$，此数表明中心和表面之间的温差很大。实际上，在 60 m/s 下石英温度和铂温度之间的比值稍小于此值。图 6-37 表明，在 60 m/s 下石英温度为 1 275 ℃，铂温度为 1 125 ℃，得两者之比约为 1.2。在计算中最重要的未确定因素可能是由于球通过流体时它不是非中性气体，而是放热体所造成的。因此，石英球的表面温度不能像计算出来那样下降得那么多。计算表明，虽然将石英球和铂球之间的差别归结为两种材料的热导率差是合理的，但是实例表明，在高速气体情况下，质点材料的导热性对炽热质点的燃烧性有很重要的影响。

有关飞行中炽热的球的另一理论方面问题，确实是气流中炽热固体的一般问题，它涉及从层流向临界雷诺数以上的湍流的转变。当流动为层流时，受热流体积聚在下游滞止点附近，并向下游延伸为很长的流束[45]。看来，这种条件与导致尾流中迅速热损耗的涡流卷吸条件相比应当有利于点燃过程。Paterson 指出，图 6-36 所示的低速实验应处于雷诺数为 30～150（按 $Re=2Vap/\mu$ 计算得）范围内，而图 6-37 所示的高速实验应处于雷诺数为 190～1 500 的范围内，并根据 Müller[46] 的意见认为，涡流的形成在 $Re=300$ 以上开始，而在 $Re=450$ 以上涡流开始将它们本身分成许多涡旋环。因此，高速实验经过渡区延伸到湍流范围，而低速实验完全是在层流范围内进行的。虽然 Paterson 和 Silver 的数据没有得到点燃温度与从极低到极高雷诺数下速度关系的连续曲线，但是它们似乎与从层流向湍流过渡所预料产生的效应是相一致的。例如，从图 6-36 查得，对 2 mm 球和 20％煤气-空气混合物来说，在 1.2 m/s 下的温度约为 850 ℃。将这个数值插入图 6-37 后可见，如果速度减小到超过所观测到的最低值，则石英和铂两种情况下的曲线应急剧地向下弯曲。因此，随着流动变为层流，点燃温度明显地降低。

在用火花或值班火焰点燃的情况下和在用流线体稳定火焰的情况下，在整理数据时，有可能不用仔细考虑化学动力学和传热问题，因为建立起来的燃烧波被拉伸到超出临界极限，证明足以供处理这些数据之用。在用炽热固体点燃这一情况下，用简单的相似性来得到实验数据的定量或半定量关系的希望很小。这样，一个难以处理的问题就摆在面前，Silver 和 Paterson 关于点燃简化理论的建议几乎没有得到结论。Khitrin 和 Goldenberg[47] 对可以设法用更为简化的方法来解决的理论问题进行了研究。他们假定，炽热体被静止的边界层所包围，在边界层内的温度从表面温度 T_s 下降到环境温度 T_0，且在其中进行着化学反应。该边界层向周围气体的散热损失是以与温度差 T_s-T_0 及传热系数 Nu/d（其中 Nu 是 Nusselt 数，d 是炽热球体的直径）成正比的速率进行的。为了获得点燃阈限的判据，该作者建议在体系中非点燃区和点燃区之间边界处形成了准稳态，即边界层内化学释热的速率等于向周围气体散热损失的速率。利用 Arrhenius 因数和浓度项所组成的通用化学反应速率，边界层中释热速率可沿层宽积分用公式来表述。这种积分用像 Zeldovich 和 Frank-Kamenetski（第 5 章参考文献[13]）用来求解燃烧波方程式中积分的近似方程一样处理。该作者最后得到如下方程式：

$$\ln \frac{W}{W'}\left(\frac{T_s-T_0}{T_s'-T_0}\frac{T_k'-T_s'}{T_k-T_s}\right)^2 = \frac{E}{R}\left(\frac{1}{T_s'}-\frac{1}{T_s}\right) \tag{6-62}$$

式中，W 是流速；T_k 是火焰温度；E 是反应的活化能；R 是气体常数；T_s 是点燃时炽热体的温度；T_0 是环境温度。这个方程式适用于如图 6-37 上的 Paterson 实验。该图上点燃温度和速度的关系是在不变尺寸的点燃球下测得的。利用 Paterson 数据和选取一对 T_s' 和 W' 参照数值，Khitrin 和 Goldenberg 曾对各种不同数值作出式(6-62)左端项和 $1/T_s'-1/T_s$ 关系图，得到了一直线关系，据此求得活化能 E 为 1.59×10^5 J/mol。这种处理方法还得到处理恒定流速下点燃温度和小球尺寸数据之间关系的方程式。这一关系也曾用 Silver 和 Paterson 的数据作过验证。虽然这一关系在某种程度上要取决于 Nusselt 数的选取和方程式中的"化学"系数，但是发现验证结果是令人满意的。

参考文献

1. The photographs reproduced in Figs. 215-219 were obtained by B. Karlovitz, D. W. Denniston, Jr. , and F. E. Wells, formerly with Explosives and Physical Sciences Division, U. S. Bureau of Mines, Pittsburgh. See also their paper, *J. Chem. Phys.* **19**, 541(1951). For similar photographs see K. Wohl, L. Shore, H. von Rosenberg, and C. W. Weil, "Fourth Symposium on Combustion, "p. 620, William &. Wilkins, Baltimore, 1953.

2. B. Karlovitz, D. W. Denniston, Jr, D. H. Knapschaefer, and F. E. Wells. "Fourth Symposium on Combustion," p. 613, Williams &. Wilkins, Baltimore, 1953; B. Karlovitz, "Joint Conference on Combustion, "Section 5: p. 3. *Inst Mech Engineers and Am. Soc. Mech. Engineers*, 1955; D. W. Denniston, J. R. Oxendine, D. H. Knapschaefer, D. S. Burgess. and . B. Karlovitz, *J. Appl. Phys*, **28**, 70(1957).

3. For details of construction of the device, calibration and experimental procedure, including former literature, consult L. Kovasznay, *Natl. Advisory Comm. AeronauL Tech . Mem.* **1130**(1947); S. Corrsin, *ibid. Tech . Note* **1864**(1949); R. S. Levine, *Meteor. Rept. Mass. Inst. Technol .* No. **5**(1947).

4. G. I. Taylor , *Proc. Roy, Soc. (London)* **A151**, 421(1935).

5. H. L. Dryden, *Ind. Eng. Chem.* **31**, 416(1939).

6. G. I. Taylor, *Proc. London Math Soc*, **20**, 196(1921); *Proc. Roy. Soc. (London)* **A151**, 421(1935); see also H. L. Dryden, *lnd. Eng. Chem.* **31**, 416(1939).

7. A. Einstein, *Ann. Physik*[4]**17**, 549(1905); **19**, 371(1906); cf. H. L. Dryden.[6] and Anniversary Volume to T. von Kármán, Calif. Inst. Technol. p. 85(1941).

8. G. Damköhler, *Jahrb. deut. Luftfahrtforsch.*, p. 113(1939); *Z. Elektrochem.* **46**, 601(1940).

9. J. Nikruadse, *Verein deut. Ing. Forschungsheft* **356**(1932).

10. K. I. Schelkin, *J. Tech . Phys. (U. S. S. R.)* **13**, 520(1943); translated in *Natl. Advisory Comm. Aeronaut. , Tech . Mem.* **1110**(1947).

11. D. T. Williams and L. M. Bollinger, "Third Symposium on Combustion and Flame and Explosion Phenomena," p. 176, Williams &. Wilkins, Baltimore, 1949; also *Natl. Advisory Comm. Aeronaut. , Tech . Note* **1707**(1948).

12. B. Karlovitz, D. W. Denniston, Jr. , and F. E. Wells, *J. Chem. Phys.* **19**, 541(1951).

13. J. H. Grover, E. N. Fales, and A. C. Scurlock, *Am. Rocket Soc. Journal* **29**, 275(1959).

14. M. Summerfield, S. H. Reiter, V. Kebely, and R. W. Mascolo, *Jet Propulsion* **25**, 377(1955).

15. A. C. Scurlock, *Meteor Rept. Mass. Inst. Technol .* No. **19**(1948).

16. G. C. Williams, H. C. Hottel, and A. C. Scurlock, "Third Symposium on Combustion and Flame and Explosion Phenomena, "p. 21, Williams &. Wilkins, Baltimore, 1949.

17. F. A. Williams, "Combustion Theory," 2nd Ed. Benjamin/Cummings. Menlo Park, CA. 1984.

18. P. Clavin and F. A. Williams. *J. Fluid. Mech* **116**, 251(1982).

19. J. D. Buckmaster and G. S. S. Ludford, "Lecures on Mathematical Combustion," Society for Industrial and Applied Mathematics(1983). Philadelphia, Pa.

20. K. N. C. Bray and J. B. Moss. *AASU Report* , No. **335**(1974).

21. K. N. C. Bray and J. B. Moss. *Acta. Astronaut.* **4**, 291(1977).

22. K. N. C. Bray and P. A. Libby, *Phys, Fluids* **19**, 1687(1976).

23. P. A Libby and K. N. C. Bray, *AIAA J*. **15**, 1186(1977).

24. S. H. Chung and C. K. Law, *Combustion and Flame* **55**, 123(1984).

25. Yukio Mizutani. *Combustion and Flame* **19**, 203(1972).

26. D. Bradley. "Gaseous Flame Studies," Budapest Oxidation Meeting(1982).

27. R. S. Abdel-Gayed and D. Bradley, *Phil. Trans. Rosy Soc*. **301**, 1(1981).

28. D. B. Spalding "Sixteenth Symposium on Combustion", p. 1657, The Combustion Instimte, Pittsburgh, Pa. 1976.

29. D. R. Ballal and A. H. Lefebre, *Proc. Roy. Soc*. **A344**, 217(1975).

30. A. A. Townsend , *Proc. Roy. Soc*. **A208**, 534(1951).

31. G. C. Andrews and D. Bradley. *Combustion and Flame* , **18**, 133(1972).

32. G. C. Andrews, D. Bradley and S. B. Lwakabamba, *Combustion and Flame* **24**, 285(1975).

33. E. S. Starkman, L. P. Haxby, and A. G. Cattaneo, "Fourth Symposium on Combustion," p. 670, Williams & Wilkins, Baltimore, 1953.

34. C. C. Swett, *Natl, Advisory Comm. Aeronaut. Research Mem*. E9E17(1949).

35. B. Karlovitz, "Seventh Symposium on Combustion," p. 604 , Butterworth, London(1958).

36. See, for example, Prandtl's text in P. P. Ewald, T. Pöschl, and L. Prandtl, "The Physics of Solids and Fluids" (translated by J. Dougall and W. M. Deans), 2nd Ed. , Blackie & Son, London, 1936; O. Tietjens, "Applied Hydro-and Aeromechanics," based on Lectures of L. Prandtl. Translated by J. P. den Hartog, New York (1934).

37. M. Camichel, *Engineering* **123**, 27(1927); A Thom, *Proc. Roy. Soc*. **A141**, 651(1933); A. Fage, *ibid*. **A144**, 381(1934).

38. H. M. Nicholson and J. P. Field, "Third Symposium on Combustion and Flame and Explosion Phenomena," p. 44, Williams & Wilkins, Baltimore, 1949.

39. E. E. Zukoski and F. E. Marble, "Combustion Researches and Reviews, 1955" (AGARD), p. 167, Butterworth, London, 1955; "Gas Dynamics Symposium on Aerothemochemistry, 1955 "p. 205; Northwestern University, Evanston, Ⅲ, 1956.

40. P. Wagner and G. L. Dugger, *J. Am. Chem. Soc*. **77**, 227(1955).

41. J. W. Mullen, J. B. Fenn, and M. R. Irby. "Third Symposium on Combustion and Flame and Explosion Phenomena," p. 317, Willams & Wilkins, Baltimore, 1949.

42. R. S. Silver, *Phil. Mag*. [**7**]**23**, 633(1937).

43. S. Paterson, *Phil. Mag*. [**7**]**28**: 1(1939); **30**, 437(1940).

44. H. F. Coward and P. G. Guest, *J. Am. Chem. Soc*. **49**, 2479(1927).

45. See, for example, illustrations by R. B. Kennard, *J. Research Natl. Bur. Standards* **8**, 7877(1932).

46. W. Müller,*Physik*. Z. **39**,57(1938).

47. L. N. Khitrin and S. A. Goldenberg,"Sixth Symposium on Combustion,"p. 545,Reinhold,New York,1956;
    L. N. Khitrin,"Fisika Goreniyai Vsruva. " Moscow University,U. S. S. R. ,1957.

第7章

可燃气体射流的空气卷吸和燃烧

7.1 射流火焰概述

前几章都论及预混合爆炸性气体混合物中的燃烧波。在大气中由燃料射流所形成的火焰中，燃烧过程与混合过程是联系在一起的。因此，与其说是化学反应速率倒不如说是混合过程控制了燃烧速率，对这种火焰的分析只需考察混合过程即可。燃料射流所包括的范围从缓慢燃烧（以烛焰为例，其流线为层流，而混合仅靠分子扩散进行的），一直到在各种不同类型的工业炉和发动机中燃料的快速燃烧（其混合是靠湍流涡流运动完成的）。所以，对这个课题的研究可分为对层流射流和湍流射流混合物形成过程的研究。

燃料射流从小直径的烧嘴管内射入较粗的同心管内以相同速度流动着的空气中所得的火焰，是层流扩散火焰中最简单的情况。Burke 和 Schumann[1]曾对这种体系作过相当详细的研究。正如图 7-1 所示，此时可形成两种不同外形的火焰。当流过管横截面的空气量多于燃料完全燃烧所需量时，就形成空气过量型火焰，并将达到完全燃烧时的表面定义为火焰边界。因为化学反应是非常迅速的，所以火焰界面就相应与空气和燃料达到化学计量比时的界面。这个界面将随着扩散过程的推进而向管轴贴拢。火焰长度 L 是根据在烧嘴口边缘以上 $x=L$ 点时到达气流轴线处的空气足以保证燃料完全燃烧这一条件来确定的。在这一点之上不发生进一步的燃烧，但继续进行着燃烧产物和空气之间的混合过程。在可燃气体过量时就形成空气不足型火焰。这时，火焰边界向外移动，而火焰高度将由可燃气体到达外管壁的高度而定。

根据这一扩散火焰的简单图形可以得出：燃料浓度在管轴处为最高，而在火焰边界处下降为零；氧的浓度在外管壁处为最大，而在火焰边界处下降为零。因此，化学反应仅限于空气流和燃料流相接触的很窄区域内进行，实际上可把这个区域作为数学面来考虑。这一构图被 Hottel 和 Hawthorne[2]对空气中氢的过度空气扩散火焰所得的数据具体化了，如图 7-2 所示。图中表示了从离烧嘴口边缘距离为三种不同值处穿过火焰取样分析的结果。通过七根内径为 0.635 mm 的不锈钢管将试样取出，加以适当冷却和操作，所以取样点以前的气流没有受到扰动。试样中氢的百分含量在图中也注明了。应该注意到，试样以干燥状态为标准，即未注明试样中的含水量。例如，在火焰边界处取得的试样中氮的含量为100%，而实际试样是由氮和水蒸气的混合物所组成的。在高度为 30.5 cm 处取出试样的分

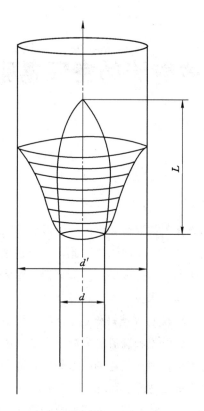

图 7-1 在同心管中空气过量和不足下层流扩散火焰简图

析数据表明，在火焰中有某些氧存在。Hottel 和 Hawthorne 对这种现象的解释是由于火焰稍有不稳定使取样管偶尔暴露于空气中所致。在火焰横截面上各种不同气体成分的分布示意如图 7-3 所示。关于图上燃料曲线虚线延长线的意义将在以后再讨论。火焰边界是燃烧产物源。燃烧产物靠扩散作用像渗入周围大气中一样地渗入燃料气流内，将可燃气体和周围的空气稀释并加热。这种扩散火焰的简单图形通常由于气体中涡流的发展而复杂化，下面我们将大体上基于 Wohl 等人[3]的研究来讨论这个问题。

若大气是静止的，则燃烧产物向外扩散所造成的气流动量的传递会导致形成一连串涡流。这种现象能从纹影照片上看到，其例子已给出。在低于焰顶高度处，燃烧产物涡流的形成，导致燃料流隔离周围空气，使氧的扩散减缓，因而使火焰长度加长。当涡流消失时，氧的扩散大大地增强，火焰缩短。在这种情况下，一连串的涡流使火焰闪烁。除了短火焰（其中涡流的生长主要在焰顶上部发生）以外，自由大气中的"层流"扩散火焰只有部分处于层流状态。图 7-4 所示的是空气中城市煤气层流火焰的直摄照片和阴影照片。这两张照片所说明的现象可相互补足。在直摄照片上，仅火焰边界是可见的，而在阴影照片上，仅反映出光密度的变化。火焰边界不是光密度有急剧变化的区域，因此在阴影照片上火焰边界是不可见的。与获得阴影相应的明显的光密度变化常在内部出现，因为在该处靠近管轴

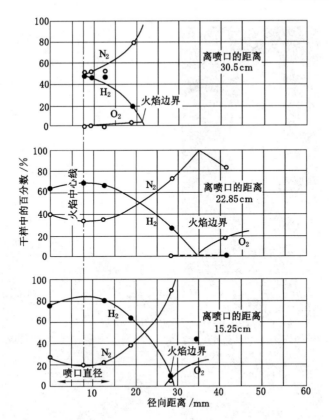

图 7-2 氢扩散火焰中的气体成分（Hottel & Hawthorne[2]）

喷嘴的直径为 6.35 mm；喷嘴口的燃料流流速为 32.92 m/s。

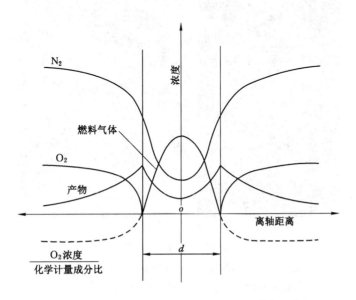

图 7-3 层流扩散火焰横截面上各成分浓度分布示意图

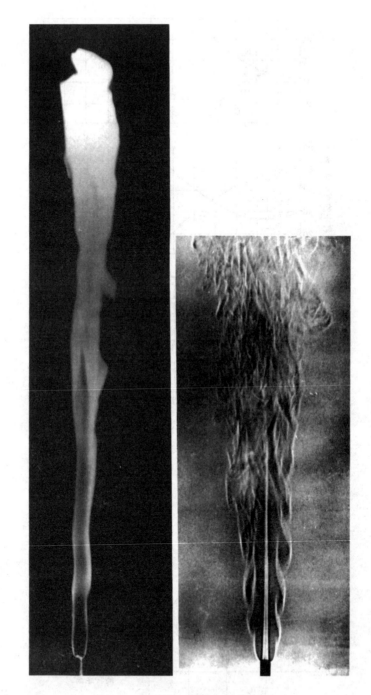

图 7-4　含 100％城市煤气的层流火焰

（Wohl，Gazley & Kapp[3]）

烧嘴管直径为 10.16 mm；管流的雷诺数等于 1 980；

左侧为直摄照片，右侧为阴影照片。曝光时间为 0.01 s。

未被稀释的冷气体和由燃料、燃烧产物及氧所组成的周围的混合物两者之间，存在有陡变的温度梯度与浓度梯度。内部阴影摄得很光滑的边界，这表明靠近轴线的气体直到离烧嘴管口相当高的地方仍保持着层流。阴影减弱，最终随着扩散边界向管靠拢而消失。这种火焰边界仅被适度地扰动，这表明离管轴这一距离处的气流仍保持正常的层流。最外的燃烧产物边界表明，在相当靠近烧嘴口边缘处有涡流形成，而在较高的火焰高度处有不规则的湍流出现。图 7-5 所示的是在流速增大至 4 倍情况下相同气体的湍流射流火焰。未混燃料的内射流在高度比图 7-4 中所示层流射流低得多的地方已变得模糊不清了。在火花阴影照片中所示的湍流情况揭示了气流涡流与燃烧产物的掺混。发光边界与外阴影边界一样，呈湍流射流小锥角倒置锥形。这两类火焰的区别在于：图 7-4 所示的火焰属于层流火焰，因

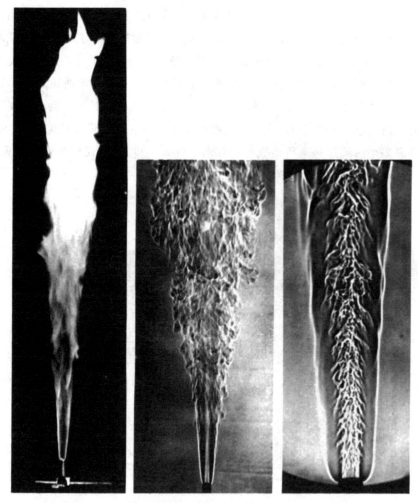

图 7-5　含 100％城市煤气的湍流火焰（Wohl，Gazley & Kapp[3]）

烧嘴管直径为 10.16 mm；管流的雷诺数约为 8 100；左侧和中间
分别为直摄照片和阴影照片，曝光时间为 0.01 s；右侧为瞬间（火花）阴影照片。

为燃烧区中基本上处于层流状态，发光边界以外的湍流是由于在气流和静止大气之间的摩擦所造成的，利用外管中适当流速的空气流可将这种湍流大体上清除掉，图 7-5 所示的火焰属于湍流火焰，因为燃烧区为湍流区。因此，烧嘴管中燃料流的雷诺数不是判别火焰特征的标准。图 7-6 表明烧嘴管中为湍流的丁烷火焰，它进一步地说明了这种现象。在这种情况下的平均流速低于城市煤气火焰的平均流速，但因丁烷的动力黏度 μ/ρ 很低，即只有 0.035 cm²/s，而空气的动力黏度为 0.155 cm²/s，所以雷诺数仍很大。当丁烷气流射向炽热的燃烧产物区时，气流边界处的动力黏度由于周围气体性质变化和温度的升高而非常急剧地增大。根据 Wohl 等人[3] 所述周围气体性质变化可使动力黏度增加一倍，而温度升高的影响更大得多，在超过 300~1 000 K 下可使动力黏度额外增大 7 倍。因此，在烧嘴管中的雷诺数为 7 000~8 000，而在烧嘴口上面迅速地下降到低于约为 2 300 的临界雷诺数，从而阻止了图 7-5 所示的内部燃料射流湍流混合的发展。这就能说明丁烷火焰边界近似呈圆柱形层流状态。相应地，内燃料射流一直伸展到相当高处仍是可见的，并且燃烧产物包层的形状与图 7-4 所示城市煤气层流火焰形状相同。即使是由一些涡流所构成的丁烷气流也是这种情况。在曝光时间为 0.01 s 的弧光阴影照片（图 7-6，右侧）上，虽有条纹状的涡流出现，但射流仍然是质密的气流。在火花阴影照片上用瞬时记录显示了其细节。丁烷气流边界是由许多很小的圆形涡流所构成的；Wohl、Gazley 和 Kapp 还根据电影片观测指出，

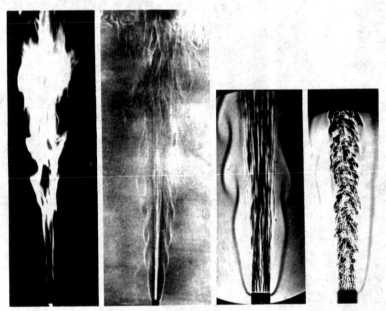

图 7-6　含 100% 丁烷的层流火焰（Wohl，Gazley & Kapp[3]）

烧嘴管直径为 10.16 mm。从左向右：直摄照片，管流的雷诺数 $Re=7\ 000$，曝光时间为 0.01 s；阴影照片，$Re=7\ 000$，曝光时间为 0.01 s；阴影照片，$Re=8\ 640$，曝光时间为 0.01 s；阴影照片，$Re=8\ 640$，瞬时（火花）曝光。

这些涡流在顺流移动时是十分稳定的。也就是说，是由于分子穿过气流表面的扩散作用，而不是由于湍流卷吸作用发生混合的。Hottel 和 Hawthorne[2] 曾给出了从层流火焰转变为湍流火焰时燃料射流雷诺数的近似值，并将它们复制成图 7-7。正如这些著者所指出那样，这一关系不十分可靠，但仍可以用来指导预期出现这种转变时的流速范围。

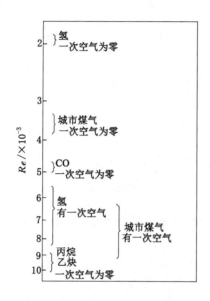

图 7-7　从层流火焰转变为湍流火焰时的雷诺数值(指冷态气体)

(Hottle & Hawthorne[2])

随着燃料射流的速度增加时从层流火焰向湍流火焰转变的过程如图 7-8 所示。从图中可见，在层流区中火焰高度随着流速的增加而增大到最大值，在达到最大值时焰顶首先出现不稳定现象。随着流速继续再增加，出现火焰分裂点，它明显地移向烧嘴口边缘，而火焰高度也缩短。再随着流速的增加，分裂点离烧嘴口边缘的距离保持不变，而火焰高度稍有变化。不出所料，在层流区中火焰是平稳的，而在湍流区中噪声水平很高且在不断增加着。同时，随着这种转变，黄色的碳发光度在减弱。

作为图 7-8 所示情况的一个特殊例子，对于城市煤气火焰来说，如图 7-9 所示。虽然这种现象已描述过了，但是还可以看到，这种火焰也具有第 233～236 页上所描述过的双重稳定现象。这就是说，在某些流速范围内，采用适当的操作措施可以获得悬空火焰或在烧嘴口边缘上稳定的正常火焰。高于临界速度(在这种情况下为 79.25 m/s)时，火焰始终为悬空型，而在 96.01 m/s 下发生吹熄。Scholefield 和 Garside[4] 所摄得的两种不同速度下的悬空火焰的照片如图 7-10 所示。从图可见，在较高的流速下发光度减弱。这种火焰的详细结构如阴影照片所示。在这些例子中所用的可燃气体为乙烯。关于这种火焰稳定性的详细图解说明可参看这些研究者的原始论文。

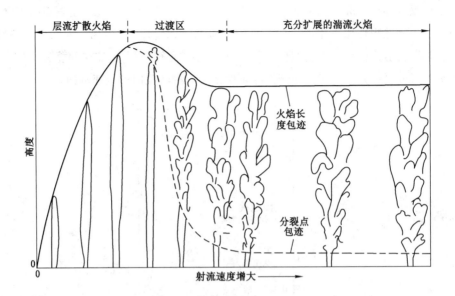

图 7-8　火焰随喷嘴口流速增加而逐渐变化的过程(Hottle & Hawthorne[2])

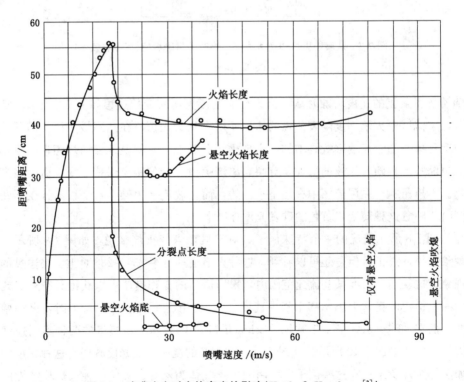

图 7-9　喷嘴速度对火焰高度的影响(Hottle & Hawthorne[2])

城市煤气，平均分子量为 19.7；空气和燃料的化学计量比约为 4.5；喷嘴直径为 3.18 mm。

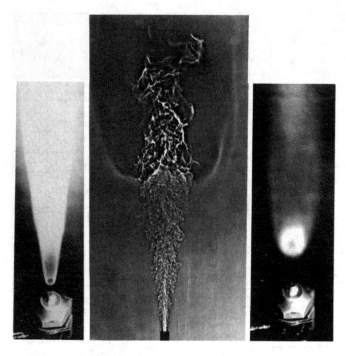

图 7-10　在喷嘴缩短很低和很高时的乙烯悬空扩散火焰(Scholefield ＆ Garside[4])

7.2　层流射流火焰理论

Hawthorne 等人[5]根据对尺寸变化影响的研究得到了火焰长度、管子尺寸和流速之间的简单关系。图 7-11 表示内气流 A 与外气流 B 的混合过程。假定气流 A 对这两种尺寸管子来说最初都占有相同的总面积份额，且气流 A 和 B 的速度比相同。如图所示，开始混合点处的 A 浓度具有矩形分布，而在距离 L_1 或 L_2 处具有曲线分布。L_1 和 L_2 是按这两种管子的中心线处的浓度相同来选定的。在每根管子中，任一区内两种气流的混合速率都与混合方向相垂直的面积以及与该面积相垂直的浓度梯度成正比，且其比例常数就是扩散常数 D。对于到 L_1 和 L_2 点完成的混合过程来说，所涉及的面积比为 d_1L_1/d_2L_2，其中 d_1 和 d_2 可以取内管或外管的直径。我们曾选取 d 和 d' 分别指内管和外管的直径。因为在下游相应距离处的浓度曲线是以正比于直径的尺度来度量的，所以浓度梯度比就等于$(1/d_1)/(1/d_2)$。从而，在两种管子出口到相应点 L_1 和 L_2 处的混合速率比变为 L_1D_1/L_2D_2。在该体系中，单位时间内两管中已混合的 B 气体量之比等于流量比，即 $d_1^2U_1/d_2^2U_2$，其中 U_1 和 U_2 分别是管 1 和 2 中气流 B 的速度。为了达到所假定的使点 L_1 和 L_2 处中心线浓度相等这一条件，已混合的气量比必须等于混合速率比。因此

$$\frac{L_1D_1}{L_2D_2}=\frac{d_1^2U_1}{d_2^2U_2} \tag{7-1}$$

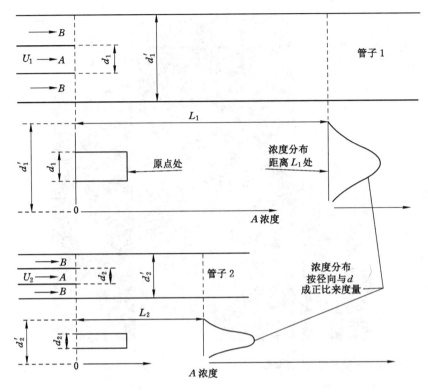

图 7-11　射流混合过程中尺寸的变化 (Hawthorne, Weddell & Hottel[5])

或

$$L \sim d^2 U/D \qquad (7\text{-}2)$$

在层流火焰情况下,混合过程受分子扩散过程所支配,扩散系数与管子尺寸及气流速度无关。于是从式(7-2)得出,达到特定混合程度的长度 L 应与流量 $d^2 U$ 成正比。

在湍流火焰的情况下,系数 D 表示湍流混合系数或涡流扩散系数,它具有与分子扩散系数相同的因次,即(长度)^2/时间或长度/速度,但它与微观流体质点的运动有关,而与分子运动无关。从以前所给出的关系式得出,涡流扩散系数是湍流尺度和强度的乘积。根据所引用的数据得出,管内的湍流尺度 L 与直径 d 成正比,而湍流强度与平均速度 U 成正比,因此,从式(7-2)得出:

$$L \sim d^2 U/dU \quad \text{或} \quad \sim d \qquad (7\text{-}3)$$

比例关系式(7-2)和式(7-3)揭示了层流火焰和湍流火焰之间的明显差别。前一关系式预示了火焰长度与烧嘴喷口的气体速度和面积成正比;后一关系式预示了火焰长度仅与喷口的直径成正比。我们将在以后回过来讨论湍流火焰问题,而现在继续进行层流火焰的讨论。

现在对比例关系式(7-2)所预示的各参量关系进行比较研究。表 7-1 包含了由 Burke 和 Schumann[1] 所得的空气中甲烷层流火焰的气体流量和火焰长度的数据。在他们的实验中,甲烷从内管流入较粗的管中，在粗管中空气以相同的平均速度流动着。这种火焰空气过量，而管径保持不变。

在这些条件下火焰长度应与气体流量成正比，这确已被最后一列所示数据不变所证实。但是，要注意到，这种数据不变的情况仅适用于 Burke 和 Schumann 实验中所使用的很低流速，而当流速增大时这一关系就变成非线性了。

在另外一些实验中，Burke 和 Schumann 在保持内外管直径比不变的条件下，改变它们的尺寸。对于表 7-2 所示的这两种结果来说，火焰长度在理论上应相同。在这种情况下火焰呈现空气不足。

表 7-1　层流扩散火焰中气体流量和火焰长度之间的比例关系

空气流量 /(cm³/h)	甲烷流量 /(cm³/h)	火焰长度 L /cm	$\dfrac{\text{火焰长度 } L}{\text{甲烷流量}}$
382 050	21 225	8.56	4.03×10^{-4}
509 400	28 300	11.36	4.01×10^{-4}
673 540	37 356	14.78	3.96×10^{-4}
834 850	46 412	18.78	3.97×10^{-4}
1 049 930	58 298	22.86	3.92×10^{-4}
1 163 130	64 524	25.15	3.90×10^{-4}

表 7-2　在流量不变下火焰长度与管径无关

流量/(cm³/h)		直径/cm		火焰长度 L
空　气	甲　烷	内　管	外　管	/cm
169 800	56 600	0.48	0.95	2.24
169 800	56 600	0.79	1.59	2.13

在低雷诺数时，Wohl、Gazley 和 Kapp[3] 发现在自由大气中燃烧着的火焰也有相类似的结果。他们所得的数据如图 7-12 所示。从图可见，接近湍流区（图中左侧）时，这种线性关系破坏了。同样，Rembert 和 Haslam[6] 也给出了一些有关数据，它表明在容积流量不变情况下火焰长度与喷口直径无关。

若两种可燃气体所需的空气量相同，则火焰长度应与扩散系数成反比。发现一氧化碳火焰的长度与氢焰长度之比近似为 2.5∶1，而在室温下一氧化碳与氢的扩散系数之比近似为 1∶4。因为气体的扩散系数与压力成反比，而在质量流量保持不变下 U 也与压力成反比，所以若质量流量保持不变，则火焰长度不受压力的影响。在上述条件下，Burke 和 Schumann 用实验确定了在 0.101 MPa 和 0.152 MPa 压力下燃烧的甲烷火焰其长度是相同的。

气体温度的增加使速度 U 和扩散系数都增大。这种增大没有达到彼此完全补偿，但可以意料到，燃料和空气的预热仅轻微地影响火焰长度。Burke 和 Schumann 关于空气不足的甲烷火焰长度的数据（表 7-3）已证实了这种现象。

若用长槽形管，则各步计算程序有些变化。现在，垂直于混合方向的面积是单位长度（槽缝方向）的 L 倍，所以两管之间的面积比简化为 L_1/L_2。若现在用符号 d 表示内槽缝的宽

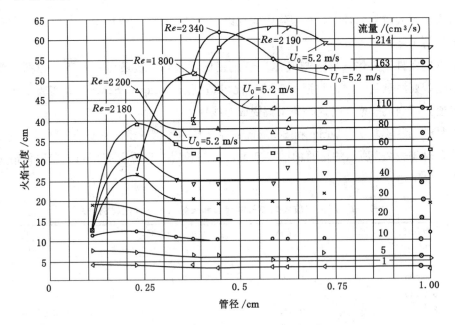

图 7-12 在层流区中流量不变下火焰长度与管径无关(Wohl, Gazley & Kapp[3])

自由空气中的 Newark 州 Delaware 市城市煤气火焰；

右侧圆圈 ⊙ 是按式(7-29)的计算值；U_0 是喷口处气体速度；Re 为雷诺数。

度,则浓度梯度比仍和以前一样是$(1/d_1)/(1/d_2)$,因此单位槽缝长度的流量比为 d_1U_1/d_2U_2。除了符号 d 有新的含意以外,最终的比例关系式与比例关系式(7-2)一样具有相同的形式。由此可见,若每单位长度上的流量保持不变,则火焰长度与槽缝宽度 d 成正比。Burke 和 Schumann 以平面甲烷火焰所完成的实验中找到特定火焰的长度为 2.29 cm。如槽缝长度增加一倍,则火焰长度大致增加到 4.06 cm。

表 7-3 气体预热对火焰长度的影响[①]

温度/℃	火焰长度 L/cm
20	1.98
370	1.75
570	1.78

① 内管直径=0.94 cm,外管直径=2.54 cm;空气流量=113 200 cm³/h;CH_4 流量=56 600 cm³/h。

为了求得火焰长度的理论计算式,Jost[7] 曾提议利用求位移均方值的方程式[见第 6 章式(6-18)]

$$\overline{X^2} = \xi^2 = 2Dt \tag{7-4}$$

式中 ξ 是指 t 时刻分子因扩散距离某一位置的位移均方值。假定火焰长度是相应于燃烧得以完全时气流轴线上某点的位置,则空气渗入气体的平均深度必须近似地等于烧嘴管的半径。可以近似地认为,ξ 与平均渗入深度是一致的。若取气体速度 U 不变,则完成扩散过

程所需的时间 t——气体基元从烧嘴喷口到焰顶所需的时间——可由下式求出：

$$t = L/U \tag{7-5}$$

再由式(7-4)和 $\xi = d/2$，则得：

$$L = d^2 U/(4D) \tag{7-6}$$

除了比例因数现在已确定外，这一方程式与式(7-2)是相同的，允许用它来估算火焰长度。可以料到，这一估算仅能提供火焰长度的数量级上的一致。因为燃料的容积流量 V 等于 $\pi d^2/(4U)$，所以式(7-6)也可以写为：

$$L = V/(\pi D) \tag{7-7}$$

根据这个方程式计算出表 7-1 中所示的火焰长度与甲烷流量之比近似地为 $1.5 \times 10^{-4} \mathrm{h/cm^2}$，而不是 $4.03 \times 10^{-4} \mathrm{h/cm^2}$。

Burke 和 Schumann[1] 曾对该扩散过程给出了较精确的数学分析。因为火焰中扩散过程的严格分析极其复杂，所以作了如下简化假定：燃烧过程在摩尔数没有发生变化的条件下进行；气体的温度和扩散系数处处为常数且相等；互扩散全部按径向进行；可燃气体流和空气流的速度相同。

若 c 是气体混合物中任一组分的浓度，则圆柱形对称火焰的扩散方程是：

$$\partial c/\partial t = D[\partial^2 c/\partial y^2 + (1/y)\partial c/\partial y] \tag{7-8}$$

式中 y 是离气流轴的径向距离。氧的浓度在外管壁为最大，而在火焰边界处为零。扩散方程的解应给出有点像图 7-3 所示的氧浓度曲线。若将扩散方程项除以某一系数 i，则所得的曲线除了其标尺沿纵坐标其比值在 1 至 i 变化外都是相同的。若 i 是 1 mol 燃料有效完全燃烧所需氧的物质的量，则该曲线就表示化学计量燃料浓度曲线。因为在火焰边界处燃料和氧是处于化学计量比例，且又假定所有气体的扩散系数都相等，所以在火焰边界处就有

$$(\mathrm{d}c_{燃料}/\mathrm{d}y) = -(1/i)(\mathrm{d}c_{O_2}/\mathrm{d}y) \tag{7-9}$$

式中，$c_{燃料}$ 为燃料浓度。因此，图 7-3 中的对映曲线或镜像曲线 $-c_{O_2}/i$ 与燃料曲线光滑地相连；因为燃料曲线与对映曲线两者都是由相同的扩散方程来确定，所以从数学分析目的来说可以考察对映曲线，它表示燃料浓度的负值在外管壁处达到最大(负的最大值)，而在火焰边界处为零。于是，该扩散问题就简化为一种单一气体即燃料的扩散问题。根据 Burke 和 Schumann 假定得出，各处的速度为常数，所以式(7-8)就变为：

$$\partial c/\partial x = (D/U)[\partial^2 c/\partial y^2 + (1/y)\partial c/\partial y] \tag{7-10}$$

式中，x 是离烧嘴口边缘的距离，它等于 Ut。其边界条件是当 $y=0$ 和 $y=d'/2$ (其中 d' 是外管的直径) 时 $\partial c/\partial y=0$。在 $x=0$ 处，$y=0$ 到 $y=d/2$ 范围内 $c=c_1$，同样地，从 $y=d/2$ 到 $y=d'/2$ 范围内 $c=-c_2/i$，式中 c_1 和 c_2 分别为燃料和氧的初始浓度。

满足所给定条件的式(7-10)的解是：

$$c = c_0 d^2/d'^2 - c_2/i = \frac{4dc_0}{d'^2} \sum \frac{1}{\varphi} \frac{J_1(\varphi d/2)J_0(\varphi y)}{[J_0(\varphi d'/2)]^2} \mathrm{e}^{-D\varphi^2 x/U} \tag{7-11}$$

式中，$c_0 = c_1 + c_2/i$，假设 φ 是方程式 $J_1(\varphi d'/2)=0$ 的所有正根值，J_1 和 J_2 是第一类 Bessel 函数。将 $c=0$ 和 $y=y_f$（其中，y_f 为火焰边界离管轴的径向距离）代入，求得火焰边界的方程式。由此得：

$$\sum \frac{1}{\varphi} \frac{J_1(\varphi d/2)J_0(\varphi y_f)}{[J_0(\varphi d'/2)]^2} e^{-D\varphi^2 x/U} = \frac{d'^2 c_2}{4dic_0} - \frac{d}{4} \tag{7-12}$$

这一方程式允许用来进行火焰边界形状的计算，即求出满足于该方程式的 y_f 和 x 值。从相应于 $y_f = d'/2$ 的 x 值求得空气不足火焰的高度，而从相应于 $y_f = 0$ 的 x 值求得空气过量火焰的高度。火焰的形状是按如下步骤来确定的。对于已知的 d' 值来说，许多 φ 值是根据与方程式 $J_1(\varphi d'/2)=0$ 相应的 Bessel 函数表确定的。对于每一个 φ 值和已知的 d、U 及 D 值以及一对已选定的 x 与 y 值来说，能求得式(7-12)左侧的总和项，实现了求和计算工作。通常这一结果不满足于式(7-12)，此时以保持 x 不变的其他 y_f 值进行重复计算。采用这种方法和图表计算法，可求得满足于该方程式的一对 x 和 y_f 值。这一对数值组成了火焰边界上的一个点，而有足够数量的这些点就可以描绘出该边界。与 $d=2.54\ \text{cm}$ 和 $d'=5.28\ \text{cm}$ 的火焰边界相应的例子如图 7-13 所示；并取 $D=0.492\ 2\ \text{cm}^2/\text{s}$，这相当于甲烷的扩散系数；还取 $U=1.55\ \text{cm/s}$，这相当于内管中的流量为 $23\ 800\ \text{cm}^3/\text{h}$。对于甲烷来说，$i=2$。若采用空气，则从 Avogadro 定律得出 $c_2=0.21c_1$。这使式(7-12)右侧值为 -0.155，相当于空气不足的火焰。若使用氧代替空气，则 $c_2=c_1$，式(7-12)右侧就等于 0.083，相当于空气过量的火焰。

对于以槽缝代替圆管所得的平面对称的平面火焰来说，式(7-10)变为：

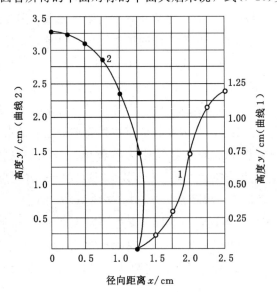

图 7-13　圆柱形火焰的边界(Burke & Schumann[1])

曲线 1—空气不足；曲线 2—空气过量。

$$\partial c/\partial x = (D/U)\partial^2 c/\partial y^2 \tag{7-13}$$

根据相应的边界条件得这个方程式的解为：

$$c = \frac{c_0 d}{d'} - \frac{c_2}{i} + \frac{2c_0}{\pi}\sum_1^\infty \frac{1}{n}\sin\frac{n\pi d}{d'}\cos\frac{2n\pi y}{d'}e^{-4Dn^2\pi^2 x/(Ud'^2)} \tag{7-14}$$

代入 $c=0$ 和 $y=y_f$，就求得火焰边界的方程式：

$$\sum_1^\infty \frac{1}{n}\sin\frac{n\pi d}{d'}\cos\frac{2n\pi y}{d'}e^{-4Dn^2\pi^2 x/(Ud'^2)} = \frac{\pi}{2}\left(\frac{c_2}{ic_0} - \frac{d}{d'}\right) \tag{7-15}$$

这种火焰形状计算的程序显然没有像在圆柱形情况下那样冗长乏味。此时选用了如下参数：内槽宽度 $d=0.85$ cm；外槽宽度 $d'=5.08$ cm；$U=3.38$ cm/s；D 和 i 的数值与上述相同。对于空气不足的情况下是用空气；对于空气过量的情况是用相等份额的氧和氮的混合物。在这两种情况下的火焰边界如图 7-14 所示。

Burke 和 Schumann 摄得了关于管上或槽上空气不足和过量的火焰的许多照片。这些火焰的形状与理论上所确定的轮廓线非常惊人地相类似。特别是从火焰长度方面看，这种定

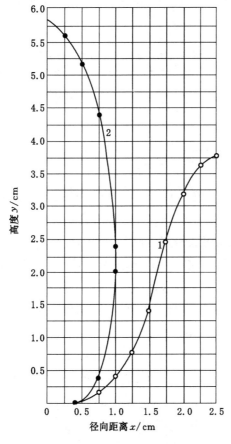

图 7-14　平面火焰的边界
曲线 1—空气不足；曲线 2—空气过量。

量吻合关系仅是近似的，这也并不比简单的式(7-7)所预示的关系更好些。若该式是用来进行比较而不是进行绝对数值的计算，则这种预示是非常满意的，但也并不比比例关系式(7-2)所预示的关系更完善。正如使用比例关系式(7-2)一样，对圆柱形火焰的 Burke-Schumann 方程式不能说明在较高的速度下所观察到的火焰长度与恒定喷口直径下气体速度的非线性关系。在前面已给出了与比例关系式(7-2)所预示的关系有关的六种比拟。Burke 和 Schumann 所给出的另外的比拟如下。

用惰性气体如氮置换部分燃料将导致 c_1 值减小，相应地使式(7-12)右端的数值增大。这将使空气过量火焰的长度降低(其物理原因是此刻氧量少于形成化学计量成分混合物所需氧量)，而对于空气不足的甲烷火焰，当一半甲烷被氮所替换时，其长度由 20.6 cm 缩短到 8.89 cm。理论指出，此时火焰长度应缩减至原先值的一半。测得的空气不足火焰的长度如预计那样有所增加。

1 mol 燃料完全燃烧所需的氧量 i(mol)的增大，与以惰性气体稀释燃料相比，显然应产生相反的影响，这就是说，空气过量火焰增长，而空气不足火焰缩短。对于几种可燃气体的空气不足火焰，曾得到相当满意的一致关系，这些结果如表 7-4 所示。

表 7-4　燃料所需氧量的变化对火焰长度的影响[①]

燃　料	i	火焰长度 L/cm	
		计算值	实验值
城市煤气	1.05	4.22	3.66
甲　烷	2.00	2.36	2.21
乙　烷	3.50	1.70	1.58

① $d=0.635$ cm; $d'=1.588$ cm; $V_{空气}=169\,800$ cm^3/h; $V_{燃料}=56\,600$ cm^3/h。

为了说明比例关系式(7-2)或 Burke-Schumann 方程式不适用区域内火焰长度的变化和进行绝对火焰长度的计算，应该用经验或半经验的关系式来修改理论方程式，即应补偿一些因素的影响，如沿射流的温度变化及随此伴生的许多影响，重力浮力及其他种种因素的影响。Hottel 和 Hawthorne[2]与 Wohl 等[3]两组人员独立地先后完成了这种工作。他们都以自由火焰即在大气中无边界所限进行燃烧的火焰来研究。他们的处理方法基本上是从 Burke 和 Schumann 关于单一气体扩散方程的公式中引申出来的。他们得到了引入附加经验项的最终方程式。在下面的篇幅中，将这两种处理综合起来讨论。

从气流中某些点取出的气体试样是由燃烧产物和过量空气或燃料所组成。这种试样取自由烧嘴喷口流出的流体(称为喷嘴流体，可能含有一次空气)和周围大气组成的混合物。若根据试样的成分能计算出来未燃状态混合物的成分，则就能确定从喷嘴中流出的流体所占的份额为多大。在这种"新生"试样中，喷嘴流体的摩尔分数称为 C。因为周围大气不含有燃料，所以

$$C = m_{燃料}(1+\alpha_0) \tag{7-16}$$

式中，$m_{燃料}$ 是"新生"试样中燃料的摩尔分数；α_0 是喷嘴流体中空气与燃料的摩尔比。下面我们将遵循 Hottel 和 Hawthorne 所述进行讨论，除了在前面已定义的一些量以外，都采用他们所用的术语和符号[1]。在火焰边界处喷嘴流体和周围空气达到化学计量比例。若 α_f 是指 1 mol 燃料理论上完全燃烧所需的空气的摩尔数，则在火焰边界处的 C 值为

$$C_f = (1+\alpha_0)/(1+\alpha_t) \tag{7-17}$$

因为在火焰边界处 $m_{空气}/m_{燃料}=\alpha_t$。沿轴线上的任一点处 C 值等于 C_m，注意在焰顶处 $C_m = C_t$。在喷嘴处 C 或 C_m 都等于 1，而在离喷口距离无限远处它为零。

根据扩散方程式可得到 C_m 和通用时间 θ[2] 之间的关系式。通用时间 θ 定义如下：

$$\theta = 4Dt/d^2 \tag{7-18}$$

式中，t 表示气体从喷嘴流至 $C = C_m$ 所需的时间。

---

[1]　本书所用符号与 Hottel 和 Hawthorne 所用符号有如下差别：

	Hottel 和 Hawthorne 所用符号	本书所用符号
管子直径	D	d
容积流量	Q	V
平均速度	V	U
扩散系数	D_v	D

[2]　采用 Burke 和 Schumann 处理中的假定：喷嘴流体的摩尔分数 C 与流体的浓度成正比，则扩散方程式可写成

$$\partial C/\partial \theta = \partial^2 C/\partial Y^2 + (1/Y)\partial C/\partial Y \tag{1}$$

式中，$Y = 2y/d$。

关系式[1]是无因次的，其边界条件：当 $Y=0$ 和 $Y=\infty$ 时 $\partial C/\partial Y=0$，且当 $\theta=0$ 时，在 $Y=0$ 至 ± 1 的范围内 $C=1$，而在 $Y=\pm 1$ 至 $\pm\infty$ 的范围内 $C=0$。

关系式[1]的解是：

$$C = \int_0^\infty e^{-\lambda^2\theta} \cdot J_0(\lambda Y) \cdot J_1(\lambda)\,d\lambda \tag{2}$$

式中，J_0 和 J_1 分别是零级和一级 Bessel 函数。

这一解满足于 $\partial C/\partial Y$ 边界条件。同样，当 $\theta=0$ 时

$$C = \int_0^\infty J_0(\lambda Y)J_1(\lambda)\,d\lambda \begin{cases} =1, & \text{在 } Y^2<1 \text{ 时} \\ =1/2, & \text{在 } Y^2=1 \text{ 时} \\ =0, & \text{在 } Y^2>1 \text{ 时} \end{cases}$$

（请参看 A. Gray, G. R. Matthews and T. M. MacRobert, "A Treatise on Bessel Functions and Their Application to Physics", p. 78. Macmillan, New York, 1931）。

当 $Y=0$ 和 $J_0(\lambda Y)=1$ 时，轴线上的浓度由下式给出：

$$C_m = \int_0^\infty e^{-\lambda^2\theta}J_1(\lambda)\,d\lambda \tag{3}$$

现在

$$J_1(\lambda) = \frac{\lambda}{2} - \frac{(\lambda/2)^3}{2!} + \frac{(\lambda/2)^5}{2!3!} + \cdots + \frac{(-1)^r(\lambda/2)^{r+1}}{r!(r+!)!} \tag{4}$$

且因为

$$\int_0^\infty e^{-\lambda^2\theta}\lambda^{2r+1}\,d\lambda = \frac{r!}{2\theta^{r+1}} \tag{5}$$

所以

$$C_m = \sum_0^\infty \frac{(-1)^r}{(r+1)!(4\theta)^{r+1}} = 1 - e^{-\theta/4} \tag{6}$$

这一关系式是：

$$C_m = 1 - e^{-\theta/4} \tag{7-19}$$

在焰顶处的 θ 值为 θ_f，它对应于 C_f。根据式(7-17)和式(7-19)得：

$$\theta_f = -4\ln[(1-\alpha_0)/(1+\alpha_t)] \tag{7-20}$$

θ_f 或流到焰顶的实际时间 t_f 与火焰长度 L 有如下关系：

$$\theta_f = 4Dt_f/d^2 = (4D/d^2)\int_0^{t_f} dt = (4D/d^2)\int_0^L dx/U \tag{7-21}$$

式中，U 为离喷嘴 x 距离处的气体速度。

式(7-21)的求解涉及确定 U 和 x 之间的关系。若认为 U 是常数，则式(7-21)就很容易积分，而火焰长度就变为：

$$L = Ud^2\theta_f/(4D) = V\theta_f/(\pi D) \tag{7-22}$$

该式具有比例关系式(7-2)的形式，因此，它与 Burke 和 Schumann 关于小型火焰的实验结果是一致的。这一关系不适用于较长的火焰，因此这意味着此时 U 恒定这一假定不满足。

即使对于较大的火焰来说，在此研究的条件下的气体速度也是很小的。气体速度随着黏性阻力的增大而降低，同时随着气流与周围环境之间密度差的增大而增大。大家都知道，这种黏性阻力对浮力的平衡问题涉及 Grashof 这一无因次参数，即 $(Gr) = d^3\rho^2\beta g\Delta T/\mu^2$，式中 ρ、β、g、ΔT 和 μ 分别是密度、温度膨胀系数、重力加速度、温差和黏度。因此，沿火焰轴线任意一点 x 处的速度可以以无因次形式表示：

$$U/U_0 = f_1(d^3\rho^2\beta g\Delta T/\mu^2, x/d, \alpha_0) \tag{7-23}$$

式中，U_0 为喷嘴处的气流速度。引入 α_0 是因为它对燃烧速率有影响，因而对温度分布和生成物的浮力可能有影响的缘故。

式(7-21)可写成：

$$\theta_f = (4D/U_0d^2)\int_0^L \frac{dx}{U/U_0} \tag{7-24}$$

容积流量 V 等于 $\pi Ud^2/4$。将此 U 值代入式(7-24)并用式(7-23)代替 U/U_0，则得：

$$V\theta_f/(\pi D) = \int_0^L \frac{dx}{f_1(Gr, x/d, \alpha_0)} = f_2(L, Gr, d, \alpha_0) \tag{7-25}$$

若考虑到一次空气量与燃料之比 α_0 不变，燃烧产物的平均分子量不变，以及可燃气体的火焰温度近似相等，则直径 d 是 Grashof 数中的唯一变数。因为在这些条件下 D 也同样是常数，所以式(7-25)就变为：

$$V\theta_f = f_3(L, d, \alpha_0) \tag{7-26}$$

图 7-15 所示是实验测得的火焰长度与 $V\theta_f$ 的关系曲线，这些曲线是根据在麻省理工学院对城市煤气和一氧化碳所作的许多不同研究数据作成的，他们在给定的一系列实验中采用各种不同的喷口直径和固定的 α_0 值。V 值是测定得到的，而 θ_f 值是按式(7-20)计算出来

的。发现 L 是 $V\theta_f$ 的单值函数，且与喷嘴的直径 d 无关。适用于 7 倍直径的范围内的数据，其拟合曲线的形式如下：

$$L = A \lg V\theta_f + B \tag{7-27}$$

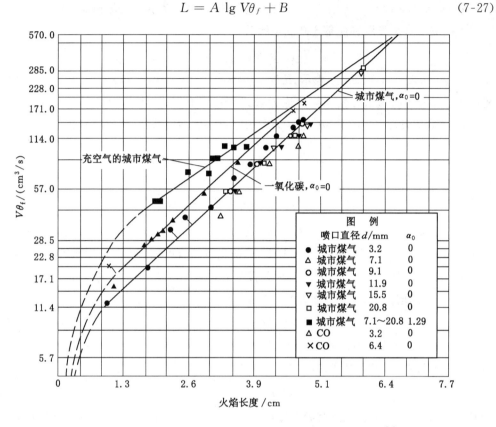

图 7-15　实验测得的火焰长度与 $V\theta_f$ 的关系（Hottel & Hawthorne[2]）

式中，A 和 B 都与流量及直径无关。这一方程式所描述的曲线的类型可以用图 7-9 所示的火焰长度与喷嘴速度关系曲线的层流段为例来说明。图 7-15 中所给出的可燃气体的 A 和 B 的数值如表 7-5 中所示。

表 7-5　城市煤气和一氧化碳的 A 和 B 值[1]

可燃气体	α_0	A	B
城市煤气	0.00	1.39	5.09
城市煤气	1.29	1.87	5.93
一氧化碳	0.00	1.39	4.91

[1] 在 θ_f 的计算中，对于 CO 取 $\alpha_t = 2.38$，而对于城市煤气，则随成分而变，α_t 在 4.3 和 4.8 之间变化。

L 仅与 $V\theta_f$ 有关，而与 d 无关，这就意味着需要对求得式(7-26)的通用处理方法加以限制。若在式(7-23)中 Grashof 数和 x/d 是作为一乘积项$(Gr)^{1/3}(x/d)$ 引入的，则 d 不在该式且也不在式(7-25)中出现，所以式(7-26)变为：

$$V\theta_f = f_4(L, \alpha_0) \tag{7-28}$$

可见,这一关系式与实验确定的关系式(7-27)是一致的。

Wohl、Gazley 和 Kapp 曾给出另一种处理方法。这些著者根据对城市煤气火焰的实验得到了如下的关于火焰长度和流量之间的经验关系:

$$L = 1/[0.206/\sqrt{V} + 0.354/V] \tag{7-29}$$

式中,L 以 cm 表示,V 以 cm³/s 表示。按这一方程式计算出来的火焰长度如图 7-12 右侧圆圈位置所示。Wohl 等将这个方程式与理论方程式(7-22)作比较,得出如下进一步的近似。将式(7-19)按焰顶条件($C_m = C_f$;$\theta = \theta_f$),展开成一级数,忽略去高次项,得到:

$$C_f = \frac{1}{4}\theta_f \tag{7-30}$$

所以式(7-22)近似地变为:

$$L = V/(4\pi C_f D) \tag{7-31}$$

式(7-31)与经验方程式(7-29)有点相像。在式(7-31)中,假定了在整个火焰长度范围内扩散系数 D 和平均气体速度 V 都不变。实际上,这两者都随着火焰高度的增加而增大(因为平均温度增大)。D 的增加比 V 迅速,所以各种条件随着高度增加产生的总的变化可以用来说明式(7-31)中 D 的增大。描述这种增大的最简单形式是:

$$D = D_0 + kL \tag{7-32}$$

式中,D_0 是室温下的扩散系数。通常第二项要比第一项大得多。若考虑到 D_0 比 kL 要小,但仍没有小到能忽略的程度,则将式(7-32)代入式(7-31)得❶:

$$L = 1/[2\sqrt{\pi k C_f/V(1 - C_f/2)} + 2\pi D_0 C_f/q(1 - C_f/2)] \tag{7-33}$$

而且可以看到,这一方程式具有经验方程式(7-29)的形式。将式(7-29)与(7-33)比较,取 $C_f = 0.187$,求得式(7-32)的常数值如下:$D_0 = 0.27$ cm²/s,$k = 0.033\,0$ cm/s。在室温下的扩散系数 D_0 值等于 0.27 cm²/s 似乎是合理的。

对于空气中含 50% 城市煤气的混合物来说。Wohl、Gazley 和 Kapp 发现,在保持流量不变下火焰高度随着管径的增大而稍有降低。但是,从整体方面来看,使用这种混合物所获得的结果与用纯粹的城市煤气所得的相类似,而火焰长度全都有所缩短。作者所导出的求火焰长度的方程式的形式与式(7-29)相类似。

Wohl 等人以丁烷火焰所作的实验表明,火焰长度与容积流量的平方根成正比,也就是,式(7-33)中的线性项除了在极低的流量下以外是不重要的。而且这种形式的方程式也可以描述具有一次空气的丁烷火焰。

Wohl、Gazley 和 Kapp 的方程式适用于低雷诺数至湍流开始时的流量范围,而 Hottel

---

❶ 计算 L 的方程式相应于具有 $x^2 + ax - b = 0$ 形式的二次方程式。若假定 $a^2/4 \ll b$,则这一方程式的解是 $x \approx \sqrt{b} - a/2 = \sqrt{b}(1 - a/2\sqrt{b})$。这就简化为 $x \approx \sqrt{b}(1 + a/2\sqrt{b}) = 1/(1/\sqrt{b} + a/2b)$。

和 Hawthorne 的式(7-27)不适用于低流速范围，此范围相当于城市煤气的火焰长度低于
15.24 cm。Hottel 曾指出[8]，式(7-27)也能完整地说明 Wohl 等人关于除了低流量范围以外
的火焰长度的数据。

7.3　湍流射流火焰理论

比例关系式(7-3)表明，湍流火焰的长度与喷嘴的直径成正比，而与气体速度无关，这
与 Hawthorne 等[5]和 Wohl 等[3]著者的实验结果大体是一致的。速度对火焰长度有轻微影
响的例子，对无一次空气的城市煤气火焰来说，如图 7-9 所示。图 7-16 表明，在很大的速
度范围内火焰长度与喷嘴直径之比实际上保持不变。Hawthorne、Weddell 和 Hottel[5]也曾
获得过相类似的结果。

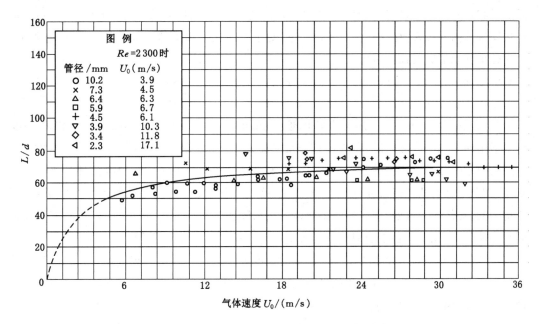

图 7-16　湍流火焰中火焰长度与喷口直径之比 L/d 保持不变的情况（Wohl, Gazley & Kapp[3]）

混合物含 50％ Delaware 州 Newark 市城市煤气和 50％空气；V_0 是喷口处气体速度；在空气中自由燃烧的火焰。

这两组研究者都力图基于理论和实验来确定火焰长度和喷嘴直径之间的定量关系，
Hawthorne、Weddell 和 Hottel 基于动量定理介绍了射流混合理论。在这种最简单的动量定
理应用的情况下，假定射流具有很鲜明的边界，且在射流的整个横截面上速度均匀一致。
每单位时间内经过射流任一横截面 A 所迁移的动量为 $\rho U^2 A$，式中 ρ 是流体的密度，U 是平
面 A 处的气体速度。若射流处于稳定状态，则经任一平面的动量迁移都为常数，且等于嘴
流体的动量，即 $\rho_0 U_0 A_0$，式中脚注 0 是指喷嘴平面，所以

$$\rho_0 U_0^2 A_0 = \rho U^2 A \tag{7-34}$$

单位时间内从喷嘴流出的质量为 $\rho_0 U_0 A_0$，而且，若温度和摩尔数保持不变，则单位时间内经任一横截面流出的喷嘴流体的量等于 $\rho_0 C U A$，所以

$$U_0 A_0 = C U A \tag{7-35}$$

若从式(7-34) 和式(7-35) 消去 U/U_0，且因 $A_0 = \pi d^2/4$ 和 $A = \pi y_b^2$（式中 y_b 是射流半径），则得：

$$1/C = (2y_b/d) \sqrt{\rho_0/\rho} \tag{7-36}$$

在实际的射流中，由于在射流横截面上喷嘴流体浓度是不均匀的，这种理论会复杂一些，而且，在射流火焰中，由于燃烧所造成的温度和摩尔数的变化，会使这种理论更加复杂，此外，动量还受重力所致的浮力的影响。Hawthorne、Weddell 和 Hottel 曾研究了基于在射流横截面上 U 和 C 不变这一假定，但考虑到密度、温度、化学反应和浮力（垂直射流）的影响下的质量流和动量流的方程式。在忽略浮力的情况下，对于空气和喷嘴流体达到化学计量比例时的横截面处得到如下关系式：

$$2y_f/d = \frac{1}{C_t} \sqrt{\frac{T_F}{\alpha_t T_N} \left[C_t + (1 - C_t) \frac{M_s}{M_n} \right]} \tag{7-37}$$

式中，y_f 是指射流半径；C_t 是指所选定平面上喷嘴流体的摩尔分数；T_F 是绝热燃烧温度，此值在本书中的其他一些地方以 T_b^0 表示；T_N 是喷嘴处温度；α_t 是指按化学计量组成混合物时反应剂的摩尔数和燃烧产物的摩尔数之比；M_s 和 M_n 分别是周围流体和喷嘴流体的平均分子量。C_t 按其定义与式(7-17) 定义的 C_f 看来是一致的。但是要注意的是在湍流射流中混合物是不均匀的。在任何一点处，变成分的小流体质点都随着时间在变化，所以，摩尔分数 C 是指时间平均值的。因此似乎是为了把湍流射流中的特征量与层流情况下的特征量区分开。

因为射流具有笔直的边界，所以射流的宽度处处都与离喷嘴的距离成正比，而且，因为各种湍流射流近似地都具有相同的扩散角，所以 $y = y_f$ 的平面离喷嘴的距离 x_f 大体上与扩散角成正比，因此，$2y_f/d$ 可以用 x_f/d 乘以一比例系数来代替。x_f 不是实际的火焰长度，因为混合物是不均匀的，而且化学反应并不完全。这可以用图 7-17 中沿氢射流火焰轴取样分析的数据为例说明。图 7-17 所示的是按气体分析数据计算得到的摩尔分数 C_m 的倒数与比值 $(x-s)/d$ 的关系曲线，式中 s 是分裂点离喷嘴的高度（射流在离喷嘴为 s 的一小段距离内保持圆柱形）。这些曲线是分别指两种不同形式的喷嘴。发现在每一条曲线上 C_t 值所确定的点远远低于反应实质上已完全的点。其他的观测指出，达到 99% 完全反应点的火焰长度与按火焰发光度目力观测所得的火焰长度无很大的偏差❶。

---

❶　用化学分析测得的火焰长度点比可见火焰长度低 10% ～ 15%。这可能是由于取样分析方法错误所致，因为从这种混合物中取样是一个相当复杂的问题。

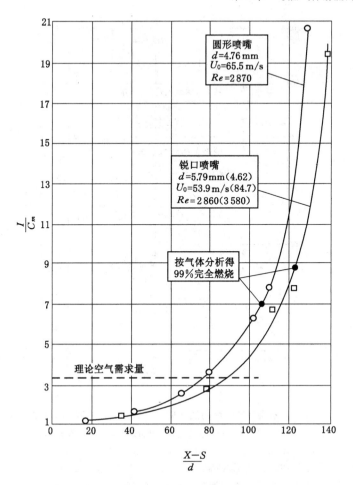

图 7-17 在无一次空气下及非受限氢焰中管轴向燃料浓度

（Hawthorne, Weddell & Hottel[5]）

括号内的数字是根据锐口喷嘴缩直径得到的。

d 是喷嘴直径；U_0 是喷嘴处的气体速度。

式(7-37) 表明，y_f，因而 x_f，与喷嘴直径成正比，而与任一可燃气体的流速无关。由比例关系式(7-3) 得出，火焰长度 L 也仅与喷嘴直径成正比，因此可以推测到，比值 L/d 可用式 $2y_f/d$ 乘以一比例系数来表示。图 7-18 所示的是可见火焰长度与喷嘴直径之比与对一系列不同燃料计算得的 $2y_f/d$ 值的关系曲线。从图可见，所有各点都相当好地落在一条直线上，直线的斜率为 5.3。这就导得由 Hawthorne、Weddell 和 Hottel 所推荐的计算湍流射流火焰长度的方程式：

$$\frac{L-S}{d} = \frac{5.3}{C_t}\sqrt{\frac{T_F}{\alpha_t T_N}\left[C_t + (1-C_t)\frac{M_s}{M_n}\right]} \tag{7-38}$$

Wohl、Gazley 和 Kapp 根据涡流扩散系数 ε 的概念来处理他们自己的湍流火焰数据。涡

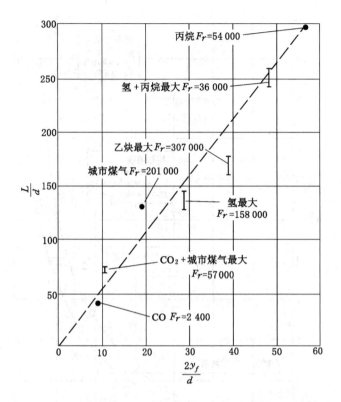

图 7-18　对各种不同可燃气体的湍流射流的火焰长度对喷嘴直径之比 l/d 与
$2y_f/d$［式 (7-37)］之间的关系 (Hawthorne，Weddell & Hottel[5])

火焰长度用目力观测。Froude 数 $Fr=U_0^2/gd$（U_0—喷嘴速度；g—重力加速度；d—喷嘴直径），用它来度量浮力效应的抑制程度。浮力使气流动量增大，结果使空气卷吸量增大和火焰长度缩短。对于各数据组（如图上垂直线所示）已标明最大 Froude 数。CO火焰的长度（Froude 数很小，因为在较高的流速下火焰会脱火），可能因浮力造成卷吸空气而大大缩短。可能是在忽略浮力下射流火焰的理想关系曲线（Froude 数很大）比图上所作曲线具有更陡的斜度。

流扩散系数 ε 的定义是混合长度 l_1 和湍流强度 u' 的乘积（第369页），其中后者是速度脉动量的均方根值。正如第422页已指出那样，用涡流扩散系数代替分子扩散系数就得到火焰长度和管径之间的比例关系式 (7-3)。对于烧嘴管内已达到充分发展的湍流来说，l_1 的最大值在管轴上，近似地在等于 $0.085d$ 处[9]。在管轴上的 u' 值近似地等于 $0.03U$[9]。因此，管轴上的涡流扩散系数就由下式给出：

$$\varepsilon_m = l_1 u' = 0.002\,55Ud \tag{7-39}$$

虽然这一数值一般不适用于射流，但是湍流火焰的典型涡流扩散系数值不会有很大的差别，因为正如照片所示，燃烧区构成一有规律的倒置角锥，且火焰中的可燃气体主流在离喷嘴距离比未点燃射流中更长的范围内保持圆柱体。所以，Wohl、Gazley 和 Kapp 利用下列表示式：

$$\varepsilon = 0.002\,55 f U_0 d \tag{7-40}$$

式中，f 是一个与 1 相差不多的不变的系数；U_0 是喷嘴处或烧嘴管口边缘处的平均气体速度。将 ε 代替 D 代入式(7-31)并以 $x U_0 d^2/4$ 代替 V，结果得：

$$L/d = 1/[16(0.002\,55)f C_t] \tag{7-41}$$

对于这些研究者所使用的城市煤气来说，这一方程式变为：

$$L/d = 1/(0.008\,37 f) \tag{7-42}$$

对空气中含 50% 城市煤气的混合物来说变为：

$$L/d = 1/(0.018\,7 f) \tag{7-43}$$

根据经验，这两种煤气的数据可近似地分别用下列方程式表示：

$$L/d = 1/(0.007\,75 + 3.80/U_0) \tag{7-44}$$

和

$$L/d = 1/(0.013\,2 + 3.23/U_0) \tag{7-45}$$

式中，U_0 以 cm/s 表示。这些方程式表明，气体速度对火焰长度的影响很小。在城市煤气-空气混合物的情况下，式(7-45)的曲线如图 7-18 所示。为了使导出的式(7-42)和(7-43)与经验方程式(7-44)和(7-45)相一致，导入经验常数项，即：

$$L/d = 1/[0.008\,37 f(1 + U_1/U_0)] \tag{7-46}$$

和

$$L/d = 1/[0.018\,7 f(1 + U_1/U_0)] \tag{7-47}$$

式中，U_1 是一经验常数。在采用这两种煤气的情况下，f_1 分别为 0.93 和 0.71；U_0 很小，分别为 16 cm/s 和 8 cm/s。

Hottel[8] 指出，Wohl、Gazley 和 Kapp 关于无一次空气的城市煤气的数据能用式(7-38)很好地表示，甚至比麻省理工学院研究者所获得的关于城市煤气的数据更接近于图 7-18 中的曲线。

上面的处理适用于空气供给非常充分的燃料射流。因此，它们没有直接与工业炉中的燃烧问题相联系，在这种工业炉中常常要求在过量空气为最小的情况下达到完全燃烧。Rummel[16] 曾讨论过适用于工业炉中燃料和空气相混合的原理。与解决自由射流的问题相同，采用化学分析燃料口和空气口试样的成分百分数进行计算的方法来鉴别工业炉中任一位置处混合气的由来是必要的。此外，应该根据混合和燃烧的完全程度来对试样进行估算。这样，可能用实验方法研究整个炉子容积中空气流和燃料流相混合燃烧的进程。

Rummel 对两种射流射向长而敞口室中的混合过程做过某些重要的实验。一种射流是含有 0.5% 氢作为示踪气体的空气，另一种是纯空气。这些实验中，改变射流的速度和两种射流彼此的倾角，在建立起稳态后，整个室中氢的浓度分布是根据测量试样热导率来确定的。这些结果如图 7-19 和图 7-20 所示。每一幅图表示半个矩形室，长 900 mm，宽

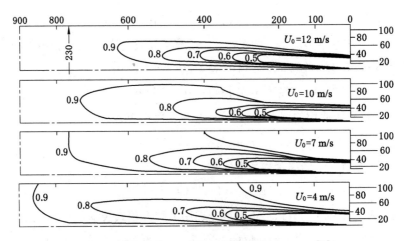

图 7-19　喷嘴速度 U_0 对混合过程的影响 (Rummel[10])

横坐标和纵坐标上的数字表示装置的尺寸,均以 mm 计。两个平行的矩形喷嘴的横截面为 14 mm×50 mm,以等容积的气体(一是空气,另一是空气和 0.5%氢的混合物)射向尺寸为 230 mm×500 mm×900 mm 的矩形室中。矩形室的远端敞口(离喷嘴为 900 mm)。图上表示的仅是一个喷嘴的纵剖面(截面宽度为 14 mm)和半个矩形室。沿矩形室的混合进程用表示与另一喷嘴的气体相混合的轮廓线来表示。线上的数字标明从另一喷嘴射出的气体百分数与其在气流完全混合后百分数的比值。

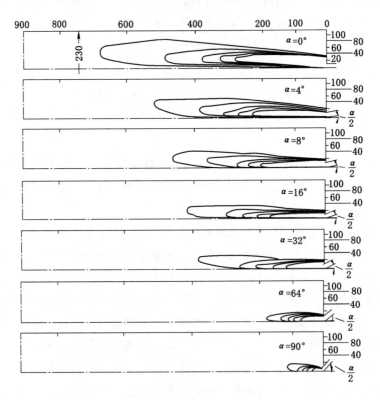

图 7-20　喷嘴倾角对混合过程的影响 (Rummel[10])

恒定的喷嘴速度为 10 m/s。喷嘴以倾角 α 安装。其他条件同图 7-19。

230 mm。喷嘴的矩形横截面为 5 cm×1.4 cm。图上这些曲线表示从喷嘴至敞口端沿矩形室的混合过程的进程。例如，曲线 1 表示完全混合，而曲线 0 表示完全没有混合。从图可见，混合长度随着气流速度的增加而大大地降低，无疑地，气流速度的增加将使湍流强度和涡流扩散系数增大。在两种射流从平行流动转变为 90°交角时观察到有明显的影响。

7.4　有一次空气卷吸的烧嘴

当燃料和空气已预混时，可以很容易地将气体流量调节到烧嘴火焰处于稳定的范围内。因为对单个喷嘴或管子来说散热量很高，超过其稳定极限，所以，可以设计出使火焰稳定的各种不同的装置。Méker 灯的格栅就是最简单的例子。另一种通常使用的装置是由高速爆炸性气体射流及其四周的低速环状小值班火焰所构成。后者所燃用的燃气可独立地控制或抽出一小部分混合物来供给。曾设计了许多种烧嘴为燃烧大气中的湍流燃料射流。当使用氧时，可行的方案是将湍流氧气射流流入周围的低速燃料气流中。由于内湍流射流的卷吸作用，可燃烧去绝大部分可燃气体，而其中部分燃气可作为小值班火焰，它以缓慢的扩散火焰的形式在射流底部的四周大气的参与下烧掉。工业用烧嘴常以悬空火焰方式使用，或在气流中有各种障碍物作为稳定器。

大概使用中最通用形式的烧嘴（至少是小容量的烧嘴）都是基于本生灯的原理工作的；也就是说，湍流可燃气体射流卷吸空气，且使爆炸性混合物在一喷口或一组喷口的下游烧去。对于所预定的用途来说，火焰的稳定性和满意的烧嘴性能与下述两个过程有关。一个是卷吸空气的过程，另一个是燃烧波的传播过程，后一传播过程的强烈取决于前一卷吸空气过程，而卷吸空气的过程又在某种程度上取决于推动火焰的压力。因为这两个控制过程各遵循不同的定律，所以需要将与具有卷吸空气的烧嘴有关的问题与其他类型的烧嘴分开来考虑。

1. 单喷口圆柱形烧嘴

这类烧嘴的理论[11]可用图 7-21 来说明。气流在喷口平面 o 和某平面 x 之间形成一自由射流，由于卷吸空气使气流的横截面积从喷口处的 A_0 扩大到平面 x 处的 A_x。假定混合过程是在平面 x 上完成的及沿烧嘴管的温度没有明显的变化，那么，由于可以将气体当作不可压缩流体来考虑，所以燃气-空气混合物的密度 ρ 和容积流量 V 从平面 x 到烧嘴管末端保持不变。自由射流内的静压与周围大气相同，但从平面 x 起的下游静压应增大，直至其大到足以克服管中壁面摩擦和火焰背压为止。静压的增大仅能靠动量的减少。相应地，在平面 x 和某平面 m 之间气流横截面积从 A_x 扩大到管子的整个横截面积 A。在 x 处气体的平均速度 $\overline{U}_x$ 等于 V/A_x，而在 m 处气体的平均速度 $\overline{U}_m$ 等于 V/A。在气体速度于平面 x 和 m 之间重新分布的过程中，某些气体的能量因形成湍流而消耗掉了。在下面的论述中，所有的压力 p 中都以周围大气压力

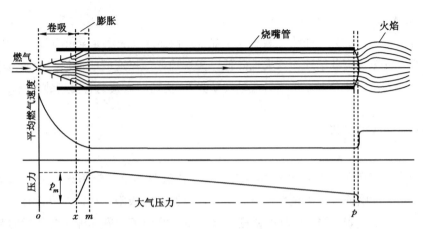

图 7-21　圆柱形烧嘴管的卷吸空气示意图(von Elbe & Grumer[11])

当作零点。在 m 处，高出大气压力的气流压力达最大值 p_m。作用在平面 m 和 x 之间的作用力等于 Ap_m，因为在平面 x 处整个面积 A 上的静压为大气压力。这一作用力等于在 x 和 m 之间每单位时间内的动量损失，也就是说：

$$Ap_m = I_x - I_m \tag{7-48}$$

此处 I 是指每单位时间内通过某一平面的动量，或指动量流量，而在某一平面 Z 上的 I 值由气流横截面积 A_z 上的积分 $\int_0^{A_z} \rho U^2 \mathrm{d}A$ 以求得。其中 U 是横截面积元 $\mathrm{d}A$ 上的速度。

在单位时间内流过 $\mathrm{d}A$ 的质量流量为 $\rho U \mathrm{d}A$、动量流量为 $\frac{1}{2}\rho U^2 \mathrm{d}A$ 和动能流量为 $\rho U^3 \mathrm{d}A$。对于在横截面积 A_z 上的不均一速度 U 的一种稳定流和具有相同横截面积 A_z 的均一速度等于 $\overline{U}$ 的另一气流来说，质量流量 ρV_z 和 ρV 分别等于 $\rho \int_0^{A_z} U \mathrm{d}A$ 和 $\rho \overline{U} A$。若这两种气流的流量和密度都相同，则得：

$$\rho V_z - \rho V = \rho \overline{U} A_z \int_0^{A_z} \left[\left(\frac{U}{\overline{U}} \right) - 1 \right] \frac{\mathrm{d}A}{A_z} = 0 \tag{7-49}$$

相应地，动量流量和动能流量的差分别为：

$$I_z - I = \rho \overline{U}^2 A_z \int_0^{A_z} \left[\left(\frac{U}{\overline{U}} \right)^2 - 1 \right] \frac{\mathrm{d}A}{A_z} \tag{7-50}$$

和

$$E_z - E = \frac{1}{2} \rho \overline{U}^3 A_z \int_0^{A_z} \left[\left(\frac{U}{\overline{U}} \right)^3 - 1 \right] \frac{\mathrm{d}A}{A_z} \tag{7-51}$$

且常为正值。而且，式(7-50) 中的积分大于式(7-51) 中的积分❶。　积分符号前一项分别为 I

---

❶　通常，若积分 $\int_{x_1}^{x_2} (y-1)\mathrm{d}x$ 为零，则 $\int_{x_1}^{x_2} (y^2-1)\mathrm{d}x$ 在 $n > 1$ 时为正，且随着指数 n 的增加而增大。

和 E。若引入

$$\iota_z = I/I_z \tag{7-52}$$

和

$$\varepsilon_z = E/E_z \tag{7-53}$$

则该积分变为：

$$\int_0^{A_z} \left[\left(\frac{U}{\overline{U}} \right)^2 - 1 \right] \frac{\mathrm{d}A}{A_z} = \frac{1}{\iota_z} - 1 \tag{7-54}$$

和

$$\int_0^{A_z} \left[\left(\frac{U}{\overline{U}} \right)^3 - 1 \right] \frac{\mathrm{d}A}{A_z} = \frac{1}{\varepsilon_z} - 1 \tag{7-55}$$

从上述可见，显然 $\iota_z > \varepsilon_z$。在抛物线速度分布（Poiseuille 流）的情况下，可得 $\iota = 0.75$ 和 $\varepsilon = 0.5$。

在均一速度的特殊情况下，动量流量变为 $\rho V^2 / A_z$。当横截面积 A_z 上的速度不均一时，即使在流量 V 仍相同时，此值也增大。动量流量的一般表达式是：

$$I_z = \rho V^2 / (\iota_z A_z) \tag{7-56}$$

式中数值 $\iota_z \leqslant 1$，它仅取决于气流横截面积上的速度分布。各单个流管中速度与速度平均值的相对差值愈大，则 ι_z 就变得愈小。

现在，在 m 和 x 之间的作用力的方程式可写作 $A p_m = \rho V^2 / (\iota_x A_x) - \rho V^2 / (\iota_m A)$；因此

$$p_m = \frac{\rho V^2}{A} \left(\frac{1}{\iota_x A_x} - \frac{1}{\iota_m A} \right) \tag{7-57}$$

在平面 o 和 x 之间的动量流量 I 保持不变，这可表示为：

$$\rho_0 V_0^2 / (\iota_0 A_0) = \rho V^2 / (\iota_x A_x) \tag{7-58}$$

式中，ρ_0 是可燃气体的密度，V_0 是可燃气体的流量。联立式(7-57)和(7-58)并移项得：

$$V^2 / V_0^2 = \rho_0 \iota_m A / (\rho \iota_0 A_0) - p_m \iota_m A^2 / (\rho V_0^2) \tag{7-59}$$

式(7-59)将烧嘴气流中可燃气体的百分数 $100 V_0 / V$ 与供应气体中可燃气体的流量相关联。密度 ρ 是根据空气和可燃气体的密度按混合法则计算得到的：

$$\rho = \rho_{空气}(1 - V_0/V) + \rho_0 V_0/V \tag{7-60}$$

在一水平管中的静压 p_m 等于因管壁处摩擦而致的压力 p_α 和因火焰推力而致的压力 p_β 之和。在垂直管的情况下，可燃气体浮力将产生附加应力，对正立烧嘴相当于 p_γ 这一项，而对倒立烧嘴相当于 $-p_\gamma$ 这一项。

在层流情况下，从 Poiseuille 方程式得：

$$p_\alpha = 8VL\mu / (\pi a^4) = 8\pi VL\mu / A^2 \tag{7-61}$$

式中，L 是管长，a 是半径，μ 是混合物的黏度。在湍流情况下[12]：

$$p_\alpha = [L\rho V^2 / (2aA^2)][0.003\,6 + 0.24(2/Re)^{0.35}] \tag{7-62}$$

式中，Re 为雷诺数。在下面要讨论的天然气-空气混合物的情况下，空气大量过量时的黏度 μ 近似地按混合法则得出：

$$\mu = \mu_{空气}(1 - V_0/V) + \mu_0 V_0/V \tag{7-63}$$

压力 p_β 按如下方程式计算得：

$$p_\beta = \rho S_u^2 (\rho/\rho_b - 1) \tag{7-64}$$

此式已在第 190 页上得出。燃烧速度 S_u 和火焰气体的密度 ρ_b 都是混合物成分的函数。对于天然气来说，S_u 及 ρ_b 是已知的，可引用第 236 ~ 260 页上的研究结果，这些数据已被利用来计算图 7-22 所示的曲线。压力 p_r 可按如下方程式计算：

$$p_r = gL(\rho_{空气} - \rho) \tag{7-65}$$

式中，g 是重力加速度。

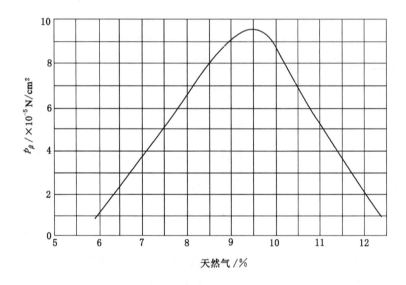

图 7-22　天然气-空气混合物的火焰压力曲线 (von Elbe & Grumer[11])

若已知系数 l_0 和 l_m，则根据式(7-57) ~ 式(7-65) 就可以计算出可燃气体-空气的流量之间的函数关系。这些系数必须用实验测得。根据测量速度分布来直接测定是相当困难的。总的说来空气卷吸量的计算对系数 l 的合理选择并不非常灵敏，所以这种专门的努力似乎难以证明是合算的。最简单的方法看来是选择系数，以求理论曲线的数值与求得的实验值吻合最佳。对于空气卷吸量作为可燃气体流量的函数关系的实验研究来说，必须确定出燃气喷口和烧嘴管入口之间的适当距离。若喷口太靠近喷嘴管，则空气卷吸量减少；而若相隔太远，则空气卷吸量增大，而使射流横截面积大于管子的横截面积，使一部分气体混合物环绕着喷嘴流动。许多实验证实[11]，在相当大的距离范围内喷嘴既不能靠得太近，又不能相隔太远。在这个范围内空气卷吸量保持不变。

有人以 Pittgburgh 市天然气作了许多实验[11]，这种天然气的平均成分是：81.1％甲烷，18.0％乙烷，0.5％丙烷及戊烷和 0.4％氮。这相当于对于空气的相对密度为 0.65，按成分数据计算得的 25 ℃时的黏度为 1.08×10^{-5} Pa·s。烧嘴是由均一直径的玻璃管和靠近钻孔为 15°角的黄铜喷口所组成。曾使用过的钻孔孔径为 0.08 cm，管长为 62 cm 和 59 cm。该实验装置如图 7-23 所示，用一夹子将管子和喷口管段一起夹住。在离管子入口的距离为任何期望值下，都可将喷口准确地保持同心，且能将喷嘴装设在任一位置处。气体流量用流量计测量。燃气-空气混合物的取样是在不阻碍燃气流动下通过靠近管子末端侧面支管取得。用充满汞的取样瓶来调整好取样速率，使取样量约占总流量的 1％。试样中气体百分数是用热导仪测得。

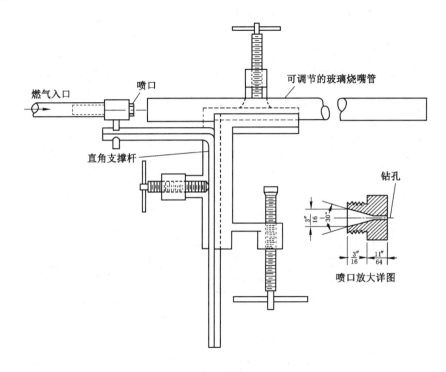

图 7-23　喷口管段和烧嘴管用的夹子（von Elbe & Grumer[11]）

图 7-24 所示是在各种不同位置下未点燃烧嘴的计算曲线和实验数据。流经烧嘴管的流量通常处在远低于临界雷诺数下，所以 p_a 是在层流条件下计算得到的。这种假定并不严格正确，因为某些射流的湍流要持续到离管子出口相当大距离处，特别是在短管和高气体速度下更为明显。但是，这在某种程度上被这种条件下摩擦力的贡献为最小所补偿。正立烧嘴的曲线由于有浮力和摩擦力相应的作用都通过一最大值。在倒立烧嘴的情况下，浮力和摩擦力彼此都增大，这导致空气卷吸量低于（即燃气百分数高于）水平烧嘴情况下的数值，在后一种情况下仅有摩擦力起作用。随着气体流量的增大，式(7-59)中第二项在层流情况

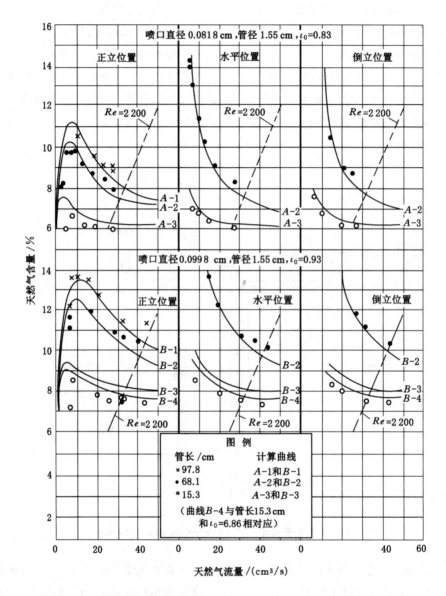

图 7-24　各种圆柱形烧嘴管管长及位置对空气卷吸量的影响

(von Elbe & Grumer[11])

天然气，$\rho_0/\rho_{空气}=0.65$　　　　$\mu_0=1.08\times10^{-5}$ Pa·s

空气，$\rho_{空气}=11.5\times10^{-4}$ g/cm³　　$\mu_{空气}=1.83\times10^{-5}$ Pa·s

下就被消去，而在湍流情况下就并不如此[式(7-62)]。因此，在接近临界雷诺数 2 200 的流量下，特别在摩擦力起极重要作用的长管的情况下，实验测得燃气百分数高于理论值。这被归结于从层流控制转变为湍流所造成的，这将在图 7-25 上依据实验点是落在还是偏离按层流和湍流情况计算得的曲线再作说明。

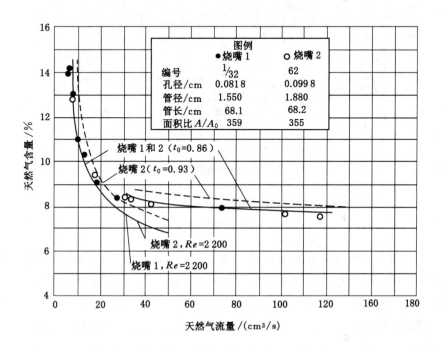

图 7-25　各种圆柱形烧嘴管大雷诺数对空气卷吸量的影响

（von Elbe & Grumer[11]）

水平位置，各烧嘴未点燃。各计算曲线和实验点。

图 7-25 中烧嘴 1 和 2 有不同的喷口和管子直径，但有几乎相同的面积比 A/A_0。因此，正如式(7-59)及摩擦力方程式(7-61)和式(7-62)所预示那样，对水平位置来说，实验测得的燃气百分数在层流区域内是一致的，而在湍流区域内近于一致。当改变烧嘴位置或将烧嘴点燃时，管面积之差要根据式(7-59)及关于火焰压力和浮力的方程式(7-64)与式(7-65)考虑其影响。计算曲线与实验点是分离的（见图 7-26）。

对图 7-24 上的曲线，选取 ι_m 等于 1，对较小的喷口取 ι_0 等于 0.83，而对较大的喷口取 ι_0 等于 0.93。这些数值不允许用来代表最短烧嘴管时的数据（曲线 A-3 和 B-3），若降低每种烧嘴管的 ι_0 值，并假定对短管取大的 ι_m 值而对长管取小的 ι_m 值，则可得到所有这三种烧嘴长度与实验接近吻合。例如，对较大的喷口取 $\iota_0=0.86$，而对短烧嘴管取 $\iota_m=1$，采用这种方法使曲线 B-3 变为与实验数据相紧密吻合的曲线 B-4。对于较长的管子和相同的喷口来说，由 $\iota_0=0.86$ 和 $\iota_m=0.85$ 得到与曲线 B-1 和 B-2 相类似的拟合曲线。图 7-25 上

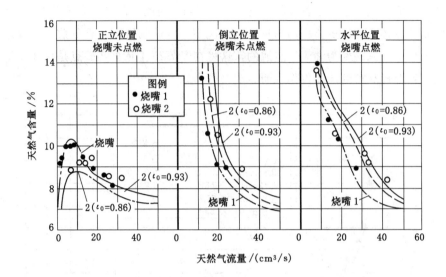

图 7-26 与图 7-25 所示相同的烧嘴非水平位置对火焰的影响

各计算曲线和实验点。

1.880 cm的烧嘴似乎要求有很大的 ι_m 值，即 $\iota_0 = 0.86$，$\iota_m = 1$，特别是在湍流区内更是如此。这可以认为是湍流中速度分布更趋于均一的缘故。在短而粗的管子中，射流湍流的延续时间要比在长而细的管子中长，所以对前者的大 ι_m 值的假定具有某种物理的含义。

点燃烧嘴的效应是在于减少空气卷吸量，相应地减小了火焰压力的大小。这种情况可用图 7-27 作图示说明。这些图还同样表明，稳定火焰的范围是以回火区和脱火区为界（见图 5-20）。在正立位置和长为 68.1 cm 烧嘴的情况下，未点燃烧嘴的空气卷吸量曲线有一部分位于回火区之内。因此，若试图在回火区的流量下将烧嘴点燃，则会导致回火。但是，当烧嘴在较高的流量下已被点燃的情况下，则能在不发生回火下调节到同样较低的流量。烧嘴特性特别不好的例子如图 7-28 所示。此时，稳定火焰区狭窄得实际上不能将烧嘴点燃，即火焰或是回火或是脱火。在原则上，似乎在约为 8～14 cm³/s 之间的气体流量下可以获得稳定火焰。但是，在此所示的回火和脱火极限仅在速度和混合物成分无波动的层流条件下才是正确的。在图 7-28 所示的情况下，这些极限实际上是根据射流中的残留湍流和卷吸过程中所固有的混合物成分的波动而一起绘出的。

对后一种波动值得作一些补充的讨论。现在认为，在正立点燃烧嘴的情况下，空气卷吸量会瞬间降到低于正常的平均值。其后，浮力增大，摩擦力减小，因此若该混合物成分移入浓的区域，即通过图 7-22 上的最大值，则火焰压力同样也降低。在这些条件范围内，烧嘴管内的静压 p_m 将低于正常值；结果，空气卷吸量增大至超过正常值，直至烧嘴管中清除掉过浓的混合物为止。此刻这种趋向却相反：空气过量使浮力减小；由于流量[见式(7-61)]增加及由于混合物成分移回至化学计量值而使火焰压力增加，从而使摩擦力增大。

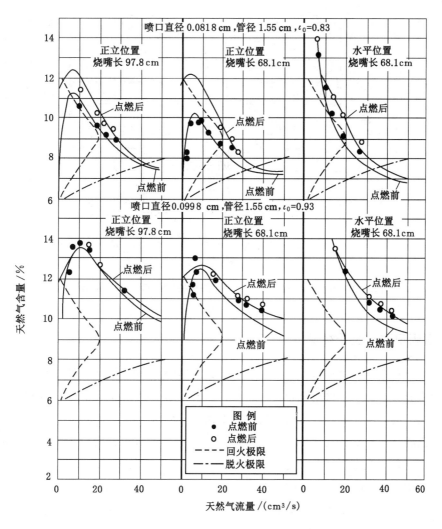

图 7-27　点燃对空气卷吸量的影响(von Elbe & Grumer[11])

各计算曲线和实验点。

因此，p_m 增大到超过正常值，且这种循环本身会反复下去。这种波动很易观察到，特别是在具有相当长清除期的长烧嘴的情况下。焰锥会周期地伸长，且由于混合物移向浓侧而变成绿色，相反的趋向是焰锥收缩，且转变成蓝色。在适当的条件下，向化学计量成分的移动可能使火焰瞬间进入回火区，其后，火焰缩回管内，直到送入过浓混合物时火焰又被吹回至管口边缘。有时，送入混合物过浓，会使火焰熄灭。应该注意到，所谓回火管，它就是在回火区内使用的圆柱形烧嘴，它用来点燃距值班火焰某一距离的圆柱形烧嘴，且还有排气室或膨胀室，以释放压力 p_m，因此，它是在空气卷吸量不变下工作的。上述类型的波动不只限于正立烧嘴，而且在水平烧嘴（甚至倒立烧嘴）的情况下也出现。摩擦力和混合物流量的这种关系就足以产生这种波动。但是，这种波动在后一种情况下发展得较差。

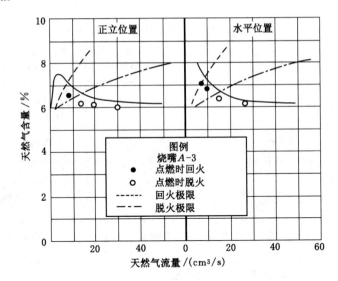

图 7-28　在火焰不稳定范围内工作的烧嘴(von Elbe & Grumer[11])

各计算曲线和实验点。

2. 多喷口文丘里管烧嘴

当火焰分布在许多个喷口孔上时，必须用文丘里(Venturi)管将全部气流的动量尽可能全部转变为静压，否则，火焰分布将参差不齐，火焰因湍流也难以控制，且在喷口集气管处出现相当大的涡流损失，这将使空气卷吸量减少。射流气流进入文丘里管，在通过各喷口以前气流就在文丘里管逐渐膨胀。正如图 7-29 所示，平面 m 此时位于喷口后面的烧嘴头部，而平面 x 位于或靠近喉部，这取决于面积 A_x 是否等于喉部面积 A_t。A_x 的大小显然是受到能通过烧嘴的卷吸空气流量的限制，若喷口总面积 A 足够小，则 A_x 变得小于 A_t。在这种情况下，按前一节中所述的方式，气流在有涡流损失情况下从 A_x 膨胀至 A_t，而文丘里管仅在从 A_t 膨胀到 A_m 的过程中才是有效的。从 A_x 到 A_t 的初始膨胀，使喉部的静压增大到超过大气压力。随着喷口总面积的增大，到达某一点 $A_x = A_t$，喉部的静压变成等于大

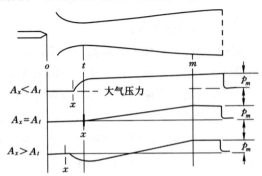

图 7-29　文丘里管中压力变化示意图(von Elbe & Grumer[11])

气压力。A 的继续增大,导致 $A_x > A_t$,若导管入口构成一逐渐收缩的槽道,则此时就不必消耗相当大的能量;在这种情况下,随着速度的增大,气流从 A_x 收缩到 A_t,其喉部的静压相应地降低到低于大气压力。

若伯努利(Bernoulli)定理的假定(在气流横截面积上为理想流动且速度均一)对文丘里管和多个喷口是正确的,则在 $A_x \geqslant A_t$ 和火焰背压可忽略($p_r \ll p_m$)的情况下能写出:

$$\rho V^2/(2A_x^2) = \rho V^2/(2A_m^2) + p_m = \rho V^2/(2A^2) \tag{7-66}$$

因此

$$A_x = A \geqslant A_t \tag{7-67}$$

联立自由射流方程式(7-58)(取系数 $\iota = 1$)得:

$$V^2/V_0^2 = \rho_0 A/(\rho A_0) \tag{7-68}$$

这表明可燃气体的百分数与流量大小无关,而仅是密度及喷口面积的函数。

文献[13]中的数据表明,式(7-68)大致正确。为了较精确地描述实际的空气卷吸过程,必须研究造成实际空气卷吸量低于按式(7-68)所预示值的非理想条件。为此目的必须研究沿文丘里管的能量平衡。该能流由三项构成,一项表示气流的势能,另一项表示均一速度分布下的动能,第三项表示按速度分布的储能。最后一项的大小可由差数 $E_z - E$[式(7-51)]给出。在任一横截面积元 dA 上的势能流等于 $\rho U dA$;因为在气流横截面积上的静压通常取作常数,所以总势能变为:

$$p \int_0^{A_z} U dA = pV$$

动能等于 $\frac{1}{2}\rho \overline{U^3} A_z$,将每一项都除以 $V = \overline{U}A_z$,则得这三项之和:

$$Q = \frac{1}{2}\rho \overline{U^2} + \frac{1}{2}\rho \overline{U}(1/\varepsilon - 1) + p \tag{7-69}$$

式中每一项均具有压力的因次。第一项仅需知密度和平均速度。第二项需按速度分布测定的系数 ε,这可采用皮托管扫过气流横截面的方法获得。第三项是静压,由装在管壁上的灵敏压力计测得。

某些气流能量在喉部和烧嘴头部之间被消耗掉了,曾做过一些实验来测定在烧嘴的这两个平面上的能量平衡。文丘里管有一直径为 1.59 cm 的喉口,且以 2° 的角度扩大至直径 3.02 cm。喉口前入口外形的曲率半径为 7.62 cm。出口是用具有 3.18 mm 孔径的多孔板制成的,孔按六角形布置,板厚 3.18 mm❶。这些实验研究结果已汇总于表 7-6 中。虽然应该承认这些结果并不十分准确,但是一致地发现烧嘴头部处的能流比喉口处的要小一个大致相当于按速度分布计算得到的量。看来,这部分能流被损失掉了,且管中气流表现与喉

---

❶　关于实验装置的另外一些细节请参看 G. von Elbe & J. Grumer[11]。

表 7-6 沿文丘里管的能流的衰减情况[①]

喷口面积/cm²	5.25×10⁻³		8.01×10⁻³		7.83×10⁻³	
V_0/(cm²/s)	26.5		33		42.5	
V/V_0	14.9		12.7		12.6	
ρ/(g/cm³)	1.09×10⁻³		1.12×10⁻³		1.12×10⁻³	
	测 点 位 置					
	喉部	头部	喉部	头部	喉部	头部
ε	0.55	1.0	0.64	1.0	(0.55)	1.0
$\frac{1}{2}\rho\overline{U^2}$/mmH₂O	0.22	0.01	0.25	0.01	0.41	0.02
$\frac{1}{2}\rho\overline{U^2}[(1/\varepsilon)-1]$/mmH₂O	0.18	0.00	0.14	0.00	0.34	0.00
p/mmH₂O	0.00	0.24	0.00	0.20	−0.06	0.35
q/mmH₂O	0.40	0.25	0.39	0.21	0.69	0.37
在喉部和头部之间的损失/mmH₂O	0.15		0.18		0.32	
按速度分布计算的量/mmH₂O	0.18		0.14		0.34	

① 头部面积＝9.58 cm²,喉部面积＝1.9 cm²,喷口面积＝2.93 cm²。

口平面处的速度一样是均一的。换句话说,若喉口处静压为零,则烧嘴头部处的静压 p_m 由下式给出

$$p_m=\frac{1}{2}\rho\overline{U_t^2}=\frac{1}{2}\rho V^2/A_t^2 \tag{7-70}$$

孔口的流量系数 α 由下式确定:

$$p_m=\frac{1}{2}\rho V^2/(\alpha^2 A^2) \tag{7-71}$$

若发生在流出过程中的能流损失仅仅由于在气流边界处中断面收缩和摩擦阻滞而发生的速度分布的变化而引起的, 则 $\alpha^2=\varepsilon$。根据式(7-70)式(7-71)得:

$$\alpha=A_t/A \tag{7-72}$$

在这些实验中，可以改变喷口面积 A(用开或闭孔口的方法)直至喉口处的静压变为零。在这些条件下，发现 A_t/A 近似地为 0.7。这与通常的流量系数值(位于 0.6～0.7 的范围内)是完全一致的。

若考虑到为维持射流边界中这种速度分布的摩擦力，它由于气流进入扩张管而迅速减小，则非匀一速度分布的储能损失就变得可以理解了。因此，速度分布变得不稳定，并像气流进入突然扩大的管中那样气流被破裂成许多涡流。

剩下的问题是在很大的负喉压或正喉压的范围内确定平面 x 和喉口之间的能量平衡，因而就是找到控制卷吸过程的、通常可验证的一些关系。可以想象得到,这类问题毕竟应靠理论来解决,但是在缺乏理论处理的情况下,满意的解答应尽可能地靠进一步的实验求得。

3. 用更换可燃气体来预示烧嘴性能[14,15]

正如图 7-27 所示说明那样，若已知可燃气体和烧嘴喷口的稳定性判别图，则就可能确

定空气卷吸烧嘴稳定适用的范围。在喷口直径足够大的情况下，可用临界边界速度梯度 g_B 和 g_F 与混合物成分之间的关系曲线来表示稳定性判别图。在这种稳定性判别图上，在给定燃料流量 V_0 下工作的固定调整式烧嘴是以一单个的点表示的，这个点与边界速度梯度 g 和流出气体的燃料-空气成分相对应。这一点可以称为烧嘴的性能点。若喉压是稳定的，则 g 值应介于 g_B 和 g_F 之间。原则上，上述方程组允许进行以任何燃料稳定工作的烧嘴设计。在实际上，一般说来，这个问题并不比将所使用的可燃气体被另一种气体燃料代替时所预示的烧嘴性能来得更重要。

因为在这种计算中只考虑到空气卷吸量的相对变化，所以允许利用简化方程式(7-68)。应该注意到，若取 ι_m/ι_0 等于 1 并认为 $p_{ml\,m}A^2/(\rho V_0^2)$ 这一项是可以忽略的，则适用于圆柱形烧嘴管的方程式(7-59)就简化为方程式(7-68)。在烧嘴长度很短而流量 V_0 很大（这相当于通常本生灯的工作）的情况下，$p_{ml\,m}A^2/(\rho V_0^2)$ 这一项就变得非常小。因此，式(7-68)可以像描述文丘里型烧嘴一样地非常近似地用来研究一般的本生灯。所以，在对不能加以调节的单个烧嘴用一种燃料 x 代替一种燃料 a 时，这两种燃料的空气卷吸量之比近似地由下式给出：

$$\frac{(V/V_0)_x^2}{(V/V_0)_a^2} = \frac{(\rho_0/\rho)_x}{(\rho_0/\rho)_a} \tag{7-73}$$

式中，ρ_0 已由式(7-60)给出。式(7-73)满足得怎么样，这可以从表 7-7 中的理论计算所得和实验测量所得的空气卷吸量之比的比较看出，表中燃料 a 相对于空气的相对密度为 0.440。

在层流情况下流量 V 和半径 R 管子的边界速度梯度 g 之间的关系是：

$$g = 4V/(\pi R^3) \tag{7-74}$$

（见第 205 页）。燃料流 V_0 与燃料供应压力 p_0 有关

$$p_0 = \frac{1}{2}\rho_0 V_0^2/(\alpha_0^2 A_0^2) \tag{7-75}$$

[见式(7-71)]。式中，α_0 是气孔的流量系数。从式(7-73)～(7-75)得关系式：

$$\frac{g_x^2}{g_a^2} = \frac{(p_0/\rho)_x}{(p_0/\rho)_a} \tag{7-76}$$

此式和式(7-73)确定了烧嘴的性能点的变化与燃料密度及燃料供应管道压力之间的关系。在数值计算时，引入了确定 ρ 的方程式(7-60)，并求得 V/V_0 为两次方的方程式。

曾在 2 种压力和 3 种不同燃料下以 6 种不同烧嘴做了这种方法的试验[15]。烧嘴的尺寸、3 张火焰稳定性火焰判别图和对每种燃料的 12 个性能点，如表 7-8 和图 7-30～图 7-32 所示。这些计算得到如下预期结果：在使用甲烷时，烧嘴 2 在供气管道压力为 266 Pa 下脱火；在使用 60%丙烷和 40%氢[16]时，烧嘴 1 和 2 在供气管道压力为 1 333 Pa 下回火，而只有烧嘴 1 在供气管道压力为 2 666 Pa 下回火；在使用 40%丙烷和 60%氢时，烧嘴 1、2、3 和 4 在供气管道压力为 1 333 Pa 下回火，而只有烧嘴 1 在供气管道压力为 2 666 Pa 下回火；所有的其他烧嘴都能保持稳定火焰。许多实验证实，这些预测已被正确地应验。

表 7-7　更换可燃气体时空气卷吸量比例的实验测量值和理论计算值的比较(Grumer[14])①

烧嘴喷口尺寸	可燃气体的相对密度($\rho_{空气}=1$)	$(V/V_0)_x/(V/V_0)_a$	
		实验值	计算值
60	1.406	0.582	0.575
60	1.160	0.667	0.630
60	燃料 a　0.440	1.00	1.00
60	0.273	1.32	1.26
60	0.174	1.56	1.55
55	1.406	0.555	0.580
55	1.160	0.639	0.618
55	0.630	0.845	0.845
55	0.440	1.00	1.00
55	0.273	1.27	1.25
55	0.174	1.55	1.54
50	1.406	0.571	0.585
50	1.160	0.632	0.639
50	0.630	0.883	0.848
50	0.440	1.00	1.00
50	0.273	1.32	1.24
50	0.174	1.74	1.53
45	1.406	0.560	0.592
45	1.160	0.644	0.647
45	0.630	0.878	0.850
45	0.440	1.00	1.00
45	0.273	1.29	1.24
45	0.174	1.57	1.53
30	1.406	0.592	0.606
30	1.160	0.647	0.646
30	0.630	0.863	0.858
30	0.440	1.00	1.00

① 实验值取 Kowalke 和 Ceagiske 的数据[13]。

表 7-8　烧嘴尺寸

烧嘴编号	孔面积/cm²	喷口面积/cm²
1	3.97×10^{-3}	1.626
2	3.17×10^{-3}	1.168
3	5.19×10^{-3}	1.168
4	3.97×10^{-3}	1.168
5	5.19×10^{-3}	0.671
6	5.26×10^{-3}	0.884

van Krevelen 和 Chermin[17] 提出了在这种计算中所采用的通用火焰稳定性判别图。这些著者发现,采用无因次简化边界速度梯度 g_R 和浓度 F_R 可以将烃、氢、一氧化碳及其混合物的各个稳定性图简化为通用稳定性判别图。这些参数是按下式确定的:

$$g_R = g/g_M \tag{7-77}$$

式中, g_M 为回火曲线峰处的梯度。

和

$$F_R = 1 + \phi(F - F_M) \tag{7-78}$$

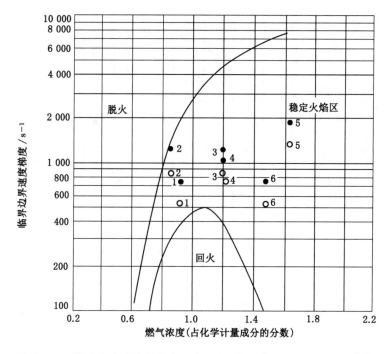

图 7-30　石蜡-空气混合物的综合火焰稳定性判别图(Lewis & Grumer[15])

烧嘴 1～6 的性能点：〇在 1 333 Pa 管道压力下；●在 2 666 Pa 管道压力下。

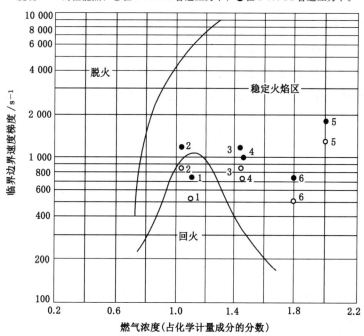

图 7-31　60％丙烷和 40％氢混合物的近似火焰稳定性判别图(Lewis & Grumer[15])

烧嘴 1～6 的性能点：〇在 1 333 Pa 管道压力下；●在 2 666 Pa 管道压力下。

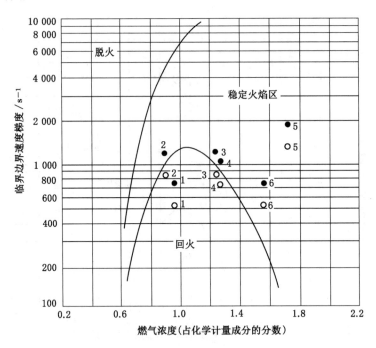

图 7-32　40％丙烷和 60％氢混合物的近似火焰稳定性判别图（Lewis & Grumer[15]）

烧嘴 1～6 的性能点：○在 1 333 Pa 管道压力下；●在 2 666 Pa 管道压力下。

式中，F 是可燃气体的浓度，以化学计量的分数的函数表示；F_M 是与回火曲线峰相应的 F 值；ϕ 是回火曲线半宽度之相对度量，以甲烷 $\phi=1$ 作为归一化。通用稳定性判别图如图 7-33 所示，各纯可燃气体在空气中的 g_M、F_M 和 ϕ 的数值载于表 7-9 中。该图上绘出一族脱火曲线，这些曲线是由无惰性成分混合物中氢的百分含量所确定的。对于可燃气体的混合物来说，各参数按如下方程式计算求得：

$$\phi = \sum_i x_i \phi_i \tag{7-79}$$

$$g_M = \Psi \sum_i g_{M_i} \tag{7-80}$$

和

$$F_M = \Psi' \sum_i x_i F_{M_i} \tag{7-81}$$

系数 Ψ 和 Ψ' 的数值可以从图 7-34 中找到。

表 7-9　数种可燃气体的 g_M、F_M 和 ϕ 值（van Krevelen & Chermin[17]）

可燃气体	g_M/s^{-1}	F_M	ϕ	可燃气体	g_M/s^{-1}	F_M	ϕ
CH_4	400	1.00	1.00	C_3H_6	800	1.14	0.68
C_2H_6	650	1.13	0.80	C_6H_6	720	1.09	0.63
C_3H_8	580	1.12	0.60	H_2	10 500	1.20	0.46
C_2H_4	1 400	1.10	0.63	CO(纯气)	(100)	(1.39)	

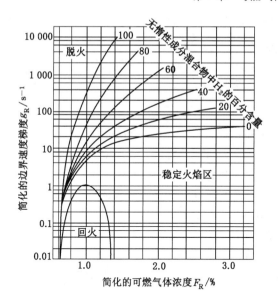

图 7-33　通用火焰稳定性判别图(van Krevelen & Chermin[17])

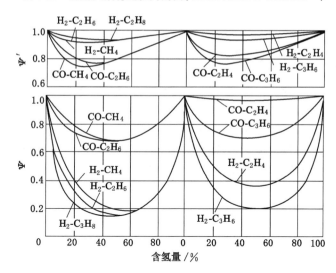

图 7-34　对于氢或一氧化碳与各种不同烃的混合物来说,计算 g_M 用的系数 Ψ 和

计算 F_M 用的系数 Ψ'(van Krevelen & Chermin[17])

　　可燃气体互换性的问题并不是用来确定每一种烧嘴的性能点,而是可以采用将所有的性能点处理为一统计群来解决问题[15]。当然,以燃料 a 作为这一群体已用得令人满意,所有性能点都落在该燃料的脱火和回火曲线之内。因此,回火曲线表示了性能点群所占有区域的最大的极限。当用燃料 x 代替燃料 a 时这些极限的移动可根据式(7-73)和式(7-78)计算得。若新极限落在燃料 x 的稳定火焰区之内,则从火焰稳定性来看这些燃料

无疑是可以更换的。若新极限落于稳定火焰区之外，则调整烧嘴是必要的，这取决于在稳定火焰区外烧嘴的数目。

参考文献

1. S. P. Burke and T. E. W. Schumann, *Ind. Eng. Chem.* **20**, 998(1928).

2. H. C. Hottel and W. R. Hawthorne, "Third Symposium on Combustion and Flame end Explosion Phenomena", p. 254. Williams & Wilkins, Baltimore, 1949.

3. K. Wohl, C. Gazley, and N. Kapp, "Third Symposium on Combustion and Flame and Explosion Phenomena", p. 288. Williams & Wilkins, Baltimore, 1949.

4. D. A. Scholefield and J. E. Garside, "Third Symposium on Combustion and Flame and Explosion Phenomena", p. 102. Williams. & Wilkins, Baltimore, 1949.

5. W. R. Hawthorne, D. S. Weddell, and H. C. Hottel, "Third Symposium on Combustion and Flame and Explosion Phenomena", p. . 266. Williams & Wilkins, Baltimore, 1949.

6. E. W. Rembert and R. T. Haslam, *Idn. Eng. Chem.* **17**, 1236(1925).

7. W. Jost, "Explosions-und Verbrennungsvorgänge in Gasen", p. 210. Springer, Berlin, 1939.

8. H. C. Hottel, "Third Symposium on Combustion and Flame and Explosion Phenomena", p. 299 Williams & Wilkins, Baltimore, 1949.

9. H. L. Dryden, *Ind. Eng. Chem.* **31**, 416(1939).

10. K. Rummel, "Der Einfluss des Mischvorganges auf die verbrennung von Gas und Lnft in Feuerungen", Verlag Stahleisen, Düsseldorf, 1937.

11. G. von Elbe and J. Grumer, *Ind. Eng. Chem.* **40**, 1123(1948).

12. P. P. Ewald, T. Pöschl, and L. Prandtl, "The Physics of Solids and Fluids" (translated by J. Dongall and W. M. Deans), 2nd Ed. p. 277. Blackie and Son, London, 1936.

13. "Combustion", 3rd Ed. , p. 110. *Am. Gas Assoc.* , New York, 1932; W. M. Berry, I. V. Brumbaugh, G. F. Moulton, and G. B. Shawn, *Natl. Bur. Standards*(U. S.)*Tech. Paper* **193**(1921); O. L. Kowalke and N. H. Ceaglske, *Am. Gas Assoc. Proc.* p. 662(1929).

14. J. Grumer, *Ind. Eng. Chem.* **41**, 2756(1949). .

15. B. Lewis and J. Grumer, *Gas Age* **105**, 25(1950).

16. Flash-back and blow-off data from S. H. Reiter and C. C. Wright, *Ind. Eng. Chem.* **42**, 691(1950).

17. D. W. Van Krevelen and H. A. G. Chermin, "Seventh Symposium on Combustion", p. 358. Butterworths, London, 1959.

第8章

气体中的爆震波

8.1 绪言

最早对爆震波观测是由 Berthelot 和 Vieille[1] 与 Mallard 和 Le Chatelier[2] 进行的。他们在研究管中火焰传播时发现,在某些条件下可燃气体混合物使管中的火焰以远大于以前所测得的速度传播。这种传播具有很大的速度,根据气体混合物性质的不同,该速度处于 1 000～3 500 m/s 的范围内,即该速度比一般温度和压力下的声速大好几倍。

爆震波是靠激波压缩所激发起来的化学反应产生的能量来维持的激波。它们是通过火焰产生的压力脉冲叠加而在管中由火焰发展成激波的,并且当在相当浓度混合物中用少量高级炸药引发时它们就成球形传播[3]。爆震波传播的速度以激波能传播的速度为极限,因而,爆震波传播理论只有根据流体动力学才能发展至可根据爆炸性介质的物理特性来计算爆震速度。然而,还存在一些其他方面的爆震现象,它们只是局部地与流体动力学过程有联系,并都已超出经典理论的范围。这些现象包括:从火焰到爆震的转变,爆震极限及爆震波的脉动和旋转。此外,在对弱激波点燃爆炸性气体的观测和其他附带的观测中还发现许多问题。下面,我们将从概述激波和稳态爆震波经典理论开始来评述这些课题。

8.2 激波和爆震波的理论

Chapman[4]、Jouguet[5] 和 Becker[6] 的工作基本上已奠定激波和爆震波的理论。这种理论包括两部分:即在可压缩介质特别是在气体中激波形成的理论和靠化学反应所产生的能量来维持激波的理论。下面将分别加以研究。

1. 管中天然气内的激波

Becker 曾用很简单的方法来形象表示激波是如何形成的过程。现在我们来研究左端用一个活塞来封闭的一根长管(见图 8-1)。使活塞以很小的速度 dw 移动,这种运动使气体中产生很弱的压缩波,自左向右以声速传播。在某一指定时刻(见图 8-1 中 b),波峰面之右的气体并不变化,处于静止状态,而波峰和活塞之间的气体被绝热地压缩了,其压缩量为 dp,而且气体具有的速度为 dw。现在使活塞的速度再增加一个增量 dw,则在气体中产生

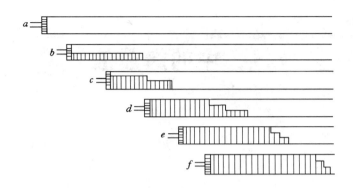

图 8-1　Becker 激波形成模型

跟随在第一个之后的第二个压缩波(见图 8-1 中 c)。活塞的速度将按照这种方式多次重复而达到最终速度 w。因此，在气团内产生了一组阶梯状的波，在上面梯级中质点的速度为 w (见图 8-1 中 d)。在述及这组波的下一段历程时，应注意到，上梯级波的传播速度比下梯级的要大。这是因为上梯级中的气体温度高因而声速较大，且气体本身流速较高的缘故，各个梯级波逐渐靠近，而波峰变得愈来愈陡(见图 8-1 中 e 和 f)。只要它们完全合并就形成具有极陡压力梯度的激波。

在活塞达到其恒定速度 w 之后，这种变化的下一步过程是：不断增加长度的气柱在活塞前以相同的速度 w 推进；为了压缩并使这种增长着的气柱得以运动，活塞必须恒定地做功。激波构成这种气柱的头部，并以恒定的但大于其后气柱的速度传播。对于一个随波移动的观察者来说，在平面 1 上该气体以速度 u_1 流入，而在平面 2 上被压缩了的气体以较小的速度 u_2 流出；这两个平面分别与未畸变介质中的气流和完全压缩介质的气流相正交。速度 w 由下式给出：

$$w = u_1 - u_2 \tag{8-1}$$

若活塞突然停止，则在活塞表面上形成一稀疏区，并逐渐扩展入向前运动的压缩气体中。稀疏区本身应有一个确定的波峰，并随着追踪激波的稀疏波移动。最后稀疏波应追上激波，两者一起向前传播，并最终递降为声波。

用流体动力学来论述前面关于具有初加速度运动的活塞达到最终速度的问题，可以确定建立起激波所需的时间。但是，对于本书讨论的目的来说，仅对定常激波本身感兴趣，即对速度 u_2 与波内压力-温度条件的确定感兴趣。在激波内会出现与通常的绝热(等熵)压缩下完全不同的压力-温度关系。现在，我们来研究波峰的单位质量气体，它在压缩前的体积为 v_1 和压力为 p_1，而在压缩后为 v_2 和 p_2。活塞对单位质量气体所做的功显然等于 $p_2(v_1 - v_2)$，因为在波建立起以后，活塞上的压力始终为 p_2。该功使单位质量气体的内能增大 ΔE，并使单位质量气体的动能变为 $w^2/2$，所以

$$\Delta E = p_2(v_1 - v_2) - \frac{w^2}{2} \tag{8-2}$$

若单位质量气体是按通常的等熵方式被压缩的(例如,把气体封闭在一个圆柱体内,使活塞迎着气体足够缓慢地移动,以致在每个瞬间整个气体中的压力都相等且小于活塞表面上的压力,两者相差仅为无限小量),则内能的增加应为 $\int_{v_2}^{v_1} p\,dv$。这与式(8-2)绝不相同,因为积分值总是小于将要讨论的按如下计算求得的数值。

现在来研究随波峰运动的坐标系。既然这种过程是稳定的,所以通过波峰前后平面气体的质量、动量和能量必定相等。就对通过单位面积的单位质量气体来说,根据流体动力学原理得:

$$\frac{u_1}{v_1} = \frac{u_2}{v_2} \tag{8-3}$$

$$\frac{u_1^2}{v_1} + p_1 = \frac{u_2^2}{v_2} + p_2 \tag{8-4}$$

$$E_1 + \frac{u_1^2}{2} + p_1 v_1 = E_2 + \frac{u_2^2}{2} + p_2 v_2 \tag{8-5}$$

这些方程式分别表示在定常条件下质量、动量和能量的守恒关系。E_1 和 E_2 是单位质量的气体在通过波前后的内能,即热能的含量。式(8-5)是根据有阻力流的能量定理导出的[7]。在目前情况下,激波中压力增大就表示有流动阻力。在这种条件下,一部分机械能不可逆地转变为热能。式(8-5)不适用于压力和体积按等熵(可逆)规律变化的流动。在这里,过去所用的符号与有关这个课题的文献中所用的符号相当一致,所以仍保留这些符号是得当的。

将式(8-3)和式(8-4)的 u_1^2 和 u_2^2 值代入式(8-5),则得:

$$E_2 - E_1 = \Delta E = \frac{1}{2}(p_2 - p_1)(v_1 - v_2) \tag{8-6}$$

这就是 Hugoniot 方程式,对于这类压缩,用式(8-6)代替等熵压缩下的积分 $\int_{v_2}^{v_1} p\,dv$,若以理想气体为例,则能很容易地证明在相同的体积变化下式(8-6)将得出较大的 ΔE,因而得出的温度也较高。

进入波峰的气体按式(8-6)而不按通常的绝热关系式压缩,其机理的物理解释可推荐如下。应该记住:在等熵压缩的情况下,曾假定压缩很缓慢,以致活塞上的外力仅比气体对活塞面的压力所产生的反力大一个无穷小量。只要活塞的速度小于平均分子速度,那就是这种情况。事实上,对于保证确实为绝热压缩的相当高活塞速度来说,这也是正确的,因为分子速度很高。当活塞速度的数量级变得与分子速度相同时,活塞的动能会递降为无规则的分子运动,即热能,这又进一步增加了已受压缩的气体的内能;式(8-6)中 ΔE 这一项由等熵压缩能和活塞能递降所得到的能量两部分所组成。在体积变化很小的情况下 Hugoniot 方程式简化为微分形式的等熵方程 $dE = -p\,dv$,此式只在活塞速度达到声速时才是正确的。因为,当速度增大到超过声速时,活塞力和反力之间的差值会增大。在实际的激波中,活塞用在激波方向运动的压缩气柱来表示。

根据式(8-1)、式(8-3)和式(8-4),求得激波向静止气体中传播的速度:

$$D = u_1 = v_1 \sqrt{\frac{p_2 - p_1}{v_1 - v_2}} \tag{8-7}$$

而波后的气体速度 w 常称为质点速度,即

$$w = u_1 - u_2 = (v_1 - v_2) \sqrt{\frac{p_2 - p_1}{v_1 - v_2}} \tag{8-8}$$

对于理想气体来说,现在已确定任何流速 w 时波中的温度和压力。所采用的方法引入气体定律:

$$pv = nRT \tag{8-9}$$

式中,n 是单位质量气体的摩尔数,R 是摩尔气体常数。并引入能量方程式:

$$\Delta E = \bar{c}_v (T_2 - T_1) \tag{8-10}$$

式中,$\bar{c}_v$ 是通过波峰前后温度下 T_1 和 T_2 之间的定容平均比热。

表 8-1 中列出了 Becker 根据上述方程组进行计算得到的结果。Becker 所用的 $\bar{c}_v$ 值在高温下并不准确,但主要结果是相同的。在表上最后第二栏中给出了只有绝热压缩所得到的温度。最后一栏对于估计激波在碰到障碍物时的效应来说是很有意义的。这种力(总冲量 i)由静压差 $p_2 - p_1$ 和波峰后气体质量流的力 $p_2 w^2$ 所组成。利用 $p_2 = 1/v_2$ 和式(8-8)中 w 值可得:

$$i = (p_2 - p_1)(v_1/v_2) \tag{8-11}$$

因此,激波效应常大于静压差乘以因数 v_1/v_2。

表 8-1　各种不同流速下空气中的激波①

$\dfrac{p_2}{p_1}$	$\dfrac{v_1}{v_2}$	w /(m/s)	D /(m/s)	T_2,激波 /K	T_2,绝热压缩 /K	$\dfrac{i}{p_1}$
2	1.63	175	452	336	330	1.63
5	2.84	452	698	482	426	11.4
10	3.88	725	978	705	515	34.9
50	6.04	1 795	2 150	2 260	794	296
100	7.06	2 590	3 020	3 860	950	699
1 000	14.3	8 560	9 210	19 100	1 710	14 300
2 000	18.8	12 210	12 900	29 000	2 070	37 600

① $T_1 = 273$ K。

Becker 在导热和摩擦过程都按通常方式出现的假定下进一步研究过波峰本身的微观结构。显然,在波峰内的压力和温度梯度不能变得无限大。在它们达到某一限度后,上述过程将阻止波峰两侧气体间出现理想的间断区。通常,间断区达某一宽度。Becker 已计算得,在激波的速度很低时,间断区的宽度约等于平均自由程;而在激波速度高于实际观测到的速度❶时,则它变得甚至小于两分子间的平均距离。基于连续介质物理学的流体动力学方

---

❶　采用在充满空气的管子的端部装入一些高级炸药爆炸的方法来观测。

程式似乎不能用来解决这个问题，而 Becker 所获得的数值解，特别在较高流速下的结果，似乎并不真实。但是，若考虑到黏度和热导率随温度增大这一点来重新考虑这个问题就得到[8]：即使是空气中最强的激波，其间断区的厚度也只等于几个自由程。

为了对波参数(例如由 Becker 所用的波参数)进行数值计算，曾将激波方程式用马赫数 $M = D/c$ 和比热比 $\gamma = c_p/c_v$ 来重新列式[9]。在这里，c 为声速，它等于 $\sqrt{\gamma RT/m}$ (其中，m 为分子量)。

2. 爆震波

现在，我们来研究在可燃气体介质中传播的激波。正如第 4 章第 2 节中所论述那样，对于烃-氧混合物来说，化学反应是在激波波峰上引发的，而且，若激波温度足够高，则反应就在离激波波峰一段距离(它可与封闭管的直径相比较)内完成。这就意味着，平面 1 处于未燃气体内而平面 2 处于已燃气体内。在下文中，将不用如同在第 5 章中讨论燃烧波时所用的脚注 u 和 b，而将继续沿用在上小节中讨论激波时所用的脚注 1 和 2。显然，在描述质量、动量和能量流时式(8-3)～式(8-5)仍保持不变。所以，式(8-6)～式(8-8)也可直接采用。但是，要注意到，Hugoniot 方程式所给出的能量差仅表示压缩所造成的内能变化，而现在由于化学反应中释放出能量 ΔE 使通过平面 2 气体的温度增高。所以，用来代替式(8-10)，并仍假设为理想气体，可写出如下方程式：

$$\Delta E = \bar{c}_v(T_2 - T_1) - \Delta E_c \tag{8-12}$$

式中，$\bar{c}_v$ 此刻是指 T_1 和 T_2 之间已燃气体的定容平均比热。

若用 n_2 表示每单位质量已燃气体的摩尔数，则

$$p_2 v_2 = n_2 R T_2 \tag{8-13}$$

现在，有五个方程式可用来计算波的参数，即式(8-6)～式(8-8)、式(8-12)和式(8-13)，它们包含有六个未知数，即 D、w、p_2、v_2、ΔE 和 T_2。既然用实验发现，对于一定的混合物来说，爆震速度是一个常数，所以还需要一个附加的关系式。第六个关系式将在研究了物系在 p-v 图上的性质以后导出。

根据 Hugoniot 方程式(8-6)和将式(8-12)及式(8-13)代换后，能作出图 8-2 所示的曲线。对某一对指定的 p_1、v_1 值(用点 A 表示)来说，在曲线上有极多对的 p_2、v_2 值相对应。这条曲线通称 Hugoniot 曲线或 H 曲线。点 G 与气体在其自身容积($v_1 = v_2$)中绝热燃烧即 $\Delta E = 0$ 时所达到的压力 p_2 相对应。点 F 与体积增加的定压燃烧相对应，此时相应地做功 $-\Delta E = -p(v_1 - v_2)$。对于中性气体，即在 $\Delta E_c = 0$ 和 $n_2 = n_1$ 时，点 G 和 F 应与 A 合并。与任何一对 p_2、v_2 值相对应的 D 和 w 值是按如下方法求得的。若用 a 表示角 BAp_1，则根据式(8-7)和式(8-8)，并因为 $\tan \alpha = (p_2 - p_1)/(v_1 - v_2)$ 得：

$$D = v_1 \sqrt{\tan \alpha} \tag{8-14}$$

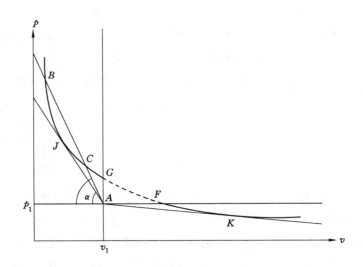

图 8-2 Hugoniot 曲线

和

$$w = (v_1 - v_2) \sqrt{\tan \alpha} \tag{8-15}$$

因此，若从 H 曲线上某点 p_2，v_2 至点 A 作一直线（这种直线通称为 Rayleigh 线），则根据 $\tan \alpha = D^2 / v_1^2$ 就求得速度 D 和 w。从图 8-2 可见，除切线以外，任一条这种直线都与 H 曲线交于两点。对于 G 以上这部分曲线，要注意到，由于从线 ACB 至切线 AJ 的斜率 $\tan \alpha$ 减小，使两交点中的下交点与 H 向压力较高和比容较小方向移动，而质点速度却增大，这与气体通过波峰时的动量变化较大相一致。但是，还要注意到，D 在减少，并在切点达最小值。反之，上交点向压力较低和比容较大方向移动，而质点速度却减少。在这部分曲线上，D 同样也向切点减小。

H 曲线上的较低部分，即 FK，表示压力减小和体积增大，这相当于稀疏作用。在这里，流速 w 为负值，即已燃气体不再像在爆震时那样向与波相同的方向运动，而是向相反方向运动。因此，这部分曲线对应于正常平面燃烧波传播的情形。当然，式(8-14)可写成如下形式：

$$\frac{1}{v} D^2 \left(\frac{v_2}{v_1} - 1 \right) = p_1 - p_2 \tag{8-16}$$

若利用第 5 章的符号，把脚注 1 和 2 分别改为 u 和 b，$1/v_1$ 改为 ρ_u，$1/v_2$ 改为 ρ_b，以及 D 改为 S_u，则式(8-16)变为：

$$\rho_u S_u^2 \left(\frac{\rho_u}{\rho_b} - 1 \right) = p_u - p_b \tag{8-17}$$

这与第 5 章中式(5-2)是相同的。

在 H 曲线上 G 和 F 之间，$\sqrt{\tan \alpha}$ 是虚数。所以，这个区域不与任何真实过程相对应。自 G 以上的曲线，表示压力在增大和体积在减小，这相当于压缩作用。在这里，流速为正值，即已燃气体向与火焰波峰相同的方向运动。与实际爆震相应的点必定落在这部分曲线上。Chapman 曾作为一个假说提出，这点就是从 A 所作的切线的接触点 J。在这一点 J 处，得到绝热压缩关系式 $dE = pdv$，这由式(8-6)微分并引入切线方程式

$$\frac{p_2 - p_1}{v_1 - v_2} = -\,dp/dv \tag{8-18}$$

就很容易证明。由此可见，在 J 点，比值 $(p_2 - p_1)/(v_1 - v_2)$ 与介质 2 中绝热压力和容积的变化（如在介质 2 中移动的声小波内所出现的那样）的比值 $-dp/dv$ 是一致的。所以在 J 点，由式(8-7)、式(8-8)和式(8-17)得：

$$D = w + v_2 \sqrt{-\,dp/dv} = w + c \tag{8-19}$$

式中，c 这一项是介质 2 即已燃气体中声速。式(8-19)提供了为计算波参数所需的第六个关系式。该式说明爆震速度 D 等于质点速度 w 和已燃气体中声速 c 之和。在 J 以上至 B 各点，D 应小于此总和，而在 J 以下各点，都大于此总和。J 点所限定的状态通称为 Chapman-Jouguet 态。

Jouguet 曾给出 Chapman 假说（即处在 J 点以上状态的爆震波会自动地变化到与 J 点或更低点相应的状态）正确性的部分证明。他指出，在爆震波之后的稀疏波应追随着爆震波，其速度等于声速 c 和质点速度 w 之和。所以，在 J 点以上的任一点 B 处，稀疏波应追上爆震波，并使其减弱（减缓）。稀疏波必定会在管中形成，因为在波后不存在运动的活塞去限制气体的膨胀。关于 J 点以下的这部分 H 曲线，Becker 曾提议作如下的考察。对于一个给定的 $\tan \alpha > -dp/dv$ 值来说，有两个爆震速度值相对应，一个在 C 点，另一个在 B 点（见图 8-2）。从图可见，气体的熵在 B 点总是大于在 C 点的。在统计力学的意义上，已燃气体在其形成时会趋向于最大概率的状态即最大熵，现在就以这一点来看，应当得出这样的结论：气体在这两种可能状态之间交替选择时将选定 B 点，所以 J 点以下的这部分曲线并不与实际的物理过程相对应。由上述得到的总结是：从力学上来看，爆震波在 J 点以上是不稳定的，而从热力学上来看，在 J 点以下是不可能的，它只能以相应于 J 点速度呈爆震波传播。

如果抛开化学反应在压力达到峰值下完成，而因此用一条 Hugoniot 曲线就足以描述爆震波中压力和密度变化的概念，那么就可以避免关于 Becker 从热力学上论证排斥 J 点以下各点存在可能性的讨论，就像为证明 Chapman 假说所拟定的交替选择理论一样。实际上，反应速率是有限的，因而必定存在具有温度和压力梯度的有限厚度的反应区，Zeldovich[10]、von Neumann[11] 和 Döring[12] 都各自独立地研究过这个问题。

这三位著者获得了这样一个共同的观点，认为爆震波波峰是由很陡的压力和温度梯度

所形成的，所以新鲜的进气在没有可观的化学变化下已迅速地上升到很高的温度和压力。因此，在爆震波波峰处的情况与在中性气体中传播的一般激波相类似。化学反应是由高温和高压所激发起来的，而激波波峰后焓的释放一直要继续到化学反应达到某种完全程度为止。反应区中气流的类型可用式(8-3)～式(8-5)来描述，所以，与每一层爆震波相应的有一条 Hugoniot 曲线，而波内的情况必须根据对这族 Hugoniot 曲线的研究来确定。

作为例子，Gordon[13]对空气中含 20％H₂ 的混合物进行计算得到一族 Hugoniot 曲线，如图 8-3 所示。每一条曲线都与以反应完全份额 ξ 为表征的不同波层相对应。ξ 从未起反应气体平面处为 0 增至完全反应平面处为 1。这些曲线根据式(8-6)和式(8-12)用与份额 ξ 相对应的 ΔE_c 值计算得出。若波是稳定的，则各个平面以相等的速度 D 移动，且由线性方程式(8-16)得出：压力 p_2 和体积比 v_2/v_1 是根据曲线与从零点(与起始情况 p_1，$v/v_1=1$ 相应)以斜率 D^2/v_1 所作的一直线的各交点确定的。若像在图 8-3 中所假定那样，该直线与 $\xi=1$ 的曲线相切，则在 $\xi<1$ 的每条曲线上有两个交点。我们应该注意到，很明显地存在有两条可供选择的路径，沿着这两条路径通过从 $\xi=0$ 到 $\xi=1$ 的波的质量元，应满足概括在式(8-6)、式(8-12)和式(8-14)里的守恒定律，同时使它的压力和体积单调地不间断地随移动距离的变化而变化。质量元或者会进入与 $\xi=0$ 曲线上上交点相应的 p，v 状态波中，并再沿着上面一部分直线通过状态序列向下移动；或者会进入与 $\xi=0$ 曲线上下交点相应的 p，v 状态，并通过终止于 $\xi=1$ 的切点状态序列向上移动。但是，下状态序列是从与没有

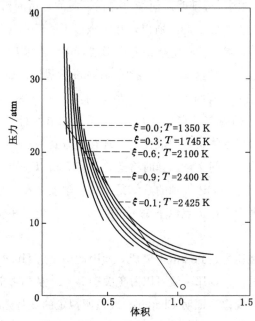

图 8-3　20％H₂-空气混合物的 Hugoniot 曲线族(Gordon[13])
各曲线与混合物中反应完全分额 ξ 连续增加 1/10 的
情况相对应。○表示起始情况。

发生化学反应的压力、密度和温度的起始情况相应的零点本身开始的，而上状态序列是从能激发起化学反应的高温高压的激波波峰开始的。就得到这样的结论：上状态序列表示波中有真实的物理变化出现，而下状态序列则是不可能有的。因此，在进入激波波峰时，质量元的状态从零突然地变到上交点，以后再逐渐地通过上状态序列达到 $\xi=1$ 的切点。由此得出，在 $\xi=0$ 和 $\xi=1$ 的两平面之间，压力减小，而比容增大。同时温度也增大。在图 8-3 所示的例子中，波峰处的压力约为 2.3 MPa，容积比 $v_2/v_1=0.20$，及计算得到温度为 1 350 K。在 $\xi=1$ 的完全反应平面上，压力降低至 1.3 MPa，而容积比和温度分别增至 0.56 和 2 425 K。在 Hugoniot 图上，与直线切点相应的平面称为 Chapman-Jouguet 或 C-J 平面。反应区就位于这个平面和激波波峰之间，反应区中的激波能是由热膨胀所产生的。在这个区域内，任何两个平面 1 和 2（平面 1 比平面 2 更靠近激波波峰）之间的动量平衡可用式(8-16)来描述；十分清楚，这与正常燃烧波中的动量平衡是相同的，在正常燃烧波中压力也是按照从已燃气体到未燃气体的方向增大。但是，燃烧波没有静止的压力波峰，因为燃烧波以亚声传播。另一方面，若火焰传播速率对压力、温度和湍动度有很强的特有的积极作用，则很容易看到，管内压力脉冲会聚集为激波波峰，燃烧波可以导致产生爆震波。

在 C-J 平面之后的膨胀过程将等熵地延续下去，并形成追逐爆震波的稀疏波。前面给出的有关单根 Hugoniot 曲线的 Jouguet 论述，现在也适用于 $\xi=1$ 完全反应曲线上切点以上的状态。在该曲线上的切点以下各点是不能达到的，因为正如前面所解释那样，到达这些点的路径必须通过不可能存在的下状态序列。因此，把爆震波看作为有限宽度的反应区的这种较真实的概念为证明 Chapman 假说提供了现成的证据。

Brinkley 和 Richardson[14] 曾根据对较一般的情况（即稀疏波进入反应区本身而不是受 ξ=1 面后完全燃烧区所限）的研究发展了流体动力学理论。他们发现：当稀疏波在反应区内处于任何特定位置时，在激波波峰和稀疏波波峰之间得以保持一种稳定状态，也就是说，爆震波继续传播，虽然其传播速度较低。特别使人感兴趣的是他们得到的更进一步结论：若化学反应仍然在稀疏波中进行着，则压力脉冲最终必定追上稀疏波波峰，并进入爆震区。在爆震区中，压力脉冲使激波波峰的强度和速度增大。这可能会导致不稳定，这种不稳定是由加速期和稀疏波比激波波峰移动更快的时期相交替组成的，结果是在较多的反应出现时波传播减缓了，且在波后建立起另一个压力脉冲；或者，可能发生交变相合并，以致于转变成稳态爆震，这种爆震具有 $\xi=1$ 的 Chapman-Jouguet 态的特征。在波后三维自由膨胀的情况下，正像在敞口圆柱形充填固体炸药的情况下一样，即使处在 $\xi<1$ 的 Chapman-Jouguet 态仍可获得稳定爆震，因为起反应的稀疏波是靠横向膨胀稳定下来的；在这种物系中，爆震速度随着装药直径的减小而降低，且在某临界直径之下不会出现爆震。

在充分发展的稳态爆震（此时 Chapman-Jouguet 态处于 $\xi=1$）情况下，能根据前面为表示反应产物 p,v 态的单根 Hugoniot 曲线推导出来的方程式计算出爆震速度。这种计算将在下一节中讨论。

8.3 爆震速度的计算及计算值与实验值的比较

目前一般为计算机编制程序的数值计算通常是根据完全反应 $\xi=1$ 的单根 Hugoniot 曲线完成的。

若写出已燃气体中等熵压缩的微分方程式[❶]：

$$\frac{\mathrm{d}p_2}{\mathrm{d}v_2} = -\frac{\gamma_2 p_2}{v_2} \tag{8-20}$$

式中，γ 是定压比热与定容比热之比，则由上一节中所给出的方程式可简化为：

$$\frac{v_1^2}{v_2^2} - \left(1 + \frac{1}{\gamma_2}\right)\frac{v_1}{v_2} + \frac{n_1 T_1}{n_1 T_2 \gamma_2} = 0 \tag{8-21}$$

$$\bar{c}_v(T_2 - T_1) - \Delta E_c - \frac{R}{2}\left(\frac{v_1}{v_2} - 1\right)\left(n_2 T_2 + n_1 T_1 \frac{v_2}{v_1}\right) = 0 \tag{8-22}$$

$$\frac{p_2}{p_1} = \frac{v_1 n_2 T_2}{v_2 n_1 T_1} \tag{8-23}$$

$$D = \frac{v_1}{v_2}\sqrt{\gamma_2 n_2 R T_2} = \frac{v_1}{v_2}\sqrt{\gamma_2 p_2 v_2} \tag{8-24}$$

而 w 已由式(8-8)给出。式(8-24)说明，爆震波的速度是已燃气体中声速的 v_1/v_2 倍。

在这些方程式中已知量有 p_1、v_1、T_1、n_1 和 ΔE_c。$\bar{c}_v$ 和 γ_2 这两个量可以从热力学数据的表中查到。在热离解的情况下，这两个量既与温度有关，又与压力有关。未知量有 p_2、v_2、T_2 和 D，现有四个方程式可求解。n_2 这个量仅在离解的情况下与 n_1 不同，且它可根据普通的热力学方程式与 $\bar{c}_v$ 及 γ_2 值一起来求解。用逐次逼近法由式(8-21)～式(8-24)解出这四个未知量。在可忽略热离解的情况下，假定一个 T_2 值，再确定这个温度下的 γ_2 值。把 T_2 和 γ_2 值与已知值 n_1、n_2 和 T_2 一起代入式(8-21)，解出 v_1/v_2 值，然后，把后者代入式(8-22)，求解出一个改正的 T_2 值。这种计算一直重复到求得满足式(8-21)和式(8-22)两个方程式的 v_1/v_2 和 T_2 值为止。然后，再将计算出的 v_1/v_2 和 T_2 代入式(8-23)和式(8-24)来确定 P_2 和 D，此刻就能根据式(8-8)计算出 w。这种计算需要包含有各种离解平衡。对于每一个平衡都相应地有一个平衡常数。由于离解属于吸热过程，它应使比热

---

❶ 这是根据基本方程式 $pdv = -nC_v dT$ 和理想气体的状态方程式（其微分形式变为 $pdw + vdp = nRdT$）得出的，而且 $\gamma = C_p/C_v = (C_v + R)/C_v$（式中，$C_v$ 是摩尔热容量，n 是摩尔数）。

增大，且既然它使摩尔数增大，所以它使比容增大。

Lewis 和 Friauf[15] 曾以各种气体稀释过的氢氧混合物进行了 Chapman-Jouguet 理论适用性的初次鉴定性实验。所研究的分解平衡有：

$$H_2O \rightleftharpoons H_2 + \frac{1}{2}O_2$$

$$H_2O \rightleftharpoons \frac{1}{2}H_2 + OH$$

$$H_2 \rightleftharpoons 2H$$

没有计入氧的平衡，但这不会较大地改变结果。表 8-2 中第一栏列出各种爆炸性混合物，它们是将所指定摩尔数的气体添加入化学计量的氢-氧混合物中获得的。第二和第三栏内分别载明波内的压力和温度。第六和第七栏列出对应于温度 T_2 和压力 p_2 的平衡状态下混合物中基团 OH 和原子 H 的计算百分数。

表 8-2　关于氢、氧和氮混合物爆震速度的计算值与实验值的比较（Lewis & Friauf[15]）[1]

爆炸性混合物	p_2 /MPa	T_2 /K	爆震速度/(m/s)		浓度,占已燃气体的百分数	
			计算值	实验值[2]	OH	H
$(2H_2+O_2)$	1.81	3 583	2 806	2 819	25.3	6.9
$(2H_2+O_2)+1O_2$	1.74	3 390	2 302	2 314	28.5	1.8
$(2H_2+O_2)+3O_2$	1.53	2 970	1 925	1 922	13.5	0.2
$(2H_2+O_2)+5O_2$	1.41	2 620	1 732	1 700	6.3	0.07
$(2H_2+O_2)+1N_2$	1.74	3 367	2 378	2 407	14.7	3.3
$(2H_2+O_2)+3N_2$	1.56	3 003	2 033	2 055	5.5	0.9
$(2H_2+O_2)+5N_2$	1.44	2 685	1 850	1 822	2.1	0.2
$(2H_2+O_2)+2H_2$	1.73	3 314	3 354	3 273	5.9	6.5
$(2H_2+O_2)+4H_2$	1.60	2 976	3 627	3 527	1.2	3.0
$(2H_2+O_2)+6H_2$	1.42	2 650	3 749	3 532	0.3	1.1

① $p_1 \approx 0.101\ 3$ MPa；$T_1 = 291$ K。

② 数据取自参考文献 Dixon[16]，和 Paman & Walls[16]。

除了氢过量很多的情况以外，计算求得的和实验测得的爆震速度之间吻合得很好。离解对爆震速度的影响是十分明显的。若忽略离解作用，则计算求得的爆震速度就显著较大——在高温爆震下约大了每秒几百米[15]。

最后两栏中所示的自由基平衡浓度暗示在反应区中链载体的浓度的确非常之大。这一点，连同高温一起，就可以解释反应为何极其迅速。链载体的浓度会增长到接近反应物本身浓度的数值。既然在这种温度下每次碰撞都是有效的，那么可以判断出反应在几个分子自由程内就完成了。就此而论，令人感兴趣地注意到，根据 Lewis[17] 早期对许多混合物所作的计算得出：链载体的分子速度约达到爆震速度的数量级。

从表 8-2 可见，用氢稀释化学计量成分的混合物会导致爆震速度增大，虽然温度 T_2 会有所降低。混合物的密度下降很多时的效应就反映了这一点。求爆震速度的方程式(8-24)表明，这种效应与已燃气体密度的平方根成反比。这使人联想起用氦和氩作为稀释剂进行实验的性能。把氦添加入化学计量成分的混合物应使爆震速度增大至超过化学计量成分的混合物的爆震速度，因为此时混合物的密度减小了。反之，添加氩有使爆震速度降低的效应，因为此时混合物的密度增大了。因此，发现了相当值得注意的结果，即两种单原子的惰性气体，它们的原子量虽不同而其热效应是相同的，对爆震速度却有完全相反的影响。

既然在添加相同量惰性气体下 T_2、γ_2 和 v_1/v_2 是相同的，所以爆震速度应与已燃气体密度的平方根成反比。从 Lewis 和 Friauf[15] 所获得的结果(表 8-3)能看到这一点是多么圆满地得到了说明。利用惰性气体氦使爆震速度增大的实验论据给这种理论提供了特别明显的证明。

表 8-3　氢、氧、氦和氩混合物中的爆震速度(Lewis & Friauf[15])①

爆炸性混合物	p_2 /MPa	T_1 /K	爆震速度/(m/s)	
			计算值	实验值
$(2H_2+O_2)$	1.81	3 583	2 806	2 819
$(2H_2+O_2)+1.5He$	1.76	3 412	3 200	3 010
$(2H_2+O_2)+3He$	1.71	3 265	3 432	3 130
$(2H_2+O_2)+5He$	1.63	3 097	3 613	3 160
$(2H_2+O_2)+(2.82He+1.18A)$	1.67	3 175	2 620	2 390
$(2H_2+O_2)+(1.5He+1.5A)$	1.71	3 265	2 356	2 330
$(2H_2+O_2)+1.5A$	1.76	3 412	2 117	1 950
$(2H_2+O_2)+3A$	1.71	3 265	1 907	1 800
$(2H_2+O_2)+5A$	1.63	3 097	1 762	1 700

① $p_1 \approx 0.101\ 3$ MPa；$T_1 = 291$ K。

Lewis 和 Friauf 所用的热力学数据并不是现代的带光谱分析数据。Berets、Greene、Kistiakowsky[18] 曾重做了这种实验和计算。新、旧实验和计算测得的爆震速度之间全都吻合得相当好；当以精确的热力学数据计算时，其偏差不大于 1%。

图 8-4 表示实验测得的爆震速度与按参考文献[18]中所给出的数据的理论计算值偏差的百分数。正如用 Lewis 和 Friauf 的结果那样，实验数据大部分低于理论值。除了邻近爆震极限的稀混合物以外，实验值和理论值之差不大。这种现象似乎是由于在一维理论中未考虑到横向损失的缘故。这一点将在下面再进一步讨论。

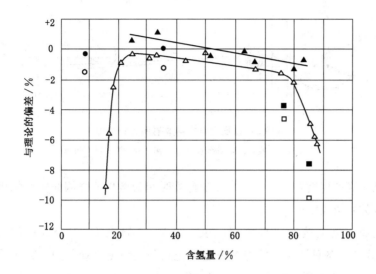

图 8-4　爆震速度的实验测定值与理论计算值的偏差
（**Berets，Greene & Kistiakowsky**[18]）

图中所用符号说明如下：三角表示 $H_2 + O_2$；方块表示 $H_2 + O_2 + He$；圆圈表示 $H_2 + O_2 + A$。
实心符号表示用 10 cm 管子得到的结果；空心符号表示用 1.2 cm 管子得到的结果。

8.4　爆震速度的测量与爆震极限及脉冲爆震和旋转爆震

　　为了进行爆震速度的测量，Berthelot 和 Vielle[19]曾拟定了一种电计时法，这种方法的原理在得到现代电子技术充实提高改进后，至今还用来测量高级炸药筒中的爆震速度。把几个探针装在管子上，分别相隔已测量好的距离，按爆震波到达与否来接通或切断电流。接通系统要尽可能根据游离子含量决定的焰气传导率来制作，而对切断系统的要求是这种激波能切断金属丝或箔。在满足后一个要求的情况下，必须制作完全相同的探针，以便两个测点上的切断过程在相等的时间间隔内出现。当气体中的激波不具有过分的毁坏性时，装于管壁上的压电传感器可提供通过激波时的压力信号[13,18]。人们发现电气石晶体最适合于这种应用。经过充分改进以后，用这种电信号法可测得爆震速度，测定结果很准确且可重复。

　　有人曾用照相法更详细地探索过这种过程的细节。这方面的先驱工作是由 Mallard 和 Le Chatelier[20]完成的，他们在电影底片上得到了爆震波的记录结果。当时用的感光乳剂很不灵敏，使这些研究者必须用强光化性混合物如 $CS_2 + 6NO$ 和 $CS_2 + 3O_2$。以后的一些研究者使用了转鼓式照相机，其中，底片与波运动方向成直角移动。在底片上形成了爆震波的像。图 8-5 说明纹影照相法的原理。波速是根据这类记录上轨迹的斜率确定的。在稳定爆震波的情况下斜率为常数。与此相当的照相法是用一个转动平面镜使在固定底片上的扰动像延伸完成的。一般说来，平面镜照相机的分辨率比转鼓式照相机要大，因为小平面镜可

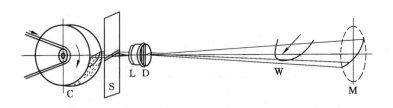

图 8-5　按压力波求得纹影照相记录图

C—转鼓；S—狭缝；L—透镜；D—光阑；W—波；M—凹面镜。

以以比大转鼓更高的速度转动。在采用多个持续时间为微秒的强闪光时，使用纹影照相法也可以摄得气体中爆震波的照片。

图 8-6 是稳定爆震波的典型照相记录；它表示 $5H_2 + O_2$ 混合物中爆震的情况[15]。Dixon 等人曾发表了各种混合物的许多张这类记录。从该图可观察到，封闭玻璃管顶附近的爆震波以不变的速度笔直地移动到该管子的末端。在这里，反射波反射入已燃气体中，再沿着闪亮发光路径移动。黑暗的垂直线是贴在管上作为标记的纸条，这些纸条是在端面之间按间隔 20 cm 的距离来粘贴的。图上这些条纹是令人感兴趣的，它是由于从接在右端玻璃管上的铅管带来的发光铅粒生成的。人们发现玻璃管被以前几次爆炸生成的很薄一层铅沉淀层所覆盖，能看到当火焰进入玻璃管时夹带这些颗粒以很高的速度运动。在波反射点处，它们的速度降至零，以后在反射波的路程中再反向增长。这些颗粒从波峰出现时，

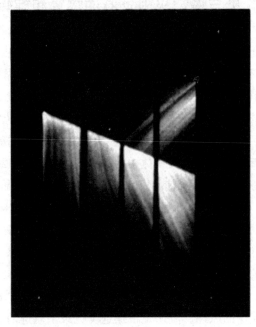

图 8-6　爆震波的直摄照片（Lewis 和 Friauf[15]）

混合物成分为 $5H_2 + O_2$；可见管长为 47 cm；爆震速度为 3 430 m/s；质点速度为 827 m/s。

它们以近似相当于速度 w 来运动。Lewis & Friauf 的测量表明，测量值与按上述方程式计算出来的 w 值吻合很好。在波峰后，颗粒的速度随时间延长而逐渐降低。

　　许多研究者对爆震速度广泛地测量过。表 8-4～表 8-9 给出了这种测量的典型数据。爆震速度随混合物成分变化在图 8-7～图 8-12 上作进一步说明。这些图所指的混合物有：H_2-O_2、H_2-空气、NH_3-O_2、C_3H_8-O_2、C_2H_2-O_2 和 C_2H_2-空气[21]。要注意到，对于烃混合物和 C_2N_2 混合物来说，爆震速度的最大值离燃烧成 CO_2 和 H_2O 的化学计量成分很远，而与燃烧成 CO 和 H_2O 相应的成分却十分接近。

表 8-4　$2H_2 + O_2$ 混合物的爆震速度

温度和压力的影响[22]

温度为 10 ℃

压力/kPa	27	40	67	101	147	200
爆震速度/(m/s)	2 627	2 705	2 775	2 821	2 856	2 872

温度为 100 ℃

压力/kPa	52	67	101	133	193	—
爆震速度/(m/s)	2 697	2 738	2 790	2 828	2 842	—

附加气体的影响[22]

$2H_2 + O_2$ 的爆震速度为 2 821 m/s

附加气体 摩尔数	爆震速度 /(m/s)	附加气体 摩尔数	爆震速度 /(m/s)	附加气体 摩尔数	爆震速度 /(m/s)
2 H_2	3 268	1 O_2	2 328	1 N_2	2 426
4 H_2	3 527	3 O_2	1 927	3 N_2	2 055
6 H_2	3 532	5 O_2	1 707	5 N_2	1 815

管径的影响[23]

管子直径/mm	9	12.7	15
$2H_2 + O_2$	2 821	—	2 828
$2H_2 + 4O_2$	1 927	1 921	—
$2H_2 + O_2 + 3N_2$	2 055	—	2 089

表 8-5　温度对 $C_2H_4 + 2O_2$ 混合物爆震速度的影响(Dixon[22])

温度/℃	10	100
爆震速度/(m/s)	2 581	2 538

表 8-6 水蒸气对 $2CO+O_2$ 爆震速度的影响（Dixon[22]）

条 件	含水百分数	压 力/kPa	爆震速度/(m/s)
用 H_2SO_4 和 P_2O_5 干燥	—	101	1 264
用 H_2SO_4 干燥	—	101	1 305
如下温度(℃)下用水饱和			
10	1.2	101	1 676
20	2.3	53	1 576
20	2.3	101	1 703
20	2.3	147	1 737
28	3.7	101	1 713
35	5.6	53	1 616
35	5.6	101	1 738
35	5.6	147	1 782
45	9.5	53	1 570
45	9.5	101	1 693
45	9.5	147	1 742
55	15.6	101	1 666
65	24.9	101	1 526
75	38.4	101	1 266

表 8-7 乙炔(纯度为98%)中的爆震速度（Berthelot & Le Chatelier[24]）

压 力/kPa	490	981	1 177	1 471	1 961	2 942
爆震速度/(m/s)	1 050	1 100	1 280	1 320	1 500	1 600

表 8-8 甲烷、乙炔和氰中的爆震速度[①]（Bone & Townend[25]）

CH_4+O_2	2 528	$C_2H_4+O_2$	2 507	$C_2H_2+O_2$	2 961	$C_2N_2+O_2$	2 728
$CH_4+1.5O_2$	2 470	$C_2H_4+2O_2$	2 581	$C_2H_2+1.5O_2$	2 716	$C_2N_2+O_2$	2 321
CH_4+2O_2	2 322(2 146)	$C_2H_4+3O_2$	2 368	$C_2H_2+2.5O_2$	2 391	$C_2N_2+O_2$	2 110

① 10 ℃和760 mm Hg；爆震速度，m/s。

表 8-9 室温和大气压力下各种混合物的爆震速度（Laffitte[26]）

混 合 物	爆震速度/(m/s)	混 合 物	爆震速度/(m/s)
$2H_2+O_2$	2 821	$C_3H_8+3O_2$	2 600
$2CO+O_2$	1 264	$C_3H_8+6O_2$	2 280
CS_2+3O_2	1 800	异 $C_4H_{10}+4O_2$	2 613
CH_4+2O_2	2 146	异 $C_4H_{10}+8O_2$	2 270
$CH_4+1.5O_2+2.5N_2$	1 880	$C_5H_{12}+8O_2$	2 371
$C_2H_6+3.5O_2$	2 363	$C_6H_{12}+8O_2+24N_2$	1 680
$C_2H_4+3O_2$	2 209	$C_6H_6+7.5O_2$	2 206
$C_2H_4+2O_2+8N_2$	1 734	$C_6H_6+22.5O_2$	1 658
$C_2H_2+1.5O_2$	2 716	$C_2H_5OH+3O_2$	2 356
$C_2H_2+1.5O_2+N_2$	2 414	$C_2H_5OH+3O_2+12N_2$	1 690

表 8-10 列出一些爆震极限。正如图 8-7～图 8-12 中所示那样，存在着与可燃极限相类似的爆震极限，在这个极限以外不能观测到稳定爆震。

表 8-10　爆震极限（Laffitte[26]）

混　合　物	上限，含燃料量百分数	下限，含燃料量百分数
H_2-O_2	15	90
H_2-空气	18.3	59
潮湿 CO-O_2	38	90
完全干燥 CO-O_2	—	83
（CO+H_2）-O_2	17.2	91
（CO+H_2）-空气	19	59
NH_3-O_2	25.4	75
C_3H_8-O_2	3.2	37
异 C_4H_{10}-O_2	2.8	31
C_2H_2-O_2	3.5	92
C_2H_2-空气	4.2	50
$C_4H_{10}O$（醚）-O_2	2.6	>40
$C_4H_{10}O$-空气	2.8	4.5

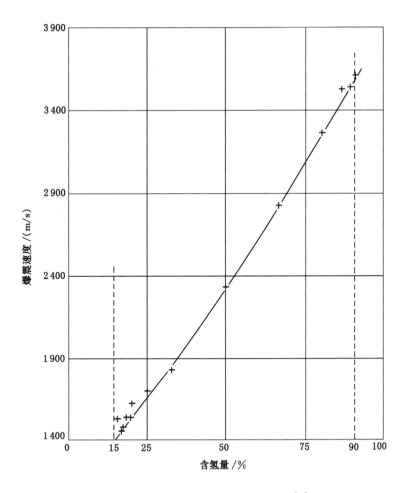

图 8-7　氢-氧混合物的爆震速度（Breton[21]）

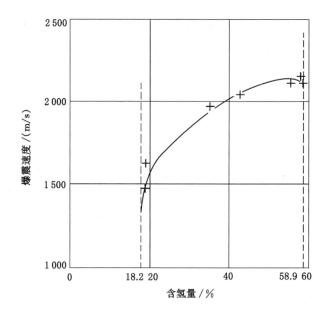

图 8-8 氢-空气混合物的爆震速度(Breton[21])

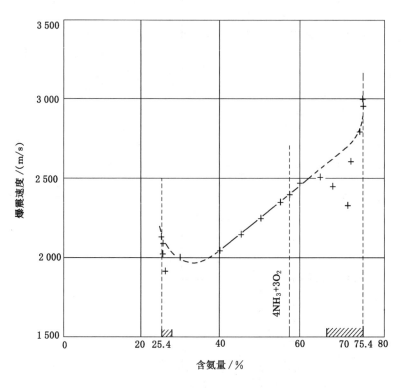

图 8-9 氨-氧混合物的爆震速度(Breton[21])

在阴影线所示的混合物成分范围以外爆震发光强烈。

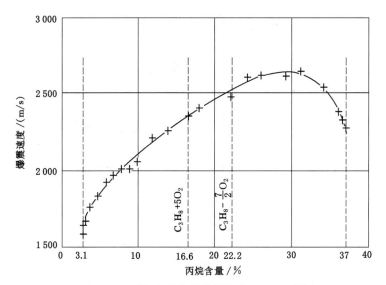

图 8-10　丙烷-氧混合物的爆震速度(Breton[21])

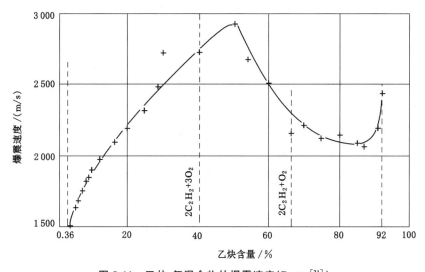

图 8-11　乙炔-氧混合物的爆震速度(Breton[21])

　　与稳态燃烧波理论相同,稳态爆震波理论并没有预示爆震极限的存在。有关爆震现象的知识是从实验工作得到的,而理论研究是在考虑到激波波峰以后的反应由于混合物的稀释变得更缓慢,且反应区宽度相应增大而造成损失的情况下提出来的。

　　Wendlandt[27]曾相当详细地研究过在这种极限附近的爆震降解现象。为了建立起判别稳定爆震波的依据,他认为在一长管中初始段和最终段测得的速度不变,速度测定采用将化学计量的氢-氧混合物作为激发药(燃料)装在离第一测点足够距离的延长管段中的方法。随着混合物稀释度的增大,在某一点会出现爆震速度急剧下降。例如,在大气压力下的氢-

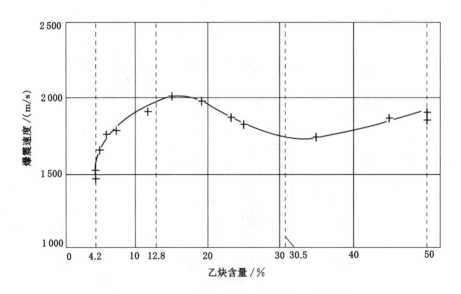

图 8-12　乙炔-空气混合物的爆震速度(Breton[21])

空气混合物中，当含 H_2 量为 19.6％、18.8％和 17.6％时的爆震速度分别为 1 620 m/s、1 480 m/s 和 1 050 m/s。在某一确定的含氢百分数以下，爆震波不再稳定，其速度随着爆震波沿管子前进而降低。在另一些含氢百分数以下，火焰在移动了一很大距离以后就熄灭了，其移动距离大小与混合物成分和点燃源有关。以后，若没有化学变化出现，则激波以逐渐降低的速度通过爆炸性混合物。在氢-空气混合物的情况下，爆震极限位于含 H_2 量为 18.5％左右，稳定爆震速度为 1 250 m/s。在某个距离后，火焰熄灭时的极限为含 H_2 量 10％左右。图 8-13 说明了这些结果。图上虚线相应于相同量激发药所产生的激波，在没有反应出现时，这些激波在管子的初始段和最终段上移动。这些曲线是根据用相同的仪器测量这些波在空气中的速度并用混合物的密度作校正后而求得的。

对于低于爆震极限的任何混合物来说，稳态理论能预示爆震速度的数值。这些数值如图 8-13 所示。从图可见，对于空气中含 H_2 量正好为 5％的混合物(即低于向下传播时的常规可燃极限)来说，根据稳态理论可知，爆震波应以 900 m/s 的速度传播，这说明了理论的局限性。

Gordon、Mooradian 和 Harper[28] 曾对这个问题作过更深入的研究。他们使用一根长为 12 m、直径为 20 mm 的爆震管进行实验，在最前的 2 m 管段充满激发剂气体，通常为 $2H_2+O_2$。用一张玻璃纸将这种激发混合物与实验段分隔开。这种激发剂气体的压力通常高于实验混合物的压力，以便过度激发爆震，从中观察到压力极限和成分极限。正如在 Wendlandt 实验中所观测到那样，在高于极限的混合物中，过度激发的爆震会平息为最终稳定速度传播的爆震；但在低于极限的混合物中，过度激发的爆震会突然消失并蜕变为无燃烧的简单激波。极限混合物的成分不会随激发激波强度的增强而有重大的改变。在这种研究中所用过的各种混合物包括氢与空气、氢与氧及化学计量的氢-氧与氩和氦。图 8-14

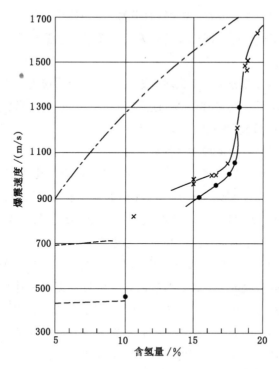

图 8-13　氢-空气混合物的爆震极限(Wendlandt[27])

    ×　在管子初始段的观测结果；

    ●　在管子最终段的观测结果；

—·—·—在波峰面上达到完全反应时的理论爆震速度；

— — —没有化学反应时管子初始段和最终段中的激波

      （请参看正文解释）。

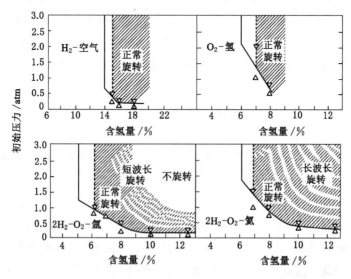

图 8-14　各种含氢混合物中的爆震极限(Gordon，Mooradian & Harper[28])

所示的是爆震极限时的含氢百分数（或含氧百分数）与初始压力的关系。从图可见，随着压力增大，极限混合物变得更稀，即稀释度增大，直至最后达到最大稀释度，它不再随着压力进一步增大而变化。

曾发现这种爆震绝大部分是属于旋转类型的。在混合物接近爆震极限时总是观察到这种现象，这种现象将在下面再叙述。人们还发现在一些氢-空气混合物中，爆震是属于用 Brinkley 和 Richardson 理论所预示的脉动类型的。

当看到痕量水蒸气能有力地抑制这种混合物的极限时，人们发现了可以明确地表征化学动力学所起作用的一种效应。例如，15% H_2-空气混合物在其含水量降低到 0.005% H_2O 时能保持稳定爆震，但在含水量增至 0.05% H_2O 时就不能使爆震稳定。这种效应启发人们设想有反应 $H + O_2 + H_2O = HO_2 + H_2O$ 在进行，正如大家从氢-氧物系的动力学所知的那样，该反应有效地将氢原子从起反应的物系中除去。

当把爆震理论应用于计算反应区中的温度时，又发现了另外一个事实。也就是对于压力效应已消失的区域内极限成分来说，激波波峰处的计算温度大体相同，即对所研究的一切氢-氧-稀释剂物系来说均为 1 100 K。这一温度显然就是起始温度，它是混合物为了以足够高速率起反应而必须达到的。虽然极限混合物在其含有的化学焓方面有很大的差别，但在其反应速率的温度特征方面是相同的。所以，激波波峰的温度 1 100 K 似乎是这种氢-氧-稀释剂混合物建立起爆震波所需的最低温度。

因此，所观测到的成分极限一定与化学动力学因素相联系。Zeldovich[10] 曾把压力极限解释为管子热损失所致。该作者根据化学动力学的研究估算了激波波峰后反应区的宽度和根据传热的研究估算了热损失速率。热损失导致爆震速度急剧降低，因此也使激波波峰处的温度降低了一定的量。根据 Arrhenius 定律，激波波峰温度的降低又使反应速率降低。这又使反应区宽度增大，从而使热损失增加。在某个热损失临界速率下，爆震已变得不可能发生了。据该作者估算，当爆震速度降低到低于理想 Chapman-Jouguet 值 10%～15% 左右时就能得到这种情况。Gordon 及其同事[28] 所获得的数据表明，在许多情况下该数据与邻近低压极限时理论速度的偏差确实在 10%～15% 的范围内。但是，这些著者指出，这种结果必定有部分偶然性，因为靠近极限成分的混合物会给出旋转爆震，这种爆震很难符合 Zeldovich 理想模型。

无论如何，这个模型是不妥当的，因为未考虑到反应区的宽度是受诱导期的长度所支配的，而诱导期的长短大体上确定了激波波峰和完成反应的 Chapman-Jouguet 平面之间的距离。正如在第 4 章第 4.2 节中对烃和氧混合物所描述的那样，诱导期是激波温度的 Arrhenius 型函数。激波温度由于管壁摩擦损失而降低，因为此摩擦损失使压力脉冲减弱，而反应是靠压力脉冲来保持激波波峰中压力和温度的。在激波温度和诱导期之间 Arrhenius 关系式中活化能很高，这使诱导期对激波温度的变化很敏感，且这种效应在激波温度因混合物稀释而降低时会增强。因此，存在一个临界稀释度，在这一稀释度下，由于摩擦损失使激波温度逐渐降低并使反应区的宽度逐渐增大，这样，爆震波会熄灭。这一临界稀释度显然与诸如管径和表面粗糙度等各种因素有关。

在稳定爆震的状态下，使诱导期增大的任何化学因素，由于反应区宽度增大，从而使摩擦损失增大，也会使激波温度降低，因此使爆震速度降低。用 $CO-O_2$ 混合物中爆震速度随着干度增大而减小（见表 8-6 和第 3 章），用 15％ H_2-空气混合物中爆震被少量添加水蒸气所抑制，都能说明这种现象。

上述这些研究表明，一般说来，爆震速度随管径缩小而降低到低于理想值。Fay[29] 曾对这种效应作过进一步研究，他认为管壁上黏性边界层的增长，大体上导致在爆震波波峰反应区中产生流动发散，因此，使传播过程从一维转变为二维的问题。该著者把这种概念发展为一种定量理论，用它能合理地说明所研究的少数混合物中爆震速度的测定值和理想值之间的差别。

图 8-15(a)　在燃烧波前开始的爆震（Bone、Fraser & Wheeler[30]）
$2CO+O_2$ 的潮湿混合物；管径为 1.3 cm；可见管长约为 48 cm。

在靠近稳定爆震的成分和压力状态的极限时，曾发现在脉动和旋转传播现象中有理想 Chapman-Jouguet 态退化的征兆。在此，我们介绍由 Bone、Fraser 和 Wheeler[30] 所得到的几幅图示说明用的照片。图 8-15(a) 所示的是过程进展的详细情况，其中激波是在火焰之前形成的，随后变得很强，足以点燃混合物，以后以过度激发的爆震波推进。这个例子是针对直径为 1.3 cm 管子中 2CO+O₂ 的潮湿混合物进行的。在图 8-15(b) 上右角处火焰以速度 1 275 m/s 进入该图面。在此火焰之前形成激波，而火焰波峰和激波之间的距离迅速缩短。图 8-16 所示的是激波的阴影照片，在其后 1 m 左右有火焰（照片上未示明）。在图 8-17 上，火焰靠近激波（在 10 cm 范围内），后者已大大增强了。激波的阴影图像是由因密度梯度急剧变化而产生的亮、暗区所组成。人们注意到。这种波的平面度很显著，其波后横截面上的分布是因在观察玻璃内产生光折射而歪曲的。当火焰到达激波后 6.37 cm 这一点时，从

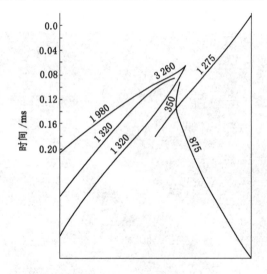

图 8-15(b)　图 8-15(a) 的解析

图中数字是指爆震速度，m/s。

图 8-16　燃烧波前 1 m 左右处激波的阴影照片（Bone，Fraser & Wheeler[30]）

2CO+O₂ 的潮湿混合物，管径为 1.3 cm。

图 8-17　燃烧波前 10 cm 左右处激波的阴影照片（Bone，Fraser & Wheeler[30]）

各条件与前图中相同。

图 8-15(b)上可看到出现自燃。从这点开始，出现两个新的火焰波峰，两者都向前移动，一个初始速度为 2 380 m/s，但很快增到 3 260 m/s；另一个平均速度为 350 m/s。后面一个火焰波峰不久就碰到原始火焰波峰，产生以 875 m/s 速度移过已燃气体的波。还建立起来两个其他的波，一个在点燃点，另一个正好在此点之前，最后两者都以 1 320 m/s 左右的速度传播。爆震波减缓下来，以降低了的速度 1 980 m/s 移出该图面，最后达到（在 25 cm 以后）不变的速度 1 760 m/s。

从图 8-18 上可见，所描述的过程是重复的，因此产生脉动传播。

Brinkley 和 Richardson 理论[14]为理解所描述现象奠定了基础，但旋转现象与一维波传播模型并不一致，虽然至今一维波传播模型仍然是爆震理论的基础。这种旋转现象是由 Camipbell 和 Woodhead[31]发现的，后有许多研究者用摄影法作过进一步地研究。图 8-19 是在 2CO+O_2 的潮湿混合物中发生六次连续爆震所用的玻璃管[30]。因为铅管置于玻璃管之前，所以在玻璃管的内表面涂上一层灰色的铅膜覆盖起来。在这层膜上留有因爆震而出现

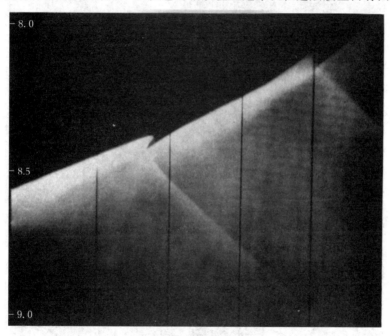

图 8-18　燃烧波之前的连续自燃（Bone & Fraser[30]）
2CO+O_2 的潮湿混合物；可见管长为 1 m；波以 900 m/s 的速度从右边进入。

图 8-19　爆震波通过的螺旋状路径轨迹（Bone & Fraser[30]）

的螺旋状路径轨迹。Campbell 及其同事曾早已观察到在管壁上尘积物中出现的相类似的轨迹。Bone 和 Fraser[30] 曾报道过旋转爆震会使玻璃管产生螺旋形的破裂,且 Bone 等人[30] 曾观测到在涂银玻璃管中爆震波因其通过时沉积银挥发而切割出螺旋形轨迹。Campbell 和 Finch[32] 用从正面摄取爆震波照片的方法得以证实,仅占部分横截面的发光区会随着爆震波的推进而在表面上绕管轴转动,这样形成的螺距约与管径有相同的数量级。正如图 8-20(a) 这一例子所示,旋转爆震的摄影时间记录照片总是出现波浪形。在作对比的少数情况下,发现按管壁上轨迹和平均爆震速度计算得的转动频率与照片轨迹上的波动频率严密一致[30,32]。在同一管子中,六次相续的爆震留于管壁上的螺旋形轨迹的路径大体相同这一事

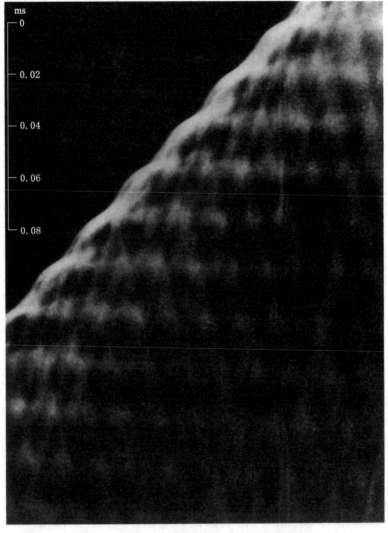

图 8-20(a) 旋转爆震(Bone,Fraser & Wheeler[30])

$2CO+O_2$ 的潮湿混合物,管径为 1.3 cm,平均爆震速度为 1 760 m/s。

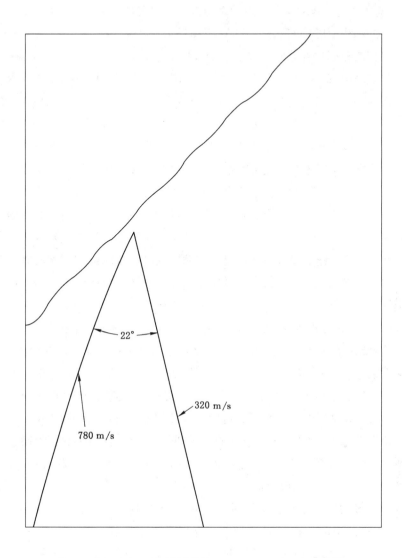

图 8-20(b)　图 8-20(a)的解析(Bone，Fraser & Wheeler[30])

实，引起了人们对它的关注。在 Campbell 和 Finch 的实验中，转动有时是顺时针的，有时是逆时针的，其规律没有观测到。这种轨迹未必总是很清晰地出现在管壁上。

在学术文献中，把管壁上的螺旋形路径和摄影时间记录照片上的波动理解为同一个原因所造成的，且把旋转这个术语应用于时间轨迹波动。对给定的混合物成分来说，曾发现其旋转频率与管径成反比[33]。这种旋转不限于圆管，Bone、Fraser 和 Wheeler 曾在三角形、正方形和矩形横截面管中同样获得过旋转；在使用可比较的直径时，频率值的大小就可比较。Bone 和 Fraser 在直径为 12 mm 管子的内壁上筑起 1 mm 高的筋肋，实验表明这对旋转没有影响。这些著者得出结论：旋转并不包括气团的转动，而总的来说，旋转的只是爆震的"头部"。气体的这种转动从流体力学理论来看，确实是完全不可能的。

图 8-20(a)是图 8-15(a)所示记录的后续照片，约在后一图之左 25 mm 处。在图 8-15(a)上已可以观察到这种旋转的起始部分。图 8-20(a)这张照片是用 Fraser 所研制的高速和高分辨能力的反射镜照相机摄得的[30]。该图不仅示明波峰的波状轨迹（频率为 44 300 s^{-1}），而且示明两组十字形条纹，且在交点有波动波谷反射出来的水平带或"波尾"的痕迹。这些在照片上都以夹角为 22°的成对发射光线示明[参看图 8-20(b)]。这些线中有一组似乎是发光气体或质点在波后移动所产生的。仔细观察证实，这组线不是笔直的而是弯曲的，正如从质点速度逐渐降低可判断的那样。在离火焰轨迹某一距离处质点的速度估计为 780 m/s。另一组线非常直，它表示反向通过已燃气体移动的压缩波发光轨迹，当与一种不连续质点有关的大量质点通过时，一般来说（但并不总是）会使发光度增加很大。压缩波的速度为 320 m/s。既然质点速度 w 为 780 m/s，所以激波按绝对速度 1 100 m/s 传播，这一速度为声速。仔细核时图示得出，波动、成对质点轨迹和压缩波并不匹配。对于有七对波动的峰谷来说，计算得到十一对质点轨迹和激波。值得注意的是，这时仅有七排几乎成水平带的发光交点，而每一排都是从波动波谷上开始显现出来的。

Manson[34]及以后的 Fay[35]曾研究过旋转的问题，认为它是按某些未确定方式靠化学反应得以维持的声振动或移动波。根据这个模型，振动维持在紧靠激波波峰之后的气体中；这种运动有垂直于管轴平面的分量，这导致在管壁处产生一种或多种压头，使气体绕轴转动。转动频率是从声学理论导出的，并发现它与实验测定值完全吻合。Gordon 等人[28]在它们所测量的旋转频率下同样也发现过这种吻合的情况（有少数例外）。Martin 和 White[36]在压力和混合物成分与 Gordon 等所研究的相类似的氢-氧混合物中曾获得旋转爆震的快速摄影干涉图。这些快速摄影照片表明，不太清楚的激波波峰具有与波峰后管轴相垂直的密度梯度，这为 Manson 和 Fay 模型提供了支持。

通过爆震波峰的质量流会有效地阻滞这类波动，但是，驱动力是通过反应速率（以压头表示）增加而产生的。在激波波峰上，气体尚未起反应，而达到一种温度和压力状态，将导致发生自加速反应（即在诱导期前进行的反应）。若这种现象在理想上是一维问题，则反应区应由激波波峰后宽度恒定的区域（在该区范围内混合物大体上未起反应）和以后的较窄的区域（在该区范围内反应迅速地完成）所组成。很易看出，这种物系是不能稳定的，因为在诱导区内产生任何一点轻微的压力波动都会局部地使诱导期缩短，并破坏一维问题的对称性。显然，旋转表示这种诱导区内压力波动是遵守声学定律的。在压头内，反应通常在发生激波波峰内初始压缩以前就已完成了。当然，由于产生这种局部压力，激波会发生畸变，不再为平面了。可以意料到，在主激波和这种局部压力脉冲之间存在有复杂的关系，且这种关系为反应速率发生周期性脉冲所支配，图 8-20(a)中的条纹就是这种情况的表征。

因此，每当诱导区达到足够宽度，以致造成这种现象的横向振动不为质量流所阻尼时，旋转爆震一定会按正常方式传播。这样，旋转与较稀的混合物是相联系的；而在很浓的混合物中旋转就消失了，因为此时诱导期很短，诱导区就非常窄。

8.5　火焰到爆震的转变

当燃烧波在管中引发时，只有在点燃源放于管子的敞口端而另一端密闭的情况下，以及在管径足够小以致火焰前未燃气体中的涡流为管壁上黏性阻力所稳定下来的情况下，层流稳态火焰才能得到发展。这类火焰已在第 5 章(第 264～267 页)中叙述过了。在层流稳态方式以外，传播总是自加速的。这种加速作用是由于波面积随着火焰伸长而增加和流动变成湍流所造成的；此处，火焰前的未燃气体得到燃烧波中质量加速所产生的压缩波的预加热和预压缩会使燃烧速度增大。根据不同的情况，这些波叠加成激波波峰，而激波波峰又可以发展成爆震波峰。

火焰到爆震转变的这种机理，暗示有处于预爆震状态的火焰存在。表 8-11 表示爆震开始前直径为 25 mm 管子内氢-氧火焰所移过的距离[37]。该距离随着压力的增大而减小，这与这种混合物的燃烧速度随着压力的增大而增大相一致。在预爆震状态的时期内，管内的气体在运动，且因管壁上的摩擦而产生湍流。因此，在管壁处形成湍流边界层，其宽度一直增加至占有管子的整个横截面为止。因火焰表面波动(如第 6 章中第 378～381 页所述)和压缩波通过燃烧区(如下所述)，使湍流度增大。

表 8-11　$2H_2+O_2$ 爆震开始前火焰所移过的距离(Laffitte & Dumanois[37])[①]

初始压力/MPa	距离/cm	初始压力/MPa	距离/cm
0.1	70	0.5	35
0.2	60	0.6	30
0.3	52	0.65	27
0.4	44		

① 管子直径为 25 mm。

在普通的管流中，从气流进入管道的端点到湍流充分扩展点的距离，随着管径的增大成正比地增加。如果管壁摩擦产生的湍流对初始静止气体中的预爆震状态的确有很重要影响的话，那么在其他条件都相同的情况下，爆震状态时期的长短同样地随着管径的增大而增加。虽然，确实发现过这种情况[38,39]，但是正如从所包含的复杂因素可以预料到那样，这种关系式未必是线性的。然而，Briukley 和 Lewis 曾引证过 Shuey[41] 所作的乙炔爆震实验。在该实验中，采用直径在 0.635～10.795 cm 之间的长密闭管，并在几种压力下，用一小型点火器引发；就一切情况而论，此时爆震时间的长短随着管径的增大而成线性地增大，约增至管径的 60 倍。这与 Nikuradse[42] 对在约 60 倍直径的距离范围内管流中出现充分发展湍流所作的观测是一致的。当在管中靠近点燃源放置障碍物时，爆震时间明显地缩短了，观测结果强调了湍流的产生在预爆过程中所起的重要作用。

在激波通过燃烧波时出现火焰表面突然猛增。Markstein[43]曾用摄影方法研究过管中起初为层流的火焰正面碰到激波时的情况。激波波峰横切这种密度间断的介质所产生的效应与膜破裂所产生的压力突然释放效应是相类似的。稀疏波逆向传入未燃气体，使未燃气体射流得到发展，并深入已燃气体。在这种流动构型中已燃气体和未燃气体之间的剪力产生极强烈的湍流，所以出现燃烧速度的突然猛增和形成压缩波列。

在这种激波-火焰相互作用中出现情况的细节是极其复杂的，因为火焰的初始状态、初始激波的强度和方向、湍流的产生以及畸变区与反射回来二次形成的激波相互作用都会影响这种过程。关于强烈湍流所产生的效应，Karlovitz 曾提出[44]，当燃烧表面湍流皱折变得如此强烈以致在燃烧波皱折中未燃气体团尺寸平均达到波宽数量级时，使并列波元的预热区彼此合并，并使发生强烈爆发反应的湍流焰刷消失。这可以导致形成促进爆震波传播的个别的激波。Oppenheim 等人[45]曾用实验验证过这种爆震激发机理。

在火焰前移动的激波从管子密闭端反射回来并在火焰发展成爆震以前碰到火焰时，会出现爆震期内火焰与逆向运动激波的相互作用。这种过程的图示说明如图 8-21 所示，该图

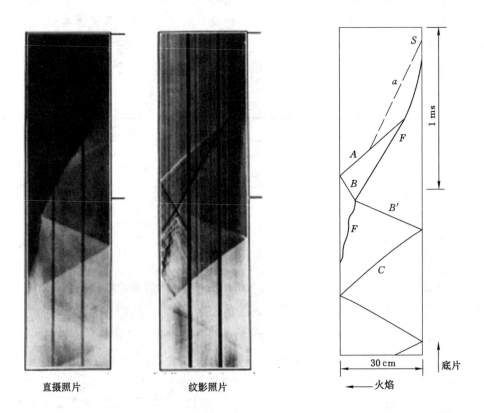

直摄照片　　　　　纹影照片　　　　　火焰

图 8-21　火焰和压缩波的直摄照片和纹影照片(氧中含 15%乙烯)(Payman & Titman[46])

是在乙烯-氧火焰达到很高的速度而尚未发展成爆震时所摄得的瞬时直摄照片和纹影照片[46]。左边直摄照片仅显示发光气体。压缩波使已燃气体的发光度增大，以致它的轨迹变得可见了。通常，纹影照片可提供用其他方法见不到的详细情况。右边，是这两种记录照片的解析说明。在该图上已示明，底片和火焰像的移动方向及底片在 1 ms 内移动的长度。记录照片的宽度与密闭爆震管的长度是一致的，均为 30 cm。该波是在右上方由火花 S 所激发的，且可以看到，它在逐渐加速。在某一点，压缩波 A 将从波峰显露出来。它在火焰之前经未燃气体移到管端，在那里，沿着路径 B 反射折回。当其遇到火焰时，继续沿 B' 通过已燃气体，同时火焰被推向后方，而大量未燃气体经过火焰波峰至很远的距离处，正如纹影轨迹所清楚地示明那样。稀疏波从火焰波峰向未燃气体中传播，形成暗带，大体上与火焰碰到激波以前火焰的轨迹是一致的。湍流焰刷的波峰沿着路径 F 不规则的运动。正如一连串清楚可见的压缩波所示明那样发生猛烈的燃烧，这些压缩波以超过稀疏波的速度移入未燃气体中，并在管端得到反射，返向火焰。从图可见，沿着路径 B' 传播的压缩波由于它通过此刻已完全燃烧的气体而经历了多次反射。

沿着路径 A 传播的压缩波并不立即以强激波开始；说得更确切一点，最初是比较弱的压力波，只是在其传播过程中被在燃烧区中所产生的许多其他压力波追上而得到增强。这种压力波在原纹影照片上是完全可以看到的，但在复制照片上有点模糊。在目前这个例子中，它们并不并入激波波峰而导致爆震，但对其他体系的观测表明，当过程处在这个阶段时爆震波可以得到发展。在充有可爆震的丙烷-氧-氮混合物的管中，火焰纹影电影记录照片提供了一个实例，它是由 Schmidt、Steinicke 和 Neubert[47] 获得的。这些底片上每一幅连续火焰都清楚地表明湍流焰刷的外形和压缩波从燃烧区中出现的情况。

在燃烧波附近，压缩波构成不规则形式的斜面，这表明在湍流焰刷中整个管子横截面上气流被不规则地加速。结果，一部分火焰表面以超过平均速度的速度向前移动，其余部分就减缓了，所以湍流焰刷增长了。这种增长阶段是跟随着迅速燃完后发生的，这支持了 Karlovitz 关于燃烧表面突然崩溃的概念。与这个过程同时发生的有压缩波发射的增强，且在火焰波峰和激波波峰之间的气柱中马上出现以后的自燃核心。这种核心的出现标志着从靠穿过燃烧波传热所导致的一类燃烧向靠压缩波产生热量所导致的一类燃烧转变。最后阶段就在于：在激波后残余的未燃气体伴随很强发光照度极迅速地烧完，以及随后建立起爆震波。

Salamandra、Bazhenova 和 Naboko[48] 在研究氢-氧混合物中预爆震周期时获得了相类似的电影记录照片，它们表明了火焰和激波的许多详细情况。

激波可以返回到推进中的焰刷（正如图 8-21 所示的记录照片所说明那样），或可以从后向前推进（正如由 Dixon[49] 获得的 8-22 所示的记录照片说明那样）。在后一种情况下，把点燃源放在离管子封闭端某一距离处，可以看到火焰开始时向两个方向推进。在到达较近的

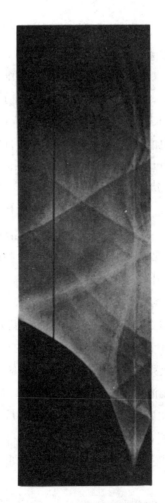

图 8-22　16.6%CS₂-O₂ 混合物中爆震发展过程的直摄照片 (Dixon[49])

一端时，反射压力脉冲组合成压缩波。压缩波在已燃气体中传播，并追上其余的火焰波峰。在这里，压缩波部地地反射；同时，焰刷因扰动而明显地加速了。在这种情况下，火焰和压缩波之间的这种相互作用并不立即产生爆震，虽然在这张记录照片观察范围以外的某一点处终于产生了爆震波。但是，据大家所知，在其他情况下，从背后推进的这种压缩波中确实产生瞬间爆震[40]。

　　这些记录照片及其他曾引证的论据表明了爆震发展的机理。在爆震发展时期内，火焰相对未燃气体最初约以每秒几米的速度移动，以后加速到每秒为几千米的速度。从照片上可以看到，最初燃烧波伸长，以后因气流在管壁上摩擦而变成湍流燃烧波。在这种状态下，湍流焰刷内的质量流因燃烧过程得到加速的程度是不一致的。因此，所产生的压力脉冲在管子横截面上是不均的。既有横向传播又有纵向传播。横向分量在管壁得到反射，所以，在湍流焰刷内的压力波列将沿着管子顺流及逆流传播。逆流运动的压力波使焰刷内的未燃气体在与火焰移动相反方向上得到加速，所以在已燃气体和未燃气体之间的剪流得到发展，这与 Markstein 在对激波贯穿燃烧波的研究中所观察到的气流是相类似的。由于这一过程使总燃烧速率的加速度靠未燃气体的预压缩和预热而增大。后者是因压力波顺流移动且并入激波波峰而发生的。在这一过程的某个阶段，会出现焰刷中迅速烧完现象。这会导致激波波峰最终强化产生爆震，或在出现这种强化以前这一过程会自身重复。此处，可能会发生焰刷碰反射回来的激波而因此得到很大的加速。

Brinkley 和 Lewis[40] 曾研究过爆震传播和爆震毁坏性之间的关系。在传播时期内，未燃气体的压力和温度是靠预压缩产生的。这种预压缩愈大，焰刷延续的时间就愈长。当爆震波建立起来时，爆震波向压力大于点燃前初压的介质传播，结果爆震波的振幅比因点燃立即建立起来爆震波时的情况要大很多很多。这一点已为作者所引证的实验观测所证实。在上述火焰传播期内全部爆炸性气体几乎烧完时爆震波的振幅达到最大（在爆震波激发以前，容器最初是用爆炸性气体充满的）。因此，结果使未燃气体的预压缩达到最大。这些考察使得能用简单的方式计算出爆震压力上限。这种极限压力能用来作实际情况下保守的设计计算。

由于预压缩作用，在通常不发生爆震的混合物中可以出现易逝的不稳定爆震，所以在通常的实际情况下不能依赖于爆震极限的数据。

与 Schmidt 等人的纹影记录照片上所观察到的各种相互作用相应的热力学状态，曾由 Oppenheim[50] 作过计算并绘图表示。同样地，Popov[51] 也论述过 Salamandra 及其同事[48] 摄得的记录照片。

Shchelkin 和 Sokolik[52] 的实验为化学在预爆震周期内所起的作用提供了一个实例。这些研究者曾测定过在固定火花情况下 $C_5H_{12}+8O_2+N_2$ 混合物中预爆震距离与添加和不添加 1.2% $Pb(Et)_4$ 时压力的函数关系。这些资料如图 8-23 所示 $Pb(Et)_4$ 具有确定的抑制效应。此处，预爆震距离随着压力的减小而逐渐增大。正如早已提到过那样，在充分发展的爆震波的情况下 $Pb(Et)_4$ 是没有效应的。在其他一系列实验中，将稍浓一些的 C_5H_{12}-O_2 混合物在压力约为 40 kPa 下并在点燃火花通过前很短的时期内从温度 300 ℃ 预热到 400 ℃，在这一温度范围内，混合物以第 4 章中所描述的方式起反应，并且在诱导期 τ_1 后出现冷焰。预爆震的路径与起火花前加热期的长短有关，其关系如图 8-24 所示。图上阴影区的面积与冷焰出现时的情况相对应。当混合物在冷焰出现后立即被点燃时，预爆震传播的时间就大大地缩短了。但当点燃延迟时，预爆震传播的时间又延长了。很明显，混合物活化是由于积累起显然有助于爆震波发展的醛和过氧化物的缘故。可以看到，这种实验情况是介于未活化混合物的普通爆震和 Otto 发动机中预热的末端混合气中自发形成多个点燃中心之间的混合情况。

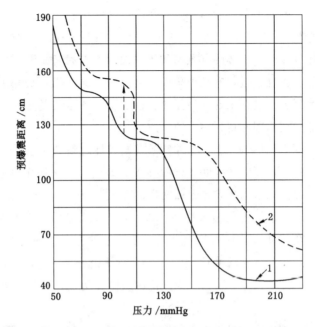

**图 8-23　添加和不添加四乙基铅时戊烷-氧混合物中离点燃火花的
预爆震距离 (Shchelkin & Sokolik[52])**

曲线 1 为 $C_5H_{12}+8O_2+2N_2$；曲线 2 为 $C_5H_{12}+8O_2+2N_2+1.2\%Pb$ (Et)$_4$；
管径为 28 mm；高电容火花在 3 000～4 000 V 时为 0.02 μF。

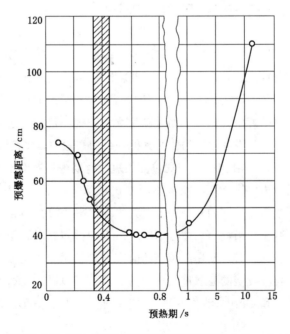

图 8-24　预热时戊烷-氧混合物中预爆震距离的影响 (Shchelken & Sokolik[52])

预热温度为 335 ℃；压力为 42.66 kPa；混合物中含氧为化学计量成分的 90%。
阴影带与冷焰呈现时情况相应。

参考文献

1. M. Berthelot and P. Vielle,*Compt,Rend*. **93**,18(1881).

2. E. Mallard and H. Le Chatelier,*ibid*. **93**,145(1881).

3. P. Laffitte,*Compt. Rend. Acad. Sci*. **177**,178(1923);N. Manson and F. Ferrie,"Fourth Symposium on Combustion", p. 486. Williams &. Wilkins,Baltimore,1953.

4. D. L. Chapman,*phil. Mag*. [**5**]**47**,90(1899).

5. E. Jouguet,*J. Mathématique*,P. 347(1905);P. 6(1906);"Mécanique des Exqlosifs",O. Doin Paris,1917; see also,L. Crussard,*Bull. Soc. Ind.Minérale St. -Etienne* **6**,109(1907).

6. R. Becker,*Z. Physik* 8,321(1922);*Z. Elektrochem*. **42**,457(1936).

7. See,for example,P. P. Ewald,T. Pöschl,and L. Prandtl,"The Physics of Solids and Fluids"(translated by J. J. Dougall and W. M. Deans),2nd Ed,p. 358,*et seq*,Blackie &. Son Ltd. ,London,1936.

8. L. H. Thomas,*J.Chem. Phys*. **12**,449(1944);G. R. Cowan and D. F. Hornig,*ibib*. **18**,1008(1950).

9. See,for example,A. G. Gaydon and I. R. Hurle,"The Shock Tube in High-Temperature Chemical Physics", Reinholt Publishing Corp,New York,1963.

10. Y. B. Zeldovich,*J. Exptl. Theoret. Phys*. (*U. S. S. R.*)**10**,542(1940);"Teoriya Goreniya i Detonatsii i Gazov". U. S. S. R. Acad. Sci. ,Moscow,1944;A. S. Kompaneets,"Teoriya i Detonatsii." U. S. S. R Acad. Sci. Moscow,1955.

11. J. von Neumann,*O. S. R. D. Rept*. No. **549**(1942);*Ballistic Research Lab. File* No. X-122.

12. W. Döring,*Ann. Physik* **43**,421(1943).

13. W. E. Gordon,"Third Symposium on Combustion and Flame and Explosion Phenomena", p. 579. Williams &. Wilkins,Baltimore. 1949.

14. S. R. Brinkley,Jr,and J. M. Richardson,"Fourth Symposium on Combustion", p. 450. Williams &. Wilkins,Baltimore,1953.

15. B. Lewis and J. B. Friauf,*J. Am. Chem. Soc*. **52**,3905(1930).

16. H. B. Dixon,*Phil. Trans. Roy. Soc*. **A184**,97(1893);W. Payman and J. Walls,*J. Chem. Soc*. p 420 (1923).

17. B. Lewis,*J. Am. Chem. Soc*. **52**,3120(1930).

18. D. G. Berets,E. F. Greene. and G. B. Kistiakowsky,*J. Am. Chen. Soc*. **72**,1080(1950).

19. M. Berthelot and P. Vielle,*Compt,Rend. Acad. Sci*. **94**,101,149,822(1882);**95**,151,199(1882);*Ann. Chim. et Phys*. **28**,289(1883).

20. E. Mallard and H. Le Chatelier, *Ann. mins*[**8**]**4**,274,335(1883);*Compt. Rend. Acad. Sci*. **130**,1755 (1900);**131**,30(1900).

21. J. Breton *Ann, office natl. combustibles liquides***11**, 487, (1936); Thèses Faculté des sciences, Univ. Nancy,1936.

22. H. B. Dixon,*Phil. Trans. Roy. Soc*. **A184**,97(1893);**A200**,315(1903).

23. C. Campbell. *J. Chem. Soc.* p. 2483(1922).

24. M. Berthelot and H. Le Chatelier,*Compt. Rend. Acad ,Sci.* **129**,427(1899).

25. W. A. Bone and D. T. A. Townend. "FLame and Combustion in Gases", p. 177,179. Longmans,Green, London,1927.

26. Compiled by P. Laffitte,"Science of Petroleum", Vol. IV, p. 2995. Oxford Univ, Press,London and New York,1938.

27. R. Wendlandt,*Z. physik ,Chem.* **110**,637(1924);**116**,227(1925).

28. W. E. Gordon, A. J. Mooradian, and S. A. Harper, "Seventh Symposium on Combustion", p. 752. Butterworths,London,1959.

29. J. A. Fay,*Physics of Fluids* **2**,283(1959).

30. W. A. Bone and R. P. Fraser,*Phil. Trans. Roy. Soc.* **A228**,197(1929);**A230**,363(1932);W. A. Bone, R. P. Fraser,and W. H. Wheeler,*ibid.* **A235**,29(1936).

31. C. Campbell and D. W. Woodhead. *J. Chem. Soc.* p. 3010(1926);p. 1572(1927).

32. C. Campbell and A. C. Finch,*J. Chem. Soc.* p. 2094(1928).

33. H. Guénoche. *Rev. inst. franc. pétrole et Ann. combustibles liquides* **4**,15(1949).

34. N. Manson, "Propagation des détonations et des déflagrations dans les mélanges gazeux", Office natl. détudes et recherches aer. et Inst. franc. des pétroles, Paris, 1947;*Compt. Rend. Acad. Scl.* **222**, 46 (1946).

35. J. A. Fay,*J. Chem Phys.* **20**,942(1952).

36. F. J. Martin and D. R. White,"Seventh Symposium on Combustion", p. 856,Butterworths,London,1959.

37. P. Laffitte and P. Dumanois,*Comp. rend.* **183**,284(1926).

38. P. Laffitte,*Ann. phvs.* [**10**]**4**,623(1925).

39. K. I. Shchelkin,*J. Tech. Phys. (U. S. S. R.)***17**,613(1947).

40. S. R. Brinkley, Jr, and B. Lewis, "Seventh Symposium on Combustion", p. 807, Butterworths, London,1959.

41. H. M. Shuey,private communication(1958).

42. J. Nikuradse,*Verein dent. Ing. Forschungsheft* **356**(1932).

43. G. H. Markstein,"Sixth Symposium on Combustion", p. 387. Reinhold,New York,1957.

44. B. Karlovitz,see ref. 40.

45. A. J. Laderman,P. A. Urtiew, and A. K. Oppenheim,"Ninth Symposium on Combustion", p. 256, Academic Press,1963. See also A. K. Oppenheim, A. J. Laderman, and P. A. Urtiew,*Combustion and Flame* **6**,193(1962).

46. W. Payman and H. Titman,*Proc. Roy. Soc.* **A152**,418(1935).

47. E. Schmidt, H. Steinicke, and U. Neubert,"Fourth Symposium on Combustion", p. 658. Williams & Wilkins,Baltimore,1953.

48. G. D. Salamandra T. V. Bazhenova, and I. M. Naboko, "Seventh Symposium on Combustion", p. 581.

Butterworths，London，1959.

49. H. B. Dixon，*Phil. Trans. Roy. Soc.* **A200**，315(1903).

50. A. K. Oppenheim，"Seventh Symposium on Combustion"，p. 837. Butterworths，London，1959.

51. V. A. Popov，"Seventh Symposium on Combustion"，p. 799. Butterworths. London，1959.

52. K. I. Shchelkin and A. Sokolik，*Acta Physicochim*. (*U. R. S. S.*)**7**，581，589(1937).

第 9 章
火焰中的发射光谱和电离及电场效应

9.1 火焰光谱

因为火焰光谱学这个课题已由 Gaydon[1] 全面地评述过，所以我们将限制本章只简略概述氢、一氧化碳、烃与空气或氧火焰中的光谱。

氢焰主要发射 H_2O 红外谱带和 OH 紫外谱带。这种 OH 谱带的谱峰有六种，分别位于 342.8 nm、312.2 nm、306.4 nm、287.5 nm、281.1 nm 和 260.8 nm 处，它们向红色方向变暗，以 281.1 nm 和 306.4 nm 处的谱带为最强。260.8 nm 处的谱峰与 OH 自由基激发能 460 kJ 相应，而 281.1 nm 和 306.4 nm 处的谱峰则分别与 423 kJ 和 388 kJ 相应。反应区中的 OH 辐射并不比顺流方向流过反应区的已燃气体的强多少，但比来自烃焰反应区中的 OH 辐射就弱得多。这些现象说明氢焰中的 OH 辐射是热辐射，而不是由化学发光所致。

根据 Gaydon[1] 所引用的论证来看，焰气中受激 OH 的数量是靠可逆反应 $O+H \rightleftharpoons OH^*$ 来维持的，其中包括 OH 的预解离，即在稳定电子状态和不稳定状态之间的无辐射跃迁中分子就离解了。根据 Gaydon 的估算，O 和 H 的热平衡浓度按照这种机理来看足以达到可测到 OH 辐射的程度。

在氢和不被惰性气体稀释的氧的火焰中，曾看到过 Schumann-Runge O_2 谱带。这种火焰呈浅蓝色，主要因发射连续光谱所致，其中含有原子氧，在发射质点形成过程中它是作为一种反应物存在的。

纯的干燥一氧化碳和氧的火焰显示，有一光谱带重叠在一强连续光谱上，该连续光谱从可见光区一直扩展到紫外光区。这种光谱带主要是如下反应中所形成的受激 CO_2 所致。

$$CO+O+M = CO_2^* +M$$

随后按 $CO_2^* = CO+h\upsilon$ 进行反应。这种连续光谱可能包括反应：

$$CO+O = CO_2+h\upsilon$$

这一反应需要很大的活化能，所以它仅在高温下才有明显反应。同样也发现有 Schumann-Runge O_2 谱带，O_2 可能受到如下反应的激发：

$$CO_2^* +O_2 = CO_2+O_2^*$$

正如在第 3 章中已讨论过那样，附加物 H_2 能抑制带光谱和连续光谱。这同样适用于 H_2O 和 CH_4 及其他烃。

在烃及其他有机化合物的火焰中，化学反应区正是由化学发光辐射来清楚地划分出来的。在这些发射质点中以自由基 C_2 为主。这显然是由于它们的起源和激发到碳形成机理中强放热反应阶段的缘故。在这种机理中基本上包含有两个阶段。第一阶段包括个别的烃分子中的氢原子因与在反应区中以很高浓度存在的自由基如 OH 起反应而被部分剥夺去。第二阶段包括由几个这种高度不饱和的碳骨架聚合成石墨基团 C_6，释放出大量能量，分裂出过多的碳原子。因此，例如，若聚合过程中包括有八个碳原子，则产物应为石墨核 C_6 和自由基 C_2。生成其他不同碳数也是可能的。的确，有烃焰中生成自由 C 和 C_3 的论证[2]。C_2 比这种其他自由碳基为多，这是由于它的稳定性相对地高得多的缘故。当有足够的氧存在时，石墨核 C_6 迅速地消失了，但在过浓的混合物中会形成碳粒中心。氢剥离和碳缩合的详细机理似乎很复杂且多种多样。根据 Porter[3] 的观点，脱氢燃料的分子大部分分裂为乙炔，以后再进行具有进一步脱氢的聚合。

Gaydon 和 Wolfhard[4] 在利用烃与 CO 或 H_2 的混合物和保持燃料-氧比不变下研究过烃浓度对火焰 C_2 辐射的影响。他们发现，在烃浓度很高时 C_2 发射随着烃浓度的增高而增强，这一结果与所描述的机理是一致的，因为随着烃浓度的增大。碳的聚合速率也同样随之增大。对原子氢与有机卤化物起作用产生很强的 C_2 发射和聚合成碳产物这两方面的观测结果，提供了甚至更为直接的论证。在这种反应中从有机分子剥离下来的卤原子与 H 原子相化合，且使起骨架作用的分子聚合。

另一种很显著的发射质点是自由基 CH。曾相当满意地确定，受激基 CH 是按如下强烈放热反应形成的：

$$C_2 + OH = CO + CH^*$$

自由基 OH 是烃氧化过程中的中间产物。在反应区中，高受激基 OH 是按如下强烈放热反应形成的：

$$CH + O_2 = CO + OH^*$$

OH 谱带位于紫外光区内，是不可见的。C_2 光谱上的 Swan 谱带很明显，它们主要位于可见光区内，眼睛看起来呈绿色，向紫色光区变暗。CH 光谱由具有谱峰为 431.5 nm 和 387.2 nm 的两个主谱带所组成。前者也向紫色光区变暗。用眼睛看起来，它们呈紫蓝色。在浓的混合物中，以 Swan 谱带为主，但随着含氧量的增大，它们逐渐消隐，所以反应区的颜色从绿色变为 CH 辐射的紫蓝色。随着含氧量的减小，C_2 辐射强度达最大值，然后再减小，看来，总的趋向是反应区中自由基的浓度趋于减少。辐射强度最大值的大小与烃的性质有关，如不饱和烃和高级烷属烃就比甲烷要高得多。

有许多关于自由基 HCO 作为反应区中发射质点的论证[5]。HCO 谱带位于 250.0～400.0 nm 区间内。反应区中 HCO 的存在可以导致自由基与甲醛的反应。HCO 是一种烃氧化或 $CH_3 + O_2 = HCO + H_2O$ 或 $C_2 + HO_2 = CO + HCO$ 等反应的一般中间产物。

9.2 离子和电场效应

图 6-6 所示的是天然气-空气火焰的燃烧波上离子分布的实验测定结果。从图可见，离子浓度在反应区中达一很高的峰值，以后随着化学反应趋于完全而急剧下跌。很明显地，离子的产生是取决于反应区中所出现的化学过程，而不是热碰撞过程。

反应区中呈现的一切简单的分子或原子，包括各种不同的自由基如 C_2 和 CH 在内，都有高于 10 V（962 kJ）的电离势[6]。因此，这些质点在火焰中不能电离化到能检出的程度。因为，即使是可以想象得到的最猛烈的单元反应也不会释放出多到超过 4 V 的能量。若气体不含有杂质（如含钠和钾的尘粒），则在 H_2[7]、CO[7]、CS_2[6] 和 H_2S 的火焰中不能检出离子。但是，曾在烃焰和混杂有烃的其他火焰中检出到一些离子。根据 Calcote[6] 的观点，这些离子的主要来源是化学电离反应：

$$CH + O \longrightarrow CHO^+ + CO$$

后面紧接着的是电荷交换反应：

$$CHO^+ + H_2O \Longrightarrow H_3O^+ + CO$$

H_3O^+ 是燃料稀的和烃稍浓的这两种火焰中的主要离子。在很浓和接近析碳的火焰中，主要离子是 $C_3H_3^+$。有人认为[8]，这一离子是由电受激基 CH^* 和乙炔按下述反应生成的：

$$CH^* + C_2H_2 \longrightarrow C_3H_3^*$$

但是这一反应没有得到严格确定。离子是按反应而衰减的，如发生反应：

$$H_3O^+ + e \longrightarrow H_2O + H$$

且各种不同离子可以靠不同分子质点之中平衡电荷转移而同时存在。

O. Stern[9] 教授所提出的离子形成机理是建立在如下研究的基础上，即认为比较小的碳原子聚集体的热离子功函数是切合实际的，因为大的碳粒的热离子功函数仅为 3.93 V[10]。因此，电离源应起因于脱氢过的烃分子所形成的石墨碳核。这一建议应与碳粒形成理论有关，可以认为这些碳粒是由于碳凝聚在已电离的颗粒上形成的[11]。

在燃烧速度可比拟的浓焰和稀焰中，前者的离子浓度的峰值要比后者高得多[6]，而在甲烷火焰中的离子浓度的峰值比高级烃火焰中要低得多[7]。按 Calcote 和 King[6] 用 Laugmuir 探针技术所测得的丙烷-空气火焰中的绝对值约为 $10^8 \sim 10^9$ 个离子/cm^3。负离子是由电子俘获产生的。

对于通过盐雾或某些其他方法加入金属离子[12]的火焰曾作过大量的研究。碱金属原子的电离势很低，约 4~5 V，因此在高能碰撞中会产生离子。

碱土金属有较高的电离势，它们不易在碰撞过程中形成离子。可见会有化学电离，按如下反应进行：

$$A + OH \rightleftharpoons AOH^+ + e$$

$$AO + H \rightleftharpoons AOH^+ + e$$

式中，A 表示原子，如 Ca、Sr 和 Ba[3]。

若使火焰通过强电场，则发生许多错综复杂的扰乱现象。首先，由于中性分子靠与火焰中被加速了的离子和电子的撞击而电离，使离子浓度迅速上升。这个过程也使原子和自由基的浓度增大。因为电子比气体移动快得多，它们就被吸往阳极，留下来的气体本身带正电。带电气体的质点向阴极迁移，形成 Chattock 压力或电风，以各种方式使火焰变形。这种效应可以是宏观的，它使燃烧波的面积改变；同样也可以想象得到是微观的，它会影响到燃烧波的结构。因此，可以理解可能出现的种种现象，于是，火焰不加速上升，而是缓慢下降，或甚至于熄灭，这都与实验装置和条件有关。这个课题是一门专门问题，对它感兴趣的读者可参看有关的参考文献[14]。

参考文献

1. A. G. Gaydon,"The Spectroscopy of Flames", Chapman & Hall, London, 1957.

2. A. G. Gaydon,[1] p. 190.

3. G. Porter,"Fourth Symposium on Combustion", p. 248. Williams & Wilkins, Baltimore, 1953.

4. A. G. Gaydon and H. G. Wolfhard, *Proc. Roy. Soc.* (*London*) **A201**, 570(1950).

5. A. G. Gaydon,[1] p. 197.

6. Cf. H. F. Calcote and R. I. King,"Fifth Symposium on Combustion", p. 423, Reinhold, New York, 1955.

7. K. F. Bonhoeffer and F. Haber, *Zeit. Phys. Chem.* **137**, 263(1928).

8. H. F. Calcote "Proceedings Third Biennial Gas Dynamics Symposium: Dynamics of Conducting Gases", p. 36, Northwestern Univ. Press, Evanston, Ill. , 1960. "Eighth Symposium on Combustion", p. 184, Williams & Wilkins, Baltimore, 1962.

9. O. Stern, private communication(1937).

10. Cf. S. Dushman, *Rev. Modern Phys*. **2**, 381(1930).

11. H. F. Calcote, *Combustion & Flame* **42**, 215(1981); B. S. Hayes, H. Jander, and H. Gg. Wagner, "Seventh Symposium on Combustion,"p. 1365, The Combustion Institute, 1959.

12. Cf. H. A. Wilson, *Revs. Modern Phys*. **3**, 156(1931).

13. K. Schofield and T. M. Sugden. "Tenth Symposium on Combustion", p. 589, The Combustion Institute, 1965; D. E. Jensen, *Combustion and Flame* **12**, 261(1968).

14. A. E. Malinowski, *J. chim. phys*. **21**, 469(1924); *Physik. Z. Sowjetunion* **9**, 264(1936); A. E. Malinowski and co-workers, *Z. Physik* **59**, 690(1930); *Physik. Z. Sowjetunion* **2**, 52(1932); **5**, 212, 446, 453, 902(1934); **8**, 541(1935); **9**, 263(1936); *J. Tech. Phys.* (*U. S. S. R.*)**5**, 1260(1935); *Acta Physicochim.* (*U. R. S. S.*)**4**, 929(1936); S. C. Lind, *J. Phys. Chem* **28**, 57(1924); G. L. Wendt and F. V. Grimm, *Ind. Eng. Chem.* **16**, 890(1924); F. Haber, *Sitzber. preuss. Akad. Wiss.* **11**, 162(1929); E. M. Guénault and R. V. Wheeler. *J. Chem. Soc.* p. 195(1931); p. 2788(1932); B. Lewis, *J. Am.*

Chem. Soc. **53**,1304(1931);B. Lewis and F. D. Kreutz,*ibid.* **55**,834(1933);W. A. Bone,R. P. Fraser, and W. H. Wheeler,*Proc. Roy. Soc.* (*London*) **A132**, 1(1931);*Phil. Trans. Roy. Soc.* **A235**, 29 (1936);A. Sokolik and B. Skalov,*Physik Z. Sowjetunion* **5**, 676(1934); H. F. Calcote，"Third Symposium on Combustion and Flame and Explosion Phenomena", p. 245. Williams & Wilkins, Baltimore, 1949; K. G. Payne and F. J. Weinberg, "Eighth Symposium on Combustion", p. 207, Williams & Wilkins,Baltimore. 1963;E. R. Place and F. J. Weinberg,"Eleventh Symposium on Combustion", p. 245. The Combustion Institure. 1967.

第 10 章

火焰摄影技术和压力记录法

10.1 火焰摄影技术

在无烟炱或其他染色物如钠的火焰中，最明亮的区域就是燃烧波的化学反应区。燃烧波的直接摄影技术，除了火焰光度未必能满足很短的曝光时间的要求以外，没有提出一些特殊的问题。这对于氢焰特别适用，因为这种火焰除了爆震波的高温和压力外，从可见光的范围来看通常都太暗淡了。一氧化碳-氧混合物的火焰要比烃-氧火焰稍弱一些，但对直接摄影来说，其光强一般是足够了。火焰直接摄影的许多实例照片已转载在本书中。

在外光源光亮地照明下，气流因飘浮的尘埃颗粒而能见到。在使用频闪观测光时，在照片上颗粒轨迹是以间断线状出现的，间隔的长度就是颗粒速度的度量。几张这种照片已翻印在本书中。这种颗粒应当细小到足以能跟随流体加速和改变流向，特别是在燃烧波上出现的颗粒更应如此。有关颗粒跟随这种变化的能力的讨论可从第 260 页上找到。

温差所造成的密度差以及由气体成分不同所造成的较小的密度差，均适用三种摄影方法来观测。这三种摄影方法是：Töpler 纹影法[1]、Dvòrak 阴影法[2]和干涉仪法[3]，这些方法将分别在下面各小节中评述。

1. Töpler 纹影法

这种方法的原理将借助于图 10-1 上的三张图来叙述。图 10-1(a)所示是一个光源、一个透镜（以后称作纹影透镜）和这个光源的像。图上表明了按一般作图得到的有限的光线锥。目前重要的是注意在透镜主平面上任一点处所起源的每一光束都对着光源像。从透镜末端来的两束光束其夹角为 ω。在图 10-1(b)及图 10-1(c)上都画出一束这种光束来说明。从图看到插入了一块小角度的棱镜。在插入棱镜之前，光线被包围在两根虚线之内。在插入棱镜之后，光线向上弯曲到实线位置。因此，由于插入棱镜，使起源于 x 且通过放在像平面直刀刃的光量增多。这些增加的光量都包含在 $\Delta\omega$ 角所对的光束中。在接物透镜所产生的 x 点像平面上，照度相应地增大。曾说明光源的亮度是均一的，而之所以这样清楚地确定是因为这样像的上边界是很清楚的且与直刀刃相平行。直刀刃离像边界的距离为 a。曾假定纹影装置的设计要使 ω 角很小，以致在 x 点像平面处的照度 I 与 a 成正比，并把照度定义为像平面处单位面积上的光能量。光束偏过 $\Delta\omega$ 角使 a 增至$(a+\Delta a)$，则得：

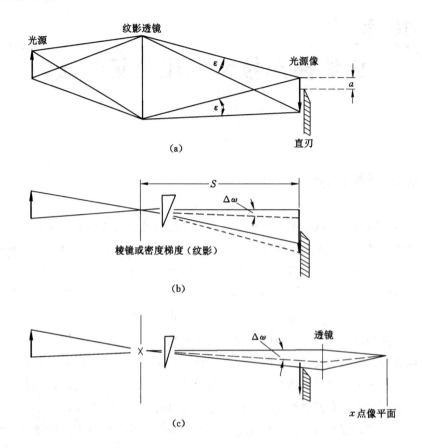

图 10-1　纹影像的形成过程

(a) 使用纹影透镜时的光线构图，表明光源像与光线束成 ω 角；

(b) 插入纹影，使光束偏转 $\Delta\omega$ 角；

(c) 在 x 点像平面处的照度增益（光束夹角为 $\Delta\omega$ 角），按理想，应在 x 点得到纹影。

$$\Delta I/I = \Delta a/a \tag{10-1}$$

因为 $\Delta\omega$ 很小，所以可写出：

$$\Delta\omega = \Delta a/S \tag{10-2}$$

式中，S 是光源像和纹影透镜之间的距离，结果是：

$$\Delta I/I = \Delta\omega\, S/a \tag{10-3}$$

而照度的增量与 $\Delta\omega$ 成正比。

　　若插入棱镜以致使 x 光线向下而不是向上折射，则在像平面处的照度应减弱。设许多小棱镜分布在靠近纹影透镜的一个平面上，因此，像平面应包含相应数量的亮区和暗区，照度就是棱镜方向和斜度大小的度量。很明显地，与直刀刃相平行的折射不会使照度产生变化，而只有与直刀刃相垂直的折射才会有这种影响。因此，由于棱镜转过图平面90°，使照度过度或不足的现象逐渐消失。若转过 180°，则原来光亮的现在是暗的或相反的结果。

很清楚，对于向上折射来说，式(10-3)仅在 $\Delta\omega < \omega$ 时才能满足。若 $\Delta\omega$ 变至等于 ω，则来自点的所有光都不受遮拦并通过直刀刃，继续再增大 $\Delta\omega$ 不会使照度增大。同样，对于向下折射来说，式(10-3)仅在 $\Delta\omega < a/S$ 时才能满足；此时，自点散发出来的所有光线都被直刀刃所遮断。

现在我们来考虑一下图 10-2 所示的一个单独的小棱镜。棱镜的角度为 α，它是由比周围介质 2 较密的介质 1 所组成的。光线锥与垂直面成法向进入，而以与斜面垂线成 β 角离开斜面。光束折射偏离其初始方向的角度为 $\beta - \alpha = \Delta\omega$。根据简单的光学原理可知：

$$\sin\beta = (n_1/n_2)\sin\alpha \tag{10-4}$$

式中，n_1 和 n_2 是介质 1 和 2 相对于真空的折射率。若 α 角很小，则这一方程式就变为：

$$\beta = (n_1/n_2)\alpha \tag{10-5}$$

和

$$\beta - \alpha = \Delta\omega = \alpha(n_1/n_2 - 1) \tag{10-6}$$

设介质的折射率只比 1 稍大一些，对于气体的情况就是这样，则我们可写出：

$$\Delta\omega = \alpha(n_1 - n_2) \tag{10-7}$$

同样，对于气体还有关系式：

$$n - 1 = 1.5r\rho \tag{10-8}$$

十分近似地得到满足。式中，r 为折射率系数，对任何气体来说，它都与温度和压力无关；ρ 为密度。结果得：

$$\Delta\omega = 1.5r\alpha(\rho_1 - \rho_2) \tag{10-9}$$

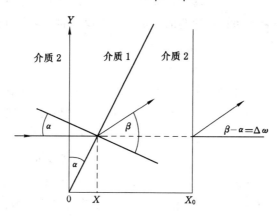

图 10-2　纹影理论的图示说明

现在，与垂直面相平衡的平面固定在任意距离 x_0 处。在任一高度 y 处每单位面积上平面 0 和 x_0 之间所包围的质量为 $\rho_1 x + \rho_2(x_0 - x)$，式中 x 是高度 y 处斜面上的某一点。若任

一高度 y 处平面 0 和 x_0 之间的平均密度以 ρ 符号表示，则得：

$$\rho x_0 = \rho_1 x + \rho_2 (x_0 - x) \tag{10-10}$$

密度 ρ 应是任一水平层 y 上介质 1 和 2 混合的结果。对 y 微分得：

$$x_0 \frac{\mathrm{d}\rho}{\mathrm{d}y} = (\rho_1 - \rho_2) \frac{\mathrm{d}x}{\mathrm{d}y} \tag{10-11}$$

微商 $\mathrm{d}x/\mathrm{d}y$ 为 $\tan\alpha$，它在 α 值很小时近似等于 α，所以：

$$\Delta\overline{w} = 1.5 r x_0 \frac{\mathrm{d}\rho}{\mathrm{d}y} \tag{10-12}$$

在纹影装置中，x_0 平面以纹影透镜之前所插入的干扰（所谓纹影）为界。ρx_0 是视线内任何高度 y 处的质量。因此，式(10-12)表明 $\Delta\omega$ 角与这一质量在 y 方向的变化成正比。根据式(10-3)，$\Delta\omega$ 是按像位置处照度的变化测得的。

Schardin[1]曾给出了适用于某些几何形状简单的炽热体四周热空气中密度梯度的理论解，另外，还作过气体混合过程的应用研究。可惜，除了对缝隙式烧嘴火焰可作很远的平行观测以外，用纹影技术进行火焰中密度梯度的定量测定是极其困难的。纹影摄影技术的主要价值看来在于它能够产生可见的密度差外形。

纹影透镜必须消除不均质现象，因为这种不均质现象会在纹影上显露出来。同样，纹影透镜也应是消色差的，否则各种不同颜色的光源像会不一致。在只有一种颜色而没有其他颜色存在的情况下，直刀刃的插入会使显示屏均匀地变暗。因此，若把直刀刃插在黄色光源像处，则只有来自纹影透镜的黄色光束被直刀刃所均匀地遮断。由于蓝色的光源像位于黄色像之前，所以蓝色光束被不规则地遮挡掉，且来自透镜下刃的透射光线比来自上刃的更强。在红色光束的情况下，反转是正确的。因此，在视屏上看到一个均匀的纹影透镜的黄色像，还看到与在相反方向相遮阴的、重叠而不均一的蓝色像和红色像。球体的像差是视屏上产生不均一照度的另一个原因。

对与大尺寸的像来说，优良的透镜比凹面镜更难以获得。这种系统除了光源现在适于放在该凹面镜之前之外，在原则上是相同的。有一种布置是，将光源移出视线，而凹面镜和物透镜之间的轴线对准［如图 10-3(a)所示］。这种布置就是采用所谓的重合法。来自光源的光用同样也作为直刀刃用的平面镜折向凹面镜。这种布置的缺点是光束两次通过纹影，折射在第一次穿过时已出现了，在折离凹面镜之后的折射光束通过另一部分纹影会产生像，这种像未必很容易解释。在图 10-3(b)所示的装置中，把光源和物镜移到凹面镜轴的各一侧。为了避免光两次通过纹影，在从光源入射到凹面镜的光线区域以外必定会出现干扰，使纹影远离凹面镜的这种措施可能成为一个缺点，因为正如从这种方法的原理来看的那样，理想的是纹影应位于透镜或凹面镜的平面上。与把纹影放在这一位置相等价的装置是利用两块凹面镜的方法获得的，如图 10-3(c)所示，在两块凹面镜之间光线是平行的，纹影可处在这一区域中的任何位置上，但纹影被光线两次通过的区域除外。可以看到，纹影所产生

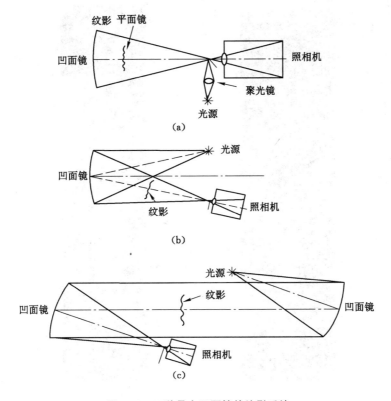

(a)

(b)

(c)

图 10-3　三种具有凹面镜的纹影系统

的照度变化与平行光束的位置无关❶。这种布置的优点是容许在所观测的现象和光学元件之间有很大的距离，这在非定向爆炸的情况下就特别重要。

正如极弱纹影的情况那样，在折射角 $\Delta\omega$ 很小时，可以默许两次通过现象，因为，在这种情况下，两次通过现象会导致灵敏度的增大。

纹影法是极其灵敏的，它能用于反映很微小的密度变化。Schardin 曾给出了用于说明这种方法灵敏度的数字的实例。设球形凹面镜的直径为 30 cm，焦距为 6.5 m，并用碳弧作光源。碳弧喷火口的亮度近似地取为 1.5×10^8 cd/m²。设所需的照度为 10 lx。若照相面为 9 cm×12 cm，则物镜与该面之间的距离就近似地变为 212 cm。光源像的最大宽度取作 1 cm，光学系统中的吸收和折射损失取为 50%。利用这些数字和参照图 10-1 计算得：距离 a 为 6×10^{-3} cm 和距离 S 近似地为 500 cm。便于观测到的最小的照度变化 $\Delta I/I$ 为 5%。这相当于 $\Delta\omega$ 角仅为 0.124 s 和 Δa 位移仅为 3×10^{-4} cm。

天然气-空气的发光扩散火焰的直摄照片和纹影照片的比较，如图 10-4 所示。

可以把纹影像想象为表示以现象为界的两平面间质量的立体地图，其海拔高度与 ρx_0

---

❶　参看 H. Schardin[1]。

图 10-4　烧嘴火焰的直摄照片和纹影照片

成正比。如果以平行光从侧面照亮这张地图，那么从上面观察到照度应与纹影照片极其相似，凡强度愈大，则梯度就愈陡。负梯度应看作阴影。

若纹影球体是发光的，则它会使纹影效应模糊不清。用增强照明光源和缩短曝光时间可以克服这种现象。

用弯曲刃如圆环状小孔同样也能获得纹影效应，此时，在小孔边缘周围环上会形成光源像。在立体地图的模型上，这应与从四周照亮的地图的照度相当。在某些情况下，这一点应是这种布置的优点，但一般来说，复杂纹影图的形状以简单直刀刃提供的为最好。为了从两个方向清楚地辨认出密度梯度，采用直刀刃的两个位置彼此成直角来取得相同现象的两张纹影图往往是可取的。

2. Dvòrak 阴影法

现在来研究从无限远的点光源或放置在所考察透镜焦点处的点光源发出的平行光线所照明的像屏。与光线相平行的光密度梯度不会使像屏的照度产生任何变化；但与光线相垂直的任何梯度或梯度分量就会产生折射，因此使像屏上的照度有局部变化。很小的恒定的梯度，相当于在像屏前某个地方放置一个很差的平面棱镜，会产生恒定角度的局部折射，因此，若棱镜是不透明的，则在棱镜产生阴影的地方像屏照度的连续性稍有中断。这种效果实际上在述及气体中密度梯度时一般不能观察到。因此，恒定的梯度实际上不会使像屏的照度变化，但是，若梯度是变化的，则会产生与透镜相当的效应，即使光线发散或会聚。当光线发散时，则产生与纹影上阴影像相应的阴影。所通过的光线以某种复杂的图式分布在像屏上。当光线会聚时，则在像屏上产生了照度增大的区域，不易判断其边界与扰动尺度的关系，即会聚光线因扰动像而不能在像屏上聚集起来。发散度或会聚度与扰动中密度梯度的导数成正比，所以阴影像的对照深度与密度梯度的变化率有关。在像屏上会聚光的亮度分布能用几何学加以解释的简化系统中，看来能列出亮度分布和密度梯度导数之间关系的公式。但是这种定量解释的尝试还做得很少。

在应用于火焰时，看来仅在确定密度场内阴影边界过程中这种方法才是有用的。例如，在因温度升高产生密度变化的燃烧波中，密度梯度的导数在波面之前为负，且烧嘴火焰内锥的阴影图出现了一光亮的内光带；暗的外光带通常相当暗淡，这与燃烧侧的密度梯度的变化率要小得多的情况是相对应的。

作为一种可视化的方法来说，阴影法的最大优点是很简便。从另一方面来说，阴影法远没有纹影法来得灵敏，阴影图未必能得出清楚的解释。关于火焰中密度梯度的定量研究，可以说，阴影法在这方面不如纹影法有希望。阴影法的一个缺点是阴影像总是受到周围扰动大小的影响。在纹影照相法中，扰动尺寸可因光学布置而改变，所以，如大尺度扰动会缩减小像的尺寸。

3.　干涉仪法

尽管纹影法和阴影法都可用来检测复杂的扰动（如涡流运动或在湍流火焰中燃烧过程的不规律变化），然而干涉仪完全不适用于这种工作。干涉仪主要用来进行折射率的定量测定。所研究的介质必须充满已确定的容积，所以经过介质的光程长度是已知的。而且，对干涉图的解释只有在折射率仅是一个参数如温度的函数时才是清楚的。若其他的过程如化学变化会使光学密度有相当大的改变，则就难以对干涉图作解释。为此，一般说来，对于火焰研究来说，看来干涉法不是一种富有吸引力的研究工具。对于研究简单的混合过程或研究简单的压力或温度分布来说，使用干涉法是毫无疑问的。干涉法有很高的灵敏度，适用于测定高速气流中的密度分布，且基于流体动力学的关系常把它转化为温度、压力和速度各项来解释。

通用的仪器有 Mach-Zehnder 干涉仪，它在许多教科书中均有描述。用一对全或半镀银的平面镜把一光束分成两部分，这两部分以某一相位差复合，产生很易用照相机记录的干涉条纹。若折射率不同于周围的透明体插在光程之一中，则相位差就改变，并观察到干涉条纹的移动。在观察像屏或照片上条纹离其正常位置的位移量，除以法向条纹的分离度，

称为条纹转移 δ。若通过所插入介质的光程长度为 x_0，则折射率由下式给出：

$$n - n_0 = \lambda\delta/x_0 \qquad\qquad (10\text{-}13)$$

式中，λ 是光的波长，n_0 是周围介质或参比介质的折射率。

纹影法求得了折射率的梯度 $\mathrm{d}n/\mathrm{d}y$，再用在离参比点（在此 $n=n_0$）距离 y 内积分得出 $n-n_0$，这正是用干涉法所确定的。正如 Schardin 所指出的那样，这两种方法具有竞争性，一种方法与另一种方法相比相对的优点必须在具体情况下确定。

10.2　密闭容器中压力增长的测量

测量密闭容器中燃烧过程内压力扩展的进程曾用过许多种形式的压力计。压力可以驱动靠克服弹簧力工作的活塞，或使平面的或波状的弹性板（或膜）弯曲。其他形式的压力计利用晶体的压电特性或应变丝的电阻变化。压力记录器的各种不同设计都在专门说明仪器设计的出版物中有描述。

本书中采用的压力记录仪就是用如图 10-5 和图 10-6 所示[4] 的器件制成的。爆炸压力作用于膜上，而该膜构成中空圆柱形容器的底。在中心，装有一小针，它依附在放大和记录膜位移用的光学装置上。这种装置由一根弹簧钢细杆组成，在杆上切出两个颈圈，使之可以弯曲，此杆还支托一块不锈钢制小凹面镜。在中心杆端上，刚好在凹面镜之下，安装一薄环，用小螺母加以固定。这个环是一块弹簧钢的一部分，而这块弹簧钢被牢固地楔形结合在很重的圆柱体器壁上。另一个弯曲颈与环相邻的构件相连。中心杆靠螺旋拧进针根部，而凹面镜靠圆锥螺丝拧入杆的另一端。组合成的整个机构是刚性的，恰如一块材料制成。很容易轻轻将地圆柱体放至爆炸室的连接口。这种夹紧方法确保不必用任何一种方法来拉紧膜，而又不使压力计的位置改变。凹面镜应尽可能地光亮。当压力作用于膜背面时，中心杆被推出，弯向右端。因此，凹面镜绕着某一半径的

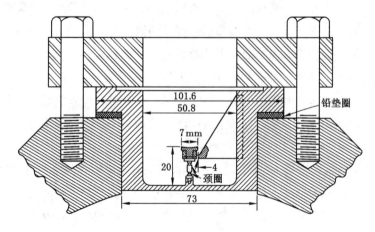

图 10-5　压力计

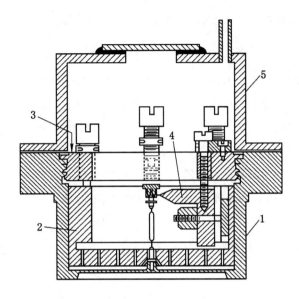

图 10-6　具有过压保护膜的灵敏压力计

1—膜和支承物组成的钢镜罐；

2—具有多孔槽底平面的罐形插入物，静止位置时底平面与膜相对；

3—牢固地嵌入膜支承物的轮，膜支承物的支承螺钉将插入物底压向膜；

4—凹面镜和挠性支架组合件；

5—具有窗口和气体入口的罩子，用来调节膜最初偏离插入物底的程度。

圆周运动，此半径与杆轴和邻接颈头中心之间的距离相对应。用碳弧照明得到的细孔像被凹面镜聚焦于运动的胶片上。

用这类压力计的实验表明，没有滞后现象，也没有观察到零点因特定的范围内负载而变化。

如果期望的是以很高的灵敏度来测量爆炸过程中初始阶段的压力增长过程，那么可以用适当的衬板保护膜免受过压负载。衬板在圆柱形容器内夹住，它与正常位置下的膜齐平。圆柱形容器中的压力增大到超过燃烧室中的压力，与压力增长相应的数值就能测得。这种结构的组合式压力计如图 10-6 所示。

弯曲环状平板理论可以计算出关于膜的厚度和直径的适当尺寸，以满足对灵敏度和压力范围提出的任何要求。做这种设计计算时，第一步是确定所测得的最大压力和所采用材料的弹性极限。平板上的径向应力以边缘处为最大，由下式[5]得出：

$$\frac{S}{p} = \frac{3}{4}\left(\frac{a}{h}\right)^2 \tag{10-14}$$

式中，a 是半径，h 是平板厚度，S 是板边缘处的应力，p 是压力。与压力 p_{max} 相应的应力 S_{max} 必须选得小于材料的弹性极限，以保证安全。比值 S_{max}/p_{max} 就确定了比值 a/h。若 a_1

508

第二篇 火 焰 传 播

是偏离平板中心的数值，σ是泊松比（通常为 0.3 左右），则比值 a_1/h 由下式[6]确定：

$$\frac{a_1}{h} + 0.488\left(\frac{a_1}{h}\right)^3 = \frac{3}{16}\frac{p}{E}\left(\frac{a_1}{h}\right)^4(1-\sigma^2) \tag{10-15}$$

式中，E 是弹性模数，以与压力相同的单位表示。既然 a/h 等于常数，可见，只要该式左端第一项比第一项小，或者只要 $0.488(a_1/h)^2 \ll 1$，偏离值 a_1 就随着压力的增大成线性地增大。根据线性关系，数值 $a_1/h = 0.4$ 仅与 8% 偏离值相对应。按照式（10-14）和式（10-15），半径 a 的选取就确定了所测得的最大压力下的厚度和偏离值。光学记录系统必须设计成能提供所期望的偏离值大小。膜上皱纹能使线性响应得到进一步的改进[6]。

上述方程式对缓慢加载来说是正确的。在弹性变形的情况下，负载对系统所做的功因压迫弹性元件而产生了势能，同样还有某些动能。结果使元件在平衡位置附近振动，在小负载下其周期等于元件的固有频率。对于边缘被夹住的环形平板来说，最低频率由下式[7]给出：

$$f = \frac{0.469h}{a^2}\sqrt{\frac{E}{(1-\sigma^2)\rho}} \tag{10-16}$$

式中，ρ 是平板材料的密度。若 ρ 以 g/cm^3 表示，a 和 h 用 cm 表示，则 E 用 dyn/cm^2 表示。若承载的时间约为 $1/f$，则不能使元件受到均一的承载，且记录出现叠加振动。在平稳响应下承载的总时间，即从零到最大压力的时间，应比 $1/f$ 长，曾推荐为 10 倍。据此推测，因在中心点燃的球形容器中发生爆炸，使压力随着时间流逝而连续地增大。

如果把膜嵌入支架，那么膜的张力取决于其嵌定位置的强度。嵌定强度可能会在承载下有所变化，所以必须经常对膜作校准。既然在绝大多数的设计中，为使膜边缘和支架之间能达到气封，密封垫圈都用某些能变形的材料制成，所以可能会出现滞后现象或迟缓现象。很明显地，避免这些缺点的方法是使膜和支架用同一块金属制成，正如图 10-5 和图 10-6 所示装置中所做的一样。

参考文献

1. A. Töpler, *Pogg. Ann.* **127**, 556 (1866); **128**, **126** (1866); **131**, 33, 180 (1867); **134**, 194 (1868) For an exhaustive analysis of the method and literature references up to 1934, see H. Schardin, *Verein deut. Ing.* **367** (1934); *Forsch. Gebiete Ingenieurw.* **5** (1934). For various quantitative applications see N. F. Bames and S. L. Bellinger, *J. Opt. Soc. Am.* **35**, 497 (1945); F. J. Weyl. Navord Rept. 211-45 (1945); H. W. Liepmann and A. E. Puckett, "Introduction to Aerodynamics of a Compressible Fluid" (Galcit Aeronautical Series). Wiley, New York, 1947; W. R. Keagy, H. H. Ellis, and W. T. Reid, Battelle Memorial Inst. (Project Rand), Rept. 164 (1949).

2. V. Dvòrak, *Ann. Physik*[3]**9**, 502(1880); see also H. Schardin, F. J. Weyl[1].

3. E. Mach and P. Salcher, *Ber. Wien. Akad.* **2a**, 98(1889); L. Mach, *ibid.* **106**(1897); **107**(1898).

4. B. Lewis and G. von Elbe. *J. Am. Chem. Soc.* **55**,504(1933).

5. J. Prescott,"Applied Elasticity", p. 403,Eq. (14. 84). Dover Publications,New York,1946.

6. S. Timoshenko,"Theory of Plates and Shells", p. 335, Eq. （196）. McGraw-Hill. New York, 1940 (substituting $Eh^3/12\ (1-\sigma^2)$ for the flexural rigidity D);cf. S. Way,*Trans. Am. Soc. Mech. Engrs.* **56**, 627(1934).

7. S. Timoshenko. "Vibration Problems in Engineering", 2nd Ed, p. 423 - 430. Van Nostrand,New York, 1937. Equation(16) is obtained from Timoshenko's Eqs. （215）on p. 424 and(227)on p. 429,and eliminating the flexural rigidity D.

第三篇

已燃气体的状态

第 11 章
已燃气体的温度和压力与体积

11.1 按带光谱学确定气体的热力学函数

带光谱分析是确定气体热力学函数数值的最重要的依据。下面，将简述基本原理和介绍通用的符号及习惯。在下一节中，将描述如何按这些数值来计算爆炸压力、温度和火焰体积。

1. 按分子的光谱项图进行热力学函数的计算

气体分子可以各种方式吸收能量。首先，每一个气态分子都具有平移能。其次，它们还可能具有振动能、转动能和电子激发能。电子激发能是指构成分子外壳的一个或多个电子所具有的能量。最后，还有几种能量形式，如核自旋，这种能量在分子总能量中所占的分数虽然小得可以忽略，但它会影响到项的多重性（见下述）。

在气体分子中因碰撞发生很迅速的能量交换。况且，能量可以因辐射的吸收而获得或因辐射线的发射而损失。在一个分子中，转动力和振动力彼此相互作用着。因为转动使分子延伸，而原子的振动会影响惯性矩。电子激发同样也与这些力相互作用着，分子振动是非谐时性的，非谐时性向较高的振动态方向增大，所以，分子振动在多原子分子中比双原子分子中起更重要的作用。

确定一个分子除平移外以任何特定方式吸收的能量大小的问题，是将分光镜分析资料进行量子力学分析来解决的。这个问题已超出本书的讨论范围，读者可参看 Hund、Mulliken、Birge、Mecke 等撰写的有关这个问题的论述。为此，知道分子只能以转动、振动和电子激发的几种分离**量子状态**（或**能级**）存在就足够了。每一个量子状态都具有高于分子的最低态或称**基态**的某种能量。这种能量并不完全表征量子状态，因为存在着相同或几乎相同能量的几种状态，它们一起构成了"退化"态。它们的数目称为**谱项的多重性**或**谱项的统计权重**或**先验或然率**，这是从量子力学求得的。高于一分子任何能位基态的能量是根据实验用带光谱确定的。当贯穿气体发生电子放电时，有光谱线组靠分子发射或靠分子从连续光源吸收。光的发射在电子从较高向较低电子能级跃迁时出现（同样地，极性分子在振动和转动能级跃迁时发射红外线），而光的吸收发生相反过程。发射或吸收光源的频率 v 与两能级之间的能量差 $\varepsilon_2 - \varepsilon_1$ 有关，由 Bohr 频率方程得：

$$\varepsilon_2 - \varepsilon_1 = h\upsilon \tag{11-1}$$

式中，h 是 Planck 常数，等于 6.624×10^{-20} J·s。能级 ε_1 和 ε_2 分别包括转动、振动和电子激发能。极大量的分子，如在研究条件下总是以宏观量存在的分子，它们在实验条件下能激发的所有能级将与带光谱有关。

平移能同样也是量子化的。而即使在极低的实验温度下，分子碰撞中所交换的平均能量也比平移能量子要大得多，以致碰撞这种形式的能量实际上是非量子化的。除了具有极小的惯性矩（转动能量子与惯性矩成反比）的氢分子以外，可以说，室温下的转动能量子是相同的。振动量子要比转动量子大得多，但一般比电子能量子要小。

把分子光谱**编级**后就得到**谱项图**，现在问题在于确定在任何给定温度下以任何给定量子状态存在的分子的百分数。这个问题用量子统计学及其解连同平移统计力学来讨论，从而求得有关气体的全部热力学特性如其内能、熵和自由能的全面知识。

一个分子具有与空间三维相应的三个平移**自由度**。这些自由度都已**完全受激**，也就是说能把相应的坐标和矩看作非量子化的，因此遵循经典的运动定律。这对室温下的转动自由度也可以说是相同的，这种自由度在双原子和刚性线性多原子分子的情况下有两个，而在刚性非线性分子的情况下有三个。处在上述任一种全部受激自由度下的摩尔质量气体的内能为 $\frac{1}{2}RT$——忽略转动延伸和与振动的相互作用。在本书所讨论的温度下几乎不能把振动看作是非量子化的，而电子激发在这方面的可能性就更少。

下面进一步的论述本质上是由 Gianque[1] 提供的。把气体看作是理想气体，这意味着气体分子间没有力的作用。在分子间力实际上已消失的高温和中等压力下，这是可以容许的。

首先我们来研究在组成项图的转动、振动和电子状态中分子的分布。这种分布是温度的函数，可以根据 Boltzmann 基本关系式估算得。这个方程式的推导过程可从有关统计力学的许多著作[2]中找到，该方程式可写成下述形式。

设 N 是指 1 mol 气体中的分子总数，而 A 是指最低能态或**零(基)态**(不包括平移能)的分子数。在零态以上较高量子状态的排列是根据把分子从零态带到任何较高能态所需要的能量来进行的。这种能量以第一态为最少，可用符号 ε_1 表示；第二态的用符号 ε_2 表示等。而且，设 p_0，p_1，p_2，$\cdots$ 是指每种状态(标以脚注 0，1，2，$\cdots$)的统计权重或称先验或然率。设 T 是绝对温度，而 k 是一个常数，通称 Boltzmann 常数。因此，任何状态(如第 γ 态)的分子数为：

$$N_r = p_r A \mathrm{e}^{-\varepsilon_r/(kT)} \tag{11-2}$$

和总数 N 为：

$$N = p_0 A + p_1 A \mathrm{e}^{-\varepsilon_1/(kT)} + p_2 A \mathrm{e}^{-\varepsilon_2/(kT)} + \cdots \tag{11-3}$$

如果物系是绝对零度下的一种理想气体，那么所有的分子都处于零态，且 $N = p_0 A$。在绝对零度下物系的能可用 E_0^0 表示。在任何温度 T 下的内能可用 $E_{r,v,e}^0$ 表示，它由 E_0^0 和转动、振动及电子激发所致的内能所组成。显然：

$$E^\circ_{r,v,e} - E^\circ_0 = \varepsilon_1 p_1 A e^{-\varepsilon_1/(kT)} + \varepsilon_2 p_2 A e^{-\varepsilon_2/(kT)} + \cdots \tag{11-4}$$

上脚注"。"是按 Lewis 和 Randall[3] 的习惯，用来表示**标准状态**下物系的特性。对于某一种气体来说，这就是指该气体的性质如同一个大气压下的一种理想气体一般。对于一种理想气体来说，只有平移熵与压力有关。因此，仅从平移熵以及作为熵的函数的自由能[见式(11-31)]方面来看，把标准状态规定为一个大气压这一点是很重要的。在参考文献中时常用上脚注"。"表示的只是没有指明压力的理想气体。为了求得一种实际气体的特性，必须加上已经计算好的理想气体的热力学特值，两值之间的偏差可从气体状态方程式导出。这些修正在室温和通常的压力下一般很小，即使对于火焰和爆炸中的炽热气体来说也是完全可以忽略的。

如从式(11-3)和式(11-4)消去 A，则得：

$$E^\circ_{r,v,e} - E^\circ_0 = N\frac{\varepsilon_1 p_1 e^{-\varepsilon_1/(kT)} + \varepsilon_2 p_2 e^{-\varepsilon_2/(kT)} + \cdots}{p_0 + p_1 e^{-\varepsilon_1/(kT)} + p_2 e^{-\varepsilon_2/(kT)} + \cdots} \tag{11-5}$$

设

$$Q = p_0 + p_1 e^{-\varepsilon_1/(kT)} + p_2 e^{-\varepsilon_2/(kT)} + \cdots \tag{11-6}$$

既然

$$\frac{\mathrm{d}\left[p e^{-\varepsilon/(kT)} \right]}{\mathrm{d}T} = \frac{\varepsilon}{kT^2} p e^{-\varepsilon/(kT)} \tag{11-7}$$

那么

$$\frac{\dfrac{\varepsilon_1}{kT^2} p_1 e^{-\varepsilon_1/(kT)} + \dfrac{\varepsilon_2}{kT^2} p_2 e^{-\varepsilon_2/(kT)} + \cdots}{p_0 + p_1 e^{-\varepsilon_1/(kT)} + p_2 e^{-\varepsilon_2/(kT)} + \cdots} = \frac{1}{Q}\frac{\mathrm{d}Q}{\mathrm{d}T} = \frac{\mathrm{d}\ln Q}{\mathrm{d}T} \tag{11-8}$$

和

$$E^\circ_{r,v,e} - E^\circ_0 = NkT^2\frac{\mathrm{d}\ln Q}{\mathrm{d}T} \tag{11-9}$$

对于 1 mol 气体来说，气体常数 $Nk = R = 8.315$ J/℃，且

$$E^\circ_{r,v,e} - E^\circ_0 = RT^2\frac{\mathrm{d}\ln Q}{\mathrm{d}T} \tag{11-10}$$

将式(11-10)对 T 微分，就得到所考察的自由度的**热容量**：

$$\frac{\mathrm{d}E^\circ_{r,v,e}}{\mathrm{d}T} = -R\frac{\mathrm{d}}{\mathrm{d}T}\frac{\mathrm{d}\ln Q}{\mathrm{d}(1/T)} \tag{11-11}$$

将要讨论的下一个热力学函数是熵 $S^\circ_{r,v,e}$，其定义为：

$$(S^\circ - S^\circ_0)_{r,v,e} = \int_0^T \frac{\mathrm{d}E^\circ_{r,v,e}}{\mathrm{d}T}\frac{1}{T}\mathrm{d}T = \int_0^T \frac{\mathrm{d}E^\circ_{r,v,e}}{\mathrm{d}T}\mathrm{d}\ln T \tag{11-12}$$

式中，$S^\circ_{r,v,e}$ 表示绝对零度下的熵。

联立式(11-11)和式(11-12)，得：

$$(S° - S_0°)_{r,v,e} = -R\int_0^t \frac{d}{dT} \frac{d \ln Q}{d \frac{1}{T}} d \ln T \tag{11-13}$$

$$= R\left(\ln Q + T \frac{d \ln Q}{dT}\right)\Big|_0^T$$

$$= R\left(\ln Q_T - \ln Q_0 + T \frac{d \ln Q_T}{dT}\right) \tag{11-14}$$

把 Q 值代入式(11-14)，并利用总和符号 $\sum$ 缩写，则得：

$$(S° - S_0°)_{r,v,e} = R\left[\ln \sum p e^{-\varepsilon/(kT)} - \ln p_0 + \frac{1}{kT} \frac{\sum p \varepsilon e^{-\varepsilon/(kT)}}{\sum p e^{-\varepsilon/(kT)}}\right] \tag{11-15}$$

随着 T 趋近于零，则式(11-15)中第三项的分子比分母减小得更快。当 $T=0$ 时，这项消去，则得：

$$S_{0r,v,e}° = R \ln Q_0 = R \ln p_0 \tag{11-16}$$

式中，如上述，p_0 是零态的统计权重。

最后，

$$S_{r,v,e}° = R\left(\ln Q_T + T \frac{d \ln Q}{dT}\right) \tag{11-17}$$

现在来研究在平移自由度中分布的能量内热容量和熵的作用。根据气体动力学理论，对于 1 mol 的理想气体有：

$$E_{平移}° = \frac{3}{2}RT \tag{11-18}$$

和

$$\frac{dE_{平移}°}{dT} = \frac{3}{2}R \tag{11-19}$$

对 1 mol 理想气体的平移熵的方程式是由 Sackur-Tetrode 方程式[1]给出的。该平移熵不是以标准状态表示的，因为它是压力的函数。

$$S_{平移} = \int_0^T \frac{dE_{平移}°}{dT} d \ln T + S_{0平移} \tag{11-20}$$

和

$$S_{0平移} = \frac{3}{2}R \ln M + R \ln V + \frac{5}{2}R + C \tag{11-21}$$

---

[1] 读者可参看有关该方程推荐的文献。Cf. A. Eucken, "Lehrbuch der Chemischen Physik". Leipzig, 1930. See also R. C. Tolman, "Statistical Mechanics". Am. Chem. Soc. Monograph, Chemical Catalog Company, New York, 1927; H. S. Taylor and S. Glasstone, "A Treatise on Physical Chemistry", Vol, Chapter 4(written by J. G. Aston). Van Nostrand, New York, 1942.

式中，M 是分子量，V 是 1 mol 气体所占有的体积，C 是一切气体的通用常数，它由下式给出：

$$C = R \ln \frac{(2\pi k)^{3/2}}{h^3 N^{5/2}} \tag{11-22}$$

式中，N 是 Avogadro 数。

依据气体定律

$$PV = RT \tag{11-23}$$

式中，P 是压力。将式(11-21)中 $R \ln V$ 这一项变为 $R(\ln T + \ln R - \ln P)$，则式(11-20)在积分后变为

$$S_{平移} = \frac{5}{2}R \ln T + \frac{3}{2}R \ln M - R \ln P + \frac{5}{2}R + C + R \ln R \tag{11-24}$$

论及正确使用单位，就要注意到，既然想要以热单位表示 $S_{平移}$，所以式(11-24)中的通用因子 R 要用热单位表示，它等于 8.315 J/(mol·℃)。由于 k,h 和 V 习惯上都用 CGS 制单位表示，且 P 用 atm 表示，所以，要取对数的 R 必须用 $cm^3 \cdot atm/℃$ 表示。用这种单位表示的 R 等于 82.06 $cm^3 \cdot atm/℃$，则 $\ln R = 4.408$。常数 C 等于 -67.116 J/(mol·℃)和 $R \ln R$ 等于 $8.315 \times 4.408 = 36.653$ J/(mol·℃)。

因此，

$$S_{平移} = \frac{5}{2}R \ln T + \frac{3}{2}R \ln M - R \ln P + \frac{5}{2}R - 30.464 \text{ J/(mol·℃)} \tag{11-25}$$

为了求得总熵，必须将式(11-25)的值加到式(11-17)上去。总熵由下式给出：

$$S = R\left(\ln Q_T + T\frac{d \ln Q}{dT} + \frac{5}{2}\ln T + \frac{3}{2}\ln M - \ln P + \frac{5}{2}\right) - 30.464 \text{ J/(mol·℃)} \tag{11-26}$$

标准状态下的熵 $S°$ 是根据 $P=1$ 或 $R \ln P=0$ 推导出求得的。若压力在恒温从 1 atm 变到任何其他压力 P，则熵的变化不过是：

$$S - S° = -R \ln P \tag{11-27}$$

在 Lewis 和 Randall 的热力学系统中，把量 H 称为系统的热含量或焓，其定义为：

$$H = E + PV \tag{11-28}$$

在标准气体状态下，上式就变为：

$$H° = E° + RT \tag{11-29}$$

式中，

$$E° = E°_{r,v,e} + E°_{平移} \tag{11-30}$$

量 F 称为**自由能**，由下式给出：

$$F = H - TS \tag{11-31}$$

在标准气体下，上式就变为：

$$F° = H° - TS°　　　　　　　　(11-32)$$

既然对于恒温下的理想气体来说：

$$H° = H$$

所以从式(11-27)得到：

$$F - F° = RT \ln P　　　　　　　　(11-33)$$

这表示在恒温下由于压力的变化自由能从任何状态至标准状态时的变化。

根据式(11-33)，可求得任何温度 T 下气体反应平衡常数的表达式，这可用特定的例子即氢的原子和分子之间的平衡为例说明：

$$2H \Longrightarrow H_2$$

设平衡状态下氢的原子和分子的分压分别用 P_H 和 P_{H_2} 表示。在 2 mol H 由标准状态转变为平衡状态时自由能的变化为 $-2(F_H - F_H°)$，而在 1 mol H_2 由平衡状态转变成标准状态时相应的变化为 $+(F_{H_2} - F_{H_2}°)$，所以，若标准状态下的 2 mol H 转变为标准状态下的 1 mol H_2，则自由能的总变化为：

$$-2(F_H - F_H°) + (F_{H_2} - F_{H_2}°) = -RT(2\ln P_H - \ln P_{H_2}) = -RT \ln(P_H^2/P_{H_2})$$
$$(11-34)$$

在平衡条件下根据热力学原理得：

$$2F_H - F_{H_2} = \Delta F = 0　　　　　　　　(11-35)$$

并由此得出：

$$2F_H° - F_{H_2}° = \Delta F° = -RT \ln(P_H^2/P_{H_2})　　　　　　　　(11-36)$$

或

$$\Delta F° = -RT \ln K　　　　　　　　(11-37)$$

式中，K 是氢离解反应的**平衡常数**。K 与通常所用的以分压表示的平衡常数 K_p 是一致的。

将式(11-29)、式(11-30)、式(11-10)、式(11-18)、式(11-26)和式(11-27)与式(11-32)联立并重新整理后得：

$$F° - E° = -\frac{5}{2}KT \ln T - \frac{3}{2}RT \ln M - RT \ln Q + 7.281T　　　　　　(11-38)$$

对于任何气体来说，在 $\ln Q$ 这一项根据带光谱求得以后，$F° - E_0°$ 的值就可以很容易地计算出。

最后，根据式(11-37)得：

$$\ln K = -\frac{\Delta(F° - E_0°)}{RT} - \frac{\Delta E_0°}{RT}　　　　　　(11-39)$$

$\Delta E_0°$ 这一项表示热力学温度为零时的**反应能**，它与标准气体状态下发生的反应有关。

在某些情况下，凝相也参与平衡过程。自由能 F_c[见式(11-31)]可写为：

$$F_c = E_{0(c)} + \int_0^T C_{p(c)} \, \mathrm{d}T - T \int_0^T \frac{C_{p(c)}}{T} \, \mathrm{d}T - T S_{0(c)} \tag{11-40}$$

若 $S_{0(c)} = 0$，则 $F_c - E_{0(c)}$ 这一项就能根据热容量的数据求值。

有三种通用的方法，可以用来确定 ΔE_0°：

(1) 在氢离解的情况下，例如，ΔE_0° 表示热力学温度为零时的离解能，即零量子状态的一个分子分裂为两个正常的氢原子所需要的能量。随着给分子添加能量，两个原子彼此反向振动变得愈来愈猛烈，直到最后它们的动能克服它们之间的化学键力而被粉碎。所添加的总能量等于从零量子态直到离解的所有振动量子之和。所以，ΔE_0° 可按分析分子振动光谱求得。对振动光谱了解得愈完全，这种方法就愈准确。求得全部振动量子能量总和的困难在于：随着振幅的增大，两连续量子态之间的能量差就变得愈来愈小。已知较大的量子态时，较小的就需要用外推到量子态间的间隔为无限小（即到达出现离解点）的方法求得。这种方法在许多情况下提供了很准确的离解能值，其中可以提到的有 H_2、O_2 及卤素的离解能值。

(2) 当 ΔF° 或 K 可以用某种实验方法确定时，ΔE_0° 可以根据式(11-39)计算求得。这种实验测定方法有：ΔF° 的电动势测量法，或根据爆炸实验、光吸收测量或过去所用的其他化学物理方法来确定平衡常数的方法。

(3) 在一般温度下反应能的量热测量法可以测得 ΔE_0° 的数值。所测得的能量是等于 ΔE_T° 还是等于 ΔH_T°[见式(11-29)]，这取决于测定是在定容还是定压下进行的。偏离理想气体状态的修正因其很小通常可以忽略。

ΔE_0° 可根据下式求得：

$$\Delta E_0^\circ = \Delta E_T^\circ - \Delta \left(\frac{3}{2} RT + RT^2 \frac{\mathrm{d} \ln Q}{\mathrm{d}T} \right) \tag{11-41}$$

$$\Delta E_0^\circ = \Delta H_T^\circ - \Delta \left(\frac{3}{2} RT + RT^2 \frac{\mathrm{d} \ln Q}{\mathrm{d}T} \right) \tag{11-41a}$$

实际上，要阐明函数

$$\ln Q, \frac{\mathrm{d} \ln Q}{\mathrm{d}T} \text{ 和 } \frac{\mathrm{d}}{\mathrm{d}T} \frac{\mathrm{d} \ln Q}{\mathrm{d}(1/T)}$$

的计算已超出本书讨论的范围。在任何情况下，这些运算应委托给熟悉数学计算方法的专家，同时理解现代量子力学的应用是问题的本质。Q 总数的计算有非常繁多的步骤，有关这方面的详细说明，请读者参看参考文献[1, 4]。

在此，着重指出，分光镜分析法通常是在准确度方面优于量热法的一种实验方法。由于在求 Q 总值时对项图了解不完全会出现一些误差。有关许多化合物的内能和平衡常数的数据已汇集于附录一所示的表中。

2. 按分子基频进行热力学函数的近似计算

有一种常用的精确的简化方法，用它不难计算出有关内能、热容量和自由能的数据。

这种简化方法是根据如下几个假定得出的：（1）假定分子是刚性转动体，即没有因受离心力的转动而延伸，因此没有转动能和振动能之间的相互作用；（2）忽略转动能的量子化；（3）假定振动是谐时的，如果两个振荡原子之间的力函数遵循 Hooke 定律——斥力与原子质量中心间的距离成正比地增大，那么这种近似关系应严格遵守。在振动量子数很低时，正如在许多研究情况下，由各较低振动能级几乎等间距这一点所证明的那样，这种假定应是正确的。正常分子第一振动能级的频率称为分子的**基频**❶。对于极性分子如 HCl 和 H_2O 来说，这种频率是根据红外光区内的吸收测量求得的。

如下一些方程组说明这种简化方法，并指出如何导出某些比较早期的但仍常使用的关于内能和平衡常数的关系式。

内能由五部分组成，即 E_0° 与平移、转动、振动和电子激发的能量。

$$E^{\circ} - E_0^{\circ} = E_{平移}^{\circ} + E_{移动}^{\circ} + E_{振动}^{\circ} + E_{电子}^{\circ} \tag{11-42}$$

$$E_{平移}^{\circ} = \frac{3}{2}RT \tag{11-18}$$

$$E_{转动}^{\circ} = RT \quad （对双原子和线性多原子的分子来说） \tag{11-43}$$

$$E_{转动}^{\circ} = \frac{3}{2}RT \quad （对非线性分子来说） \tag{11-44}$$

具有基频 v_0 的谐时振子物系的量子统计学已在 80 年前由 Planck 和 Einstein 完成。他们的方程式可以计算出任何温度下各种不同量子状态分子的分布，它是基频 v_0 的函数，因而也是振动部分的热力学的函数。因此，

$$E_{振动}^{\circ} = \sum R \frac{\theta}{e^{\theta/T} - 1} \tag{11-45}$$

式中，$\theta = hv_0/k$❷。总和符号表示这种能量是把具有不同或相同频率 v_0 的分子中所有自由度总和加起来得到的。例如，三角形水分子具有两个氢原子以相同频率对氧原子振动的两个自由度，和氢原子彼此以不同频率振动的一个自由度。因此，在这种情况下，总和是由三项所组成的，其中有两项是相同的。

电子能用与式(11-5)相同的表达式表示，除了现在 ε 值表示在分子零态或称基态和较高电子态之间的能差以外：

$$E_e^{\circ} = N \frac{\varepsilon p_1 e^{-\varepsilon_1/(kT)} + \varepsilon_2 p_2 e^{-\varepsilon_2/(kT)} + \cdots}{p_0 + p_1 e^{-\varepsilon_1/(kT)} + p_2 e^{-\varepsilon_2/(kT)} + \cdots} = N \frac{\sum \varepsilon p e^{-\varepsilon/(kT)}}{\sum p e^{-\varepsilon/(kT)}} \tag{11-46}$$

熵是由四部分组成的，即因平移、转动、振动和电子激发而导致的熵。与相应的能量

---

❶ 各种不同分子基频的一览表可从如下文献找到：H. H. Landolt and R. Börnstein, *Phys. Chem. Tabellen*, 2nd Suppl. Vol. pp. 1252 *et seq.* (1930); cf. W. Nernst and K. Wohl, *Z. Tech. Phys.* **10**, 608(1929).

❷ 在 θ/T 从 0 到 ∞ 之间，函数 $3R[(\theta/T)/(e^{\theta/T}-1)]$ 的数值可从如下论文中找到：Landolt-Börnstein, *Phys. Chem. Tabellen*, 1st Suppl. Vol. p. 703, Table Ⅱ(1925).

项不同，在各分离项中已包括零点熵：

$$S° = S°_{平移} + S°_{转动} + S°_{振动} + S°_{电子} \tag{11-47}$$

标准态的平移熵方程式是根据式(11-25)用 $p=1$ 或 $R \ln p=0$ 代入求得的：

$$S°_{平移} = \frac{5}{2}R \ln T + \frac{3}{2}R \ln M + \frac{5}{2}R - 7.281 \tag{11-48}$$

对于双原子和线性多原子的分子来说，转动熵[5]为：

$$S°_{转动} = R \ln T - R \ln s - R \ln \frac{h^2}{8\pi^2 k} + R \ln I + R \tag{11-49}$$

对于非线性的分子来说，转动熵为：

$$S°_{转动} = \frac{3}{2}R \ln T - R \ln s - \frac{5}{2}R \frac{h^2}{8\pi^2 k} + \frac{3}{2}\ln \overline{I} + \frac{3}{2}R \tag{11-50}$$

式中，s、I 及 $\overline{I}$ 分别表示分子的对称数、惯性矩和平均惯性矩。

对称数 s 取决于分子的形状，实际上它等于孔槽(分子可占据自身的空腔)数。对于双原子和线性多原子的分子来说，这显然等于 2，末端的原子占有空腔前或空腔后的位置。对于非线性分子来说，对称数必须根据它的空间结构来确定。例如，H_2O 的对称数为 2，C_2H_2 为 2，NH_3 为 3，CH_4 为 12。上述关系只有在认为每种元素有一种同位素时才适用。

振动和电子激发的熵表达式与式(11-17)相类似，在其与式(11-9)联立后可写成：

$$S°_{r,v,e} = \frac{E°_{r,v,e} - E°_0}{T} + R \ln Q_T \tag{11-51}$$

在有关谐振子的 Planck-Einstein 公式中，Q 是用式 $1-e^{-\theta/T}$ 表示的，且振动熵变为：

$$S°_{振动} = \frac{E°_{振动}}{T} R \ln(1 - e^{-\theta/T}) \tag{11-52}$$

同样地，

$$S°_{电子} = \frac{E°_{电子}}{T} + E \ln \sum p e^{-\varepsilon/(kT)} \tag{11-53}$$

将式(11-29)和式(11-32)联立，并写成：

$$-(F° - E°_0) = -(E° - E°_0) - RT + TS° \tag{11-54}$$

把式(11-48)和式(11-53)代入式(11-54)中，并根据 $E°_{平移} - E°_0 = \frac{3}{2}RT$ 得出求单原子气体自由能的方程式：

$$-(F° - E°_0) = \frac{5}{2}RT \ln T + RT\left(\frac{3}{2}\ln M + \ln \sum p e^{-\varepsilon/(kT)} - \frac{7.281}{R}\right) \tag{11-55}$$

把式(11-48)、式(11-49)、式(11-52)和式(11-53)代入式(11-54)中，则得出求双原子或线性多原子的分子自由能的方程式：

$$-(F° - E°_0) = RT\left[\frac{7}{2}\ln T + \sum \ln(1 - e^{-\theta/T})\right] +$$

$$RT\left(\frac{3}{2}\ln M + \ln I - \ln s + \ln \sum p\mathrm{e}^{-\varepsilon/(kT)} + 84.785\right) \quad (11\text{-}56)$$

把式(11-48)、式(11-50)、式(11-52)和式(11-53)代入式(11-54)中，则得求非线性分子自由能方程式：

$$-(F^\circ - E^\circ_0) = RT\left[\frac{8}{2}\ln T + \sum \ln(1 - \mathrm{e}^{-\theta/T})\right] +$$

$$RT\left(\frac{3}{2}\ln M + \ln \bar{I} - \ln s + \ln \sum p\mathrm{e}^{-\varepsilon/(kT)} + 129.578\right) \quad (11\text{-}57)$$

根据这些方程式能导出求平衡常数与温度关系的通用形式的方程式。为此，可以引入符号 C_{p_0} 来表示定压下由于平移和转动所致的这部分热容量 $\mathrm{d}H/\mathrm{d}T$。它与温度无关，而等于：

$$C_{p_0} = \frac{5}{2}R \quad (\text{对 1 mol 单原子气体来说}) \quad (11\text{-}58)$$

$$= \frac{7}{2}R \quad (\text{1 mol 双原子或线性多原子的分子来说}) \quad (11\text{-}59)$$

$$= \frac{8}{2}R \quad (\text{对 1 mol 非线性分子来说}) \quad (11\text{-}60)$$

在式(11-55)～式(11-57)两端除以 2.303，将对数转变为以 10 为底。这些方程式中带括号的第二项通常称为化学常数，用符号 i 表示。对于单原子气体来说：

$$i = \frac{3}{2}\lg M + \lg \sum p\mathrm{e}^{-\varepsilon/(kT)} - 1.589 \quad (11\text{-}61)$$

相应地，对于线性和非线性的分子也有相应的方程式[1]。

既然

$$F^\circ_{振动} = \sum RT \ln(1 - \mathrm{e}^{-\theta/T}) \text{ [2]} \quad (11\text{-}62)$$

所以，式 (11-39) 就变为：

$$\lg K_p = -\frac{\Delta E^\circ_0}{4.576T} + \frac{\Delta C_{p_0}}{1.987}\lg T + \frac{1}{4.576}\Delta\left(\frac{F^\circ_{振动}}{T}\right) + \Delta i \quad (11\text{-}63)$$

这就是求平衡常数(用大气压力所测得的分压表示)的通用近似方程式。

从历史上看，根据理论热力学，在许多年以前式(11-63)就已知道，其差别是使用了等值的一项 $\int_0^T \mathrm{d}T/T^2 \int_0^T C_{振动}\mathrm{d}T$ 代替 $\Delta(F^\circ_{振动}/T)$。热容量可以用如下形式的方程式表示：

$$C = (a/T) + b + cT$$

---

❶ 有关各种分子的化学常数可参看 Landoh-Börnstein *phys. Chem. Tabellen*, 2nd Suppl. Vol. pp. 1252 *et seq.* (1930).

❷ 在 θ/T 从 0 到 ∞ 之间，函数 $3R\ln(1-\mathrm{e}^{-\theta/T})$ 的数值可以从如下论文中找到：Landolt-Börnstein, *Phys. Chem. Tabellen*, 1st Suppl. Vol. p. 703, Table Ⅲ (1925).

这个表达式能加以积分，表示自由能和熵，以致凭经验用两个附加的积分常数可以表达所有的热力学特性。这些方程式在表示供计算机计算用的热力学特性时是很有用的。

11.2　密闭容器中的绝热爆炸

1.　在绝热燃烧和均一温度分布下的温度和压力与离解之间的关系

在这节和以后各节中，标准态的符号将加以省略，即认为各种气体可当作理想气体来考察。为了方便起见，我们将绝对零度和温度 T 之间的内能缩写为：

$$E_T - E_0 = E^T \tag{11-64}$$

我们来列出可燃气体混合物在一般情况下的能量方程式。这种混合物最初处于 T_i；在反应后，混合物处于最终温度 T'_e 下的化学平衡状态。T'_e 右上角的撇是表示整个容器处于均一的温度状态。已燃烧掉的可燃气体的物质的量用 m_e 表示，1 mol 可燃气体的反应能用 ΔE_c 表示。把反应看作是分三个步骤进行的：第一，在 T_i 下可燃气体的燃烧过程直到所有的氧或所有的可燃气体都消耗完才完成，在这个过程中释放出热量 $\sum m_c (\Delta E_c)_T$；第二，这种能量中的一部分被用来使温度 T_i 下可离解的产物离解，以致其浓度与最终温度 T'_e 和压力 P'_e 下的平衡浓度相当；第三，其余的能量被用来把平衡混合物的温度提高到 T'_e。说明这种能量变化的方程式为：

$$\sum m_c (\Delta E_c)_{T_i} = \sum m_D (\Delta E_D)_{T_i} + \sum m_e (E_e^{T'} - E^{T_i}) \tag{11-65}$$

式中，e 是指最终状态或平衡状态。E^T 值可根据从 JANAF 表中 $H° - H°_{298}$ 值减去 RT 求得，也可由附录一中查得。$(\Delta E_c)_{T_i}$ 值可根据反应物及燃烧产物的生成热与 $\Delta H°_{f,T_i}$ 的代数和并减去 nRT_i（其中 Δn 为反应物和反应产物的物质的量之间的差值）。$(\Delta E_D)_{T_i}$ 值可相类似地根据离解分子和离解产物的生成热求得。例如，对于如下反应：

$$A + nB = C - \Delta E_{T_i} \tag{11-66}$$

ΔE_{T_i} 可根据方程式：

$$\Delta E_{T_i} = \Delta H°_{f,T_i(C)} - \Delta H°_{f,T_e(A)} - n\Delta H°_{f,T_i(B)} - nRT_i \tag{11-67}$$

求得。已离解气体的 m_D 值是根据 JANAF 表中平衡常数计算求得。各种不同反应的平衡常数已列在附录一中。

T'_e 和 P'_e 之间的关系式是根据气体定律求得的：

$$P'_e = P_i \frac{T'_e}{T_i} \frac{\sum m_e}{\sum m_i} \tag{11-68}$$

式中，P_i 是初始压力，$\sum m_i$ 和 $\sum m_e$ 分别是燃烧前后的物质的量的总数。

(1) 氢-氧爆炸

水可按如下两种路径离解：

$$\text{I}.\ \ H_2+\frac{1}{2}\rightleftharpoons H_2O$$

$$\text{II}.\ \ OH+\frac{1}{2}H_2\rightleftharpoons H_2O$$

它们的平衡常数为：

$$K_{p\,\text{I}} = p_{H_2}\sqrt{p_{O_2}}/p_{H_2O} \tag{11-69}$$

$$K_{p\,\text{II}} = p_{OH}\sqrt{p_{H_2}}/p_{H_2O} \tag{11-70}$$

氢和氧按下式解离：

$$2H\rightleftharpoons H_2$$

$$2O\rightleftharpoons O_2$$

它们的平衡常数为：

$$K_{p_{H_2}} = p_H^2/p_{H_2} \tag{11-71}$$

$$K_{p_{O_2}} = p_O^2/p_{O_2} \tag{11-72}$$

这些平衡常数值可在 JANAF 表中查得，且已列于附录一中。若混合物中含氮，则氮的离解在可达到的温度下是可忽略的，而氨的平衡通常也能忽略不计。但是，必须考虑 NO 平衡：

$$NO\rightleftharpoons\frac{1}{2}N_2+\frac{1}{2}O_2$$

其平衡常数为：

$$K_{p_{NO}} = p_{NO}/\sqrt{p_{N_2}p_{O_2}} \tag{11-73}$$

① 第一种情况：氢过量。在这种情况下，只有氢和水蒸气的离解是重要的。

若初始温度是室温(298 K)，则式(11-65)左端项变为：

$$\sum_{m_e}(\Delta E_c)_{T_i} = 2m_{iO_2}(57\,502) \tag{11-74}$$

式中，57 502 是 298 K 下 1 mol H_2 的 ΔE_c 值(cal)。

已离解的 H_2O 的物质的量,根据离解反应 I,它等于平衡混合物中所含 O_2 的物质的量的两倍，而根据离解反应 II 它等于平衡混合物中所含 OH 的物质的量。已离解的 H_2 的物质的量等于所形成的 H 原子的物质的量的一半。

因此，式(11-65)右端第一项变为：

$$\sum m_D(\Delta E_D)_{T_i} = 2m_{eO_2}(57\,502)+m_{eOH}(66\,932)+0.5m_{eH}(103\,608) \tag{11-75}$$

式(11-65)中最后一项变为：

$$\sum m_e(E^{T_e'}-E^{T_i})=m_{eH_2O}(E^{T_e'}_{H_2O}-1\,775)+m_{eH_2}(E^{T_e'}_{H_2}-1\,432)+$$

$$m_{eO_2}(E^{T_e'}_{O_2}-1\,480)+m_{eOH}(E^{T_e'}_{OH}-1\,600)+$$

$$m_{eH}\frac{3}{2}R(T_e'-298)+m_x(E^{T_e'}_x-E^{298}_x) \tag{11-76}$$

式中，m_x 是任何惰性气体如氮、氩或氦的物质的量。

显然，

$$m_{eH_2O}=m_{iH_2O}+2m_{iO_2}-2m_{eO_2}-m_{eOH} \tag{11-77}$$

式中，m_{iH_2O} 是最初存在的 H_2O 的物质的量。

$$m_{eH_2}=m_{iH_2}-2m_{iO_2}+2m_{eO_2}+0.5m_{eOH}-0.5m_{eH} \tag{11-78}$$

平衡混合物中组分 m_e 的分压 p 用一般方程式表示：

$$p=P_e'\frac{m_e}{\sum m_e}=T_e'\frac{P_i}{T_i}\frac{m_e}{\sum m_i} \tag{11-79}$$

所以，平衡常数就变为：

$$K^{T_e'}_{p\,I}=\sqrt{T_e'\frac{P_i}{T_i}\frac{1}{\sum m_i}}\frac{m_{eH}\sqrt{m_{eO_2}}}{m_{eH_2O}} \tag{11-80}$$

$$K^{T_e'}_{p\,II}=\sqrt{T_e'\frac{P_i}{T_i}\frac{1}{\sum m_i}}\frac{m_{eOH}\sqrt{m_{eH_2}}}{m_{eH_2O}} \tag{11-81}$$

$$K^{T_e'}_{H_2}=T_e'\frac{P_i}{T_i}\frac{1}{\sum m_i}\frac{m^2_{eH}}{m_{eH_2}} \tag{11-82}$$

最后，

$$\sum m_i=m_{iH_2}+m_{iO_2}+m_{iH_2O}+m_x \tag{11-83}$$

$$\sum m_e=m_{eH_2O}+m_{eH_2}+m_x+m_{eO_2}+m_{eOH}+m_{eH} \tag{11-84}$$

这种计算方法是一种逐次逼近法。先选取一个 T_e' 值，然后从附录一表Ⅱ中找出三个平衡常数。根据五个方程式(11-77)、式(11-78)、式(11-80)～式(11-82)计算所有的 m_e 值。把这些数值代入式(11-74)～式(11-76)中，依据附录一表Ⅰ确定式(11-65)是否得到满足。若不满足，则选取一个新的 T_e' 值重算。利用合适的 T_e' 值按式(11-68)、式(11-83)和式(11-84)计算 P_e'。

对于接近化学计量成分或符合化学计量成分的混合物来说，T_e' 可能会高得必须同样也考虑氧的离解，且如有氮存在，还得考虑 NO 平衡。应把各附加项列入上述方程中。因此，式(11-75)中 m_{eO_2} 应该用 $m_{eO_2}+0.5m_{eO}+0.5m_{eNO}$ 代替，并添加 $0.5m_{eO}(118\,526)$ 和 m_{eNO} (21 580)这些项。在式(11-76)中应添加这样几项：

$$m_{eO}\frac{3}{2}R(T_e'-291),m_{eNO}(E^{T_e'}_{NO}-1\,605)\quad 和\quad m_{eNO_2}(E^{T_e'}_{N_2}-1\,480)$$

式中，

$$m_{eN_2} = m_{iN_2} - 0.5 m_{eNO} \tag{11-85}$$

在式(11-77)中应减去 m_{eO} 和 m_{eNO} 这两项。在式(11-78)和式(11-84)中应添加 m_{eO} 和 m_{eNO} 两项。相应的平衡常数为：

$$K_{pO_2}^{T_e'} = T_e' \frac{P_i}{T_i} \frac{1}{\sum m_i} \frac{m_{eO}^2}{m_{eO_2}} \tag{11-86}$$

$$K_{pNO}^{T_e'} = \frac{m_{eNO}}{\sqrt{m_{eN_2} m_{eO_2}}} \tag{11-87}$$

② 第二种情况：氧过量。考虑到上述所有的五个平衡得：

$$\sum m_c (\Delta E_c)_{T_i} = m_{iH_2} (57\,502) \tag{11-88}$$

氢是由于离解反应 Ⅰ 和 Ⅱ 所形成的。已离解的 H_2O 的物质的量，根据离解反应 Ⅱ，它等于 m_{eOH}，而根据离解反应 Ⅰ，等于 $m_{eH_2} + 0.5 m_{eH} - 0.5 m_{eOH}$。因此，

$$\sum m_D (\Delta E_D)_{T_i} = (m_{eH_2} + 0.5 m_{eH} - 0.5_{eOH})(57\,502) + m_{eOH}(66\,902) +$$
$$0.5 m_{eH}(103\,608) + 0.5 m_{eO}(118\,526) + m_{eNO}(21\,580) \tag{11-89}$$

当 $m_{eH} + 0.5 m_{eH}$ 小于 $0.5 m_{eOH}$ 时，这是可能的。

同样地，

$$\sum m_e (E_{T_e'} - E_{T_i}) = m_{eH_2O}(E_{H_2O}^{T_e'} - 1\,775) + m_{eO_2}(E_{O_2}^{T_e'} - 1\,480) +$$
$$m_{eH2}(E_{H_2}^{T_e'} - 1\,432) + m_{eOH}(E_{OH}^{T_e'} - 1\,600) +$$
$$(m_{eH} + m_{eO})\frac{3}{2}R(T_e' - 298) + m_{eNO}(E_{NO}^{T_e'} - 1\,605) +$$
$$m_{eN_2}(E_{N_2}^{T_e'} - 1\,480) + m_x(E_x^{T_e'} - E_x^{298}) \tag{11-90}$$

$$m_{eH_2O} = m_{iH_2} - m_{eH_2} - 0.5 m_{eH} - 0.5 m_{eOH} \tag{11-91}$$

$$m_{eO_2} = m_{iO_2} - 0.5 m_{iH_2} + 0.5 m_{eH_2} + 0.25 m_{eH} -$$
$$0.25 m_{eOH} - 0.5 m_{eO} - 0.5 m_{eNO} \tag{11-92}$$

m_{eN_2} 已由式(11-85)给出。

求平衡常数的方程式仍与以前相同。

$\sum m_i$ 和 $\sum m_e$ 已分别由式(11-83) 和式(11-84)给出。

(2) 一氧化碳-氧爆炸

这种混合物通常含有一些水蒸气。为了与已考察过的平衡相比，必须添加如下平衡：

$$CO + \frac{1}{2} O_2 \Longrightarrow CO_2$$

其平衡常数为：

$$K_{p_{CO_2}} = \frac{p_{CO}\sqrt{p_{O_2}}}{p_{CO_2}} \tag{11-93}$$

① 第一种情况：一氧化碳过量。

$$\sum m_c (\Delta E_c)_{T_i} = 2m_{iO_2}(67\ 538) \tag{11-94}$$

已离解的 CO_2 的物质的量等于：O_2 的物质的量的两倍加上平衡混合物中 O 的物质的量再减去因 H_2O 离解能生成 O_2 的物质的量的两倍。因此，

$$\sum m_D (\Delta E_D)_{T_i} = (2m_{eO_2} + m_{eO} + m_{eNO} - m_{eH_2} - 0.5m_{eH} + 0.5m_{eOH})(67\ 338) +$$
$$(m_{eH_2} + 0.5m_{eH} - 0.5m_{eOH})(57\ 502) + m_{eOH}(66\ 932) +$$
$$0.5m_{eH}(103\ 608) + 0.5m_{eO}(118\ 526) + m_{eNO}(21\ 580) \tag{11-95}$$

$$\sum m_e (E^{T_e'} - E^{T_i}) = m_{eCO_2}(E_{CO_2}^{T_e'} - 1\ 646) + m_{eCO}(E_{CO}^{T_e'} - 1\ 480) +$$
$$m_{eH_2O}(E_{H_2O}^{T_e'} - 1\ 775) + m_{eO_2}(E_{O_2}^{T_e'} - 1\ 480) +$$
$$m_{eH_2}(E_{H_2}^{T_e'} - 1\ 432) + m_{eOH}(E_{OH}^{T_e'} - 1\ 600) +$$
$$(m_{eH} + m_{eO})\frac{3}{2}R(T_e' - 298) + m_{eNO}(E_{NO}^{T_e'} - 1\ 605) +$$
$$m_{eN_2}(E_{N_2}^{T_e'} - 1\ 480) + m_x(E_x^{T_e'} - E_x^{298}) \tag{11-96}$$

$$m_{eCO_2} = m_{iCO_2} + 2m_{iO_2} -$$
$$(2m_{eO_2} + m_{eO} + m_{eNO} - m_{eH_2} - 0.5m_{eH} + 0.5m_{eOH}) \tag{11-97}$$

式中，m_{iCO_2} 是原始混合物中所含 CO_2 的物质的量。

$$m_{eH_2O} = m_{iH_2O} - m_{eH_2} - 0.5m_{eH} - 0.5m_{eOH} \tag{11-98}$$

$$m_{eCO} = m_{iCO} + m_{iCO_2} - m_{eCO_2} \tag{11-99}$$

$$K_{pCO_2}^{T_e'} = \sqrt{T_e' \frac{P_i}{T_i} \frac{1}{\sum m_i}} \frac{m_{eCO}\sqrt{m_{eO_2}}}{m_{eCO_2}} \tag{11-100}$$

m_{eN_2} 已由式(11-85)给出。

所有的其他平衡方程式都相同。

$$\sum m_i = m_{iCO} + m_{iO_2} + m_{iH_2O} + m_{iCO_2} + m_{iN_2} + m_x \tag{11-101}$$

$$\sum m_e = m_{eCO_2} + m_{eCO} + m_x + m_{eN_2} + m_{eH_2O} + m_{eO_2} +$$
$$m_{eH_2} + m_{eH} + m_{eO} + m_{eOH} + m_{eNO} \tag{11-102}$$

② 第二种情况：氧过量。

$$\sum m_c (\Delta E_c)_{T_i} = m_{iCO}(67\ 338) \tag{11-103}$$

$$\sum m_D (\Delta E_D)_{T_i} = m_{eCO}(67\ 338) + (m_{eH_2} + 0.5m_{eH} - 0.5m_{eOH})(57\ 502) +$$

$$m_{eOH}(66\ 932)+0.5m_{eH}(103\ 608)+$$

$$0.5m_{eO}(118\ 526)+m_{eNO}(21\ 580) \tag{11-104}$$

$\sum m_e(E^{T_e'}-E^{T_i})$ 已由式(11-96)给出。

$$m_{eCO_2} = m_{iCO_2}+m_{iCO}-m_{eCO} \tag{11-105}$$

$$m_{eO_2} = m_{iO_2}-0.5m_{iCO}+0.5m_{eCO}+0.5m_{eH_2}+$$

$$0.25m_{eH}-0.25m_{eOH}-0.5m_{eO}-0.5m_{eNO} \tag{11-106}$$

m_{eCO_2} 和 m_{eN_2} 已分别由式(11-99)和式(11-85)给出。

求平衡常数的六个方程式与第一种情况下的相同。

$\sum m_i$ 和 $\sum m_e$ 已分别由式(11-101)和(11-102)给出。

(3) 甲烷-氧爆炸

下面这种推导只限于混合物浓度还不足以得出自由基如 C_2、CH 等也参与平衡这一结论的混合物。为了进行这种计算,把甲烷燃烧看作按如下三个步骤进行是很方便的:

$$\text{I. } CH_4+\frac{1}{2}O_2 = CO+2H_2 \quad -9\ 413\ (\text{在 298 K 以下}) \tag{11-107}$$

$$\text{II. } 2H_2+O_2 = 2H_2O \quad -115\ 004\ (\text{在 298 K 以下}) \tag{11-108}$$

$$\text{III. } CO+\frac{1}{2}O_2 = CO_2 \quad -67\ 338\ (\text{在 298 K 以下}) \tag{11-109}$$

$$CH_4+2O_2 = CO_2+2H_2O-191\ 755\ (\text{在 298 K 以下})$$

在如下三个条件下,求平衡常数的六个方程式仍与潮湿-氧化碳爆炸的相同。

① 第一种情况: $m_{iO_2}\geqslant 2m_{iCH_4}$

$$\sum m_c(\Delta E_c)_{T_i} = m_{iCH_4}(191\ 755) \tag{11-110}$$

$\sum m_D(\Delta E_D)_{T_i}$ 已由式(11-104)给出。

$\sum m_e(E^{T_e'}-E^{T_i})$ 已由式(11-96)给出。

$$m_{eCO_2} = m_{iCO_2}+m_{iCH_4}-m_{eCO} \tag{11-111}$$

$$m_{eO_2} = m_{iO_2}-2m_{iCH_4}+0.5m_{eCO}+0.5m_{eH_2}+$$

$$0.25m_{eH}-0.25m_{eOH}-0.5m_{eO}-0.5m_{eNO} \tag{11-112}$$

$$m_{eH_2O} = m_{iH_2O}+2m_{iCH_4}-m_{eH_2}-0.5m_{eH}-0.5m_{eOH} \tag{11-113}$$

m_{eN_2} 已由式(11-85)给出。

$$\sum m_i = m_{iCH_4}+m_{iH_2O}+m_{iCO_2}+m_{iO_2}+m_{iN_2}+m_x \tag{11-114}$$

$\sum m_e$ 已由式(11-102)给出。

② 第二种情况: $2m_{iCH_4}>m_{iO_2}\geqslant 1.5m_{iCH_4}$

$$\sum m_c(\Delta E_c)_{T_i} = m_{iCH_4}(124\ 417) + 2(m_{iO_2} - 1.5m_{iCH_4})(67\ 338) \tag{11-115}$$

$\sum m_D(\Delta E_D)_{T_i}$ 已由式(11-95)给出。

$\sum m_e(E^{T_e'} - E^{T_i})$ 已由式(11-96)给出。

$$m_{eCO_2} = m_{iCO_2} + 2(m_{iO_2} - 1.5m_{iCH_4}) -$$
$$(2m_{eO_2} + m_{eO} + m_{eNO} - m_{eH_2} - 0.5m_{eH} + 0.5m_{eOH}) \tag{11-116}$$

$$m_{eCO} = m_{iCH_4} - m_{eCO_2} \tag{11-117}$$

m_{eH_2O} 和 m_{eN_2} 已分别由式(11-113)和式(11-85)给出。

$\sum m_i$ 和 $\sum m_e$ 已分别由式(11-114) 和式(11-102)给出。

③ 第三种情况：$1.5m_{iCH_4} > m_{iO_2} > 0.5m_{iCH_4}$

$$\sum m_c(\Delta E_c)_{T_i} = m_{iCH_4}(9\ 413) + (m_{iO_2} - 0.5m_{iCH_4})(115\ 004) \tag{11-118}$$

$$\sum m_D(\Delta E_D)_{T_i} = (2m_{eO_2} + m_{eO} + m_{eNO} + m_{eCO_2})(57\ 502) + m_{eOH}(67\ 549) +$$
$$0.5m_{eH}(103\ 608) + 0.5m_{eO}(118\ 526) + m_{eNO}(21\ 580) -$$
$$m_{eCO_2}(67\ 338) \tag{11-119}$$

$\sum m_e(E^{T_e'} - E^{T_i})$ 已由式(11-96) 给出。

$$m_{eH_2O} = m_{iH_2O} + 2(m_{iO_2} - 0.5m_{iCH_4}) -$$
$$2(m_{eO_2} + m_{eO} + m_{eNO} + m_{eCO_2}) - m_{eOH} \tag{11-120}$$

$$m_{eH_2} = 3m_{iCH_4} - 2m_{iO_2} + m_{eO_2} + m_{eO} + m_{eNO} +$$
$$m_{eCO_2} + 0.57m_{eOH} - 0.5m_{eH} \tag{11-121}$$

m_{eCO} 和 m_{eN_2} 已分别由式(11-117)和式(11-85)给出。

$\sum m_i$ 和 $\sum m_e$ 已分别由式(11-114) 和式(11-102) 给出。

上述三个例子足以说明任何可燃气体混合物的计算原理。如果氧足以使所有的可燃物燃烧成 CO_2 和 H_2O，那么，与有可燃气体的情况一样，$\sum m_c(\Delta E_c)_{T_i}$ 由许多项组成。如果氧不足，那么，很方便的方法是将氧看作是这样分配的，即氧首先使所有的含碳的化合物燃烧成 CO 和 H_2，然后再使氢烧成水；如果再有氧多余，那么再使 CO 烧成 CO_2。如果选定的氧的初始分配不同，那么最终的结果也不同，因为在最终温度 T_e' 下平衡状态必须相同。

有关进行这种计算的其他方法[6]在此不再讨论，它们的一般原理仍是相同的。计算机的选择关系到方法的选取。曾为用高速计算机计算燃气热力学特性而把一般的计算程序加以公式化。这类程序不只限于一种特定的燃料-氧化剂物系，而且能适用于任何燃料和任何氧化剂相混合物系[7]。

2. 温度梯度及其对最大压力的影响

正如第 329 页所提到的那样,若将气体局部点燃,则在已燃气体中就有从最后燃烧的气体温度增大到最先燃烧的气体温度的温度梯度存在。这种温度梯度有使爆炸压力 P_e 降低到稍低于均匀温度分布时 P_e' 值的效应。这是由于气体内能的增量超过其随温度成比例增大的增量。例如,如果把容器中的气体内容物分为两个相等的部分,并在保持两部分体积不变的条件下使第一部分向第二部分传递能量,那么,第一部分中温度和压力的降低应大于第二部分中温度和压力的增高。因此,当压力平衡时的最终压力应小于原始均匀温度物系中的压力。这种现象是由 Hopkinson[8] 首先指出的。

现在我们来计算爆炸完成时存在的温度梯度及其大小对爆炸压力的影响[9]。在中心点燃的一球形容器中,一单元气层 dn 占有一同心的环状壳,它在实际上不变的压力 P 下燃烧。在燃烧以前,由于绝热压缩,它的温度从 T_i 上升到 T_u。在燃烧时,它的温度接近 T_b。当容器中残余物烧完时,这一气层被压缩到压力达 P_e,它的温度升高到 T_e。根据第 5 章中式(5-67)和式(5-68)得:

$$T_u = T_i (P/P_i)^{(\gamma_u - 1)/\gamma_u} \tag{11-122}$$

$$T_e = T_b (P_b/P)^{(\gamma_b - 1)/\gamma_b} \tag{11-123}$$

对于任一气层 dn 来说, T_b 是根据如下能量方程式求得的:

$$\sum_n m_e (\Delta E_c)_{T_u} = \sum_n m_D (\Delta H_D)_{T_u} + \sum_n m_b (H^{T_b} - H^{T_u}) \tag{11-124}$$

这个方程式的解可以根据本章最后一节中所给出的计算程序求得。$\sum\limits_n$ 是指单元气层 dn 能量项的总和。在离解项中,平衡是与层中温度 T_b 和压力 P 相应的。在最后一项中,选用脚注 b 是为了指明平衡处在 T_b 和 P 下。H 和 E 之间的关系已由式(11-29)给出。

精确的确定 T_u 和 T_e 就需要知道温度分别为 T_u 和 T_i 与 T_e 和 T_b 之间的 γ_u、γ_b 的平均值。确定 γ_u 并不困难,因为在低温 T_u 下可认为没有离解。因此:

$$\gamma_u = \frac{\sum m_i (H^{T_u} - H^{T_i})}{\sum m_i (E^{T_u} - E^{T_i})} \tag{11-125}$$

确定 γ_b 就复杂得多,因为在 T_b 和 T_e 与 P 和 P_e 之间不仅热量和内能而且离解平衡都有变化。γ_b 由下式给出:

$$\gamma_b = \frac{\left[\sum\limits_n m_{D(T_e, P_e)} (\Delta H_D)_{t=0} + \sum\limits_n m_e H^{T_e} \right] \sum\limits_n m_b - \left[\sum\limits_n m_{D(T_b, P)} (\Delta H_D)_{T=0} + \sum\limits_n m_b H^{T_b} \right] \sum\limits_n m_e}{\left[\sum\limits_n m_{D(T_e, P_e)} (\Delta E_D)_{T=0} + \sum\limits_n m_e E^{T_e} \right] \sum\limits_n m_b - \left[\sum\limits_n m_{D(T_b, P)} (\Delta E_D)_{T=0} + \sum\limits_n m_b E^{T_b} \right] \sum\limits_n m_e} \tag{11-126}$$

在压力 P 下燃烧的任何单元气层 dn 的 T_e 值计算采用逐次逼近法。选取一个 T_u 值，使按式(11-125)确定的 γ_u 满足于式(11-122)。再用上节所述的方法按式(11-124)确定 T_b。选取一个 T_e 值，使按式(11-126)确定的 γ_b 满足于式(11-123)。

当 $P=P_i$ 时，$n=0$，而当 $P=P_e$ 时，$n=1$。所以，这些点的 T_e 值就能精确地确定下来。对于中间数值的 n 来说，可由第 5 章中式(5-82)导出，即：

$$n = \frac{P - P_i}{P_e - P_i} \tag{11-127}$$

在此会回想起，第 5 章中式(5-80)比式(11-127)要稍精确些，而它们的差别在这种计算中是微不足道的，式(11-122)和式(11-127)还提供了一个典型的温度分布图。

这种分布图可用如下方法检验。既然容器中总内能在等温态和不等温态下都是相同的，所以可写出：

$$\sum m_{D(T_e', P_e')}(\Delta E_D)_{T=0} + \sum m_e E^{T_e'}$$
$$= \int_0^1 \left[\sum_n m_{D(T_e, P_e)}(\Delta E_D)_{T=0} + \sum_n m_e E^{T_e} \right] dn \tag{11-128}$$

这个积分可根据积分符号内的表达式与 n 的关系作图用图解法求出。本书作者[19]所作的计算表明，等式(11-128)的偏差约在 $0.2\%\sim 0.3\%$ 之内。这种偏差部分是由于在这类计算中不可避免的误差所致，而部分是由于式(11-127)中含有近似关系之故。采用将曲线调整到满足式(11-128)的方法，可很容易地消除这种偏差。

留下来的是确定 P_e 和 P_e' 之间的差值。既然 $\sum_n m_e dn$ 是单元气层 dn 中的总摩尔数，所以这一气层占有的体积为：

$$dv = \frac{R}{P_e} T_c \sum_n m_e dn \tag{11-129}$$

该容器的总体积为：

$$V = \frac{R}{P_e'} T_e' \sum m_e = \frac{R}{P_e} \int_0^1 T_e \sum_n m_e dn \tag{11-130}$$

因而

$$\frac{P_e'}{P_e} = \frac{T_e' \sum m_e}{\int_0^1 T_e \sum_n m_e dn} \tag{11-131}$$

在各种不同 n 值下 T_e 和 $\sum_n m_e$ 的数值能从上述调整好的曲线查得。实际上，将会发现式(11-131)的求值计算不太困难，即先确定与式(11-128)右端积分相等的左端项，然后再根据此确定式(11-131)上所用的 $T_e' \sum_n m_e$ 和 P_e' 的已调整值。这种计算程序曾用小偏差法证明是正确的。

表 11-1 列有对含有过量氢的某些氢-氧混合物求得的计算结果。在这张表中，x 是指由于离解使总摩尔数增加的分数。对氢过量的混合物得出：

$$x = \frac{\sum\limits_{n} m_e}{\sum m_i - m_{iO_2}} - 1 \tag{11-132}$$

混合物的成分是用没有水离解时形成每摩尔水所需的每种物质 m 摩尔表示，也就是说，若氢过量，则

$$m_{H_2O}等 = \frac{m_{iH_2O}等}{2m_{iO_2}} \tag{11-133}$$

T_e' 值是调整到与式(11-128)相一致的值。它们与表 11-3～表 11-5 中相应的实验数据给出的校正值稍有不同。

表 11-1　氢-氧爆炸中的温度分布及其对所出现的最大压力的影响

实验编号		138	147	144	153	166	161	29
m_{H_2O}		0.169	0.126	0.113	0.835	0.101	0.096	0.108
m_{H_2}		1.297	1.776	1.546	1.523	5.057	1.443	3.598
m_{N_2}		—	—	—	—	—	3.186	0.012
m_A		7.23	4.31	3.52	3.095	—	—	—
$n=0$	T_e	2 622	2 933	3 110	2 775	2 540	2 584	2 924
	x	0.004 2	0.015 4	0.025 8	0.012 4	0.005 7	0.004 6	0.024
$n=0.2$	T_e	2 247	2 576	2 787	2 511	2 270	2 310	2 698
	x	0.000 6	0.003 7	0.009 1	0.004 4	0.001 6	0.001 4	0.011
$n=0.4$	T_e	2 042	2 391	2 633	2 360	2 123	2 178	2 560
	x	0.000 1	0.001 7	0.005 1	0.002 2	0.000 6	0.000 5	0.006
$n=0.6$	T_e	1 911	2 259	2 511	2 247	2 026	2 089	2 549
	x	0.000 0	0.000 9	0.003 0	0.001 0	0.000 4	0.000 1	0.004
$n=1.0$	T_e	1 743	2 070	2 323	2 097	1 900	1 950	2 320
	x	0.000 0	0.000 2	0.001 1	0.000 3	0.000 1	0.000 0	0.002
T_e'		2 044	2 386	2 625	2 352	2 120	2 170	2 553
x'		0.000 1	0.001 7	0.004 9	0.002 0	0.000 6	0.000 5	0.006
P_e'/P_e		1.006 4	1.006 6	1.007 1	1.005 2	1.002 5	1.001 8	1.003 4

表 11-2 列有两种臭氧-氧爆炸所求得的计算结果。在这种情况下，x 由下式给出：

$$x = \frac{0.5m_{eO}}{1.5m_{iO_2} + m_{iO_2}} \tag{11-134}$$

混合物的成分是用每摩尔臭氧所需的稀释剂氧的摩尔量表示，即

$$m_{O_2} = m_{iO_2}/m_{iO_3} \tag{11-135}$$

从历史观点来看，可以指出，与表 11-1 和表 11-2 中所示数量相当的温度梯度是由 Hopkinson[8] 用实验求得的，并由 Mache[10] 从理论上作过估算。

表 11-2　臭氧-氧爆炸中的温度分布及其对所出现的最大压力的影响

m_{O_2}	0.497		1.016	
	T_e	x	T_e	x
$n=1$	2 554	0.004 8	2 868	0.014 4
$n=0.2$	2 232	0.001 0	2 531	0.003 6
$n=0.4$	2 068	0.000 4	2 353	0.001 3
$n=0.6$	1 960	0.000 0	2 232	0.000 8
$n=1.0$	1 825	0.000 0	2 069	0.000 3
T_e'	2 064		2 353	
x'	0.000 4		0.001 3	
P_e'/P_e	1.002 4		1.004 7	

很有趣的是，在中心点燃的球形容器中的温度梯度影响着随爆炸过程进行压力降低的速率[11]。为了强调说明这种效应，根据照相底片绘出图 11-1 所示的压力记录图。照相底片转动很慢，以便使压力记录图在底片上布满。在最大压力以后马上发生的第一个迅速压力降是由于气体与器壁接触冷却所致。随后的压力在降低的速率下进行，因为气体的温度梯度在靠近器壁处变得较平缓。因此，由于低密度的炽热气核的对流上升，使传给器壁的热量瞬间增大，从而出现第二个迅速的压力降。冷却率的这种变化或多或少总能看到，而对导热高和密度低的混合物特别明显，例如，对以大量氦作为惰性气体的氢-氧混合物，图 11-1 所示的曲线就是一个例子。若用氩代替氦，则这种效应几乎看不到，冷却曲线部分拖延得很长。当然，这种效应不会以任何方式干扰最大压力的精确测量，因为它属于已爆炸气体的后期历程。

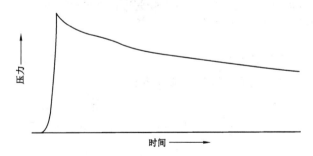

图 11-1　以氦稀释的氢-氧混合物爆炸时的压力记录图

3. 氢-氧混合物中爆炸压力的实验值和理论值

上述两小节讨论的方法与关于气体内能和离解平衡的准确的带光谱分析数据一起，使得可以进行爆炸压力的理论值和实验值的精确比较。曾通过各种不同的氢-氧混合物的实验[12] 作过这方面的比较，其结果汇集于表 11-3～表 11-6 中。

表 11-3　在过量氢下干燥氢-氧混合物的爆炸,$P_{e\text{计算}}$ 与 $P_{e\text{观测}}$ 的比较[①]

著者[②]	实验编号	m_{H_2O}	m_{H_2}	m_A	T_i /K	T_e' /K	$P'_{e\text{计算}}$ /mmHg	$P_{e\text{计算}}$ /mmHg	$P_{e\text{观测}}$ /mmHg	百分差
Pier	138	0.17	1.30	7.23	291	2 041	5 041	5 009	5 015	+0.12
Pier	135	0.17	1.24	7.30	291	2 047	5 055	5 023	5 045	+0.44
Pier	150	0.14	1.99	5.27	291	2 153	5 270	5 236	5 274	+0.73
Pier	149	0.12	1.77	4.40	291	2 381	5 769	5 731	5 735	+0.07
Pier	147	0.13	1.78	4.31	291	2 392	5 789	5 751	5 760	+0.16
Pier	148	0.12	1.69	4.26	291	2 440	5 897	5 858	5 853	−0.09
Pier	146	0.12	1.58	3.57	291	2 600	6 232	6 188	6 196	+0.13
Pier	145	0.11	1.57	3.54	291	2 613	6 247	6 203	6 210	+0.11
Pier	144	0.11	1.55	3.52	291	2 627	6 285	6 240	6 240	0.00
Pier	155	1.03	1.40	4.80	326	2 048	4 468	4 449	4 481	+0.72
Pier	152	0.88	1.68	3.25	326	2 259	4 852	4 828	4 823	−0.10
Pier	151	0.83	1.63	3.08	326	2 325	4 979	4 953	4 944	−0.18
Pier	153	0.84	1.52	3.10	326	2 348	5 058	5 032	4 994	−0.75
Wohl & von Elbe	51	0.12	1.28	4.84	291	2 469	5 984	5 945	5 926	−0.32
									平均值	+0.07
Pier	166	0.10	5.06		291	2 112	5 030	5 017	5 012	−0.10
Pier	167	0.10	4.40		291	2 299	5 412	5 398	5 384	−0.26
Pier	168	0.09	3.68		291	2 533	5 872	5 852	5 821	−0.53
Wohl & Magat	31	0.12	4.40		291	2291	5 395	5 381	5 340	−0.76
Wohl & Magat	37	0.01	4.46		291	2 320	5 458	5 443	5 420	−0.42
Wohl & Magat	28	0.12	4.01		291	2 408	5 629	5 613	5 582	−0.55
Wohl & Magat	32	0.11	3.92		291	2 441	5 695	5 678	5 625	−0.93
Wohl & Magat	36	0.03	4.02		291	2 449	5 716	5 699	5 680	−0.31
Wohl & Magat	29	0.11	3.61		291	2 548	5 901	5 881	5 842	−0.66
Wohl & Magat	38	0.01	3.72		291	2 558	5 935	5 919	5 845	−1.26
Wohl & Magat	30	0.03	3.66			2 574	5 951	5 940	5 885	−0.93
									平均值	−0.61

① $P_i = 760 \text{ mmHg}, m_{O_2} = 0.500$。

② 本表和如下各表中有关作者的参考文献有:M. Pier, *Z. Elektrochem*. **15**, 536(1909); K. Wohl and G. von Elbe, *Z. Physick. Chem.* (*Leizig*) **B5**, 241(1929); K. Wohl and M. Magat, *ibid*. **B19**, 536(1932); N. Bjerrum, *ibid*. **87**, 281 (1912); B. Lewis and G. von Elbe, *J. Chem. Phys*. **3**, 63(1935).

对于这些表中许多组实验来说,P_i 和 T_i 的原始值已稍加调整到常用压力(760 mmHg)和常用温度下的相应值,这使得必须对爆炸压力的观测值稍加修正,按如下方法确定:

若有一组爆炸是在仅与它们的初始温度和压力稍有不同的条件下进行,则可写出:

$$T_{i(s)} - T_i = \mathrm{d}T_i \qquad (11\text{-}136)$$

和

$$P_{i(s)} - P_i = \mathrm{d}P_i \qquad (11\text{-}137)$$

式中,$T_{i(s)}$ 和 $P_{i(s)}$ 是标准的初始温度和压力。

当初始温度和压力变化很小时,式(11-65)中的三项大体仍保持不变,所以可写成:

$$E^{T_e} - E^{T_i} = E^{T_e + \mathrm{d}T_e} - E^{T_{i(s)}} \qquad (11\text{-}138)$$

既然在温度变化很小时内能随各参量的变化而变化,所以据此可足够近似地得:

$$dT_e = dT_i \tag{11-139}$$

将气体定律方程式(11-68)微分，并考虑到式(11-139)则得：

$$dP_e = dP_i \frac{T_e}{T_i} \frac{\sum m_e}{\sum m_i} - dT_i P_i \frac{T_e - T_i}{T_i^2} \frac{\sum m_e}{\sum m_i} \tag{11-140}$$

联立式(11-168)和式(11-140)则得：

$$dP_e = dP_i \frac{P_e}{P_i} - \frac{dT_i}{T_i} \left(P_e - P_i \frac{\sum m_e}{\sum m_i} \right) \tag{11-141}$$

式中，dP_e 是在 T_i，P_i 时的爆炸压力和 $T_{i(s)}$，$P_{i(s)}$ 时的爆炸压力之间的差值。

在适用于氧过量的混合物的表 11-5 和表 11-6 中，混合物成分再一次用在没有水离解下形成每摩尔水所消耗的每种物质 m 摩尔表示，即：

$$m_{O_2} 等 = \frac{m_{iO_2} 等}{m_{iH_2}} \tag{11-142}$$

表 11-4　在过量氢下干燥氢-氧混合物的爆炸[①]

著　者[②]	实验编号	m_{H_2}	T_e /K	$P'_{e计算}$ /mmHg	$P_{e计算}$ /mmHg	$P'_{e观测}$ /mmHg	百分差
Bjerrum	110	4.260	2 387	5 595	5 579	5 485	−1.68
Wohl & von Elbe	47	4.876	2 202	5 525	5 512	5 100	−2.03
Wohl & von Elbe	49	4.924	2 188	5 194	5 181	5 090	−1.75
Wohl & von Elbe	43	4.678	2 260	5 343	5 329	5 235	−1.77
Wohl & von Elbe	44	4.650	2 268	5 357	5 343	5 242	−1.90
Wohl & von Elbe	45	3.726	2 564	5 941	5 921	5 808	−1.92
Wohl & von Elbe	46	3.719	2 566	5 946	5 926	5 810	−1.97
Wohl & Magat	34	4.779	2 231	5 282	5 268	5 166	−1.93
Wohl & Magat	27	4.500	2 301	5 424	5 410	5 258	−2.87
Wohl & Magat	33	4.324	2 368	5 556	5 541	5 420	−2.81
						平均值	−2.00

① $P_i = 760$ mmHg；$T_i = 291$ K；$m_{O_2} = 0.500$。

② 参见表 11-3。

现在来讨论表 11-3～表 11-6 的内容。表 11-3 适用于以氩作为主要稀释剂的混合物，它表明爆炸压力的实验值和理论值之间吻合得很好，在 14 次爆炸实验中平均偏差为 0.07%。从这张表的第二部分可看到，过量氢爆炸时所观测到的压力稍低，Wohl 和 Magat 曾指出，这是由于散热损失所致，而散热损失多半是由于产生火花隙的点火杆粗了点和混合物的导热率很高所造成的。

根据表 11-3 中所示的结果必定会认为，氢过量时干燥混合物中压力明显降低(表 11-4)这一点是有意义的。Wohl 和 Magat 得以证明，随着加往初始混合物中水蒸气量的增大，正常的爆炸压力就逐渐恢复，而 1.3 mmHg 的压力是足以完全恢复的。而且，正如 Wohl 和 von Elbe 在初始压力为 0.5～3 atm 之间的实验中所证实那样，在干燥混合物中，与正常爆炸压力的偏差是随着初始压力的增大而降低。这两位著者曾得出如下假说来解释这种现象：爆炸压力很低是由于反应区的冷光辐射所造成的能量损失所致。在反应中所形成的高振动的 H_2O 或 OH 分子，如果不因与一个相当的另一种分子碰撞而淬熄就会辐射出去。稀释剂中未被激发的水分子对于淬熄这种辐射来说是非常有效的，因为起碰撞的各质点都具有相同的自然频率，而且，可以预料到，提高压力能抑止辐射。但是，更可能的似乎是如下的解释：化学反应形成很多氢原子，它们向前面颇多的未燃气体扩散，当燃烧波接近器壁时，会出现氢原子的迅速吸收和复合，伴随有气体中焓的损失（除非器壁被一层水膜所覆盖这才不会发生）。这层水膜是在预先往混合物添加水蒸气时所形成的，因为未燃气体在爆炸过程中受到压缩使水蒸气达到饱和压力，并凝结在冷的容器壁面上。

表 11-5　在氧、水蒸气过量和氢、氮及水蒸气过量下氢-氧混合物的爆炸[①]

著者[②]	实验编号	m_{H_2}	m_{O_2}	m_{H_2}	m_{N_2}	T_e'/K	$P_{e计算}'$/mmHg	$P_{e计算}$/mmHg	$P_{e观测}$/mmHg	百分差
Wohl & Magat	71	1.000	3.317	0.090	0.039	2 251	5 246	5 238	5 314	+1.45
Lewis & von Elbe	2.1	1.000	3.320	0.091	0.044	2 247	5 237	5 229	5 277	+0.91
Wohl & Magat	72	1.000	3.400	0.095	0.041	2 221	5 187	5 180	5 264	+1.62
Lewis & von Elbe	2.2	1.000	3.397	0.094	0.045	2 221	5 187	5 180	5 235	+1.06
Wohl & Magat	70	1.000	3.504	0.096	0.042	2 180	5 106	5 099	5 140	+0.81
Lewis & von Elbe	2.3	1.000	3.505	0.097	0.046	2 176	5 097	5 090	5 165	+1.47
								平均值		+1.22

著者[②]	实验编号	m_{H_2O}	m_{H_2}	m_{O_2}	m_{N_2}	T_i/K	T_e'/K	$P_{e计算}'$/mmHg	$P_{e计算}$/mmHg	$P_{e观测}$/mmHg	百分差
Pier	158	0.141	1.476	0.500	5.806	291	1 589	3 889	3 885	3 892	+0.18
Pier	159	0.130	1.546	0.500	4.799	291	1 744	4 229	4 224	4 282	+1.38
Pier	160	0.105	1.517	0.500	3.718	291	1 993	4 761	4 755	4 837	+1.73
Pier	161	0.096	1.443	0.500	3.186	291	2 163	5 111	5 102	5 175	+1.43
Pier	162	0.086	1.366	0.500	2.519	291	2 402	5 584	5 572	5 614	+0.75
Pier	163	0.077	1.434	0.500	1.894	291	2 595	5 964	5 949	5 940	−0.15
Pier	157	1.003	1.952	0.500	3.966	326	1 653	3 593	3 591	3 610	+0.53
Pier	156	0.636	1.356	0.500	1.984	326	2 347	4 867	4 860	4 869	+0.19
									平均值		+0.79

① $P_i = 760$ mmHg；$T_i = 291$ K；

② 参见表 11-3。

在表 11-5 中，观测压力高于计算压力，所以用氧比用氮作为稀释剂时的异常效应要大。Wohl 和 Magat（同样还有 Lewis 和 von Elbe）认为产生这种效应的原因是由于氧和氮的分子中振动能级激发滞后所致。在化学反应中释放出来的能量首先流入障碍最小的自由度。对于平移及转动来说，这种情况特别明显，而振动能被氧和氮的分子的吸收作用是一个需要时间的过程。在这些气体以及其他气体（特别是 CO_2、CO、N_2O 和 Cl_2）中，这种情况已被以声速流和超声速流的实验所证实[16]。所以，把 O_2 和 N_2 看作刚性分子，且认为平移能有瞬间过量，它促使在与爆炸时间可比拟的时期内压力升高。❶ 最后，在所有自由度中的能量平衡建立起来了。因此，这些气体的热容量是时间的函数。把热容量依赖于时间的这种关系称为**激发滞后**。

表 11-6　干燥的氢-氧混合物和其他各种混合物的爆炸①$P_{e计算}$ 和 $P_{e观测}$ 的比较

实验编号	m_{H_2}	m_{O_2}	m_{N_2}	m_A②	T_i /K	T_e' /K	P_i /mmHg	$P_{e计算}'$ /mmHg	$P_{e计算}$ /mmHg	$P_{e观测}$ /mmHg	百分差
1.5	3.587	0.500	1.868	0.024	294.6	2 013	717.5	4 493	4 409	4 409	−1.67
1.3	1.125	0.500	1.868	0.024	294.3	2 735	717.5	5 799	5 780	5 806	+0.45
1.2	1.000	0.826	3.127	0.040	295.8	2 187	717.0	4 782	4 773	4 762	−0.34
2.6	1.000	3.952		0.048	292.7	2 097	757.0	4 894	4 888	4 924	+0.74

① 根据 Lewis & von Elbe 的数据，也可参看表 11-3。

② 实验编号 No.1.5、No.1.3 和 No.1.2 是指氢-空气混合物，混合物中含有少量氩。

表 11-6 中所示的某些其他干燥混合物的结果表明，无水蒸气存在和激发滞后两者的叠加效应，它们在某种程度上彼此相抵消。在实验序号 No.1.5 的爆炸中，大概以前者为主，因为氮仅占全部稀释气体的 3/7 左右。在实验序号 No.1.3 的爆炸中就以激发滞后效应为主，因为氮实际上就是所有的稀释气体；此外，爆炸时间很短，因而有助于激发滞后。实验序号 No.2.6 和 No.1.2 爆炸之间的差别可归于 O_2 的激发滞后大于 N_2，且前者能较有效地掩盖水蒸气效应。在较大的容器中，重复几次爆炸时重复产生的实验压力（在实验序号 No.1.5、No.1.3 和 No.1.2 爆炸中）表明[14]，❷ 容器大小没有影响。

4. 氧与一氧化碳和乙炔混合物的爆炸压力

表 11-7 中载有以各种不同气体稀释的氧与一氧化碳和乙炔混合物内爆炸压力的实验值同理论值的比较。要看到，除了含过余很多 CO 的潮湿混合物的 170 号实验（在该实验中观测压力高于理论值）以外，Pier 所作的潮湿或干燥一氧化碳实验通常都有压力损失。压力损失无疑就是通常的热损失，这是由于一氧化碳火焰燃烧速度缓慢所致。一氧化碳爆炸中的热损失大大地超过氢爆炸中的，但前者爆炸延续时间要长得多（约 10 倍），从这一观点来看就并不惊人。根据爆炸时间较长这一点，就应当强调，热损失的根源是辐射、经点燃杆的传导及已燃气体因对流上升与器壁的过早接触。

---

❶　对于理想气体，压力与平移总能之间的关系由下式给出：

$$\frac{2}{3} PV = N \frac{1}{2} \overline{mv^2}$$

式中，m 和 v 分别为分子的质量和速度；$\overline{mv^2}$ 是系统中所有分子的 mv^2 乘积的平均值；N 是物系中的分子数。

❷　曾分别使用过直径为 305 mm 和 457 mm 的球形容器，仔细地消除容器球壳外的气穴。没有达到消除气穴影响的原因在于有与某百分数的气穴空间相对应的热损失存在。这也能用来说明 W. T. David，J. R. Brown 和 A. H. El Din（*Phil. Mag.*[7]**14**，764[1932]）所得到的小容器（直径为 152 mm）中的实验结果。

表 11-7　一氧化碳-氧爆炸 $P_{e计算}$ 和 $P_{e观测}$ 的比较

作者	实验序号	m_{CO}	m_{O_2}	m_{CO_2}	m_{N_2}	m_{H_2}	m_{H_2O}	T_i/K	T_e/K	P_i/mmHg	$P'_{e计算}$/mmHg	$P_{e计算}$/mmHg	$P_{e观测}$/mmHg	百分差
Pier[15]	183	1.020 5	0.500	0.892	0.023①	—	—	293.8	2 694	760	5 810	5 785	5 520	-4.6
Pier	180	1.594 5	0.500	—	1.174①	—	—	292.1	2 965	767	6 730	6 700	6 405	-4.4
Pier	181	2.520	0.500	—	—	—	—	291.7	3 160	760.8	7 000	6 965	6 665	-4.3
Pier	188	1.000	1.905	0.004	—	—	—	291.0	2 975	762	6 720	6 690	6 250	-6.6
Pier	178	1.000	2.605	—	—	—	—	291.1	2 741	760.8	6 260	6 230	5 915	-5.0
Pier	170	3.366	0.500	0.050	—	—	0.083 7	291.4	2 635	754	5 980	5 950	6 145	+3.3
Pier	171	1.897	0.500	0.827	—	—	0.069 4	290.9	2 690	770	6 080	6 050	5 740	-5.1
Pier	225	1.000	1.783	0.020	0.014①	—	0.067 3	290.6	2 920	757.5	6 740	64 40	6 024	-6.5
David & Leah[16]	V-7	2.437	0.500	1.187	—	0.417	—	293	2 300	2 280	15 750	15 680	15 400	-1.8
David & Leah	V-3	4.253	0.500	—	—	0.048 0	—	293	2 385	2 280	16 640	16 560	16 660	+0.6
David & Leah	V-11	2.520	0.500	0.538	—	0.036	—	293	2 740	2 280	18 400	18 300	18 000	-1.6
David & Leah	V-16	1.910	0.500	—	1.347	0.038	—	293	2 860	2 280	19 400	19 300	18 800	-2.6
David & Leah	V-6	3.150	0.500	—	—	0.037	—	293	2 910	2 280	19 600	19 500	19 360	-0.7
David & Leah	V-1	0.786	3.900	—	—	0.214	—	293	2 290	2 280	16 000	15 910	15 730	-1.1
乙炔-氧爆炸；$m_{C_2H_2}=1.000$														
Pier[15]	214	—	5.504	—	20.84①	—	0.495	289.6	1 940	755	4 970	4 950	4 880	-1.4
Pier	216	—	3.890	—	14.74①	—	0.367	290.3	2 410	768	6 240	6 210	6 195	-0.2
Pier	218	—	27.43	—	—	—	0.539	290.8	1 819	767.6	4 720	4 700	4 804	+2.2
Pier	219	—	17.77	—	—	—	0.386	219.3	2 365	765.8	6 075	6 045	6 296	+4.1
Pier	223	—	8.43	10.41	—	—	0.404	291.3	1 875	771	4 838	4 818	4 864	+1.0
Pier	222	—	7.89	6.112	—	—	0.314	291.6	2 322	752	5 820	5 795	6 083	+5.0

① 氮中含 1.29%氢,因氮取自大气。

在潮湿乙炔-氧爆炸中所得到的一组令人感兴趣的结果如表 11-7 中第二部分所示。根据这些结果，在几乎全部的含大量稀释剂氮的混合物爆炸中，压力的实验值都大于理论值。在这些计算中乙炔燃烧成二氧化碳和水蒸气的能量取为 1 209.30 kJ。这个数值是由 Pier 用他所采用的特殊乙炔试样按量热法确定的，为此所要求的乙炔纯度为 99％。看来采用 Pier 的数值是合适的，但这与其他研究者所得的结果（约位于 1 251～1 276 kJ 之间）并不一致。按 JANAF 热化学表所得到的数值为 1 259.8 kJ。如果利用这一数值，压力的实验值和理论值之间的差就变为＋1.2％，如 219 号实验。从 214 号和 216 号爆炸实验推测，能量损失应是很大的。但是，把稀释剂 N_2、O_2 和 CO_2 的相对效应应该归结到仍能获得的激发滞后现象上去。

在低温下正效应愈小，热损失的百分数就愈大，这是与爆炸较缓慢是一致的。

5. H_2O 离解为 H_2 和 OH 的能量的测定

使用上述方程组时可以利用通常的绝热爆炸所产生的压力来测定热化学数据。表 11-3 中第一组实验所用的混合物就适用于作这种测定用。如果用稍过量的氧❶代替过量的氢，那么 H_2O 离解为 H_2 和 OH 的反应就使得这种爆炸能用来测定离解能。Wohl 和 Magat[18] 曾完成了这种测定，但是他们发表的三次实验结果有明显的差别。他们估计，2 mol H_2O 的离解能约为 519 kJ。Lewis 和 von Elbe[12] 曾利用氦代替氩作稀释剂进行实验。各种不同的对比实验[11] 表明，在相同的氦-氩混合物中所产生的最大压力并没有差别。表 11-8 所示的就是这些实验的结果。

表 11-8　$2H_2O＝2OH＋H_2$ 的离解能

m_{H_2O}	m_{O_2}	m_{N_2}	m_{He}	T_i /K	P_i /mmHg	$P_{e观测}$ /mmHg	$P'_{e观测}$ /mmHg	$T'_{e观测}$ /K	ΔE°_0 /kJ
0.286	0.578	0.028	3.512	305.9	698.8	5 378	5 415	2 585	520.908
0.233	0.600	0.021	3.215	303.8	690.8	5 468	5 506	2 650	520.071
0.251	0.576	0.019	2.970	305.0	698.0	5 578	5 617	2 696	525.301
0.231	0.605	0.013	2.614	304.8	687.6	5 625	5 665	2 773	536.389
0.135	0.594	0.007	2.694	302.8	678.4	5 668	5 710	2 809	530.322
0.183	0.532	0.012	2.433	304.2	707.1	5 913	5 958	2 834	529.694
								平均值	527.184 ±8.368

求得 2 mol H_2O 的离解能平均值等于（527.184＋8.368）kJ。利用此值，连同按 JANAF 表查得的 H_2O 生成热，就可求得 OH 生成热为 21.8 kJ/mol，这可与 JANAF 表中查得的 39.3 kJ/mol 相比较。OH 离解为 O 和 H 的能量为 445.6 kJ，这可与按 JANAF 表中数据求得的 428.0 kJ 相比较。

---

❶　必须避免氧的大量过量，因为对氧的激发滞后作用尚未了解清楚。

6. 臭氧-氧混合物的爆炸

值得注意的是，在含过量氧的臭氧爆炸中没有观察到激发滞后现象。图 11-2 所示是这种混合物在以中心点燃的球形容器中爆炸时所获得的热容量的实验结果[19]。同样也绘出按带光谱计算得到的曲线[20]以供比较。曾用容器中的温度梯度对实验值作过校正，而氧离解的作用是根据附录一中所给出的平衡常数计算的。从图可见，在实验误差范围内，这种吻合性在从 1 400～2 400 K 的全部所研究的温度范围内都很好。这些结果以爆炸压力的实验测定值和理论计算值之间的比较表示，它们十分令人满意地相吻合。

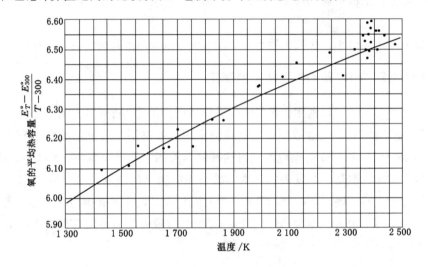

图 11-2　在 300 K 至 T 之间定容下氧的平均热容量

——理论曲线（Johnston & Walker[20]）；

● 由臭氧爆炸求得的、按爆炸容器中的温度梯度校正过的实验测定值（Lewis & von Elbe[12]）。

根据这些分析结果，必定能够作出在臭氧-氧爆炸中激发滞后被抑制的结论。看来，由使臭氧分解的基元反应产生的高能量氧分子，能在极短的时间内将它们的过余能分配于稀释剂氧分子（即其同类分子）的所有自由度中；而在氢-氧爆炸中的稀释剂氧分子，就不能像从新形成的高能量水分子那样迅速地吸收振动能。在臭氧爆炸中没有激发滞后效应，这不能用其爆炸时间较长来解释。表 11-9 中所载的表 11-5 内 2.3 号爆炸与几乎为相同爆炸温度下一个典型臭氧爆炸的对比证实了这种情况。表 11-9 中最后一栏给出了点燃到建立起最大压力之间的时间。

表 11-9　臭氧爆炸与氢-氧爆炸的爆炸时间比较

爆炸物系	T'_e/K	P_e/mmHg	时间/s
41.9%臭氧	2 127	3 060	0.014 6
氢-氧爆炸 No. 2.3	2 176	5 165	0.012 8

在此可以简单地讨论一下能量在氧分子的几个自由度中分配的过程。Kneser[21]曾研究过室温下纯氧中及含少量水蒸气和其他气体的氧中声音的吸收作用。他根据自己的研究结果得出结论：若认为量子可非常迅速地从一个氧分子迁移到另一个且在这个过程中没有出现平移能和转动能的交换的话，则在纯氧中的最低或第一振动量子的寿命是很短的。这从表面上看是合理的，因为在相同的几个振动能级之间的迁移有理想共振现象存在。但是，若一个振动量子从一个氧分子向另一个迁移是在两个或更多个较低能级的振动状态中发生，则由于较高能级的量子能量较小（不谐调），必定使参与迁移的其他形式的能量（平移能或转动能）大致补偿了这种差别。因此，与仅包含一个振动能级的低温不同，可以想到高温下同类分子间所有形式能量迅速变化的机理。这种迅速变化必定会导致热力学能量平衡。

中性氧分子的 $^1\Delta$ 能级

在氧分子的内能中包含有 $^1\Delta$ 低能级的激发能。这种能级最初是根据带光谱理论[22]预示的，而其存在的实验论证最初是由上述爆炸资料[23]提供的。其后，用光谱分析方法[24,25]发现了这种能级的存在，其值为 0.97 V[25]，这可与由爆炸实验所测得的 (0.85 ± 0.10)V[26] 相比较。

11.3　定压绝热火焰

1. 绝热燃烧下温度和火焰容积与离解之间的关系

如果在燃烧时压力保持不变，那么膨胀着的气体对周围大气所做的功必定计入式(11-65)所给出的能量平衡之中。该功的数量对 1 mol 的气体来说为 RT，所以，式(11-65)就变为：

$$\sum m_c(\Delta H_c)_{T_i} = \sum m_D(\Delta H_D)_{T_i} + \sum m_e(H^{T_e} - H^{T_i}) \tag{11-143}$$

因为

$$H = E + RT$$

求混合物组分分压的方程式(11-79)变为：

$$p = P\frac{m_e}{\sum m_e} \tag{11-144}$$

式中，P 是燃烧过程中的恒定压力。因此，求平衡常数的方程式(11-80)等变为：

$$K_{p1}^{T_e} = \sqrt{\frac{P}{\sum m_e}}\frac{m_{eH_2}\sqrt{m_{eO_2}}}{m_{eH_2O}} \text{ 等} \tag{11-145}$$

在上一节中所给出的一些物质平衡方程式(m_{eCO_2}、m_{eO_2}、m_{eH_2} 等)仍保持不变。这些方程式与平衡常数方程式及式(11-143)一起，就可以用前述逐次逼近法来确定火焰温度 T_e 和 $\sum m_e$。

火焰容积 v_e 按气体定律确定：

$$v_e = v_i\frac{T_e}{T_i}\frac{\sum m_e}{\sum m_i} \tag{11-146}$$

式中，v_i 是未燃混合物所占有的容积。

2. 肥皂泡中潮湿一氧化碳-氧混合物的爆炸

Fiock 和 Roeder[27]曾非常仔细地测定过在含水量受严格控制的肥皂泡中燃烧着的 CO_2-O_2 混合物的膨胀过程。图 11-3 中绘出了实验测得的膨胀比❶ v_e/v_i 和在含 3.31% 水蒸气的混合物中干 CO 的摩尔分数之关系曲线，并与上小节中简述的理论计算膨胀比相比较。

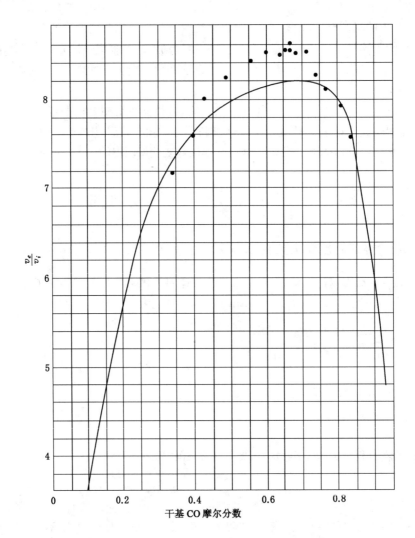

图 11-3　一氧化碳和氧的潮湿混合物爆炸时的膨胀比

实验测得的 v_e/v_i 值：●(Fiock & Roeder[27])；理论计算的 v_e/v_i 值：——(Lewis & von Elbe[12])。

H_2O 的摩尔分数＝0.033 1；T_I＝302.5 K；P＝750 mmHg；v_i—未燃气体的容积；v_e—已燃气体容积。

---

❶　E. F. Fiock 博士欣然供给实验测定值；Fiock 和 Roeder 还给出光滑曲线处的数值。

图 11-4 所示是含 2.69％水蒸气时的同类曲线。

这些结果表明有与球形容器中爆炸压力（表 11-7）相类似的变化倾向，那里的论述基本上也适用目前情况。除辐射所致的能量损失以外，还须考虑到点燃杆的冷却效应。点燃杆由金属丝制成。因为在这种肥皂泡实验中所用的气团比 Pier 与 David 及 Leah 的球形容器中爆炸时要小得多（约 1/100），所以可以意料到有很大百分数的能量经过点燃杆损失。因此，往稀侧的偏差甚至比在球形容器爆炸中更为显著。在浓侧，就测量而论，各实验点都靠近

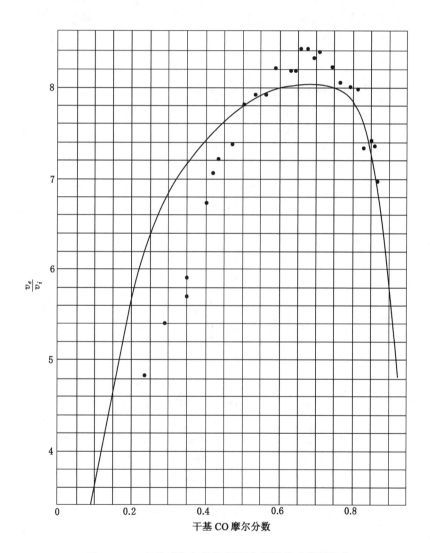

图 11-4　一氧化碳和氧的潮湿混合物爆炸时的膨胀比

实验测得的 v_e/v_i 值：●（Fiock & Roeder[27]）；理论计算的 v_e/v_i 值：——（Lewis & von Elbe[12]）。

H_2O 的摩尔分数＝0.026 9；T_I＝298 K；P＝755 mmHg；v_i—未燃气体的容积；v_e—已燃气体的容积。

在理论曲线周围。在实验结果中有个不能解释的特点是：对于接近化学计量成分的混合物，其实验点高于理论曲线。这些混合物中的惰性气体主要由水蒸气组成。可惜，由于爆炸很猛烈，使在这个混合物成分范围内的爆炸压力不能精确地测得[27]。

图 11-5 对一氧化碳和以氦或氩稀释的氧的混合物的膨胀比进行了实测值[28]与理论值的比较。对于所有混合物来说，一氧化碳与氧之比为 2.51。因此，正如从图 11-3 和图 11-4 所示的实验中看到那样，添加少量惰性气体时的膨胀比的实测值都高于理论值。在添加大量惰性气体时，实验点稍低于理论值，这表明缓慢燃烧的火焰有能量损失较大的特点。用氦与用氩所得的实验结果没有明显的差别。要考虑到，虽然氦的热导率要比氩大，但爆炸时间以氦的为短。仅在往惰性气体浓度增大方向移动时，氦值平均稍低于氩值。

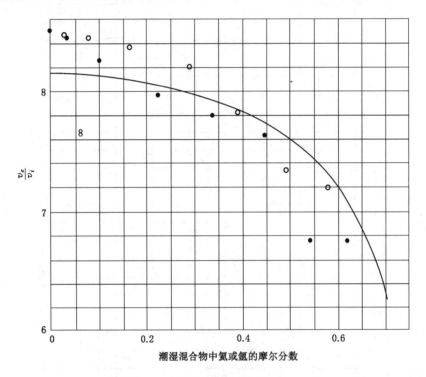

潮湿混合物中氦或氩的摩尔分数

图 11-5　一氧化碳和以氩或氦稀释的氧的潮湿混合物爆炸时的膨胀比

实验测得的 v_e/v_i 值：○氩；●氦(Fiock & Roeder[27])。

理论计算的 v_e/v_i 值：——(Lewis & von Elbe[12])。

H_2O 的摩尔分数=0.026 9；CO 与 O_2 之比=2.51；

$T_i=298$ K；$P=755$ mmHg；v_i—燃气体的容积；v_e—已燃气体的容积。

参考文献

1. W. F. Giauque, *J. Am. Chem. Soc.* **52**, 4808(1930).

2. Cf. R. C. Tolman, "Statistical Mechanics", *Am. Chem. Soc. Monograph*, Chemical Catalog Company, New York, 1927.

3. G. N. Lewis and M. Randall, "Thermodynamics," McGraw-Hill, New York, 1923.

4. W. F. Giauque and R. Overstreet, *J. Am. Chem. Soc.* **54**, 1731(1932); A. R. Gordon and C. Barnes, *J. Chem. Phys.* **1**, 297(1933); **2**, 65(1934); A. R. Gordon, *ibid.* **1**, 308(1933); **3**, 259(1935); L. S. Kassel, *Phys. Rev.* **43**, 364(1933); *J. Chem. Phys.* **1**, 576(1933); H. L. Johnston and C. O. Davis, *J. Am. Chem. Soc.* **56**, 271(1934). The subject has been re-viewed by L. S. Kassel, *Chem Revs.* **18**, 277(1936). J. E. Mayer and M. G. Mayer. "Statistical Mechanics". Wiley. New York, 1940. K. F. Herzfeld and V. Griffing, "High Speed Aerody-namics and Jet Propulsion", Vol. I, pp. 183-192, Princeton Univ. Press, Princeton, N. J. , 1955.

5. P. Ehrenfest and V. Trkal, *Proc. Amsterdam Sci. Acad.* **23**, 162(1920). See also Tolman[2].

6. S. R. Brinkley, Jr. , *J. Chem. Phvs.* **14**, 563(1946); **15**, 107(1943); H. J. Kandiner and S. R. Brinkley, Jr. , *Ind. Eng. Chem*; **42**, 850(1950); G. Damköhler and R. Edse, *Z. Elektrochem.* **49**, 178(1943); G. F. Sachsel, M. E. Mantis, and J. C. Bell, "Third Symposium on Combustion and Flame and Explosion Phenomenon", p. 620. Williams & Wilkins, Baltimore, 1949; P. F. Winternitz, *ibid.* , p. 623; H. R. Fehling and T. Leser, *ibid.* , p. 634; H. Zeise, *Z. Elektrochem.* **45**, 456(1939).

7. S. R. Brinkley, Jr. , "High Speed Aerodynamics and Jet Propulsion", Vol. II, pp. 64-98. Princeton Univ. Press, Princeton, N. J. , 1956.

8. B. Hopkinson, *Proc. Roy. Soc.* **A77**, 387(1906).

9. B. Lewis and G. von Elbe, *J. Chem. Phys.* **2**, 665(1934).

10. H. Mache, "Die Physik der Verbrennungserscheinungen", Veit, 1918.

11. B. Lewis and G. von Elbe, *J. Chem. Phys.* **2**, 659(1934).

12. B. Lewis and G. von Elbe, *J. Chem. Phys.* **3**, 63(1935).

13. H. O. Kneser, *Ann. Physik.* [5]**11**, 761,777(1931); [5]**16**, 377(1933); *Physik. Z.* **32**, 1979(1931); *Z. Physik.* **77**, 649(1932); *Nature* **129**, 797(1932); *J. Acoust. Soc. Am.* **5**, 122(1933); C. Zener, *Phys. Rev.* **38**, 277(1931); P. S. H. Henry, *Nature* **129**, 200(1932); A. Eucken, O. Mücke, and R Becker, *Naturwiss.* **20**, 85(1932); G. G. Sherratt and E. Griffiths, *Proc. Roy Soc.* (*London*) A**147**, 292(1934); B. V. Korvin-Kroukovsky, *J. Franklin Inst.* **227**, 99(1939); A. Kantrowitz, *J. Chem. Phys.* **14**, 150(1946); see also H. Zeise, *Z. Elektrochem.* **47**, 172(1941).

14. B. Lewis and G. von Elbe, *J. Chem. Phys.* **2**, 659(1934).

15. M. Pier, *Z. Electrochem.* **16**, 897(1910).

16. W. T. David and A. S. Leah, *Phil. Mag.* [7]**18**, 307(1934).

17. Landolt-Blörnstein, 2nd Suppl. Vol. pp. 1254-1255(1930).

18. K. Wohl and M. Magat, *Z. physik. Chem.* (*Leipzig*)**B19**, 536(1932).

19. B. Lewis and G. von Elbe, *J. Am. Chem. Soc.* **55**, 511(1933); **57**, 1399(1935).

20. H. L. Johnston and M. J. Walker,*J. Am. Chem. Soc.* **57**,682(1935).

21. H. O. Kneser,*Physik Z.* **35**,983(1934).

22. R. S. Mulliken,*Phys. Rev.* **32**,213,887(1928)；F. Hund, *Z. Physik.* **51**，759(1928)；**63**,726(1930)；
   E. Hückel,*ibid* **60**,442(1930).

23. B. Lewis and G. von Elbe,*Phys. Rev.* **41**,678(1932).

24. J. W. Ellis and H. O. Kneser, *Z. Physik.* **86**,583(1933)；*Phys. Rev.* **45**, 133 (1934)；H. Salow and
   W. Steiner,**134**,463(1934).

25. G. Herzberg, *Nature* **133**,759 (1934).

26. B. Lewis and G. von Elbe,*J. Am. Chem. Soc.* **57**,1399(1935).

27. E. F. Fiock and C. H. Roeder,*Natl. Advisory Comm. Aeronaut. Rept.* No. **532**(1935).

28. The experimental values were kindly furnished by Dr. E. F. Fiock，cf. E. F. Fiock and C. H. Roeder，
   Natl. Advisory Comm. Aeronaut. Rept. No. **553**(1936).

第 12 章

已燃气体的温度和辐射

12.1 热辐射的特性

热辐射是由参与发射过程的各种不同量子状态处于热力学平衡时体系所发射出来的辐射，也就是说，各种不同的量子状态在各分子中是按 Maxwell-Boltzmann 定律分布的。这种辐射与化学发光不同，化学发光是由活性分子所发射出来的辐射。这些活性分子是在简单的活性反应中形成的且其浓度大于与平衡相应的浓度。这种辐射同样也与由经气体的放电或由其他类型的外激发所产生的辐射不同。根据统计力学[1]可知，一物体的温度的定义是处于能量平衡状态的理想气体所含的摩尔平移位能[关于理想气体的平衡位能和气体状态方程之间的关系式可参看第 11 章中式(11-18)和式(11-23)]。若在平移自由度和有发射作用的量子状态之间建立起来能量平衡，则来自火焰气体的辐射将是热辐射。这就暗示着，这两者都遵守 Maxwell-Boltzmann 分布定律，而物系的一切量子状态不必处于统计平衡状态。因此，可以想象得到，发生热辐射的气体，同时显示出激发滞后现象，或经受其他变化，如冷却，但是这种过程进行得缓慢到足以不扰动上述平衡。同样也可以想象得到，该气体在其光谱的某些部分起一热辐射体作用，而同时在其光谱的另外部分则作为一化学发光体。

最好是写出支配热辐射的基本定量关系式。从与法向成 θ 角的一立体角 $d\omega$ 内，在经过时间 dt 的时间单元发光体表面 dA 辐射出来的能量 dE 由下式给出：

$$dE = B \, dA \, dt \, d\omega \cos\theta \tag{12-1}$$

式中，B 称为**亮度**。若辐射不能用光谱分析方法解析，则 B 为**全亮度**。若只研究一部分 $d\lambda$ 光谱（λ 是波长）中所含有的能量 dE_λ，则：

$$dE_\lambda = B_\lambda \, d\lambda \, dA \, dt \, d\omega \cos\theta \tag{12-2}$$

式中，B_λ 称为**光谱亮度**。若发光体遵守 Lambert 定律，则 B 或 B_λ 与 θ 无关。基本光学使我们认识到，倘使光学系统是理想的(即通过透镜没有绕射或吸收或发射的损失)，而且光学系统四周的介质是均一的、无吸收性的，那么一物体的亮度 B 或 B_λ，不论各透镜或反射镜的相互位置如何，在物体所发射出来的任一个别的光线路程上将保持不变。

任一物体的**吸收率** a 的定义是被该物体所吸收的入射辐射能的分数。**光谱吸收率** a_λ 是指上述定义对光谱一部分 $d\lambda$ 来说的。凡吸收率为 1 的物体通称为**黑体**。任一物体的**发射率** e 的定义是该物体的亮度与相同温度下黑体亮度之比。**光谱发射率** e_λ 也是相应地下定义的。

对于任一类热辐射体和任一波长来说，发射率和吸收率之间的关系已由 Kirchhoff 定律给出：

$$\frac{B_{\lambda(nb)}}{B_{\lambda(b)}} = e_\lambda = a_\lambda \tag{12-3}$$

式中，(nb) 和 (b) 分别指非黑体和黑体。

黑体的亮度仅是温度的函数。黑体的光谱亮度已由 Planck 方程式给出：

$$B_{\lambda(b)} = c_1 \lambda^{-5} \frac{1}{e^{c_2/\lambda T} - 1} \tag{12-4}$$

式中，$c_1 = c^2 h = 5.94 \times 10^{-13} \text{J} \cdot \text{cm}^2/\text{s}$（$c$ 为光速）；

$c_2 = ch/k = 1.439 \text{ cm} \cdot \text{K}$；

T 为温度，以 K 表示。

在短波即整个可见区直至 0.7 μm 左右的情况下和在通常所述及的温度即接近 3 500 K 左右的情况下，$e^{c_2/\lambda T} \gg 1$，式(12-4)变为：

$$B_{\lambda(b)} = c_1 \lambda^{-5} e^{-c_2/\lambda T} \tag{12-5}$$

此式通称为 Wien 辐射方程式。

每单位时间、单位面积从黑体的一面辐射出来的总能量，由 Planck 方程式在 $180°$ 立体角内从 0 至 ∞ 的一切波长下积分求得。即得：

$$2\pi \int_0^\infty B_{\lambda(b)} \, d\lambda = S = \sigma T^4 \tag{12-6}$$

式中，

$$\sigma = \frac{2}{15} \frac{\pi^5 k^4}{c^2 h^3} = 5.71 \times 10^{-12} \quad \text{W}/(\text{cm}^2 \cdot \text{K}^4)$$

S 以 W/cm^2 表示。

上述这些方程式使得能够将热辐射与其他形式的辐射区分开。一种直接方法是测量给定波长 λ 下物体的光谱亮度 B_λ 和吸收率 a_λ，且若物体是热辐射体就按 Kirchhoff 和 Planck 方程式去计算物体应具有的温度 T_1。若该物体是一热辐射体，则这一温度应与某些其他独立的方法所测得的物体温度相吻合。这种测量曾由 Schmidt[2] 用 Méker 烧嘴火焰对 $\lambda = 2.7\ \mu$m 和 $\lambda = 4.4\ \mu$m 的二氧化碳谱带进行过滤，他发现如此测得的温度和直接测得的温度非常满意地相吻合。亮度和吸收率的单独测定在可见光区内进行是没有必要的，因为此时应用方便而精确的谱线反转法[3] 是适宜的。用加入某些物质的方法可以将火焰着色，例如加入钠盐，它能在火焰中气化并离解为钠原子和其他产物，钠原子能激发出黄色钠 D 双谱线 $\lambda = 0.589\ 0\ \mu$m 和 $0.589\ 6\ \mu$m。若在火焰之后放置一黑体，分光通过火焰看到该黑体，则该黑体将具有某一温度,使该黑体在 D 谱线光谱区内的亮度等于在这个区内通过火焰所发射的光线的亮度,加上从火焰本身发射出来的 D 谱线的亮度。若光线没有从火焰反射回来[4],则必须遵守如下关系式:

$$B_{D(f)} + B_{D(b)}[1 - a_{D(f)}] = B_{D(b)} \tag{12-7}$$

式中,脚注 D 表示 D 谱线的波长,而脚注(f)表示火焰。在这种温度下,只有连续光谱可在分光镜上看到,而在任何其他温度下,按照黑体的温度是低于或高于遵守上式(12-7)下的所谓反转温度,而使钠谱线对黑体光谱的连续背景变亮或变暗。式(12-7)的形式与式(12-3)相同,表示热辐射的 Kirchhoff 定律,并且用单独测定的方法得到火焰温度等于黑体温度,因此钠辐射的热特性被证实了。

在下一节中我们将阐述某些实验工作,它确定了火焰其他本身的辐射热特性和火焰中加入金属蒸气后的辐射热特性❶。

12.2 火焰辐射的实验研究

在上述 Schmidt 的研究中曾使用了高约 12 cm 的 Méker 烧嘴火焰。烧嘴栅格是镍制的,其形状为 2 cm×5 cm 的矩形。各种测量是在焰锥上 1 cm 左右处进行的。燃用一种未知成分的煤气-空气混合物。该烧嘴接放在装有一块萤石棱镜和一块氯化钾透镜(它使辐射聚集于一热电堆上)的红外分光镜狭缝之前。将火焰的位置和分光镜内光阑的开度调整到使热电堆仅能接受来自火焰的光线和(或)来自连续光源的光线,这时候将一个 Nernst 灯放在火焰之后。火焰的吸收率是根据分别测量来自火焰、Nernst 灯及火焰和 Nernst 灯一起入射到热电堆上的辐射所导致的电流计偏转值 d_1、d_2 及 d_3 来确定。这些偏转值与能流 dE/dt 成正比,因为面积、立体角和金属丝在整个测量过程中保持不变,因而它们还与亮度成正比。对于在 $\lambda = 2.7~\mu m$ 和 $\lambda = 4.4~\mu m$ 范围内任一测定波长的吸收率显然按下式求得:

$$a_\lambda = \frac{d_1 + d_2 - d_3}{d_2} \tag{12-8}$$

偏转值和光谱亮度之间的比例因数是测量来自已知温度黑体(放在烧嘴位置上)辐射所产生的偏转值来确定的。这种测定提供了火焰的光谱亮度值,所以根据 Kirchhoff 定律亦能确定与火焰相同温度黑体的光谱亮度。这一温度可与下述方法所测得的火焰温度相比拟。将一根细铂-铑丝放在火焰之外通电加热,并在各种不同温度下用一热电堆测量其辐射能。各温度用一个光学高温计来测量。因此,得到以金属丝单位长度计的辐射能(W/cm)和温度的关系曲线。其后,将金属丝放在火焰中,并在不同的电能输入量下测得其温度。因此,得到了另一根表示以金属丝单位长度计的输入能量(W/cm)和温度的关系曲线。这两条曲

---

❶ 参看 "Handbook of Infrared Radiation from Combustion Gases",NASA,SP-3080,1973。

线在某一温度处相交。实际上，火焰对来自金属丝的辐射是可穿透的。这种结论是根据金属丝在火焰的红外吸收谱带区中发射率极低现象得出的，且已为直接实验[5]所证实。所以，在这种温度下，从金属丝辐射出来的能量等于电能输入量。显然，这种现象只有在不以传导或对流获得或损失能量(即金属丝和火焰气体的温度相同)时才能成立。因而，两曲线的交点就确定了火焰气体的温度。

对于一给定的火焰区来说，曾发现对不同波长以各种不同光谱亮度测定的和按 Planck 方程式计算得的温度彼此是一致的，它们同样也与火焰的温度相吻合。这就确定了为 Schmidt 所用的气体混合物的红外辐射热特性，而且，因为测量是在焰锥上面很近处进行的，所以很明显，从火焰锋面发散出来的气体的一些化学发光辐射都迅速地衰落了。因为煤气中含有一氧化碳、氢和烃，所以把上述结论推广到任一种这些可燃气体上去是合理的。

Kohn[6]对金属在火焰中的辐射作了广泛的研究。在这种研究中，对一未知成分的煤气-空气火焰的温度是用上述 Schmidt 的金属丝法测定的，并将它与谱线反转法测得的温度相比较。谱线反转法的实验装置将在下面描述。

在图 12-1 上，连续光源的像(对照辐射体 CR)用透镜 L_1 聚集到烧嘴 B 上面的部分火焰处。光阑 D 限定了来自火焰和对照辐射体的光束，用透镜 L_2 将光束聚焦在分光镜 Sp 的狭缝上，使组合像完整地盖满狭缝。L_1 的光阑必须等于或大于 L_2 的光阑，以便将来自 CR 和 B 的光束在狭缝的像平面上有相同的立体角。合适的对照辐射体有如 Kohn 所用的 Nernst 灯，以及钨带灯。有许多种方法可将金属蒸气导入火焰。Kohn 将细粒金属盐放在镍制栅格上，这样就使很窄的火焰区着色。在其他一些研究中，以空气射流卷吸法来使用盐溶液雾[5]。其他的方法有采用连续电弧放电或快速连续火花方法将盐[7,8]或盐溶液[9]汽化。校准对照辐射体只需得出其在所研究光谱限内的亮度和输入能量之间的关系。连续光谱其余部分的亮度不必测量。Kohn 曾用光谱照相记录法将各种不同小光谱限内的 Nernst 灯亮度直接与已知温度的黑体亮度相比较。这样，得出输入能量和黑体温度的关系曲线，黑体的亮度相当于对照辐射体的亮度。一般地说，仅需测量一光谱区的亮度，因为对许多物质如钨来说，所得的数据对求大部分光谱下的光谱亮度或发射率来说都是有用的。因此，校准钨带灯，可利用一般的光学高温计，这种高温计已对 $\lambda = 0.665\ \mu m$ 光谱限内各种不同已知温度下的黑体作过校准。曾得到一条输入谱带灯的能量和其红光谱限内**亮度温度**(即等于红光亮度的黑体温度)的关系曲线。在其他光谱限内相应的曲线可用如下方法获得。钨带的真实温度 T 和其亮度温度 T_λ 之间的关系式是根据式(12-3)和式(12-5)得出的：

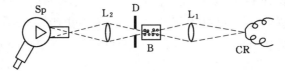

图 12-1 谱线反转法测温装置示意图

$$\frac{1}{T} - \frac{1}{T_\lambda} = \frac{\lambda 2.303 \lg e_\lambda}{c_2} \tag{12-9}$$

和

$$\frac{1}{T} - \frac{1}{T_{\lambda'}} = \frac{\lambda' 2.303 \lg e_{\lambda'}}{c_2} \tag{12-10}$$

式中，λ 是红光波长，等于 0.665×10^{-4} cm；e_λ 是红光谱区内钨的发射率；λ' 是亮度温度所要求的任何其他谱区的波长（对黄色谱线 $\lambda' = 0.589 \times 10^{-4}$ cm，对红色锂谱线 $\lambda' = 0.671 \times 10^{-4}$ cm，对绿色铊谱线 $\lambda' = 0.735 \times 10^{-4}$ cm）；$e_{\lambda'}$ 是任何其他谱区内钨的发射率。联立式 (12-9) 和式 (12-10) 则得：

$$\frac{1}{T_{\lambda'}} = \frac{2.303}{c_2} (\lambda \lg e_\lambda - \lambda \lg e_{\lambda'}) + \frac{1}{T} \tag{12-11}$$

表示钨的发射率和红光亮度温度关系的数据载于表 12-1[10] 中。为比较起见，还列出了钨的真实温度。

表 12-1　各种不同波长和温度下钨的光谱发射率

真实温度 T	亮度温度 T(红光)	光 谱 发 射 率			
/K	/K	0.665 μm	0.589 μm	0.671 μm	0.535 μm
2 100	1 943	0.433	0.446	0.432	0.455
2 200	2 026	0.431	0.444	0.430	0.454
2 400	2 192	0.427	0.441	0.426	0.451
2 500	2 274	0.425	0.439	0.424	0.449

在对照辐射体和火焰之间不必用一块透镜。在 Griffiths 和 Awbery[5] 所描述的装置中，放在火焰之后某一距离处的细钨丝弧，其像用火焰和分光镜之间的一块透镜经火焰聚集在分光镜的狭缝上。透镜的尺寸是要使像比盖满狭缝还有余。有效辐射仅通过一很窄的火焰区。若采用图 12-1 中所描述的装置，则对透镜 L_1 的吸收和反射必须作修正[12]。

Kohn 用各种不同的钾、钠、锂、铷和铊盐类所作的许多测定表明，反转法测得的温度与用 Schmidt 金属丝法所测得的温度极为吻合。在极靠近金属丝旁的火焰区中读得谱线反转温度。当把金属丝从火焰中取出并测同一点处的反转温度时，发现此温度比金属丝放在此处时的温度稍高，金属丝愈粗，两者之差愈大。Kohn 早已对这种观测结果作出很清楚的解释，这是金属丝使其附近的气流减缓所致。一般的经验是：随着全部气体速度的降低，在孔上一定位置处的温度也会降低[5,7,8,11,12]。这是气体冷却的结果，冷却是因栅格导热、与周围大气互扩散和辐射所致。同样地，气流受到如布及整个火焰直径的金属丝的阻碍使速度降低时将产生相同的效应。

反转法测得的结果和单独测得火焰温度之间的对比同样也由 Griffiths 和 Awbery[5,13] 进行过，这些结果证实了 Kohn 的结论。在用金属丝测量火焰温度时，他们引用了 Berkenbusch[14] 早已使用过的方法。他们不测量金属丝的辐射能，而测量在高真空中使金属丝维持各种不同温度所需的电能，此时温度用光学高温计测量。因为在高真空中能量仅按辐射方式消散，所以这种方法显然是与 Schmidt 所使用的方法相等效的。因为，在 Schmidt 的各种实验中，是以金属丝放在火焰中重复进行实验的。两曲线的交点就决定了火焰气体的温度。

在 Kohn 研究之前，关于火焰气体和火焰中金属蒸气两者热辐射特征的有力论证，是根据按可见谱区（与远离红外谱区一样）中许多谱线和谱带光谱亮度计算得的温度都相一致得出的[15,16]［反应区中化学发光现象是例外（第 494 页），有些研究[16]还确定了它的无热特征]。以后曾发表了[4,5,11]许多其他的结果，它们确定了以钠和锂染色火焰的反转温度相同❶。此外，Hottel 和 Smith[7]曾比较过用反转法测得各种不同温度下的一氧化碳-空气-氧和照明煤气-空气火焰的总发射率与在炉中加热到已知温度的二氧化碳和水蒸气的总发射率[17]，所得的结果非常令人满意地吻合。

Strong、Bundy 和 Larson[18]曾描述过用反转法进行复杂火焰中温度的测量和钠 D 谱线等强度线的研究。

12.3　稳定不发光火焰温度的测量

线谱反转法特别适于测定稳定不发光即有游离烟炱的火焰中的温度。这种测定曾有许多研究者[19]使用过❷。这种方法同样也曾用来测量内燃机中的温度[20]。

有许多原因可以使得所测得的敞口稳定火焰中的火焰偏离于按热力学平衡下绝热燃烧计算得的温度。与周围大气发生互扩散，有某些热量损失于火焰稳定器如 Méker 烧嘴栅格上。因此，热损失愈大，流速就愈低。将一点盐放在栅格上，它将与栅格一样地与火焰气体相直接接触。所以，可用它作为使气体制冷的介质。Kohn 在使用过这种方法后发现，在盐粒上面某一距离处温度趋于增大，这大概是由于与周围较炽热的气体相互混合的结果。染色区随着气体向上移动而扩大，这为相互混合作用提供了一些指示。当然，这决不影响到温度测量本身的准确性。

若测量是为了比较火焰温度的实测值和理论值而完成的，则显然应当使火焰内保护部分着色的某种其他方法。这已在 Minkowski 等[12]与 Kaveler 和 Lewis[8]的实验中使用过。这种方法是在栅格下放置两根同心管，使相同的混合物以相同的气体速度通过这两根管，并将一些盐加入通过内管的混合物❸。在这种装置中，栅格的热损失大大地减小了，

---

❶　铊绿色谱线的反转常难以观测到，这是由于辐射很弱的缘故。辐射与两较高电子能级之间的跃迁相应，这两个电子能级中较低的一个比基态能级要高 1 V 左右。

❷　采用弧光作为对照辐射体并用适当的方法（如转动扇形板或吸收玻璃）来使其亮度减弱就可以以谱线反转法测量非常高的温度，请参看 Henning 和 Tingwalt[4]及 Lurie 和 Sherman[19]。

❸　Kaveler 和 Lewis 对有保护的和无保护的天然气-空气混合物火焰测得火焰温度差等于 100 ℃左右。

且正如在 Kohn 实验中那样，火焰的内着色大部分良好地被火焰的外面一部分所保护。在采用足够高的流速下立刻发现，在焰锥上方很短一段距离开始的范围内温度保持不变。Kaveler 和 Lewis 在使用天然气和空气的混合物时发现，恒温区直到焰锥上方几毫米处才开始，而从焰锥上至恒温区温度升高。这一温度差是可变的，取决于像流速和混合物成分这类因素。本书作者[21]曾提出这样的假定来解释，即认为在栅格上方的一段很短的距离内，在火焰横截面上（即使在着色区内）的气体温度是不均一的。栅格所得到的热只有一部分给进入的新鲜气体，其余部分按辐射和传导方式散失于烧嘴外管。因此，邻近热气的冷气流入栅格处上升，且两者逐渐合并。若能观测到这种不均匀层且像 Kaveler 和 Lewis 实验中那样火焰被有力地着色以致吸收率接近于 1，则应相当精确地测得最靠近分光镜的气层（它是这种装置中温度较低的气层）的温度。另一方面，图 5-68 所示的火焰温度分布表明，在焰顶上方温度有所增高。因为在这里气体没有热损失，所以这意味着在发光区外进行着连续化学反应，就等于应用于 Kaveler 和 Lewis 所用天然气-空气混合物的情况。

Minkowski 等的实验最初被用来测定受激钠原子的平均寿命，得 1.39×10^{-8} s，还用来测定钠盐在火焰中离解为原子和其他产物的离解度。在此我们感兴趣的主要是在部分火焰中他们实际上所观测到的火焰温度为常数的现象。实验所用的混合物是煤气和空气，煤气的百分成分如下：

H_2	CO	CH_4	C_nH_m	CO_2	O_2	N_2
53.1	15.2	18.4	1.9	3.8	0.2	7.4

C_nH_m 被认为主要是乙烯。钠盐是在室温下以碳酸钠溶液的液雾喷入，没有精确的知道所加入的水蒸气量，但混合物可能离饱和状态不远。所有一切的测定都是以浓混合物进行的。图 11-5 所示是本书作者按上述成分计算得到的、该气体的干混合物和饱和混合物的理论温度曲线。对于表示实验测得火焰温度的每一点，同样也给出测定进行的气体平均线性流速(cm/s)。应该注意到，各实验点都落在理论曲线上下，同时这些点排列本身是按流速大小来进行的。混合物成分愈接近化学计量值，则上升到所给定混合物的温度或超过理论曲线所需的流速就愈大。这种现象能用在快速燃烧混合物中焰锥高度降低来解释，因而使已燃气体更靠近栅格，从而使热损失增大。还应该注意到，某些值远低于理论曲线，这又一次表明有激发滞后现象存在。Minkowski 及其同事没有发觉他们所测得的某些温度值都超过理论值，但是他们看到了非平衡情况的迹象，事实上他们不可能发现 NaOH 离解常数是温度的函数，这也许是与他们关于所测温度下钠原子和未离解的钠化合物的浓度的数据相一致的。若能在这种平衡计算时考虑到火焰中附加的钠化合物如 Na_2O，则大概会影响这种一致性。虽然这些作者确实在某种程度上扩大了这种可能性，但是他们还是相当多地联系到前面对非平衡情况的解释。因而，他们提出，并非处于热力学平衡状态的混合物的反转温度，可以高于按气体所含平移能值测得的气体真实温度。因为，可以认为，钠原子

的浓度并不与平衡浓度相一致，所以同样也严重地破坏了受激原子和非受激原子之间的平衡。这样，Kohn的实验结果必须用铂-铑丝四周处的平衡因该金属丝的催化效应而迅速建立起来的假定来解释。没有金属丝时所测得谱线反转温度稍高的原因，与其说是按上述气体速度增大所致，倒不如说是非平衡情况重新建立起来所致。本书作者认为，用这种假定似乎没有用这样两种结果显得有说服力，一是第551页上所述金属丝影响解释的真实性，一是图12-2上所载的结果和Kaveler同Lewis对天然气的研究结果（见下述）与第11章中所述压力和膨胀比的测量基本相同。因此，似乎较合理的有这样两个假说，一是平移能和钠的量子态两者彼此处于热力学平衡状态，同样钠和其化合物也处于热力学平衡状态，另一是仅有某种振动量子态受到很大的偏离热力学平衡的影响。应当用同时测定反转温度和膨

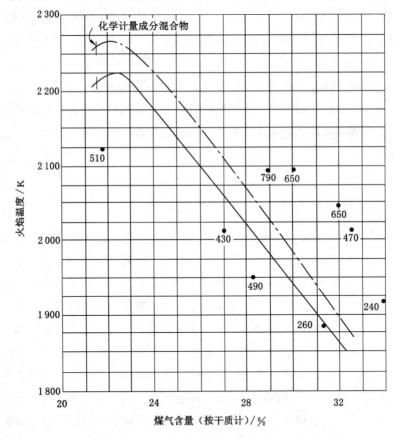

图 12-2　理论计算得的煤气-空气混合物火焰温度与

用谱线反转法实验测定的火焰温度的比较

　　— · —理论曲线，干混合物（von Elbe & Lewis[21]）；

　　——理论曲线，潮湿混合物（von Elbe & Lewis[21]）。

● 钠谱线反转法测得的火焰温度，并标明气体速度（cm/s）

　　（Minkowski, Müller & Weber-Schäfer[12]）。

胀比的方法对这个问题作进一步地观测。

Kaveler 和 Lewis 对火焰温度的测量是使用中心染色的 Méker 烧嘴火焰以 Pittsburgh 市天然气-空气干燥混合物完成的。初始温度为 300 K，天然气成分等于：

CH_4	C_2H_6	N_2
85.48	13.85	0.67

在图 12-3 上，将这种混合物的理论火焰温度曲线与实验测得的焰锥上方最高火焰温度一起示出。所有一切实验点的气体速度是可比较的，所以实验结果的分散本质上是因混合物成分难以控制所导致。从图可见，在稀和浓的混合物的情况下各实验点很靠近理论曲线，这表明栅格的热损失因燃烧速度较低而减小，它与 Minkowski 等的结果是一致的。另一方面，向曲线最大值移动时所观测到的温度稍低于理论值，约低 20～40 ℃。对于相同混合物成分和各种不同气体速度下焰锥上方温度分布的研究，用图示说明了栅格热失的影响（图12-4）。在将 Kaveler 和 Lewis 的结果与 Minkowski 等的结果比较时，必须记住煤气-空气混合物的燃烧速度比天然气-空气混合物要高得多。可以理解到，在煤气混合物的情况下气体速度的变动所产生的影响较大，因为激发滞后和栅格热损失都随着燃烧速度的增大而增大。因此在 Minkowski 等的实验中，激发滞后在很高的气体速度下很强，而在很低的气体速度下又使靠近栅格的火焰产生额外的栅格热损失。

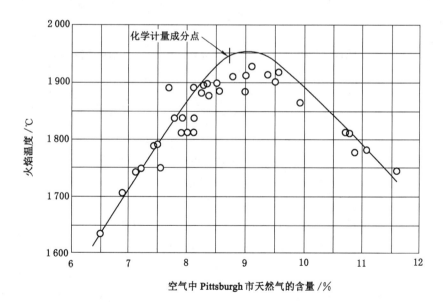

图 12-3　用钠谱线反转法在 Méker 烧嘴火焰中心所观测到的 Pittsburgh 市
天然气-空气混合物的最高火焰温度（Kaveler & Lewis[8]）

——理论火焰温度；○所观测到的火焰温度。

　　Kaveler 和 Lewis 同样也以稀的混合物研究过空气中的全部氮被氧所代替的影响（图 12-5）。这时，燃烧速度要高得多，而气体速度也增大到约是图 12-5 上所示最大气体速度的 6 倍。曾观测到，温度不是像用空气实验时那样从焰锥向上增大，而是其最高值很靠近焰锥。这种现象已被以后对天然气-氧火焰温度分布的测定所证实（图 5-71）。总之，图 12-5 上的实验值稍高于理论值。图 5-71 上所示的最高实验测定温度比理论温度高 150 ℃。不应认为，在 Méker 烧嘴的实验中完全没有栅格热损失，所以这些结果可能受到栅格热损失和激发滞后的影响。

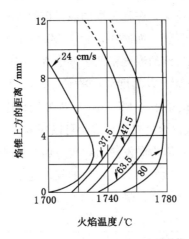

图 12-4　气体速度对 Méker 烧嘴火焰中心处温度梯度和最高火焰温度的影响（Kaveler & Lewis[8]）

空气中含 10.85% Pittsburgh 市天然气。

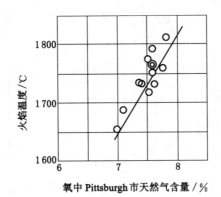

图 12-5　用钠谱线反转法在 Méker 烧嘴火焰中心处所观测到的 Pittsburgh 市

天然气-氧混合物的最高火焰温度（Kaveler & Lewis[8]）

——理论火焰温度；○所观测到的火焰温度。

Ellis 和 Morgan[22]曾发表过全染色一氧化碳-空气火焰上进行的一些实验。这种火焰是在 Smithells 分离器上形成的。所以周围大气是由本身的燃烧产物所构成的。因此，浓混合物的实验应当在没有因空气渗入造成二次燃烧的危险下进行。在一氧化碳大量过量时，实验测得的火焰温度高于理论值，而在向化学计量成分混合物移动时，它又低于理论值。这些结果指出，CO 的激发滞后与表 11-7（第 538 页）上所示的 Pier 的 170 号个别实验是相一致的。

有许多的温度测量结果都是在各种不同可燃混合物的全染色未加保护的火焰上得到的。从前述可知，将这些测量结果预料与理论温度相比较显然不能达到任何目的。这些测量结果达到了各种不同类型可燃物火焰的近似温度，且这些温度处于工业运用感兴趣的温度范围内。一般地说，这些温度并不远离其理论值，各种不同的烃混合物的最高火焰温度与其理论值之差为 30～80 ℃。各种火焰温度的一览表如附录四中所示。令人感兴趣地记录到，用谱线反转法在 Otto 循环发动机发火端处所测得的温度（2 060 ℃[23]）与理论温度（2 071 ℃[24]）吻合得很好。

12.4 析烟火焰的温度和发射率的测量

很明显地，谱线反转法不能用来测量析烟火焰（即发光火焰）的温度。这种火焰，或是有机燃料的扩散火焰，或是有机燃料过浓混合物的火焰。严格地说，火焰中的烟炱质点与金属丝一样，它们处于比周围气体稍低的温度。但是，因烟炱质点极小，正如 Schack[25]所估计那样，这种温差仅为 1 ℃左右。

Hottel 和 Broughton[26]曾拟定了测定发光火焰的真实温度和发射率的实用方法。这种方法需要用实验测量两种不同波长下火焰的亮度温度。正如光学高温计所用的滤光片一样，可使用红色和绿色滤光片，它们的有效发射波长是已知的。

均一吸收介质的光谱吸收率由如下吸收定律给出：

$$a_\lambda = 1 - e^{-k_\lambda L} \tag{12-12}$$

式中，L 是吸收层的厚度，k_λ 是波长下的吸收系数。k_λ 与 λ 之间的关系可用如下经验公式表示：

$$k_\lambda = \frac{k}{\lambda^a} \tag{12-13}$$

式中，k 和 α 是常数。这一方程式适用于一个已限定的谱区，而 α 随波长而变。将式(12-12)和式(12-13)联立，且因吸收率等于发射率[式(12-3)]，得：

$$e_\lambda = 1 - e^{-kL/\lambda^a} \tag{12-14}$$

在采用红光和绿光的亮度温度的情况下，按式(12-9)和式(12-14)：

$$\frac{1}{T_R}-\frac{1}{T}=-\frac{\lambda_R}{c_2}2.303\lg(1-\mathrm{e}^{-kL/\lambda_R^2})\qquad(12\text{-}15)$$

和

$$\frac{1}{T_G}-\frac{1}{T}=-\frac{\lambda_G}{c_2}2.303\lg(1-\mathrm{e}^{-kL/\lambda_G^2})\qquad(12\text{-}16)$$

若 λ_R、λ_G 和 α 为已知且 T_R 和 T 已测得，则式(12-15)和式(12-16)中仅有两个数未知，即所期望的真实温度 T 和 kL，后者可称为火焰的吸收强度。

火焰的总发射率由下式给出：

$$e=\frac{2\pi\int_0^\infty e_\lambda B_\lambda\mathrm{d}\lambda}{\sigma T^4}\qquad(12\text{-}17)$$

[请参看式(12-6)]。在按式(12-14)确定 e_λ 时，必须已知 α 随 λ 的变化情况。B_λ 是根据 Planck 方程式(12-4)求得的。

曾测得红、绿光之间的 α 值为 1.39。这是从一个或多个戊基乙酯火焰(它与一个放在另一个之后的 Hefner 灯焰相类似)测定 T_R 和 T_G 所求得的。若 n 是所观察到的排成一行的灯数，则式(12-15)变为：

$$\frac{1}{T_R}-\frac{1}{T}=-\frac{\lambda_R}{C_2}2.303\lg(1-\mathrm{e}^{-nkL/\lambda_R^2})\qquad(12\text{-}18)$$

式中，L 是一个火焰的深度。对绿光可写出相应的方程式。由此可见，在原则上对两个独立的 n 值仅需作两次 T_R 的测定，用其确定 T 和指数因数 kL/λ_R^2。采用观测次数与变化的排列成行的灯数相配合的方法来提高测量的准确度。Hottel 和 Broughton 的测量结果表明，按红光和绿光测定所求得的 T 值完全吻合。α 值是按 kL/λ_R^2 和 kL/λ_G^2 这两个数值确定的。它随着燃料种类和析烟情况的变化而稍有变化。但是，真实温度对 α 值相当大的变化极其不敏感。若 α 从 1.39 变化到 1.70，则对中等厚度的火焰来说密度是单个 Hefner 火焰的 6 倍，T 降低了 7 ℃左右。根据其他研究者的资料可知，到达红外谱段 α 降低是因不计红外光所致。Hottel 和 Broughton 的结论是：$\alpha=1.39$ μm 能适用于 $\lambda=0.8$ μm，而 $\alpha=0.95$ μm 适用于 $\lambda=0.8$ μm 到 $\lambda=10$ μm 的范围。

为了避免进行乏味的逐次逼近法计算，给出图 12-6，使得用实验方法测定 T_R 和 T_G 后一下子就很容易地确定所欲求的量。根据横坐标上的 T_R 值垂直地与适当的 T_G-T_R 值相交，然后用半垂线内插法读出真实温度和坐标轴上的 kL 值。根据这一 kL 值按图 12-7 读出任一真实火焰温度下的总发射率。

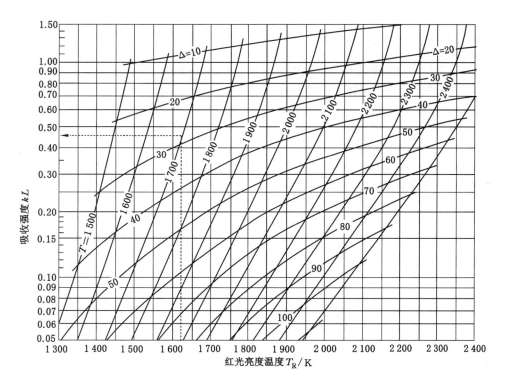

图 12-6　发光火焰的温度和吸收强度与红光及绿光亮度温度的函数关系（Hottel & Broughton[26]）

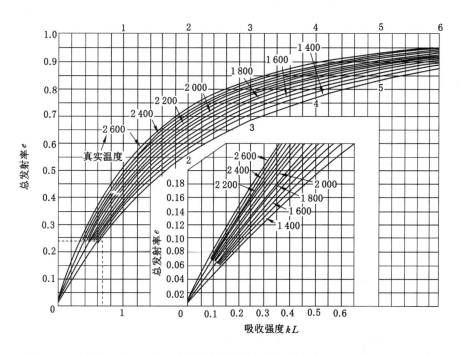

图 12-7　按真实温度（K）和吸收强度求发光火焰的总发射率（Hottel & Broughton[26]）

参考文献

1. R. C. Tolman, "Statistical Mechanics". *Am. Chem. Soc. Monograph*. 1927.

2. H. Schmidt, *Ann. Physik*. **29**, 1027(1909).

3. C. Féry, *Compt. rend. acad. sci*. **137**, 909(1903).

4. This has been shown to be the case by F. Henning and C. Tingwaldt. [*Z. Physik*. **48**, 805(1928)].

5. E. Griffiths and J. H. Awbery, *Proc. Roy. Soc*. **A123**, 401(1929).

6. H. Kohn, *Ann physik*, [**4**]**44**, 749(1914).

7. H. C. Hottel and V. C. Smith, *Trans. Am. Soc. Mech. Engrs*. **57**, 463(1935).

8. H. H. Kaveler and B. Lewis, *Chem. Revs*. **21**, 421(1937).

9. B. Lewis and G. von Elbe, *J. Chem. Phys*. **11**, 75(1943); cf. p. 293 of this text.

10. W. E. Forsythe and A. G. Worthing, *Astrophys. J*. **61**, 146(1925).

11. For details see G. W. Jones, B. Lewis, J. B. Friauf, and G. St. J. Perrott, *J. Am. Chem. Soc*. **53**, 869 (1931).

12. R. Minkowski, H. G. Müller, and M. Weber-Schäfer, *Z. Physik*. **94**, 145(1935).

13. Also confirmed by A. G. Loomis and G. St. J. Perrott, *Ind. Eng, Chem*. **20**, 1004(1928).

14. F. Berkenbusch. *Ann. Physik*. [**3**]**67**, 649(1899).

15. E. Bauer, *Le radium*, **6**, 110, 360(1909); Thesis, Paris(1912).

16. E. Bauer. Thesis, Paris, 1912; N. R. Tawde and J. M. Patel, *J. Univ. Bombay*. **6**, 29(1937); H. G. Wolfhard, *Z. Physik*. **112**, 107(1939); cf. A. G. Gaydon, "The Spectroscopy of Flames". Chapman and Hall, London, 1957.

17. H. C. Hottel and H. G. Mangelsdorf, *Trans, Am. Inst. Chem. Engrs*. **31**, 517(1935).

18. H. M. Strong, F. P. Bundy, and D. A. Larson, "Third Symposium on Combustion and Flame and Explosion Phenomena", p. 641. General Electric Co; Ptoject "Hermes" Rept No; R49A0517(1949).

19. Besides the papers quoted in the last session there may be mentioned G. W. Jones, B. Lewis, and H. Seaman. *J. Am. Chem. Soc*. **53**, 3992(1931); **54**, 2166(1932); *J. Franklin Inst*. **215**, 149(1933); O. C. Ellis and E. Morgan, *Trans. Faraday Soc*. **28**, 826(1932); A. E. Hershey, *Ind. Eng. Chem*. **24**, 867 (1932); H. H. Lurie and G. W. Sherman, *ibid*. **25**, 404(1933).

20. A. E. Hershey and R. F. Paton, *Univ. Ill. Eng. Expt. Sta. Budl*. No. **262**, 1933; S. S. Watts and B. Lloyd-Evans, *Proc. Phys. Soc*. (London) **46**, 444(1934); *Engineering* **137**, 362, 743(1934); **139**, 48(1935); G. M. Rassweiler and L. Withrow, *J. Soc. Automotive Engrs*. **36**, 125(1935).

21. G. von Elbe and B. Lewis, *Chem Revs*. **21**, 413(1937).

22. O. C. Ellis and E. Morgan, *Trans. Faraday Soc*. **28**, 826(1932).

23. G. M. Rassweiler and L. Withrow, *J, Soc. Automotive Engrs*. 36, 125(1935).

24. H. C. Hottel and J. E. Eberhardt, *Chem. Revs*. **21**, 438(1937).

25. A. Schack, *Z. tech. Phvsik* **6**, 530(1925).

26. H. C. Hottel and F. P. Broughton. *Ind. Eng. Chem. Anal. Ed*. **4**, 166(1932).

第四篇

燃烧工程学

第 13 章

工业加热过程

工厂中用于提供蒸汽、冶金及其他用途的窑炉大都根据其长期实践所积累的经验来进行设计和运行，但很多工作也需要炉内燃烧科学知识才能做好。这方面的文献资料很多，因而本章只需作简单评述即可。

Thring[1]的专著从物理学角度提出炉内过程的 4 个主要应用课题。它包括炉内燃烧的热力学特性；机械给煤、粉煤、油雾及气体燃料的燃烧过程；燃气对被加热物料的传热过程；高温燃气流动的气体动力学特性。

热力学的任务是用以计算炉内热能的有效部分，它可命名为"热功效"[1]。只有当燃气温度高于被加热物料时炉内释热才是可供利用的。冶金等行业具有相当的废弃热能无法避免，使用换热器回收低温热能用以加热燃烧空气即可提高火焰温度和热功效。通过热力学分析必须尽可能在提高热功效过程中使所有工艺参数达到最佳值。根据加热过程的不同目的即可在有关文献[1]中查到不同的计算方法。

燃烧科研主要着眼于控制释热率、燃烧效率及炉膛内的热能分布。设计燃烧器[2]时，这类问题通常都凭经验解决。在燃料床及其他大型燃料供给设备中有关燃用煤或碳的技术已经作过很多研究工作，这类问题 Thring 已经作过综述；俄罗斯在这方面所作的工作也已在 Khitrin[3]的教科书中论述过。这方面的研究内容有：煤热解及其热解燃气的燃烧、氧在碳表面的反应过程、煤床空隙中一氧化碳与氧的反应以及在各种不同气流流型和不同形状碳粒情况下氧向碳表面输运过程的研究。

大功率蒸汽锅炉及类似装备都烧用煤粉，此时的残余灰渣是容易处理的。例如水泥厂的锅炉不仅允许炉渣存在，甚至还希望在产品中掺入煤渣。煤粉可由气流带入炉内，空气气流携带悬浮煤粉进入炉膛，由于管道突然扩大，射流根部形成的回流可使火焰得以稳定。有关此种火焰的研究主要与煤粒燃烬时间有关。Thring[1]认为虽然现在已经得到很多有关煤粉燃尽的实验结果，但因各种煤粒灰渣性质变化太大，其挥发分也各有不同，因而目前还难以得到煤粉燃烬时间的通用定量结论。

圆柱形燃烧室采用切向进气喷入煤粉时，煤粉受离心力作用，其相对于燃烧空气的运动可缩短其燃烬时间。此外如煤灰熔点不太高，则大部分灰分形成液态灰渣聚集壁面即可连续排出炉外，这种旋风炉的资料可在其他文献[2]中查到。

大部分煤粉颗粒可通过 200 号筛孔，其直径均小于 74 μm。根据论述可知，高挥发分低分煤粉的燃烧特性约与雾状液体燃料相当。当挥发分减少，灰分增大时，其火焰传播低限向浓燃料方向移动，这说明煤粒传播火焰的有效半径缩小。无烟煤或煤焦的颗粒含有挥发物很少，甚至根本不含挥发分，因此它在常温下不能传播火焰，因为这时颗粒本身辐射散热率远较氧分子撞击碳面进行化学反应的释热率为大，因而颗粒不能保持快速化学反应所需的高温。所以燃烧无烟煤粉或焦炭粉时炉内必须装备辐射隔热罩。换句话说，必须用一被加温过的隔热面来降低足够的辐射散热以保持其散热少于燃烧反应释热，这样才能继续维持燃烧反应。在工业炉窑中很容易安装耐火罩，它可通过膛内自身火焰加热以保持高温[4]。烟煤焦粉含挥发分少，隔热罩低壁温约为 1 400 ℉时才能维持炉内火焰正常传播，这时相应的炉内火焰温度约在 1 800 ℉以上。其具体温度值随燃料空气比而有所变化[5]。

工厂中磨煤制粉过程中总有少量直径超过 300 μm 的粗粒存在，它穿过燃烧波波峰时不易燃烬，为了完全燃烧就需要较长的炉内停留时间，因此使这部分大煤粒充分燃烧就需要增大炉窑体积。

炉内传热过程须通过理论结合实验进行研究。虽然物理学中热辐射定律已很成熟，但把热辐射方程应用到实际窑炉中还会遇到诸如假设条件等一类的复杂问题，这就需要测量技术的配合，很多教科书[1]已经介绍了在这方面所作过的系统实验研究。对流问题则可应用相似理论通过实验来解决。

炉内燃气流动特性对燃烧过程及对流有很大的影响。燃气被浮力和风机所推动，气流多为湍流，在炉内很多部位形成一些涡流。在一定程度上它也可用水模拟来研究，但很难达到完全相似。有时用电模拟也很有效，这时电池提供的电动势代表风机和浮力，电阻则代表气流流阻。应用示踪剂和皮托管也能研究炉内气流流动，但诸如射流和管流等特殊流型就要用理论计算方法才能解决。

参考文献

1. M. J. Thring,"The Science of Flames and Fumaces", Wiley, New York, 1962; J. M. Beér and N. A. Chigier, "Combustion Aerodynamics", Robert E. Krieger, Malabar, Fla. , 1983.

2. See, for example, M. L. Smith and K. W. Stinson, "Fluids and Combustion", McGraw-Hill, New York, 1952.

3. L. N. Khitrin, "Fisika Goreniya i Vsryva", Moscow, 1957.

4. For example, see H. Winter and R. Jüterbock, *Brennstoff-Wärme-Kraft* **5**, 275, 297 (1953).

5. Combustion and Explosives Research, Inc, Report to Consolidation Coal Company, Library, Pittsburgh Sept. 9, 1955.

第 14 章

内 燃 机

活塞式、涡轮式和喷气式内燃机的理论和设计已是大量工程研究的课题，并且已在一些专著中进行了详尽的讨论了。我们将从各种不同角度讨论燃烧过程，并且作为基本知识简要地论述这种发动机的工作与性能。

14.1 发动机循环

本节中我们将讨论 Otto 和 Diesel 活塞式发动机、燃气轮机、涡轮喷气发动机、冲压式喷气发动机及火箭发动机等的循环[1]。

1. Otto 循环

图 14-1 所示的是 Otto 发动机的示功图[2]。在 A 点，活塞处于上止点位置，活塞上面有余隙空间，充满了前一次爆炸所产生的接近大气压力的已燃气体。随着活塞向下移动，排气阀关闭，进气阀打开，接近化学计量比例的汽油和空气混合物经进气阀吸入汽缸。这

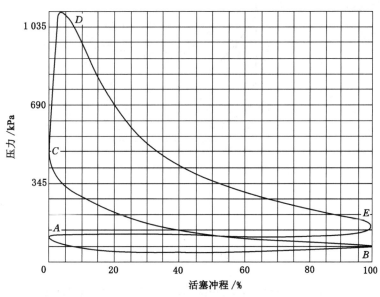

图 14-1 Otto 发动机的示功图（Rosecrans & Felbeck[2]）

个吸气冲程与曲线 AB 相对应。在 B 点，进气阀关闭，沿曲线 BC，混合物被上移动的活塞所压缩(压缩冲程)。在上止点前一点儿，在 C 点有电火花闪过，随后的燃烧使压力迅速升至 D。在燃烧期内，活塞移过上止点，然后，膨胀着的炽热气体迫使活塞向下移动，曲线 DE 给出了气体的压力和体积(工作冲程)。当活塞达到下止点时，排气阀开启，已燃气体在随后的排气冲程 EA 中随着活塞向上移动而逸出。

　　循环中所获得的功，即 $\oint pdv$，由面积 $ECDE$ 减去面积 AB 求得❶。后一块面积表示克服吸气和排气冲程中气体流动阻力所消耗的功，即所谓泵气损失。若已知混合物的成分和汽油的燃烧热，则示功图可用来度量转换成功的化学能的百分数，即热效率或燃料经济性。发动机的功率由每循环所做的功和单位时间的循环数的乘积所确定。

　　如果没有热损失或泵气损失，并且充量在定容下燃烧，在上止点就达到热力学平衡状态，那么，根据循环中气体状态的变化利用附录一中所给出的内能和离解平衡，可计算得理论效率和功率。Goodenough 和 Baker[4] 曾完成了这类计算，但是他们利用的是早期的热化学数据❷。这种理想循环如图 14-2 所示。根据对所谓标准空气循环的分析，可对影响热效率和功率的因素作出简单评价。在这种循环中达到了上述理想化条件，此外，假定气体是理想气体，比热和成分在整个循环中保持不变。其次，再假定化学反应只使介质的热量增加而不改变它的特性。发动机中的实际工作流体主要由氮组成，它的比热随温度变化不大。而且，由于化学反应所造成的摩尔数的变化也很小。因此，如果在标准空气循环中气体的比热与循环中实际混合物的平均比热相同，或者甚至像常常所做的那样，与室温下的

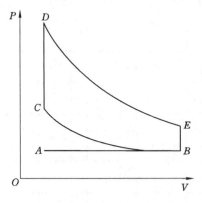

图 14-2　理想 Otto 循环的示功图

---

❶　因为 E 点的压力仍高于大气压力，所以使膨胀冲程再延续下去应能获得更多的功。现已制造出膨胀更充分的发动机[3]。

❷　利用类似于水蒸气用 Mollier 图的图表，内燃机热力学问题的精确解得到大大地简化，在该图表中所给定的燃料-空气混合物的各种特性都用图解方法表示。几位著者[5]利用频谱法所获得的热化学数据绘成了这种图表(附录一)。这些著者讨论了这些图表对各种发动机问题的应用，并用不同的例子加以说明。

空气比热相同,则这种循环和实际气体的理想循环之间量的差别不会很大。

压缩冲程(图14-2)始末的温度用 T_B 和 T_C 表示,工作冲程始末的温度用 T_D 和 T_E 表示。温度 T_B 是混合物温度,混合物由排气冲程末留在汽缸中温度为 T_A 的残余气体和温度为 T_i 的新鲜的吸入气体所组成。因假定比热保持不变,所以:

$$T_B = \frac{m_A T_A + m_i T_i}{m_A + m_i} \tag{14-1}$$

式中,m_A 和 m_i 分别是残余的或"未清扫掉的"气体量和新鲜的吸入气体量。

在 C 和 D 之间加入的热量,即能量的增量为:

$$c_v (m_A + m_i)(T_D - T_C)$$

式中,c_v 是定容比热。在这个循环中的 B 点,气量 $m_A + m_i$ 在温度 T_B 下占有容积 V_B,如果不进行排气而使 E 点的气体冷却到温度 T_B,也同样能达到 B 点。因此,沿 $EBAB$ 放出的热量或能量减量为:

$$c_v (m_A + m_i)(T_E - T_B)$$

热效率 ε 由下式给出:

$$\varepsilon = \frac{输入热量 - 放出热量}{输入热量} = 1 - \frac{T_E - T_B}{T_D - T_C} \tag{14-2}$$

根据绝热(等熵)压缩和膨胀的方程式得:

$$\frac{T_B}{T_C} = \left(\frac{V_C}{V_B}\right)^{\gamma-1} \tag{14-3}$$

和

$$\frac{T_E}{T_D} = \left(\frac{V_D}{V_E}\right)^{\gamma-1} \tag{14-4}$$

式中,γ 是定压比热和定容比热之比,等于:

$$\gamma = 1 + \frac{R}{c_v} \tag{14-5}$$

式中,R 是气体常数。因为 $V_B = V_E$ 和 $V_C = V_D$,所以:

$$\frac{T_B}{T_C} = \frac{T_E}{T_D} \tag{14-6}$$

将式(14-2)改写为:

$$\varepsilon = 1 - \frac{T_B}{T_C} \frac{(T_E/T_B) - 1}{(T_D/T_C) - 1} \tag{14-7}$$

得

$$\varepsilon = 1 - \frac{T_B}{T_C} = 1 - \left(\frac{V_C}{V_B}\right)^{\gamma-1} \tag{14-8}$$

$V_B/V_C = r$ 称为压缩比。因此

$$\varepsilon = 1 - 1/r^{\gamma-1} \tag{14-9}$$

由此可见,热效率随压缩比同样也随 γ 的增大而增加。较稀混合物的 γ 比较浓混合物的 γ

值要大。从式(14-5)来看,这是很明显的,因为空气的 c_v 比可燃气体及其燃烧产物的要小。这些都在图 14-3 上作了说明,该图表明各种辛烷-空气混合物的热效率和压缩比的函数关系,是由 Goodenough 和 Baker 计算得到的。虽然这些著者所用的热力学数据现在已被更准确的数据所代替,但是可以确信,这些曲线相当准确地表示了所包含各因数的相对影响。为供比较,该图上还示明了用 $\gamma=1.4$ 计算得的标准空气循环。

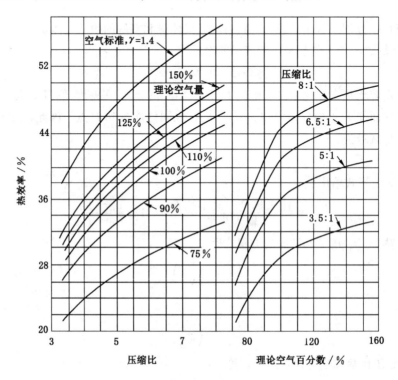

图 14-3　压缩比和混合浓度对 Otto 发动机效率的影响

（Goodenough & Baker[4]）

输入热量等于 $m_i \Delta E$,其中 ΔE 是单位质量混合物中所含的化学能。根据式(14-2)得出,循环中所做的功等于 $m_i \Delta E \varepsilon$。为了确定功率,必须知道每个循环中引入汽缸的新鲜气体量 m_i。

根据气体定律得:

$$\frac{T_A}{T_B} = \frac{m_A + m_i}{m_A} \frac{V_C}{V_B} \tag{14-10}$$

将式(14-1)和式(14-10)联立得:

$$T_B = \frac{m_i}{m_A + m_i} \frac{1}{1 - V_C/V_B} T_i \tag{14-11}$$

根据气体定律得:

$$m_A + m_i = \frac{P_i V_B}{R T_B} \tag{14-12}$$

由式(14-11)和式(14-12)，所做的功变为：

$$m_i \Delta E \epsilon = \epsilon \Delta E \frac{P_i}{R T_i}(V_B - V_C) \tag{14-13}$$

因数 $\epsilon \Delta E(P_i/R T_i)$ 是平均有效压力，所以

$$平均有效压力 = \frac{示功图的面积}{汽缸容积的排量} \tag{14-14}$$

由此可见，在没有热和泵气损失的理想循环情况下，除压缩比以外，平均有效压力与发动机的其他因数无关，它也是燃料-空气混合物的函数，燃料-空气混合物决定 ΔE 和 γ。图 14-4 所示是在使用辛烷-空气混合物时，平均有效压力随压缩比和混合物成分发生变化的情况。从该图可见，最大的平均有效压力位于混合物成分稍浓的一侧，这与一般的观测结果相符。一般观测结果表明，由于受离解作用的影响，最高的火焰温度和最大爆炸压力都位于浓侧，因此，供给最大功率的混合物的热效率较低。就混合物配比来说，功率和经济性只能折中选取。增压能使功率进一步增大，即增大式(14-13)中的 P_i；而提高压缩比则热效率和功率都会增大。现代高速柴油机(Diesel)似乎已达到压缩比的实际极限，它的运作实际上非常接近 Otto 循环。压缩比的上限约为 18；继续增大，从机械复杂性和热损失的观点来看是不利的。就 Otto 发动机的设计来说，燃料的爆震倾向随压缩比增大而增加，这是比工程因数更为主要的限制压缩比的因数。在火焰波峰前一部分未燃混合气自燃导致的爆震，使已燃气体向发动机部件传热的速率增大，产生不利的影响，甚于产生有害的机械应力。至少在航空发动机中，爆震会导致因重要部件损坏而提早报废。另外爆震总是导致功率损失。

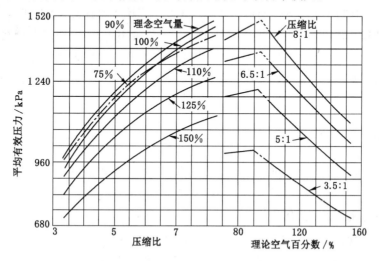

图 14-4　压缩比和混合浓度对 Otto 发动机的平均有效压力的影响

(**Goodenough & Baker**[4])

由于换气不彻底，压缩冲程开始时初始混合物中已燃气体的百分数可按如下方法求得。T_D 和 T_C 之间的关系由下式给出：

$$c_v(m_A+m_i)(T_D-T_C) = m_i\Delta E_i \tag{14-15}$$

由此式得［见式(14-6)］：

$$\frac{T_D}{T_C} = \frac{m_i}{m_A+m_i}\frac{\Delta E}{c_c T_C}+1=\frac{T_E}{T_B} \tag{14-16}$$

气体在 E 和 B 之间排出后达到温度 T_A。温度 T_A 低于 T_E，因为膨胀着的气体要在压力 P_i 下对大气做功。若膨胀气体的总容积为 V，则膨胀功由下式给出：

$$c_v(m_A+m_i)(T_E-T_A) = p_i(V-V_B) \tag{14-17}$$

根据气体定律，上式转变为：

$$T_A= \frac{c_v T_E+RT_B}{c_p} \tag{14-18}$$

式中 c_p 是定压比热。联立式(14-10)和式(14-18)，则得：

$$\frac{T_E}{T_B}= \frac{c_p}{c_v}\left(\frac{m_A+m_i}{m_A}\frac{V_C}{V_B}-\frac{R}{c_p}\right) \tag{14-19}$$

联立式(14-3)、式(14-11)、式(14-16)和式(14-19)并代入 $V_B/V_C=r$，则得：

$$\frac{m_A}{m_A+m_i} = \frac{1}{(r-1)\dfrac{1}{r^{\gamma-1}}\dfrac{\Delta E}{c_p T_i}+r} \tag{14-20}$$

从上式可见，随着压缩比的增大、混合物能量的增大（即成分趋向于化学计量成分）以及 γ 的增大，混合物中未换气体的份额将随之减小；它还将随着进气温度的增大而增加。

在按二冲程运转的情况下，当活塞处于下止点位置 B 时燃料-空气混合物被强迫送入汽缸，从理论上说，进气和扫气两者都在这一点发生。若 100% 换气，则在理想运转情况下功率应是同样发动机转速的四冲程循环功率的两倍多一点。实际上，许多因数的组合会使这个比值减小。

2. Diesel 循环

在 Diesel 发动机中，空气被向上运动的活塞所压缩，燃料在接近压缩冲程末时以喷雾方式喷射入燃烧室。在大多数类型的 Diesel 发动机中，压缩空气的温度和压力足以使燃料着火。这种发动机常常称为压燃式发动机。

正如前述，现代高速柴油机的示功图与 Otto 循环极其相似。燃料喷射期长的四冲程低速柴油机按图 14-5 所示的理想化循环运转，该循环称为 Diesel 循环。在吸气冲程 AB 中，空气被吸入汽缸；沿着 BC，空气被绝热压缩；沿 CD，喷射的燃料在定压下燃烧；沿 DE，因绝热膨胀活塞被推下行；在 E 点，排气阀打开，活塞沿 BA 向上移动，迫使已燃气体排

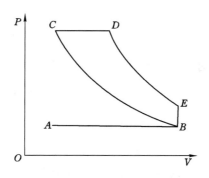

图 14-5 理想 Diesel 循环的示功图

出。对于定性研究来说，只要再分析一下标准空气 Diesel 循环就可以了，这种循环的定义可根据前述标准空气 Otto 循环的定义推得。

从 C 至 D 加入的热量为[1]：

$$c_p(m_A+m_i)(T_D-T_C) = m_i\Delta E \qquad (14\text{-}21)$$

和前面一样，放出的热量用下式表示：

$$c_v(m_A+m_i)(T_E-T_B)$$

现在，热效率变为：

$$\varepsilon = 1-\frac{1}{\gamma}\frac{T_E-T_B}{T_D-T_C} = 1-\frac{1}{\gamma}\frac{T_B}{T_C}\frac{(T_E/T_B)-1}{(T_D/T_C)-1} \qquad (14\text{-}22)$$

根据气体定律得：

$$\frac{T_D}{T_C} = \frac{V_D}{V_C} \qquad (14\text{-}23)$$

而且

$$\frac{T_B}{T_C} = \left(\frac{V_C}{V_B}\right)^{\gamma-1} = \frac{1}{r^{\gamma-1}} \qquad (14\text{-}24)$$

$$\frac{T_E}{T_D} = \left(\frac{V_D}{V_B}\right)^{\gamma-1} \qquad (14\text{-}25)$$

将式(14-23)、式(14-25)与式(14-24)的倒数相乘，则得：

$$\frac{T_E}{T_B} = \left(\frac{V_D}{V_C}\right)^{\gamma} \qquad (14\text{-}26)$$

把式(14-23)、式(14-24)和式(14-26)代入式(14-22)，则求得效率：

$$\varepsilon = 1-\frac{1}{r^{\gamma-1}}\frac{(V_D/V_C)^{\gamma}-1}{\gamma(V_D/V_C-1)} \qquad (14\text{-}27)$$

其中，根据式(14-21)、式(14-23)和式(14-24)，还有式(14-11)(在此仍是成立的)得：

---

[1]　在标准空气循环的假定下，定容反应热 ΔE 和定压反应热 ΔH 之间没有差别。

$$\frac{V_D}{V_C} - 1 = \frac{r-1}{r^\gamma} \frac{\Delta E}{c_p T_i} \tag{14-28}$$

将式(14-27)写成其他形式是有用的。把 $V_D/V_C - 1 = x$ 代入，对 $x < 1$ 展开成级数，得：

$$\varepsilon = 1 - \frac{1}{r^{\gamma-1}} \left(1 + \frac{\gamma-1}{2} x + \cdots \right) \tag{14-29}$$

这表明，对于给定的压缩比和混合物成分，Diesel 循环的效率比 Otto 循环低，其差值取决于系数 x 的大小。正如式(14-28)所示，x 值本身是压缩比和混合物成分的函数，随着压缩比增大和混合物变稀，即 E 减小，x 减小，则这两个循环的效率彼此接近。这种比较同样也表明，为了获得 Otto 循环的最高效率，燃烧应当尽可能在上止点处于定容下发生。在相同的压缩比下，Otto 循环中达到的温度和压力峰值比 Diesel 循环要高得多。

因为燃料和空气混合较差，所以柴油机总是在空气过量的情况下运转。在使用燃料 $C_{12}H_{26}$（可认为是煤油）时，压缩比和混合物成分对 Diesel 循环效率的影响如图 14-6 所示。正如前述，在这些计算中 Goodenough 和 Baker 利用了较早的热化学数据。

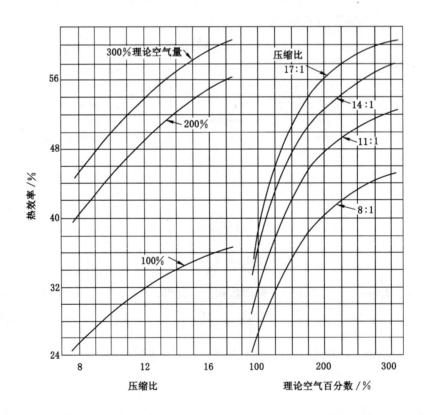

图 14-6　压缩比和混合浓度对 Diesel 循环效率的影响

(Goodenough & Baker[4])

Diesel 循环的平均有效压力还可由式(14-13)给出。在使用相同的燃料时，压缩比和混合物成分对平均有效压力的影响如图 14-7 所示。

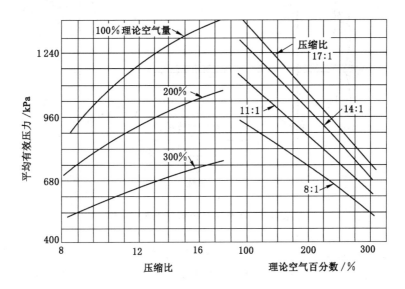

图 14-7　压缩比和混合物浓度时 Diesel 循环的平均有效压力的影响(Goodenough & Baker[4])

排气过程与 Otto 循环相同，根据式(14-23)和式(14-26)得：

$$\frac{T_D}{T_C} = \left(\frac{T_E}{T_B}\right)^{1/\gamma} \tag{14-30}$$

混合物中未换气体份额的表达式根据式(14-11)、式(14-19)、式(14-21)和式(14-30)变为：

$$\frac{m_A}{m_A+m_i} = \frac{1}{\left[\frac{\Delta E}{c_p T_i}(r-1)\frac{1}{r^\gamma}+1\right]^\gamma \frac{c_v}{c_p}r+\frac{R}{c_p}r} \tag{14-31}$$

压燃式发动机比 Otto 发动机更能适应按二冲程运转，高速柴油机的现代发展方向是按二冲程运转，这是在活塞处下止点位置 B 时迫使新鲜空气通过汽缸来实现的，在这个位置，汽缸壁面上的孔都打开着，让一股压力输送的空气吹扫燃烧产物。

3.　燃气轮机的循环

在燃气轮机中，燃气流过涡轮机叶轮的叶片，并把它的部分动能分给涡轮。图 14-8 是燃气轮机的示意图。从大气将空气吸入压气机。压缩空气进入燃烧室，在燃烧室中空气的温度上升至容许的涡轮入口温度。这个温度限值是由涡轮叶片所能承受的温度决定的，一般不高于 650～760 ℃。因为燃料-空气比过稀，所以燃烧室设计成使燃料用一次空气燃烧，并使燃烧产物与二次空气混合，二次空气的量要能使温度降低到允许的温度限。炽热的混

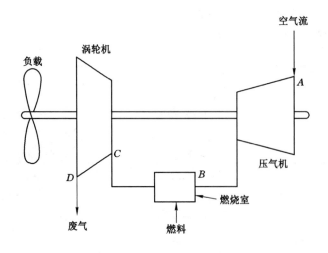

图 14-8　不带发电机的燃气轮机示意图

合物在涡轮中膨胀至大气压力。涡轮所产生的一部分功用来驱动压气机，其余的功被负载 L 所吸收。燃气轮机在航空、机车和固定式动力装置方面得到应用，其设计和结构细节根据不同的要求而有很大的变化。

　　这种动力装置的循环是跟随单位质量的空气和燃料通过系统的历程得到的。在理想循环下，燃料的质量在任何情况下都只占质量通量中的一小部分，可以忽略。此外，仍保留前面对于指标空气循环的假定。于是，循环图可用图 14-9 表示，其中 P 是压力，V 是单位质量空气的容积。A 表示压气机入口处的压力和比容；B 表示压缩后的相同参数；C 表示通过燃烧室以后的相同参数；D 表示通过涡轮后进入自由大气的相同参数。在 B 和 C 之间的焓增为：

$$c_p(T_C - T_B)$$

在 D 点，气体具有焓：

$$c_p(T_D - T_A)$$

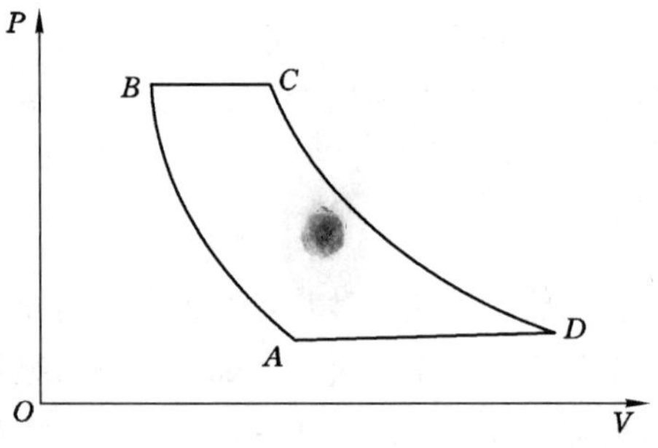

图 14-9　在理想燃气轮机循环下的压力和比容

因此，过量的输入焓是没有用的。热效率 ε 按式(14-2)所下的定义变为：

$$\varepsilon = 1 - \frac{T_D - T_A}{T_C - T_B} \tag{14-32}$$

假定 A 和 B 之间的压缩与 C 和 D 之间的膨胀两者都是等熵的，这在设计优良的压气机和涡轮中能近似实现❶。若比值 P_B/P_A 用 r_p 表示，则

$$r_p^{(\gamma-1)/\gamma} = \frac{T_B}{T_A} = \frac{T_C}{T_D} \tag{14-33}$$

将式(14-32)和式(14-33)联立得：

$$\varepsilon = 1 - \left(\frac{1}{r_p}\right)^{(\gamma-1)/\gamma} \tag{14-34}$$

要注意到，压缩前后的比容比 r 和压力比 r_p 按下式关联：

$$r = (r_p)^{1/\gamma} \tag{14-35}$$

所以，求 ε 的方程式(14-34)在形式上与 Otto 循环的方程式(14-9)是相同的。图14-3所示的空气标准曲线仍适用，只是横坐标现在是压缩前后的比容比。

若废气温度 T_D 高于压缩温度 T_B，通常就是这种情况，则可用换热气或回热器回收涡轮废气中的部分能量，图14-10给出了示意图。假定回热器理想高效，由涡轮废气传给流出压气机的空气的热量为：

$$c_p(T_D - T_B)$$

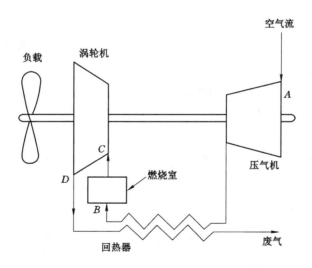

图 14-10　具有回热器的燃气轮机的示意图

---

❶ 在涡轮和轴流式或容积式压气机中的损失约为 $10\%\sim15\%$；在高速离心式压气机中的损失约为 25%。

所以燃料燃烧所产生的热量仅为：

$$c_p(T_C-T_B)-c_p(T_D-T_B)$$

此时，废气排出的热量为：

$$c_p(T_B-T_A)$$

求热效率的方程式变为：

$$\varepsilon = \frac{(T_C-T_B)-(T_D-T_B)-(T_B-T_A)}{(T_C-T_B)-(T_D-T_B)} = 1-\frac{T_B-T_A}{T_C-T_D} \qquad (14\text{-}36)$$

将式(14-36)式(14-33)联立得：

$$\varepsilon = 1-\frac{T_A}{T_C}(r_p)^{(\gamma-1)/\gamma} \qquad (14\text{-}37)$$

从式(14-34)和式(14-37)可见，回热利用可获得很大的经济效益。

　　燃气轮机的压缩比低于汽油(Otto)机，这与压气机和涡轮的损失合起来，使燃气轮机的热效率低于活塞式发动机。不过，燃气轮机有其他优点，这些优点常常比热效率更重要。燃气轮机的优点有：可利用廉价的燃料，维护费用低，以及对航空应用特别重要的紧凑性、简单和重量轻。

4. 涡轮喷气发动机和冲压式喷气发动机的循环

　　燃气轮机用作航空推进器，可以将涡轮改设计成只是使压气机运转的较小的一个部件，而用燃烧气体中的剩余能量通过喷嘴直接产生推力。这种体系的优点是：在 Mach 数高于 0.5～0.7 时，喷气推进器的效率变得令人满意，而螺旋桨却变得效率低了。

　　理想涡轮喷气发动机的示意图如图 14-11 所示。在入口平面 1 处，空气以飞行速度 u 进入扩张的进气管或扩压器。在扩压器中，空气的动量转变成压力，直到 A 平面空气完全滞止(100%压头)。接着，空气被压气机等熵压缩，并在 B 平面进入燃烧室。在 B 和 C 平面之间发生定压燃烧，膨胀的燃烧气体通过涡轮时，将燃烧气体的部分焓回收给压气机。炽热的气体在 D 平面进入喷管，并在喷管中膨胀，而在 E 平面处达到相对于系统的速度 w。

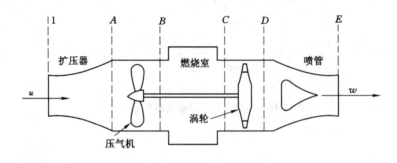

图 14-11　涡轮喷气发动机示意图

通过这种系统的单位质量气体的理想空气循环如图 14-12 所示。等熵压缩，最初沿 IA 线发生在扩压器中，而后沿 AB 线发生在压气机中。等压燃烧，沿 BC 线发生在燃烧室中。等熵膨胀，最初沿 CD 线发生在涡轮中，而后沿 DE 线发生在流经喷管时。这与前图 14-9 所示的循环是一致的，除了底线连接 I 和 E 两点而不是 A 和 D 两点以外。压力比 r_p 变为 $P_{B,C}/P_{I,E}$，同时式(14-33)变为：

$$r_p{}^{(\gamma-1)/\gamma} = \frac{T_C}{T_E} \tag{14-33a}$$

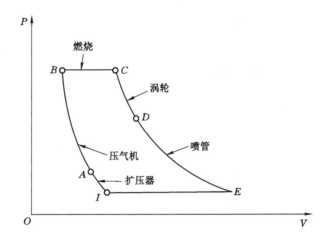

图 14-12　涡轮喷气发动机理想循环中的压力和比容

在这个循环中所做的功等于 $c_p(T_C - T_B)\varepsilon$，其中，热效率 ε 已由前述方程式(14-34)给出。这份功使单位质量气体的动能从进气口 I 处的 $\frac{1}{2}u^2$ 增大到排气口 E 处的 $\frac{1}{2}w^2$，所以

$$c_p(T_E - T_B)\varepsilon = \frac{1}{2}w^2 - \frac{1}{2}u^2 \tag{14-38}$$

这份能量实际上没有全部利用来推进飞行器。推进力是由质量元对飞行器施加的推力所造成的。推力等于质量元的动量变化率，因此，它可由速度增量 $w-u$ 除以速度发生变化的时间 Δt 求得。在 Δt 时间内飞行器移过距离 $\Delta S = u\Delta t$，所以，推进功(亦即力×距离)等于 $(w-u)u$。推进功与可用推进能之比：

$$\frac{(w-u)u}{\frac{1}{2}(w^2-u^2)} = \frac{2u}{w+u} \tag{14-39}$$

称为推进效率。由此可见，为了实现高效的喷气推进，飞行速度不应当比喷气速度小很多。

随着飞行速度增大，扩压器中的冲压增大，使循环图中的 A 点向 B 点移动。最后，没有压气机和涡轮机，只靠冲压效应也能有效地运行。冲压式喷气发动机用辅助推进器如火箭来获得所需要的速度。

5. 火箭发动机

在火箭发动机(图 14-13)中，气态的工作流体是由固体或液体的推进剂燃烧产生的，它以很高的速度通过 Laval 喷管排出。在燃烧室中达到的压力为 P_C，其值大小取决于产气速率和排气速率，此压力在喷管中等熵地降低到出口处的 P_E 值。单位质量气体在燃烧室中 C 平面处具有焓 $c_p T_C$，而在出口平面 E 处具有焓 $c_p T_E$ 再加上动能 $\frac{1}{2}w^2$。因此得：

$$c_p(T_C - T_E) = \frac{1}{2}w^2 \tag{14-40}$$

因为 $T_C/T_E = (P_C/P_E)^{(\gamma-1)/\gamma}$，所以：

$$w = \sqrt{2c_p T_C [1 - (P_E/P_C)^{(\gamma-1)/\gamma}]} \tag{14-41}$$

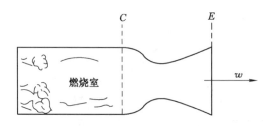

图 14-13 火箭发动机示意图

质量为 m 的气体从速度为零加速到速度 w，因而获得动量 $m \times w$。此动量增量对发动机产生一同样大小的冲量(冲量＝力×时间和动量＝质量×速度两者在因次上是相同的)。质量 m 等于重量 $m \times g$，其中 g 是重力加速度。$m \times w$ 除以 $m \times g$ 得 w/g。单位重量推进剂的冲量 w/g 具有时间的因次，通常用秒来度量，称为推进剂的比冲量。

比冲量被用来度量推进剂的性能。计算此量的值时，压力 P_E 通常取为大气压，燃烧室压力 P_C 取决于给燃烧区提供推进剂的速率和喷管喉部的面积，可取 2 000、4 000、7 000 kPa 等不同数值。为了比较各种推进剂，重要的是将 P_C 统一地取某一值。T_C、c_p 和 γ 各值可按热化学计算。应该注意到，式(14-41)是依据过分简化的假定 c_p 为常数推导出来的。对于比冲量的实际计算来说，需用更精确的方程组，这一方程组考虑到离解平衡和比热对温度的依赖关系。但是，问题在于离解平衡随喷管的压力与温度的变化而变化。因为这种变化非常迅速，通常没有足够的时间来重新调整平衡，对这种过程的松弛时间也了解得很少。所以，在实际计算时常常将平衡看成既是变化的又是冻结的。

比热 c_p 可写成 C_p/M 这种形式，其中 C_p 是平均摩尔热容，而 M 是平均分子量。研究元素周期系中不同的化学元素可能发生的高温燃烧反应，可看到燃烧温度 T_C 与摩尔热容均变化不很大，但是在元素周期系的较高周期中分子量的增大使比值 C_p/M 急剧地减小，从而也使比冲量急剧地减小。因此，寻找火箭推进剂的工作仅限于重量轻的元素及其化合物。

14.2　Otto 发动机中的燃烧过程

爆震燃烧的物理化学现象已在第 158 页及以后几页中讨论过了。发动机的爆震为航空发动机的压缩比和增压压力设定了实际上的最高限。爆震燃烧的有害效应被认为是已燃气体团湍动显著增强所造成的。在非爆震燃烧的情况下，气团的运动比较有秩序，气团先流离火花塞，然后随着燃烧波向尾区推进而逐渐折回；这种气团运动具有密闭容器中燃烧的特征在第 328～338 页已讨论过。在爆震燃烧的情况下，回流极其迅速而且杂乱，正如可从自燃现象的性质推测到那样，这是与末端混合气中迅猛而且杂乱的化学反应相应的；这种现象已在高速摄影中直接观测到。这种急剧的运动使燃烧室表面处呆滞的隔热气层厚度减小，使传热速率显著增大。在航空发动机中最严重的后果是活塞烧毁，它使零件熔化和损坏。因为发动机的温度增高，所以初始的弱爆震在连续运转中会急剧增强。在汽缸尺寸小得多而散发过热的能力较强的普通汽车发动机中，爆震的缺陷通常只限于功率损失和噪声。

爆震极限取决于燃料和发动机这两方面的因素。以下的分析，虽然是近似的，但说明这两方面因素的相互影响。我们将首先考察发动机正常燃烧的过程，确定以火花点火到燃烧完毕之间任一时刻的未燃混合气的数量、压力和温度。接着，我们将确定与任一时刻未燃混合气的压力和温度相应的诱导期 τ（爆震之前）。只要 τ 比使剩余混合气燃烧所需的时间长，爆震就不会发生。但是，当 τ 接近或变得比这个时间更短时，爆震就会随之出现，爆震的猛烈程度取决于剩余的未燃混合气的数量。

图 14-14 所示的例子是根据 Withrow 和 Cornelius[6] 的数据绘成的。这些研究者用 Rassweiler 和 Withrow[7] 以前叙述过的方法，将通过试验发动机透明缸头所摄的火焰高速摄影照片与压力记录结合起来作了分析。该方法的理论在第 333～338 页上已概括地说明了。研究者们根据火焰照片制作了机械模型来确定火焰容积。试验用发动机以 900 r/min 运转，时间用曲柄转角的度数来量度，曲柄转角 8° 相当于 1.48 ms。在图 14-14 上，未燃物的质量百分数和压力曲线是根据一典型试验绘制的。这些曲线随发动机转速、节流程度和点火提前等运转条件的变化而变化；这些曲线还与化学计量相关，而与燃料的性质关系不大。温度曲线是根据起始温度为 70 ℃，按等熵压缩方程式用 $\gamma=1.35$ 计算得到的。这些曲线表示任一时刻未燃混合气的压力、温度及质量百分数。在图 14-15 上，曲线 1 表示在任一时刻为完成燃烧尚需的时间；曲线 2 和 3 表示在循环的任一时刻正庚烷和含铅正庚烷爆震前的诱导期 τ，诱导期 τ 是依据图 14-15 所示的压力和温度的数据按表 4-8 中所列的方程式和第

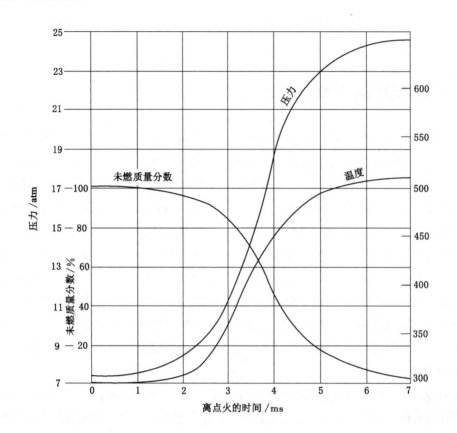

圈 14-14　在 Otto 循环试验用发动机中燃烧期内的压力、

温度和未燃混合气的百分数

发动机数据：缸径 73 mm；压缩比 4.8；转速 900 r/min；点火提前角为 12°；

燃料用异辛烷；空气-燃料比为 13.7：1(按重量计)。时间从火花点火瞬间算起。

压力和未燃混合气的百分数的数据取自 Withrow 和 Cornelius。

温度是按 $\gamma = 1.35$ 的等熵压缩计算的。

139 页所列 τ_2 的方程式计算得到的。计算所得的 τ 值代表 τ_1 和 τ_2 之和。各计算值汇总于表 14-1 中。正如第 138 页所讨论那样，添加 Pb(Et)$_4$ 不影响 τ_1，而使 τ_2 显著地增大。从表 14-1 可见，在燃烧期的前半部，诱导期 τ 基本上等于 τ_1，但是关键的后半部，τ_2 的作用变成决定性的了。正庚烷的 τ 曲线与曲线 1 相交，显然，大部分末端混合气必定会发生爆震。大家都知道，正庚烷被当作是辛烷值为零的燃料。Rassweiler 和 Withrow 没有发表过用这种燃料做的实验，但是，他们曾观测到[8]在这种试验条件下使用辛烷值为 48 的燃料时发生了爆震。Pb(Et)$_4$ 的作用明显地显示为，在离燃烧完的时间还剩 3 ms 时 τ 曲线接近曲线 1 而后又离开了，因此在这种情况下应能意料到没有或只有很轻微的爆震。可惜，没有含铅的正庚烷燃料的发动机试验可以引用。

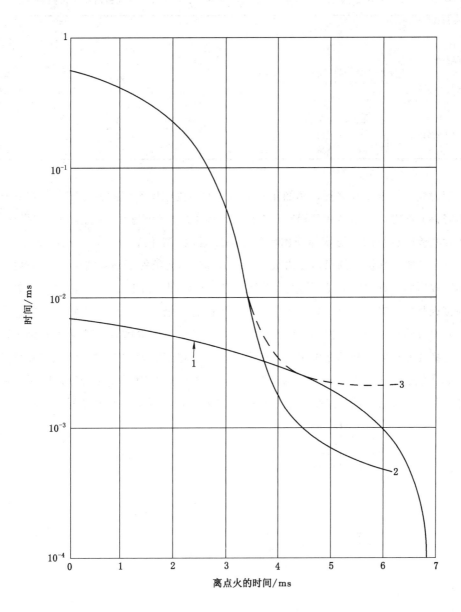

图 14-15 正常燃烧和爆震燃烧之间的"竞赛"

1—完成正常燃烧尚需的时间；

2—正庚烷的着火延迟时间 τ；

3—正庚烷＋2％四乙基铅的着火延迟时间 τ。

这些曲线都是依据前图上的数据，利用 $\tau = \tau_1 + \tau_2$ 的 Rögener 方程式计算得到的。

表 14-1　正庚烷和正庚烷+2%Pb (Et)₄ 的诱导期 τ_1、τ_2 和 τ_3 与试验用发动机循环对应

从点火起算的时间/ms	0	2.40	3.35	3.82	4.40	5.80
压力/MPa	0.73	0.9	0.13	0.17	0.21	0.24
温度/K	576	607	668	717	748	782
未燃混合气/%	100	95	74	55	30	8
正庚烷 τ_1/ms	576	141	10	1.91	0.69	0.26
τ_2/ms	1.13	0.86	0.55	0.39	0.29	0.25
τ_3/ms	577	142	11	2.3	0.98	0.51
正庚烷+2%Pb(Et)₄ τ_1/ms	576	141	10	1.91	0.69	0.26
τ_2/ms	12	1.3	1.65	1.89	1.76	1.98
τ_3/ms	588	142	12	3.80	2.45	2.24

　　评定燃料的标准试验规程，例如在 C.F.R. 发动机中用不同的方法测定苯胺值或辛烷值有不完善的地方，这早已在工程实践中被认识到了。燃料实验，特别是对航空燃料来说，是在实际实验中进行的，与实际使用情况相同或近似，不信赖比拟法。在航空发动机中，习惯于确定开始出现爆震的增压压力极限。测取标准运转条件下临界增压压力(或更一般地用平均有效压力)与燃料-空气比的关系曲线，其形状以图 14-16[9] 所示的曲线为代表。极限压力在接近化学计量成分时出现最小值，而在浓侧有个最大值。位于浓侧的平均有效压力高限(即功率高限)，用于飞机起飞和瞬时加速。关于最小值的解释必须从接近化学计量成分的混合物膨胀比较大和随之发生的末端混合气温度增高方面去探讨。因此，芳香烃燃料比烷烃或环烷烃燃料具有更好的浓混合物性能，芳香烃燃料对温度更敏感。因而，随着温度增加，芳香烃和烷烃的 τ 曲线相交，且前者位于下方，而随着温度降低，前者就位于上

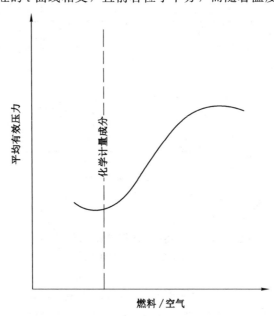

图 14-16　爆震限制的平均有效压力和燃料-空气比关系的典型曲线

方。这种情况在浓和稀的混合物性能上反映出来了。这种特性把天然石油炼制得到的燃料和煤氢化得到的燃料区别开；前者主要是烷烃和环烷烃，后者主要是芳香烃。

靠发动机制造厂和燃料生产厂之间的紧密合作，使燃料适用于发动机的要求。已发展了许多生产高抗爆燃料的炼制方法，例如催化、重整、烷基化，并根据实验来调整发动机和燃料的规格。在广泛使用各种燃料(包括纯化合物)方面和在很宽的工况范围内运用的各种结构的发动机方面，已积累了丰富的经验。发动机应用的研究系统以这种方式在继续工作。

因为爆震发生与否是由正常火焰传播和着火延迟之间竞赛的结果决定的，所以不难区分促进爆震和抑制爆震的因素。可以将这些因素分为发动机因素和燃料因素。在发动机因素中促进爆震的有：压缩比增大、提前点火和增加充量(增压)。在发动机因素中抑制爆震的有：缩短火焰传播距离，靠提高发动机转速导致的涡旋或湍动的增强，推晚点火，以及增大燃烧室的表面积与容积之比(特别是爆震区的)。发动机的温度是一个重要的因素，但是，不能把它归入任何一类，因为温度增高有时促进爆震，而有时却抑制爆震。燃料因素包括：燃料的化学组成、混合物的浓度和添加抗爆剂。

从前面的讨论来看，增大压缩比促使产生爆震的影响是很明显的。同样地，因为在上止点前火焰的传播，使未燃混合气受到更多的压缩，容易理解提前点火的影响。因此，提前点火使峰压增高。增压属于增大压力的范畴。缩短火焰传播的距离已是许多汽缸头设计的目标[10]，其中可以提及的有火花塞装在顶端的锥形汽缸头和双点火。增强涡流也使正常燃烧的时间缩短[11]。气体是通过流过进气阀、活塞运动和火焰气体的膨胀而运动的，因此可以看到，汽缸头的设计对涡流有明显的影响，所谓高湍流度汽缸头的发展就是大家所熟知的。可以提一下，湍流度可能过大，使燃烧太快，从而使发动机工作"粗暴"[12]。推晚点火使压缩减少，因为这时有更多的火焰传播发生在上止点后。

14.3　柴油机中的燃烧过程

柴油机中的燃烧过程有一些非常复杂的问题，它包括许多难以控制的因素。Boerlage和Broeze[13]曾对这种燃烧过程作过分析。

图14-17所示是一张汽缸压力随时间变化的图，它与现代高速柴油机中测得的图相似。若不喷入燃料，则压力将上升，再对称地下降，如图中所示。喷射期示于图下部，燃料喷入量以面积表示。如果燃烧过程是理想的，每一个燃料细滴都立即完全燃尽，那么时间-压力图应是曲线Ⅰ。实际的时间-压力图近似地以曲线Ⅱ表示。由图可见，开始喷射燃料之后有一着火延迟(第1时期)，然后压力非常迅速地升高(第2时期)，随之是燃料喷入已着火气体的时期(第3时期)，此时燃烧极快以致过程主要由喷射速率来确定，在喷射停止时燃烧仍未结束(第4时期"后燃")。

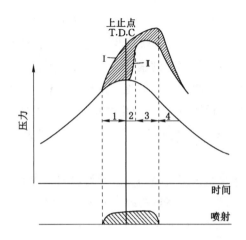

图 14-17　柴油机中压缩和膨胀冲程的

时间-压力图(Boerlage & Broeze[13])

在整个过程中，燃料在燃烧室中的分布受种种影响。燃料以细喷雾喷入燃烧室中。在喷雾中，液体燃料分散成很细的液滴，并与湍流边界层中的空气相混合。同时，燃料发生气化。喷射压力高(即喷嘴速度高)和燃料黏度低，都有利于雾化。靠同时在几个方向喷射几股喷雾并配合适当的空气旋流运动，以求得燃料在燃烧室中近乎均匀分布。显然，也要求有一定的喷雾贯穿深度。

在第 1 时期或着火迟延期内，同时发生燃料滴加热与汽化、燃料蒸气与空气相混合以及自加速化学反应等现象。从喷射开始到着火这段时期，根据 F. A. F. Schmidt[1] 的测定，对于一般的柴油在 0.7~3 ms 的范围内。Rothrock 和 Waldron[14] 所摄得的照片表明，着火开始于靠近个别喷雾边缘的一些小区域内。在这里，因热量为喷雾所吸收，温度比空气压缩温度要低一些。因为空气温度相当高(600~800 ℃)，喷雾边缘处的温度可能有 500 ℃ 左右或更高一些，加上柴油机中的高压力，保证了着火延迟很短，约为 1 ms。只要在某一点的反应速率达到爆燃程度，火焰就迅速地扫过包围每个喷雾的边界层和已充满爆炸性混合物的部分燃烧室。因而，出现压力的迅速增加(第 2 时期)。压力增高太快，会出现不希望有的敲缸声。显然，延迟期愈长，积累起来的爆炸性混合物就愈多，敲缸也就愈猛烈。经验表明，对于较轻的燃料，着火延迟主要由燃料的化学性质决定，而不是它的物理特性，但对于较重的燃料如渣油，黏度和汽化等物理特性就变得重要了。因此，对于后一种燃料来说着火延迟显然取决于喷雾的雾化程度。在第 3 时期内，温度非常高，汽化和燃烧进行得非常迅速，所以起控制作用的因素是喷射的速率。但是，这时遇到了燃料蒸气的局部积累问题，这会形成非常讨厌的碳烟。这种碳烟与喷射期内飞溅在汽缸壁上缓慢汽化的燃料一起，参与第 4 或"后燃"时期。在后燃期末，燃烧室中剩下的产物有从气相凝聚出来的松软的烟炱到沥青状的硬质碳渣等。后者的来源可归因于飞溅在汽缸壁上的燃料形成过程常常包含热分解作用,特别是在使用重质燃料的时候。若这种碳渣和烟炱在喷嘴上形成,则将会妨碍喷雾。甚至在废气中还可能发现残存的代表燃烧中间阶段的醛和酸。有时它们的数量足以在汽缸和排气管中形成树脂状沉淀物。在 Otto 发动机中,出现这种情况较少,但是在某种运转状态下也能观测到在废气中有醛存在。有时在废气中发现未燃燃料的痕迹,这也可能是飞溅在汽缸壁上的燃料所致。

上文表明,妨碍清洁燃烧的因素是如此的多变,致使优化燃料性质和发动机状态没有一般的规律可循。从第 1 时期开始起,要求的是喷射后尽可能快地着火。较轻的烷烃燃料能最好地满足这项要求。但是,在着火前燃料喷雾贯穿深度不够,会导致燃料蒸气局部积累,随之形成烟炱。这个问题可以靠空气的旋流运动来对付,但是旋流过强时,可能反而又使燃烧过程降温,甚至燃料滴受离心力作用甩到汽缸壁上的不利影响。可以采用贯穿深度更大的喷雾,但不应使燃料沉积在汽缸壁上。在汽缸壁上沉积一定量的燃料似乎是难以避免的。为了使燃料迅速汽化,汽缸壁应当相当热,但是,汽缸壁的温度当然是有限度的。当发动机在很大的过量空气下运转(即低负荷)时,汽缸壁和气体都较冷。因为此时着火期较长,可有较长的混合时间,所以根据经验,气相中局部过浓比燃料沉积在汽缸壁上所造成的麻烦要小。

14.4 喷气发动机中的燃烧

从燃气轮机或涡轮喷气发动机的燃烧室流过涡轮机的炽热气体不能太热,以防涡轮机叶片损坏。所以,总的燃料-空气比低于可燃下限很多,而且温度超出能维持快速燃烧的范围。为了获得适宜的出口温度,必须把空气流分成两部分,一小部分用于燃料燃烧,而大部分用来与燃烧产物相混合。为涡轮机准备工作流体的两个阶段曾是许多工程研究的课题,并研究出了许多种燃烧室结构[15]。

燃料一般采用煤油,因为其蒸气压和凝固温度适合于高空运用,而且燃烧热很高。通常把燃料喷成很细的液雾射入空气流中。在很宽的燃料流量范围内雾化的技术问题,是这种燃烧室设计中已经成功地解决了的许多问题中的一个问题。喷嘴将燃料喷成薄膜状旋流,在靠近喷口处分裂为细液滴。燃料雾和空气在回流区接触,使刚燃烧的气体回流到喷雾根部。这种回流可用多种方法产生。燃料射流逆向喷入流入的空气流,会在燃料射流自身中产生回流,足以使火焰于中等空气速度下稳定。在燃烧室的实际应用中,回流是靠控制空气流动得到的。几种产生回流的方案如图 14-18 所示。图 14-19 所示的是由 Way 和 Hunstad[16] 研究出来的一种典型设计。在这种直径为 101.6 mm 的燃烧器中的流向是用不锈钢丝尖端涂敷碳酸钠的方法可视化观测得到的。探针产生一个黄色小火舌。主流空气围绕着燃烧室流过,而空气射流就从燃烧室壁面上的小孔喷入。从第一圈孔进入的空气射流,在轴线上相交,形成高压区。气流随之分成两股,一部分流向上游,一部分流向下游。从

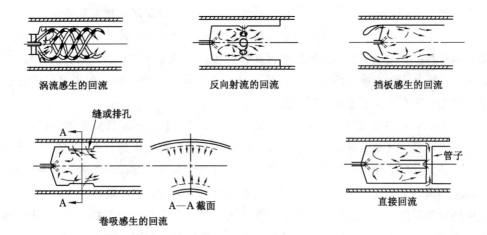

涡流感生的回流　　　　反向射流的回流　　　　挡板感生的回流

缝或排孔

A→

A→

A—A截面

卷吸感生的回流

管子

直接回流

图 14-18　几种产生回流的方案（Way & Hunstad[16]）

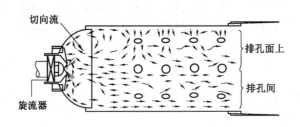

切向流

排孔面上

排孔间

旋流器

图 14-19　喷气发动机燃烧室中的典型流型（Way & Hunstad[16]）

其他圈孔流入的空气转向下游。在上游顶端处，气流反转，形成涡流，与燃料喷雾相组合。炽热的火焰气体在这个区域内连续不断地环流，以使燃料和空气在很宽的流量范围内都能连续点燃。

Lloyd[17]曾在冲压式喷气发动机燃烧器上研究过这类火焰的稳定范围。研究装置如图14-20所示。喷雾逆流喷向中空的导流器，而辅助空气供应通过中心开槽的圆锥把新鲜空气供给点燃区。图 14-21 所示的就是这种燃烧器的典型火焰稳定曲线。在该图中，横坐标表示通过导管的平均空气速度，纵坐标表示燃料-空气比，以单位时间内通过装置的空气和燃料的总质量计。因为只有一部分空气参与燃烧过程，所以稳定区位于代表空气和燃料为化学计量比的直线之上很多。

燃烧过程在涡流区内进行。在该区内任一点处的线速度都随空气速度的增大而增加。看来，在曲线上速度最大值处，涡流内的混合比与燃烧速度的最大值相应，但是在整个流场内气体速度已高到即使对于这种混合物来说也已达到火焰稳定极限。该曲线表明，在较低的速度下，它有两个大体上水平的分支，对应于几乎恒定的空气-燃料比。显然，沿这两个分支涡流内的混合比分别与着火上、下限相应。供给涡流的空气与导管内的空气速度近

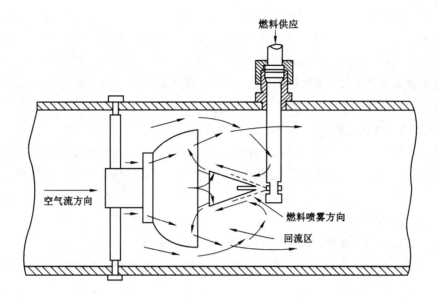

图 14-20 快速空气流中稳定的导流器火焰(Lloyd[17])

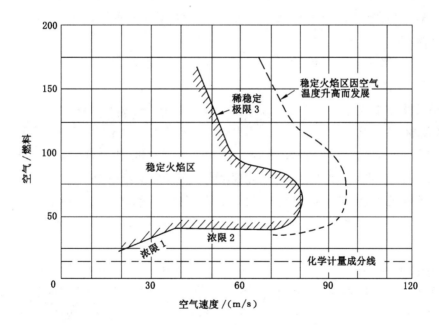

图 14-21 图 14-19 所示装置的稳定极限(Lloyd[17])

（1）在低速段，浓限由燃料射流的特性所控制，它是在燃料流量不变的条件下确定的。

（2）在高速段，浓限是在空气-燃料比几乎不变的情况下由导流器的结构所确定的。

（3）由于空气温度、线性尺度、绝对压力和雾化细度的增大，使稀限随之扩展。

似地成正比，所以总的空气-燃料比也保持不变。在更低的速度下，正如该图所示，浓、稀限偏离水平线段。看来，沿着标明"浓限1"的分支，涡流混合物变得过浓，火焰在涡流和主流的界面上燃烧，那里有足够的空气可利用。在这样低的速度下，火焰能附着在界面上，因为在稳定器的尾流中流速大大降低了。标明"稀稳定极限3"的分支似乎与火焰进入燃料喷雾本身相对应。在该区域内，火焰对空气速度不太敏感，甚至在燃料流量很小而相应于空气-燃料比很大的情况下，也能保持火焰稳定。

曾发现在浓限下装置对脉动燃烧和爆炸性吹熄是敏感的。这是可以理解的，因为在浓限下火焰对给涡流供空气的速率很敏感。由动态扰动引起微小的暂时供气不足都会使释热瞬时地减少很多，所以在火焰和流动扰动之间存在很强的反馈关系。火焰可能瞬时减弱，使得在导管中积累起大量爆炸性混合物，它们被残留火焰点燃而产生剧烈的效应。在稀侧，相对地说，火焰对空气流量不敏感，所以没有观测到这种扰动。

航空发动机中的燃烧室在很宽的压力范围（其大小取决于飞行高度）内工作。随着压力降低，浓、稀稳定极限彼此接近，而且在某临界压力以下燃烧室不能使火焰稳定。与通常的可燃极限测定中所观测到的低压极限相类似，熄火倾向随压力降低而增大似乎是主要的因素，淬熄距离增大。另外，火焰对流场中速度梯度所造成的熄火变得更敏感。这种速度梯度所致的熄火效应是由于 η_0 增大所造成的，因而根据以前的讨论可知，临界速度梯度 dU/dy 将减小。

为了防止碳沉积在喷油嘴（此处燃料浓度很高，因而碳的形成速率很高）上，把一小股空气引导到靠近喷嘴的碳生成区。

在喷气发动机中，通常用后燃室来增大推力。在后燃室内，把燃料加入从涡轮机排出的排气（大部分由空气所组成）中，并且用火焰稳定器使火焰稳定在导管内。在较低的压力下，η_0 增大，因而临界时间 τ 增大［参看第6章中式(6-53)和式(6-55)］，所以使火焰稳定器后的涡流增大，亦即要求火焰稳定器的宽度增大。火焰稳定器必须有足够的宽度，使得在运转条件下出现最高流量和最低压力时火焰能保持稳定。导管的长度必须足以使火焰烧完。

参考文献

1. For theoretical and engineering details of piston-type engines, consult, for example, H. R. Ricardo, "The High-Speed Internal Combustion Engine", Blackie & Son, London, 1933; *Aircraft Eng*. 1929; C. F. Taylor and E. S. Taylor, "The Internal Combustion Engine". Intern Text Book Co, Scranton, Pa. , 1938; L. C. Lichty; "Internal Combustion Engines", 5th Ed. McGraw-Hill, New York, 1939; F. A. F. Schmidt, "Verbrennungsmotoren". Springer, Berlin, 1945. For gas turbines and jet engines, see J. G. Keenan, "Elementary Theory of Gas Turbines and Jet Propulsion". Oxford Univ. Press, London and New York, 1946; M. J. Zucrow, "Principles of Jet Propulsion and Gas Turbines". Wiley, New York, 1948; E. T. Vincent, "The Theory and Design of Gas Turbines and Jet Engines". McGraw-Hill, New York, 1950, "Jet

Propulsion Engines"(Princeton Series on High Speed Aerodynamics and Jet Propulsion) ,Vol. 12. Princeton Univ. Press,Princeton,New Jersey,1959.

2. C. Z. Rosecrans and G. T. Felbeck, *Univ. Illinois Eng. Expt. Sta. Bull.* No. **150**, p. 35(1925).

3. A. E. Hershey. *Univ. Illinois Eng. Expt. Sta. Bull.* No. **160**,52(1927).

4. F. W. Goodenough and J. B. Baker. *Univ. Illinois Eng. Expt. Sta. Bull.* No. **160**,1927.

5. R. L. Hershey,J. E. Eberhardt and H. C. Hottel,*J. Soc. Automotive Engrs.* **39**,409(1936); cf. H. C. Hottel and J. E. Eberhardt. *Chem. Revs.* **21**, 439(1937); and H. C. Hottel. G. C. Williams. and C. N. Satterfield,"Thermodynamic Charts for Combustion Processes", Vols. I and Ⅱ. Wiley. New York,1949.

6. L. Withrow and W. Cornelius,*S. A. E. Journal* **47**,526(1940).

7. G. M. Rassweiler and L. Withrow,*S. A. E. Journal* **42**,185(1938).

8. L. Withrow and G. M. Rassweiler,*S. E. A. Journal* **39**,297(1936).

9. C. G. Williams,*Engineer* **187**, 646(1949).

10. H. R. Ricardo,"Schnellaufende Verbrennungsmaschinen". Springer. Berlin, 1926.

11. For measurements of flame speed as a function of engine speed see C. F. Marvin and R. D. Best,*Natl. Aduisory Comm. Aeronaut. Rept.* No. **399**(1931); and K. Schnauffer, *V. D. I. Verlag*,Berlin (1931), translation in *Natl. Advisory Comm. Aeronaut. Rept.* No. **668**(1932).

12. R. N. Janeway,*S. A. E. Journal* **24**,498(1929); also,A. Taub,*ibid.* **27**,413(1930); C. C. Minter. *ibid.* **36**,89(1935).

13. G. D. Boerlage and J. J. Broeze,*Ind. Eng. Chem.* **28**,1229 (1936); see also M. A. Elliott, *Soc. Automotive Engrs. , Quart. Trans.* **3**,490(1949).

14. A. M. Rothrock and C. D. Waldron, *Natl. Advisory Comm. Aeronaut. Rept.* No. **545**(1935).

15. J. S. Clarke,"Joint Conference on Combustion", Section Ⅴ: Gas Turbines , p. 24. Inst, Mech,Eng and Am. Soc. Mech. Eng,1955.

16. S. Way and R. L. Hunstad,Am. Soc. Mech. Eng. ,Dec. 1950; S. Way,"Selected Combustioc Problems" (AGARD), Ⅱ ,p. 296. Butterworths, London,1956.

17. P. Lloyd. *Proc. Inst. Mech. Engrs.* **153**,462(1945).

附　　录

附 录 一

热化学计算用数据

下列各表中的符号均已在第 11 章 11.1 节第一部分解释过了。

附表 1-1　气体的内能 $E_T^\circ - E_0^\circ$ [①]　　　　　单位：J/mol

温度/K	H_2	O_2	N_2	CO	NO	OH	CO_2	H_2O
300	6 025	6 217	6 230	6 230	6 740	6 372	6 937	7 473
400	8 100	8 360	8 318	8 322	8 895	8 514	10 042	10 037
500	10 192	10 586	10 422	10 443	11 088	10 632	13 510	12 686
600	12 288	12 916	12 577	12 623	13 343	12 757	17 280	15 439
700	14 397	15 343	14 786	14 874	16 092	14 878	21 297	18 330
800	16 518	17 849	17 067	17 196	18 075	17 025	25 522	21 338
900	18 661	20 422	19 414	19 594	20 552	19 200	29 916	24 460
1 000	20 832	23 054	21 820	22 050	23 091	21 644	34 455	27 702
1 200	25 284	28 447	26 811	27 125	28 317	25 978	43 886	34 497
1 400	29 903	33 987	31 978	32 380	33 710	30 736	53 677	41 719
1 600	34 690	39 643	37 284	37 752	39 221	35 656	63 680	49 313
1 800	39 648	45 388	42 702	43 233	44 794	40 744	73 986	57 266
2 000	44 756	51 229	48 200	48 794	50 442	45 965	84 375	65 505
2 200	49 999	57 170	53 769	54 409	56 137	51 304	94 927	73 977
2 400	55 363	63 199	59 392	60 078	61 886	56 756	105 567	82 642
2 600	60 835	69 308	65 057	65 781	67 672	62 300	116 307	91 462
2 800	66 408	75 517	70 764	71 517	73 496	67 927	127 118	100 412
3 000	72 065	81 810	76 496	77 291	79 337	73 626	137 980	109 612
3 200	77 801	88 169	82 262	83 086	85 203	79 387	148 925	118 771
3 400	83 601	94 604	88 061	88 902	91 081	85 220	159 984	128 030
3 600	89 462	101 111	93 876	94 738	96 981	91 111	171 084	137 428
3 800	95 383	107 679	99 709	100 596	102 922	97 056	182 184	146 938
4 000	101 349	114 286	105 550	106 470	108 880	103 039	193 347	156 528
4 200	107 370	120 964	111 424	112 349	114 863	109 098	204 564	166 067
4 400	113 424	127 691	117 315	118 248	120 872	115 190	215 840	175 623
4 600	119 529	134 465	123 223	124 173	126 913	121 340	227 120	185 221
4 800	125 666	141 248	129 127	130 127	132 984	127 553	238 383	194 853
5 000	131 850	148 047	135 076	135 624	139 093	133 779	249 843	204 656
温度/K	石墨[②]	CN	C_2N_2	CF_4	F_2	HF	S_2	SO_2
300	1 067	6 251	10 293	10 351	6 402	6 150	6 527	9 017
400	2 105	8 343	13 891	16 242	8 828	8 234	9 017	11 443
600	5 012	12 678	26 778	30 711	13 954	12 406	14 351	19 058
800	8 711	17 372	39 330	47 279	19 497	16 610	19 581	27 489
1 000	12 866	22 200	52 593	64 936	25 188	20 920	25 606	36 443

附表 1-1(续)

温度/K	石墨[②]	CN	C_2N_2	CF_4	F_2	HF	S_2	SO_2
1 200	17 280	27 338	66 526	83 262	30 962	25 355	31 380	45 731
1 400	21 933	32 652	80 793	102 090	36 861	29 999	37 154	55 145
1 600	26 778	38 112	95 312	121 336	42 886	34 769	42 970	64 601
1 800	31 715	43 735	110 248	140 582	48 911	39 706	48 953	74 308
2 000	36 736	49 513	125 185	159 829	54 894	44 769	54 727	84 098
2 500	49 580	64 710	163 176	208 782	70 291	58 032	69 454	108 546
3 000	62 886	81 019	201 669	258 153	85 856	71 756	84 349	133 173
3 500	76 442	98 332	240 580	307 314	101 671	86 107	99 244	157 883
4 000	90 374	116 399	279 073	357 314	117 570	100 625	114 265	182 682
4 500	104 600	134 947	317 984	—	133 888	115 562	129 286	—
5 000	118 407	153 762	357 314	—	150 415	130 750	144 557	—

温度/K	CH_4	C_2H_6	C_2H_4	C_2H_2	C_3H_8	C_6H_6	NH_3	HCN
300	7 602	9 552	8 150	7 594	12 343	11 887	7 627	6 816
400	10 577	14 648	12 201	11 489	19 920	20 782	10 481	9 761
500	14 104	20 987	17 251	15 887	29 480	32 451	13 640	12 996
600	18 230	28 552	23 179	20 648	40 744	46 413	17 029	16 456
700	22 928	37 192	29 857	25 698	53 551	62 241	20 920	20 121
800	28 163	46 735	37 196	30 999	67 655	79 588	25 020	23 958
900	33 886	57 120	45 070	36 535	82 893	98 207	29 372	27 957
1 000	40 053	68 170	53 442	42 271	99 090	117 888	34 058	32 100
1 100	46 585	79 931	62 275	48 200	116 165	138 465	38 995	36 359
1 200	53 492	92 194	71 484	54 296	134 034	159 850	44 016	40 740
1 300	60 735	105 006	81 032	60 551	152 494	181 824	49 329	45 233
1 400	68 233	118 231	90 826	66 944	171 536	204 422	54 852	49 827
1 500	75 935	131 875	100 914	73 471	191 079	227 480	60 542	54 509

温度/K	O_3	N_2O	Cl_2	Br_2	I_2	HCl	HBr	HI
300	8 159	7 163	6 749	7 297	7 690	6 201	6 205	6 217
400	11 657	10 427	9 389	10 109	10 569	8 280	8 293	8 305
500	15 313	14 046	12 125	12 966	13 468	10 372	10 393	10 427
600	19 359	17 974	14 933	15 853	16 389	12 485	12 527	12 598
700	23 614	22 146	17 778	18 757	19 318	14 631	13 201	14 841
800	28 041	26 522	20 648	21 673	22 259	16 824	16 954	17 150
900	32 606	31 079	23 539	24 602	25 204	19 071	19 255	19 535
1 000	37 275	35 786	26 451	27 535	28 163	21 372	21 627	21 987
1 100	—	40 618	29 376	30 476	31 121	23 727	24 054	24 497
1 200	—	45 560	32 313	33 422	34 087	26 142	26 539	27 062
1 300	—	50 877	35 259	36 380	37 062	28 610	29 079	29 677
1 400	—	55 697	38 208	39 338	40 049	31 121	31 652	32 334
1 500	—	—	41 175	42 304	43 032	34 179	34 280	35 024

① 本表中的 $E_T^\circ - E_0^\circ$ 值与按陆海空三军联合的"热化学表"(JANAF "Thermochemical Tables" 2nd Edition 1971)中列出的熵 $H_0^\circ - H_{298}^\circ$ 计算出来的值没有重大的区别。有关乙烷、丙烷和苯的数据都取自"化学热力学性质选用值"("Selected Values of Chemical Thermodynamic Properties" Series 3，National Bureau of standards，Washington，D. C.，1952)。

对于单原子气体来说，内能按下式求得已足够准确：

$$E_T^\circ - E_0^\circ = 12.473T \quad \text{J/mol}$$

式中数字因数为 $1.5R$，R 值取 8.315 J/(度·mol)。

② $H_T^\circ - E_0^\circ$。

附表 1-2 各种反应的平衡常数 K_p；绝对零度时的反应能 ΔE_0°①

单位：J/mol

温度/K	1 $2H \rightleftharpoons H_2$ $+431\ 956$	2 $2O \rightleftharpoons O_2$ $+490\ 248$	3 $H_2 + \frac{1}{2}O_2 \rightleftharpoons$ $H_2O_{(气)} -238\ 936$	4 $OH + \frac{1}{2}H_2 \rightleftharpoons$ $H_2O_{(气)} -280\ 776$	5 $C_{(g)} \rightleftharpoons C_{(石墨)}$ $-712\ 912$	6 $C_{(石墨)} +$ $\frac{1}{2}O_2 \rightleftharpoons$ $CO -113\ 813$	7 $CO + \frac{1}{2}O_2 \rightleftharpoons$ $CO_2 -279\ 102$	8 $CO + H_2O_{(气)} \rightleftharpoons$ $CO_2 + H_2 -40\ 417$
300	−295.98	−335.10	−166.48	−193.68	−490.03	−100.12	−187.19	−20.71
400	−216.48	−244.81	−122.34	−141.88	−358.99	−80.04	−135.60	−13.26
600	−136.52	−154.22	−77.95	−89.83	−227.99	−60.00	−83.97	−6.02
800	−96.52	−108.74	−55.61	−63.68	−162.34	−49.92	−58.16	−2.55
1 000	−72.34	−81.34	−42.09	−47.86	−122.93	−43.85	−42.68	−0.59
1 200	−56.11	−63.01	−33.05	−37.32	−96.65	−39.75	−32.38	+0.63
1 400	−44.48	−49.92	−26.53	−29.79	−77.91	−36.82	−25.06	+1.46
1 600	−35.69	−40.08	−21.59	−24.10	−63.85	−34.52	−19.58	+2.05
1 800	−28.83	−32.38	−17.82	−19.66	−52.89	−32.76	−15.36	+2.47
2 000	−23.35	−26.23	−14.77	−16.11	−44.22	−31.34	−11.97	+2.80
2 200	−18.83	−21.17	−12.26	−13.22	−37.07	−30.12	−9.25	+3.05
2 400	−15.06	−16.99	−10.17	−10.79	−31.17	−29.12	−6.95	+3.22
2 600	−11.84	−13.43	−8.37	−8.74	−26.15	−28.28	−5.02	+3.35
2 800	−9.12	−10.38	−6.86	−6.99	−21.84	−27.53	−3.39	+3.47
3 000	−6.69	−7.70	−5.52	−5.44	−18.12	−26.86	−1.97	+3.56
3 200	−4.60	−5.40	−4.39	−4.10	−14.90	−26.23	−0.75	+3.64
3 500	−1.92	−2.38	−2.93	−2.43	−10.71	−25.48	+0.84	+3.72
4 000	+1.72	+1.59	−0.92	−0.17	−5.19	−24.43	+2.93	+3.85
4 500	+4.52	+4.73	+0.63	+1.63	−0.96	−23.47	+4.52	+3.89
5 000	+6.78	+7.20	+1.88	+3.05	+2.47	−22.59	+5.86	+3.93

附表 1-2(续)

温度 /K	9 CO+3H₂⇌CH₄ +H₂O(气) -192 012	10 2N⇌N₂ -941 818	11 NO⇌½O₂ +½N₂ -89 860	12 NO+½O₂⇌ NO₂ -53 451	13 CN⇌½C₂N₂ -245 747	14 CN⇌C气 +N -782 408	15 2F⇌F₂ -148 950	16 2Cl⇌Cl₂ -239 408
300	-103.26	-663.83	-63.14	-26.86	—	-549.19	-85.69	-153.43
400	-65.27	-491.49	-46.69	-16.48	—	-405.85	-57.91	-109.12
600	-26.36	-318.86	-30.21	-6.02	—	-262.21	-29.79	-64.60
800	-6.32	-232.30	-21.97	-0.75	—	-190.16	-15.61	-42.13
1 000	+5.98	-180.25	-17.03	+2.38	-24.14	-138.49	-6.99	-28.58
1 200	+14.23	-144.85	-13.68	+4.52	-17.28	-117.91	-9.58	-19.50
1 400	+20.13	-120.62	-11.63	+5.98	-12.43	-97.19	+2.89	-12.97
1 600	+24.56	-101.96	-9.58	+7.07	-8.87	-81.63	+6.02	-8.08
1 800	+28.03②	-87.40	-8.24	+7.91	-5.98	-69.50	+8.66	-4.27
2 000	+30.75②	-75.77	-7.11	+8.66	-3.72	-59.83	+10.42	-1.17
2 200	+33.01②	-66.19	-6.23	+9.12	-1.92	-51.84	+11.80	
2 400	+34.81②	-58.24	-5.48	+9.58	-0.38	-45.23	+13.31	
2 600		-51.51	-4.85	+10.00	+0.46	-39.62	+14.56	
2 800		-45.73	-4.31	+10.38	+1.97	-34.81	+15.52	
3 000		-40.71	-3.85	+10.71	+2.93	-30.63	+16.57	
3 200		-36.65	-3.43		+3.72	-27.74		
3 500		-30.63	-2.89		+4.81	-22.72		
4 000		-23.05	-2.22		+6.44	-16.07		
4 500		-17.15	-1.67		+7.32	-11.17		
5 000		-12.43	-1.26		—	-7.28		

附表 1-2(续)

温度 /K	17 2Br ⟶ 2Br₂(气) -190 121	18 2I ⟶ I₂(气) -148 716	19 ½H₂ + ½F₂ ⟶ HF -268 613	20 ½H₂ + ½Cl₂ ⟶ HCl -92 127	21 ½H₂ + ½Br₂ ⟶ HBr -51 128	22 ½H₂ + ½I₂ ⟶ HI -4 561	23 S₂(气) ⟶ 2S₂(气) -429 237	24 ½S₂(气) + O₂ ⟶ SO₂ -359 238
300	-117.61	-87.99	-197.65	-69.41	-39.87	-6.15	-292.55	-248.24
400	-82.47	-60.42	-131.88	-52.59	-30.46	-5.15	-213.38	-182.26
600	-47.20	-32.80	-99.58	-35.65	-20.92	-4.10	-133.93	-116.23
800	-29.46	-18.87	-74.89	-27.15	-16.11	-3.47	-94.06	-83.18
1 000	-18.79	-10.50	-60.04	-22.01	-13.18	-3.10	-70.04	-63.35
1 200	-11.63	-4.90	-50.21	-18.58	-11.21	-2.85	-53.93	-50.17
1 400	-6.49	-0.88	-43.10	-16.11	-9.83	-2.68	-42.43	-40.71
1 600			-37.78				-33.81	-33.64
1 800			-33.68				-27.15	-28.03
2 000			-30.33				-21.67	-23.77
2 200			-27.49				-17.20	-20.17
2 400			-25.31				-13.60	-17.15
2 600			-23.39				-10.38	-14.64
2 800			-21.76				-7.74	-12.47
3 000			-20.42				-5.40	
3 200			-19.12				-3.35	
3 500			-17.45				+0.29	
4 000			-15.27				-2.80	
4 500			-13.56				+5.56	
5 000			-12.26				+7.74	

附表 1-2(续)

温度/K	25 $SO + \frac{1}{2}O_2 \rightleftharpoons SO_2$ $-331\ 791$	26 $0.5N_2 + 1.5H_2 \rightleftharpoons NH_3$ $-39\ 196$	27 $C_{(石墨)} + 2H_2 \rightleftharpoons CH_4$ $-66\ 890$	28 $C_2H_2 \rightleftharpoons H_2 + C_{(石墨)}$ $-227\ 313$	29 $S_2 + C_{(石墨)} \rightleftharpoons CS_2$ $-10\ 452$	30 $HCN \rightleftharpoons \frac{1}{2}H_2 + \frac{1}{2}N_2 + C_{(石墨)}$ $-130\ 876$	31 $O_2 + O \rightleftharpoons O_3$ $-100\ 989$	32 $O_3 \rightleftharpoons \frac{3}{2}O_2$ $-144\ 402$	33 $CF_4 + 4H_2 \rightleftharpoons CH_4 + 4HF$ $-237\ 233$
300	−226.94	−12.01	−37.15	−152.34	−7.03	−87.78	−49.50	−117.99	−195.52
400	−166.02	−3.43	−22.43	−111.04	−6.28	−63.64	−29.96	−92.68	−151.71
600	−104.98	+5.69	−8.37	−69.87	−4.64	−39.96	−10.38	−63.09	−107.15
800	−74.48	+10.50	+0.63	−49.79	−3.81	−28.16	−0.54	−53.93	−83.68
1 000	−56.15	+13.51	+4.23	−37.11	−3.35	−21.09	+5.40	−46.15	−69.96
1 200	−43.93	+15.52	+7.91	−29.04	−3.05	−16.40	+9.37	−40.96	−60.25
1 400	−35.19	+17.03	+9.87	−23.26	−2.85	−13.05	+12.22	−37.20	−53.30
1 600	−28.66	+18.12	+12.01	−18.87	−2.68	−10.59	+14.31	−34.39	−47.99
1 800	−23.47	+19.00	+13.05	−15.52	−2.55	−8.66	+15.98	−32.22	−43.81
2 000	−19.54	+19.66	+14.31	−12.93	−2.51	−7.11	+17.36	−30.50	−40.42
2 200	−16.23		+15.36	−10.71			+18.45	−29.08	−37.61
2 400	−13.43		+16.19	−8.91			+19.37	−27.87	−35.27
2 600	−11.09		+16.95	−6.74			+20.13	−26.86	−33.26
2 800	−9.08		+17.53	−6.15			+20.79	−25.98	−31.55
3 000			+18.07	−5.02			+21.38	−25.23	−30.04

① 表中各值用 lg K_p 表示。对于如下反应

$$A + B + \cdots \rightleftharpoons C + D + \cdots \quad \Delta E°$$

平衡常数定义为：

$$K_p = \frac{p_A p_B \cdots}{p_C p_D \cdots}$$

式中分压 p_A 等都用 atm. 表示。若反应中有凝固相存在

$$C_{石墨} + \frac{1}{2}O_2 \rightleftharpoons CO$$

则平衡常数用 $K_p = \sqrt{p_{O_2}}/p_{CO}$ 表示。凡用注脚(气)的都表示气态。

② 外推值。

本表中的平衡常数是根据先用 JANAF 数据汇编的来源求得的,但它们与根据列于 JANAF"热化学表"("Thermochemical Tables", 2nd Edition, 1971)中 lg K_p 计算得到的常数没有重大的区别。

附表 1-3　燃烧热,ΔH°_{298}

对于压力接近大气压的真实气体来说,内能随压力的变化与反应热相比是完全可以忽略的,因此,标准状态的数值与真实气体的数值实际上是一致的。

燃烧产物为液态水和二氧化碳气体。

在 298 K 下 H_2O 的汽化热[1]为 43.960±<0.025 kJ/mol。汽化热与温度的关系请看原著。

化　合　物	分子式	ΔH°_{298}/kJ	
氢[2]	H_2	285.932±0.042	
一氧化碳[3]	CO	283.049±0.126	
石墨[4]	C	393.563±0.046	
金刚石[4]	C	395.463±0.117	
氨(气)[5]	NH_3	382.806±0.377	
氰(气)[5]	C_2N_2	1 093.253±0.837	
		气态	液态
链烷烃:			
甲烷[3]	CH_4	890.653±0.293	
乙烷[7]	C_2H_6	1 560.396±0.460	
丙烷	C_3H_8	2 220.701±0.502	
正丁烷	C_4H_{10}	2 879.373±0.628	
异丁烷[8]	C_4H_{10}	2 872.551±0.544	
正戊烷	C_5H_{12}	3 537.878±0.879	3 510.421±0.753[9]
正己烷	C_6H_{14}	4 195.545±2.009	4 164.531±0.837
正庚烷	C_7H_{16}	4 852.669±2.344	4 818.892±0.879
正辛烷	C_8H_{18}	5 509.792±2.679	5 472.709±1.046
正壬烷	C_9H_{20}	6 166.916±3.014	6 127.112±1.130
异壬烷(2,2,4,4-四甲基戊烷)[10]	C_9H_{20}		6 122.089±1.298
正癸烷	$C_{10}H_{22}$	6 824.039±3.348	6 781.054±1.507
正十一烷	$C_{11}H_{24}$	7 481.163±3.683	
正十二烷	$C_{12}H_{26}$	8 138.286±4.018	8 089.411±1.632
正十五烷	$C_{15}H_{32}$	10 109.657±5.023	
正十六烷	$C_{16}H_{34}$		10 704.751±2.846
正 G_nH_{2n+2};$n>5$		253.181+n×(657.124±0.335)	
链烯烃[11]:			
乙烯	C_2H_4	1 411.493±0.301	
丙烯	C_3H_6	2 059.212±0.540	
1-丁烯	C_4H_8	2 719.558±0.854	
异丁烯	C_4H_8	2 704.394±0.799	
1-戊烯	C_5H_{10}	3 377.071±1.842	
2-甲基-2-丁烯	C_5H_{10}	3 355.432±0.963	
1-己烯	C_6H_{12}	4 035.910±1.883	
2,3-二甲基-2-丁烯	C_6H_{12}	4 011.007±1.172	
1-庚烯	C_7H_{14}	4 694.833±1.883	
1-辛烯	C_8H_{16}	5 353.799±1.925	
1-壬烯	C_9H_{18}	6 012.806±2.009	

600

附　录

附表 1-3(续)

化　合　物	分子式	$\Delta H^{\circ}_{298}/kJ$	
		气态	液态
1-癸烯	$C_{10}H_{20}$	6 671.771±2.093	
1-十一烯	$C_{11}H_{22}$	7 330.736±2.176	
1-十二烯	$C_{12}H_{24}$	7 989.743±2.302	
1-十三烯	$C_{13}H_{26}$	8 648.708±2.469	
1-十四烯	$C_{14}H_{28}$	9 307.673±2.595	
1-十五烯	$C_{15}H_{30}$	9 966.638±2.762	
1-十六烯	$C_{16}H_{32}$	10 625.645±2.930	
1-十七烯	$C_{17}H_{34}$	11 284.652±3.097	
1-十八烯	$C_{18}H_{36}$	11 943.617±3.307	
1-十九烯	$C_{19}H_{38}$	12 602.582±3.558	
1-二十烯	$C_{20}H_{40}$	13 261.547±3.725	
每增加一个 ΔCH_4;$n>5$		658.978	
醇类[12]:			
甲醇	CH_3OH	764.189±0.209	726.770±0.209
乙醇	C_2H_5OH	1 409.593±0.419	1 367.235±0.042
正丙醇	C_3H_7OH	2 064.289±1.172	2 018.039±1.005
正丁醇	C_4H_9OH	2 720.156±1.674	2 670.768±1.339
正戊醇	$C_5H_{11}OH$	3 376.652±2.218	3 324.543±1.674
正己醇	$C_6H_{13}OH$	4 033.148±2.762	3 978.527±2.009
正庚醇	$C_7H_{15}OH$	4 690.271±3.265	4 633.558±2.344
正辛醇	$C_8H_{17}OH$	5 347.395±3.934	5 288.798±2.679
正壬醇	$C_9H_{19}OH$	6 004.518±4.646	5 944.247±3.014
正癸醇	$C_{10}H_{21}OH$	6 661.642±5.357	6 600.115±3.348
正 $C_nH_{2n+1}OH$;$n>5$		$90.407+n\times(657.124\pm0.502)$	
环戊烷和环己烷类[13]:			
环戊烷	C_5H_{10}	3 320.734±0.712	3 292.063±0.712
甲基环戊烷	C_6H_{12}	3 970.868±0.753	3 939.141±0.753
乙基环戊烷	C_7H_{14}	4 630.042±0.963	4 593.586±0.921
正丙基环戊烷	C_8H_{16}	5 288.630±1.172	5 247.529±1.172
正丁基环戊烷	C_9H_{18}	5 948.014±1.381	5 901.974±1.423
环己烷	C_6H_{12}	3 954.419±0.712	3 921.311±0.712
甲基环己烷	C_7H_{14}	4 602.334±0.963	4 566.925±0.963
乙基环己烷	C_8H_{16}	5 264.940±1.465	5 244.467±1.465
反式 1,4 二甲基环己烷	C_8H_{16}		5 214.212±1.716
正丙基环己烷	C_9H_{18}	5 922.985±1.130	5 877.865±1.130
正丁基环己烷	$C_{10}H_{20}$	6 582.703±1.256	6 532.645±1.046
每增加一个 ΔCH_2		658.978	
烷基苯[14]:			
苯	C_6H_6	3 302.711±0.419	3 268.792±0.419
甲苯	C_7H_8	3 949.354±0.502	3 911.350±0.502
乙苯	C_8H_{10}	4 608.780±0.712	4 574.877±0.712
1,2 二甲苯	C_8H_{10}	4 597.939±1.005	4 554.494±1.005
正丙基苯	C_9H_{12}	5 266.364±0.670	5 220.114±0.670
1,3,5 三甲苯	C_9H_{12}	5 242.464±1.339	5 195.001±1.339
正丁基苯	$C_{10}H_{14}$	5 924.324±1.172	5 874.182±1.130
1,2,4,5 四甲苯	$C_{10}H_{14}$	5 892.849±2.972	5 839.442±3.014
正戊基苯	$C_{11}H_{16}$	6 583.289±1.423	

附表 1-3(续)

化 合 物	分子式	$\Delta H_{298}^{o}/\mathrm{kJ}$	
		气态	液态
正己基苯	$C_{12}H_{18}$	7 242.296±1.507	
正庚基苯	$C_{13}H_{20}$	7 901.261±1.632	
正辛基苯	$C_{14}H_{22}$	8 560.226±1.758	
正壬基苯	$C_{15}H_{24}$	9 219.233±1.925	
正癸基苯	$C_{16}H_{26}$	9 878.199±2.093	
正十一烷基苯	$C_{17}H_{28}$	10 537.164±2.302	
正十二烷基苯	$C_{18}H_{30}$	11 196.129±2.469	
正十三烷基苯	$C_{19}H_{32}$	11 855.136±2.679	
正十四烷基苯	$C_{20}H_{34}$	12 514.101±2.930	
正十五烷基苯	$C_{21}H_{36}$	13 173.066±3.139	
正十六烷基苯	$C_{22}H_{38}$	13 832.073±3.348	
每加一个 ΔCH_2		658.978	

附表 1-3 所用的参考文献

1. N. S. Osborne, H. F. Stimson & E. F. Fiock. *J. Research Natl. Bur. Standards* **5**,411(1930).

2. F. D. Rossini. *ibid.* **6**,1(1931);**7**,329(1931).

3. F. D. Rossini. *ibid.* **6**,37(1931);**7**,329(1931).

4. P. H. Dewey and D. R. Harper, *ibid.* **21**,457(1938). R. S. Jessup,*ibid.* **21**,475(1938); cf. F. D. Rossini and R. S. Jessup,*ibid.*,**21**,491(1938).

5. From $\frac{1}{2}$ N$_2$ + $\frac{3}{2}$ H$_2$ = NH$_3$ + 11.01 ± 0.07 kcal/mol at 20℃. [G. Becker and W. A. Roth,*Z. Elektrochem.* 40,836(1934)], and heat of combustion of H$_2$.

6. H. von Wartenberg and H. Schütza,*Z. physik. Chem(Leipzig)* **A164**,386(1933).

7. Data for ethane and higher *n*-hydrocarbons in gaseous state, F. D. Rossini, *J. Research Natl. Bur. Standards* **13**,21(1934).

8. F. D. Rossini,*ibid.* **15**,357(**1935**).

9. Data for n-paraffins in liquid state from *n*-pentane to *n*-hexadecane,E. J. Prosen and F. D. Rossini, *J. Research Natl. Bur. Standards* **33**,255(1944).

10. F. D. Rossini,W. H. Johnson,and E. J. Prosen,*ibid.* **38**,419(1947).

11. Data for olefins, E. J. Prosen,and F. D Rossini,*ibid.* **36**,269(1946).

12. F. D. Rossini, *ibid.* **8**,119(1932);**13**,189(1934).

13. W. H. Johnson, E. J. Prosen, and F. D. Rossini, *ibid.* **36**,463(1946); E. J. Prosen, W. H. Johnson, and F. D. Rossini, *ibid.* **37**,51(1946).

14. E. J. Prosen, W. H. Johnson, and F. D. Rossini, *ibid.* **36**,455(1946);**39**,49(1947).

附录二

反应速率系数

　　许多研究者都连续不断地致力于基元反应速率系数的确定工作。几所院校，特别是包括利兹大学化学研究所和美国标准局，曾对燃烧和大气化学感兴趣的这些数据给出严格的评价。附表 2-1 适用于在第 2 章和第 3 章关于化学动力学方程中所出现的反应。

附表 2-1　在第 2 章和第 3 章中反应的速率系数

反　　应	$A/[cm^3/(分子 \cdot s)]$	$E/(J/mol)$	参考文献
$OH+H_2 \longrightarrow H_2O+H$	3.6×10^{-11}	21 548	1
$OH+CO \longrightarrow CO_2+H$	9.3×10^{-11}	4 519	2
$H+O_2 \longrightarrow OH+O$	3.7×10^{-10}	70 291	1
$O+H_2 \longrightarrow OH+H$	3.0×10^{-11}	37 238	1
$O+H_2O \longrightarrow 2OH$	1.1×10^{-10}	76 776	1
$O+CH_4 \longrightarrow OH+CH_3$	2.2×10^{-10}	45 606	3
$HO_2+H_2 \longrightarrow H_2O_2+H$	1.6×10^{-10}	100 416	2
$HO_2+CO \longrightarrow CO_2+OH$	参看正文中讨论		
$CO+O_2 \longrightarrow CO_2+O$	4.2×10^{-12}	200 832	1
$O+NO_2 \longrightarrow O_2+NO$	1.7×10^{-11}	2 510	1

　　注：根据参考文献[1]，当 H_2 是第三体分子 M 时，三元反应 $H+O_2+M \longrightarrow HO_2+M$[反应(Ⅵ)]具有速率系数 k_{6,H_2}
　　$=1.1\times10^{-32}e^{1\,000/(RT)}\ cm^6/(分子^2 \cdot s)$。利用第 2 章中式(2-25)在 637 K 下求得 $2H_2+O_2$ 混合物的速率系数 k_6
　　为 $1.96\times10^{-32}\ cm^6/(分子^2 \cdot s)$。

附表 2-1 所用的参考文献

1. "Homogeneous Gas Phase Reaction of the H_2-O_2 System", Baulch, D. L. (ed.), Cleveland, CRC Press. 1972.

2. Baulch, D. L., Drysdale, D. D., and Lloyd, A. C., "Critical Evaluation of Rate Data for Homogeneous Gas Phase Reactions", School of Chemistry. The University, Leeds, England, Nos. 1 and 2, 1968; Nos. 3 and 4. 1969; No. 5. 1970.

3. Klemm, R. B., Tanzawa, T., Skolnik, E. G., and Michael, J. V., "Eighteenth Symposium on Combustion", p. 785. The Combustion Institute, 1981.

有关反应 (XI′) HO₂＋CO ——→CO₂＋OH 的讨论

(参看第 3 章第 74 页)

C. M. Atri，R. R. Baldwin，D. Jackson and R. W. Walker〔Combustion & Flame **30**，1 (1977)〕一文曾在温度和压力高于第二爆炸极限下用控制 H_2、O_2、N_2 和 CO 混合物缓慢反应来研究反应(XI′)。在他们的实验中，总压与 H_2 和 O_2 的分压都保持不变，仅改变 CO 与 N_2 之比。曾发现反应速率随着 CO 与 N_2 之比的增大而增加，这仅可能是出现反应 (XI′)(在他们的文中是指反应 24)所致。这些实验是用老化的硼酸覆盖的直径为 53 mm 容器完成的。这些研究者曾假定，在这种容器中，HO_2 在器壁上的销毁作用可加以忽略，且 HO_2 的气相浓度相应地增加至 $HO_2＋HO_2$ ——→$H_2O_2＋O_2$ 这一反应变成主要的链断裂反应。他们在此基础上提出这样的反应机理，即它包括除已确定的一级反应外的几个二级自由基反应，且链引发要经过 H_2O_2 的聚集和离解。他们利用计算机程序将这种机理应用来整理他们的实验数据，求得系数 k_{11}(在他们的文中是指系数 k_{24})的活化能约为 96 232 J/mol，而不是像第 3 章式(3-3)中所假定的那样为100 416 J/mol，且指前因子与以第 3 章式(3-2)和式(3-3)为基础的 Buckler-Norrish 数据相比要大 100 倍左右。这一差别目前还不能解释，但它可能关联到 Atri、Baldwin 等的假定(在用已分解的硼酸覆盖的、直径为 53 mm 容器中，HO_2 与器壁的销毁作用在反应动力学上并不起重要的作用)。对于在 Gray 及其同事的实验中所用的、更大的老化石英容器来说，这一结果未被证实，当然就并不正确。

可 燃 极 限

下列表中所提供的可燃极限都是在直径为 50.8 mm 或以上的管或弹中向上传播时大气压力和室温下测得的。各数值都用容积百分数为基准。某些蒸气的上限是在稍高于室温的条件下测得的，因为它们的蒸气压力很低。

附表 3-1　气体或蒸气与空气混合物的可燃极限①

化　合　物	分　子　式	可燃极限	
		下　限	上　限
链烷烃:			
甲烷	CH_4	5.3	15.0
乙烷	C_2H_6	3.0	12.5
丙烷	C_3H_8	2.2	9.5
丁烷	C_4H_{10}	1.9	8.5
异丁烷	C_4H_{10}	1.8	8.4
戊烷	C_5H_{12}	1.5	7.8
异戊烷	C_5H_{12}	1.4	7.6
2,2 二甲基丙烷	C_5H_{12}	1.4	7.5
己烷	C_6H_{14}	1.2	7.5
庚烷	C_7H_{16}	1.2	6.7
2,3 二甲基戊烷	C_7H_{16}	1.1	6.7
辛烷	C_8H_{18}	1.0	6.0
壬烷	C_9H_{20}	0.8	—
癸烷	$C_{10}H_{22}$	0.8	5.4
链烯烃:			
乙烯	C_2H_4	3.1	32.0
丙烯	C_3H_6	2.4	10.3
丁烯-1	C_4H_8	1.6	9.3
丁烯-2	C_4H_8	1.8	9.7
戊烯	C_5H_{10}	1.5	8.7
炔属烃:			
乙炔	C_2H_2	2.5	80.0
芳香族化合物:			
苯	C_6H_6	1.4	7.1
甲苯	C_7H_8	1.4	6.7
邻二甲苯	C_8H_{10}	1.0	6.0
环烃:			
环丙烷	C_3H_6	2.4	10.6
环己烷	C_6H_{12}	1.3	8.0

附表 3-1(续)

化　合　物	分　子　式	可燃极限	
		下　限	上　限
甲基环己烷	C_7H_{14}	1.2	—
萜品类:			
松节油	$C_{10}H_{16}$	0.8	—
醇类:			
甲醇	CH_4O	7.3	36.0
乙醇	C_2H_6O	4.3	19.0
烯丙醇	C_3H_6O	2.5	18.0
正丙醇	C_3H_8O	2.1	13.5
异丙醇	C_3H_8O	2.0	12.0
正丁醇	$C_4H_{10}O$	1.4	11.2
戊醇	$C_5H_{12}O$	1.2	—
异戊醇	$C_5H_{12}O$	1.2	—
醛类:			
乙醛	C_2H_4O	4.1	57.0
巴豆醛	C_4H_6O	2.1	15.5
糖醛	$C_5H_4O_2$	2.1	—
仲乙醛	$C_6H_{12}O_2$	1.3	—
醚类:			
二乙醚	$C_4H_{10}O$	1.9	48.0
二乙烯基醚	C_4H_6O	1.7	27.0
酮类:			
丙酮	C_3H_6O	3.0	13.0
丁酮	C_4H_5O	1.8	10.0
戊酮	$C_5H_{10}O$	1.5	8.0
己酮	$C_6H_{12}O$	1.3	8.0
酸类:			
乙酸	$C_2H_4O_2$	5.4	—
氢氰酸	HCN	5.6	40.0
酯类:			
甲酸甲酯	$C_2H_4O_2$	5.9	22.0
甲酸乙酯	$C_3H_6O_2$	2.7	16.4
乙酸甲酯	$C_3H_6O_2$	3.1	16.0
乙酸乙酯	$C_4H_8O_2$	2.5	9.0
乙酸丙酯	$C_5H_{10}O_2$	2.0	8.0
乙酸异丙酯	$C_5H_{10}O_2$	1.8	8.0
乙酸丁酯	$C_6H_{12}O_2$	1.7	7.6
乙酸戊酯	$C_7H_{14}O_2$	1.1	—
无机物:			
氢	H_2	4.0	75.0
一氧化碳＋18 ℃下的水蒸气[②]	CO	12.5	74.0
氨	NH_3	15.0	28.0
氰	C_2N_2	6.0	32.0

附表 3-1(续)

化　合　物	分　子　式	可燃极限	
		下　限	上　限
氧化物：			
乙烯化氧	C_2H_4O	3.0	80.0
丙烯化氧	C_3H_6O	2.0	22.0
二噁烷	$C_4H_8O_2$	2.0	22.0
硫化物：			
二硫化碳	CS_2	1.2	44.0
硫化氢	H_2S	4.3	45.0
氧硫化碳	COS	12.0	29.0
氯化物：			
甲基氯	CH_3Cl	10.7	17.4
乙基氯	C_2H_5Cl	3.8	14.8
丙基氯	C_3H_7Cl	2.6	11.1
丁基氯	C_4H_9Cl	1.8	10.1
异丁基氯	C_4H_9Cl	2.0	8.8
烯丙基氯	C_3H_5Cl	3.3	11.1
戊基氯	$C_5H_{11}Cl$	1.6	8.6
乙烯基氯	C_2H_3Cl	4.0	22.0
二氯化乙烯	$C_2H_4Cl_2$	6.2	16.0
二氯化丙烯	$C_3H_6Cl_2$	3.4	14.5
溴化物：			
甲基溴	CH_3Br	13.5	14.5
乙基溴	C_2H_5Br	6.7	11.3
烯丙基溴	C_3H_5Br	4.4	7.3
胺类：			
甲胺	CH_3N	4.9	20.7
乙胺	C_2H_7N	3.5	14.0
二甲胺	C_2H_7N	2.8	14.4
丙胺	C_3H_9N	2.0	10.4
二乙胺	$C_4H_{11}N$	1.8	10.1
三甲基胺	C_3H_9N	2.0	11.6
三乙基胺	$C_6H_{15}N$	1.2	8.0

① 数据取自 H. F. Coward and G. W. Jones，"Limits of Flammability of Gases and Vapors"，*U. S. Bur. of Mines Buli.* No. 503 (1952). See also M. G. Zabetakis. "Flammability Characteristics of combustible Gases and Vapors"，*U. S. Bur. of Mines Bull*. No. 627 (1965)。

② 可燃极限对几 mmHg 以上 p_{H_2O} 不敏感。

附表 3-2　气体或蒸气与氧混合物的可燃极限①

化　合　物	分　子　式	可燃极限	
		下　限	上　限
氢	H_2	4.0	94
氘	D_2	5.0	95
一氧化碳①	CO	15.5	94
氨	NH_3	15.0	79
甲烷	CH_4	5.1	61
乙烷	C_2H_6	3.0	66
乙烯	C_2H_4	3.0	80
丙烯	C_3H_6	2.1	53
环丙烷	C_3H_6	2.5	60
二乙醚	$C_4H_{12}O$	2.0	82
二乙烯基醚	C_4H_6O	1.8	85

① 可燃极限对几 mmHg 以上 p_{H_2O} 不敏感。

在以各种惰性气体加以稀释的空气中的可燃极限

　　附图 3-1～附图 3-5 所示是在添加惰性气体（如超过空气中原含氮量的氮或二氧化碳等）稀释的空气中典型可燃气体的可燃极限。在半岛形区域内的混合物是可燃的。

　　应该注意到，任一这种半岛的尖端确定了稀释剂的百分数，超过这个数值就不可燃；同样也确定了氧的百分数（见图顶部），低于这个数值同样也不可燃。例如，甲烷在以 CO_2 稀释过的空气中燃烧的情况下，当空气中 CO_2 百分数超过 25％ 或当 CO_2-空气混合物中 O_2 百分数低于 15.8％ 时都不可燃。在附表 3-3 中给出了在室温和接近大气压的压力下可燃物与空气和 CO_2 或 N_2 相混的任何未知比例混合物中保证安全的最大的氧的百分数。

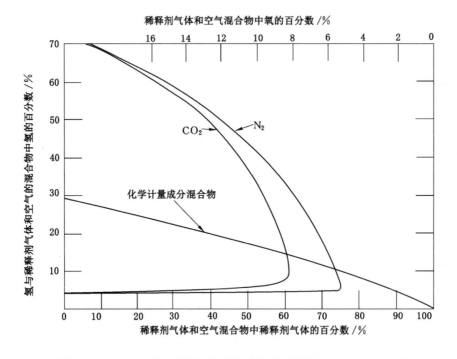

附图 3-1　在以 CO_2 或 N_2 稀释过的空气中氢的可燃极限(Coward & Jone)

室温和大气压力。

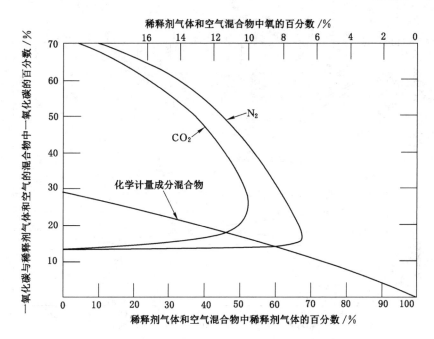

附图 3-2 在以 CO_2 或 N_2 稀释过的空气中一氧化碳的可燃极限（Coward & Jone）

混合物已被 18 ℃ 下的水蒸气所饱和。室温和大气压力。

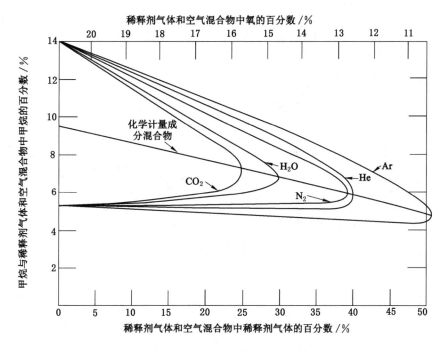

附图 3-3 在以各种惰性气体稀释的空气中甲烷的可燃极限（Coward & Jone）

H_2O 曲线：混合物的温度调整到产生所要求的水的蒸气压，压力为 0.1 MPa。

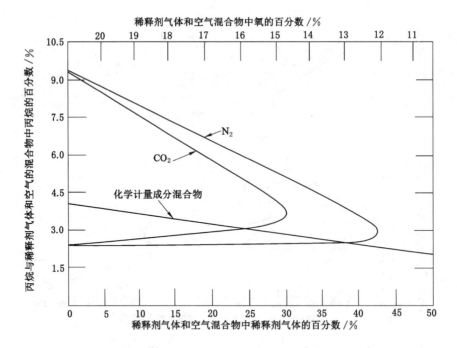

附图 3-4　在以 CO_2 或 N_2 稀释过的空气中丙烷的可燃极限（Coward & Jone）

室温和大气压力。

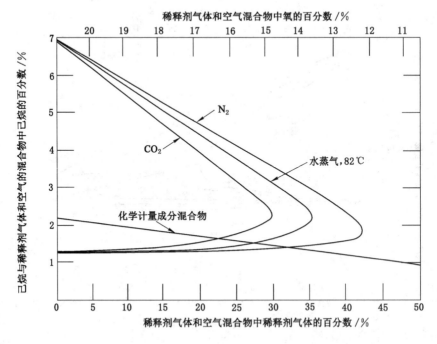

附图 3-5　在用 CO_2 或 N_2（Coward & Jone）和用 82 ℃ 水蒸气稀释过的空气中己烷的可燃极限

水蒸气曲线是根据火焰温度关系（第 285 页）估算的。压力为 0.1 MPa。

附表 3-3 在可燃物与空气和 CO_2 或 N_2 的混合物中保证安全的最大的氧的百分数[1]

可 燃 物	保证安全的最大的氧的百分数	
	CO_2 作稀释剂	N_2 作稀释剂
氢	5.9	5.0
一氧化碳	5.9	5.6
甲烷	14.6	12.1
乙烷	13.4	11.0
丙烷	14.3	11.4
丁烷和高级烃	14.5	12.1
乙烯	11.7	10.0
丙烯	14.1	11.5
环丁烷	13.9	11.7
丁二烯	13.9	10.4
苯	13.9	11.2

[1] 室温和 0.1 MPa 压力。

溶剂混合物和空气的可燃下限

附表 3-4　乙酸乙酯、乙醇和甲苯混合物蒸气的可燃下限[①]

溶剂混合物的成分			可燃下限	
乙酸乙酯	乙　醇	甲　苯	容积百分数	重量百分数
100	0	0	2.18	6.34
85	0	15	1.90	5.58
70	0	30	1.81	5.38
55	0	45	1.66	4.97
40	0	60	1.54	4.65
20	0	80	1.34	4.09
0	0	100	1.27	3.94
94	6	0	2.22	6.15
70	6	24	1.88	5.27
55	6	39	1.76	4.98
40	6	54	1.64	4.67
0	6	94	1.31	3.82
88	12	0	2.31	6.09
70	12	18	2.04	5.44
55	12	33	1.87	5.03
40	12	48	1.78	4.82
0	12	88	1.38	3.81
75	25	0	2.45	5.84
50	25	25	2.06	4.99
25	25	50	1.83	4.47
0	25	75	1.62	4.02
50	50	0	2.80	5.68
25	50	25	2.33	4.78
0	50	50	2.03	4.22
25	75	0	3.10	5.46
0	75	25	2.61	4.65
0	100	0	3.28	5.11

① 数据取自 G. W. Jone, E. S. Baker, and W. E. Miller, *U. S. Bur. Mines Rept. Invest.* No. 3337(1937)。

可燃下限是在 25 ℃左右、直径为 203.2 mm 的 8 L 圆柱形铁弹中测得的。溶剂混合物的成分用液相中的重量百分数表示。可燃下限用空气中所含蒸气的容积百分数和重量百分数表示。

若已知纯可燃物的可燃极限，则常常可以用简单的混合规则就能很正确地计算出几种可燃物的混合物的可燃极限。这种计算的程序和适用范围，读者可看相关参考文献[参看 G. W. Jones, *U. S. Bur. Mines Tech. Paper* No. 450(1929); H. F. Coward and G. W. Jones, *U. S. Bur. Mines Bull.* No. 503(1952)]。

使用的是纯溶剂。

高压下气体的可燃极限

当压力增大到超过大气压力时，通常使气体和蒸气的可燃极限展宽。这对于烃-空气混合物可燃极限的影响的例子如附图 3-6 所示[2]。该图上的数据取自下表。

初始压力/kPa	可燃极限，干空气中的容积百分数/%	
	上　限	下　限
0(大气压)	4.50	14.20
3 450	4.45	44.20
6 900	4.00	52.90
13 800	3.60	59.00
20 700	3.15	60.00(估算值)

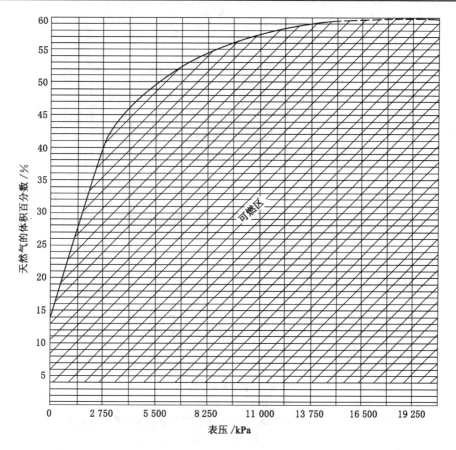

附图 3-6　压力(超过大气压)增大对天然气-空气混合物可燃极限的影响

(Jones、Kennedy & Spolan)

降压下气体的可燃极限

当天然气-空气混合物的压力降低到低于大气压力时，混合物变得更加难以点燃。但是，若使用适当的点燃源，则在绝对压力为 20.66 kPa(155 mmHg)下可燃极限的范围与大气压力下的相同(附图 3-7)[3]。在利用感应线圈作为点燃源下能观测到火焰传播的最低绝对压力为 6.93 kPa(52 mmHg)。对附图 3-7 的讨论参看第 284 页。

用感应线圈火花点燃方法使甲醇-空气混合物中火焰传播的最低绝对压力为 6.67 kPa(50 mmHg)。当点燃受到火棉影响时最低绝对压力为 3.47 kPa(26 mmHg)[4]。在用火花点燃汽油-空气混合物时火焰传播的最低绝对压力为 6.67 kPa(50 mmHg)[5]。

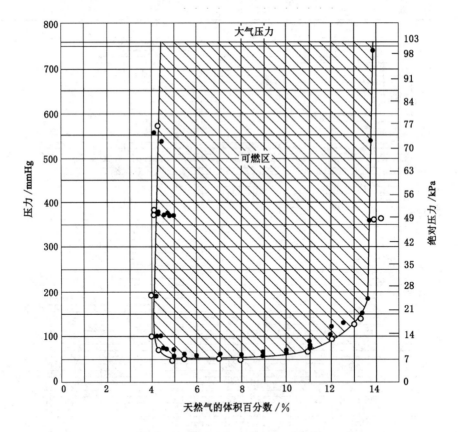

附图 3-7　压力(低于大气压)对天然气-空气混合物可燃极限的影响

(**Jones & Kennedy**)

卤化物气体和惰性气体对汽油-空气火焰的熄灭作用

各种惰性气体防爆的功能变化很大。几种气体使汽油蒸气-空气火焰熄灭的功能如附图 3-8 所示。已试验过的几种气体的灭火能力按如下次序增大：氮、废气、二氧化碳、二氯一氟甲烷、二氯二氟甲烷、三氯一氟甲烷。与附图 3-1～附图 3-5 相同，横坐标表示稀释剂气体和空气混合物中稀释剂气体的百分数。

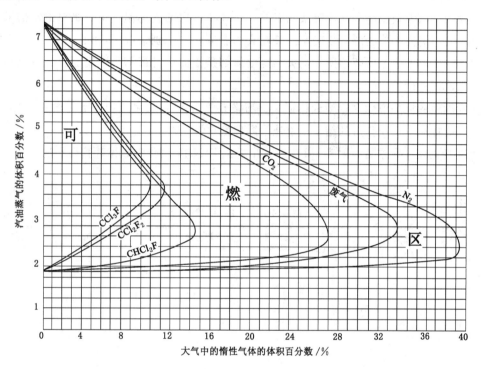

附图 3-8 在各种不同的空气-惰性气体大气中汽油蒸气的可燃极限(Jones & Gilliland)

参考文献

1. H. F. Coward，G. W. Jones，"Limits of Flammability of Gases and Vapors"，*U. S. Bur. Mines Bull*. No. 503(1952).

2. G. W. Jones，R. E. Kennedy，I. Spolan，*U. S. Bur. Mines Rept*，*Invest*. No. 4557(1949).

3. G. W. Jones，R. E. Kennedy，*U. S. Bur. Mines Rept. Invest*. No.3798(1945).

4. G. W. Jones，F. E. Scott，*U. S. Bur. Mines Rept. Invest*. No.4473(1949).

5. G. W. Jones，private communication(1950).

6. G. W. Jones，W. H. Gilliland，*U. S. Bur. Mines Rept. Invest*. No.3871(1946).

附录四

火 焰 温 度

汇集于附表 4-1 中的火焰温度，除了用别的方式加以注明的以外，都是在室温下以潮湿混合物的全色火焰用钠谱线反转法确定的。该表所给出的火焰温度值，是对给定的可燃物或可燃物与惰性气体的混合物确定的最高火焰温度。在个别情况下，列出了在不同混合物组成下的许多火焰温度值。所有的火焰温度值都是指混合物最初处在室温下，且燃烧是在大气压力下进行的。

实验测得的火焰温度多半受到热损失、激发延迟和与周围大气相互混合的一些影响。但是，这些扰动不会使测得的结果严重地偏离理论火焰温度。

为进行比较，在本附录附表 4-2 中还列出根据 JANAF 热化学数据计算得到的几种化学计量燃料-空气和燃料-氧混合物的火焰温度。

附表 4-1 火 焰 温 度

可 燃 物	稀释剂	可燃物含量/%	火焰温度/℃	参考文献
氢	空气	31.6	2 045	1
甲烷	空气	10.0	1 875	1,2,3
乙烷	空气	5.8	1 895	3
丙烷	空气	4.15	1 925	2,3
丁烷	空气	3.2	1 895	3
异丁烷	空气	3.2	1 900	3
乙炔	空气	9.0	2 325	1
乙烯	空气	7.0	1 975	3
丙烯	空气	4.5	1 935	3
丁烯	空气	3.4	1 930	3
氨	空气	21.0	1 700	4
$60\%NH_3+40\%(3H_2+N_2)$	空气	26.0	1 745	4
$40\%NH_3+60\%(3H_2+N_2)$		27.5	1 770	4
$20\%NH_3+80\%(3H_2+N_2)$		32.5	1 815	4
$10\%NH_3+90\%(3H_2+N_2)$		35.0	1 850	4
$6H_2+N_2$	空气	29.5	1 960	4
$4H_2+N_2$		28.7	1 925	
$3H_2+N_2$		28.0	1 880	
H_2+N_2		23.0	1 675	

可　燃　物	稀释剂	可燃物含量/%	火焰温度/℃	参考文献
$2H_2+3N_2$		20.5	1 565	
H_2+2N_2		18.5	1 475	
$3CH_4+O_2$	空气	10.7	2 040	1
$4CH_4+O_2$		10.5	1 980	
$5CH_4+O_2$		10.4	1 955	
$7CH_4+O_2$		10.2	1 925	
$19CH_4+O_2$		10.1	1 893	
$9CH_4+H_2$	空气	10.5	1 880	1
$7CH_4+3H_2$		11.5	1 893	
$3CH_4+2H_2$		13.5	1 900	
$2CH_4+3H_2$		16.5	1 916	
CH_4+4H_2		22.0	1 960	
CH_4+9H_2		24.0	2 000	
$9CH_4+C_2H_2$	空气	9.7	1 930	1
$7CH_4+3C_2H_2$		9.3	2 025	
$3CH_4+2C_2H_2$		9.25	2 075	
$2CH_4+3C_2H_2$		9.1	2 165	
$CH_4+4C_2H_2$		9.05	2 250	
$CH_4+9C_2H_2$		9.0	2 290	
$5CH_4+N_2$	空气	11.5	1 827	5
$5CH_4+2N_2$		13.0	1 792	
$5CH_4+3N_2$		14.5	1 765	
CH_4+N_2		17.5	1 727	
$2CH_4+3N_2$		21.0	1 694	
$5CH_4+9N_2$		22.4	1 675	
CH_4+2N_2		24.2	1 665	
$20CH_4+CO_2$	空气	10.35	1 850	5
$10CH_4+CO_2$		10.75	1 825	
$5CH_4+CO_2$		11.5	1 797	
$10CH_4+3CO_2$		12.3	1 777	
$5CH_4+2CO_2$		13.0	1 762	
$2CH_4+CO_2$		13.8	1 752	
$10CO+N_2$	空气	35.9	1 915	5
$5CO+N_2$		37.3	1 875	
$5CO+2N_2$		40.0	1 810	
$5CO+3N_2$		42.6	1 760	
$5CO+4N_2$		45.0	1 718	
$CO+N_2$		47.3	1 675	

可　燃　物		稀释剂	可燃物含量/%	火焰温度/℃	参考文献
$20CO+CO_2$		空气	35.6	1 890	5
$10CO+CO_2$			36.5	1 850	
$5CO+CO_2$			37.6	1 797	
$10CO+3CO_2$			38.5	1 764	
$58.5\%CO+41.5\%H_2$		空气	32.6	2 004	5
$31.9\%CO+22.5\%H_2+45.4\%N_2$		空气	45.0	1 718	5
$37.0\%CO+27.1\%H_2+35.9\%N_2$		空气	41.7	1 812	5
$50.1\%CO+35.5\%H_2+14.4\%N_2$		空气	36.0	1 940	5
Pittsburgh 天然气		空气	9.0	1 950[①],1 930[②]	6
混合煤气	H_2 49.8% CO 11.8% CH_4 25.8% C_2H_6 1.5% 发光物 4.5% CO_2 2.4% N_2 4.2%	空气	17.6	1 918	5
水煤气	H_2 35.9% CO 23.5% CH_4 9.0% C_2H_6 2.7% 发光物 10.0% CO_2 3.5% N_2 15.4%	空气	18.8	1 930	5
电解气	H_2 69.7% CO 24.7% CH_4 1.7% CO_2 2.6% N_2 1.3%	空气	30.8	1 983	5
无烟煤发生炉煤气	H_2 16.9% CO 27.6% CH_4 0.9% CO_2 5.1% N_2 49.5%	空气	46.7	1 663	5
城市煤气,550 B.T.U.		O_2	65	2 730	7
天然气,1 025 B.T.U.		O_2	45	2 930	7
天然气和焦炉气的混合气,808 B.T.U.		O_2	57	2 810	7
水煤气,800 B.T.U.		O_2	50	2 800	7
醋酸戊酯		空气	—	1 422[③]	8

① 计算值；干混合物。

② 部分染色火焰；干混合物。

③ 扩散火焰；双色法。

附表 4-2 按 JANAF 热化学数据计算得的化学计量混合物的火焰温度[①]

燃 料	空气 $T/℃$	氧 $T/℃$	燃 料	空气 $T/℃$	氧 $T/℃$
H_2	2 097	2 805	C_3H_8	1 988	2 822
CO	2 108	2 705	C_2H_4	2 088	2 902
CH_4	1 950	2 780	C_2H_2	2 262	3 069

① 完成此工作者为 Dr. E. T. McHale，Atlantic Research Corp，Alexandria，Virginia。

附表 4-1 所用的参考文献

1. G. W. Jones，B. Lewis，H. Seaman，*J. Am. Chem. Soc.* **53**，3922(1931).

2. A. G. Loomis，G. St. J. Perrott，*Ind. Eng. Chem.* **20**，1004(1928).

3. G. W. Jones，B. Lewis，J. R. Friauf，G. St. J. Perrott. *J. Am. Chem. Soc.* **53**，869(1931).

4. G. W. Jones，B. Lewis，H. Seaman，*J. Am. Chem. Soc.* **54**，2166(1932).

5. B. Lewis，H. Seaman，G. W. Jones，*J. Franklin Inst.* **215**，149(1933).

6. 见图 12-3.

7. H. H. Lurie，G. W. Sherman，*Ind. Eng. Chem.* **25**，404(1933).

8. H. C. Hottel，F. P. Broughton，*Ind. Eng. Chem. Anal. Ed.* **4**，166(1932).

附录五

某些单位换算关系

本书原著不少地方都采用非法定计量单位表示，在中译著中这些非法定计量单位处都改为用法定计量单位表示，为便于读者对照原著阅读，下面列出某些非法定计量单位与法定计量单位的换算关系。

1 英寸(in)＝25.4 毫米(mm)

1 英尺(ft)＝304.8 毫米(mm)

1 标准大气压(atm)＝0.101 325 兆帕(MPa)

1 工程大气压(at)＝0.098 066 5 兆帕(MPa)

1 毫米水柱(mmH$_2$O)＝9.806 6 帕(Pa)

1 毫米汞柱(mmHg)＝133.322 帕(Pa)

1 磅力/英寸^2(lb/in^2)＝6 895 帕(Pa)

1 热化学卡(cal$_{th}$)＝4.184 焦耳(J)

1 英热单位(B.T.U)＝1 055 焦耳(J)

人 名 索 引

用人名后的数字章编号和方括号内的数字序号来列出参考文献。附录中的参考文献按附录一、二等列出。正文脚注中的参考文献用斜体数字页数表示。

von Karmán,T. ,5[16,17]

von Müffling,L. ,4[110,111]

von Neumann,J. ,8[11]

von Rosenberg,H. ,6[1]

von Wartenberg,H. ,附录一

W

Wagner,H. Gg. ,9[11]

Wagner,P. ,6[40]

Waldmann,L. ,5[70]

Waldron,C. D. ,14[14]

Walker,H. W. ,4[20]

Walker,M. J. ,11[20]

Walker,R. W. ,附录二

Wallace,J. ,4[34]

Walsh,A. D. ,3[11];4[31,43,48,84]

Watson,E. A. ,5[84]

Watts,S. S. ,12[20]

Way,S. ,10[6];14[16]

Weak,J. ,1[20]

Weber-Schäfer,M. ,12[12]

Weddell,D. S. ,7[5]

Weil,C. W. ,6[1]

Weinberg,F. J. ,5[6,112];9[14]

Wells,F. E. ,5[23];6[1,2,12]

Wendlandt,R. ,8[27]

Wendt,G. L. ,9[14]

Wesley,T. A. B. ,1[20]

Westbrook,Ch. K. ,4[2,3,10,11]

Westerdijk,T. ,5[42]

Weyl,F. J. ,10[1,2]

Wheeler,R. V. ,4[89];5[50,97,103];
  9[14]

Wheeler,T. S. ,4[89]

Wheeler,W. H. ,9[14]

White,A. G. ,4[58]

White,D. R. ,8[36]

White,G. ,5[21]

White,M. J. D. ,4[82]

Whitworth,C. ,5[104]

Willbourn,A. H. ,2[20]

Williams,A. ,4[9]

Williams,C. G. ,14[9]

Williams,D. T. ,5[30];6[11]

Williams,F. A. ,6[17,18]

Williams,G. C. ,6[16];14[5]

Williams-Lier,G. ,5[74,75]

Williamson,A. T. ,2[3,33]

Wilson,C. W. ,5[32]

Wilson,H. A. ,9[12]

Winter,D. A. ,5[51]

Winter,H. ,13[4]

Winternitz,P. F. ,11[6]

Wiser,W. H. ,4[15]

Withrow,L. ,4[103,104,105];12[20,
  23];14[7,8]

Wohl,K. ,5[7,8,26,103,115];6[1];
  7[3];11[18];*520,534*

Wojtowicz,J. A. ,2[18]

Wolfhard,H. G. ,9[4];12[16]

Woodhead,D. W. ,8[31]

Worthing,A. G. ,12[10]

Wright,C. C. ,7[16]

Y

Yakevenko,E. I. ,2[18]

Yakovlev,B. I. ,1[19]

Yamazaki,H. ,4[21]

Yang,C. H. ,3[8]

Yoffe,A. ,5[87]

内 容 索 引

按词条首字笔画次序排列，数字为页码

十九画

译　后　记

伯纳德·刘易斯博士是国际燃烧学会的创立者，*Combustion，Flames and Explosions of Gases* 一书是他一生中与京特·冯·埃尔贝博士合作写成的最重要的著作。该书的最早版本曾于1938年出版（有1948年的俄译本），它是最早系统论述燃烧现象的学术专著。该书在1951年全部改写，1961年出修订增补版，1987年出第三版。因此在使燃烧成为一门科学的进程中，该书曾起了很重要的作用。这本创造性的著作奠定了论述燃烧现象的学术体系。经过80多年的时间考验，它在国际上享有权威性的燃烧理论经典著作之称。

本中译本的出版经历了很长的时间。在1962～1966年间，我将原书的1961年第二版译成中文。1969年底，科学出版社因"文化大革命"中断了此书翻译出版工作，将书稿退回给我，当时该译稿个别章节已由中国科学院西南有机化学研究所一室刘言明主任、南京航空学院曾求凡教授和浙江大学马元骥教授审校过。1984年冯·埃尔贝博士受邀访问天津大学，他与中国科学院和工程院两院院士、原天津大学校长史绍熙教授谈起过翻译即将出版的第三版一事。1988年我发信给刘易斯博士联系中译本出版，他回复，支持中译本出版，建议按第三版改译，并愿在出版时提供书中全部插图原件。后经协商，由我按第三版重译成中文。由我聘请如下教授对所列各章译稿审校加工：高盘良（北京大学化学系，第1～3章）、龚允怡（天津大学内燃机燃烧国家重点实验室，第4章）、钱申贤（北京建筑工程学院城建系，第5章）、傅维镳（清华大学工程力学系，第6、7章）、高泰荫（东北大学热能工程系，第8章）、朱德忠和顾毓沁（清华大学工程力学系，第9、10、12章）、张冠忠（清华大学工程力学系，第11章）、黄兆祥（中国科学院工程热物理所，第13章）、蔡祖安（清华大学汽车工程系，第14章）。

最后全部中译稿由译者统一定稿并排好打印稿交付出版。但由于本人水平有限，译文不妥之处，望读者不吝批评指正。

本中译本的出版得到美国燃气工艺研究院李行恕院长的支持，他以此纪念其父李惟果先生（四川人，1920～1927年在清华学习，毕业后留美，1931年在哥伦比亚大学取得政治系博士，这位老学长曾对母校的建设做出不少贡献）。支持本书出版的还有中国科学院和工程院两院院士、原天津大学校长史绍熙教授，中国科学院力学所吴承康院士，中国工程院院士、清华大学热能工程系徐旭常教授，曾担任国际燃烧学会中国分组主席、西北工业大学王宏基教授等。他们都认为本书有很高的学术参考价值。本书中文版的出版应是中国燃烧界的一件大事。

上述参与审校和支持本书出版的各位专家以及其他有关人员，他们对提高中译本的质量和使其顺利出版都有重要贡献，本人深表谢意。

2015 年该书第三版译稿改交中国矿业大学出版社出版，并于 2017 年获国家出版基金立项资助。在此向国家出版基金对本书出版的支持和立项资助表示由衷的感谢。

今年正逢伯纳德·刘易斯博士诞辰 120 周年，出版中译本是对这位德高望重的国际燃烧界泰斗最好的纪念。同时为了纪念本书作者，特在中译本开头编入两篇纪念他们的译文。

期望本书中文版能更广泛地应用于指导我国有关工程建设，用于设计新型燃烧设备，提高燃烧设备的效率和减轻环境污染，以及在消防与安全防爆方面起指导作用。

2019 年于北京清华园改写

内 容 提 要

本书是一本权威性的瓦斯爆炸与燃烧理论的经典著作。

本书内容分四篇14章论述。气体燃料和氧化剂之间的化学反应动力学篇中讨论理论基础和氢、一氧化碳、烃分别与氧的反应;火焰传播篇中论述层流和湍流燃烧波、可燃气体的卷吸和燃烧、气体中的爆震波、火焰电离和电场效应与发射光谱及其测量技术;已燃气体的状态篇中涉及已燃气体温度、压力和体积诸热力学函数及其测量;燃烧工程学篇中阐明工业生产过程中的加热及内燃机燃烧问题。附录列出热化学计算用数据、反应速率系数、可燃极限和火焰温度等有关实用数据和图表。

本书为化学家、物理学家和工程技术人员提供了解燃烧现象的科学基础,可供煤炭、化工、燃气、动力、国防、航空、环保、安全和消防等领域的科研人员和工程技术人员参考,也可供相关专业的大专院校师生教学和科研参考。

Combustion, Flames and Explosions of Gases, Third edition

Bernard Lewis and Guenther von Elbe

ISBN:9780124467514

Copyright © 1987 Elsevier Inc. All rights reserved.

Authorized Chinese translation published by China University of Mining and Technology Press.

图书在版编目(C I P)数据

瓦斯爆炸与燃烧:第3版/(美)刘易斯(Lewis,B.),
(美)埃尔贝(von Elbe,G.)著;王方译. —徐州:中国矿业
大学出版社,2019.10

ISBN 978 - 7 - 5646 - 4312 - 6

Ⅰ.①瓦⋯ Ⅱ.①刘⋯②埃⋯③王⋯ Ⅲ.①瓦斯爆炸
Ⅳ.①TD712

中国版本图书馆CIP数据核字(2019)第006940号

书　　名	瓦斯爆炸与燃烧
	Wasi Baozha yu Ranshao
著　　者	[美]伯纳德·刘易斯　京特·冯·埃尔贝
译　　者	王　方
责任编辑	吴学兵　姜　华
出版发行	中国矿业大学出版社有限责任公司
	(江苏省徐州市解放南路　邮编221008)
营销热线	(0516)83884103　83885105
出版服务	(0516)83995789　83884920
网　　址	http://www.cumtp.com　**E-mail**:cumtpvip@cumtp.com
印　　刷	江苏苏中印刷有限公司
开　　本	787 mm×1092 mm　1/16　印张 42.5　字数 1050 千字
版次印次	2019 年 10 月第 1 版　2019 年 10 月第 1 次印刷
定　　价	120.00 元

(图书出现印装质量问题,本社负责调换)

Combustion, Flames and Explosions of Gases, Third edition

Bernard Lewis and Guenther von Elbe

ISBN:9780124467514

Authorized Chinese translation published by China University of Mining and Technology Press.

《瓦斯爆炸与燃烧》(原著第三版)(王方 译)

ISBN:978-7-5646-4312-6